韩国建筑设计竞赛

ARCHITECTURE & DESIGN COMPETITION

韩国产业出版公社　编

崔正秀　朴文英　池龙七　赵志芳　金成花　王玉华　译

崔正秀　校

中国建筑工业出版社

著作权合同登记图字：01-2004-1978 号

图书在版编目(CIP)数据

韩国建筑设计竞赛／韩国产业出版公社编；崔正秀等译．—北京：
中国建筑工业出版社，2006
ISBN 7-112-07714-1

Ⅰ．韩… Ⅱ．①韩… ②崔… Ⅲ．建筑设计－作品集－韩国－
现代 Ⅳ．TU206

中国版本图书馆 CIP 数据核字（2005）第 102892 号

本书的原版由韩国产业出版公社在首尔于 2003 年出版
本书经韩国产业出版公社授权我社在中国、新加坡范围内出版、发
行中文版

责任编辑：白玉美 孙 炼
责任设计：郑秋菊
责任校对：李志立 王金珠

韩国建筑设计竞赛
韩国产业出版公社 编
崔正秀 朴文英 池龙七 赵志芳 金成花 王玉华 译
崔正秀 校
*
中国建筑工业出版社出版、发行(北京西郊百万庄)
新 华 书 店 经 销
北京嘉泰利德公司制版
北京方嘉彩色印刷有限责任公司印刷
*
开本：787 × 1092毫米 1/10 印张：38⅖ 字数：960 千字
2006 年 12 月第一版 2006 年 12 月第一次印刷
定价：188.00 元
ISBN 7-112-07714-1
(13668)

(邮政编码 100037)
本社网址：http://www.cabp.com.cn
网上书店：http://www.china-building.com.cn

目　录

3 《韩国建筑设计竞赛》出版说明

公共建筑

8 中谷3洞大厦及文化福利馆
12 陵洞办公楼及文化福利馆
16 木浦港沿岸客运站
21 光州会展中心
32 安阳市东安区保健所改建
38 首尔市政厅前广场
48 泡菜综合中心
52 熊岩3洞办公所以及居民自治中心
56 九老本洞综合社会福利馆
66 华阳居住变配电综合楼
80 光明文化园
90 釜山设计中心
109 仁川光驿市日常学习馆
113 釜山市东区新政府大楼
116 新故里核电站地区配套设施
124 郡山儿童交通公园理论学习场
128 建国AMC岭东路10区规划

商业建筑

132 釜山金井税务署
136 韩国电力公司通营分店办公楼
150 中国西安市中央商务区总体规划国际有奖招标
158 金山国际人参物流中心

学校建筑

182 大田长带中学新教学楼及附属设施
186 大田磐石中学新教学楼及附属设施工程规划
190 首尔产业大学语言学院
193 长安大学总体规划　大学本部以及学术信息馆
199 首尔盲人学校医疗专业教育馆异地扩建
213 丽水韩丽高级中学
218 顺川甲谷中学
224 大田魁亭中高等学校
238 大田大正小学
242 首尔恩脉高中、旧村小学

体育设施

254 安阳体育馆及冰上竞技场
266 永德体育文化中心
278 健将文艺体育馆
288 釜山市西区青少年训练馆
292 钟楼文化体育中心
299 益山青少年体育馆

博物馆

306 密阳市立博物馆

315 国立生物资源馆

319 釜山渔村民俗展示馆

322 忠庆北道丛林博物馆

住宅及公园

328 釜川如月地区住宅小区

332 白南郡美术馆（UIA 公认）国际有奖招标

338 长地地区公共住宅区

346 江东圈域住宅小区

366 坝岛森林公园

《韩国建筑设计竞赛》出版说明

为了系统整理和充分展现韩国的建筑学术资源，进一步拓展我们的建筑文化领域，大力推动中国建筑创作与前进的步伐，中国建筑工业出版社决定从双月刊杂志韩国《建筑竞赛》(Architecture & Design Competition) 中精选出适合中国国情的内容，出版这本年鉴性质的《韩国建筑设计竞赛》。

本书定位于出版高质量的优秀建筑设计，注重所收录作品的重要性、原创性和开拓性。为严格保证作品的质量，我们只选取了已获定评的韩国国内及国际知名竞赛作品，包括中标方案和获奖设计。为此，中国建筑工业出版社建立了一套严格的专家评审机制，所有入选项目都在有关精通韩语的建筑专家、总工程师论证、审定的基础上，由编委会讨论确定。中国建筑工业出版社延请了六位曾在韩国工作、生活或母语为韩语的建筑专业人员对所选内容进行翻译，并最后聘请中建北京设计研究院的崔正秀总工程师对全书进行了审校。

本书收录的作品共分六大类：涉及了公共建筑、商业建筑、学校建筑、体育设施、博物馆、住宅及公园等领域，如光州会展中心、首尔市政厅前广场、釜山设计中心、金山国际人参物流中心、首尔产业大学语言学院、安阳体育馆及冰上竞技场、韩国国立生物资源馆、江东圈域住宅小区、坝岛森林公园等等。

我们希望卷帙浩繁但信息量极为丰富的《韩国建筑设计竞赛》的出版能助益于中国建筑文化的积累与建设，也静盼广大建筑界研究人员及执业建筑师能支持我们的追求，让我们共同建设中国建筑的未来。

中国建筑工业出版社

公共建筑

中谷 3 洞大厦及文化福利馆

中标方案 **单亚建筑：赵民锡，石顺柱，金相基。设计组：韩大熙，徐永勋**

用地规划

根据用地和周边环境的分析而决定设计的方向。

用地面临 8m 宽的次要道路，现状为老旧的联立住宅。联立住宅后面是叫“梨树园”的社区公园。

我们的设计范围是从南侧 4m 宽的道路往北 24m 范围内，其他范围在规划中要求为公用停车场。因而用地后面的社区公园有可能被新建筑物遮挡，并且在地面上很难规划空地。在这种条件下如何能联系到后面的公园，给居民创造舒适的生活空间是本次设计的难题。

街区的小变化

我们方案的概念始于用地后面“梨树园”的存在。为了让人感受到至今被联立住宅遮挡而没能显露出来的“梨树园”，并与大厦发生联系，把大厦的门厅空间处理成透明的，让人在进入主入口之前就能感受到公园；可以从屋顶花园直接看到公园。另外与公用停车场之间的散步道路也有利于与公园的联系。

屋顶花园

以往的办公大厦只为洞行政活动服务，但近年来其功能逐渐扩展为居民自治文化中心，而越来越注重作为居民的交流场所功能。因而需要能够容纳居民自治文化的公共开放空间。但因用地狭小的原因，在地面上没法安排公共空间，相应在屋顶安排了能休息的庭院和集会场(舞台＋座席)来支持自治文化的活跃。

容易辨别(醒目)的派出所

近年来的洞办公楼设计中多要求洞办公楼与派出所的复合，本次设计也要求是包括派出所的复合建筑。派出所具有其独立的功能。因此在建筑物正面安排了单独的出入口和警车停车空间，外观上使用了不同的装饰材料，形成插入到洞办公楼的形态，给建筑赋予了认知性和特殊性。

容易接近的洞办公楼

要求在一层安排派出所和保健所，在二层安排洞办公区域。在设计方针中为了解决不方便接近洞办公楼的问题，设置了室外楼梯。努力让这部室外楼梯能强化洞办公楼的入口，成为给街道赋予活力的一个环境构筑物。

位置：首尔市广津区中谷洞 174-5
地域：一般居住区
用地面积：1072m²
总建筑面积：1295.44m²
首层建筑面积：373.70m²
建筑密度：34.86%
容积率：85.14%
规模：地下 1 层，地上 3 层
最高高度：13.96m
结构：钢筋混凝土框架结构
外部装修：素混凝土，红砖，挤压成型水泥板
内部装修：水磨石，挤压成型水泥板
主要设备：空调 -GHP 系统（顶棚型）
设计时间：2002 年 12 月 2 ~ 27 日

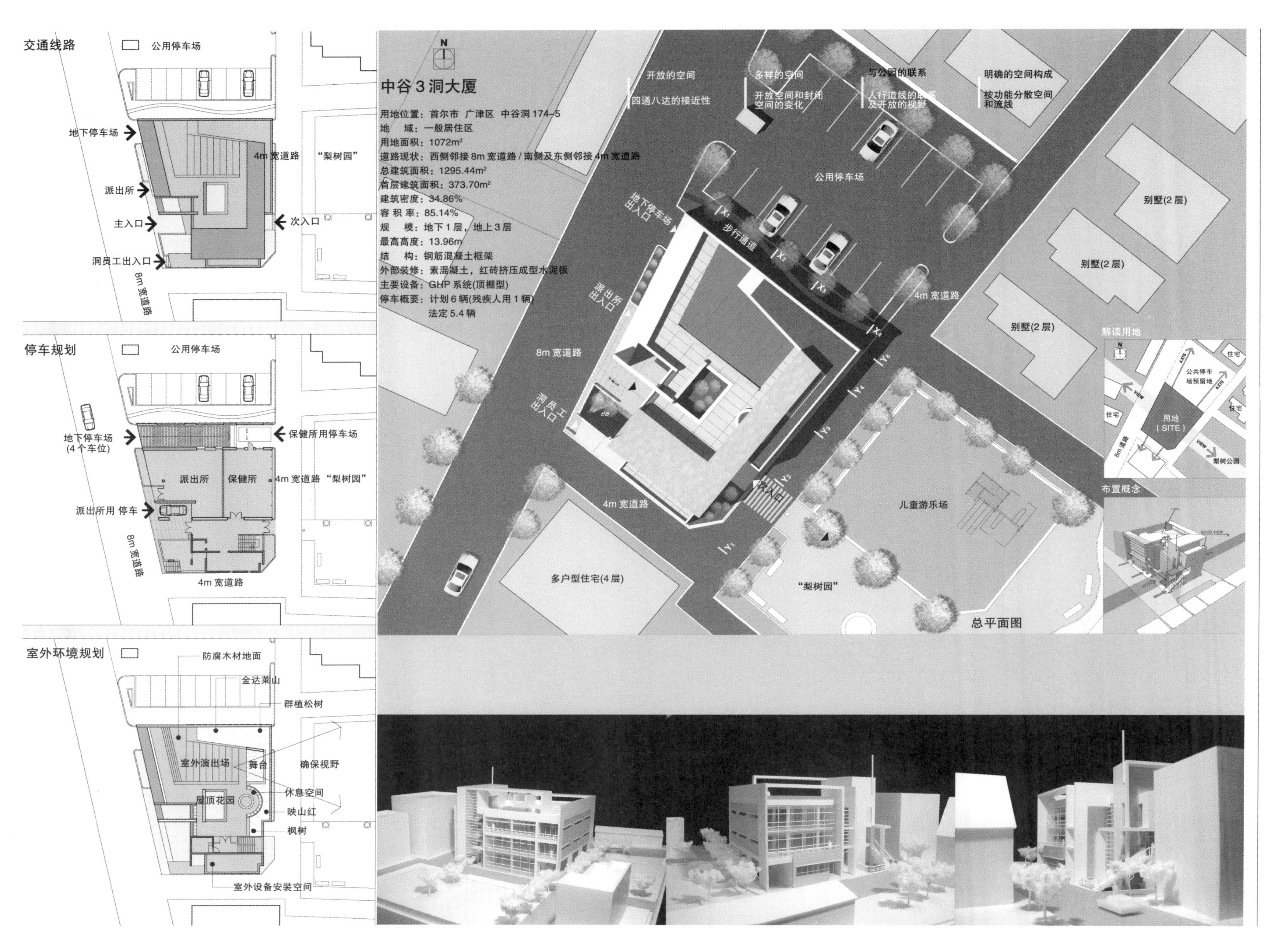
交通线路
公用停车场
地下停车场
派出所
主入口
洞员工出入口
8m 宽道路
4m 宽道路
“梨树园”
次入口
停车规划
公用停车场
地下停车场
(4 个车位)
保健所用停车场
派出所
保健所
4m 宽道路 “梨树园”
派出所用 停车
8m 宽道路
4m 宽道路
室外环境规划
防腐木材地面
金达莱山
群植松树
室外演出场
舞台
确保视野
休息空间
屋顶花园
映山红
枫树
室外设备安装空间
中谷 3 洞大厦
用地位置：首尔市 广津区 中谷洞 174-5
地 域：一般居住区
用地面积：1072m²
道路现状：西侧邻接 8m 宽道路 / 南侧及东侧邻接 4m 宽道路
总建筑面积：1295.44m²
首层建筑面积：373.70m²
建筑密度：34.86%
容 积 率：85.14%
规 模：地下 1 层，地上 3 层
最高高度：13.96m
结 构：钢筋混凝土框架
外部装修：素混凝土，红砖挤压成型水泥板
主要设备：GHP 系统(顶棚型)
停车概要：计划 6 辆(残疾人用 1 辆)
法定 5.4 辆
开放的空间
四通八达的接近性
多样的空间
开放空间和封闭空间的变化
与公园的联系
人行道线的联系及开放的视野
明确的空间构成
按功能分散空间和流线
公用停车场
地下停车场出入口
步行通道
派出所出入口
8m 宽道路
洞员工出入口
4m 宽道路
次入口
儿童游乐场
“梨树园”
多户型住宅(4 层)
别墅(2 层)
别墅(2 层)
别墅(2 层)
总平面图
解读用地
公共停车场预留地
用地
(SITE)
住宅
梨树公园
8m 道路
布置概念
GOOD VIEW

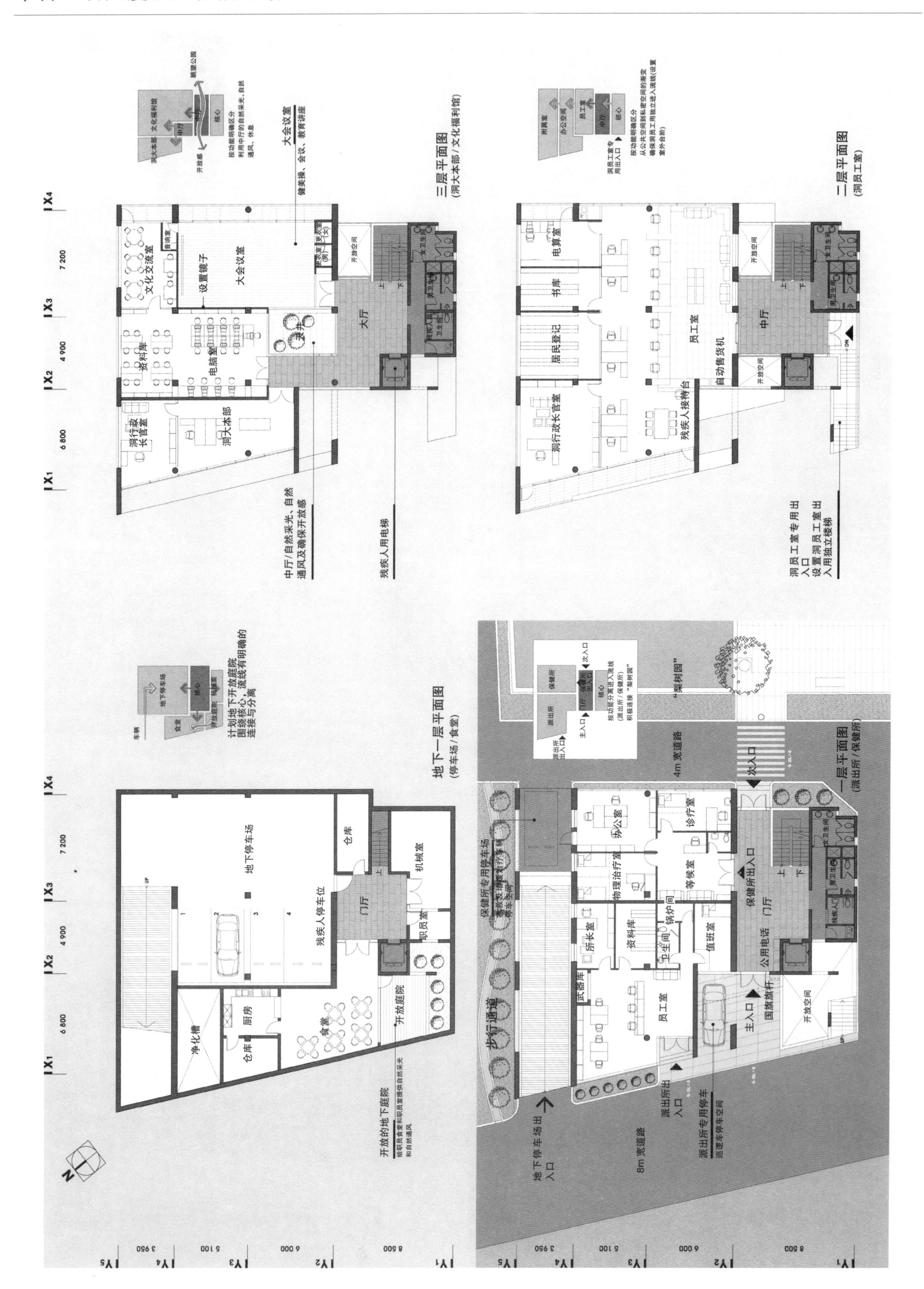
地下一层平面图
(停车场 / 食堂)
一层平面图
(派出所 / 保健所)
二层平面图
(洞员工室)
三层平面图
(洞大本部 / 文化福利馆)

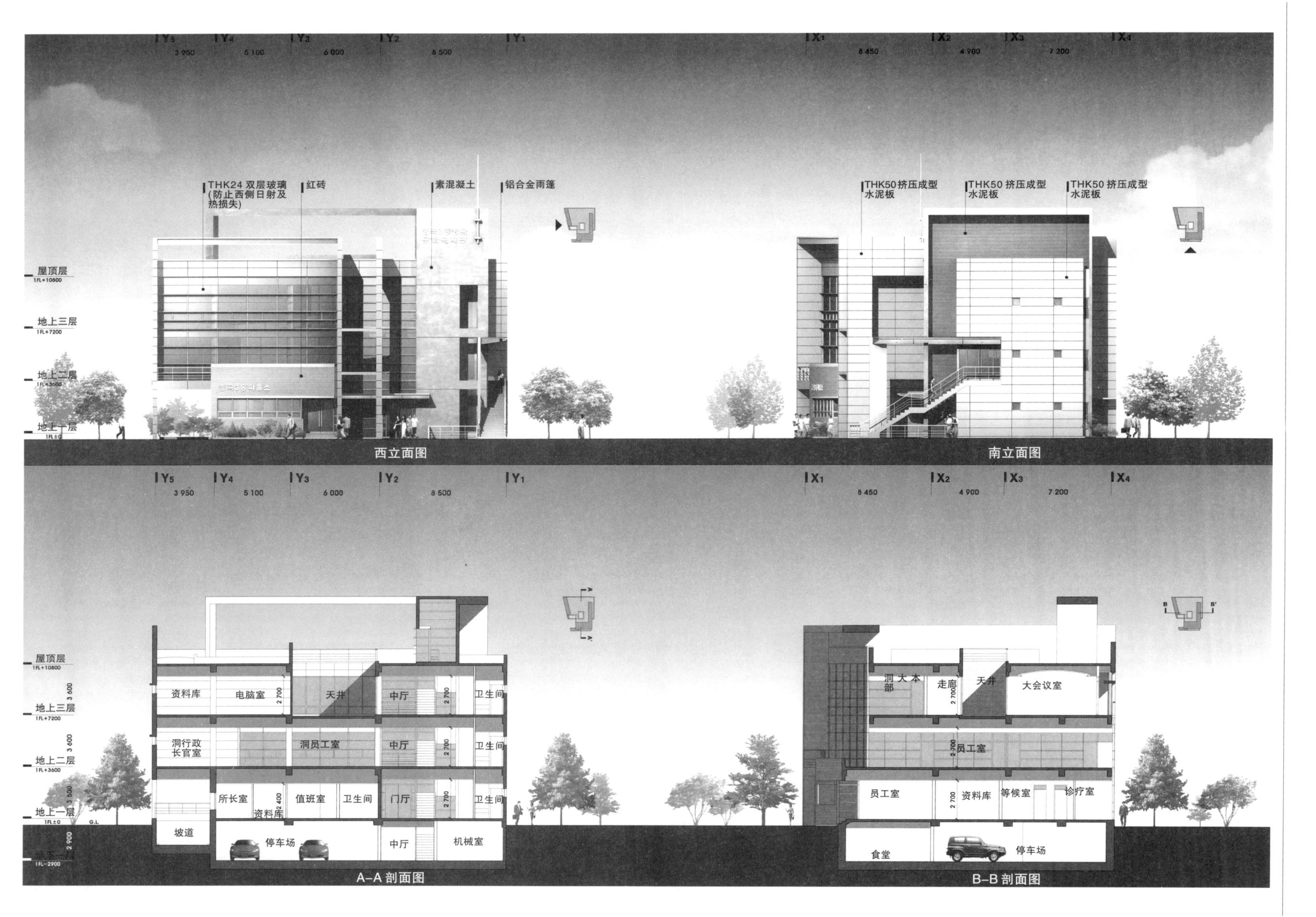
THK24 双层玻璃
(防止西侧日射及
热损失)
红砖
素混凝土
铝合金雨篷
THK50 挤压成型
水泥板
THK50 挤压成型
水泥板
THK50 挤压成型
水泥板
屋顶层
地上三层
地上二层
地上一层
西立面图
南立面图
资料库
电脑室
天井
中厅
卫生间
洞行政
长官室
洞员工室
所长室
资料库
值班室
门厅
坡道
停车场
机械室
A-A 剖面图
洞人本部
走廊
大会议室
员工室
资料库
等候室
诊疗室
食堂
B-B 剖面图

陵洞办公楼及文化福利馆

三等奖方案 **惟一建筑：**林海仁。设计组：金永吉，梁正浩，卢贤进，崔熙贞

总平面设计

根据城市轴线的空间构成，反映洞办公楼及儿童之家功能，社区空间规划。

平面设计

开放门厅：以一层门厅的开敞来追求开放的洞办公楼。

在南侧中央部位设置日光中庭。

设置地下开放庭院来营造亲和环境，考虑欢快性。

立面设计

将重点放在洞办公楼及儿童之家的复合功能和独立功能的相互协调，给人以容易接近的印象。

考虑了地域的文化性、自然环境的连贯性。

用反射玻璃给洞办公楼赋予明快、透明的形象。

剖面设计

考虑施工及经济性，设计标准层层高(3.6m)、净高(2.7m)，最大限度地利用自然采光来节省能源。

根据功能设计的合理的空间构成。

流线规划

考虑了使用者的便利性和适当的私密性，有机地联系步行流线和外部空间及设施，使效果最大化。

提高出入口的认知度来使居民自由、开放地利用设施。

出入流线的设置考虑了洞大本部的独立性。

开放的门厅：不需进入大门，就可以直接乘坐电梯，增强了流线的便利性。

造景和外部空间规划

组成与建筑物形态协调的景观。

各层独立的造景。

中庭造景与地下开放庭院的垂直化。

停车规划

车辆的进入经过8m宽道路，与人行道相分离。

通过下沉式庭院，给地下停车场提供自然采光。

总建筑面积：1157.15m^2
首层建筑面积：288.25m^2
建筑密度：55.90%
容积率：149.98%
造景面积：65m^2
规模：地下1层，地上3层
最高高度：12m
结构：钢筋混凝土
外部装修：挤压成型水泥板，铝合金板
主要设备：A.H.U.F.C.U
停车位数：7辆

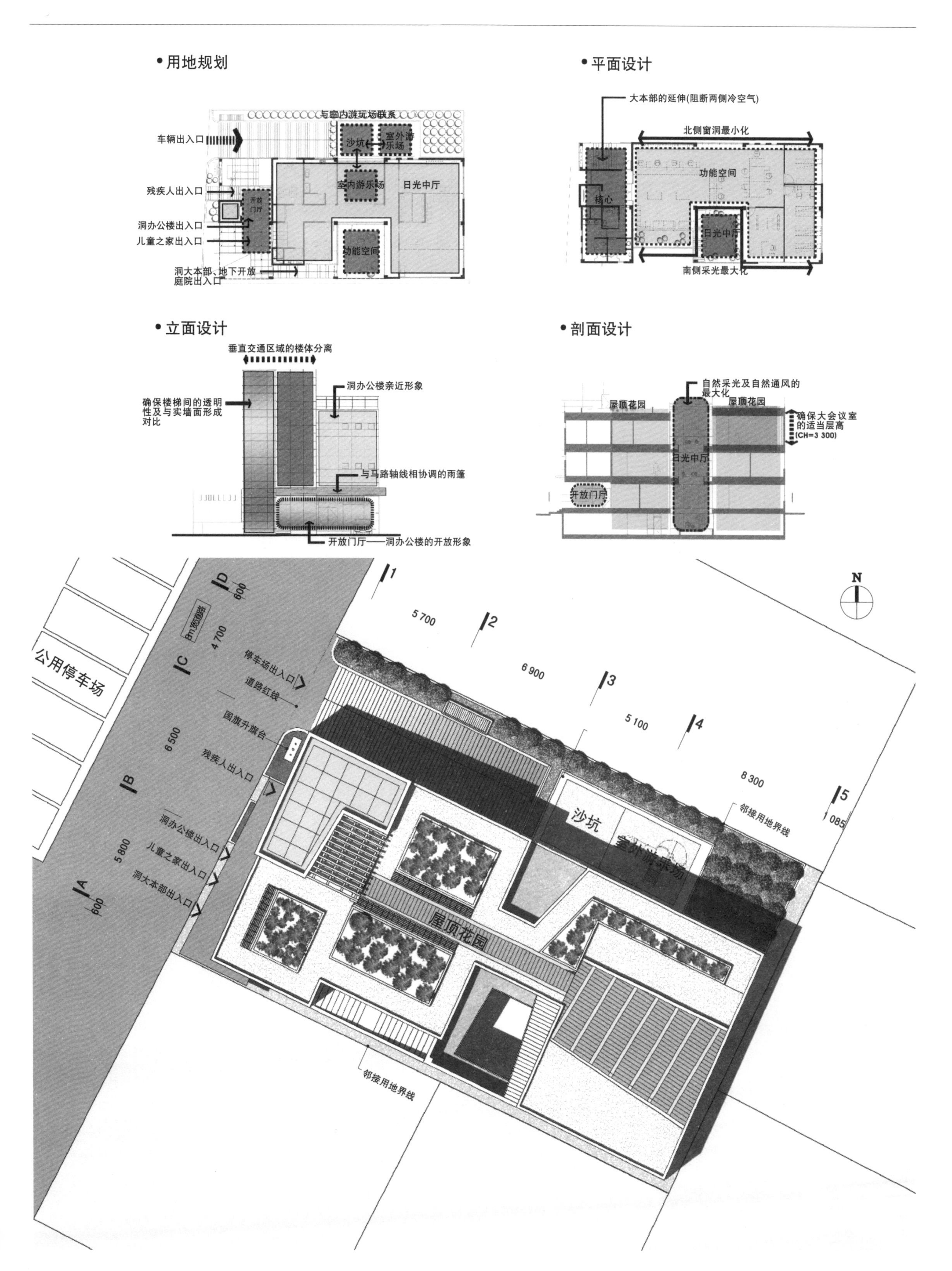

• 用地规划
与室内游玩场联系
车辆出入口
沙坑
室外游乐场
残疾人出入口
室内游乐场
日光中厅
开放门厅
洞办公楼出入口
儿童之家出入口
功能空间
洞大本部、地下开放庭院出入口
• 平面设计
大本部的延伸(阻断两侧冷空气)
北侧窗洞最小化
功能空间
核心
日光中厅
南侧采光最大化
• 立面设计
垂直交通区域的楼体分离
确保楼梯间的透明性及与实墙面形成对比
洞办公楼亲近形象
与马路轴线相协调的雨篷
开放门厅——洞办公楼的开放形象
• 剖面设计
自然采光及自然通风的最大化
屋顶花园
屋顶花园
确保大会议室的适当层高(CH=3 300)
日光中厅
开放门厅
公用停车场
8m道路
停车场出入口
道路红线
国旗升旗台
残疾人出入口
洞办公楼出入口
儿童之家出入口
洞大本部出入口
沙坑
室外游乐场
屋顶花园
邻接用地界线
邻接用地界线
N
5 700
6 900
5 100
8 300
1 085
4 700
6 500
5 800
600
600

设计概念

- 开放门厅

开放一层门厅象征着开放的洞办公楼
不通过门直接进入电梯
(流线便利)

- 中厅绿色体系

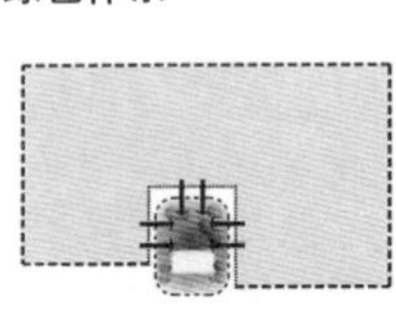

地下开放庭院与地上造景空间的垂直联系
在各层导入造景，创造亲和环境空间
通过反射玻璃表现洞办公楼的亲和环境形象

- 中厅照明体系

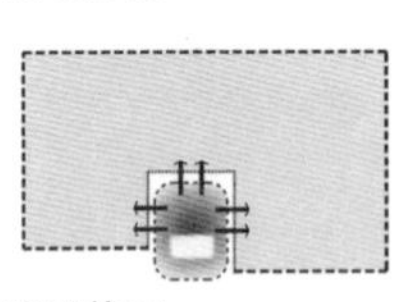

在各层最大限度利用自然采光
创造明亮欢快的内部空间并节省能源

- 中厅通风体系

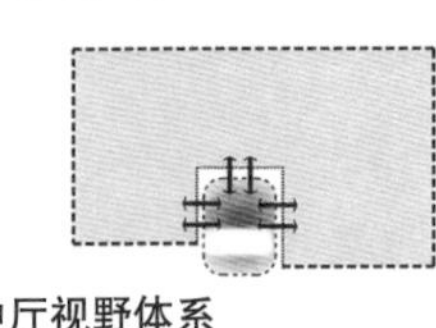

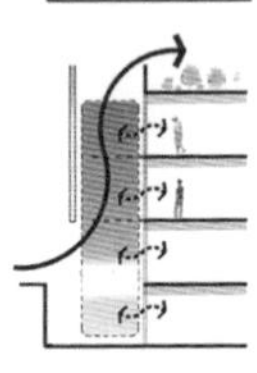

通过垂直气流，将自然通风的效果最大化

- 中厅视野体系

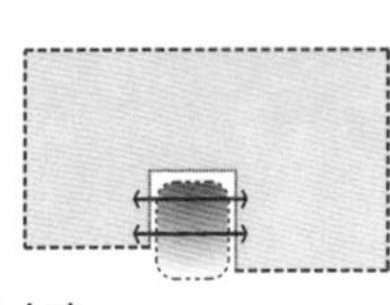

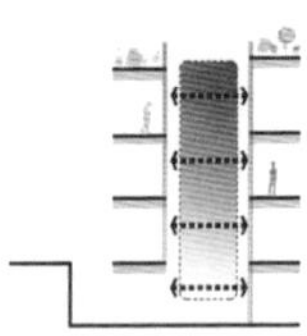

中厅周围室内空间相互维持适当的隐私及视觉交流

- 反射玻璃

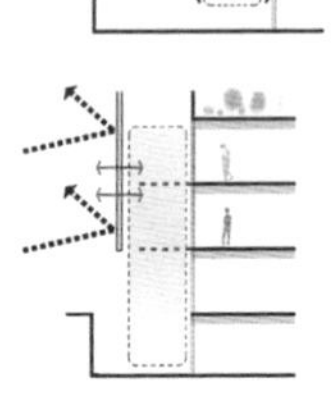

反射玻璃外装的效果
阻隔噪声并体现明亮透明的洞办公楼形象

- 下沉式庭院

通过下沉式庭院可直接进入洞大本部
通过下沉式庭院的洞大本部、食堂、停车场的自然采光及自然通风

- 开放运动场

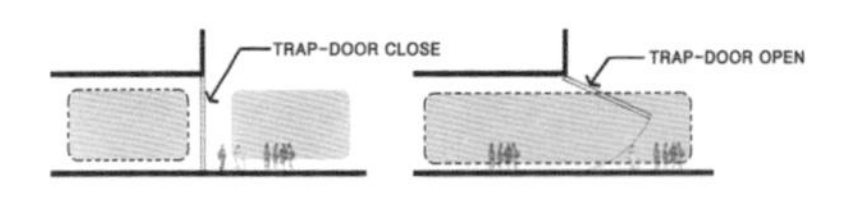

设置大玻璃门联系室内外游乐场
关闭：使用室内游乐场
开启：与外部沙坑及室外游乐场联系

- 反射镜

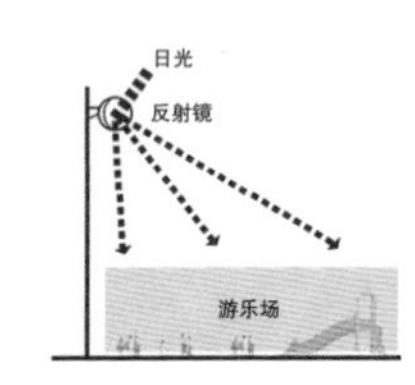

设置自动控制反射镜，给沙坑及室外游乐场提供自然采光

造景规划

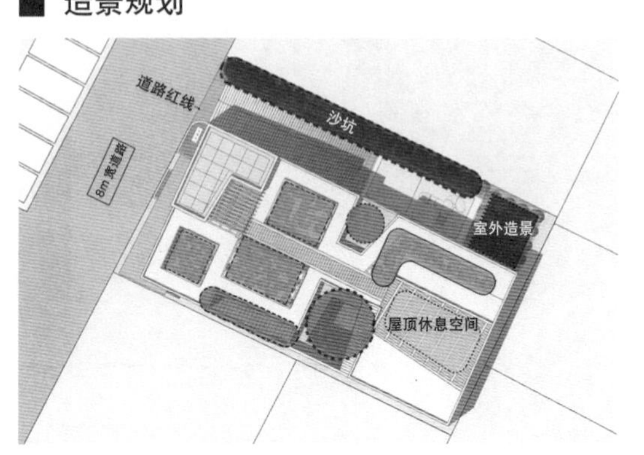

流线设计

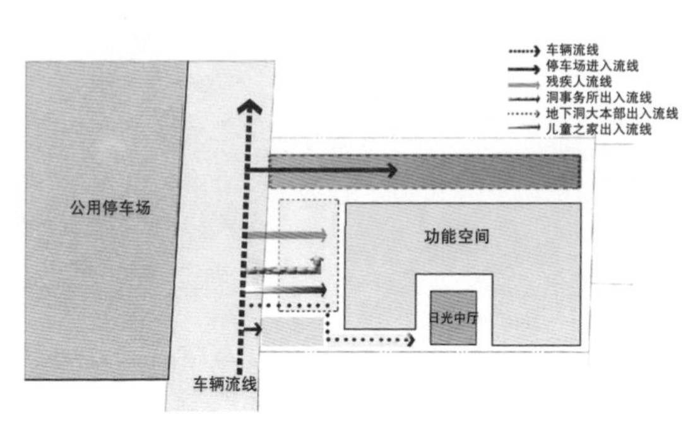

地下停车场规划

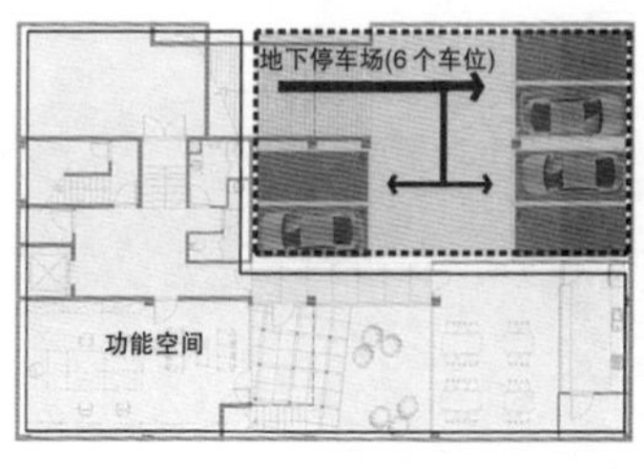

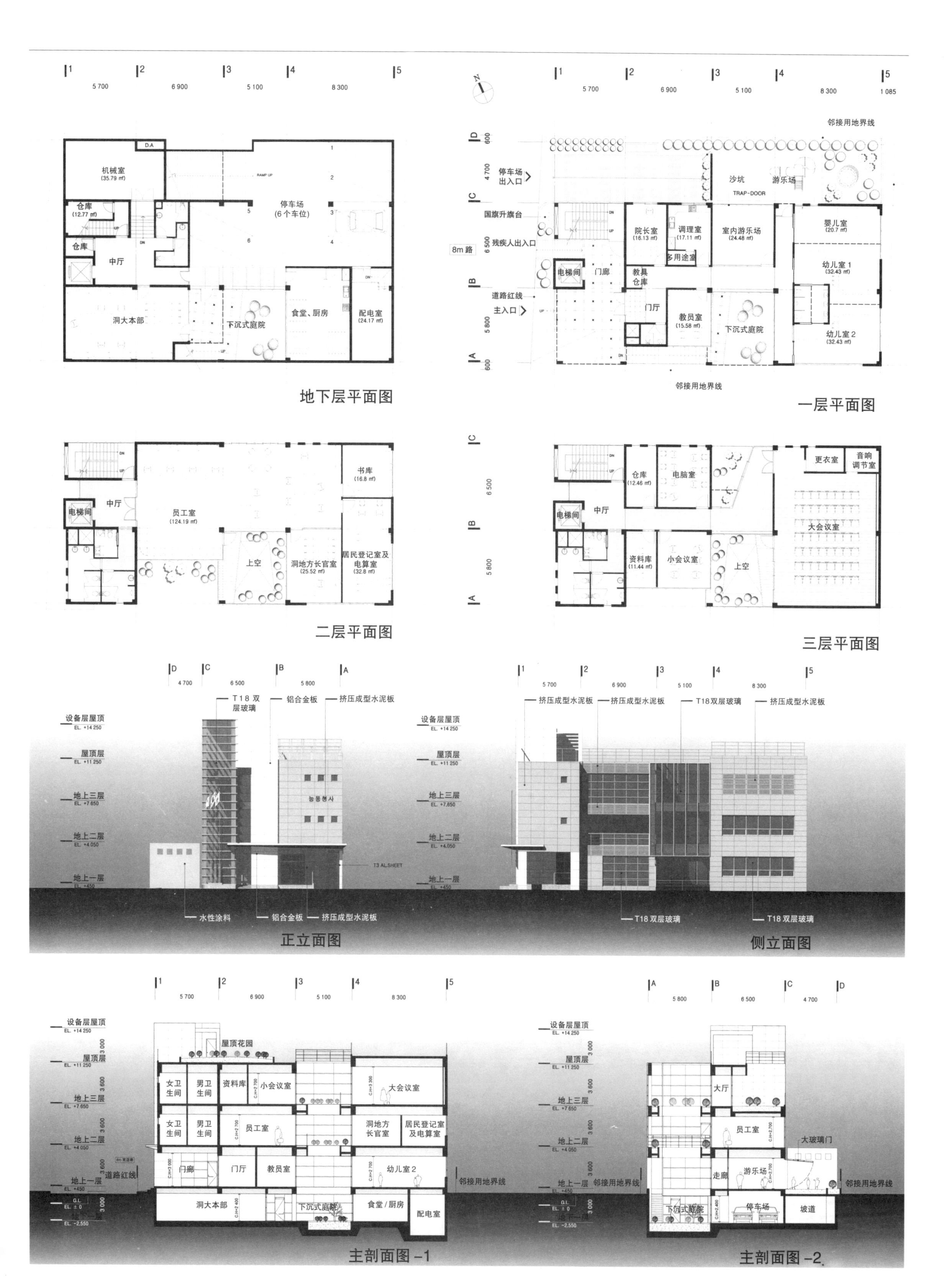

地下层平面图
一层平面图
二层平面图
三层平面图
正立面图
侧立面图
主剖面图 -1
主剖面图 -2

木浦港沿岸客运站

二等奖方案 **喜林建筑：**李英姬，郑永钧。设计组：金斗艳(设计总管)，李奎相，金相，赵日，柳提喜，宋尚英

概要

本工程是拆除原有客运站，在原地建设的木浦市新客运站，建筑规模为原客运站的4倍。虽然旅客上下船的步行空间和车辆使用空间占去很大一部分用地面积，但是通过协调的规划设计，使之成为木浦市的象征性的建筑。

广场

保留原有三角形广场，并赋予活力。通过广场步行连接内外通透的入口大厅，成为从城市接近的中心空间。

交通

上船的通道方面根据广场入口大厅、廊桥、售票及候船室等的空间特性分别对待，形成循序渐进。

窗口

两层高的候船室的体量主要由单一桁架组成。结构呈一体化的外窗可调节光线的进入，带来有变化的空间感受。

壳/浪

整体上形象化了连接城市与海洋的媒体功能。

建筑屋顶均匀缓慢的坡度，既较好地保持了与土地的联系，同时显现了饱满的天际线，形成亲切而充满象征性的建筑形态。

灯塔

坐落在长达150m的面向大海的客运站和与之相连接的水平廊桥的中心轴线上。

总建筑面积：13265.19m²
首层建筑面积：6968.92m²
建筑密度：48%
容积率：92%
造景面积：2195.91m²(15.23%)
公共用地：1393.91m²(9.67%)
结构：劲性钢筋混凝土结构、钢结构
停车位数：132辆(包括残疾人用停车8辆)

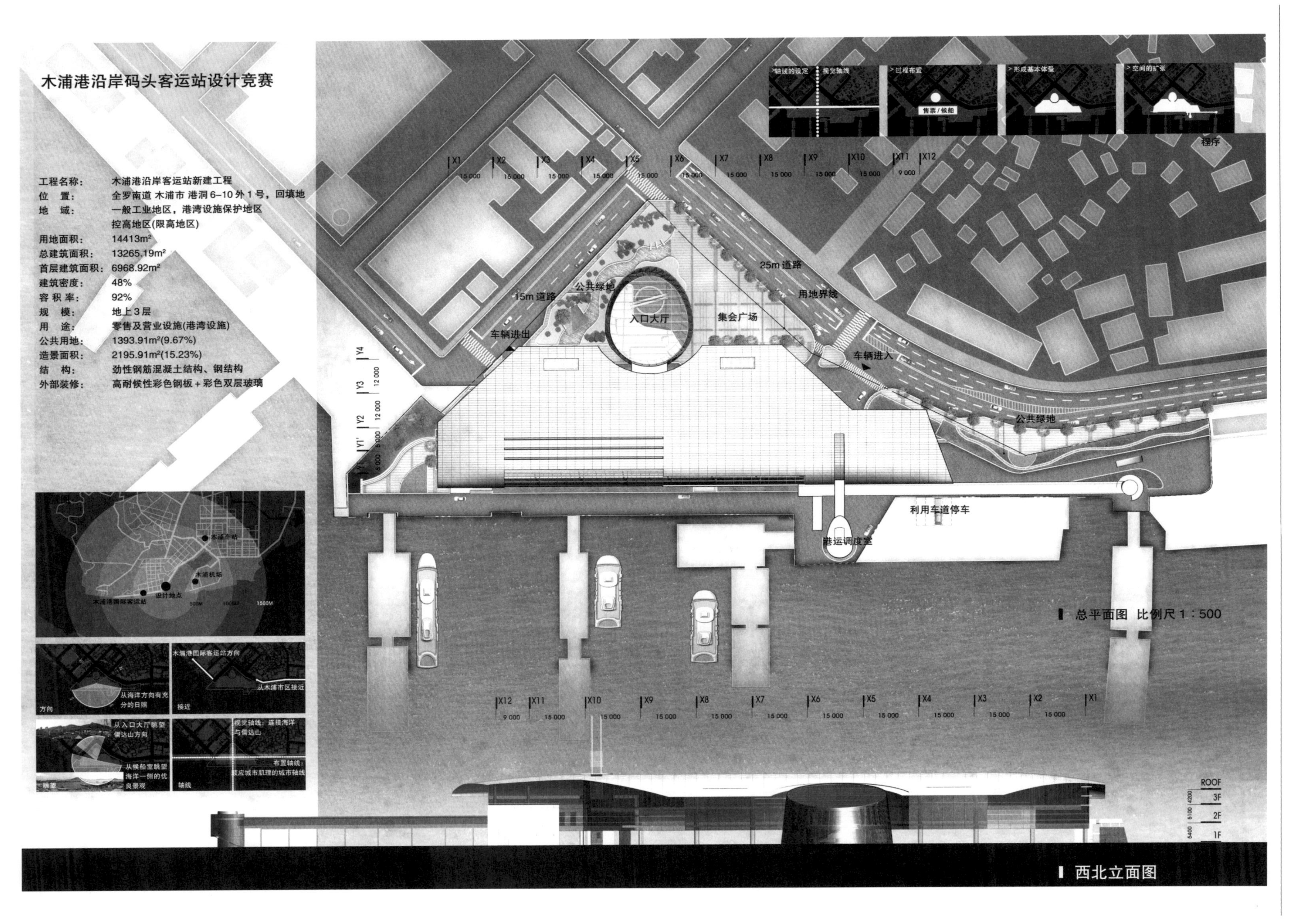
木浦港沿岸码头客运站设计竞赛
工程名称：木浦港沿岸客运站新建工程
位　置：全罗南道 木浦市 港洞 6–10 外 1 号，回填地
地　域：一般工业地区，港湾设施保护地区
控高地区(限高地区)
用地面积：14413m²
总建筑面积：13265.19m²
首层建筑面积：6968.92m²
建筑密度：48%
容 积 率：92%
规　模：地上 3 层
用　途：零售及营业设施(港湾设施)
公共用地：1393.91m²(9.67%)
造景面积：2195.91m²(15.23%)
结　构：劲性钢筋混凝土结构、钢结构
外部装修：高耐候性彩色钢板 + 彩色双层玻璃
>轴线的设定
视觉轴线
>过程布置
售票/候船
>形成基本体量
>空间的扩张
程序
木浦市站
木浦机场
木浦港国际客运站
设计地点
500M
1000M
1500M
方向
从海洋方向有充分的日照
木浦港国际客运站方向
从木浦市区接近
接近
从入口大厅眺望儒达山方向
从候船室眺望海洋一侧的优良景观
眺望
视觉轴线：连接海洋与儒达山
布置轴线：顺应城市肌理的城市轴线
轴线
15m 道路
公共绿地
入口大厅
集会广场
25m 道路
用地界线
车辆进出
车辆进入
公共绿地
利用车道停车
港运调度室
总平面图 比例尺 1：500
X1 X2 X3 X4 X5 X6 X7 X8 X9 X10 X11 X12
15 000
9 000
Y1 Y1' Y2 Y3 Y4
5 000
8 000
12 000
ROOF
3F
2F
1F
4200
5100
5400
西北立面图

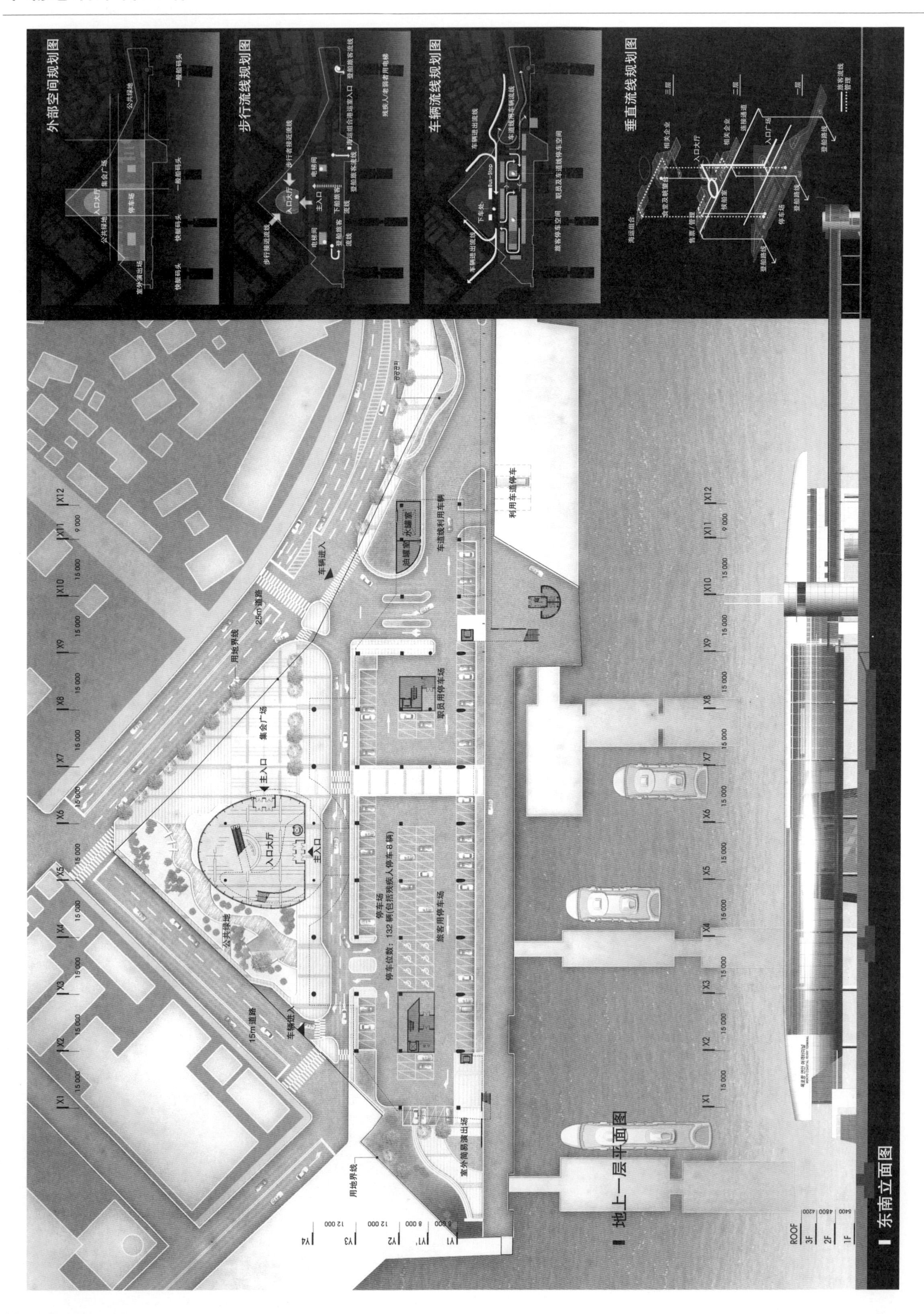
外部空间规划图
步行流线规划图
车辆流线规划图
垂直流线规划图
地上一层平面图
东南立面图
集会广场
入口大厅
主入口
公共绿地
停车场
旅客用停车场
职员用停车场
车辆进入
25m道路
15m道路
用地界线
室外简易演出场
利用车道停车

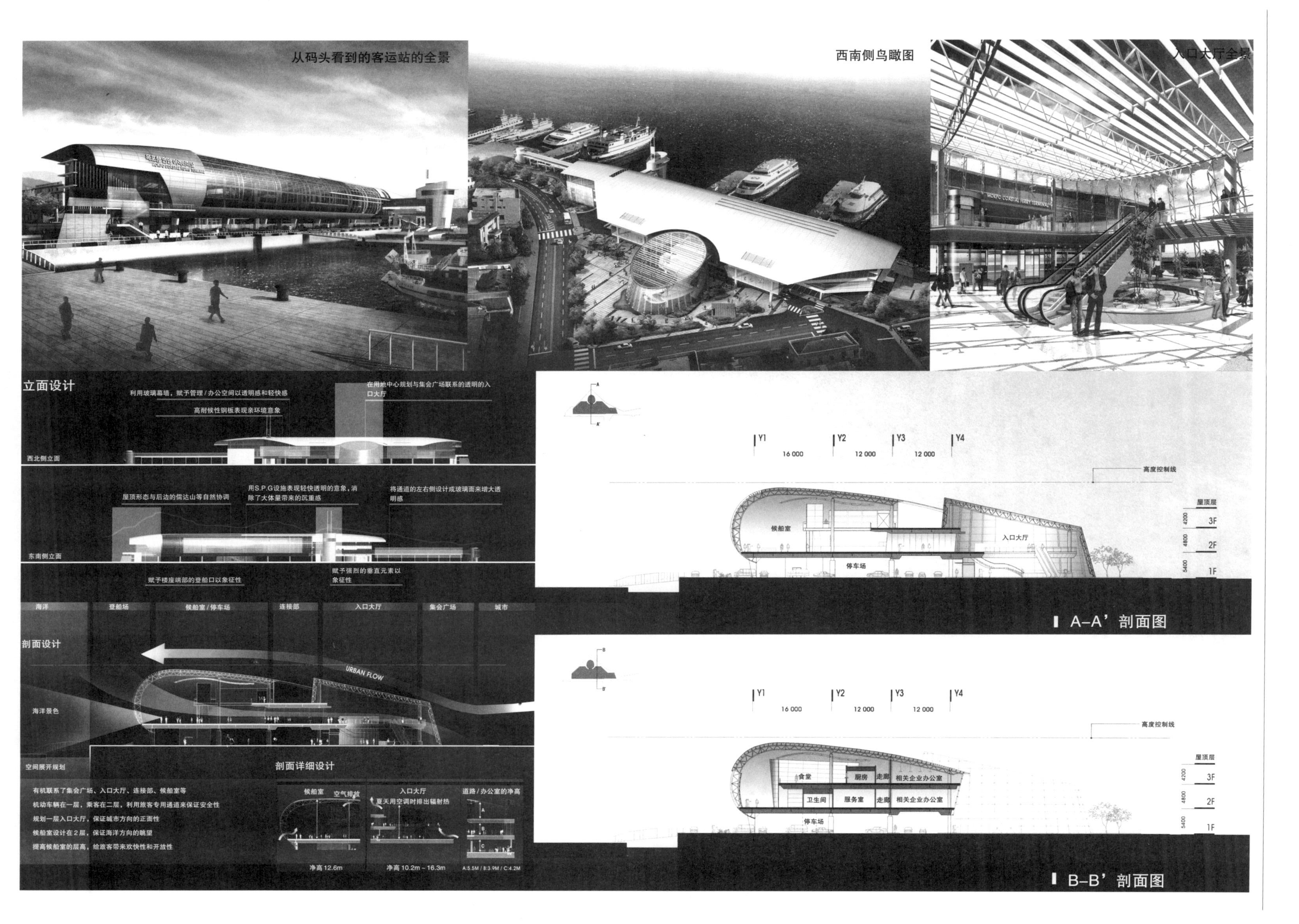
从码头看到的客运站的全景
西南侧鸟瞰图
入口大厅全景
立面设计
利用玻璃幕墙，赋予管理/办公空间以透明感和轻快感
高耐候性钢板表现亲环境意象
在用地中心规划与集会广场联系的透明的入口大厅
西北侧立面
屋顶形态与后边的儒达山等自然协调
用S.P.G设施表现轻快透明的意象，消除了大体量带来的沉重感
将通道的左右侧设计成玻璃面来增大透明感
东南侧立面
赋予楼座端部的登船口以象征性
赋予强烈的垂直元素以象征性
海洋
登船场
候船室/停车场
连接部
入口大厅
集会广场
城市
剖面设计
URBAN FLOW
海洋景色
空间展开规划
有机联系了集会广场、入口大厅、连接部、候船室等
机动车辆在一层，乘客在二层，利用旅客专用通道来保证安全性
规划一层入口大厅，保证城市方向的正面性
候船室设计在2层，保证海洋方向的眺望
提高候船室的层高，给旅客带来欢快性和开放性
剖面详细设计
候船室
空气排放
入口大厅
夏天用空调时排出辐射热
道路/办公室的净高
净高 12.6m
净高 10.2m～16.3m
A:5.5M / B:3.9M / C:4.2M
Y1
Y2
Y3
Y4
16 000
12 000
12 000
高度控制线
屋顶层
3F
2F
1F
4200
4800
5400
候船室
入口大厅
停车场
A–A' 剖面图
Y1
Y2
Y3
Y4
16 000
12 000
12 000
高度控制线
屋顶层
3F
2F
1F
4200
4800
5400
食堂
厨房
走廊
相关企业办公室
卫生间
服务室
走廊
相关企业办公室
停车场
B–B' 剖面图

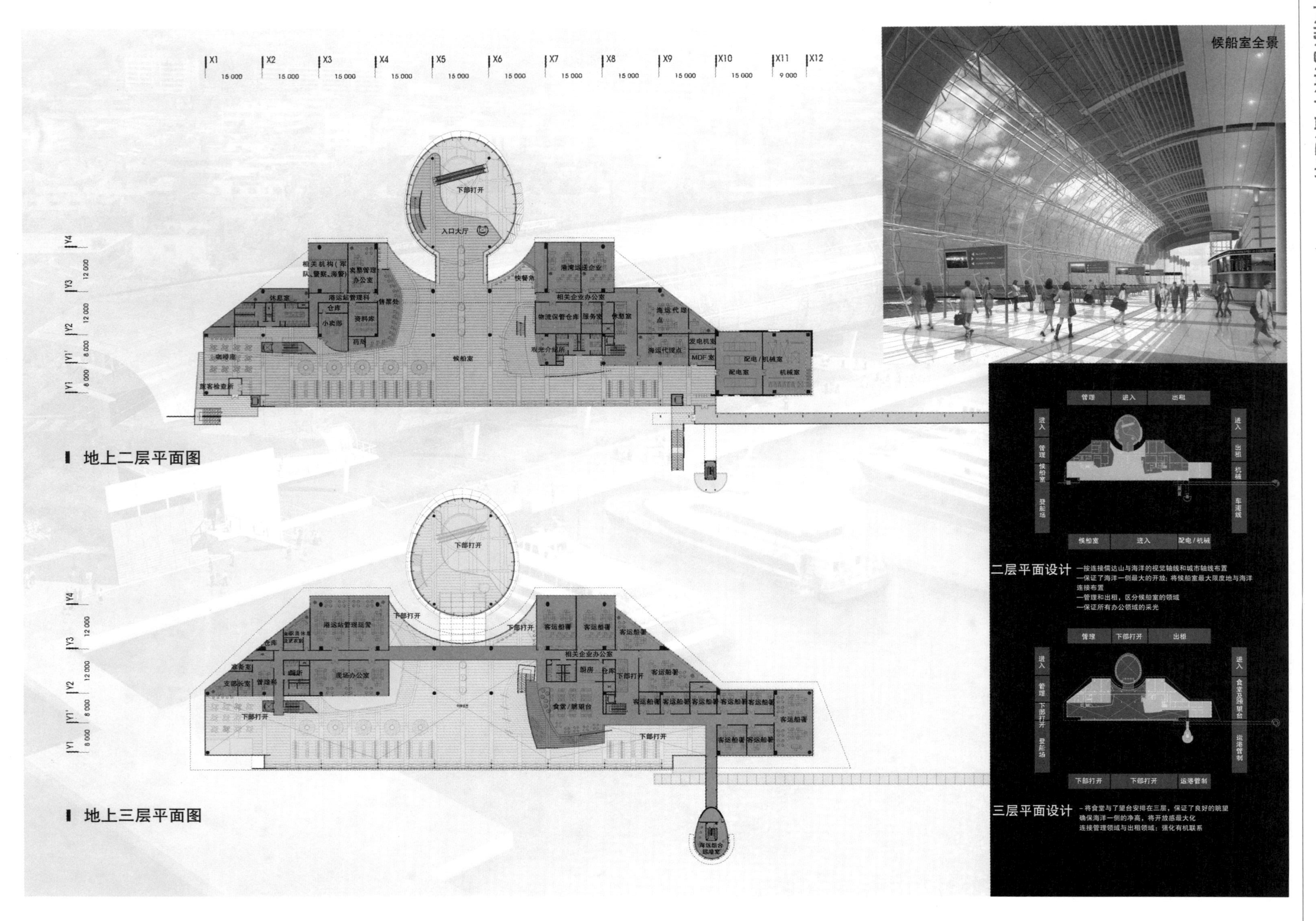
候船室全景
地上二层平面图
入口大厅
下部打开
候船室
快餐角
港湾运送企业
相关企业办公室
物流保管仓库
服务室
休息室
海运代理点
观光介绍所
发电机室
MDF室
配电/机械室
配电室
机械室
相关机构（军队、警察、海警）
客船管理办公室
海运站管理科
售票处
休息室
仓库
小卖部
资料库
药局
旅客检查所
地上三层平面图
港运站管理运营
现场办公室
管理科
客运船署
相关企业办公室
厨房
仓库
食堂/展望台
二层平面设计
—按连接儒达山与海洋的视觉轴线和城市轴线布置
—保证了海洋一侧最大的开放：将候船室最大限度地与海洋连接布置
—管理和出租，区分候船室的领域
—保证所有办公领域的采光
管理
进入
出租
登船场
机械
车道线
候船室
配电/机械
三层平面设计
-将食堂与了望台安排在三层，保证了良好的眺望
确保海洋一侧的净高，将开放感最大化
连接管理领域与出租领域：强化有机联系
下部打开
食堂及瞭望台
运港管制

光州会展中心

中标方案 **正林建筑：**文金虎。**国宝工程建筑：**白文基。**大湖建筑：**李昌律。**釜川大学：**宋权，朴英浩

土地孕育着生命、阳光使万物复生

光州会展中心位于光州光驿市。光州市是韩国西南端的中心城市，是与中国、日本等环黄海国家为近邻的东北亚经济圈的据点都市，也是在21世纪新兴产业——设计业和矿山制造业中具有竞争力和发展潜力的城市。

3个设计主题：

1)象征性

寻找一个象征着光州光驿市的光州湾的门脸。经过深思熟虑得到的答案是：阳光、民主化和无等山。阳光象征着光州，民主化象征着为民主而献身的、富有光荣传统的光州给予互动的能源，无等山（当地山名）象征着心中的故乡。我们勾画的会展中心，她不在首尔、大丘、釜山，也不在济州，就在光州。

2)位置性

对建筑师而言，土地也就是场地，是最重要的因素，得知拟在光州建造时更是如此。场地四至为：北侧是“5.18”自由公园，东侧是居住区，西侧是城市规划用地，南侧是紧邻商业设施。仔细分析包括土地功能在内的各种要素。

3)功能性

新的会展中心，从构思上既要满足会展功能，又不能停留在过去的模式，要有所创新，有所发展。在充分研究分析的基础上，提出了符合未来发展的会展中心设计。

我们迎着明媚的阳光，踏着肥沃的土地，一步一步朝着目标迈进。

位置：光州市 西区 祈平洞1159-2番地（商务地区内）
地域：一般居住地域，详规区域
用地面积：53301.9m²
总建筑面积：38430m²
首层建筑面积：20316m²
建筑密度：38%
容积率：48%
造景面积：8970m²
规模：地下1层、地上3层
最高高度：35m
结构：钢筋混凝土、型钢混凝土、钢结构
外部装修：THK3铝合金和THK24双层彩色玻璃
停车位数：403辆（地下275辆，地上128辆，含残疾人用车12辆）
协作体：
结构：SAIN构造
设备：三新设备
电气：国家技术团
造景（园林）：SOLT造景（株）

地龙 - 无等山的象征
无等山的棱线
近距离线型
近距离线型
无等山（山名）的棱线
设计理念分析
构成
GWANGJU COEX

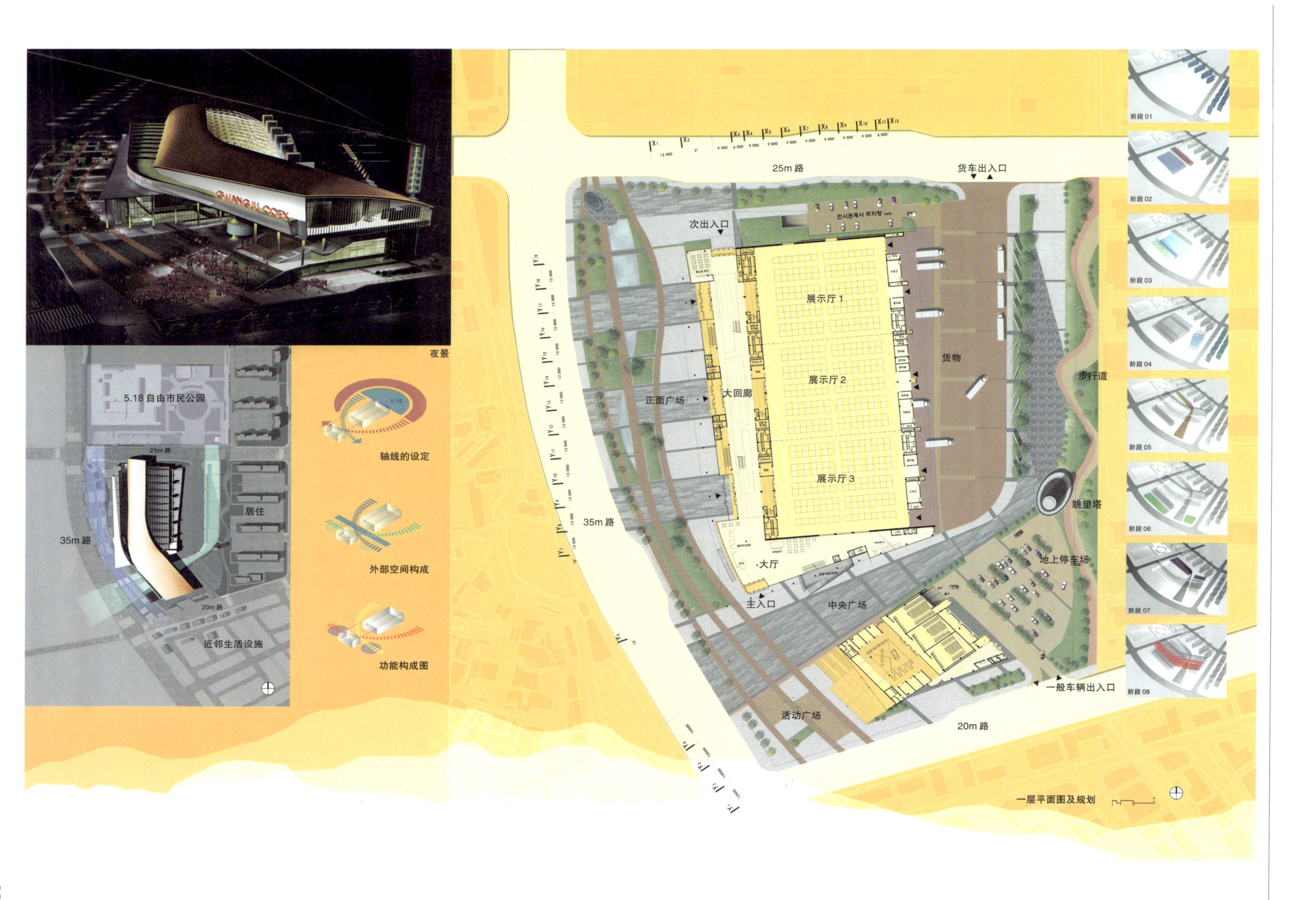

夜景
5.18 自由市民公园
25m 路
居住
35m 路
20m 路
近邻生活设施
轴线的设定
外部空间构成
功能构成图
25m 路
货车出入口
次出入口
展示厅 1
展示厅 2
展示厅 3
货物
步行道
正面广场
大回廊
35m 路
眺望塔
大厅
地上停车场
主入口
中央广场
一般车辆出入口
活动广场
20m 路
一层平面图及规划
阶段 01
阶段 02
阶段 03
阶段 04
阶段 05
阶段 06
阶段 07
阶段 08

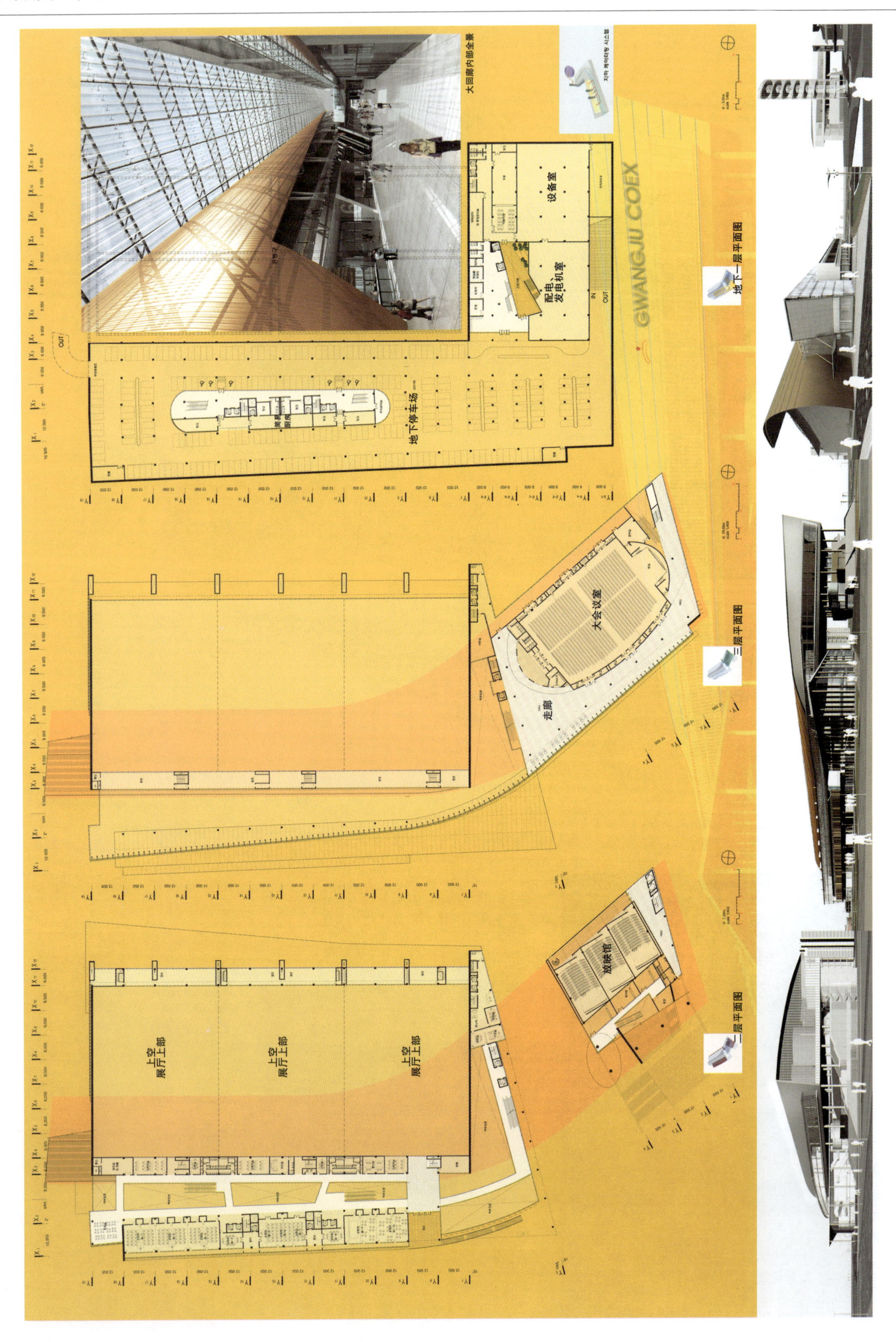
大回廊内部全景
设备室
配电、发电机室
地下停车场
GWANGJU COEX
地下一层平面图
大会议室
走廊
三层平面图
放映馆
上空
展厅上部
二层平面图

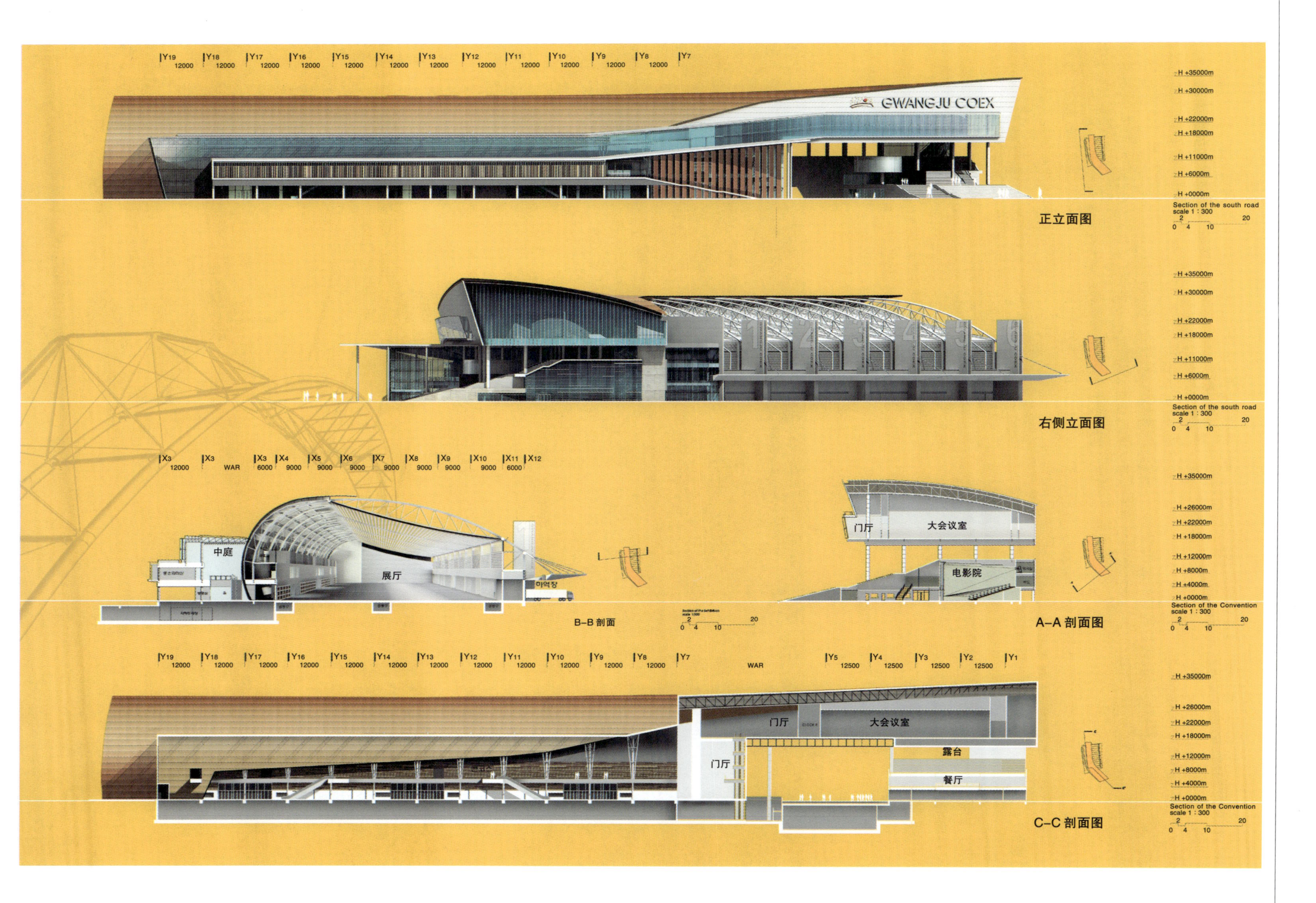

GWANGJU COEX
H +35000m
H +30000m
H +22000m
H +18000m
H +11000m
H +6000m
H +0000m
Section of the south road
scale 1 : 300
正立面图
右侧立面图
中庭
展厅
B–B 剖面
门厅
大会议室
电影院
A–A 剖面图
Section of the Convention
scale 1 : 300
门厅
大会议室
露台
餐厅
C–C 剖面图

光州会展中心

三等奖方案 **间三建筑：**李光万，金泰集。**IMT 建筑公司：**高奉哲。**公用建筑工程：**杨官植。**建元工程建筑：**金震煌。

设计组：金太成，李革秀，尹再革，朱明钟，宋智彦，李意珍，黄成涣，金武宏，权成根

创造有亲和力的环境

设计力图创造出适合地区特点的建筑和绿地空间。与原有公园相衔接的绿地轴线穿过正面的广场，并延伸至行人步行线，形成具有环境亲和力的绿色园地。

低廉的建筑

设计管理维护费比较低廉的建筑。设计采用了太阳集热板、双层隔热板、集热坑(板)等设备，以减少建筑的维护和管理费。设计也通过下沉式广场和建筑物内的绿地，形成清爽的环境。由于使用太阳能，一年可节省大约1.7亿韩元的建筑运营费用。

流线型建筑的时代感

设计以流线型的建筑造型来体现亲环境、高科技的建筑形象。经过多次实验确定的造型，可以最大限度地减少风的影响。而且，作为这个地区的标志性建筑，建筑的造型使人想起光与美、流线型的先进性和方向感。随着新城市的开发，它将成为这个城市的又一个亮点。

跨时代的展览、综合空间

—配置展览馆、会议中心、共享空间、多功能电影馆、大型步行购物中心等具备多种功能的复合空间。

—最大限度地提高了空间的适应性和可变性，以满足举办多种活动的需要，这将会延长建筑物的使用寿命，提高建筑物的使用率。

共享空间设计

—设计中配置了可以集中和分散多种功能的复合设施的共享空间，营造愉悦的气氛。

—在共享空间中配置了绿化和下沉广场，这些因素能使室内的展览和会议在愉快的气氛中进行，并赋予空间强烈的光影美。

和蔼亲切的建筑

—赏心悦目的外部形象和内部空间。

—超越预计目标的服务空间，使各种设施的使用更加充分灵活，赋予建筑和蔼亲切的形象、使人流连往返。

用地面积：19889.72m^2
总建筑面积：39013.12m^2
建筑密度：37.32%
容积率：50.68%
规模：地下1层，地上3层
最高高度：32.8m
结构：地下–钢结构，钢筋混凝土；地上–钢结构
停车位数：452辆

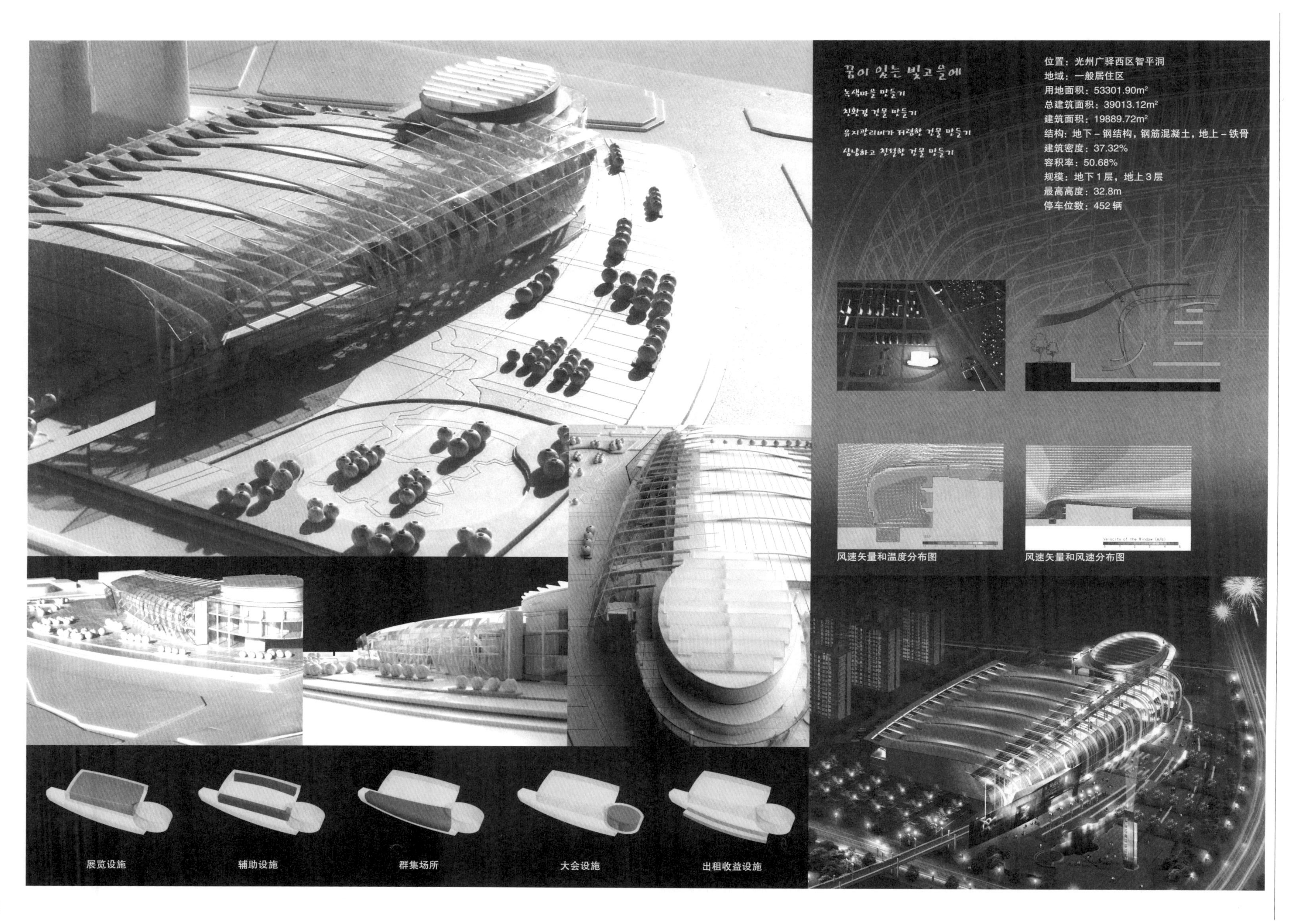
꿈이 있는 빛고을에
녹색마을 만들기
친환경 건물 만들기
유지관리비가 저렴한 건물 만들기
상냥하고 친절한 건물 만들기
位置：光州广驿西区智平洞
地域：一般居住区
用地面积：53301.90m²
总建筑面积：39013.12m²
建筑面积：19889.72m²
结构：地下－钢结构，钢筋混凝土，地上－铁骨
建筑密度：37.32%
容积率：50.68%
规模：地下1层，地上3层
最高高度：32.8m
停车位数：452辆
风速矢量和温度分布图
风速矢量和风速分布图
展览设施
辅助设施
群集场所
大会设施
出租收益设施

광주컨벤션센터

都市轴线上建筑物的布置
都市的成长方向和正面性的符合都市发展的主要中心作用
都市绿地空间的连续性
与连续的公园流线连接形成用地内自然广场以及展示场
与周边边地区形成有机的外部空间
用野外公演场、光的广场形成与周边居民和步行者的亲和空间
金湖公寓
优美公寓
住宅区
健康散步路
展览人员停车场
室外展示场
车辆出口
车辆出入口
贵宾停车场
太阳广场
大会主出入口
室外停车场（224）
待扩建用地
5.18自由公园
25m路
展厅
大会中心
迎宾广场
（主进人入口）
大会主出入口
车辆入口
展厅主出入口
展厅主出入口
室外公演场
室外展览厅
缓冲绿地
未来广场
（活动广场）
进入广场
绿色道
1.迎宾广场
—决定展示场第一印象的开放空间，用树形直的绿叶树以及
演绎明亮自信的欢迎气氛。
2.太阳广场（集合广场）
—公共活用性强的自由空间，形成热烈拥抱使用者的开放场地。
3.室外展示场（光的广场）
—与展示场有机连接的室外展示场，形成具备复合（综合）展示功能的多目的、多功能空间。
4.缓冲绿地带
—可连接城内绿地轴的缓冲绿地确立绿地体系。
5.未来广场（活动广场）
—可以举行多种展示文化仪式和活动的室外展示场形成未来与高尖相会的象征性空间。
6.室外公演场
—绿色室外舞台空间，向使用者提供绿荫丛中休息及可以参观、参与文化公演的游乐广场。
7.水色清澈的庭院
—地面用光纤维玻璃块铺装，并且利用湿地溪流等水景设施，扩大地丰富了孕育着光和生命的光州形象。
8.加入从建筑尺度中提取的模型的连续性的休息空间。
9.室外停车场（停车场周边）
—根据停车场利用频率，规划停车和室外展示功能。
—期待利用落叶、阔叶绿荫树植材的绿荫停车效果。
10.健康散步路
—设置小型公园步行者专用路，与用地外廓部的原来的健康散步路相连。
比例尺：1/500

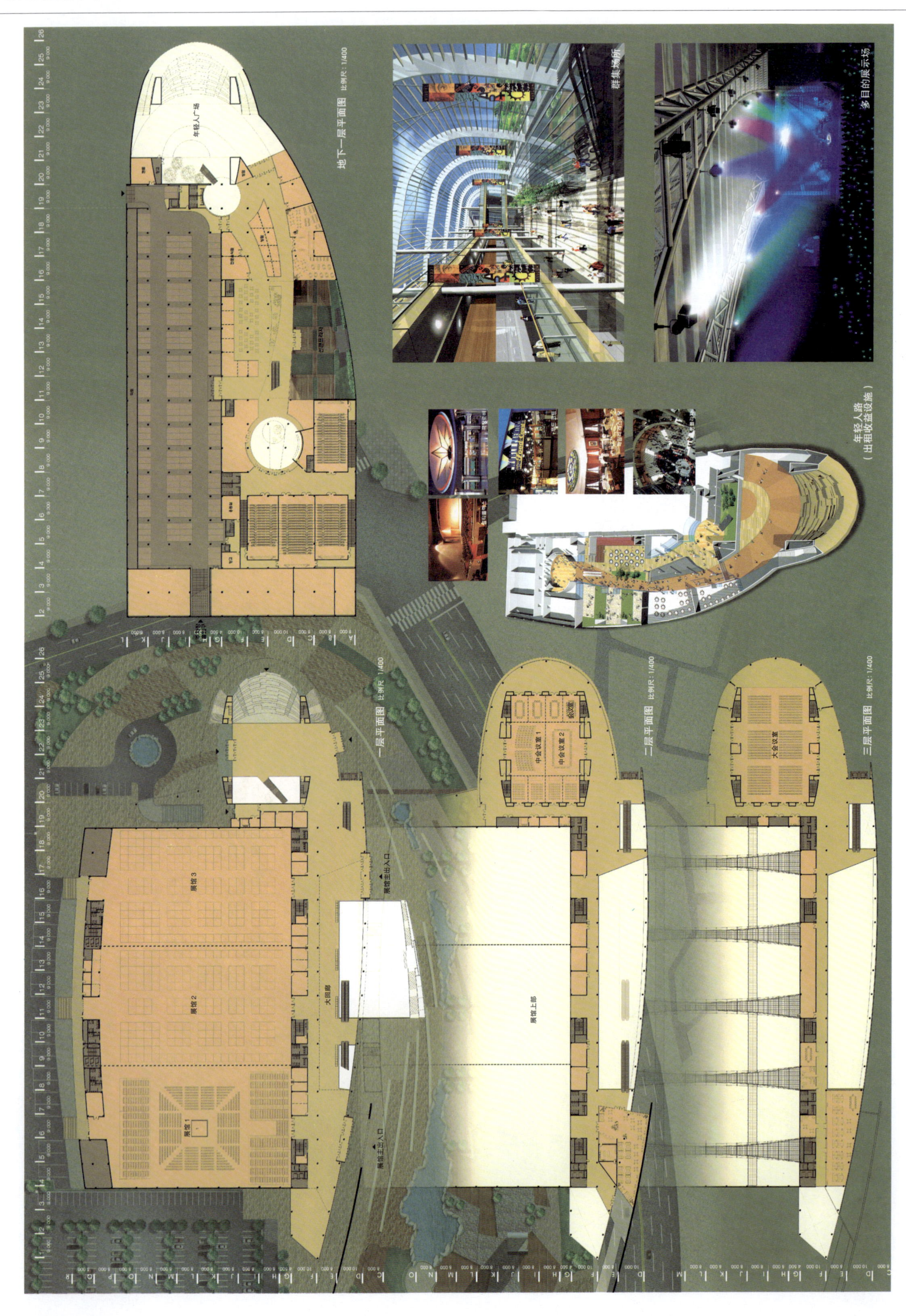
地下一层平面图
比例尺：1/400
年轻人广场
群集场所
多目的展示场
年轻人路
（出租收益设施）
一层平面图
比例尺：1/400
展馆3
展馆2
展馆1
大回廊
展馆主出入口
二层平面图
比例尺：1/400
中会议室1
中会议室2
展馆上部
三层平面图
比例尺：1/400
大会议室

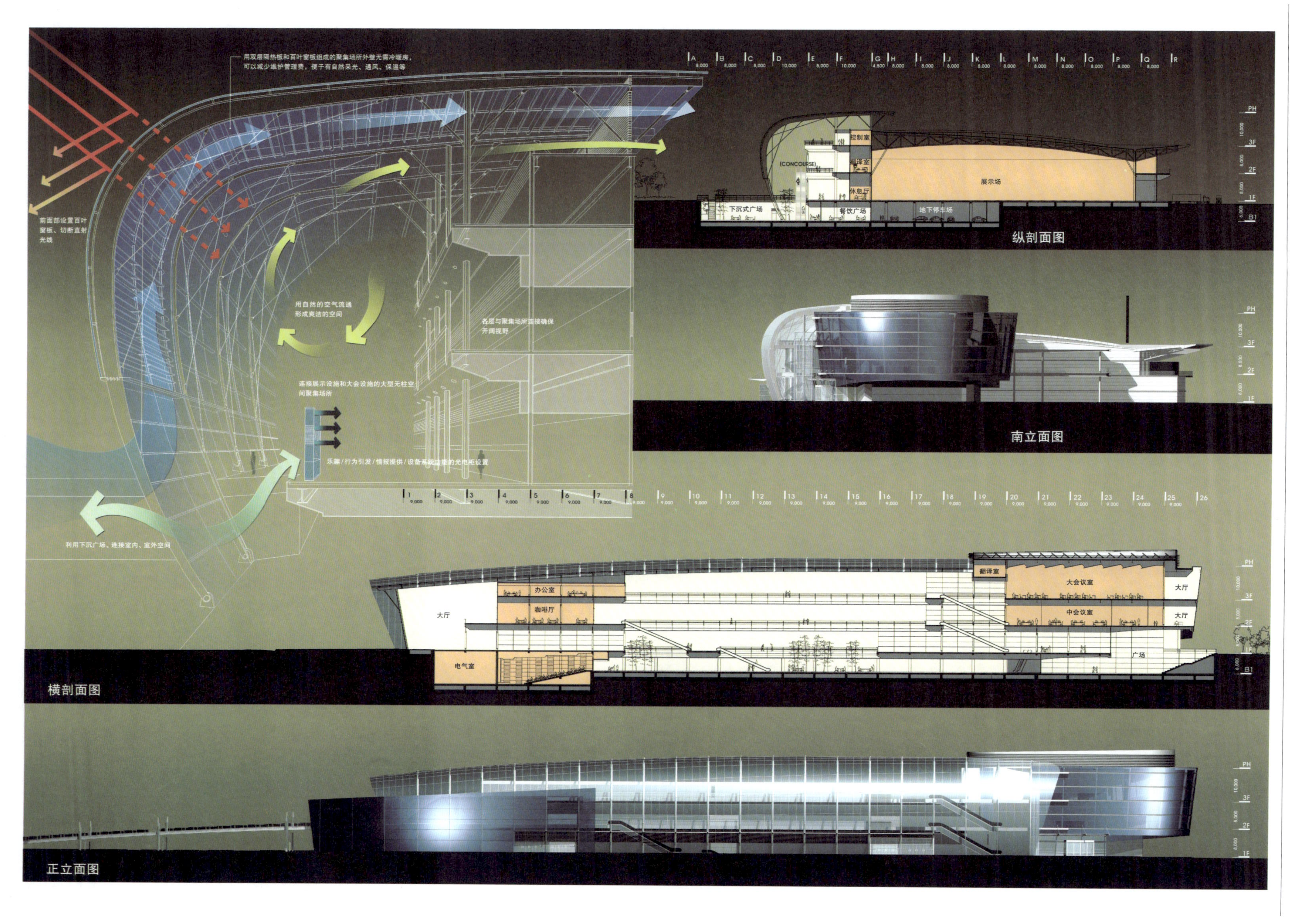

用双层隔热板和百叶窗板组成的聚集场所外壁无需冷暖房，
可以减少维护管理费，便于有自然采光、通风、保温等
前面部设置百叶
窗板、切断直射
光线
用自然的空气流通
形成爽洁的空间
各层与聚集场所直接确保
开阔视野
连接展示设施和大会设施的大型无柱空
间聚集场所
利用下沉广场，连接室内、室外空间
控制室
(CONCOURSE)
翻译室
休息厅
展示场
下沉式广场
餐饮广场
地下停车场
纵剖面图
南立面图
翻译室
大会议室
大厅
办公室
咖啡厅
中会议室
广场
电气室
横剖面图
正立面图

安阳市东安区保健所改建

二等奖方案 **熙贤建筑：**金庆英

规划基本方向：

功能性

—为当地居民的健康增进和一生的健康管理。

—考虑新设施和已有设施间的有机联系，更加贴近入住居民的功能调整和有效的交通规划。

经济性

—管理费用的最低化。

—节能设计以及初期投资的经济性。

居民亲和

—引入以人为本的医疗设施理念。

—老人诊疗、临终关怀、再生系统等采用老龄化时代的需求。

用地环境分析：

安阳市市政厅和东安区市政厅同在一处，对保健、行政功能非常有利；南侧中央广场连接行人专用道路，与居民的连接方便。

—主轴分析：积极利用与东西向的城市主轴相连接的南北向的外部空间。

—周边环境：作为行政中心的密集区域，便于接近居民，最大限度地引导并利用快捷丰富的外部环境。

总建筑面积：17150.61m²
首层建筑面积：4101.98m²
建筑密度：22.91%
容积率：68.45%
建筑规模：地下1层、地上5层
最高高度：29.1m
结构：钢筋混凝土结构
外部装修：花岗石、THK3铝合金
停车位数：175辆

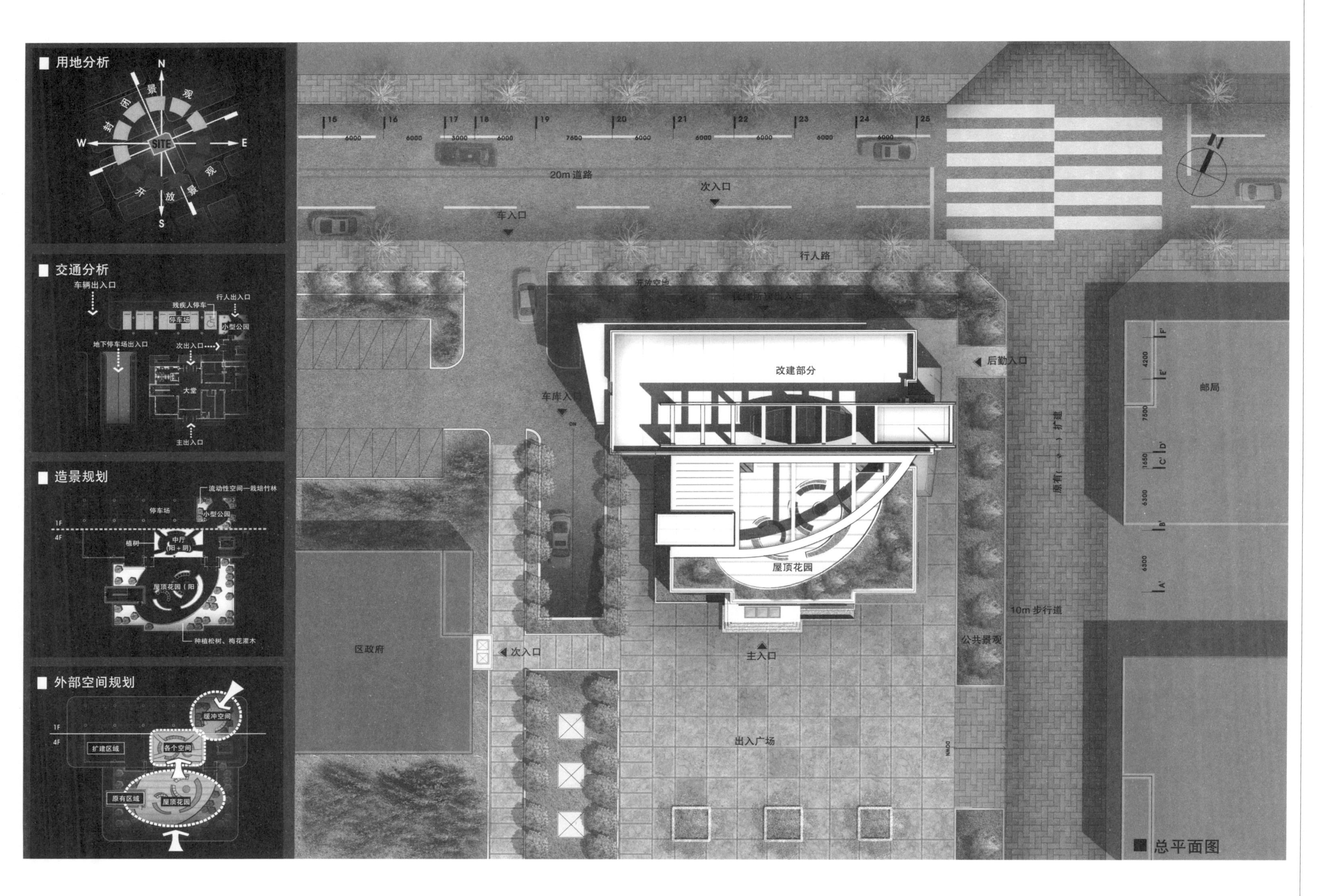
用地分析
N
S
E
W
SITE
封闭景观
开放景观
交通分析
车辆出入口
行人出入口
残疾人停车
停车场
小型公园
地下停车场出入口
次出入口
大堂
主出入口
造景规划
流动性空间—栽培竹林
停车场
小型公园
1F
4F
植树
中厅
(阳＋阴)
屋顶花园（阳
种植松树、梅花灌木
外部空间规划
缓冲空间
1F
4F
扩建区域
各个空间
原有区域
屋顶花园
20m道路
次入口
车入口
行人路
开放空地
改建部分
后勤入口
车库入口
邮局
原有（ ）扩建
屋顶花园
10m步行道
公共景观
区政府
次入口
主入口
出入广场
总平面图

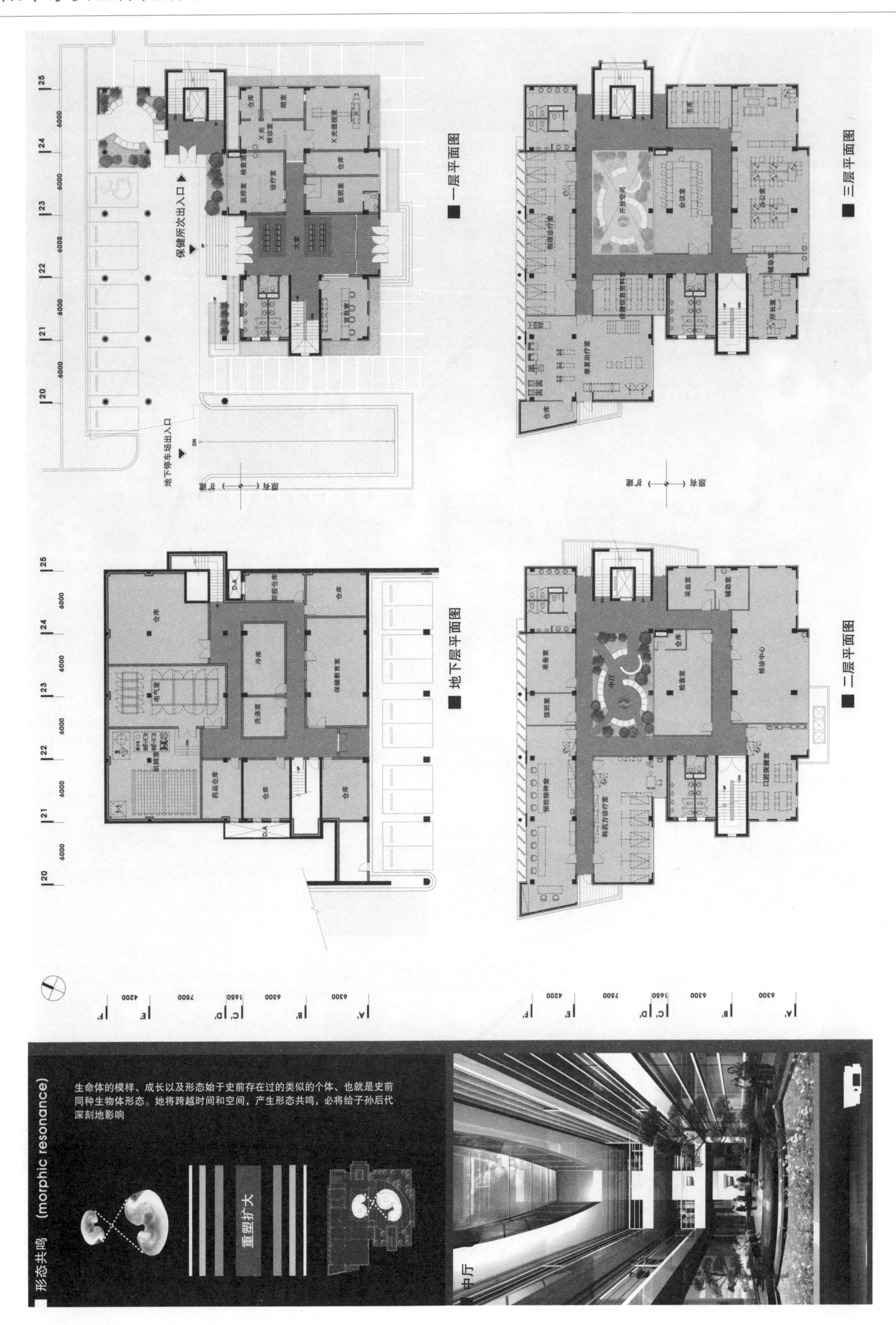
一层平面图
保健所次出入口
地下停车场出入口
三层平面图
地下层平面图
二层平面图
形态共鸣 (morphic resonance)
生命体的模样、成长以及形态始于史前存在过的类似的个体、也就是史前同种生物体形态。她将跨越时间和空间，产生形态共鸣，必将给子孙后代深刻地影响
重塑扩大
中厅

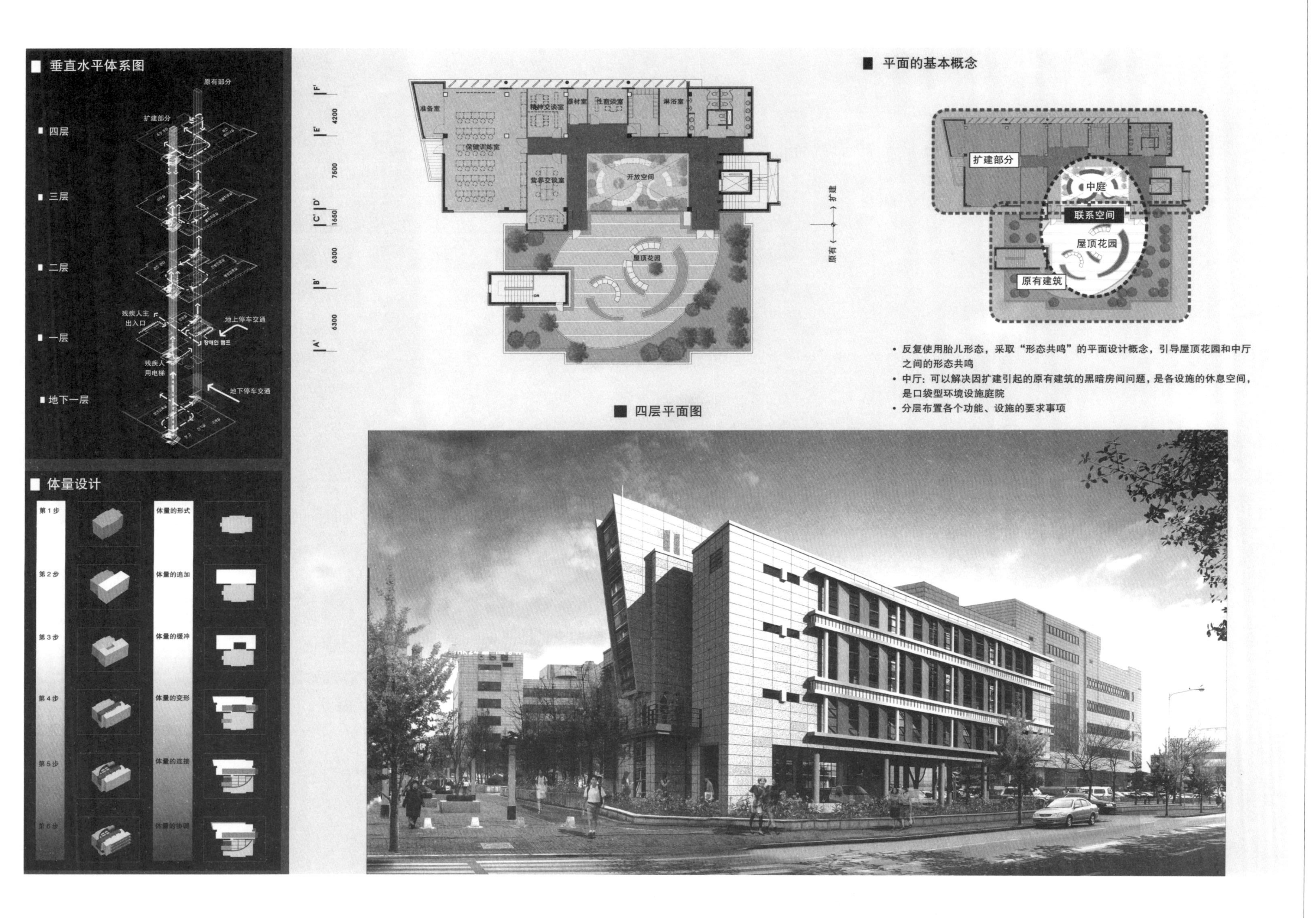

• 反复使用胎儿形态，采取“形态共鸣”的平面设计概念，引导屋顶花园和中厅之间的形态共鸣
• 中厅：可以解决因扩建引起的原有建筑的黑暗房间问题，是各设施的休息空间，是口袋型环境设施庭院
• 分层布置各个功能、设施的要求事项

■ 四层平面图

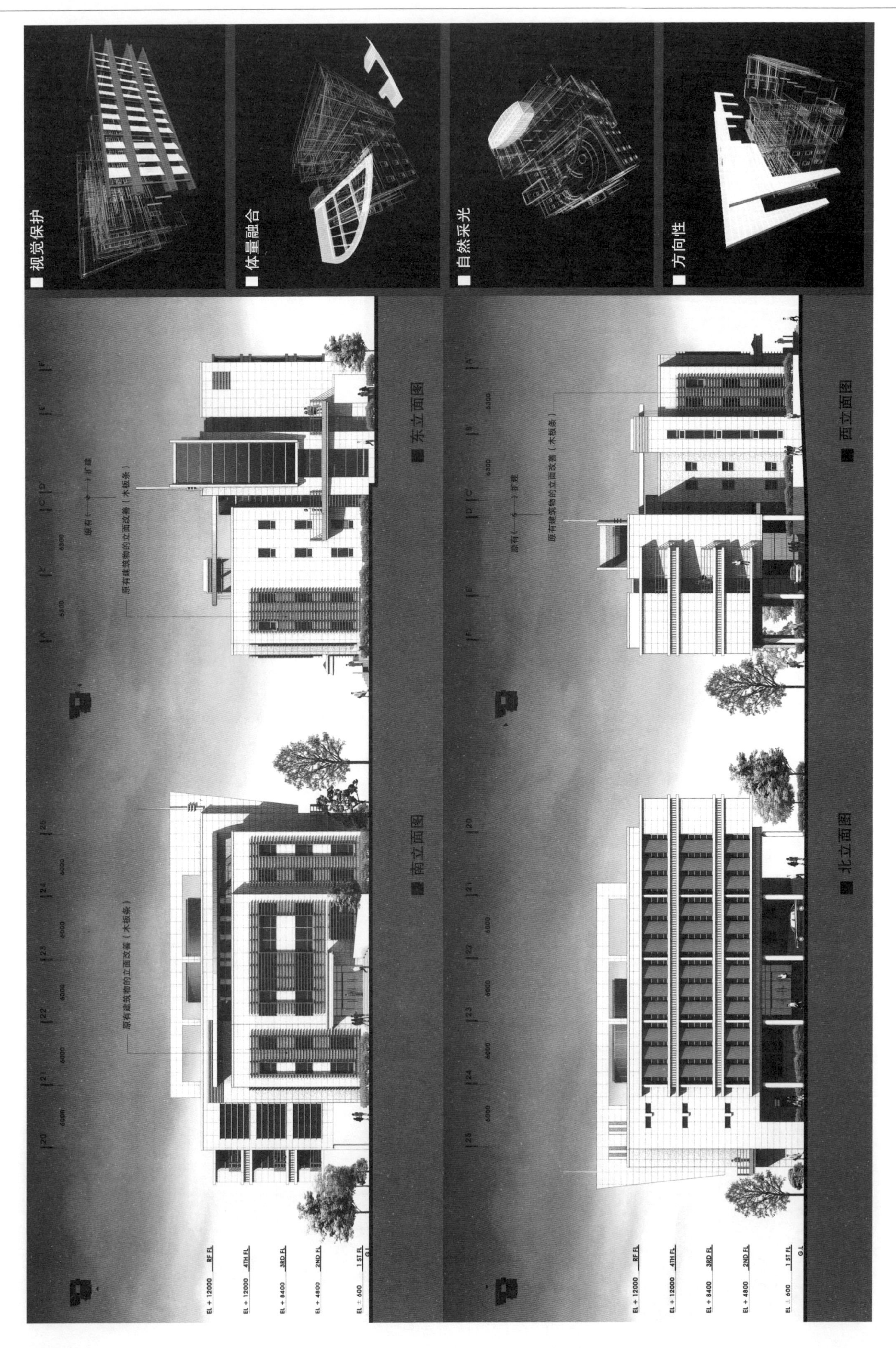
视觉保护
体量融合
自然采光
方向性
东立面图
南立面图
西立面图
北立面图
原有建筑物的立面改善（木板条）
EL + 12000 RF FL
EL + 12000 4TH FL
EL + 8400 3RD FL
EL + 4800 2ND FL
EL ± 600 1ST FL
GL

立面概念
方便邻近居民和使用人员的标志设施
剖面概念
采光
通风
中厅
结构分析
安全以及合理的结构设计
原有建筑与扩建部位之间设置伸缩缝
伸缩缝
新技术新工艺
采用钢筋的机械连接工艺——韩国建筑交通部 新技术30号
概要：方便的连接粗钢筋的施工工艺
效果：保持钢筋应力作用线不偏心
便于钢筋加工
减少钢筋作业空间
保证配筋间距
保证混凝土保护层厚度的一致
适用范围：粗钢筋之间的连接
EL + 12000 RF FL
EL + 12000 4TH FL
EL + 8400 3RD FL
EL + 4800 2ND FL
EL ± 600 1ST FL
G.L
EL − 3600 B1ST FL
20 21 22 23 24 25
6000 6000 6000 6000 6000
保健训练室
营养交谈室
康复治疗室
保健信息资料室
韩药方诊疗室
中厅
大堂
停车场
药品仓库
走廊
电气室
横剖面图
A' B' C' D' E' F'
6300 6300 1650 7500 4200
原有 扩建
办公室
会议室
候诊中心
检查室
性交谈室
物理治疗室
值班室
停车场
地下停车场
大厅
机械室
纵剖面图

首尔市政厅前广场

中标方案 **汉阳大学建筑设计研究生院：**许贤。**国际都市建筑：**朴元根

阳光与液晶显示器

广场上铺设2003个液晶显示器。

市民可以租用液晶显示器，每家企业只能租用一个液晶显示器。

市民可以选择自己喜欢的画面，可看新闻，也可作为自由选屏。

通过液晶显示器，可以反射光线。形成的光柱显示了韩国首都广场的存在。

液晶显示器上部的强化保护玻璃，白天可作为反射市政厅大楼的画板。

城市轴线

广场延伸至大汉门与圆球坛(物名)之间的直线相切处，广场边设有音乐喷泉。

服务廊

广场周边的服务廊设有市政设施，服务廊兼作照明(路灯)。

所谓市政设施包括广播、残疾人电梯、自动售货机、广告栏、公用电话、仓库、自行车库、导游屏、卫生间等。

活动内容

广场周围设置造景，兼作休闲地，作为与广场中心和道路之间的缓冲空间。

广场中心四周开阔，可做公演、展示、跳蚤市场等各种活动。

机械设备

将残疾人电梯连接至已有地铁车站，并将所有原有机械设备转建到服务廊中。

位置：首尔市中区太平路1街

总建筑面积：14548m^2

反射首尔市政府大楼的广场白天景色

镶嵌地屏的广场夜景（显示器）

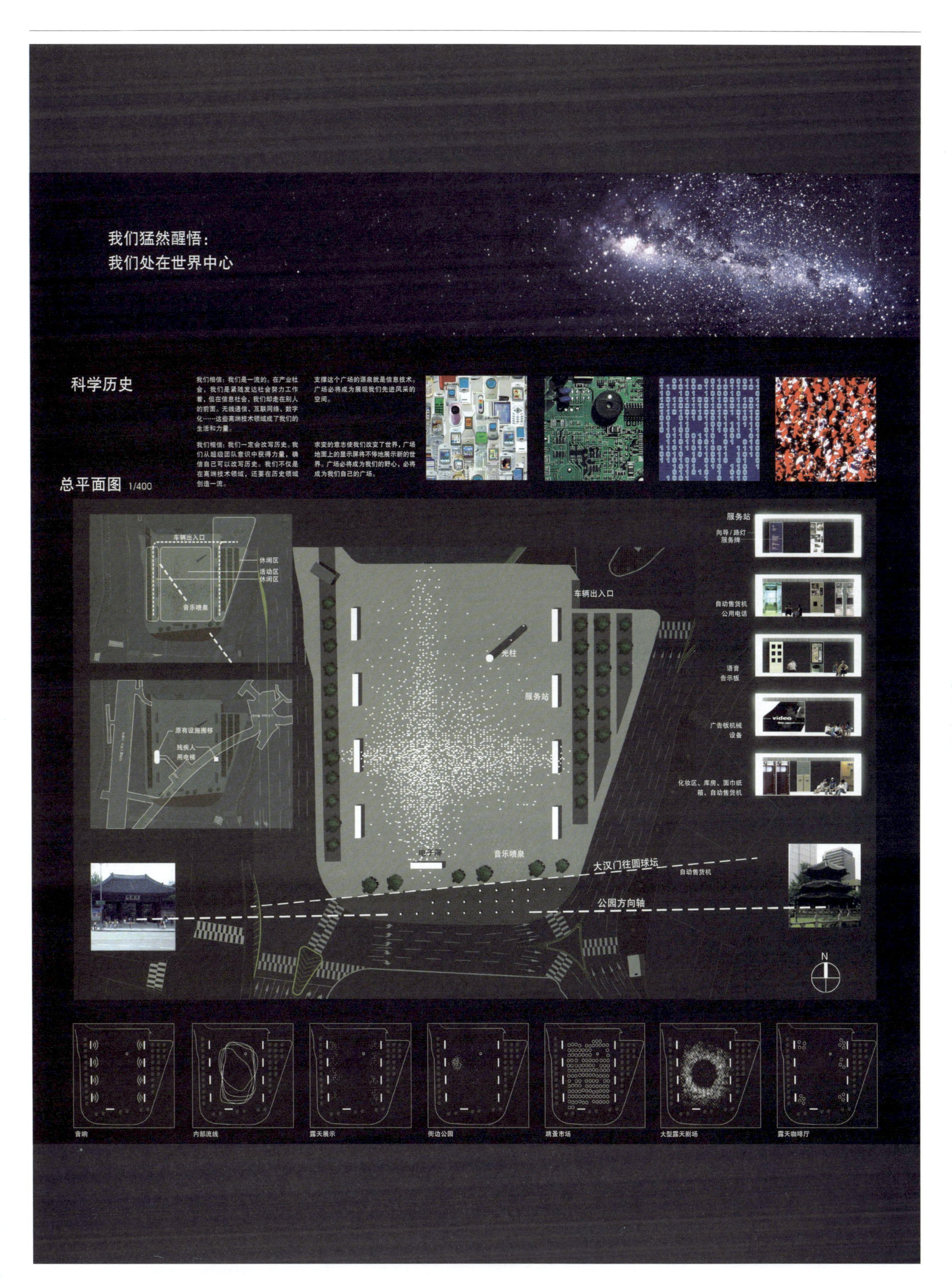
我们猛然醒悟：
我们处在世界中心
科学历史
我们相信：我们是一流的。在产业社会，我们是紧随发达社会努力工作着，但在信息社会，我们却走在别人的前面。无线通信、互联网络、数字化……这些高端技术领域成了我们的生活和力量。
我们相信：我们一定会改写历史。我们从超级团队意识中获得力量，确信自己可以改写历史。我们不仅是在高端技术领域，还要在历史领域创造一流。
支撑这个广场的源泉就是信息技术。广场必将成为展现我们先进风采的空间。
求变的意志使我们改变了世界，广场地面上的显示屏将不停地展示新的世界。广场必将成为我们的野心，必将成为我们自己的广场。
总平面图 1/400
车辆出入口
休闲区
活动区
休闲区
音乐喷泉
原有设施搬移
残疾人
用电梯
车辆出入口
光柱
服务站
电子屏
音乐喷泉
大汉门往圆球坛
自动售货机
公园方向轴
服务站
向导/路灯
服务牌
自动售货机
公用电话
语音
告示板
广告板机械
设备
化妆区、库房、面巾纸箱、自动售货机
N
音响
内部流线
露天展示
街边公园
跳蚤市场
大型露天剧场
露天咖啡厅

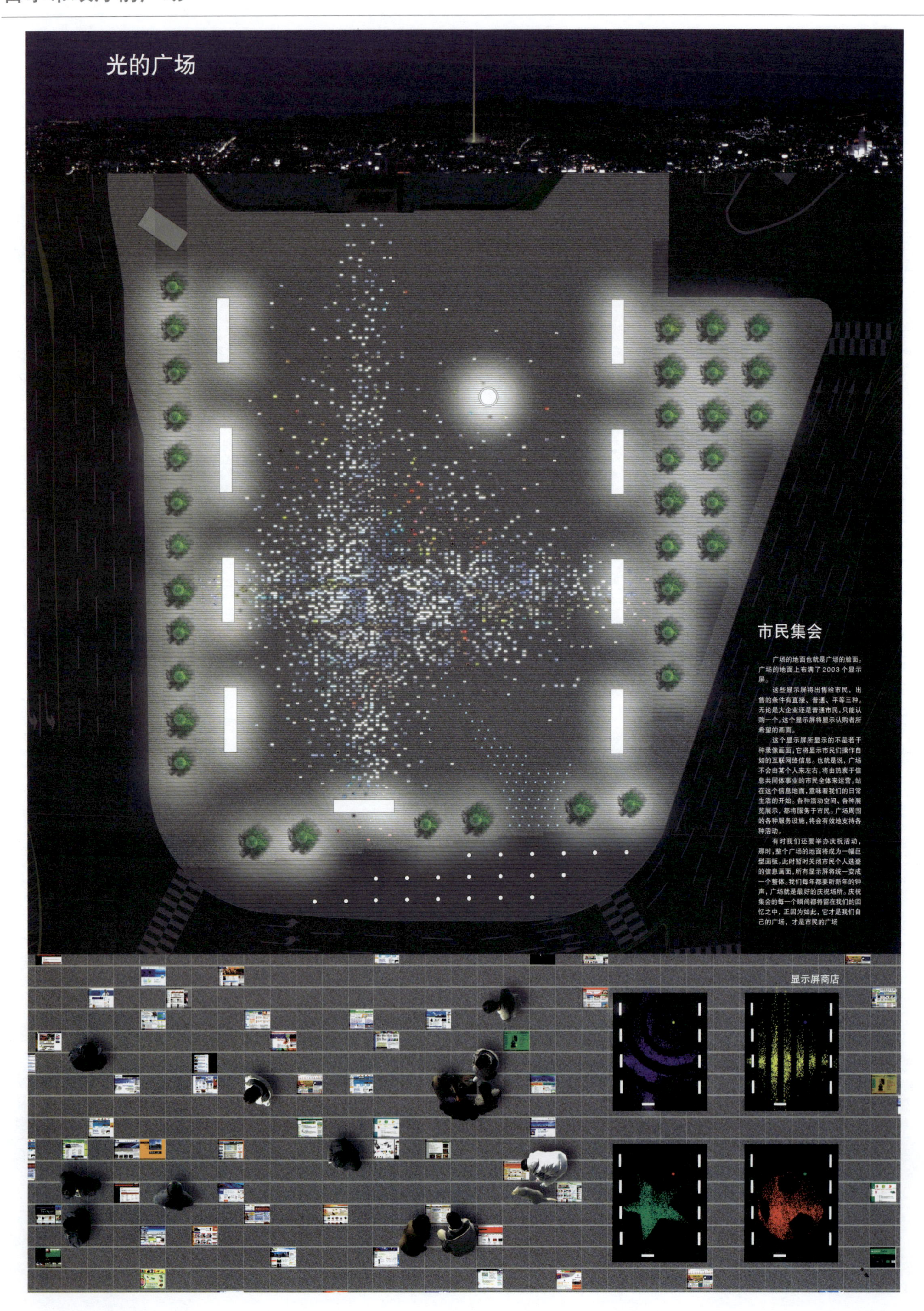
光的广场
市民集会
广场的地面也就是广场的脸面。广场的地面上布满了2003个显示屏。
这些显示屏将出售给市民，出售的条件有直接、普通、平等三种。无论是大企业还是普通市民，只能认购一个。这个显示屏将显示认购者所希望的画面。
这个显示屏所显示的不是若干种录像画面，它将显示市民们操作自如的互联网络信息。也就是说，广场不会由某个人来左右，将由热衷于信息共同体事业的市民全体来运营。站在这个信息地面，意味着我们的日常生活的开始。各种活动空间、各种展览展示，都将服务于市民。广场周围的各种服务设施，将会有效地支持各种活动。
有时我们还要举办庆祝活动，那时，整个广场的地面将成为一幅巨型画板。此时暂时关闭市民个人选登的信息画面，所有显示屏将统一变成一个整体。我们每年都要听新年的钟声，广场就是最好的庆祝场所。庆祝集会的每一个瞬间都将留在我们的回忆之中，正因为如此，它才是我们自己的广场，才是市民的广场
显示屏商店

首尔市政厅前广场

三等奖方案 三星 EVER LAND 环境设计中心

确定设计概念

市政府前广场是体现市民的强烈聚集力的场所，具有“动静”功能的场所。作为设计意念，我们提出构成市政府前广场本质的“路”和“太极”的概念。

由于有路，才有广场。通过路，人们才能聚集。聚集的人的力量的源泉就是“太极”。由此，市政府前广场走向新的可能、新的中心、面向世界和面向新世纪开辟新的“路”。

设计概念的展开

路

路象征着连接场所的空间。市政府前广场原本就是众多“路”的聚集点，由于人的聚集，形成宽大的广场。所以，存在论的观点上，市政府前广场可以说是“路”。

太极

太极是宇宙万物诞生的源泉。市政府前广场由路演变成为广场，可看作是从无意识状态演变成为具有某种秩序的人世间。这种使“路”变成“广场”的人们的聚集力的源泉就是太极。

设计概念的具体化

“路”和“太极”不仅是概念的焦点，也是解决概念的形态焦点。

将市政府前广场的整体性解释为：人们聚集在路中，此路渐成为广场，广场作为表现人们凝聚力的地方。路在多余的空间中相互交叉，形成有意义的新的空间。

路

不同走向的3条路相互交叉，可以形成一个广场。此3条路是广场生存的主体，环境相对稳定。

可变性

尚未固定的空间，在外部力量的渗透下，能改变其功能和形态，甚至恢复其原来状态。

能使变化的空间适应不同的状况和要求的力量就是人们自己，也就是利用者的意图。

依据利用者的意图，空间可以成为公园、娱乐场、集市，也可以成为大规模集会的大广场。

太极

以能使空旷的广场淹没在人海之中的原动力为基础，表现新的创造的力量源泉的象征性空间。

但是，尚处于雏形阶段的不完整形态的空间本身不能成为一个完整的体系。只有通过人们的利用，不断充实空间，完整的太极形象才能渐渐显现，最终体现阴阳融合的无穷的力的源泉。

尚未规划的、依人们的利用而形成的空间，随着时间的流逝和利用形态的变化，演变成众多的空间形态，太极也随之衍生多样化。

空间构成规划

平常像公园那样，规划为休闲和行人专用使用，需要举办特别的活动或大型集会时，也能轻松满足功能要求。

公园式广场

考虑利用者的接近和安全，在人车拥挤的太平路一侧敷设地屏的空间，规划音乐喷水主题。

考虑已有的人行线路，规划行进方向。考虑市政厅和广场之间的关系，规划市政厅门前空间的积极活用。

各设施空间的占用，考虑将来的广场扩建。

总建筑面积：约14500m²

静
정.동
静動
市政厅前广场的定义
概念
静
我们的空间文化与西方 的“广场文化”不同，我们的广场具有日常性和亲密性，轻松地进行各种改变，是“街道中心文化”。我们所要建设的广场，都要满足日常的生活需要，又要满足多种 的活动。
市政厅前广场是由走路的人聚在一起而形成的，不是单纯地人的集散空间，是表现互动性的场所。
路变成广场，这是市政厅前广场的本质，能够左右这种变化的力量源泉就是“静”和“动”。
动
聚集（路＋太极）
“路（连接脉络）”
+
“太极（太动的力量源泉）”
=
市政厅前广场
解答
路
3条象征性道路相互交叉，形成一个广场
第一条路(时间之路)/第二条路(空间之路)/第三条路(人间之路)
可变性
空间没有固定功能，外部的力量可以改变空间内部
根据需要，可进行改变
太极
象征能够容纳无数人群的广场的力量之源泉
人们在使用，广场也随之填充，渐渐地显现一个完整地太极形象，最后，阴阳结合表现出无穷的力量。
音乐喷泉
1.音乐喷泉
2.下沉式广场(螺旋造型)
3.可移动树木箱
4.休息角(公共汽车停车场)
世界杯山丘
5.造型山（展示墙）
6.花草坪
7.原有马路
8.休息椅
风的庭院
9.旗杆台
10.造型灯
11.地灯
12.地下通道
古树荫
15.树荫（绿荫水）
16.圆型椅
开放的休闲庭院
17.树荫和鲜花
18.圆型椅
北
0 10 20 50(m)
虚
音乐喷泉
地面喷泉
日常游玩
实
造型休息区 变化
各种箱盒 移动
大型集会 举行
水与音乐

動
日常形态
广场 = 公园
小规模活动
广场≥公园
大规模集会
广场>公园
夜间形态
露天地毯
可变性装置

音乐喷泉
造型与照明
世界杯设施
广场全景
SEOUL METROPOLITAN
대한매일
한국프레스센터
ACE BED
3:48
Hi Seoul
We are Seoulites

首尔市政厅前广场

三等奖方案 RAINBOUSECAPE：郑云益。造景设计：李安，张世永

广场的构成

轻便的结构

广场在定期或不定期发生的事件中，具有瞬间的状况形成景观、让人留恋的要素和时间性内涵。使用的时候，通常都是轻盈多样。不过要做到既能轻松地满足各种功能的要求，又能与广场的造型和景观相协调却是一件不容易的事情。广场的境界因活动容量的大小，而有机地扩张或收缩。本规划将这种形态性属性引入到"开和关"的意念中，也就是说，在广场的境界变化本身带来的兴奋与好奇以及从广场内部所看到的周围景观之间，进行有选择的认识。

依据空闲和自律来规划广场

空闲的广场可以说是无限的可能性将成为可能的前提。广场一边是引导市民的自发利用，另一边却又是为悠然地对应未来意想不到的变化而存在的、空闲的、可能的空间。我们要做的广场不应该是一开始就确定用途和形态，而应理解为通过人们的自律、悠闲自在、表现的过程，不断地摸索、总结、适应而完成的。

广场的区分

广场理应成为一个整体。但是最大效率地满足广场的功能要求和形态外观，要做最小限度的分割和区分。首先，根据互动性和造型，将广场区分为广场外廓和中心大公演空间两部分。而后为了更顺利地满足功能要求，以及考虑与市政府、交通、出入口、造型的相互关系，进一步予以细分。空间的细分，只是为了满足功能的需求，但是始终保持其可变性。

设计的过程

历史的轴线

韩国首都的象征轴线：作为600年首都的中心横轴线，连接南大门和崇礼门。

近代的轴线：分别走向德寿宫和圆球坛(物名)，从历史的价值看，德寿宫位于其中心。

轴线的统合：两个有时间错位的轴线，统合为一个在广场表面的烙印。轴线从视觉上将广场大分割，成为提示周边视线的指南。

出入口（疏通之门）

设置两个出入口。一个为连接城市和广场的垂直宫门，一个为与德寿宫宫墙并行的时间之门：利用已有地下铁（2号线）和地下过道，作为连接广场的下沉通道，方便地出入周围的历史空间。暴露在广场的出入口采用圆形下沉式处理方法，既解决与地下过道之间的高差，又作为观看公演的座席。

螺旋的扩张

声音的传播是螺旋扩张式的。源于下沉广场的声音，会缠绕着广场不断扩大。声音的螺旋越过广场向周边扩散，与之相呼应的喷泉的水珠将成为广场的新境界。

依据"重叠"的规划设计。

装饰规划

广场地面以花岗石为主，兼用金属、木、玻璃等材料决定各空间的形态，突出各空间的个性。

花岗石整体上采用统一颜色、暖色调，针对广场的主要设施各自采用不同色彩，突出装饰效果。

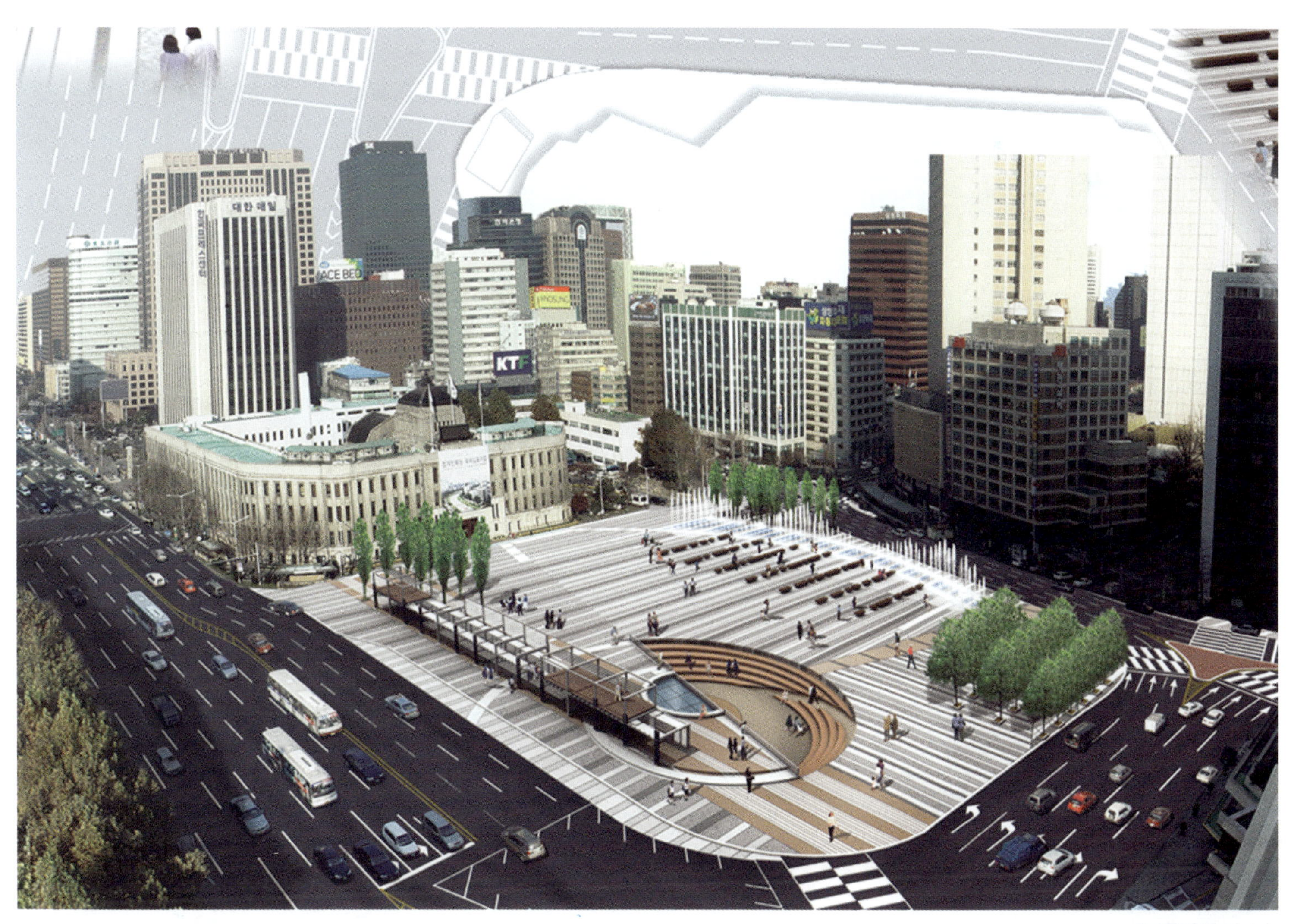

首尔市政府前广场

概念

回忆的再生　声音

年复一年，日复一日的日常……
用驿动和充满，
在无数节日的某一天……
人们回忆着节日的时间，
再回到日常的生活。
无论未来的广场怎样变化，
如今的印象要流传。
当今广场的一切，
一定会流传于世。
混在一起的节日的时间……
靠螺旋扩张的声音重新回忆。
广场的形态终会变化，
心中的广场永远不会改变，
她会存储记忆，迎接新的融合

过程

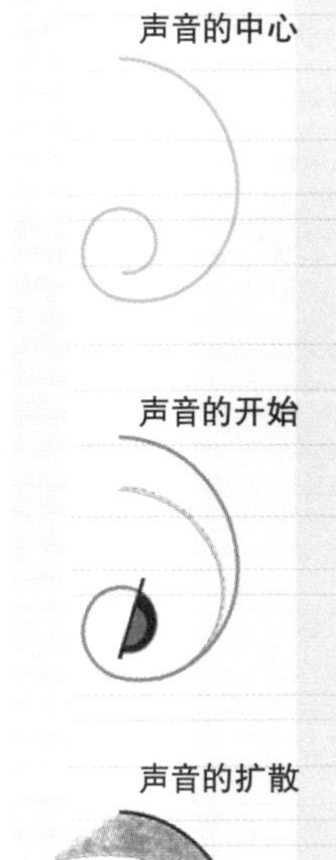

重叠时间的发现　时间的通路

近代史上，广场曾经是重要事件的中心场所，留下了众多近代遗产……
以快速发展的都市风景为背景，重叠的广场周边景观，使人追溯过去。
要发现再认识广场内在的时间层位，
把一节一节被截断的被模糊的时间痕迹，融进现代的时光，
不忘过去，展望未来。
把近代的轴线引入广场，
向周边的历史引导视线，
创造连接历史空间和现代都市景象的通路

历史的轴线

广场的共有回忆和形态的视觉再生——用旋律来显现。
用历史之门——显现过去的时间痕迹与现代时光的融合

总平面图

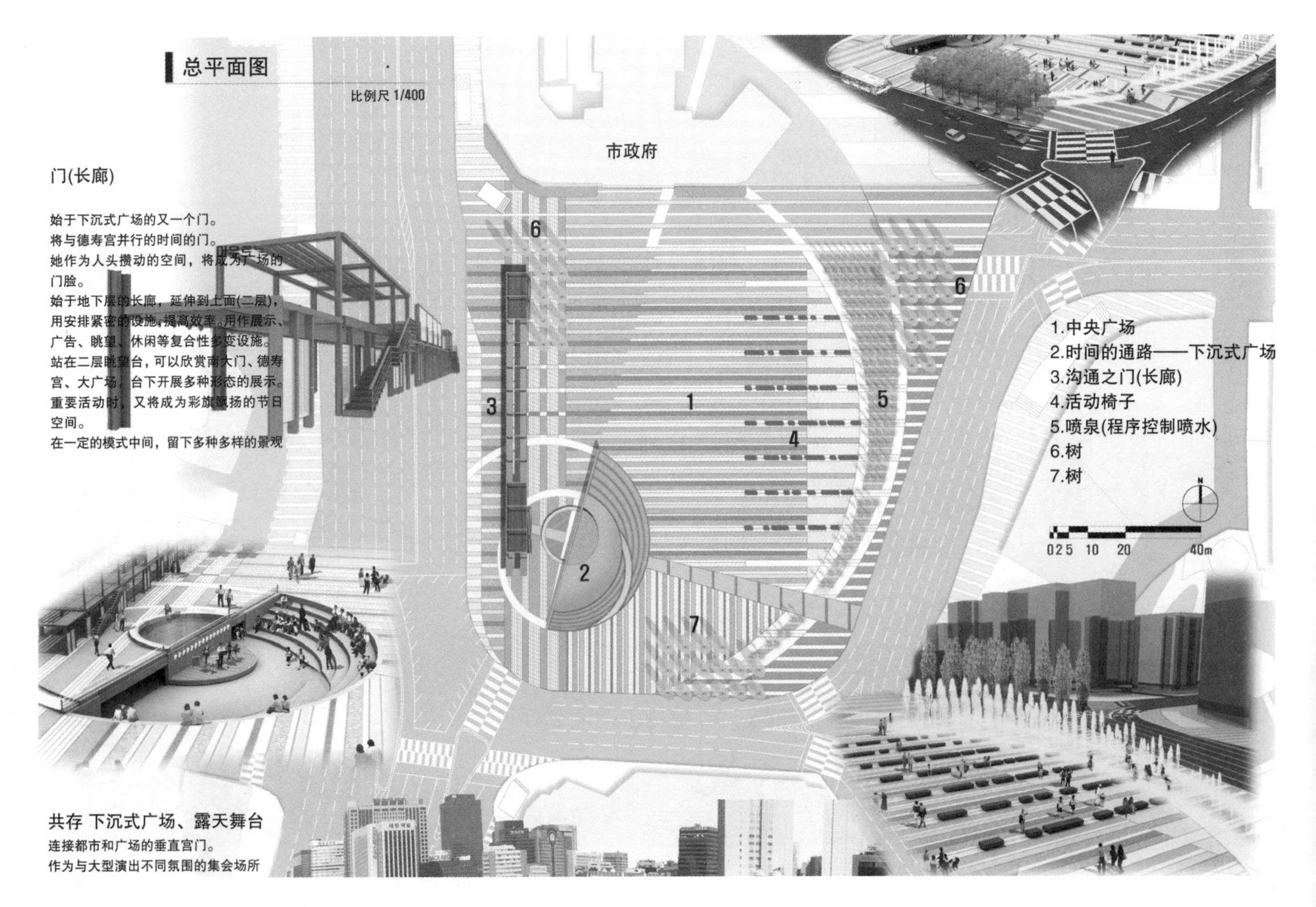

空间的构成

空置

依据自律来完成

留下较大空地，满足市民自发的多种多样的活动，也为适应意想不到的社会文化的变化。
一与其规定用途和形态，不如让现代人自由自在，想像创新。
一是持续性的产生、变形、行进的过程不断相互作用的空间

限定的空间

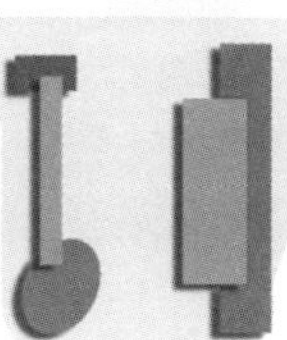

不限定的空间

依据自律来使用

可变性

广场根据用途，保持多样可变的属性
广场的边界有时候需要扩张至建筑物跟前
广场成为定期/不定期发生的事件见证人
通过广场边界的开启和关闭，引导流动性景观变化和选择性认识

共存 下沉式广场、露天舞台

连接都市和广场的垂直宫门。
作为与大型演出不同氛围的集会场所。
将台阶设计成座席，利用木材制作舞台和屏风。
观看节目的人群和来往行人融合在一起，形成寻常和不寻常共存的空间

可变性 喷泉、活动座椅

对于水平地面，垂直的喷泉成为流动的屏幕。根据广场形态的要求，用不规则的不同强度的水柱隔离周边建筑物，关闭水柱时又暴露建筑物，制造建筑物在移动的感觉。
凉爽的水柱突然高高冒出的时候，人们也会随之而动。
周边不规则地安放大量的座椅，供人们欣赏广场和休息

空间的使用变化

空间的构思

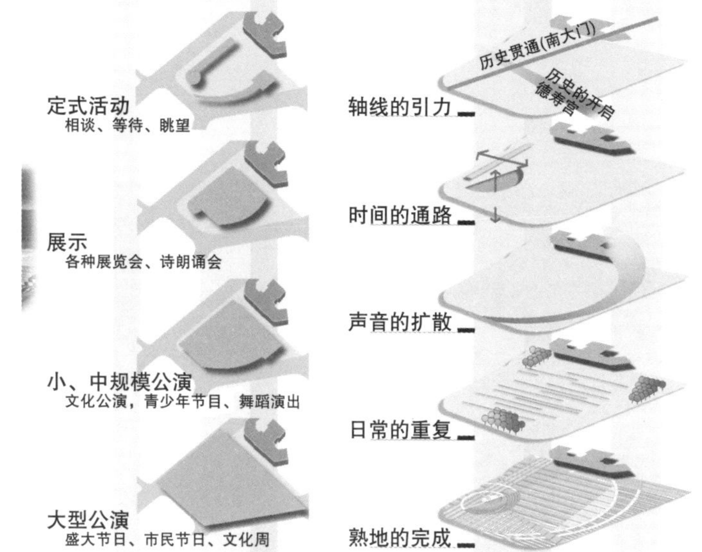

各部位景观

喷泉：依据不同季节、时间、集会，作不同的控制

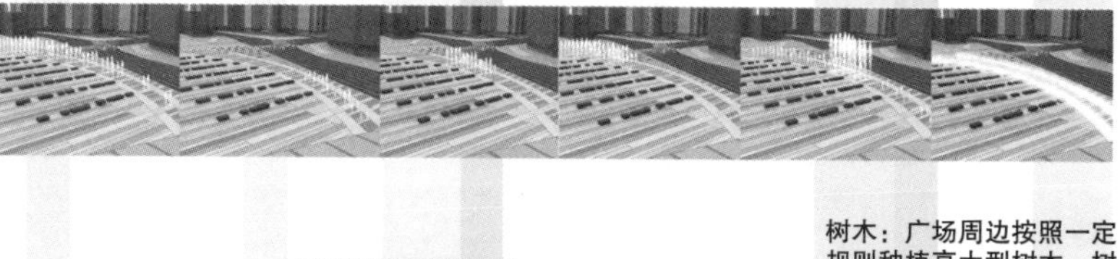

树木：广场周边按照一定规则种植高大型树木，树下设置长椅供人们休息

铺设（装饰）

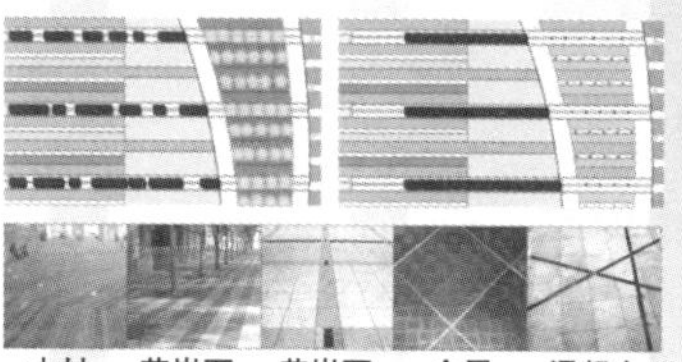

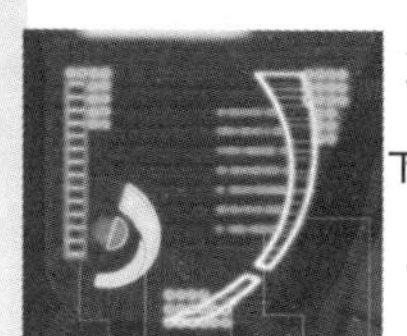

照明：
照明在空间上具有视觉性景观作用。纵横、水平、垂直的光线，给广场带来生命之光。下沉式广场上部做成电灯天窗，照亮广场。
主要照明：廊灯、椅子下部照明、喷水灯、地光纤维

空间韵律

区域划分

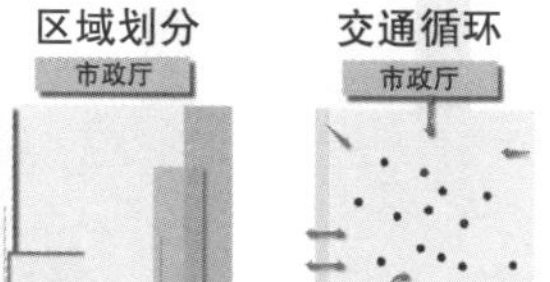

交通循环

主要设施

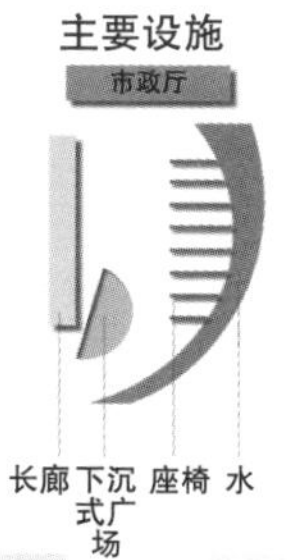

空间的区分
广场理应成为一个整体。但是满足广场的功能要求和形态外观，要作最小限度的分割和区分。根据互动性和造型性，进行较大分区，不规定人流交通，自由容纳多种行为。
空间的区分只是最小限度的利用，始终保持其可变性

长廊：
设置休息长廊、眺望台、广告牌、展示壁、造型物等多样的轻便型复合设施。
主要材料：金属、木材

泡菜综合中心

中标方案 光州空间建筑师事务所：曹成浩。未来建造：崔石忠

泡菜不仅仅是字义上的泡菜。

韩国料理的特点是韩国人经过长时间天、地、人（三才）的调和和配制思想的成熟而孕育出的调和之味。吃泡菜意味着在吃红、绿、黄三色的“三才”。吃“三才”意味着在享用宇宙。

正因为如此，我成为宇宙，宇宙成为我。

“5000年的泡菜，从光州走向世界”

南道中心光州，这个原本静静的城市因为有了泡菜节而在沸腾。南道的自豪——饮食文化，从此显露了固有的本色。作为饮食文化的中心，泡菜中心要具有与一般辣白菜有别的独特性。

如何表现南道的泡菜？能不能建造包括中国人、日本人在内的全世界人慕名而来的场所？这就是本规划的出发点。

由于自身企业的特点，外部空间的主要平面已经确定。在仅规划泡菜综合中心设计的策划指针下，一开始就感觉到条件的限制。在未选好中心位置的情况下，开始规划实际细部。设置服务于散客、残疾人的休息区、屋外活动场之间的连接、解决狭窄用地的垂直交通处理、泡菜工厂、展示馆、参观实习道路、管理研究区的出入口分离等。

此外，参观实习要求连续的空间体验。为此，在泡菜博物馆和泡菜工厂之间，设置露天展示空间，生动地对比过冬的新鲜泡菜与我们餐桌上的泡菜。

位置：光州光驿市南区茵岩洞389番地 一元
地域：自然草地
用地面积：$76000m^2$
总建筑面积：$8739m^2$
首层建筑面积：$5780m^2$
建筑密度：7.6%
容积率：4.9%
规模：地下1层，地上3层，玉塔2层
结构：型钢混凝土、钢结构
停车位数：350辆(含残疾人用车7辆、大型客车22辆)

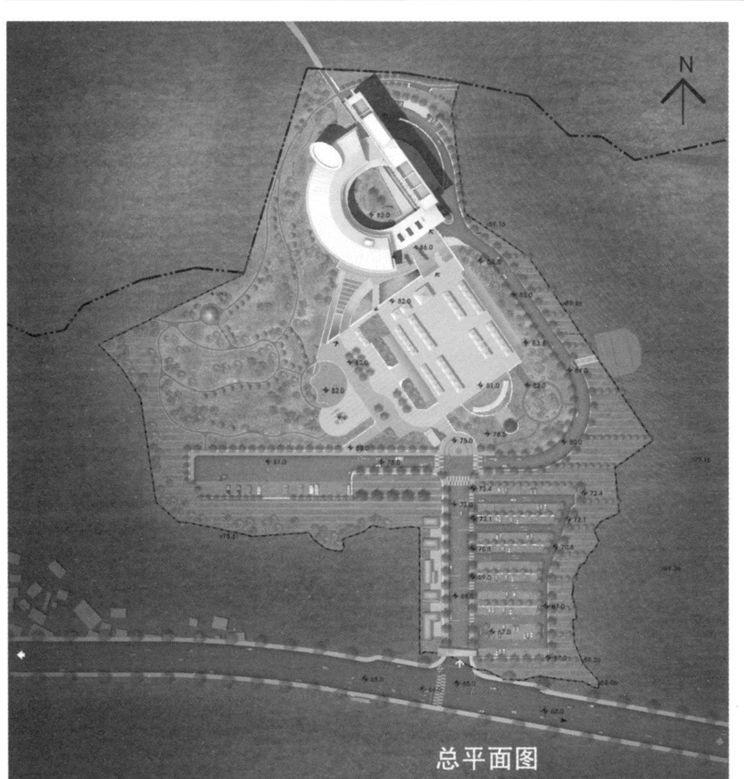

平面形成过程

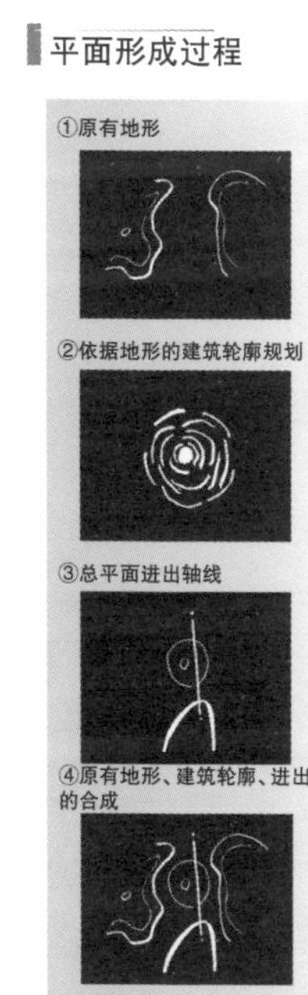

平面概念

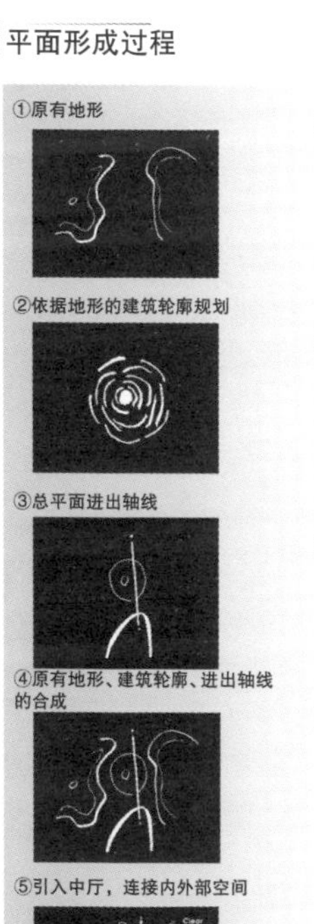

脉络：

充分利用花房山、假山的存在，面向城市方向的出入口规划，服务于当地居民的室外空间

轴：

出入轴线以步行为主的总平面布置，连接节日广场和泡菜中心的出入轴线而成

扩建性：

与规划开发的道路相连接，暗示新的发展

绿色网络工程：

中厅布置水草，绿色环境总平面规划。

连接泡菜中心和眺望台的山涧小路(健身步行路)

设计动机

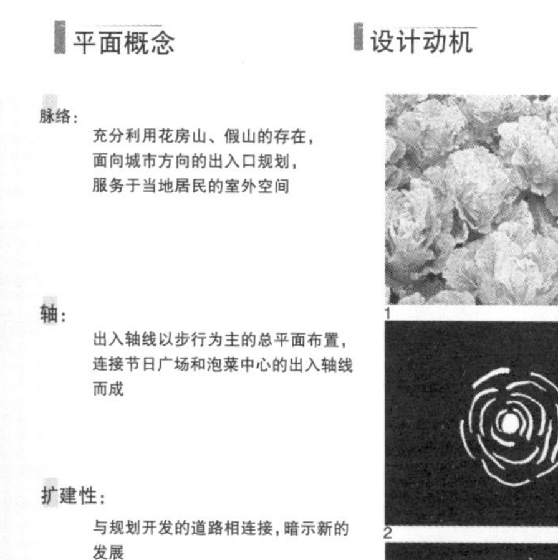

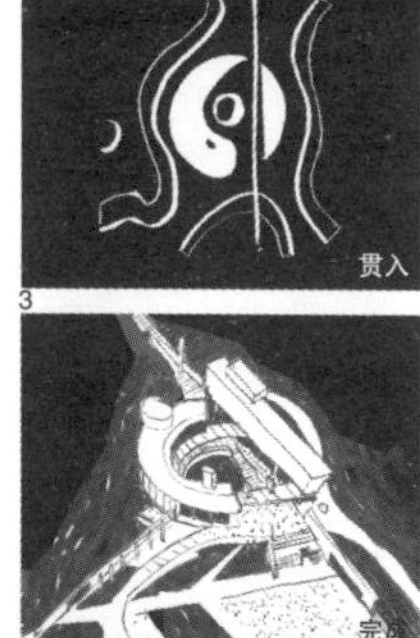

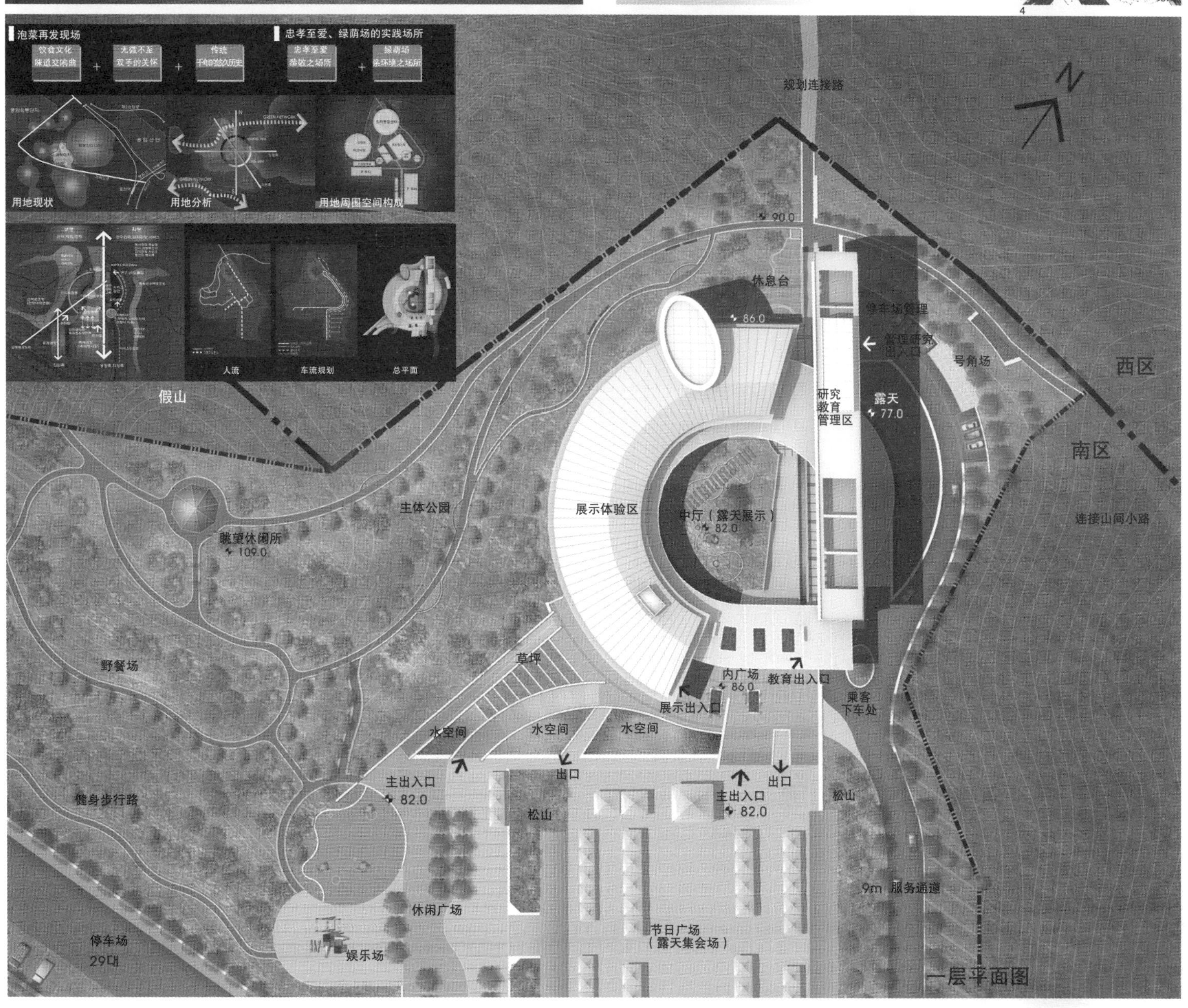

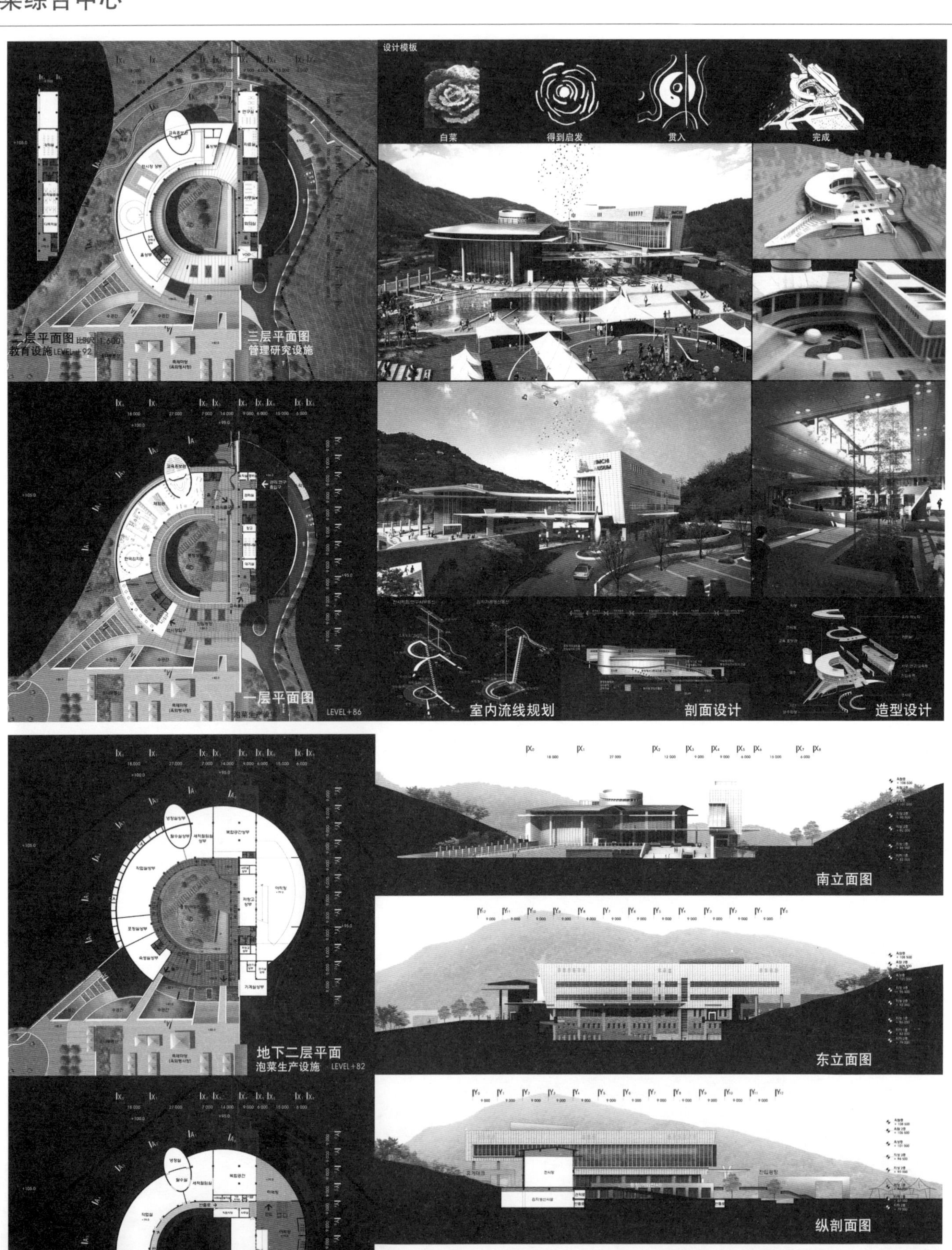

设计模板
白菜
得到启发
贯入
完成
二层平面图
教育设施 LEVEL+92
三层平面图
管理研究设施
一层平面图
泡菜生产设施
LEVEL+86
室内流线规划
剖面设计
造型设计
地下二层平面
泡菜生产设施 LEVEL+82
地下一层平面图
泡菜生产 设施 LEVEL+79
南立面图
东立面图
纵剖面图
横剖面图

泡菜综合中心 / 建筑设计竞赛
五色五味的美学
传说在泡菜中具有五色和五味。
五色可以理解为韩国人传统的理解宇宙位置的五方色。
本规划的色彩构成就是以五方色为主色调，明确各个功能空间的特点，将色与味所具有的特征和各个功能空间的特点相吻合。
辣味 北 黑色
甜味 西 白色
酸味 東 青色
黄色 中
苦味 南 红色
白色 用于大堂入口
黑色 用于大厅，传达象征概念
黄色 传统色调，祝节的传统
青色 象征文化，世间我们的味道
白色 象征科学，孩子们的课外学习体验
赤色 规划展示
教育广告馆
350. 泡菜科学
340. 泡菜文化
330. 传统泡菜
360. 展示室
320. 상징물
310. 出入口 / 大堂
祖传的泡菜，泡菜的版本
让我们食文化的美丽花纹和神秘味道的魅力流传四方。
学习传统
传统
—韩国的自然条件和农耕文化
—腌制泡菜和我们的风俗
—泡菜和母亲
—8道泡菜介绍
—光州的泡菜和孝道
传播文化
文化
—泡菜和韩国人，韩国文化
—光州泡菜节、世界泡菜节介绍
—世界饮食中，韩国泡菜的位置
—泡菜名家和光州地区饮食街(观光)介绍
学知识
科学
—泡菜的科学知识
—泡菜为什么好?
—信息检索角
泡菜是长时间伴随我们的文化，它因地域、家庭、腌制人的不同而不同。这种区别非常深奥和微妙，要真正认识韩国，一定要知道泡菜的奥妙味道。
泡菜的神秘味道，经过上天、我们的奶奶、妈妈的手相传。把上天种在地上，连接我们的生活。后院地窖里的泡菜在呼吸，腌好的泡菜里有我们的自然、风俗和亲爱的母亲。这里，又有一个泡菜场诞生了。
相互融合在一起的传统的场地中，看到了世上人。
现代科学认证我们的文化遗产。
用爱心和技术，把泡菜端上世界的饭桌上。
让我们分享泡菜，迎接泡菜盛会
交通体系
入口、前厅
象征物
售泡菜台，纪念品店
传统泡菜
泡菜文化
计划展示室
教育馆
泡菜科学原理
前台
象征厅
传统
文化
科学信息检索室
科学
影像室
儿童娱乐 / 休闲空间
泡菜营业台
主游览流线（强制引导线）
辅助游览流线（自由线）

熊岩3洞办公所以及居民自治中心

建筑3：俞京植，李宰官

用地面积：756.8m^2　**地域**：一般居住地域　**总建筑面积**：998.5m^2　**首层建筑面积**：305.3m^2　**建筑密度**：40.34%　**容积率**：126.39%　**建筑规模**：地下1层、地上4层　**结构**：钢筋混凝土　**外部装修**：双层彩色玻璃、水泥喷涂　**停车位数**：12辆　**设计及建造时间**：2001年9月～2002年12月

设计：金泰勋，金进夏　**结构**：聚结构　**设备**：青林设备　**土木**：长松工程　**施工**：K.L.G产业开发　**摄影**：李基焕

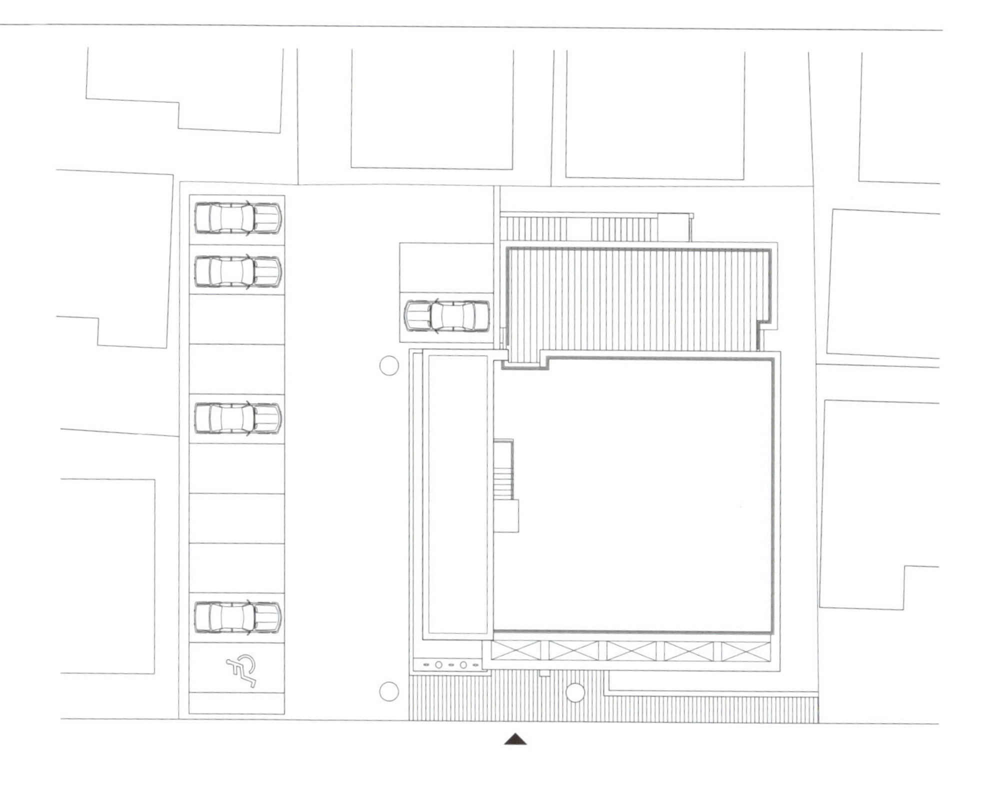

体现地方自治的变化之一就是扩大解决当地居民的多种多样的文化需求的行政功能。
本工程也是以洞办公所为主，复合居民自治中心的文化、福利功能的建筑，设计的基本前提就是："建造日常生活中的人性化场所"。

工程位于别墅和典型的江北高密度居住区内，通过两旁占满干燥单调的建筑群的街道相连接。
这就要求规划设计要与已有环境相协调，又要提示新的方向。

业主要求设计较多停车位，但又要求地下层面积最小，这使设计在布置和外部空间构成上，受到相对制约。但是在处理上，每层都布置了室外休息空间，消除了在都市中心建筑物中常见的压抑感。

平面设计中，将便于对公、需要相对大空间的洞办公所布置在一层，二至四层布置居民自治中心。
居民自治中心平面采用开放式设计，来满足多功能需求。走廊、各端部、公用空间设计中采取落地式透明玻璃，体现内外空间的多样性。

外立面设计中，注意花岗石、混凝土、铝扣板、玻璃等材料的自然调和，通过材料的重叠、分割区分，展现复合性建筑物的多样性。

初期方案中，考虑大厦的实际用途和与周边建筑物的协调，设计成双栋引入廊桥连接、人体工程学等要素。在考虑管理的效率因素等业主的要求下，最终设计成单体建筑，留下了放弃初期方案的遗憾。

熊岩3洞办公所以及居民自治中心

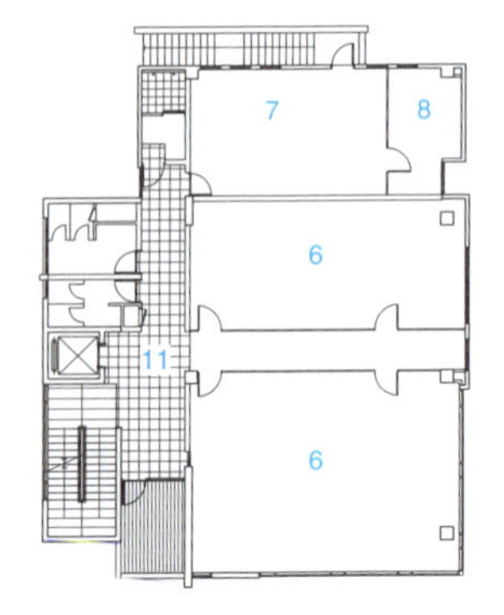

二层平面图

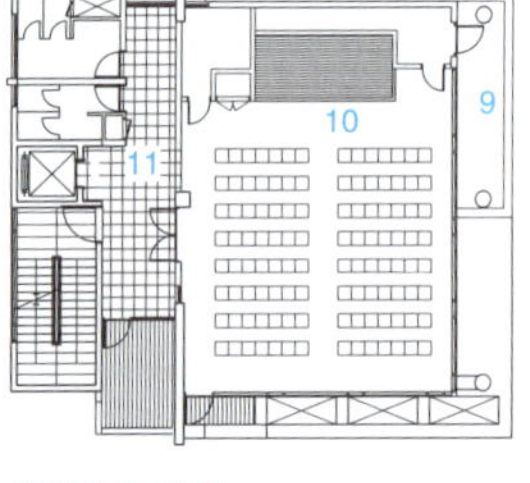

四层平面图

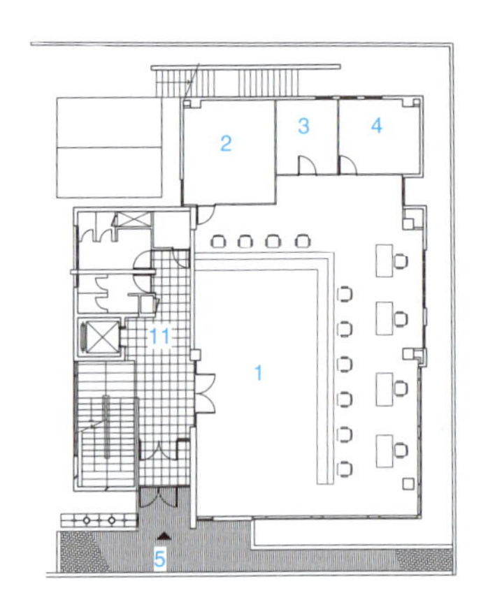

一层平面图

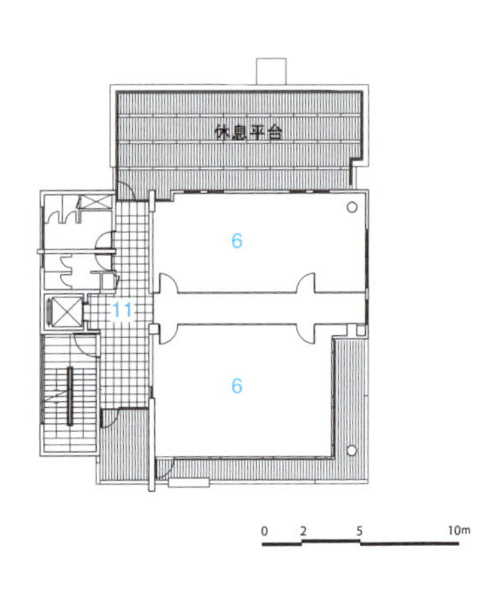

三层平面图

1 接待大厅
2 居民登记室（展示室）
3 文件室
4 职员休息室
5 主出入口
6 居民自治中心
7 洞队本部
8 洞队分室
9 休息外廊
10 休息廊
11 电梯厅
12 前厅
13 设备室
14 停车场

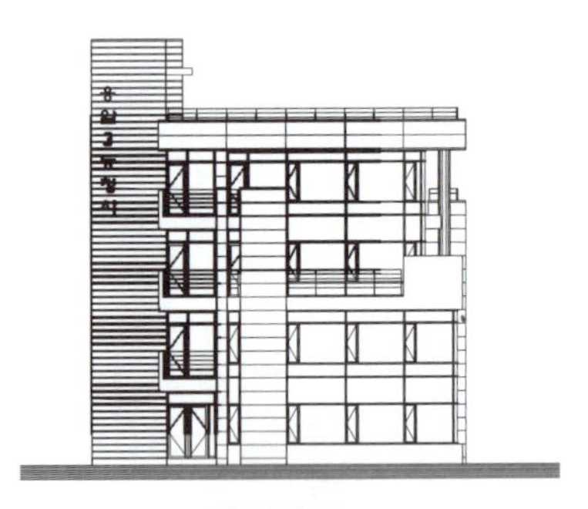

正立面图

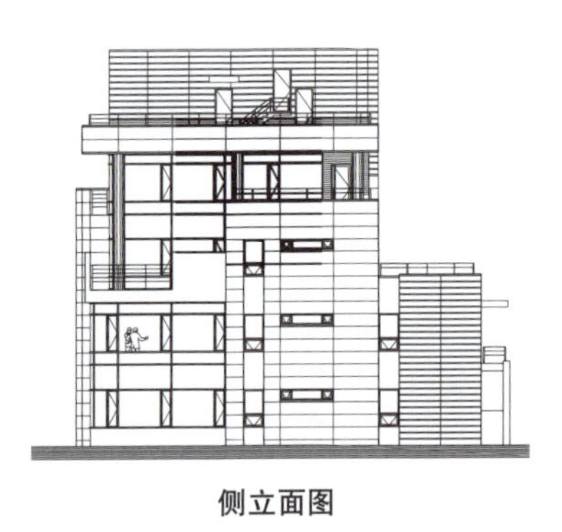

侧立面图

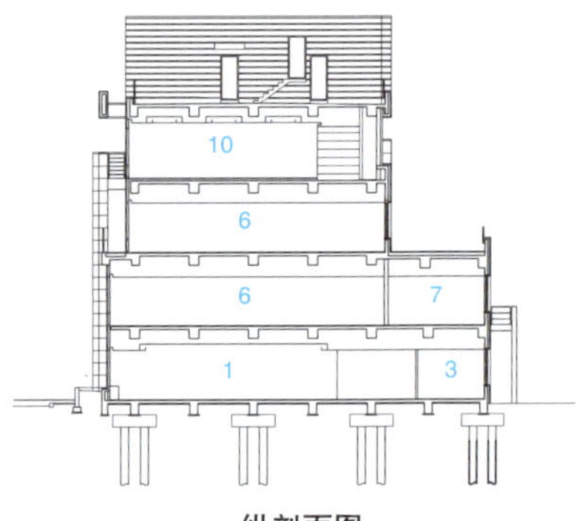

纵剖面图

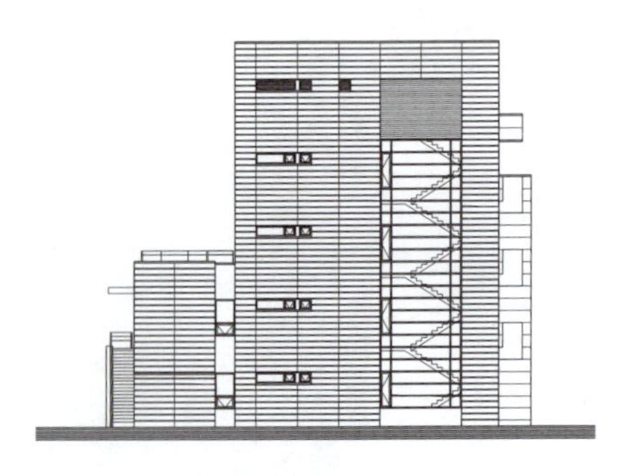

侧立面图

背立面图

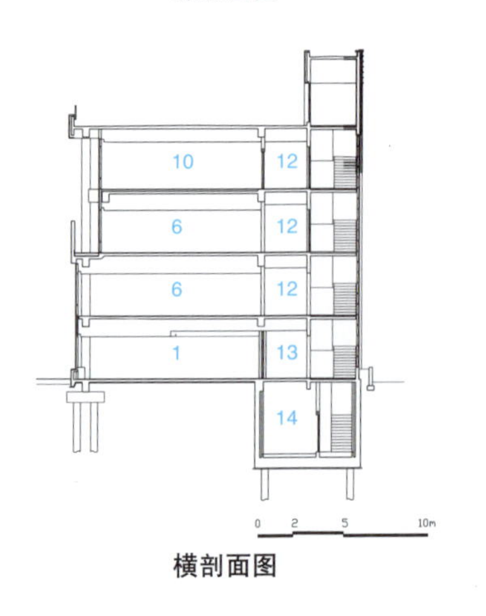

横剖面图

九老本洞综合社会福利馆

中标方案 DANA 建筑：赵民石，石顺柱，金尚基

规划的要点

功能的明确划分

社会福利馆由以下 3 个必备区域组成。

1.使用者区域：如青少年团体室、宿舍和备用教室(下课后教室)、技能训练教室等具有基本功能的区域。

2.服务用区域：如商谈室、馆长室、办公室、会议室等辅助基本功能的区域。

3.连接区域：如楼梯、电梯、卫生间等。

本规划明确区分上述 3 个基本区域，每个基本区域内各自设置联系区域，缩短交通距离，便于认路。

规划与当地居民能够共享的空间：社会福利馆是社区中心，其作用非常重要。规划时，以主出入口为中心，尽量扩大前广场面积，在两大块功能区之间设置活动区域，作为举办篱笆会(分片会)、跳蚤市场、展览会、各种演出等的生活空间。

漫步型建筑规划

构成以艺术带为中心的充裕的立体空间，随使用者的移动，提供多样的场所，使到访的居民轻松和欢快。

开放的空间构成

将活动区域设计成艺术性玻璃盒子，拓宽出入广场的视野，开阔从南侧邻近居住区面向公园的视线。为方便居民的使用，规划了通向四方的出入口设计。

停车设计

功能上进行了停车空间的划分。客人用停车场，设在前面，方便客人辩认和使用。专用客车停车场，由于瞬间上下车的人员比较多，与客人用停车场区别设置。布置防止拥挤混杂的富余空间和阶梯站台。员工用停车场和服务用停车场，安排在楼后侧。一则使前广场最大化，二则服务用停车场靠近免费快餐室和厨房，便于食物和各种垃圾的搬运。

外部空间设计

迎宾广场(依托闲置和自律来完成)：

为满足居民的自发节目和意外的社会文化变化留有余地，正因为闲置而作用更多，可作为举行多种活动的娱乐场所。

露天演出场（自律——居民参与，多目的集会空间）

连接活动区域(MALL)和邻近公园，作为多目的聚集空间，有别于大规模的公演气氛，举办有目的性的活动。

下沉式广场(休息——幽静的庭院)：作为贴近自然的庭院，在此进行遐想、休闲、谈话，起到使居民迷恋的作用。

造型设计

艺术玻璃造型，作为地域社会的公共设施体现开放，大胆引入曲线和射线，传达居民的积极引导和强烈的视觉性，作为戏剧空间留在记忆中。在面向迎宾广场的墙壁上，设置电子显示屏，为行人提供福利馆和生活信息，使福利馆更加贴近居民生活。

位置：首尔市鼓楼区鼓楼洞476–19号外5毗地
地域：一般居住地域，部分准居住地域
用地面积：2095m²
总建筑面积：3122.64m²
首层建筑面积：818.02m²
造景面积：337.30m²
建筑密度：39.05%
容积率：119.42%
规模：地下 1 层，地上 4 层
结构：钢筋混凝土
停车位：19 辆(含残疾人用车 1 辆 / 专用客车 3 辆)

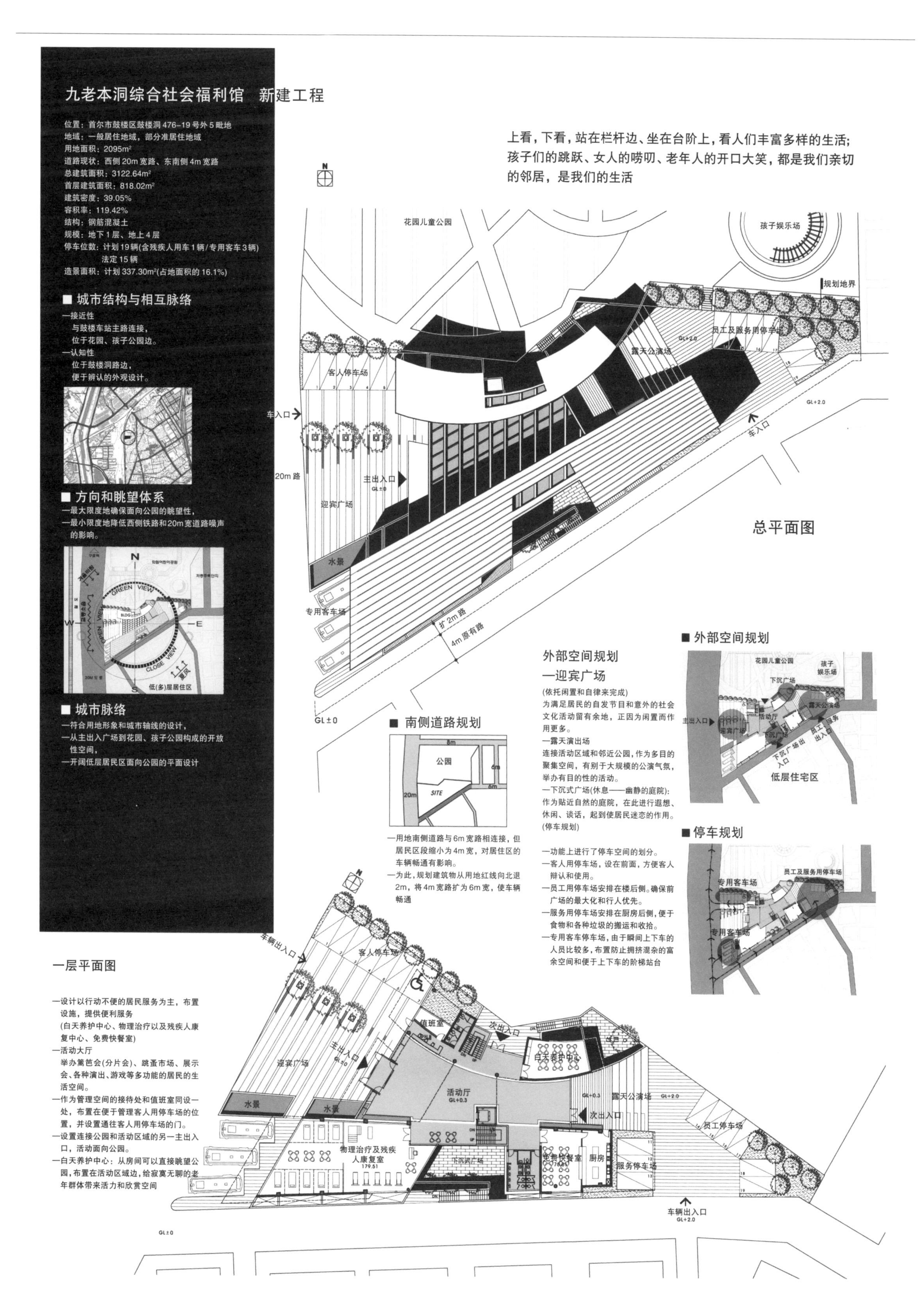

九老本洞综合社会福利馆 新建工程

位置：首尔市鼓楼区鼓楼洞476-19号外5畈地
地域：一般居住地域，部分准居住地域
用地面积：2095m²
道路现状：西侧20m宽路、东南侧4m宽路
总建筑面积：3122.64m²
首层建筑面积：818.02m²
建筑密度：39.05%
容积率：119.42%
结构：钢筋混凝土
规模：地下1层、地上4层
停车位数：计划19辆(含残疾人用车1辆/专用客车3辆)
法定15辆
造景面积：计划337.30m²(占地面积的16.1%)

■ 城市结构与相互脉络

—接近性
与鼓楼车站主路连接，
位于花园、孩子公园边。
—认知性
位于鼓楼洞路边，
便于辨认的外观设计。

■ 方向和眺望体系

—最大限度地确保面向公园的眺望性，
—最小限度地降低西侧铁路和20m宽道路噪声的影响。

■ 城市脉络

—符合用地形象和城市轴线的设计，
—从主出入广场到花园、孩子公园构成的开放性空间，
—开阔低层居民区面向公园的平面设计

上看，下看，站在栏杆边、坐在台阶上，看人们丰富多样的生活；孩子们的跳跃、女人的唠叨、老年人的开口大笑，都是我们亲切的邻居，是我们的生活

总平面图

■ 南侧道路规划

—用地南侧道路与6m宽路相连接，但居民区段缩小为4m宽，对居住区的车辆畅通有影响。
—为此，规划建筑物从用地红线向北退2m，将4m宽路扩为6m宽，使车辆畅通

外部空间规划
—迎宾广场

(依托闲置和自律来完成)
为满足居民的自发节目和意外的社会文化活动留有余地，正因为闲置而作用更多。
—露天演出场
连接活动区域和邻近公园，作为多目的聚集空间，有别于大规模的公演气氛，举办有目的性的活动。
—下沉式广场(休息——幽静的庭院)：
作为贴近自然的庭院，在此进行遐想、休闲、谈话，起到使居民迷恋的作用。
(停车规划)

—功能上进行了停车空间的划分。
—客人用停车场，设在前面，方便客人辨认和使用。
—员工用停车场安排在楼后侧。确保前广场的最大化和行人优先。
—服务用停车场安排在厨房后侧，便于食物和各种垃圾的搬运和收拾。
—专用客车停车场，由于瞬间上下车的人员比较多，布置防止拥挤混杂的富余空间和便于上下车的阶梯站台

■ 外部空间规划

■ 停车规划

一层平面图

—设计以行动不便的居民服务为主，布置设施，提供便利服务
(白天养护中心、物理治疗以及残疾人康复中心、免费快餐室)
—活动大厅
举办篱笆会(分片会)、跳蚤市场、展示会、各种演出、游戏等多功能的居民的生活空间。
—作为管理空间的接待处和值班室同设一处，布置在便于管理客人用停车场的位置，并设置通往客人用停车场的门。
—设置连接公园和活动区域的另一主出入口，活动面向公园。
—白天养护中心：从房间可以直接眺望公园，布置在活动区域边，给寂寞无聊的老年群体带来活力和欣赏空间

九老本洞综合社会福利馆

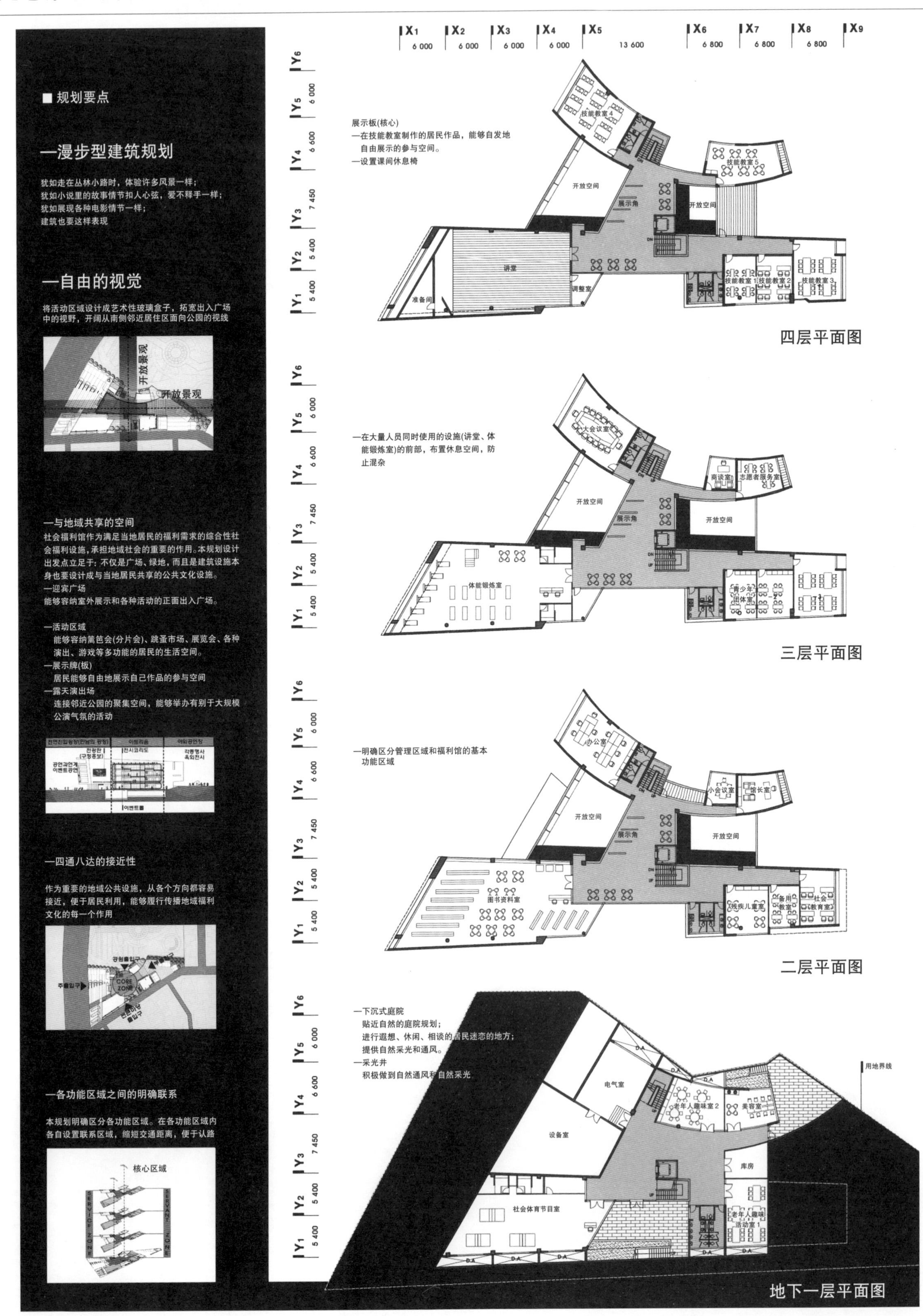

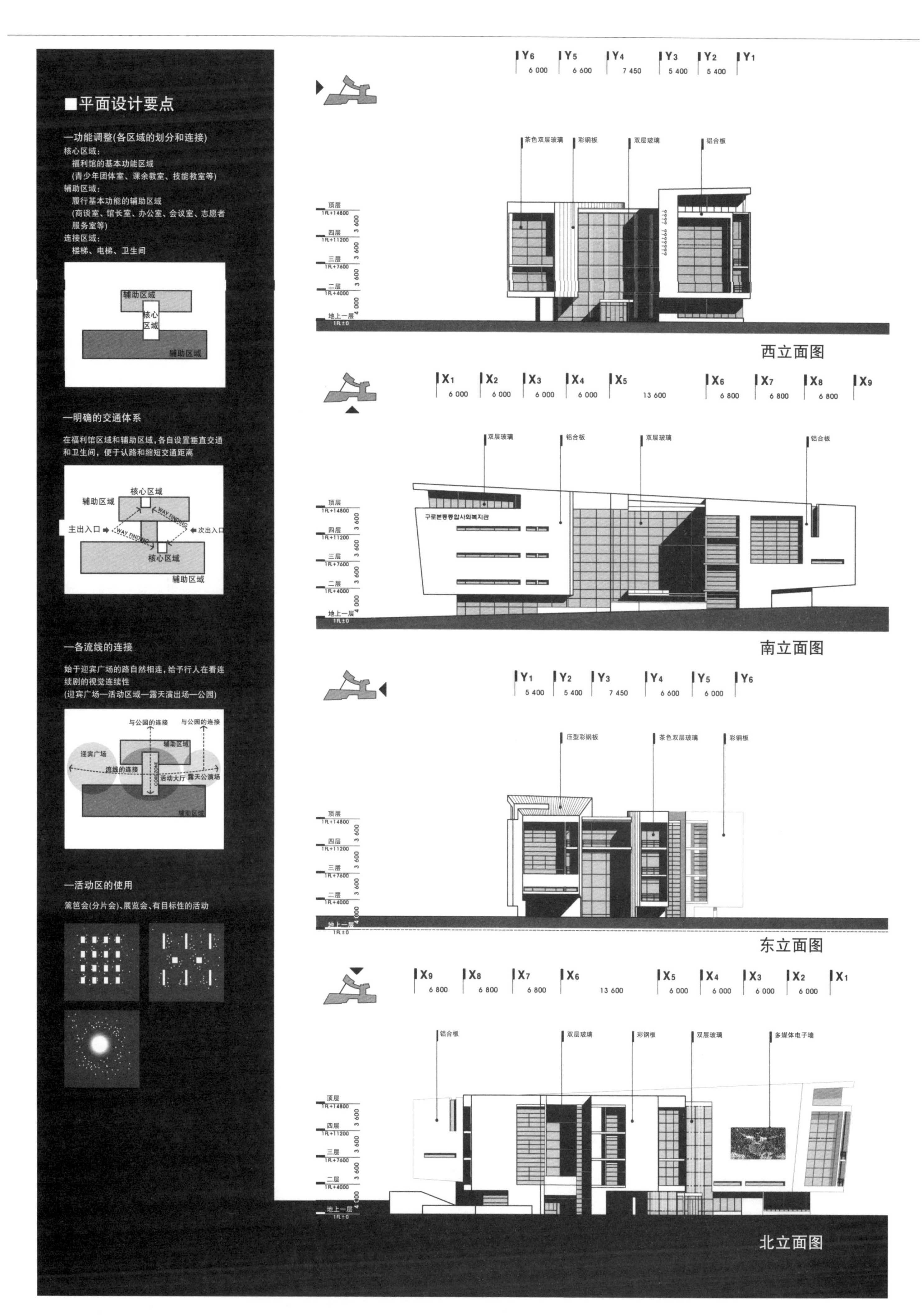
■平面设计要点
一功能调整(各区域的划分和连接)
核心区域：
福利馆的基本功能区域
(青少年团体室、课余教室、技能教室等)
辅助区域：
履行基本功能的辅助区域
(商谈室、馆长室、办公室、会议室、志愿者服务室等)
连接区域：
楼梯、电梯、卫生间
辅助区域
核心区域
辅助区域
一明确的交通体系
在福利馆区域和辅助区域，各自设置垂直交通和卫生间，便于认路和缩短交通距离
核心区域
辅助区域
主出入口
次出入口
WAY FINDING
核心区域
辅助区域
一各流线的连接
始于迎宾广场的路自然相连，给予行人在看连续剧的视觉连续性
(迎宾广场—活动区域—露天演出场—公园)
与公园的连接
与公园的连接
辅助区域
迎宾广场
流线的连接
活动大厅
露天公演场
辅助区域
一活动区的使用
篝笆会(分片会)、展览会、有目标性的活动
Y6 Y5 Y4 Y3 Y2 Y1
6 000 6 600 7 450 5 400 5 400
茶色双层玻璃
彩钢板
双层玻璃
铝合板
顶层 1FL+14800
四层 1FL+11200
三层 1FL+7600
二层 1FL+4000
地上一层 1FL±0
西立面图
X1 X2 X3 X4 X5 X6 X7 X8 X9
6 000 6 000 6 000 6 000 13 600 6 800 6 800 6 800
双层玻璃
铝合板
双层玻璃
铝合板
구로본동종합사회복지관
南立面图
Y1 Y2 Y3 Y4 Y5 Y6
5 400 5 400 7 450 6 600 6 000
压型彩钢板
茶色双层玻璃
彩钢板
东立面图
X9 X8 X7 X6 X5 X4 X3 X2 X1
6 800 6 800 6 800 13 600 6 000 6 000 6 000 6 000
铝合板
双层玻璃
彩钢板
双层玻璃
多媒体电子墙
北立面图

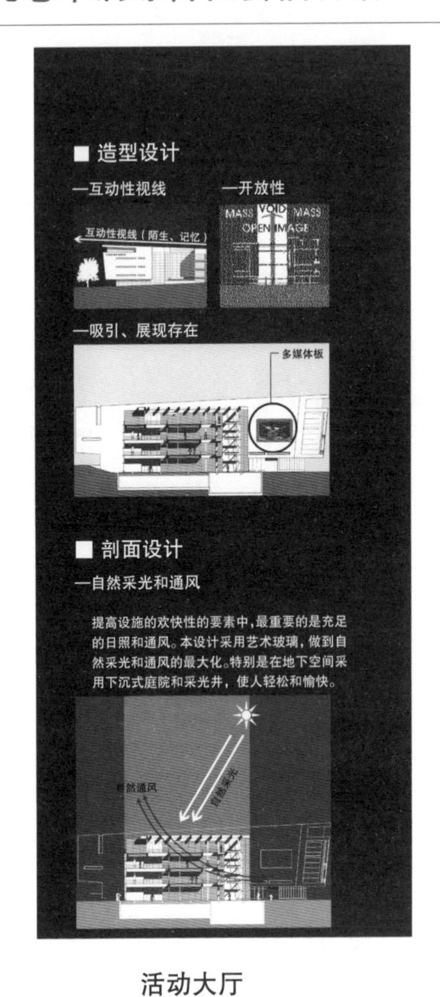

A-A 剖面图

B-B 剖面图

活动大厅

—开放空间＋垂直交通

共享空间做到4层高，透过屋顶天窗引入自然光。在这种空间中最重要的是交通，作为联系上下空间的楼梯，起着引起视觉注意的作用

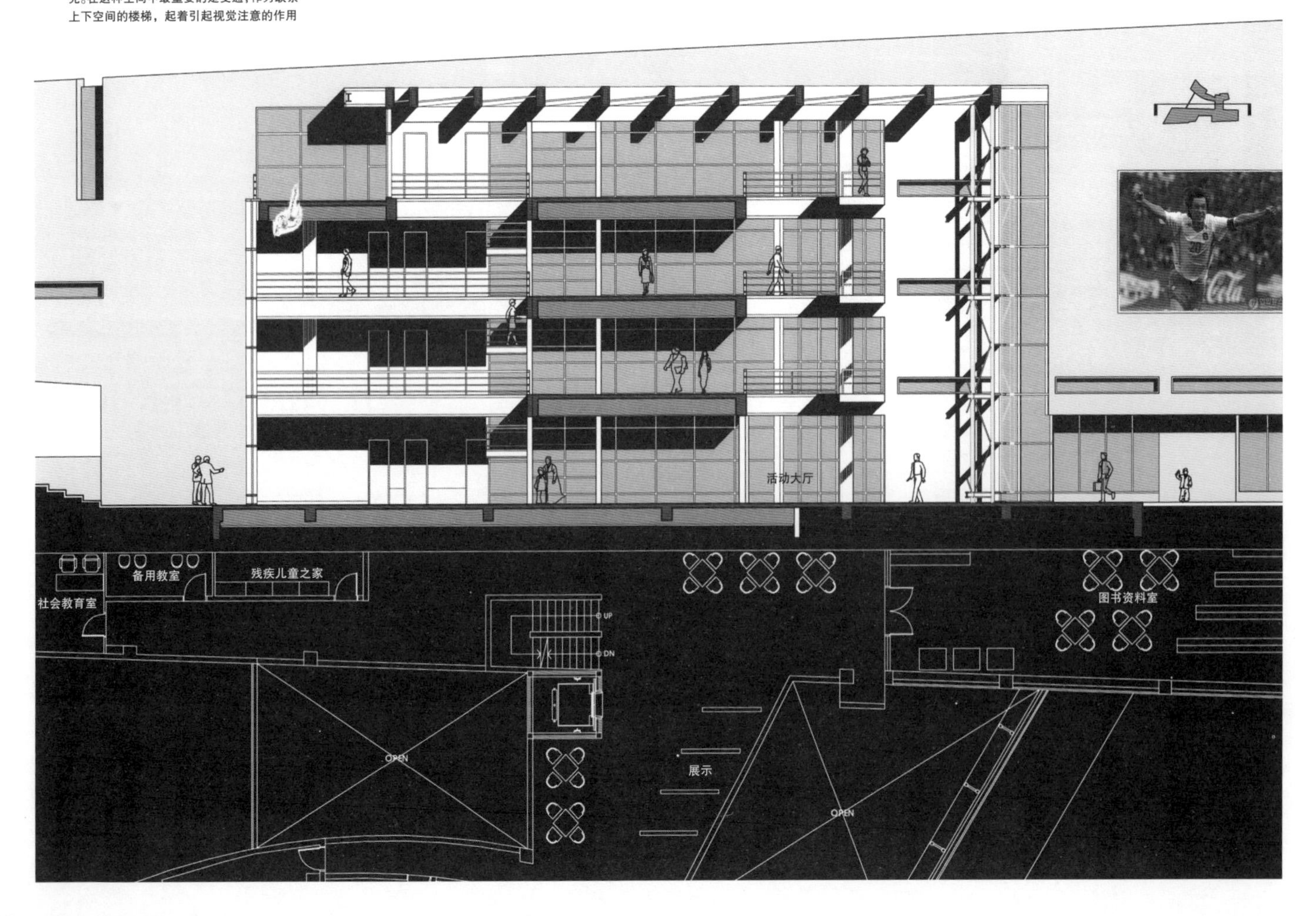

九老本洞综合社会福利馆

三等奖方案 不二建筑：韩尚勋

布置规划

用地南向性明显，主要建筑块南向布置。

垂直于主要建筑，连接次要建筑，来形成外部空间(榉树广场——南端布置)。为避免午后阳光的遮挡，在主要建筑连接处，采用通透玻璃的艺术处理方式(成为主出入空间)。设置后退马路的高4m的围墙，形成主出入口的整体空间，调整福利馆与紧邻居住区的协调性。

后退的围墙边，规划造景增加了胡同的宽阔感，形成愉快的过路空间，期待美观印象。

在设施中心位置设置主外部空间(榉树广场)，成为福利馆整个空间实际上的象征性中心，成为连接两条道路、公园、住宅区的中心(或主要节点、关键点)。

平面设计

集中布置垂直交通设施、卫生设施、设备空间，明确主要使用空间，适应实际利用中的变化。

主要功能空间，安排在日照条件好的南侧和东侧；条件相对差的北侧和西侧，设置走廊等过渡空间(或者非居住空间)，起到热对流缓冲带的作用。

所有使用室均做到与外部空间毗邻(得到良好的采光、通风、眺望条件)。

建筑物的总平面为三角形，三边成简捷的3：4：5的比例。(这种比例，站在20m道路看建筑物时，具有建筑物的入口正立面扩张的效果)

平面设计满足房间的各种功能需求。

屋顶采取整体水平条格状设计。利用多样的屋顶设施(屋顶庭院——全部轻型结构制造)，成为利用者爱护的空间。

屋顶的轻型处理也为以后的扩建增层创造条件。

立面设计

适应大三角形平面，扩大从主路上(20m路)看到的立面形象。

立面

做到柔和、结实，通过“开”和“关”的反复和对照，成为现代通道，做到和蔼亲切的外观设计。

努力避免一时的流行设计，做到持续耐看的立面设计。

在立面中心处，用透明和半透明玻璃的适当配合，形成耐看的风格。

功能上做到光线、热能的调节，外观上采取既现代又富有幻想的(特别是夜间)设计手法。

外装材料的选择上，注重无公害、长久耐用、便于管理和维持的材料。

剖面设计

主楼为4层、副楼为3层，便于主广场(榉树广场)的日照。

讲堂部分，考虑阶梯台阶高度和讲堂本身对高度的需要，取3.9m和4.2m层高，顶棚高度取1.2m，成(永久不变的)相对长方形形状，便于设备布线。

榉树广场，设置大面积的下沉式设计，为地下层主功能区域提供完整的日照、通风条件。下沉式设计，有趣地连接榉树广场以及室内外垂直空间。

各主功能区域部分，设置挑檐或者挡光板，起到既挡光、又装饰的双重作用。

总建筑面积：3086.78m²
首层建筑面积：967.53m²
造景面积：353.60m²
建筑密度：46.18%
容积率：122.60%
规模：地下1层、地上4层
最高高度：17.30m
结构：钢筋混凝土、钢结构
外部装修：石材、THK22双层无色玻璃(部分为有色玻璃)
停车位数：17辆(残疾人用车1辆、大型客车3辆、乘用车13辆)
主要设备：冷、热水整套方式，密封方式(温水管内藏/讲堂、体能锻炼室)

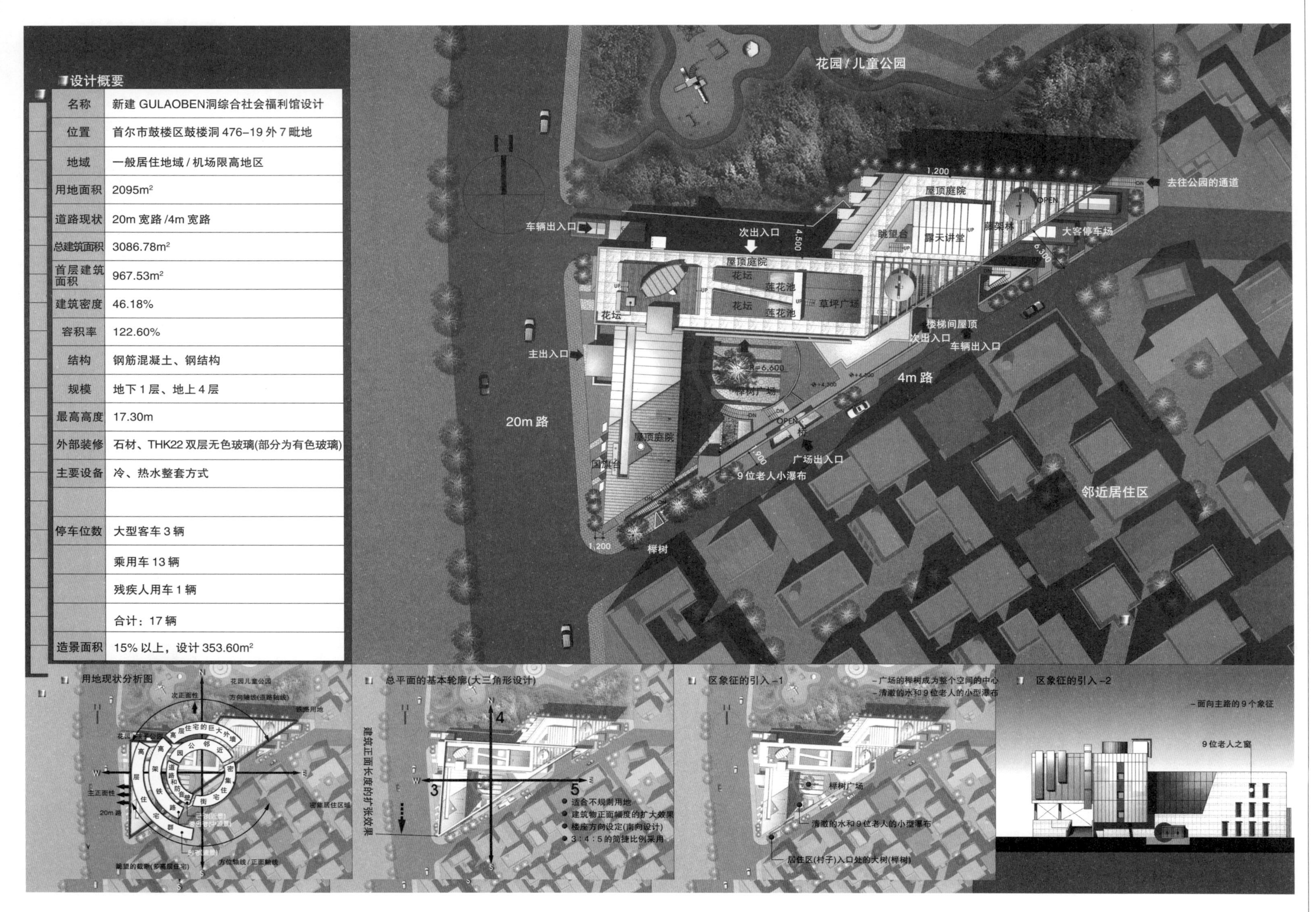

■设计概要

名称	新建 GULAOBEN洞综合社会福利馆设计
位置	首尔市鼓楼区鼓楼洞 476–19 外 7 毗地
地域	一般居住地域 / 机场限高地区
用地面积	2095m²
道路现状	20m 宽路 /4m 宽路
总建筑面积	3086.78m²
首层建筑面积	967.53m²
建筑密度	46.18%
容积率	122.60%
结构	钢筋混凝土、钢结构
规模	地下 1 层、地上 4 层
最高高度	17.30m
外部装修	石材、THK22 双层无色玻璃(部分为有色玻璃)
主要设备	冷、热水整套方式
停车位数	大型客车 3 辆
	乘用车 13 辆
	残疾人用车 1 辆
	合计：17 辆
造景面积	15% 以上，设计 353.60m²

用地现状分析图

总平面的基本轮廓(大三角形设计)

区象征的引入 –1

区象征的引入 –2

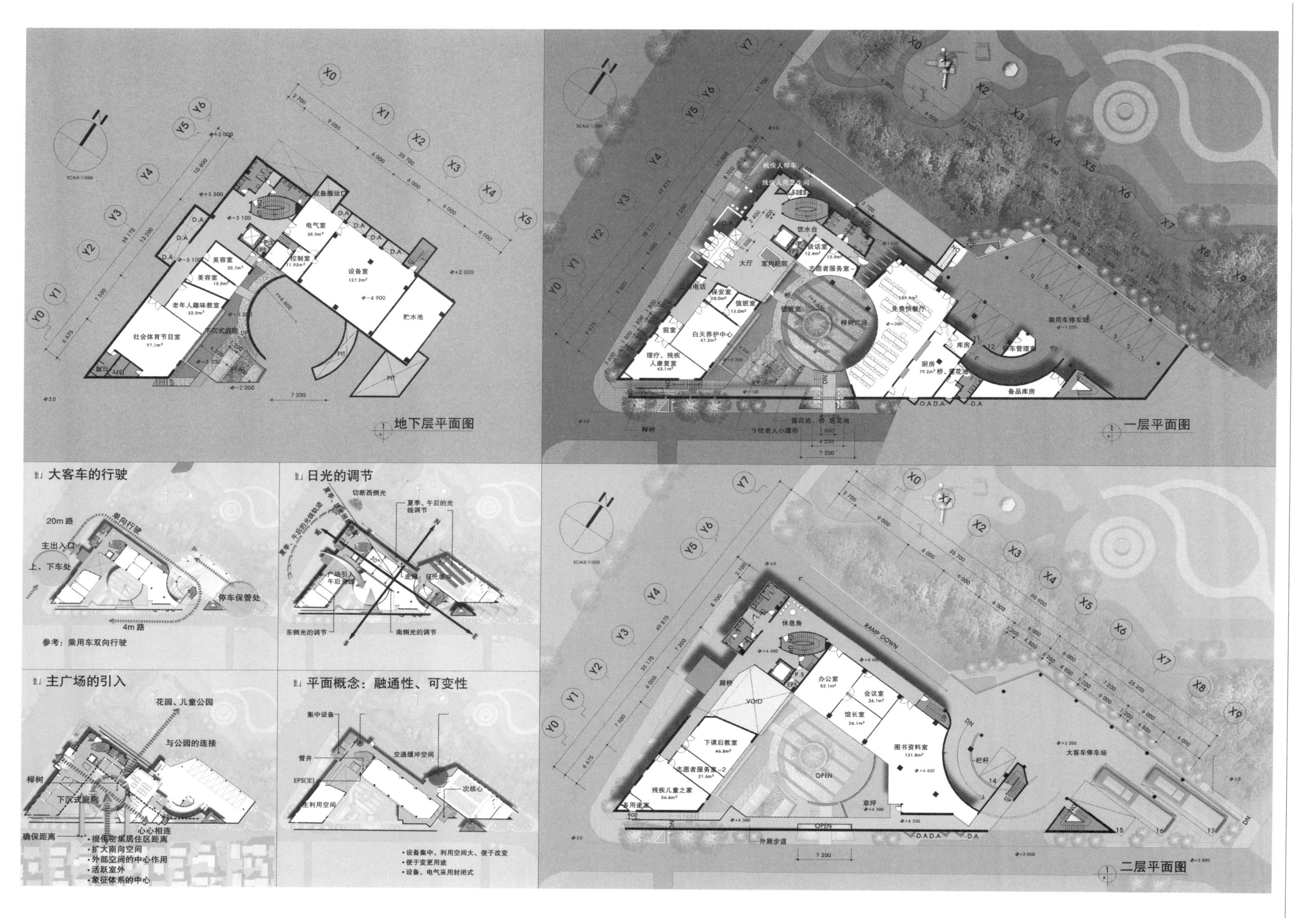
地下层平面图
设备室
电气室
控制室
贮水池
美容室
老年人趣味教室
社会体育节目室
下沉式庭院
一层平面图
大厅
室内庭院
饮水台
谈话室
志愿者服务室-1
保安室
值班室
白天养护中心
前室
理疗、残疾人康复室
免费快餐厅
榉树广场
厨房
库房
备品库房
乘用车停车场
残疾人停车
榉树
9位老人小瀑布
二层平面图
办公室
会议室
馆长室
图书资料室
下课后教室
志愿者服务室-2
残疾儿童之家
休息角
VOID
OPEN
RAMP DOWN
大客车停车场
外廊步道
大客车的行驶
20m 路
单向行驶
主出入口
上、下车处
停车保管处
4m 路
参考：乘用车双向行驶
日光的调节
切断西侧光
夏季、午后的光线调节
东侧光的调节
南侧光的调节
主广场的引入
花园、儿童公园
与公园的连接
榉树
下沉式庭院
心心相连
确保距离
·提供密集居住区距离
·扩大南向空间
·外部空间的中心作用
·活跃室外
·象征体系的中心
平面概念：融通性、可变性
集中设备
管井
EPS(室)
交通缓冲空间
次核心
主利用空间
·设备集中，利用空间大，便于改变
·便于变更用途
·设备、电气采用封闭式

三层平面图
四层平面图
垂直交通概念图
主垂直交通
次垂直交通
电梯
内楼梯
外楼梯
·相当于福利院的功能增加一层面积的效果
·活动的多样性、变化性扩张
·与天与地的接触扩张
·眺望的扩大
·建造方便（简易结构构成）
屋顶空间的应用
·关、开空间的交待
·符合功能要求的开放性和封闭性的表现
·变化的空间体验
交通的空间流“开”和“关”
造景规划图
·象征九老区主要种植树木（榉树）
·种树为主，兼种植灌木等低矮植物
·不选过多树种
·布置水景，表现九老的象征和提供新鲜空间
·室内布置绿化

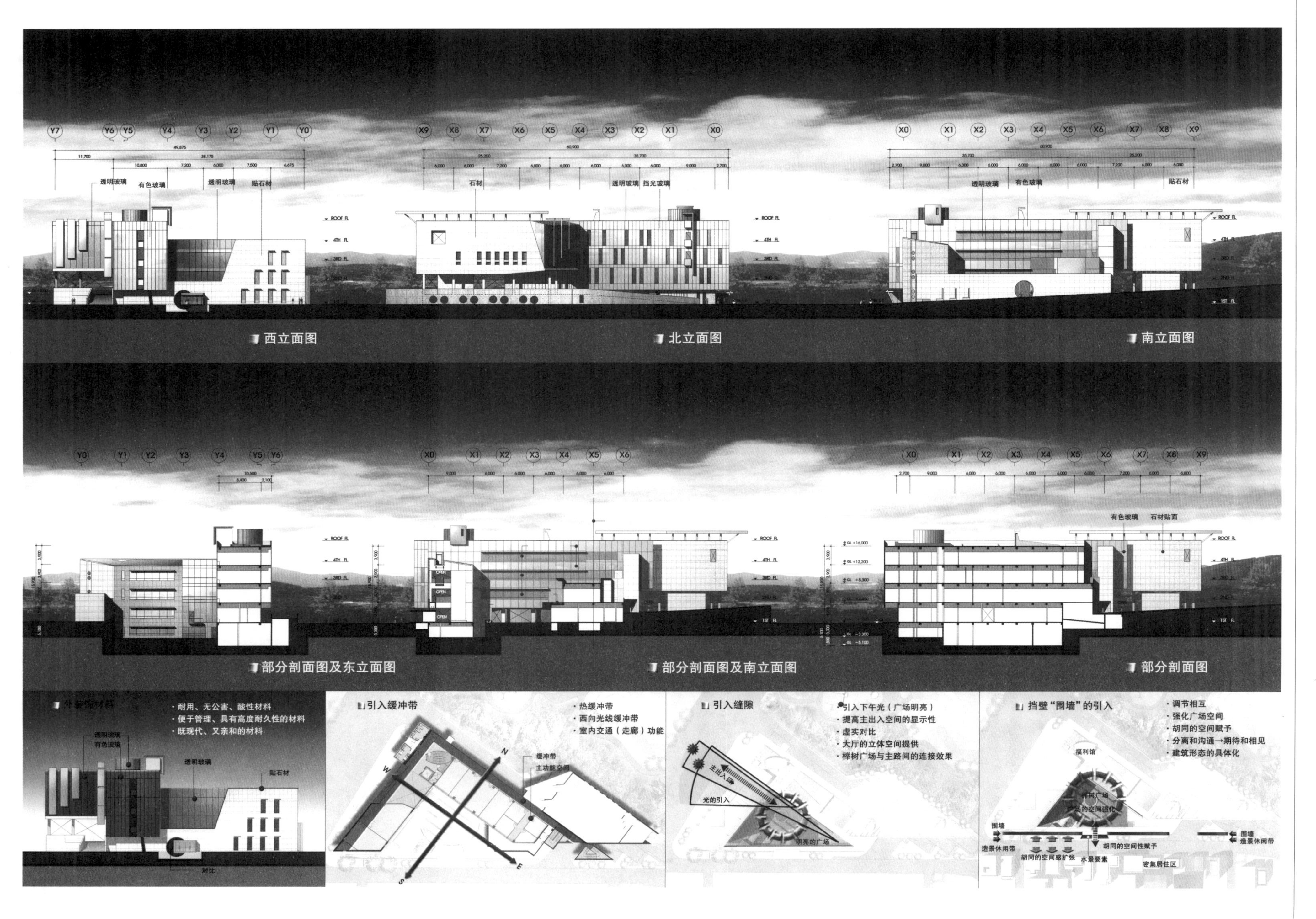
透明玻璃
有色玻璃
贴石材
西立面图
石材
挡光玻璃
北立面图
南立面图
部分剖面图及东立面图
部分剖面图及南立面图
有色玻璃
石材贴面
部分剖面图
外装饰材料
·耐用、无公害、酸性材料
·便于管理、具有高度耐久性的材料
·既现代、又亲和的材料
对比
引入缓冲带
·热缓冲带
·西向光线缓冲带
·室内交通（走廊）功能
缓冲带
主功能空间
引入缝隙
·引入下午光（广场明亮）
·提高主出入空间的显示性
·虚实对比
·大厅的立体空间提供
·榉树广场与主路间的连接效果
主出入口
光的引入
明亮的广场
挡壁“围墙”的引入
·调节相互
·强化广场空间
·胡同的空间赋予
·分离和沟通→期待和相见
·建筑形态的具体化
福利馆
榉树广场
广场的空间强化
围墙
造景休闲带
胡同的空间性赋予
胡同的空间感扩张
水景要素
密集居住区

华阳居住变配电综合楼

中标方案 **间三建筑：**金自豪，尹洪鲁

空间和住宅的共存

员工居住空间和人员办公空间规划在同一空间不是一件想像着那样容易的事情(事后因韩国电力公司内部原因取消了空间的建立)。为了保证面向办公楼后侧住宅的封闭性，采取平面对角线布置。虽然找到解决问题的头绪，不过似乎留下了区块功能分离乃至干扰感减少等细节问题。

解决面宽狭窄的(11.5m)住宅平面组块类型

根据已定的地下变电所的布局，可利用的套间面宽只有11.5m。此面宽对于以往的多层住宅(共同住宅)类型有些不足。为此，采取4组L型户型单元拼接，提供更加多彩的居住生活。

设置连接居住生活交通的居民公用设施

考虑居民之间的交流和接触，在低层设置居民公用设施。此外，考虑以后楼前后空地的活用以及将来扩建后也能成为小院(村庄)中心的位置，布置居民公用设施(会所)。

位置：首尔市光进区中谷洞168-2
地域：一般居住地域、历史文化地区
用地面积：18304m²
首层建筑面积：1009.78m²
建筑用途：综合设施(多层住宅、变电所、办公楼)
建筑密度：5.52%，包括公园面积
容积率：14.93%，包括公园面积
停车位数：51辆
合作公司：
电气设备：世进电气
机械设备：三源设备
结构规划：形象构造
土木规划：CGE&C

■ 用地东侧透视图

■ 用地南侧透视图

■ 用地北侧透视图

■ 用地西侧透视图

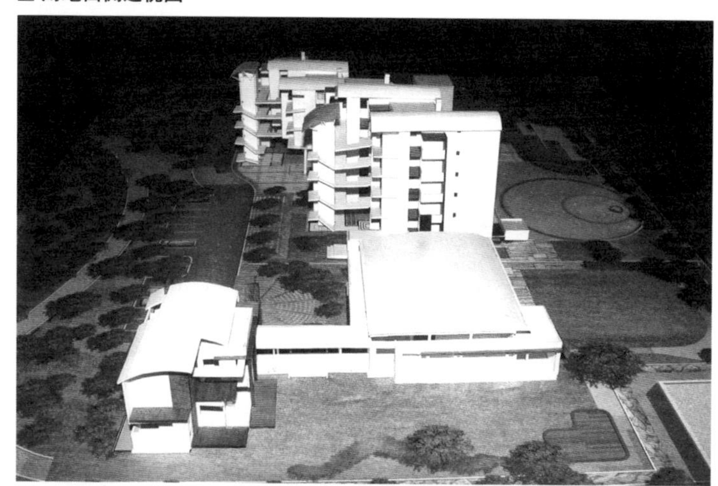

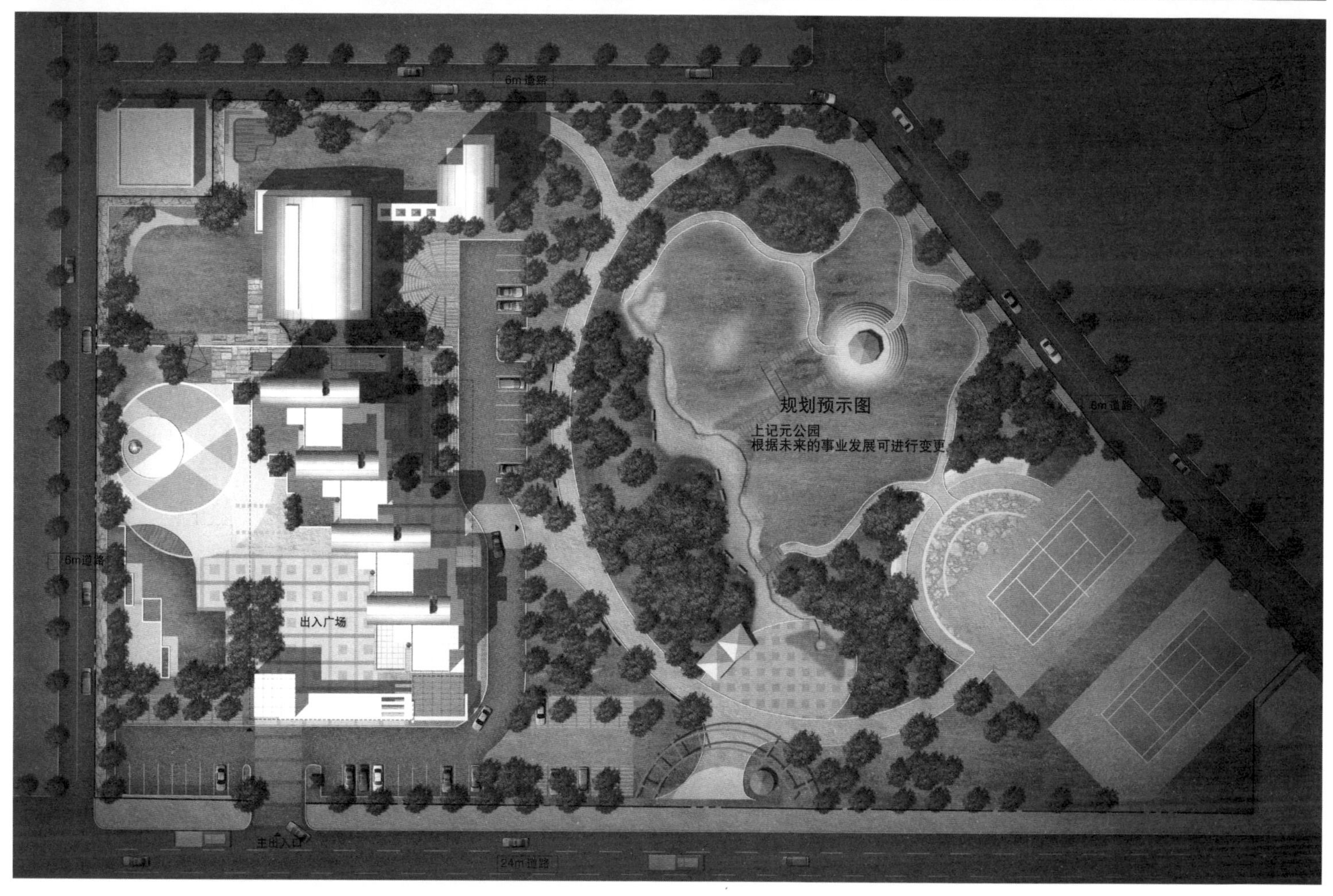

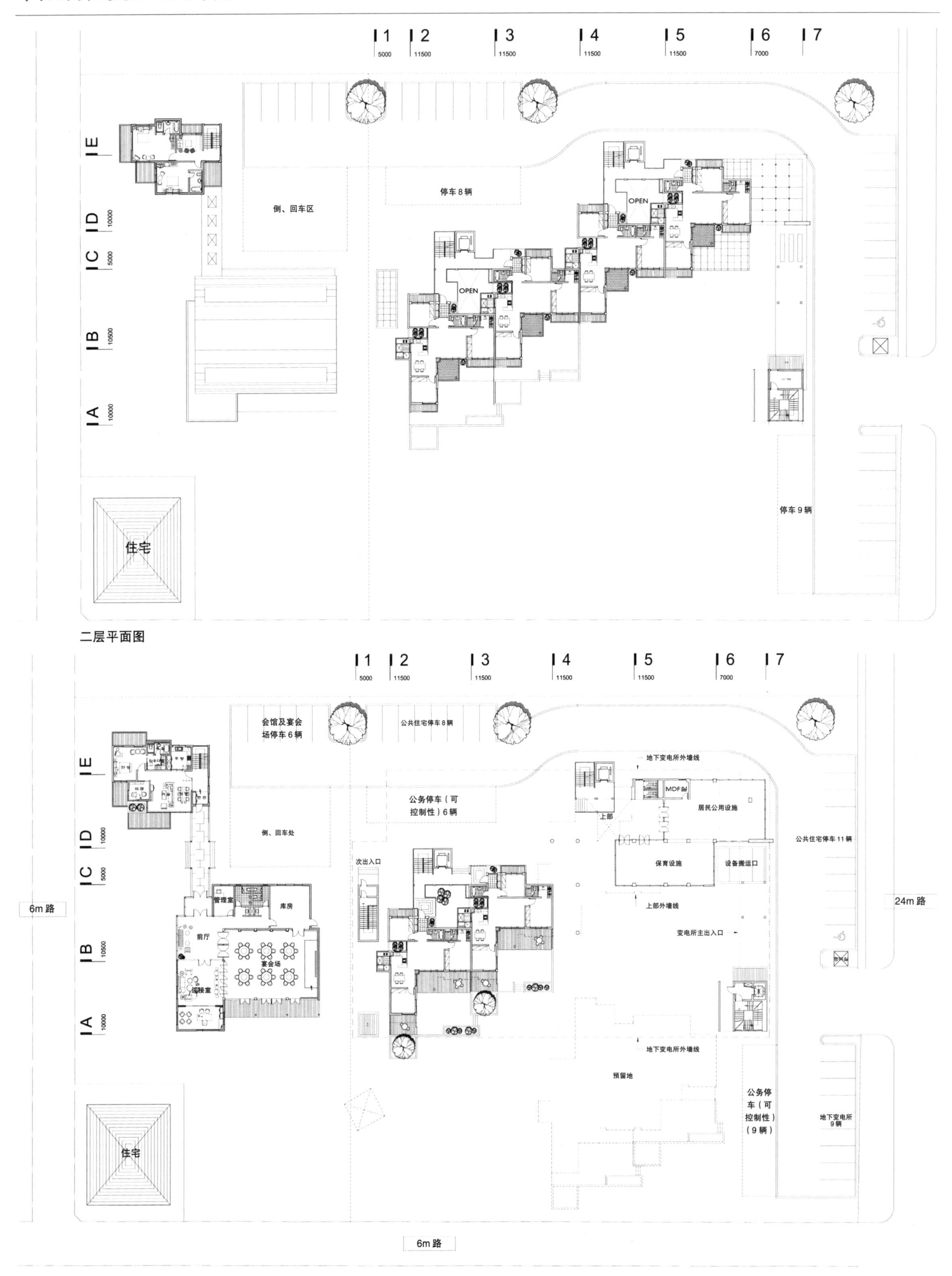

1
2
3
4
5
6
7
5000
11500
11500
11500
11500
7000
E
D
C
B
A
10000
5000
10500
10000
倒、回车区
停车 8 辆
OPEN
OPEN
住宅
停车 9 辆
会馆及宴会场停车 6 辆
公共住宅停车 8 辆
地下变电所外墙线
公务停车（可控制性）6 辆
倒、回车处
MDF室
居民公用设施
上部
公共住宅停车 11 辆
次出入口
保育设施
设备搬运口
管理室
库房
上部外墙线
6m 路
24m 路
前厅
宴会场
变电所主出入口
地下变电所外墙线
预留地
公务停车（可控制性）（9 辆）
地下变电所 9 辆
住宅
6m 路

二层平面图

一层平面图

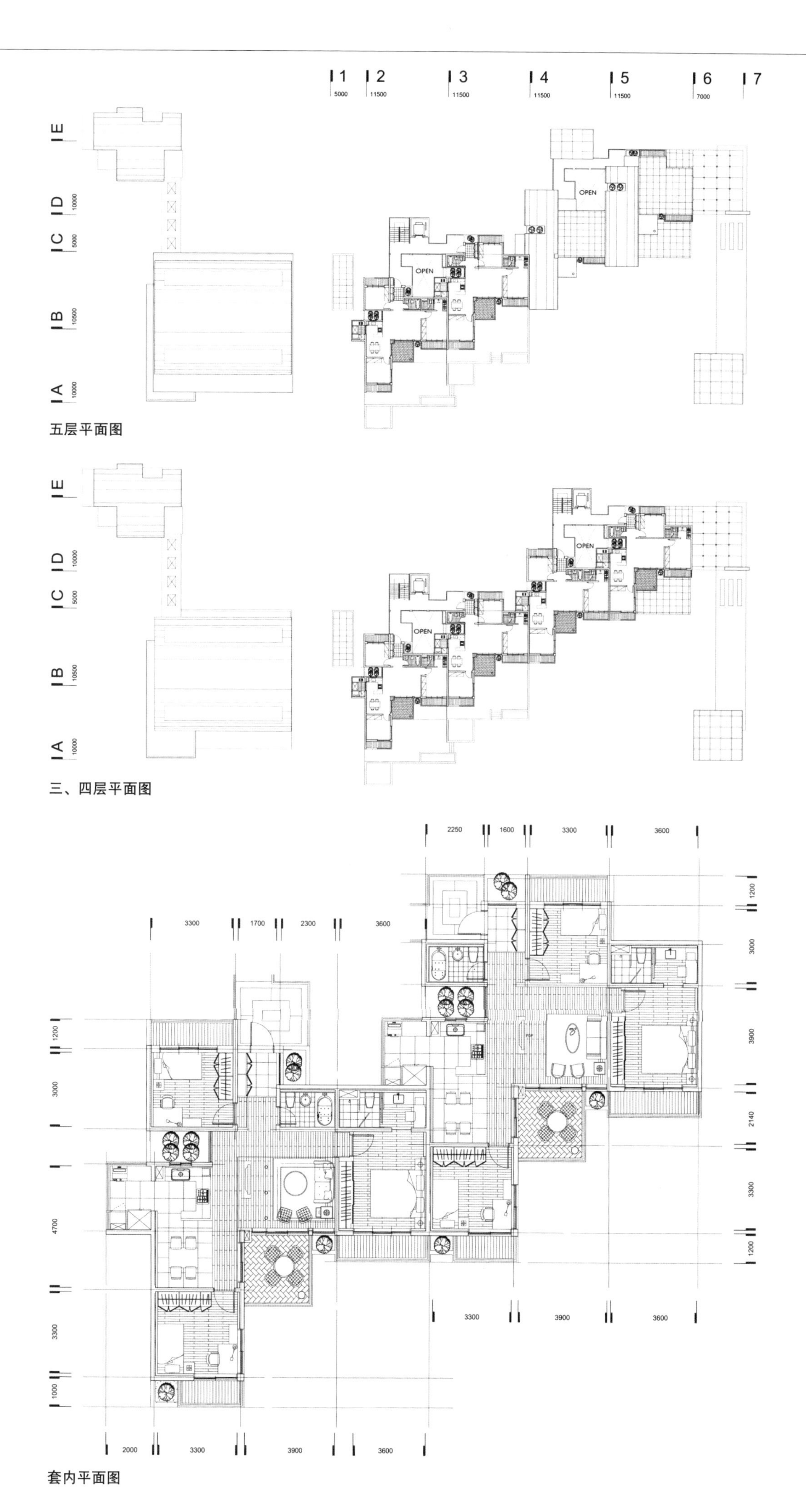

五层平面图

三、四层平面图

套内平面图

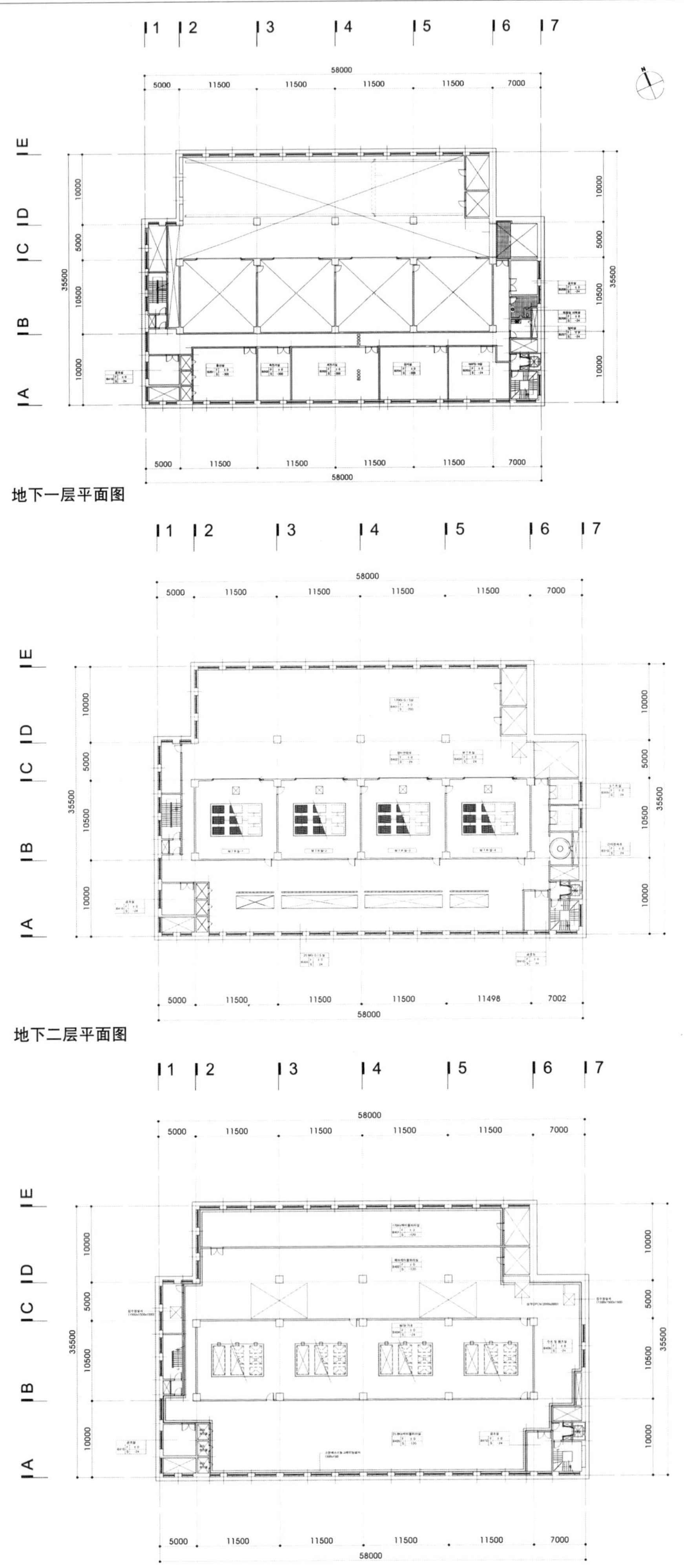

地下一层平面图

地下二层平面图

地下三层平面图

空间以及设施概念图 -1

亲自然、亲人类居住环境的华阳变电所

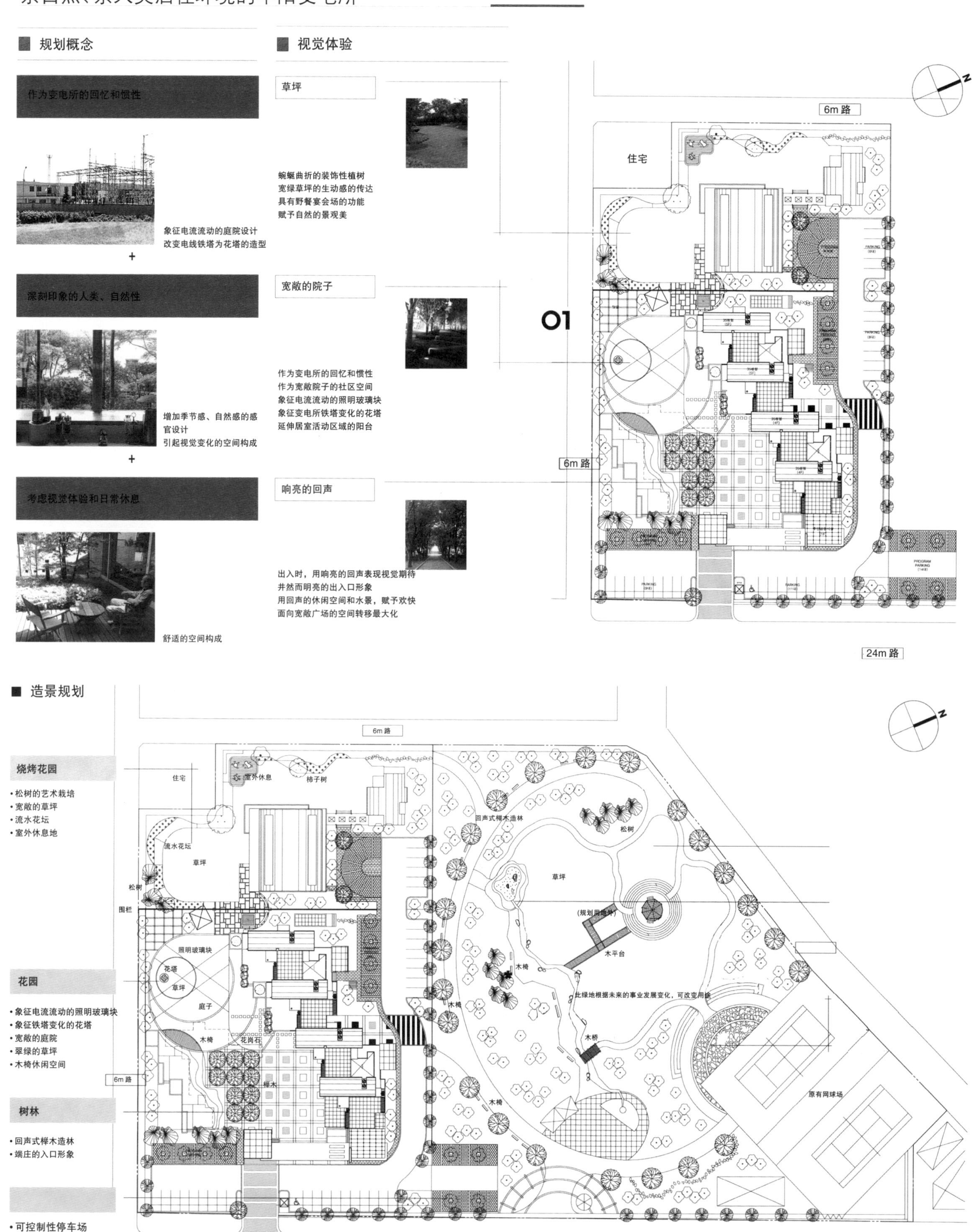

南立面图
东立面图
北立面图
西立面图

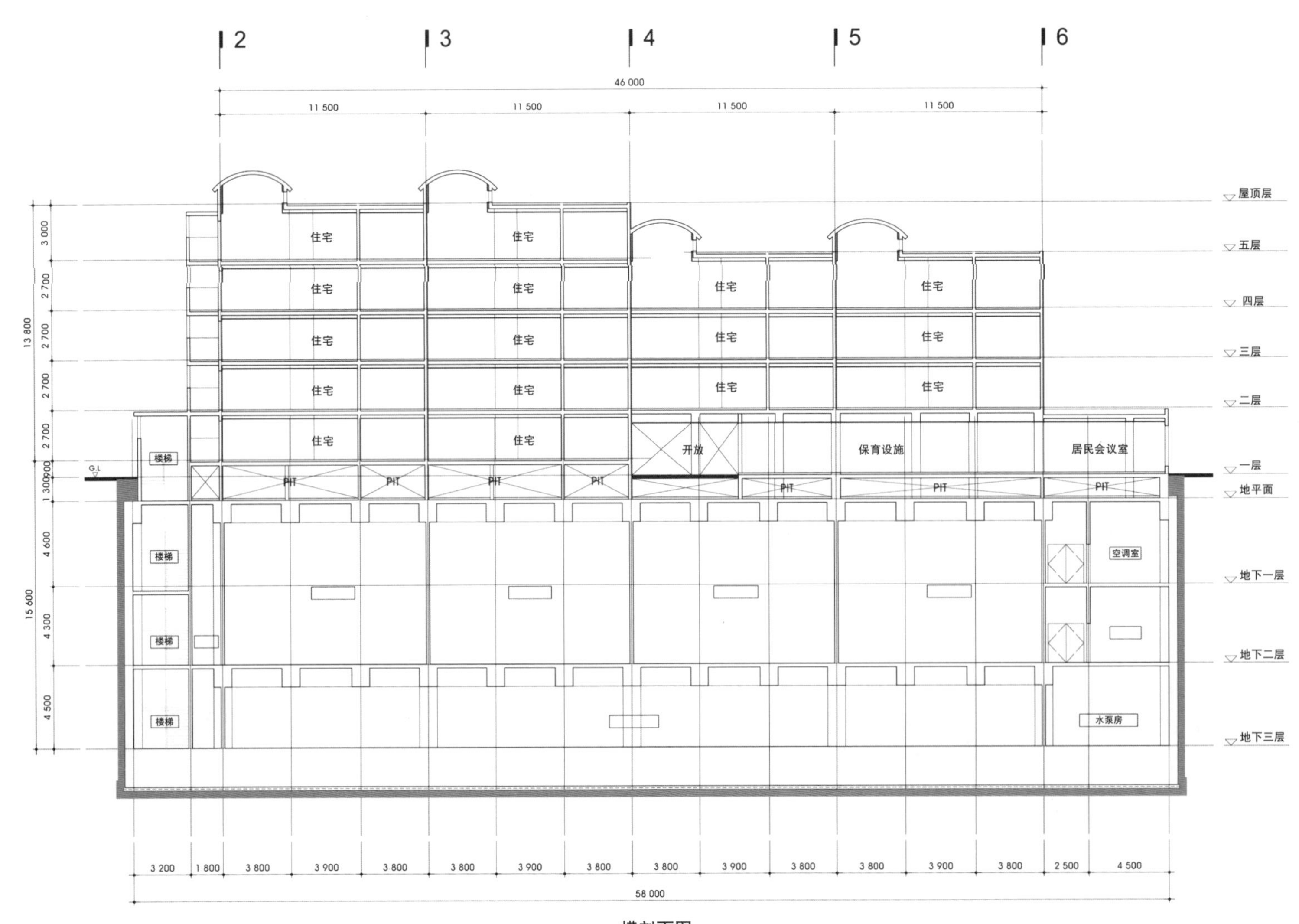
2
3
4
5
6
46 000
11 500
11 500
11 500
11 500
屋顶层
五层
四层
三层
二层
一层
地平面
地下一层
地下二层
地下三层
住宅
开放
保育设施
居民会议室
楼梯
PIT
空调室
水泵房
G.L
13 800
15 600
3 000
2 700
2 700
2 700
2 700
4 600
4 300
4 500
3 200
1 800
3 800
3 900
3 800
3 800
3 900
3 800
3 800
3 900
3 800
3 800
3 900
3 800
2 500
4 500
58 000

横剖面图

■ 办公楼规划图

多样性

①空间多样性：使用轻质隔墙，分隔接待室、宴会厅等，可以方便改变用途

②视觉扩张：墙面镶贴玻璃，加大空间的纵深

解决紧凑压缩问题的设计

一平衡设计：解决紧凑压缩问题，引入适当的装饰要素。

一公共/私有的分区：餐厅和起居室放在一起扩大空间，在主卧室和书房之间布置缓冲区，提高空间的连续性和私密性。

一颜色和材料：顶棚和墙面采用浅色暖色调，地面采用深色的大理石，既文静又有节奏感。

一层：居室和走廊地面采用不同色调以区别空间，餐厅和室内楼梯口之间设计屏幕式装饰。

二层：采取宾馆式房间设计，每个房间均设置浴室，强调空间的私密性。

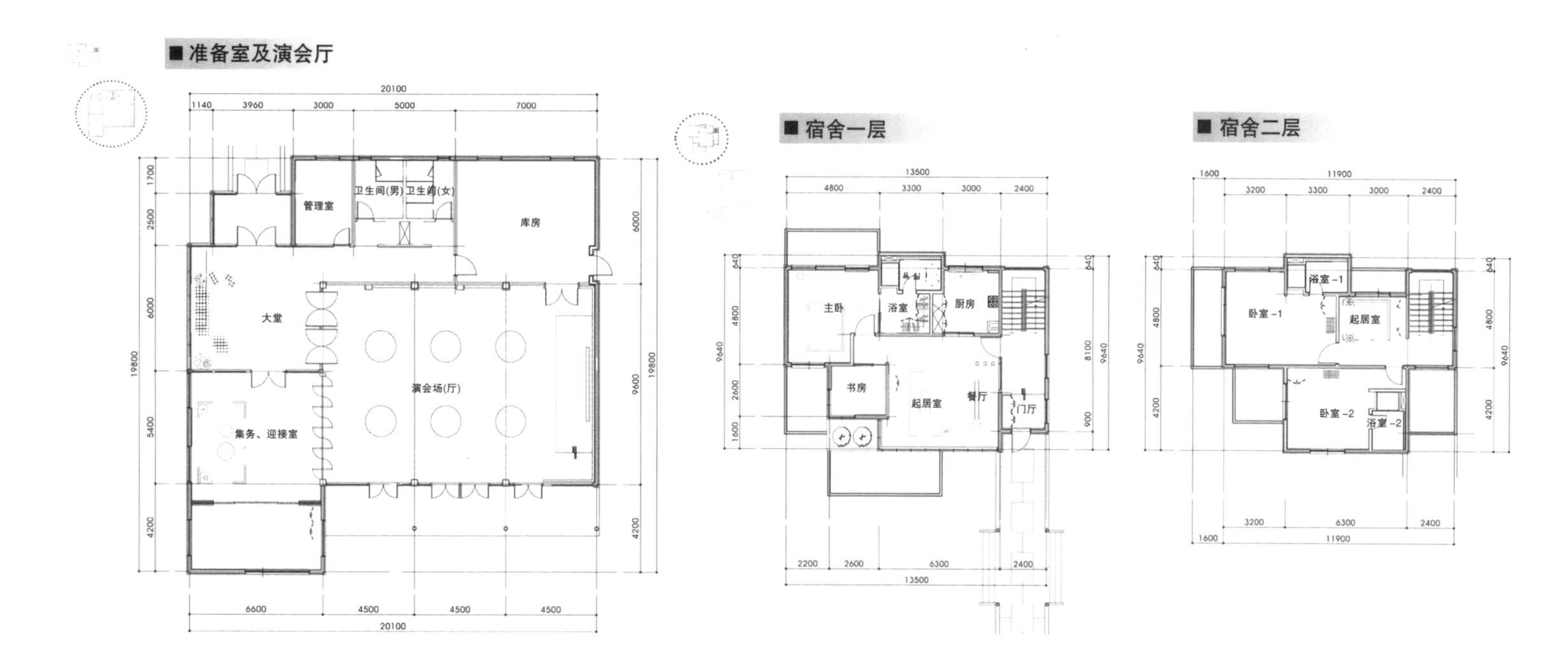

南立面图

北立面图

华阳居住变配电综合楼

二等奖方案 DAODAN建筑：崔宏久。名人设计：梁成忠

用地和项目

走出中谷车站，对面就是用地所在处，周边密集3～4层的(集合)住宅和生活服务设施。用地现状是：周围筑起高高的围墙，限制外人出入；围墙里边耸立变电设施——铁塔，与温馨的周围极不协调。想起生活离不开变电设施，但是它的存在却得不到人们的认可和欢迎时，深深感到本设计的特殊性。设计要求综合安排员工宿舍和变电办公，既要保证变电站的正常运行和安全，又要考虑变电设施的美观形象。如何使具有不同功能空间的员工宿舍和办公楼既保持协调一致，又明确分离各个要素的功能需求，成为设计的焦点。

平面布置和交通

由于项目的特点，变电设施的工艺规划早已确定，只能大部分沿用。另外，上部的员工多层住宅也沿着地下变电站的工艺流程轴线，布置为南向，办公楼正面布置在25m路边，与变电站的工艺流程轴线成半圆形。变电设施中的控制室以及主出入口等员工频繁使用的设施布置在楼上，并设专用通道，自然地与多层住宅庭院相分离。

住宅单元规划

与以往住宅公寓不同，住宅单元不分配，是租赁使用。设计时，集中以往住宅平面所拥有的交通上的便利，同时在居住各处引进自然，冲抵对变电设施的心理障碍，为破例使用创造条件。为使南北通风和采光最大化，采取4个住宅单元组合方式和厨房侧面开窗设计，做到各个房间均衡，面宽3.3m——不可思议的单元设计成为可能。另外在各层每两个住宅单元间设置一处露天庭院，降低和缓解人们在电梯和楼梯中经常等待产生的焦急、无奈的心理反应。

位置：首尔市光进区中谷洞168-2
地域：一般居住地域，历史文化地区
用地面积：18304m²
总建筑面积：7403.66m²
首层建筑面积：1274m²
建筑用途：综合设施(多层住宅、变电所、办公楼)
建筑密度：6.98%，包括公园面积
容积率：17%，包括公园面积
结构：钢筋混凝土结构
规模：地下3层，地上9层
最高高度：30m
外部装修：石材以及CATEN WALL
停车位数：32辆(含残疾人用车1辆)

■ 流线

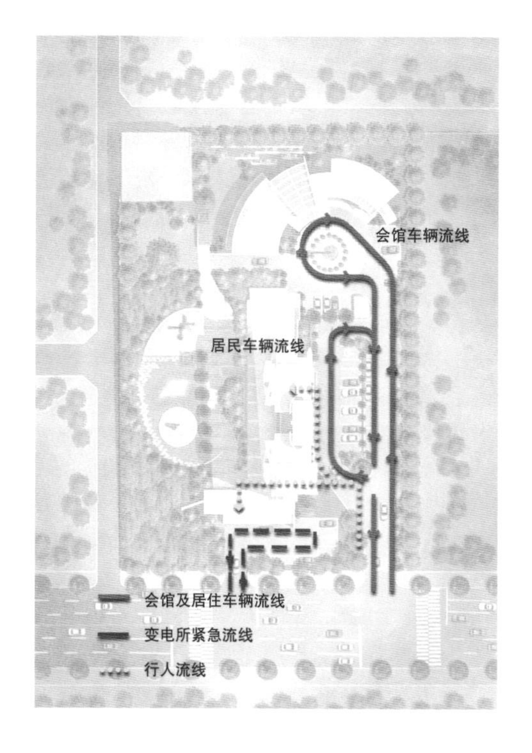
会馆车辆流线
居民车辆流线
会馆及居住车辆流线
变电所紧急流线
行人流线

■ 调整（整合）

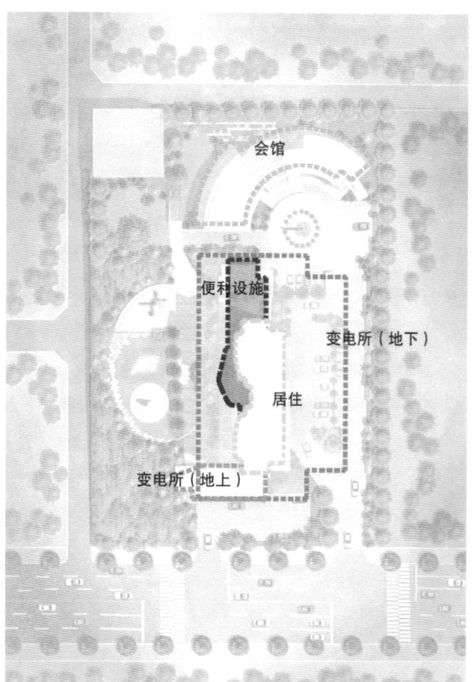
会馆
便利设施
变电所（地下）
居住
变电所（地上）

■ 方向性

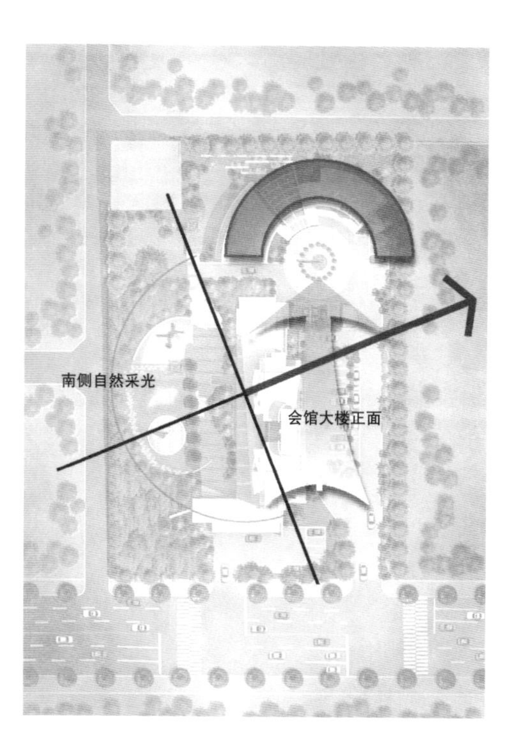
南侧自然采光
会馆大楼正面

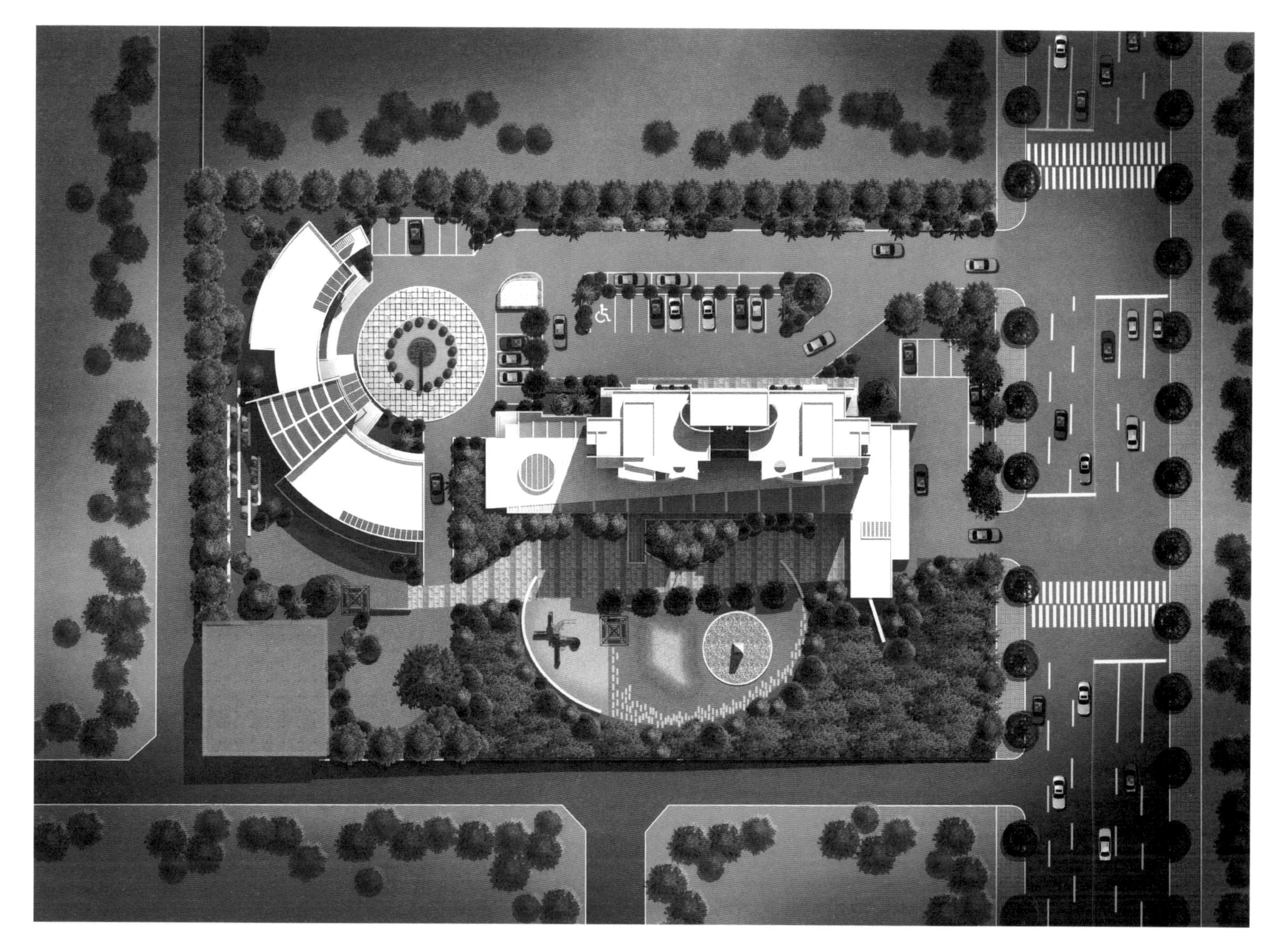

监视室
儿童之家
仓库
大堂
住宅主出入口
垃圾箱
居民公用设施
老人之家
仓库及配餐
宴会场
管理室
道路界线

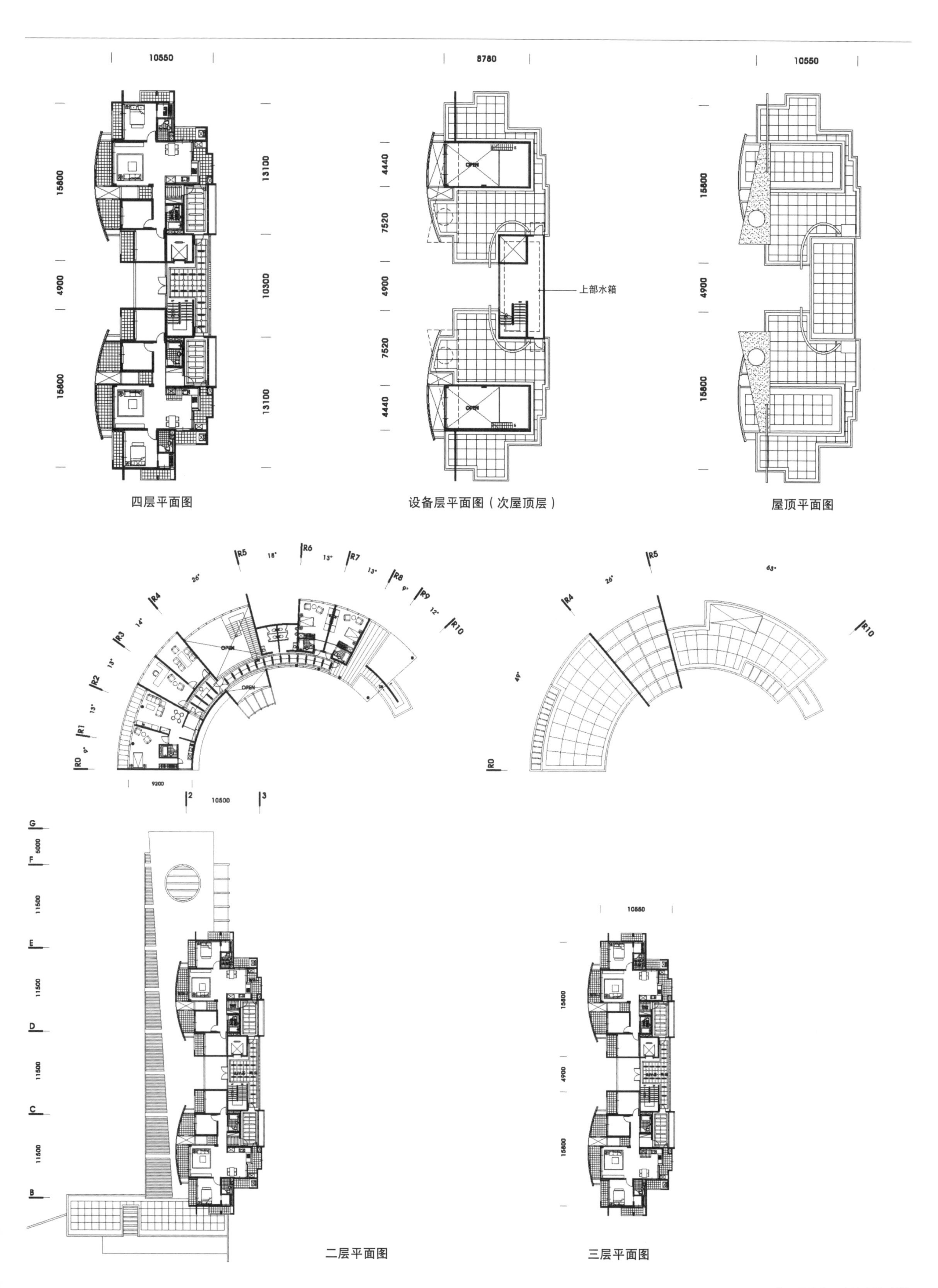
10550
15800
4900
15800
13100
10300
13100
四层平面图
8780
4440
7520
4900
7520
4440
OPEN
上部水箱
设备层平面图（次屋顶层）
10550
15800
4900
15800
屋顶平面图
R0
R1
R2
R3
R4
R5
R6
R7
R8
R9
R10
9200
10500
G
F
E
D
C
B
5000
11500
11500
11500
11500
二层平面图
10550
15800
4900
15800
三层平面图

华阳居住变配电综合楼

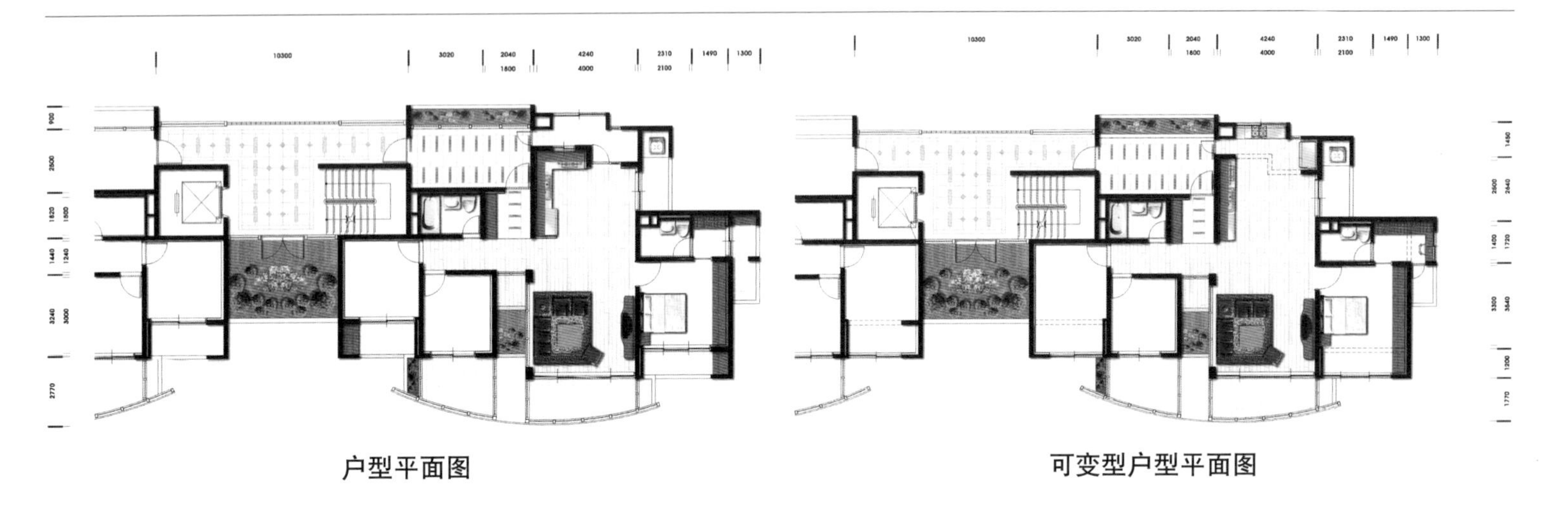

户型平面图　　可变型户型平面图

正立面图　　侧立面图

侧立面图　　背立面图

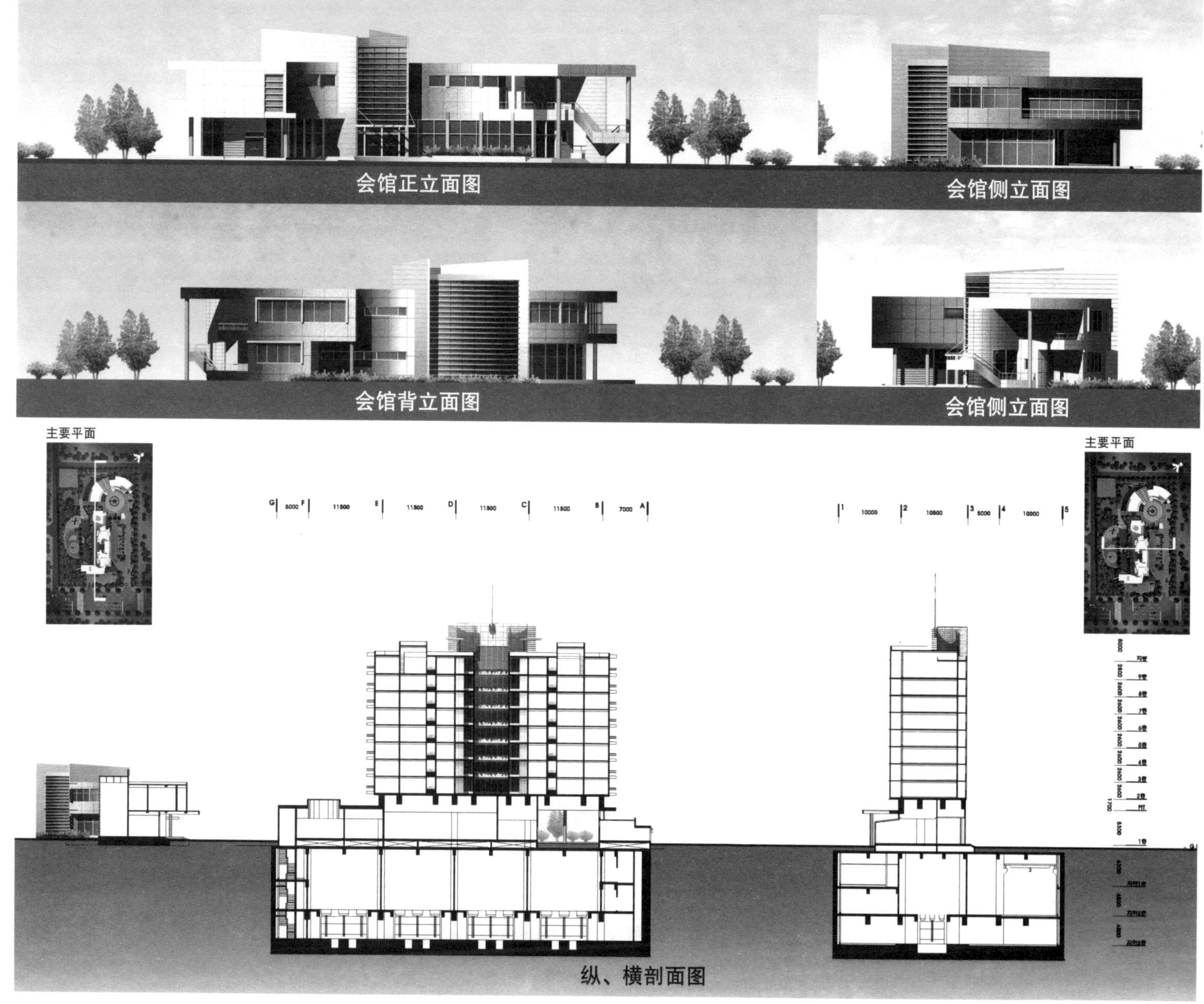

会馆正立面图
会馆侧立面图
会馆背立面图
会馆侧立面图
主要平面
主要平面
纵、横剖面图

光明文化园

中标方案 丽宇建筑

基本规划概念

重新设定自然和文化设施以及使用者的关系。

体现轻与重、透明性：文化中心、剧场。

功能调整和便利的交通体系。

阳光与视线的变化。

总平面设计

“通过光明文化园的设计，如何使她不是一个孤立的建筑物，而是自然、文化、使用者紧密结合的完整统一体？”这就是总平面设计中的主要目标，也是摆在我们面前的问题。为了解决这个问题，首先确定两个外部共享空间(楼间庭院、文化庭院),剩余空间布置文化中心和剧场。在北侧8m路和河岸紧邻公园里自然形成的东西向两个轴线之间，紧密安排剧场和文化中心，重新定位自然和文化中心、剧场的相互关系，各楼座之间设置共享空间。该共享空间成为文化庭院和楼间庭院(或者活动庭院)，连接自然和使用者的文化空间；同时承担分离和连接用地内多种流线的作用；而且能够包容多种功能的活动，成为绚丽多彩的多重性格空间。

建筑系统的组成

依据不同功能区域化：

依据不同功能管理方面的要求，分开设置文化中心和剧场。

不同作用的楼体空间构成。

主要房间布置在正面，通过透明的立面，与南边的河岸紧邻公园进行视觉联系。

空间的开启和关闭：

通过共享空间的方向性，强调各功能的区域性。

水平与垂直的构成对比、楼体与透明性的协调、追求扩建的可能性。

空间的重叠：

并列入口处成直角的室内外空间，通过由此得到的空间重叠和相互透明性，表现立体的、丰富的空间。

人行道和机动车道：

明确区分人行道和机动车道。

注重与各设施之间有机的连接：

通过一层和二层，立体地区分出入交通。

通过主次出入口的楼间庭院和文化庭院，有机地连接丰富的山涧小路设计。

立面、剖面设计

正立面和横剖面：

对比文化中心的水平要素和造型塔(观光电梯)的垂直要素。

对比伸向自然的文化中心的透明性与在透明中凸显的客座部位的红砖墙面。

采光天井：提供内部空间的明快氛围。

由东向西的斜坡路可以作为自河岸高层住宅区到文化中心的次要出入口。

地下一层布置设备室。

东立面和纵剖面：

自河岸高层住宅区的斜坡路出入时，以西边的河岸紧邻公园为背景，设计一目了然的剧场正立面，成为视觉上的终点。

右边的另一斜坡路，连接剧场和文化中心前广场，也就是连接文化庭院流向各个空间区域，起着交通中心的作用。

文化中心的透明性象征着与左边紧邻公园的河岸和右边的体育设施以及主路之间的连贯性。

位置：京畿道光明市河岸洞山 19-12 番地外 1 匹地
地域：自然绿化地区
用地面积：54665m²
总建筑面积：1890.16m²
首层建筑面积：1226.43m²
建筑密度：2.24%
容积率：3.28%
规模：地下 1 层，地上 2 层
结构：钢筋混凝土结构、钢结构(讲堂屋顶)
外部装修：水泥喷涂、压型水泥板、红砖、THK24 双层玻璃
停车位数：21 辆(含残疾人用车 1 辆)
道路现状：北侧 8m 路
设备：工程能源设计研究所(崔秉俊)
电气：株式会社 巨东文化电气设计(李来善)
结构：株式会社 KS 结构(曹西邱)

光明文化园工程

自然、文化、建筑以及统合

名称：光明文化园工程
位置：京畿道光明市河岸洞山 19–12 番地外 1 匹地
地域：自然绿化地区
用地面积：54655m²
道路现状：北侧 8m 路
总建筑面积：1890.16m²，地上总建筑面积：1791.25m²
首层建筑面积：1226.43m²
建筑密度：2.24%
容积率：3.28%
结构：钢筋混凝土结构、钢结构(讲堂屋顶)
规模：地下 1 层、地上 2 层
最高高度：16.15m
外部装修：水泥喷涂、压型水泥板、红砖、THK24 双层玻璃
停车位数：21 辆(含残疾人用车 1 辆)，法定：18 辆
造景概要：将原有树林带用作造景
规划造型公园：1123m²
法定：21862m²(用地面积的 40%)以上

总平面设计

目标

“通过光明文化园的设计，如何使她不是一个孤立的建筑物，而是自然、文化、使用者紧密结合的完整统一体？”这就是总平面设计中的主要目标，也是摆在我们面前的问题。

为了解决这个问题，首先确定两个外部共享空间(楼间庭院、文化庭院)，剩余空间布置文化中心和剧场。

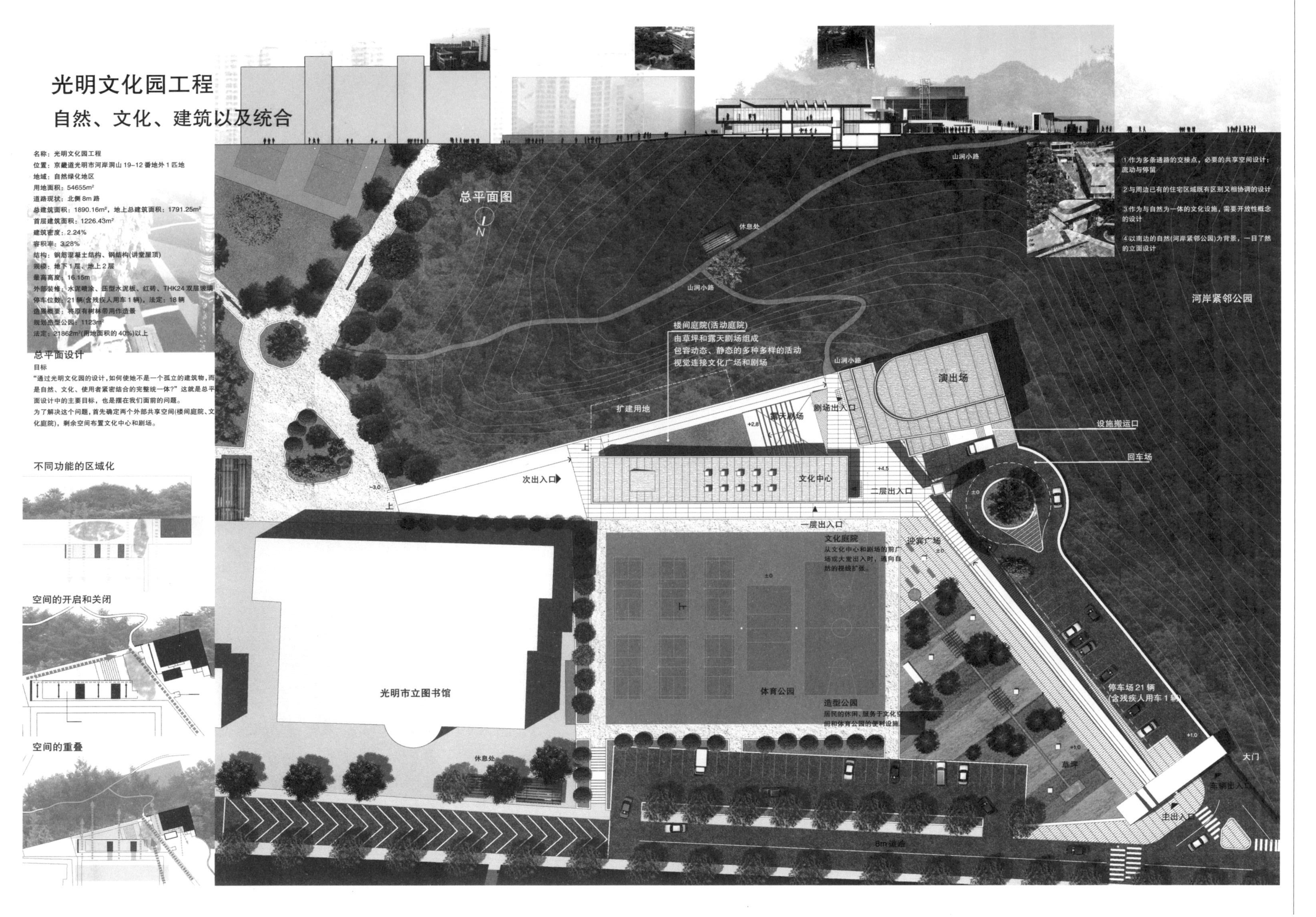

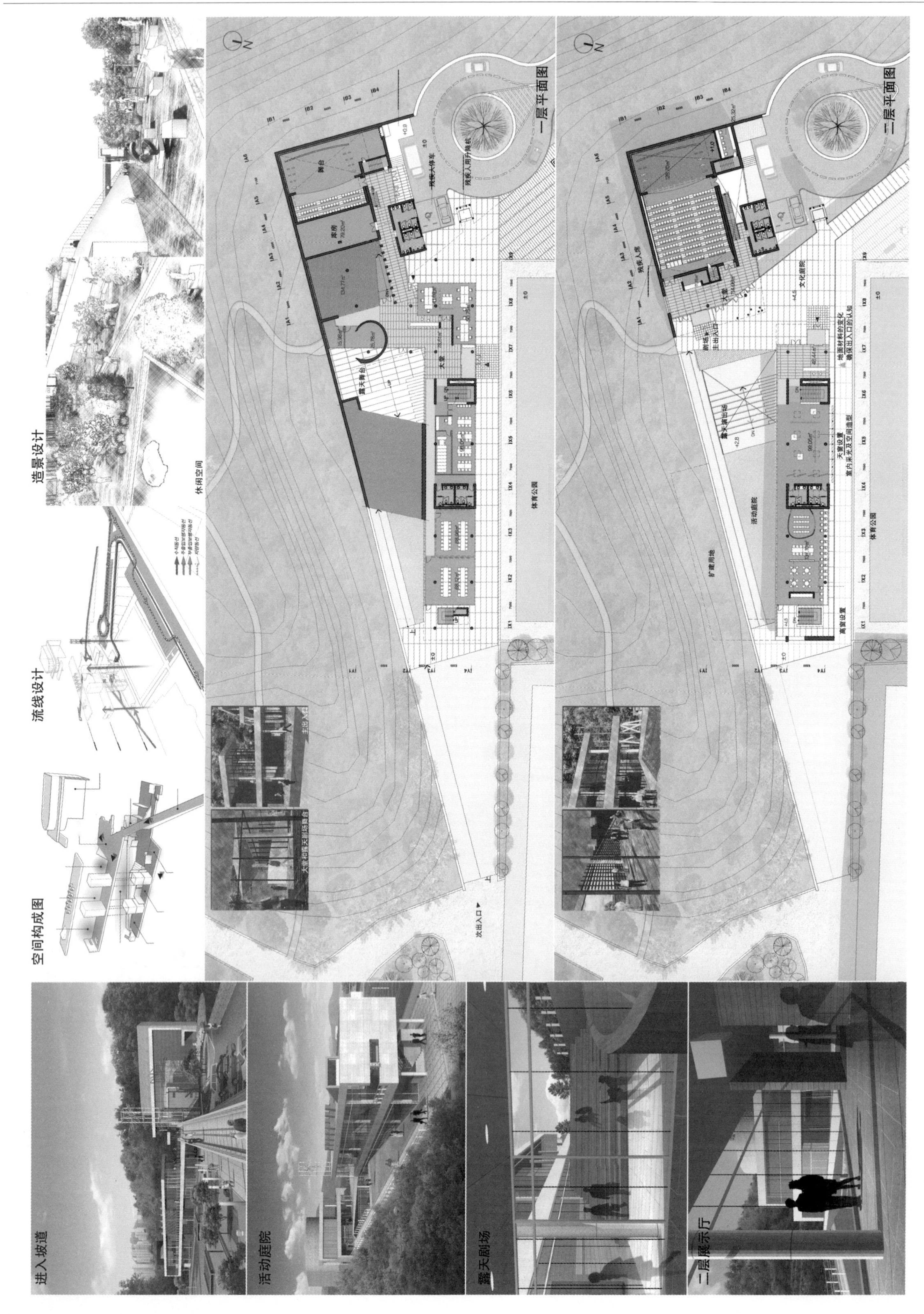

进入坡道
活动庭院
露天剧场
二层展示厅
空间构成图
流线设计
造景设计
休闲空间
一层平面图
二层平面图
体育公园
次出入口
扩建用地
活动庭院
文化庭院

正立面图
东立面图
文化吧
卫生间
露天剧场
楼梯间
大堂
文化广场
象征塔
出入坡道
大门
横剖面图
活动庭院
展示室
纵剖面图

背立面图 比例尺 1:250
横剖面图 比例尺 1:250
次出入口
文化庭院
舞台
座席
库房
乐器练习室
幼儿房

二等奖方案 地音建筑：池英卢

总平面设计

最大限度地利用原有斜坡，减少土木工程量和保存原有树木。

将小剧场独立，分离主要通路，方便设施管理。

顺应背面山脊走向的剧场和文化设施的布置。

外部空间规划

利用倾斜面，自然地布置露天剧场。

马路至文化园的进出路设计(风景路)。

进出路边设置居民休闲空间。

楼栋之间设置水景空间，体现韩国式庭院以及采集自然光(采光莲花池)。

立面设计

正面：将多种文化风景形象化的楼体设计。

与周边环境协调的滑雪流线型设计。

侧立面：奔向后山的滑雪流线型。

剖面设计

积极利用地形的高差，减少土木工程费用，最大限度地减少对周边绿地的毁坏。

总建筑面积：1898.97m²
首层建筑面积：1054.06m²
建筑密度：1.93%
容积率：2.98%
规模：地下1层，地上3层
结构：钢结构(剧场)、钢筋混凝土结构
停车位：20辆(含残疾人用车1辆)

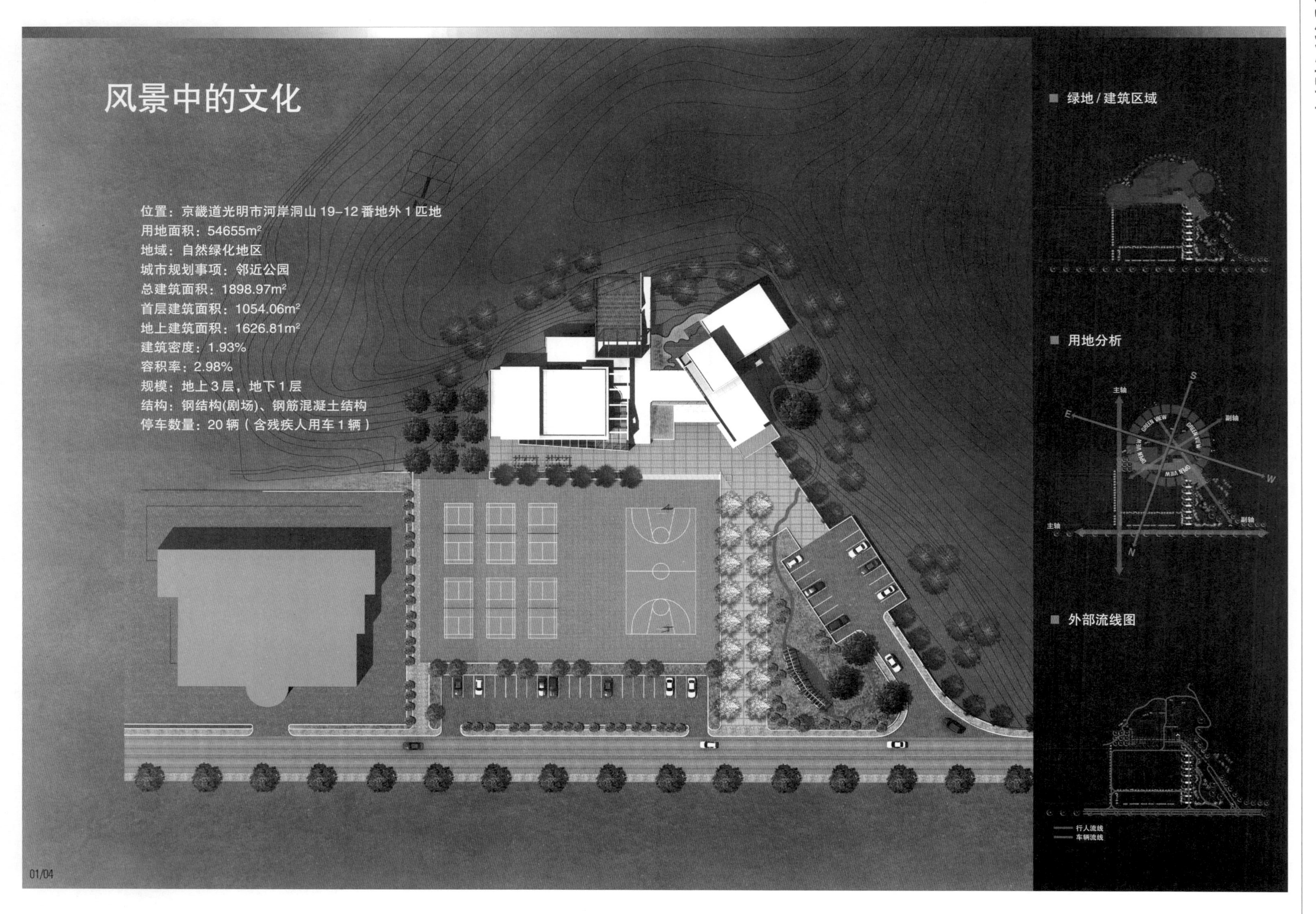

风景中的文化
位置：京畿道光明市河岸洞山19-12番地外1匹地
用地面积：54655m²
地域：自然绿化地区
城市规划事项：邻近公园
总建筑面积：1898.97m²
首层建筑面积：1054.06m²
地上建筑面积：1626.81m²
建筑密度：1.93%
容积率：2.98%
规模：地上3层，地下1层
结构：钢结构(剧场)、钢筋混凝土结构
停车数量：20辆（含残疾人用车1辆）
绿地/建筑区域
用地分析
主轴
副轴
GREEN VIEW
OPEN VIEW
外部流线图
行人流线
车辆流线
01/04

风景
造就人类文化的土地
外部空间规划
· 利用倾斜面，自然地布置露天剧场
· 马路至文化园的进出路设计(风景路)
· 进出路边设置居民休闲空间
· 楼栋之间设置水景空间，体现韩国式庭院以及采集自然光(采光莲花池)
露天剧场
露天音乐会、打击乐演出、集会等活动
有机地连接自然和文化园
山涧小路
采光莲花池
露天展示、固定展示
休闲空间
内部交通图
办公/文化讲座
文化部
展示/资料室
观众用
一般人用
剧场
进行视觉分析的剧场规划
展厅
自然采光
自然通风
阳光莲花池
为了协调自然和人类的文化，建筑必须作为风景存在于自然中。
文化
持续长久地融合自然和人类的新的装饰(装置)

■ 一层平面图

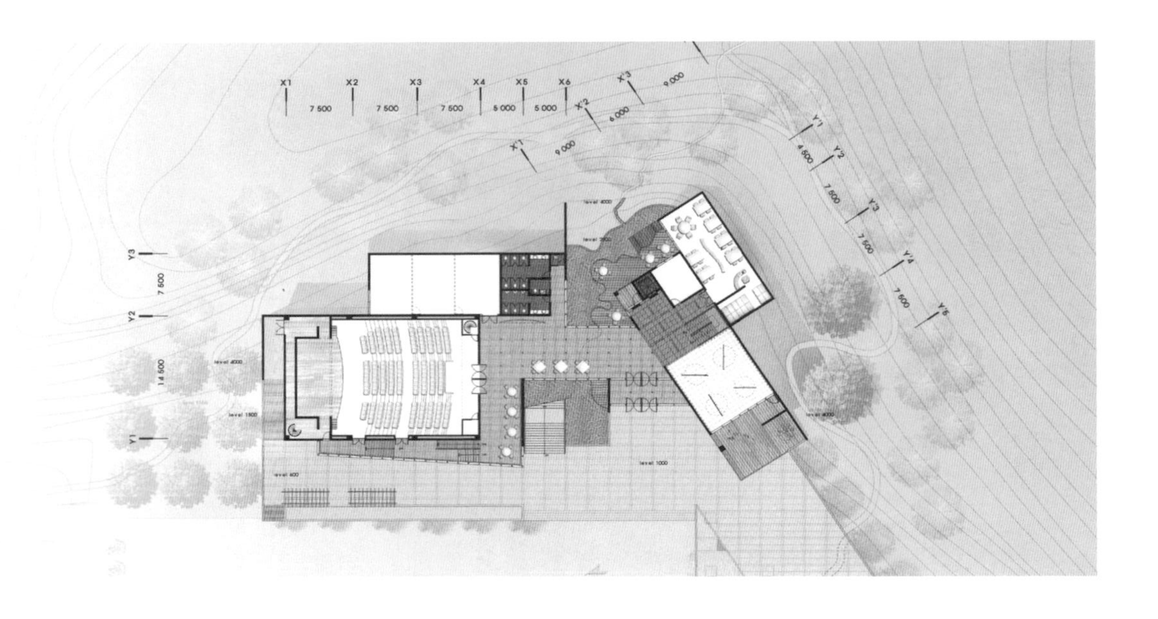

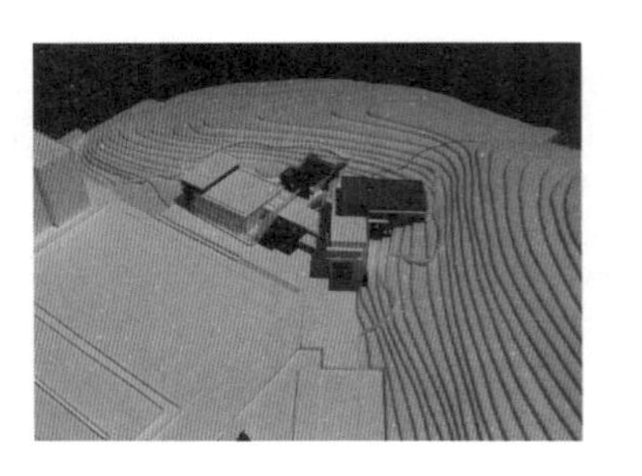

■ 立面图 / 剖面图

■ 三层平面图

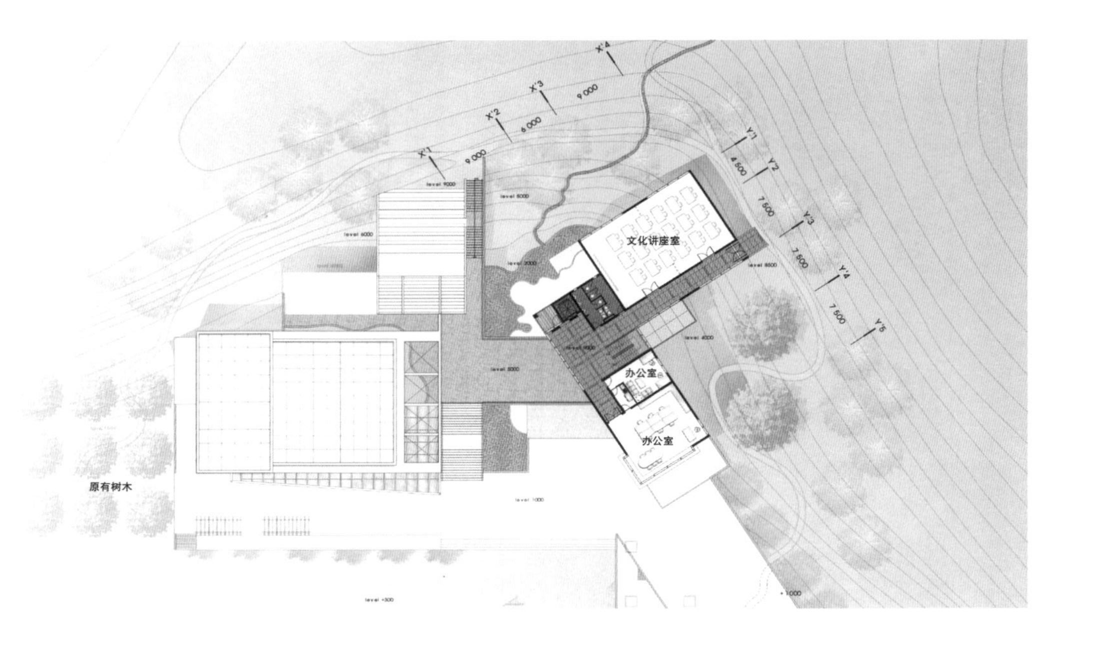
文化讲座室
办公室
办公室
原有树木

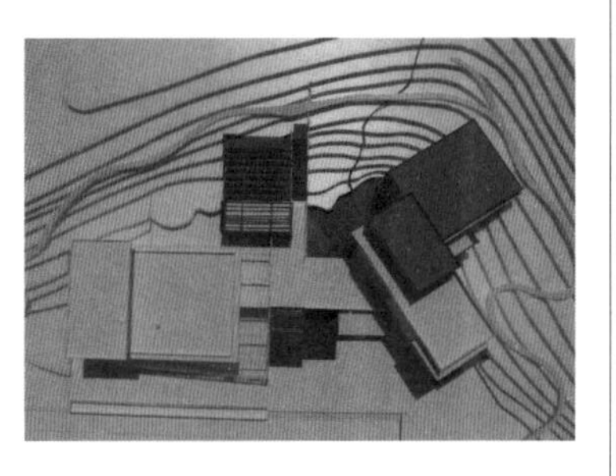

■ 二层平面图

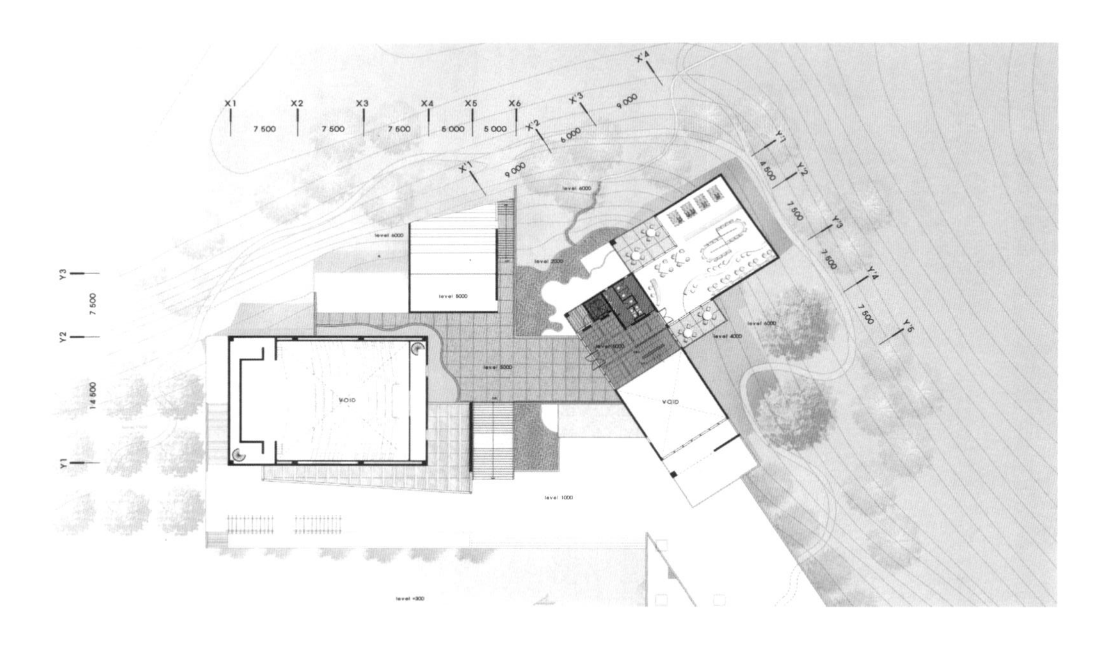
X1
X2
X3
X4
X5
X6
7 500
7 500
7 500
6 000
5 000
Y1
Y2
Y3
14 500
7 500
VOID
VOID

釜山设计中心

三等奖方案 建元建筑 金钟国。**新东亚建筑：**河玉成

建筑设计概念

功能性布置：功能 / 内容 / 通道。
考虑利用频率、接近性、管理以及控制。
主交通与服务通道的分离。
通过水平、垂直性功能的适当地分离和连接，达到效率最大化。
战略性布置：外部空间 / 空置的中心。
地面层引入大规模外部空间概念，确保建筑的公共性。
仔细构思进出入轴线的建筑设计，确保空间的连续性。
相互联系：关系 / 形态 / 城市型。
在中心部位，设置中厅，实现各空间的共享。
各不相同体系的几何体所拥有的造型，体现现代都市风格。
追求具有强烈象征意义的产业设计的统一标志。
多棱体中心形象。
体现设计中心的象征意义。
口罩形象。
分中心。
通过明确的交通设置和功能划分，提供最好的业务环境。
交流(中心)(五层)：
独立的平面、视觉中心。
具有象征建筑整体的功能。
设计辅助(三层)/ 研究开发(四层)：
位于水平、垂直交通中心，发挥最大的辅助功能。
时装表演场(三层)：
赋予活泼空间和互动形态。
设计展示场(二层)：
赋予建筑整体的象征入口。
从连接出入广场的二层大堂出入。
开放的大堂、阳台(歇脚处)/ 相对闭合的二个展示场。
出入广场 / 活动广场(一层)：
设定符合城市结构的出入轴线。
沿出入轴线设置3个连续的广场
完整分离主通道和服务通道：

平面设计

—出入空间以及外部空间设计。
出入空间：设计直接进入方式(利用扶梯)和首层开敞式，空间极为丰富。
活动广场：举办露天演出、电影、展示等室外活动。
一层大堂：与外部空间的立体的视觉连接，提供多种活动的空间。
—展示空间的特色设计
设计展示场1和2：满足单向时装展示的特殊设计。
设计展示场3：方形空间设计，具备物品展销功能。
—时装表演场设计。
设置时装表演所需的辅助设施。
—设计交流大厅设计。
设计交流大厅：有机地连接各辅助设施。
宴会设施：考虑与交流大厅的连接和可变功能。
—信息中心、技术开发研究室设计。
设计信息中心：尖端信息交流中心和回归自然之间的融合。
纺织品技术开发研究室：与城市噪声隔绝的安静的研究空间 / 可变形平面设计，满足不同规模设计专业公司的需求。
设计分中心：
连接外部休息空间，提供愉快的业务空间。

立面设计

—正面设计：代表设计中心的标志。
通过均质的线条与夸张的不规则多棱面设计，突出尖端设计中心的象征。
通过楼座低部开敞设计，贯入外部大空间。
—侧立面设计：出入立面。
设计中心的入口面。
通过不规则多棱屋面，构成互动的出入空间。
考虑出入口部采光，设计采光塔
侧立面设计：周边其他楼座的对应面。
设计考虑与周边其他楼座之间的协调。
—背立面设计。
考虑对应周边环境的状况。
采用自然和城市为目标的材料。

剖面设计

注重设计产业开放的中心空间。
通过中厅，引进自然要素。
立体地布置辅助设施和中心设施。
充满互动的建筑出入空间。
适宜地分离主出入口、服务出入口、展示场出入口。
水平划分辅助设施和中心设施，使各功能区有机的内部连接和控制成为可能。
高效率的层高设计。

总建筑面积：18880.85m²
首层建筑面积：2510.87m²
造景面积：850.97m²
建筑密度：59.70%
容积率：349.45%
规模：地下2层，地上7层
最高高度：33.40m
结构：钢筋混凝土结构、型钢混凝土结构
外部装修：铝合金、THK24复合玻璃
停车位数：室内113辆 / 室外4辆
电梯：业务设施2台(17人乘用)，文化及集会2台(17人乘用)，货梯1台

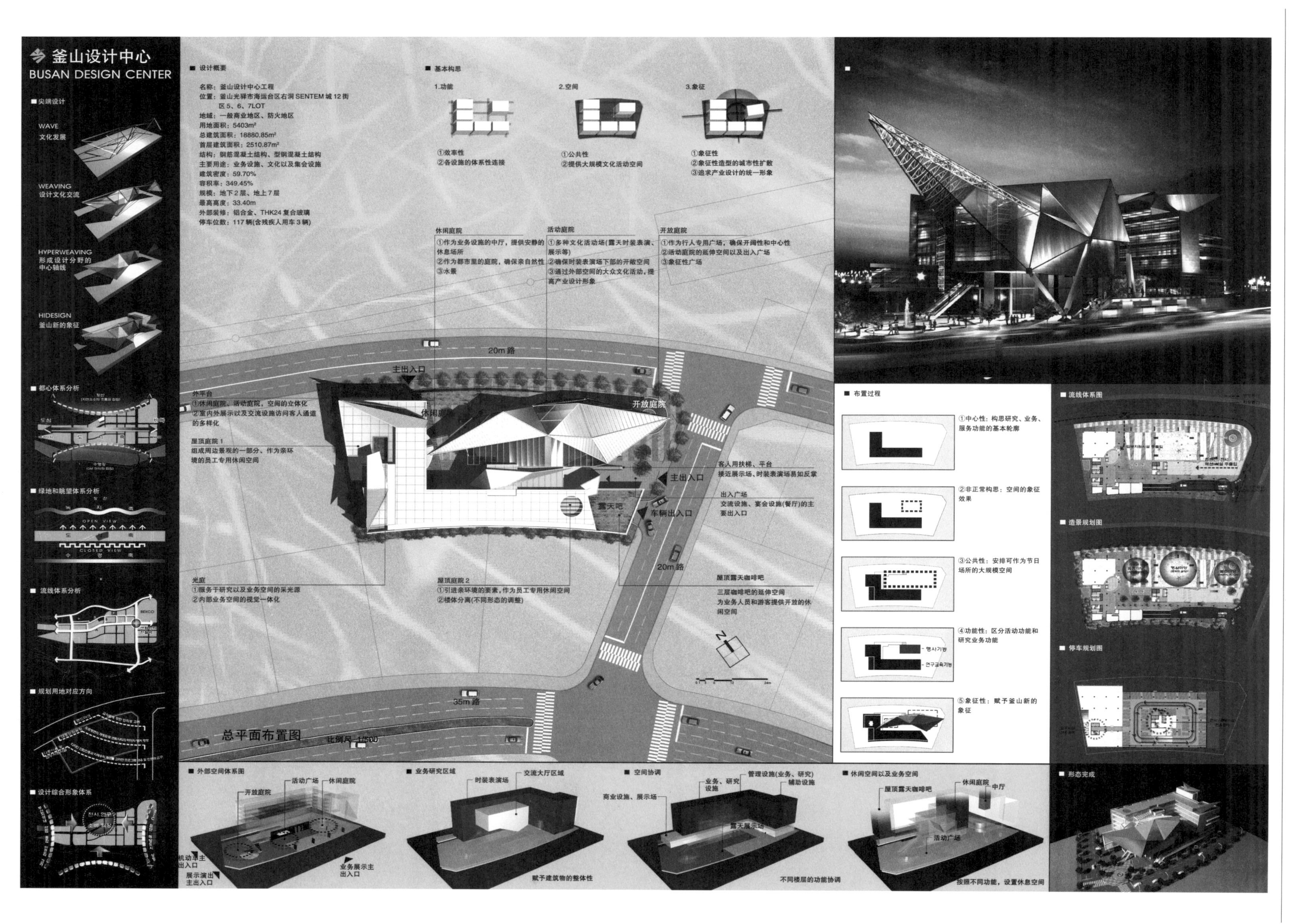

釜山设计中心
BUSAN DESIGN CENTER
■ 尖端设计
WAVE
文化发展
WEAVING
设计文化交流
HYPERWEAVING
形成设计分野的中心轴线
HIDESIGN
釜山新的象征
■ 都心体系分析
■ 绿地和眺望体系分析
OPEN VIEW
CLOSED VIEW
■ 流线体系分析
■ 规划用地对应方向
■ 设计综合形象体系
■ 设计概要
名称：釜山设计中心工程
位置：釜山光驿市海运台区右洞 SENTEM 城 12 街区 5、6、7LOT
地域：一般商业地区、防火地区
用地面积：5403m²
总建筑面积：18880.85m²
首层建筑面积：2510.87m²
结构：钢筋混凝土结构、型钢混凝土结构
主要用途：业务设施、文化以及集会设施
建筑密度：59.70%
容积率：349.45%
规模：地下 2 层、地上 7 层
最高高度：33.40m
外部装修：铝合金、THK24 复合玻璃
停车位数：117 辆(含残疾人用车 3 辆)
■ 基本构思
1.功能
①效率性
②各设施的体系性连接
2.空间
①公共性
②提供大规模文化活动空间
3.象征
①象征性
②象征性造型的城市性扩散
③追求产业设计的统一形象
休闲庭院
①作为业务设施的中厅，提供安静的休息场所
②作为都市里的庭院，确保亲自然性
③水景
活动庭院
①多种文化活动场(露天时装表演、展示等)
②确保时装表演场下部的开敞空间
③通过外部空间的大众文化活动，提高产业设计形象
开放庭院
①作为行人专用广场，确保开阔性和中心性
②活动庭院的延伸空间以及出入广场
③象征性广场
外平台
①休闲庭院、活动庭院，空间的立体化
②室内外展示以及交流设施访问客人通道的多样化
屋顶庭院 1
组成周边景观的一部分，作为亲环境的员工专用休闲空间
光庭
①服务于研究以及业务空间的采光源
②内部业务空间的视觉一体化
屋顶庭院 2
①引进亲环境的要素，作为员工专用休闲空间
②楼体分离(不同形态的调整)
客人用扶梯、平台
接近展示场、时装表演场易如反掌
出入广场
交流设施、宴会设施(餐厅)的主要出入口
屋顶露天咖啡吧
三层咖啡吧的延伸空间
为业务人员和游客提供开放的休闲空间
20m 路
35m 路
主出入口
车辆出入口
休闲庭院
开放庭院
露天吧
总平面布置图
比例尺 1/500
■ 布置过程
①中心性：构思研究、业务、服务功能的基本轮廓
②非正常构思：空间的象征效果
③公共性：安排可作为节日场所的大规模空间
④功能性：区分活动功能和研究业务功能
⑤象征性：赋予釜山新的象征
■ 流线体系图
■ 造景规划图
■ 停车规划图
■ 形态完成
■ 外部空间体系图
开放庭院
活动广场
休闲庭院
机动车主出入口
展示演出主出入口
业务展示主出入口
■ 业务研究区域
时装表演场
交流大厅区域
赋予建筑物的整体性
■ 空间协调
业务、研究设施
管理设施(业务、研究)
辅助设施
商业设施、展示场
露天展示场
不同楼层的功能协调
■ 休闲空间以及业务空间
屋顶露天咖啡吧
休闲庭院
中厅
活动广场
按照不同功能，设置休息空间

三层平面图
二层平面图
一层平面图
地下一层平面图

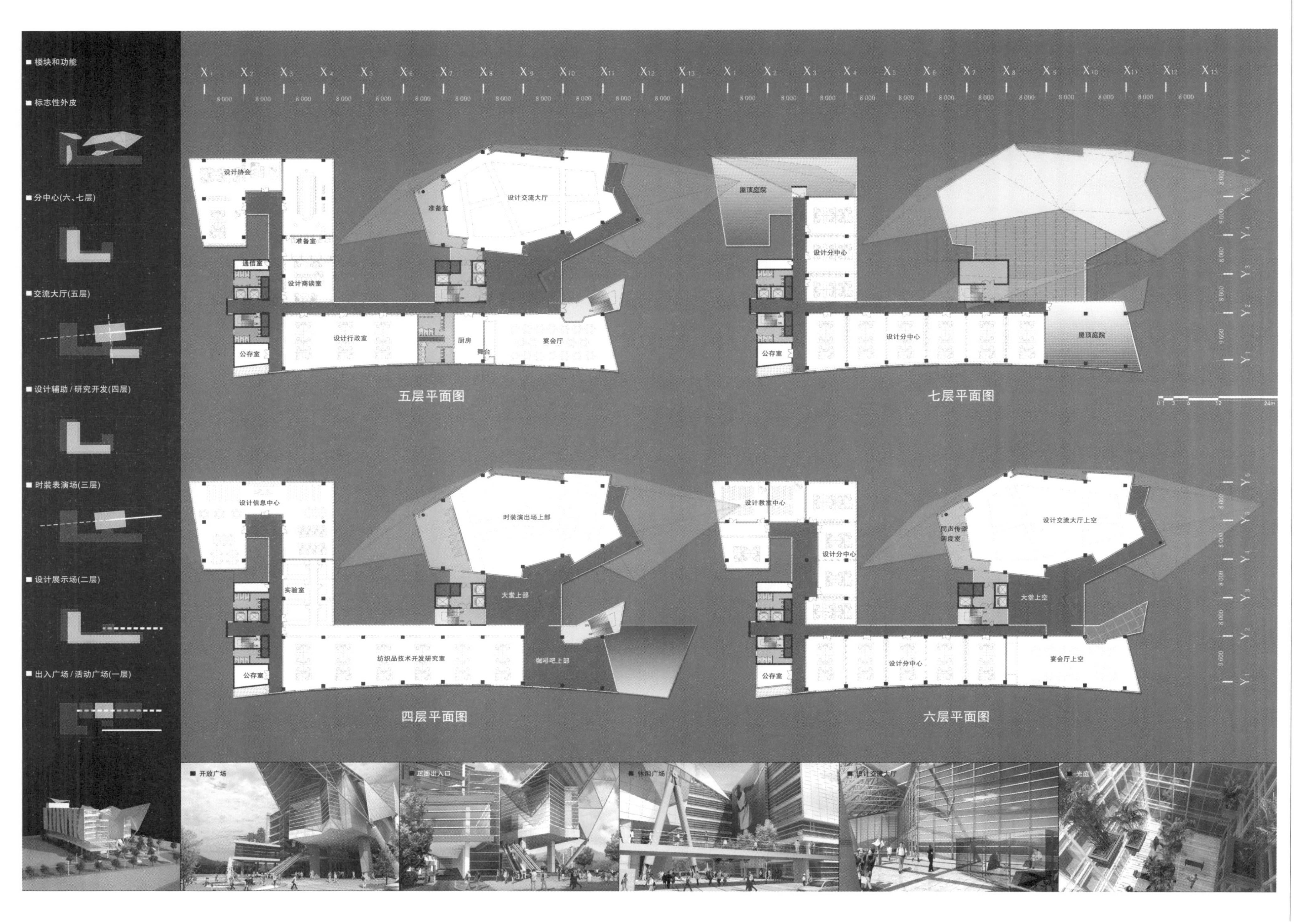

■楼块和功能
■标志性外皮
■分中心(六、七层)
■交流大厅(五层)
■设计辅助/研究开发(四层)
■时装表演场(三层)
■设计展示场(二层)
■出入广场/活动广场(一层)
设计协会
准备室
设计交流大厅
通信室
设计商谈室
设计行政室
厨房
舞台
宴会厅
公存室
五层平面图
屋顶庭院
设计分中心
七层平面图
设计信息中心
时装演出场上部
实验室
大堂上部
纺织品技术开发研究室
咖啡吧上部
四层平面图
设计教育中心
同声传译调度室
设计交流大厅上空
大堂上空
宴会厅上空
六层平面图
■开放广场
■正面出入口
■休闲广场
■设计交流大厅
■光庭

正立面图
侧立面图
A-A′ 剖面图
B-B′ 剖面图
剖面概念 1
剖面概念 2
立面概念 1：突出空间视觉
立面概念 2——都市之窗
流线体系图
形体分析图
展示／剧场屋顶
出入平台
设计会议中心
时装表演场

釜山设计中心

三等奖方案 **尚地工程建筑：**许东允

规划要点

釜山设计中心是纤维、时装相关团体以及相关全体产业追求同一个目标的重要的场所。本规划有机地统合各个功能区的作用，试图得到更大的效果。

釜山设计中心同时也是内部使用者和所有一般的客人功用的场所。本规划力求使这种双重功能需求得到充分的反映。

象征性

通过没有形态的布与细致的纤维网格之间的调和，得到了悠然而强烈的立面状态。

和人类的皮肤一样，通过建筑物的立面表现了表达建筑物根本特点的、具有象征意义的造型。

通过传统与现代的色彩和线条，象征性地表现时间的流走。

形态的展开

建筑物的整体形态，想像成内柔外刚、内部有机联系的蚕茧似的形象化的生态环境。建筑物的几何立体轮廓设计，考虑了环境、经济性、功能性分割等因素。充满内部艺术美的柔和自由的造型设计，通过女性优美的身体形象，与长山、水永川、高速路、铁路等周边环境相协调。

独创性

作为人体第二层皮肤的衣服，不仅起着保护身体的作用，更是展现美丽、展现自我的手段。因此，作为人体第三层皮肤的建筑物，自然要展现美丽、展现自我。内部各个功能要素区域之间的连接空间，犹如蚕茧在吐丝，以形象化的人体形态缠绕内部空间。这种设计与在内部空间中实际的视觉感受相一致。

总建筑面积：17372.70m²
首层建筑面积：10813.02m²
造景面积：1048.05m²
建筑密度：33.55%
容积率：202.56%
规模：地下2层、地上8层
最高高度：40m
结构：钢筋混凝土结构、钢结构(屋顶)
外部装修：不锈钢、人造大理石、玻璃
设备：中央空调、每层公共储物间
停车位数：自助式113辆(含残疾人用车2辆)
电梯：乘用2台，货梯1台

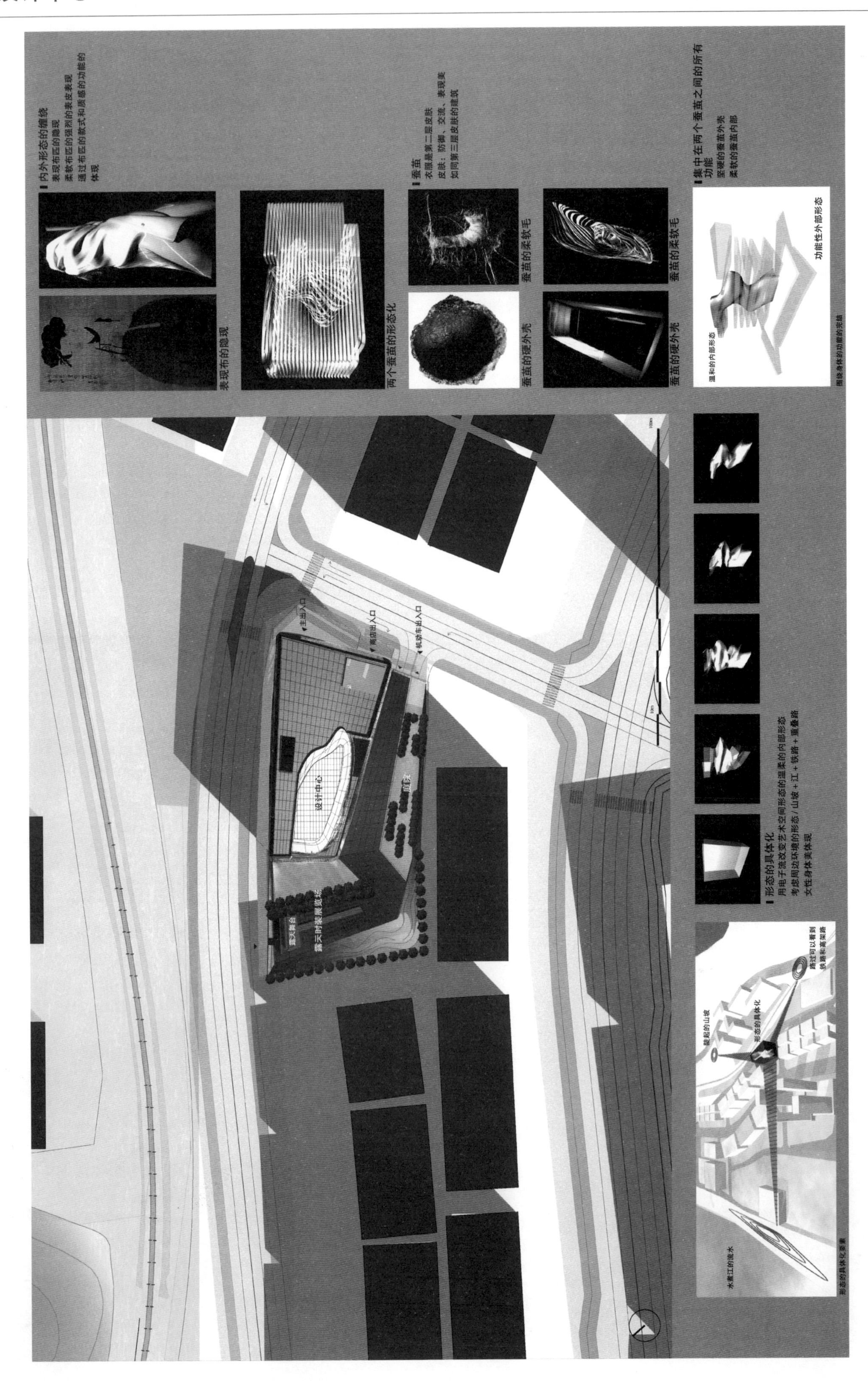
内外形态的缠绕
表现布匹的隐现
柔软布匹的强烈的表皮表现
通过布匹的款式和质感的功能的体现
表现布的隐现
两个蚕茧的形态化
蚕茧
衣服是第二层皮肤
皮肤：防御、交流、表现美
如同第三层皮肤的建筑
蚕茧的硬外壳
蚕茧的柔软毛
蚕茧的硬外壳
蚕茧的柔软毛
集中在两个蚕茧之间的所有功能
坚硬的蚕茧外壳
柔软的蚕茧内部
功能性外部形态
温和的内部形态
围绕身体的功能的流动
主出入口
商店出入口
机动车出入口
设计中心
庭院
露天时装展览场
露天舞台
形态的具体化
用电子流改变艺术空间形态的温柔的内部形态
考虑周边环境的形态／山坡＋江＋铁路＋重叠路
女性身体表体现
水营江的流水
隆起的山坡
形态的具体化
路过可以看到铁路和高架路
形态的具体化要素

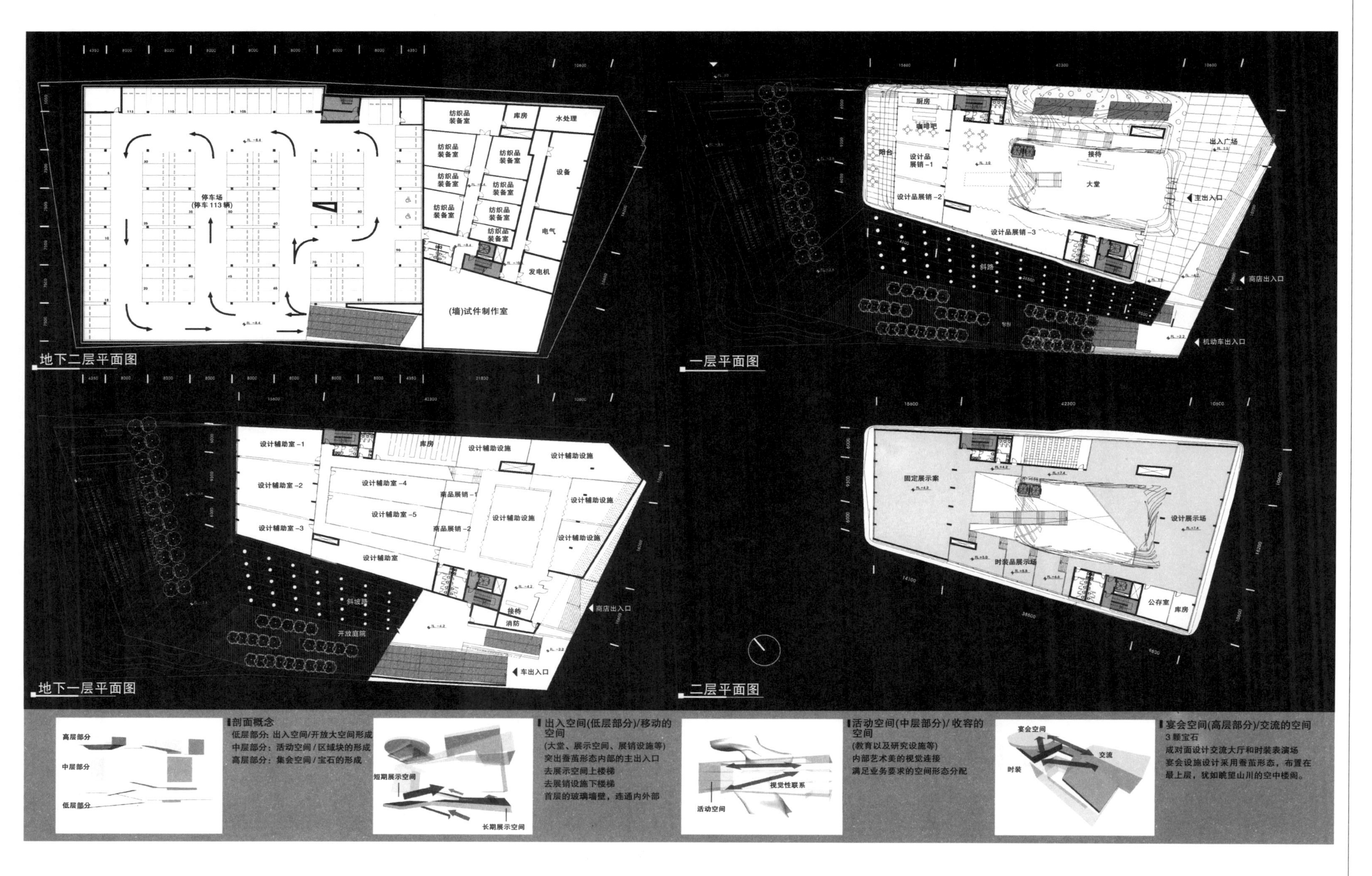
停车场
(停车113辆)
纺织品装备室
库房
水处理
设备
电气
发电机
(墙)试件制作室
地下二层平面图
厨房
咖啡吧
阳台
设计品展销-1
设计品展销-2
设计品展销-3
接待
大堂
出入广场
主出入口
商店出入口
机动车出入口
斜路
一层平面图
设计辅助室-1
设计辅助室-2
设计辅助室-3
设计辅助室-4
设计辅助室-5
设计辅助室
库房
设计辅助设施
商品展销-1
商品展销-2
接待
消防
斜坡路
开放庭院
商店出入口
车出入口
地下一层平面图
固定展示案
设计展示场
时装品展示场
公存室
库房
二层平面图
剖面概念
低层部分：出入空间/开放大空间形成
中层部分：活动空间/区域块的形成
高层部分：集会空间/宝石的形成
高层部分
中层部分
低层部分
出入空间(低层部分)/移动的空间
(大堂、展示空间、展销设施等)
突出垂苗形态内部的主出入口
去展示空间上楼梯
去展销设施下楼梯
首层的玻璃墙壁，连通内外部
短期展示空间
长期展示空间
活动空间(中层部分)/收容的空间
(教育以及研究设施等)
内部艺术美的视觉连接
满足业务要求的空间形态分配
视觉性联系
活动空间
宴会空间(高层部分)/交流的空间
3颗宝石
成对面设计交流大厅和时装表演场
宴会设施设计采用垂苗形态，布置在最上层，犹如眺望山川的空中楼阁。
宴会空间
交流
时装

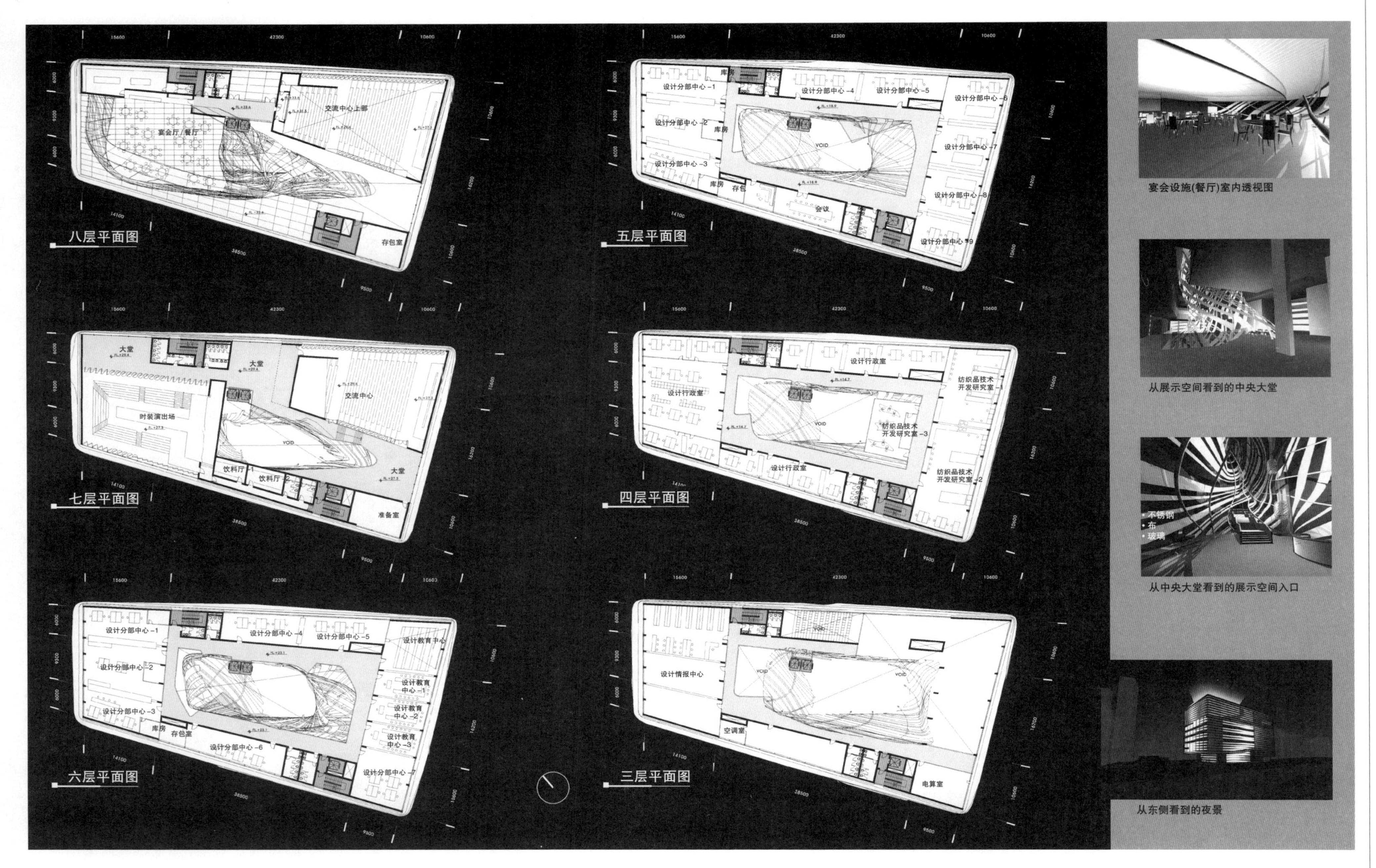

宴会设施(餐厅)室内透视图

从展示空间看到的中央大堂

从中央大堂看到的展示空间入口

从东侧看到的夜景

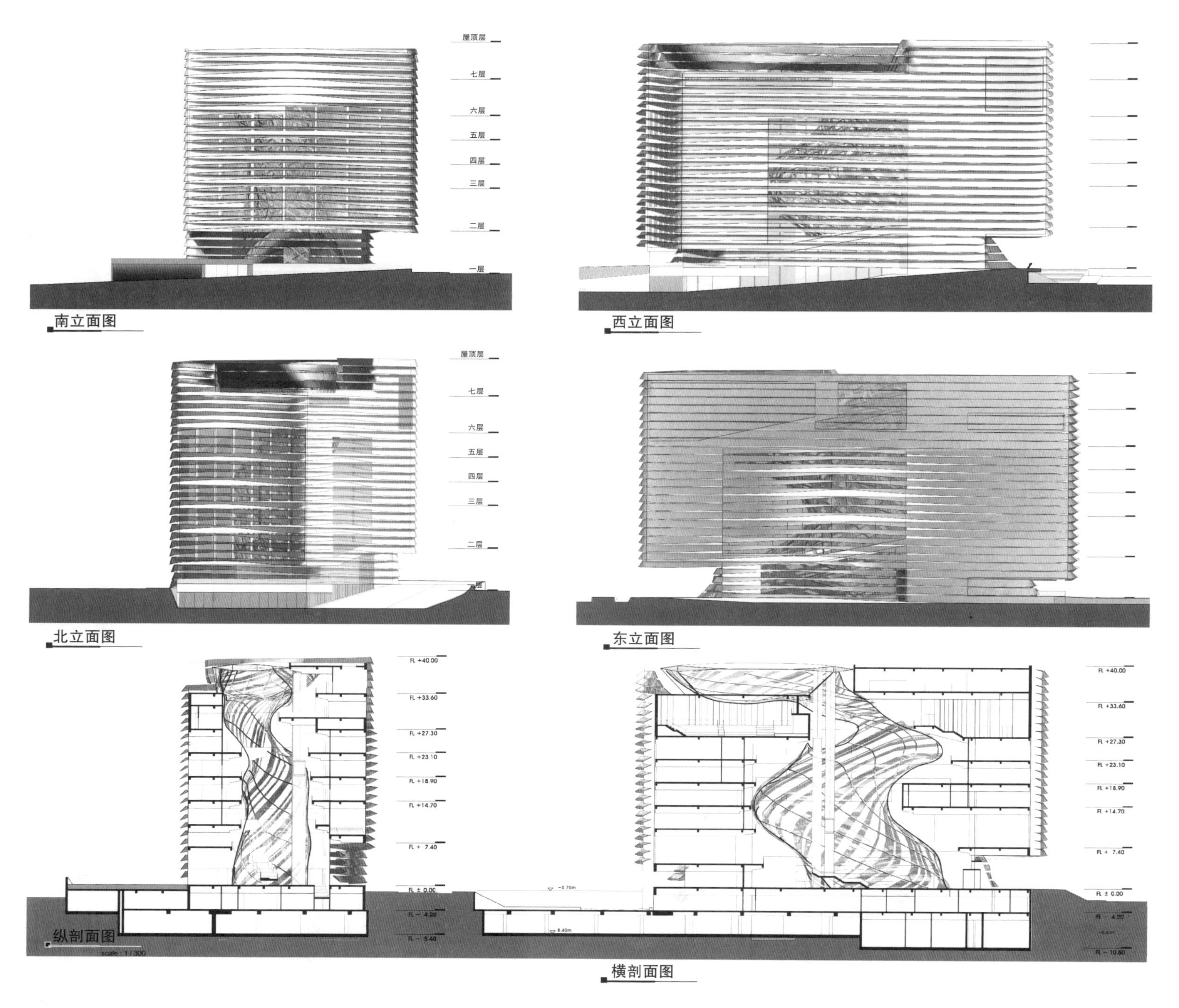

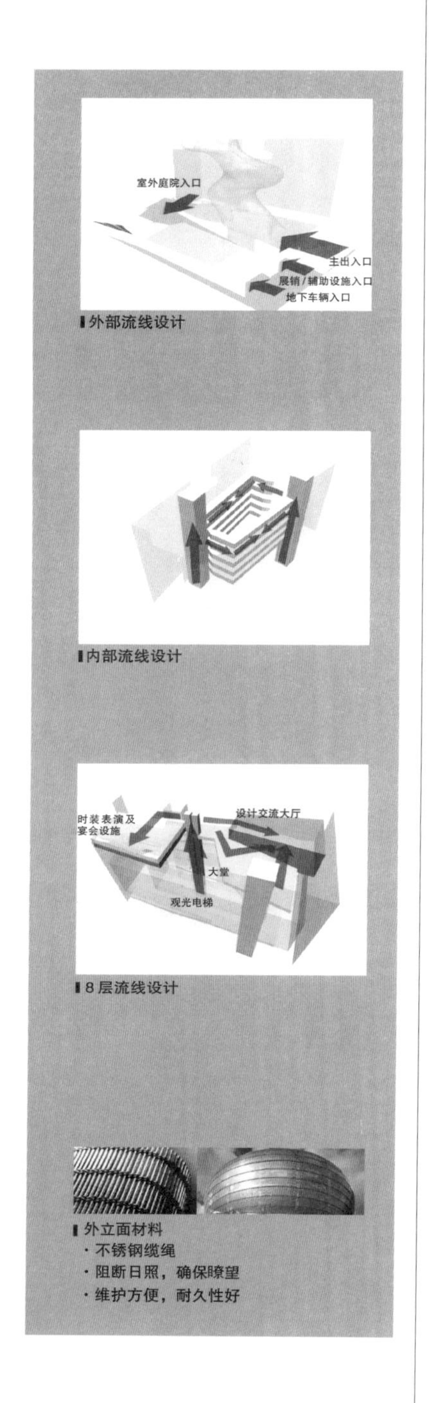

▮外部流线设计

▮内部流线设计

▮8层流线设计

▮外立面材料
- 不锈钢缆绳
- 阻断日照，确保瞭望
- 维护方便，耐久性好

釜山设计中心

中标方案 **熙林建筑：丁永均，林东建。C&T 建筑：朴贤燮，崔昌林，柳孝宗。设计组：李炳久，全民英，尹宗浩，崔志英(熙林建筑)/韩戴喜，朴根确，郑桁植，权明利(C&T 建筑)**

城市之波

釜山市国际会展中心以培育高新技术产业、娱乐、购物、观光园区为蓝图，已在海云台区上洞一带着手开发，现正在进行道路及基础设施工程。

为此，釜山市征集的“釜山设计中心外观设计”方案，要求与前面提过的国际会展中心相匹配的规划要素和设计，也要求设计总面积18128m²、地上8层的规模。

此处的波浪是指设计的目标——“涌过来的新事物”，也就是能动地吸收作为21世纪东北亚中心城市应该具有的许多要素和变化的潮流，作为名副其实的城市中枢设施，应该具有代表性并致力于室内外设计。

象征着海洋形态的绿宝石色的玻璃幕墙形成了极富动感的反射，与后面的实体形态结合，追求实与虚的协调。反射的积极使用是为了体现波涛的动感和与大海相匹配的形态，是人们所期待的塑造釜山市代表性形象的努力。

两座楼之间设有被透明玻璃包裹着的大型门廊，它履行着会议、服装秀场等大型活动的大厅和内部空间的作用。

室内，游客可以自由地出入参观、集会设施、风险投资等可供出租的设施,并且按照信息，教育及行政设施3大领域分开。

观览集会部分包括展厅、会议、服装秀场、宴会场等，为了让游客们能够方便地使用这些设施，将其设置在低层。将大型的门廊空间和展示空间连接在一起，可以兼作举办各种展示会及新制品发表会的场所。

另外，将上层部分分为风险投资和行政两部分，便于配套服务和管理。

同时，为了将装备室(毛织物装备室、样品制造室等)等噪声及震动控制在最小，将其布置在地下。

仔细看外部空间，与门廊相连，按照功能分区，鳞次栉比、安定静谧。加上各种水景空间与植栽空间，不仅是内部使用，外来的人也可以亲近大自然，从而形成一个共有的空间。

位置：釜山市海云台区上洞国际会展中心内
地域：一般产业区，防火地区
用地面积：5403m²
总建筑面积：18915.08m²
首层建筑面积：2247.57m²
建筑密度：41.60%
容积率：226.28%
规模：地下2层，地上8层
最高高度：43.9m
结构：型钢混凝土
外部装修：铝合金，双层玻璃
内部装修：花岗石及地毯瓷砖
主要设备：FUC+ 调控
市内布景、造景：熙林建筑
协作体：
结构：CROSS 结构
设备：韩日 MEC
电气：国豪技术团
土木：亚南顾问
业主：釜山广驿市政府

城市之波
国际城中城中心部的作用
位于国际会展中心中心部，是连接两方向的媒介
广安大桥
秀英江
国际会展中心居住地区
数码媒体带
国际会展中心中心地区
规划腹地
延续国际会展中心的走向
包容两方向走向的体量构成
室外空间的走向
从广场出发后将是与大厅相连的户外空间
停车空间
美化及休息空间
大厅内的流线及分配
随着大厅的走向，活动空间入口处和业务空间入口处相分离
“波”的概念的水平导入
在文化集会设施和业务设施衔接的地方导入
单
双
连接
交织
服务车辆入口
服务装卸空间
20m道路
停车进入空间
主出入口
数码媒体广场
美化及休息
空间
次出入口
停车管制所
车辆出口
车辆入口
20m道路
总平面图

"波"的概念垂直导入
楼座形态中导入"波"的形态的动感性
波
液体
重复
动态
形态概念图
业务区
展示/集会/活动区
中厅
行政/业务区域
模型 -1
模型 -2
模型 -3
釜山设计中心竞赛
屋顶层
八层
七层
六层
五层
四层
三层
二层
一层
地下一层
地下二层
正立面图
侧立面图
风险投资
设计配套
设计教育中心
教育准备室
设计情报中心
设计团体/协会
设计行政室(商谈室)
大厅
宴会室
门廊
停车场
横剖面图
毛织技术开发研究室
设计配套室
服装公演场
会议大厅
设计展示场
设计商品贩卖场
毛织品装备室
机房
中厅
纵剖面图

一层平面图
设计商品展销厅
物品装卸场
装载平台
仓库
门廊
停车管理处
二层平面图
设计展厅
控制室
设计展厅
门廊上部
垂直流线图
屋顶层
8F
7F
6F
5F
4F
3F
2F
1F
B1F
B2F
一般人流线
次出入口
车辆出入口
服务流线
主入口
职员流线
服务流线
一般人流线

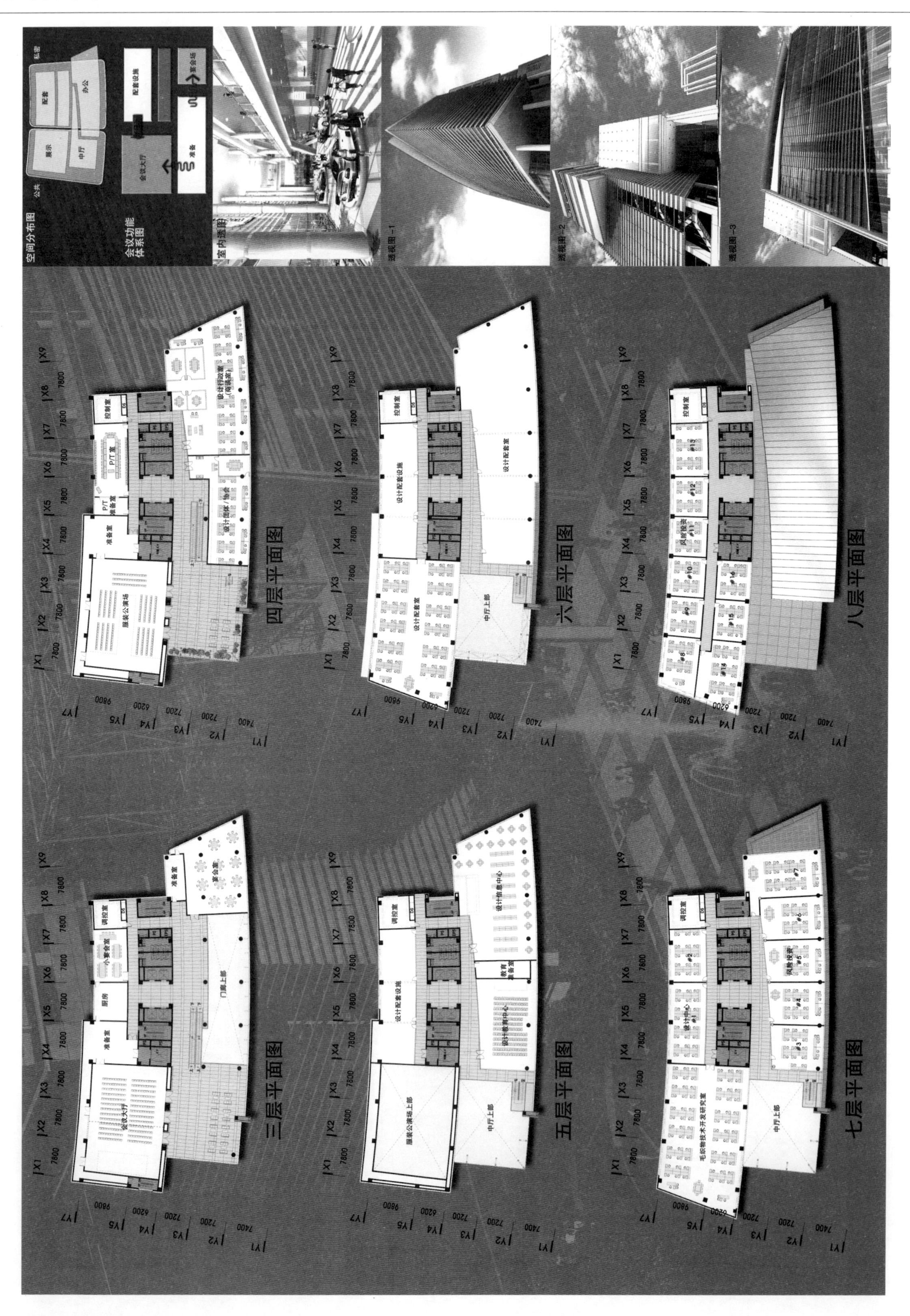
空间分布图
会议功能体系图
室内透视图
透视图-1
透视图-2
透视图-3
四层平面图
六层平面图
八层平面图
三层平面图
五层平面图
七层平面图

釜山设计中心

二等奖方案 **日新建筑**：李勇钦。**世宗大学**：郑成元。设计组：金斗进，宋形奎，崔京浩，崔泰勋，李基哲，朴正焕

位于釜山海云台国际城中城内传媒地区的设计中心用地，与其相毗邻的是噪声较大的东海南部线列车和遮住其视线的公寓(25层)区域，而且今后将在这块用地周围建成的建筑物，还有造成这块用地日照不足及视线被阻隔的可能，这些都是这块用地的不利条件。

设计概念是通过3个分节的楼座(E字形)来考虑办公、展示、公演设施区域的独立性和它们之间的连续性；同时，通过分离流线来为使用者及来访者提供高效、方便的设计业务，这也是其工作的着眼点。

在分开的各个区块之间设置了可以用作大会厅、时装公演场的固定区域和方便办公及提供配套设施的感性空间中厅，2层高的玻璃顶共享空间大厅，通过天井自然采光，进深较大，可作为多种多样的展示活动空间。

立面设计的概念是通过液晶/特殊玻璃等用现代的方式再现韩国的传统布贴。用建筑设计中“层”的概念来代替布料，从而追求在单纯化的形态中蕴藏最新功能的“尖端产业”设计潮流。

本规划力求与今后国际城中城形成的传媒地区建设保持延续性，通过设计传媒壁，提升高新设计中心的形象，使其成为设计产业的发源地。

总建筑面积：18971.08m²
首层建筑面积：2916.61m²
建筑密度：53.98%
容积率：219.98%
规模：地下2层，地上6层
最高高度：28.5m
结构：型钢混凝土
外部装修：铝复合板，18mm彩色双层玻璃
停车位数：150辆
协作体：
结构：维进结构
机械、消防：协进
电气、电信：宝元工程
土木：百人ENG
环境美化：基团工程
照明：中央电器

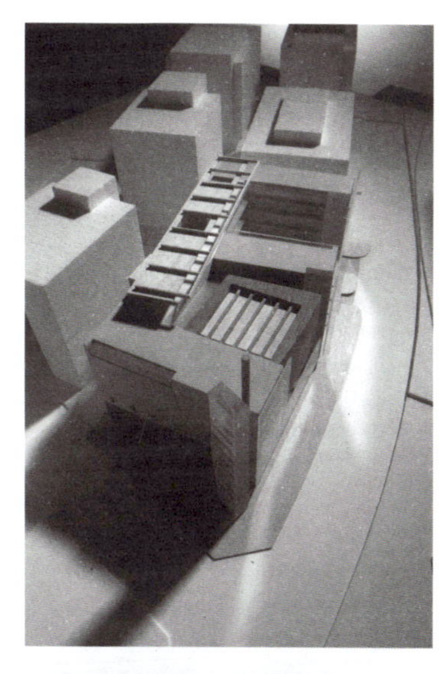

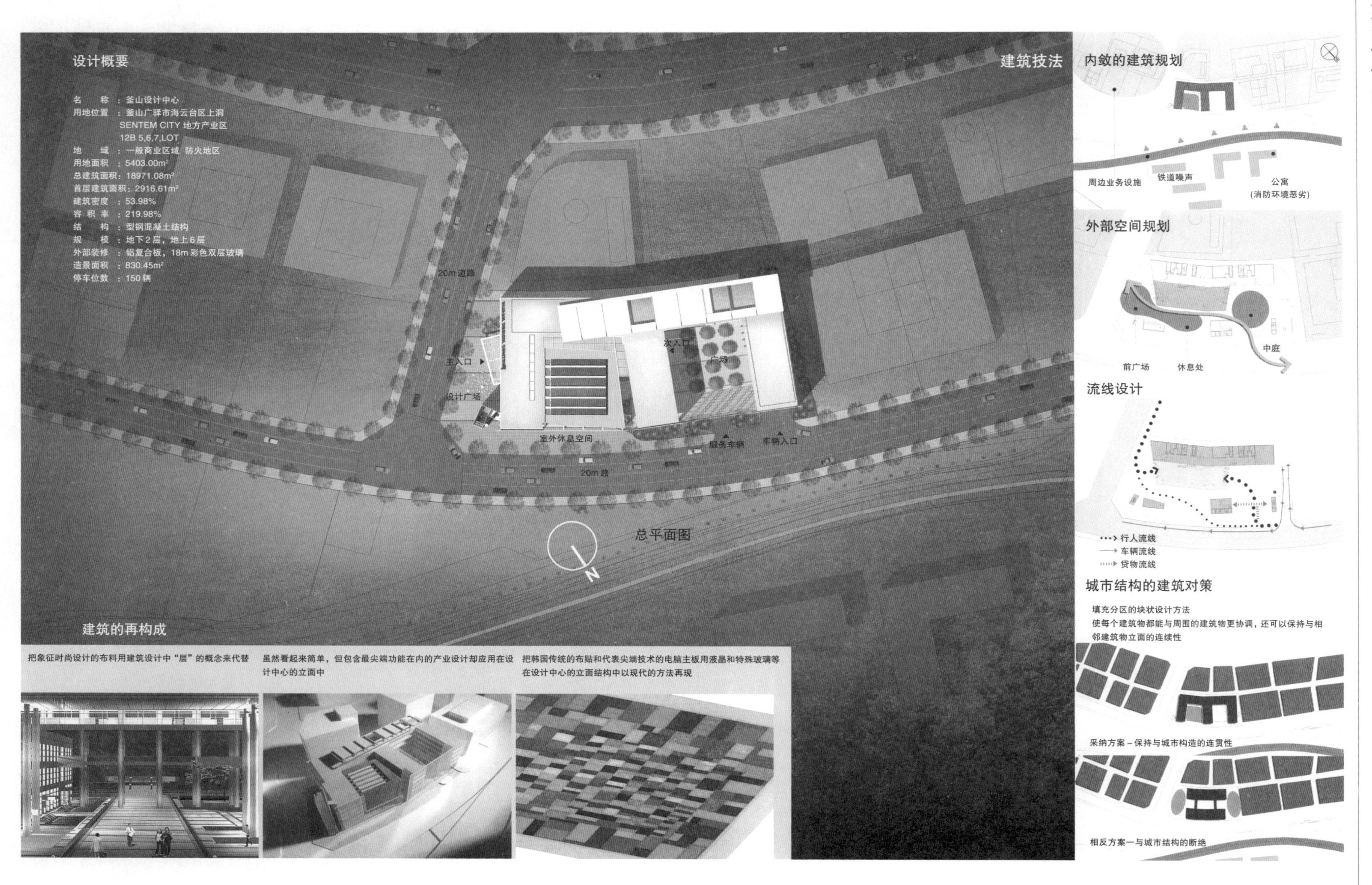

设计概要
名　　称 ：釜山设计中心
用地位置 ：釜山广驿市海云台区上洞
SENTEM CITY 地方产业区
12B 5,6,7,LOT
地　　域 ：一般商业区域 防火地区
用地面积 ：5403.00m²
总建筑面积：18971.08m²
首层建筑面积：2916.61m²
建筑密度 ：53.98%
容 积 率 ：219.98%
结　　构 ：型钢混凝土结构
规　　模 ：地下2层，地上6层
外部装修 ：铝复合板，18m 彩色双层玻璃
造景面积 ：830.45m²
停车位数 ：150辆
建筑技法
20m 道路
主入口
设计广场
次入口
广场
室外休息空间
服务车辆
车辆入口
20m 路
总平面图
N
建筑的再构成
把象征时尚设计的布料用建筑设计中"层"的概念来代替
虽然看起来简单，但包含最尖端功能在内的产业设计却应用在设计中心的立面中
把韩国传统的布贴和代表尖端技术的电脑主板用液晶和特殊玻璃等在设计中心的立面结构中以现代的方法再现
内敛的建筑规划
周边业务设施
铁道噪声
公寓
(消防环境恶劣)
外部空间规划
前广场
休息处
中庭
流线设计
行人流线
车辆流线
货物流线
城市结构的建筑对策
填充分区的块状设计方法
使每个建筑物都能与周围的建筑物更协调，还可以保持与相邻建筑物立面的连续性
采纳方案－保持与城市构造的连贯性
相反方案－与城市结构的断绝

20m 道路
设计用品店
通信
电梯厅
工作室
调控室
印刷/出版
主入口
设计活动大厅
次入口
中庭
商品展示/销售
设计广场
室外休息空间
DECK
服务车辆
车辆入口
20m 道路
一层平面图
纺织品样品制作
通信
电梯厅
纺织品品质试验装备室
电梯厅
大厅
休息大厅
样品制作
样品制作室 3D 模型
模型加工制作
停车场(73 辆)
一层平面图
ENVIRONMENT
INDUSTRIAL
ANIMATION
FASHION
MULTIMEDIA
PACKAGE

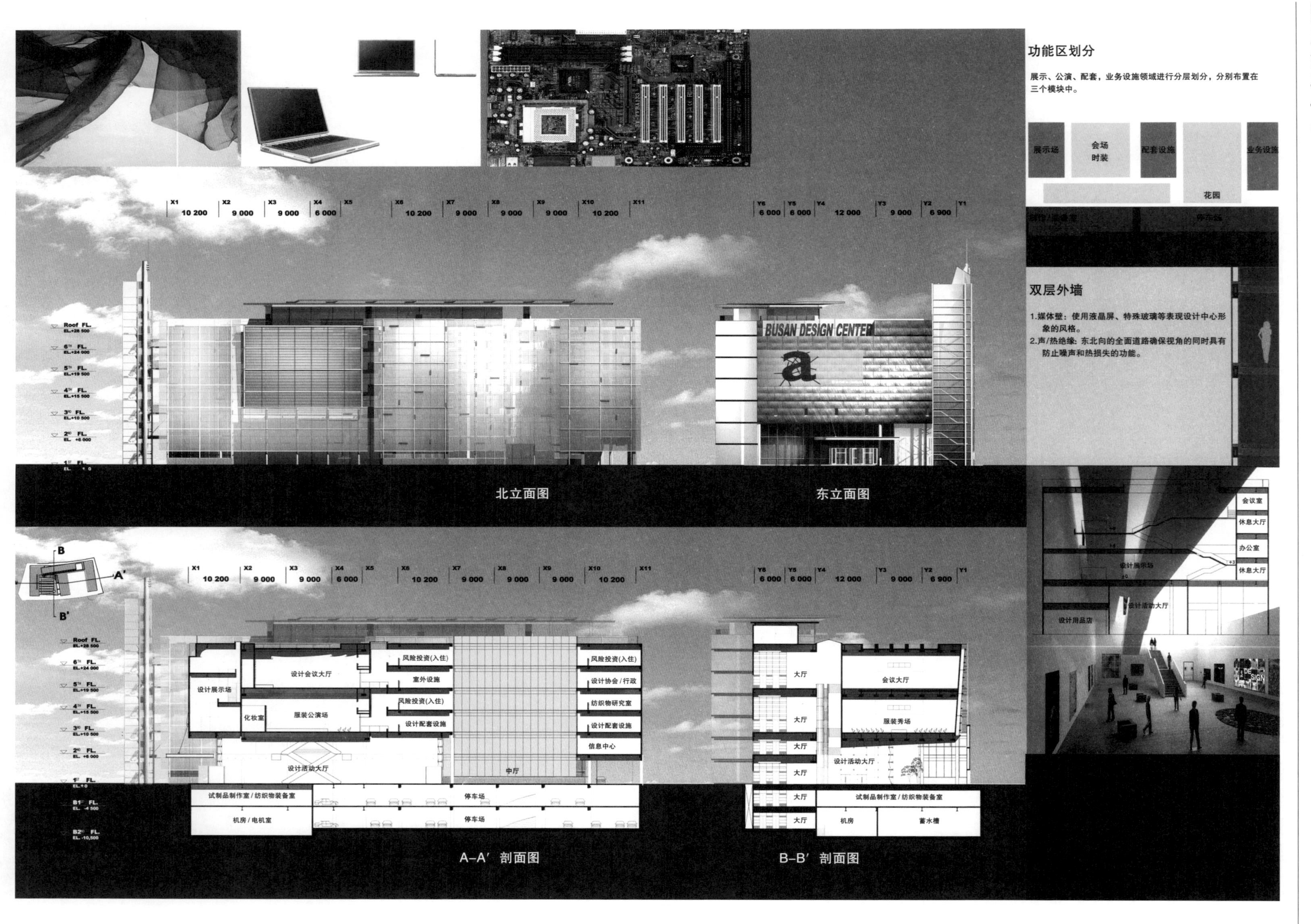
功能区划分
展示、公演、配套，业务设施领域进行分层划分，分别布置在三个模块中。
展示场
会场 时装
配套设施
业务设施
花园
双层外墙
1.媒体壁：使用液晶屏、特殊玻璃等表现设计中心形象的风格。
2.声/热绝缘：东北向的全面道路确保视角的同时具有防止噪声和热损失的功能。
BUSAN DESIGN CENTER
北立面图
东立面图
会议室
休息大厅
办公室
设计展示场
设计活动大厅
设计用品店
设计展示场
设计会议大厅
服装公演场
化妆室
风险投资(入住)
室外设施
设计配套设施
设计协会／行政
纺织物研究室
信息中心
设计活动大厅
中厅
试制品制作室／纺织物装备室
停车场
机房／电机室
大厅
会议大厅
服装秀场
机房
蓄水槽
A–A′ 剖面图
B–B′ 剖面图

仁川光驿市日常学习馆

中标方案 (株)图优综合建筑师事务所：朴形裴。(株)AKILIAM建筑师事务所

作为连接纽带的日常学习馆

日常学习馆是政府为居民开办的公益性福利设施。各种教育项目固然重要，不过，她首先要成为没有官方味道的、居民自由自在的休息场所。归根结底，本设计通过市民的情绪涵养和日常教育，以及打开公与私的隔阂，增强人与人之间的联系，成为统合社会的有机空间场所。

总平面设计概念

仁川光驿市是海滨城市，本用地位于城市结构和自然环境的中间连接处，前面是道路，后面是公园。考虑周边环境，将建筑物平行设置在道路边，沿着交通轴线形成外部空间，(自然)有机地连接后面的公园。从功能上考虑，将短时间内聚集人流的剧场布置在前面，提高接近性和减少混杂性。由于日常学习馆需要包容多种节目和活动，自身相互间的通道交叉比较多和交通线路比较长。为此在两个楼栋之间设置中厅，便于外部空间的连接，组成一个富有节奏的空间。

外部空间组成

由于建筑物和用地相比较其规模较小，如何使建筑物既不被外部空间所淹没又能较好地融合在一起成为设计关键。我们的做法是：沿着交通轴线，垂直于干线道路形成外部空间连接轴线，构思出渐次回归自然的、包容一系列连接通道的空间概念。也就是利用通廊构成高低变化的、丰富的、有机的内外空间，解决干线道路一侧到公园的高差，圆满解决与公园之间的联系。与地铁车站相协调的、可以自由出入的前广场、位于建筑物中心的中央广场、位于公园连接线上的文化广场，三者连为一体形成外部空间的中心轴线。各个外部空间不仅是歇脚地，而且具有文化空间功能，对各自的教育节目和活动，也要具备相互关联性。

位置：仁川光驿市延水区东春洞930-3
地域：自然绿化地区
用地面积：14815m²
总建筑面积：9344.41m²
首层建筑面积：2297.02m²
建筑密度：15.50%
容积率：36.01%
结构：钢筋混凝土结构
规模：地下1层、地上3层
停车位数：45辆(含残疾人用车2辆、专用大客车2辆)
主要设备：EHP、HVU、AHU系统
外部装修：水泥板，镀锌钢板，金属板，THK24双层玻璃

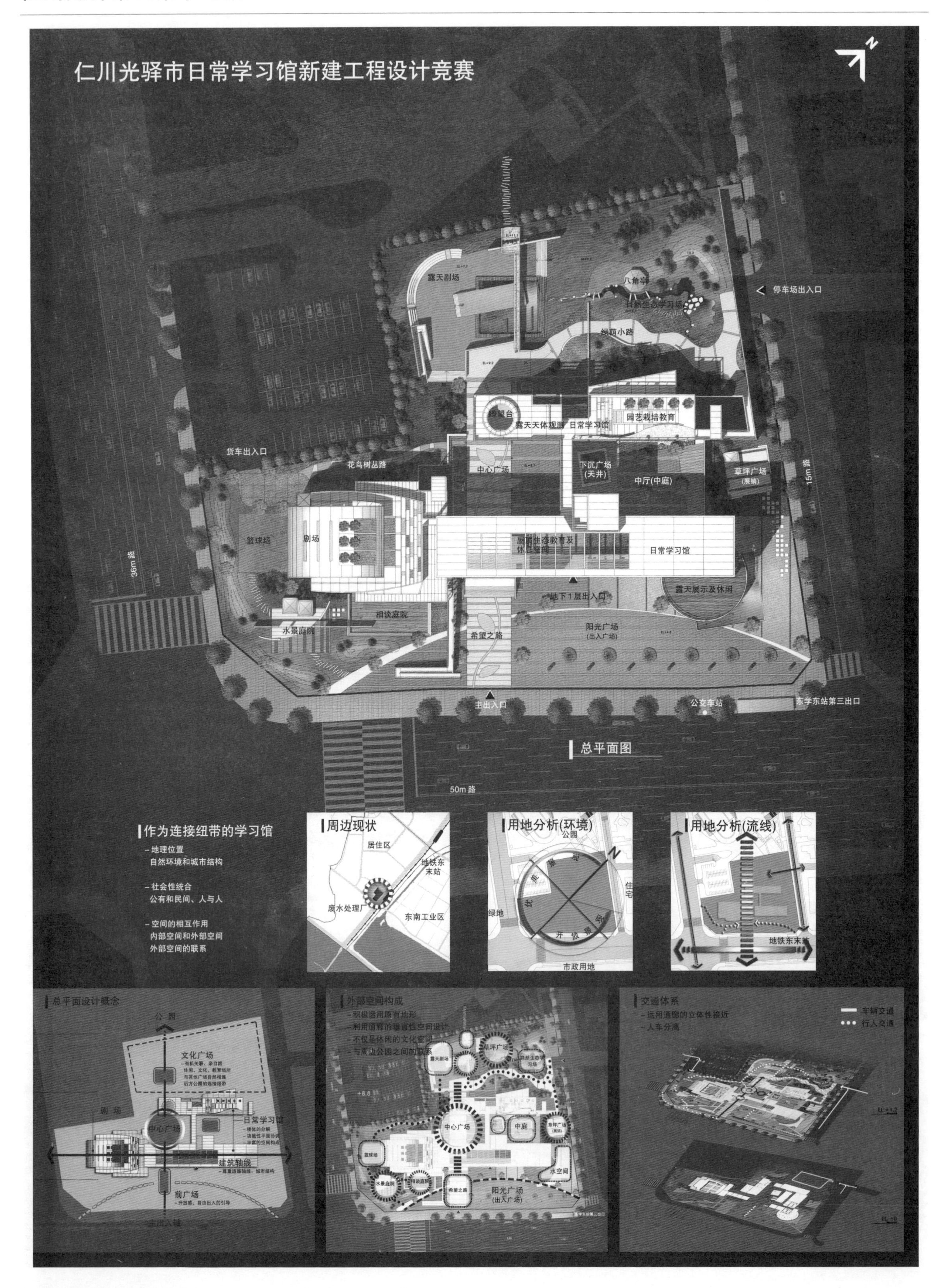
仁川光驿市日常学习馆新建工程设计竞赛
露天剧场
八角亭
自然生态学习场
绿荫小路
停车场出入口
瞭望台
露天天体观测
日常学习馆
园艺栽培教育
货车出入口
花鸟树丛路
中心广场
下沉广场(天井)
中厅(中庭)
草坪广场(展销)
15m 路
篮球场
剧场
屋顶生态教育及休息空间
日常学习馆
36m 路
地下1层出入口
露天展示及休闲
相谈庭院
水景庭院
希望之路
阳光广场(出入广场)
主出入口
公交车站
东学东站第三出口
总平面图
50m 路
作为连接纽带的学习馆
- 地理位置
自然环境和城市结构
- 社会性统合
公有和民间、人与人
- 空间的相互作用
内部空间和外部空间
外部空间的联系
周边现状
居住区
地铁东末站
废水处理厂
东南工业区
用地分析(环境)
公园
住宅
绿地
市政用地
用地分析(流线)
地铁东末站
总平面设计概念
公园
文化广场
剧场
中心广场
日常学习馆
建筑轴线
前广场
主出入轴
外部空间构成
- 积极活用原有地形
- 利用通廊的垂直性空间设计
- 不仅是休闲的文化空间
- 与周边公园之间的联系
露天剧场
中心广场
中庭
篮球场
水景庭院
相谈庭院
希望之路
阳光广场(出入广场)
水空间
交通体系
- 运用通廊的立体性接近
- 人车分离
车辆交通
行人交通

后院空间
中厅空间
前厅空间
透视图
一层平面图
地下一层平面图
侧立面图
正立面图
主出入口
外部车辆出入口
露天演出场
水的庭院
草坪
八角亭
自然生态学习
绿茵路
架空层
儿童图书馆
娱乐室
休息
中心广场
下沉广场上部
中厅
榉树庭院
丛林庭院
草坪砖
篮球场
舞台后部
舞台
演出厅
大堂
接待
商谈
管理室
广告展示
厨房
咖啡厅
露天展示
地下一层出入口
回廊
回音庭院
雕刻庭院
希望之路
日出广场
停车场
停车场(45辆)
下沉广场
乒乓球场
机械室
发电机室
电气室
健身馆
体验场(中)
体验场(大)
台球场
合唱室
仓库
乐器室
管理室
用品店
保健室
更衣室
健身场

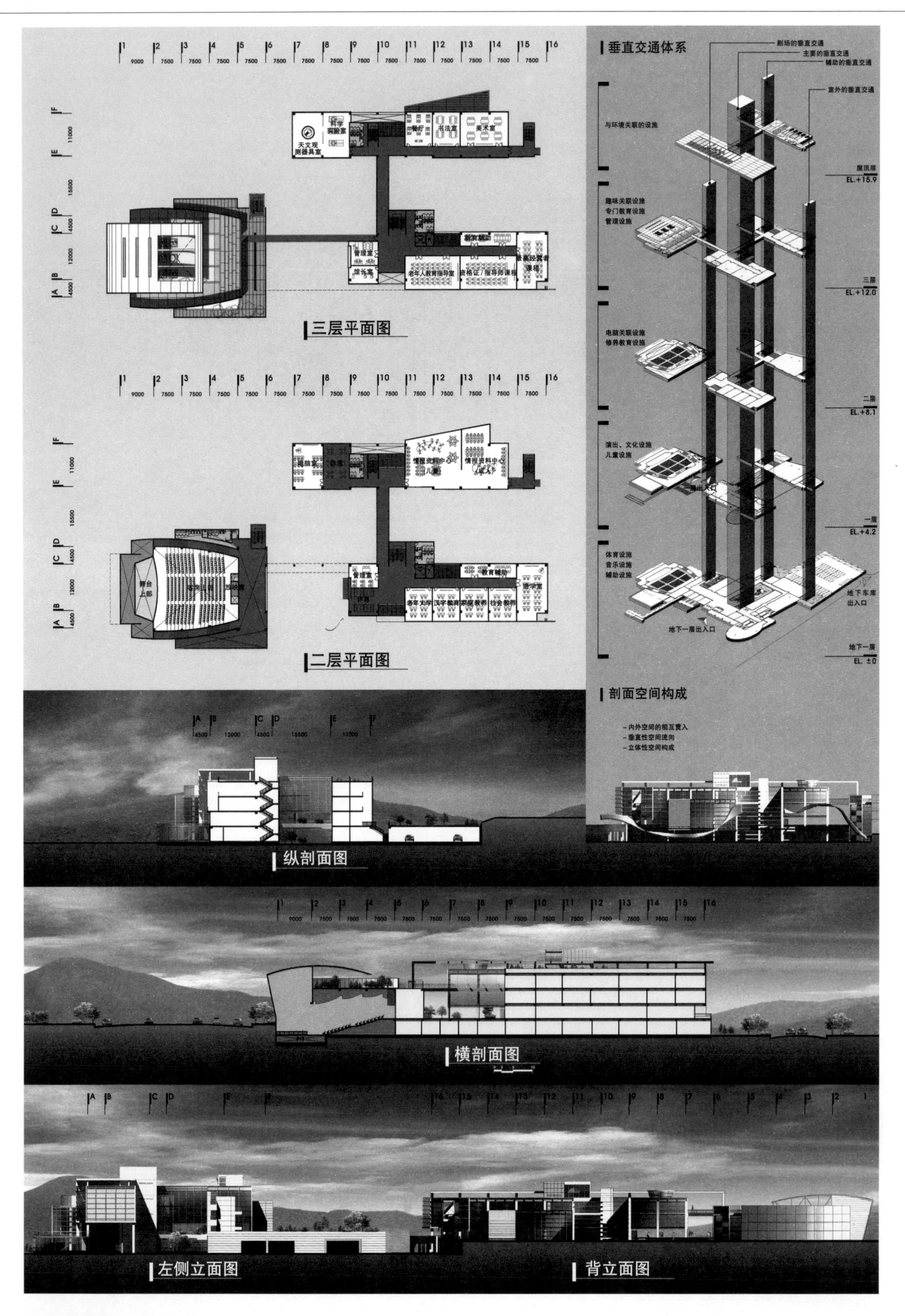
三层平面图
二层平面图
垂直交通体系
剧场的垂直交通
主要的垂直交通
辅助的垂直交通
室外的垂直交通
与环境关联的设施
趣味关联设施
专门教育设施
管理设施
电脑关联设施
修养教育设施
演出、文化设施
儿童设施
体育设施
音乐设施
辅助设施
地下车库出入口
地下一层出入口
屋顶层 EL.+15.9
三层 EL.+12.0
二层 EL.+8.1
一层 EL.+4.2
地下一层 EL. ±0
剖面空间构成
- 内外空间的相互贯入
- 垂直性空间流向
- 立体性空间构成
纵剖面图
横剖面图
左侧立面图
背立面图

釜山市东区新政府大楼

二等奖方案 (株)西江建筑：金鑫宰，刘光宏

规划的基本方向

确保旧政府大楼的认识度和区域的标志性。

通过分离欢快的业务空间和固有的办公活动空间，有机地统合政府大楼和议会、保健所的功能。

组成亲环境的外部空间，解决周边休息空间和绿地的不足。

规划与周边地域之间的丰富的联系空间，提供便利的接近性和较高的效率性。

提供市民庆祝节日的场所。

提供市民的文化以及社会交流场所。

规划使用者第一的合理的交通体系。

利用原有地形的倾斜度，提高用地效率。

考虑周边环境，将外部空间规划为文化场所。

与地域性特点相吻合，将外部环境积极引入到大楼内部，谋求建筑物的轻快性。

为了迎合洞区域今后的有机成长和发展，规划与周边地域之间的丰富的联系空间。

确保各项功能之间的相互联系，缩短交通线路，便于大楼的维护管理。

规划成单一楼块中的空间分区，追求缩短施工工期和合理的设备环境。

为市民提供电子数字信息和检索文化信息的场所。

追求高品质的宽带网络，提供信息化的基础。

采取便于今后扩建的开放性系统。

位置：釜山市东区水亭2洞806-74番地
地域：一般商业，第二种一般居住地区，防火地区
用途：公共设施
用地面积：9920m²
总建筑面积：21933.40m²
首层建筑面积：3150.60m²
建筑密度：31.76%
容积率：95.12%
结构：钢筋混凝土结构，一部分钢结构
规模：地下3层，地上5层
外部装修：THK24彩色双层玻璃，铝合金复合板，花岗石
公共用地：1031.50m²
造景面积：1497.80m²
停车位数：212辆(法定停车数量150辆)

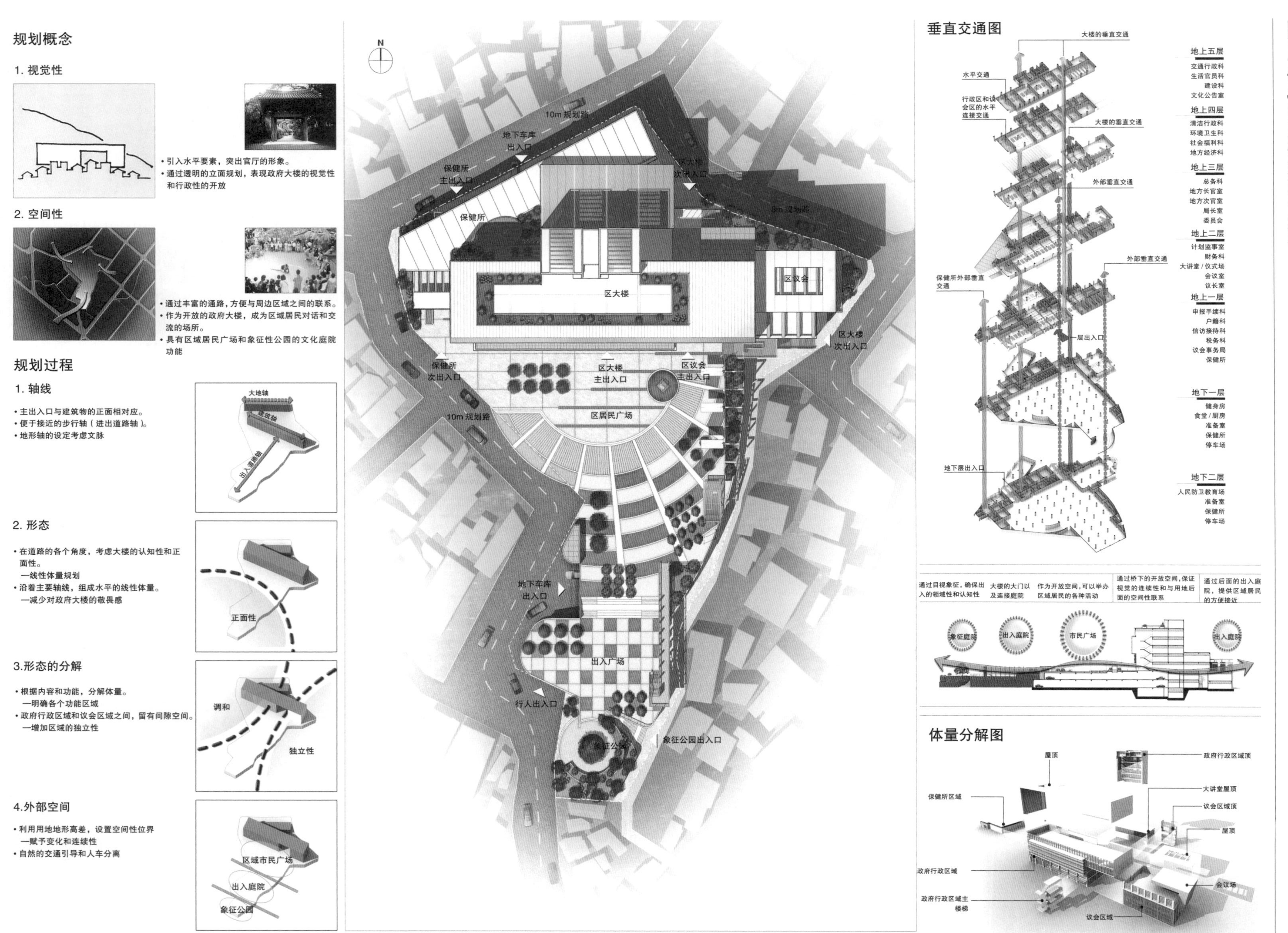

规划概念

1. 视觉性

• 引入水平要素，突出官厅的形象。
• 通过透明的立面规划，表现政府大楼的视觉性和行政性的开放

2. 空间性

• 通过丰富的通路，方便与周边区域之间的联系。
• 作为开放的政府大楼，成为区域居民对话和交流的场所。
• 具有区域居民广场和象征性公园的文化庭院功能

规划过程

1. 轴线

• 主出入口与建筑物的正面相对应。
• 便于接近的步行轴（进出道路轴）。
• 地形轴的设定考虑文脉

2. 形态

• 在道路的各个角度，考虑大楼的认知性和正面性。
—线性体量规划
• 沿着主要轴线，组成水平的线性体量。
—减少对政府大楼的敬畏感

3.形态的分解

• 根据内容和功能，分解体量。
—明确各个功能区域
• 政府行政区域和议会区域之间，留有间隙空间。
—增加区域的独立性

4.外部空间

• 利用用地地形高差，设置空间性位界
—赋予变化和连续性
• 自然的交通引导和人车分离

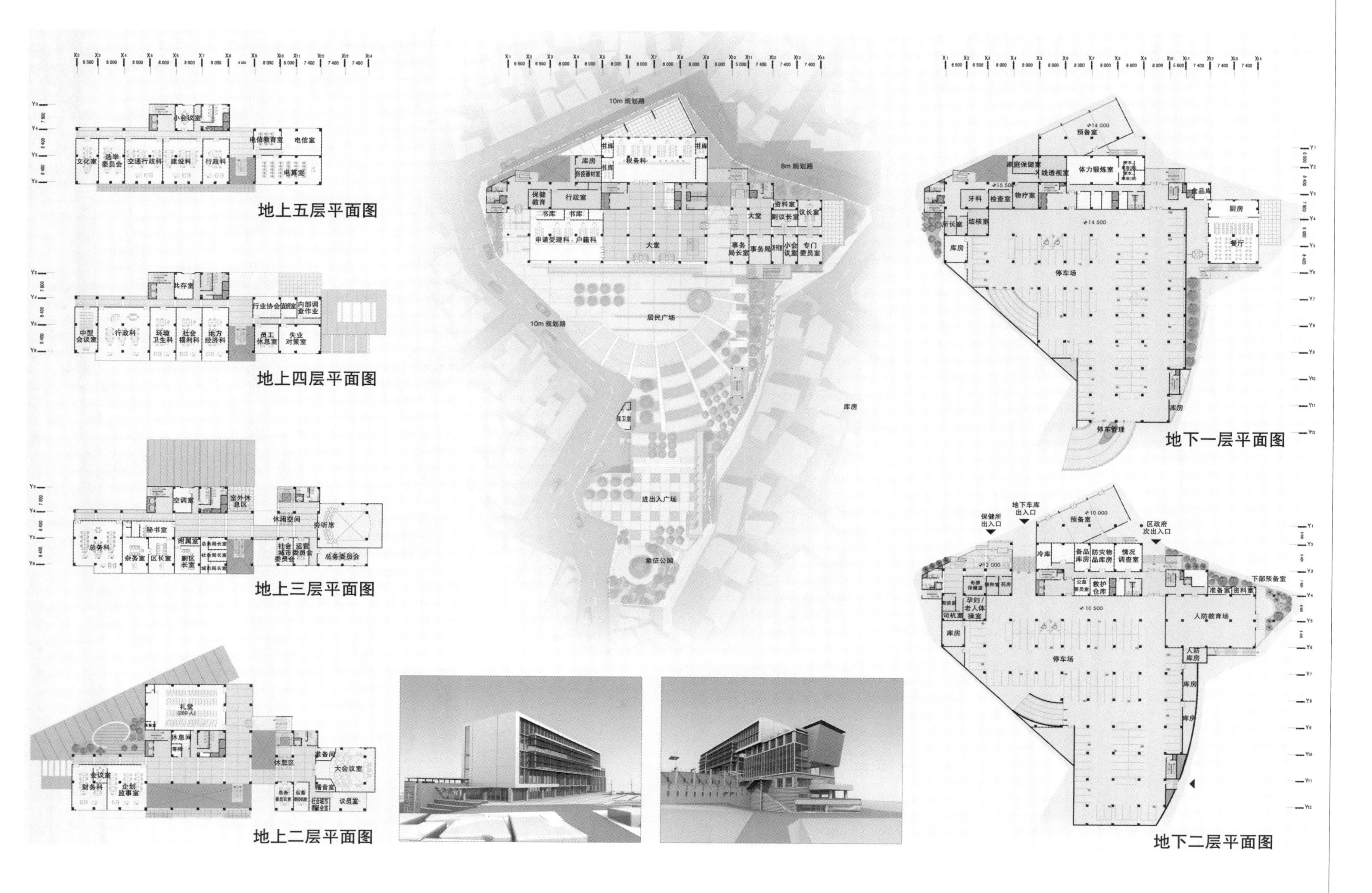
地上五层平面图
地上四层平面图
地上三层平面图
地上二层平面图
10m 规划路
8m 规划路
居民广场
进出入广场
象征公园
地下一层平面图
地下二层平面图
停车场

新故里核电站地区配套设施

中标方案 (株)达乌尔建筑事务所：申东宰。设计组：金忠日，金洪烈，池恩权，金贤洙，河润姬，朴俊彪，卞素润

新故里核电站地区配套设施

在通往旧故里核电站和即将动工的新故里核电站的岔道上，有一块大约2万多坪（1坪=3.3m²，译者注）的三角形地带。在这块地带上将规划建设核电宣传展示馆和为当地居民修建的文化中心、体育中心。同时，在其周边还将修建眺望台等设施。本规划方案的目标是：让当地和外来的参观者亲身体验并认识到核电是人类在未来必将使用的清洁、绿色的能源；还有在宣传核电的同时，通过向当地开放各种有益的公共设施来树立企业亲切的伙伴形象。正因为如此，其设计主要着眼于以下三个方面：即“与自然的融合”，“与地区的融合”，以及“与科学技术的融合”，也就是通过建筑、美化、展示这一组建筑群来实现整体目标。为了突出整个建筑是亲近自然的能源展示馆这一主题，计划将其命名为Energy Pavilion(能量馆)，简称“Envilion”。本规划方案中的第一项提案是分析建筑的功能和将要使用的流线。建筑按功能分为体育中心、文化中心和核电宣传展示馆3个部分。其中，体育中心与文化中心将作为一个整体再次结合，共同使用流线和服务设施。同时与从二层水面升起的宣传展示馆用木板平台连接起来，统一成为一个整体。

其次是随着从自然向城市展开的地形变化，从北侧开始把外部空间分为“自然的空间—生态学习公园”，“融合的空间—建筑和中央广场”，“市民的空间—市民体育及休息公园”，把两个大小不同的长方形体量与椭圆形的中央水空间平行设置，从而把不易定型的三角形地带规划出一定的顺序。作为连接各个空间的要素，引进了“蓝网”，“木板平台”，“绿网”，来实现整体协调的循环体系。

再次是利用逐渐升高的地形高差，使步行坡道与接近的轴线相衔接，使中央的树木靠近门廊。流线以此为中心，南侧是两层的椭圆形水景空间，然后是向前伸展的宣传展示馆和室外演出场，在这里可以眺望到迷人的大海；北侧是生态公园的木板平台。建筑内部通过浮在空中的螺旋型结构，把每个层次的功能都衔接起来，并在三层国际会议室的前面伸展成为平台，这些流线正好把建筑形态形成的整个过程都展示给了大家。

第四项，外观。层高不一的体育中心和文化中心，以及在这里运用的透明玻璃幕墙形成了亲近自然又富有开放感的外观。

长方形的体量担当着圆心的作用，靠近地标的圆球形体量是国际会议场的所在地。其下部有2个可以旋转的客席，设置了多媒体演出场，可以根据使用人数的不同，对其功能和大小进行相应组合，从而有效地发挥了运营商的长处。

宣传展示馆被设计得仿佛是从椭圆形水景空间中升起来的一样，二层为能源馆，一层为核电馆。这里一改过去昏暗的、灌输式的展示方式，开始尝试开放的、体验式的新展示文化。

将来可以眺望新故里核电站全景的展望台，将规划成使用地变形最小的桥形。停车场也将通过地形分析，设置在平地部分。

进入由木板平台组成的花卉庭院后，从一层的展望台上可以远眺东

海。“眺望”是与从一层到二层的流线一同展开的，之后可以在室内展望台上稍作休息，“返回”时在从二层的桥上眺望新故里全景的同时，还可以看到全程流线。

在机械及电力设备方面，引进了冷却管、温控游泳场、风力发电、屋顶花园、生态水净化系统等，以实现能源展示馆的整体目标。

从用途方面讲，它可以算是服务于地方公共文化事业的福利设施。它把现代建筑讲究亲近自然、生态的主题含蓄地表现了出来。我们很幸运能够运作这样的项目，希望在我们大家的共同努力之下，这个设施能够成为当地人人知晓的游览胜地。

位置：釜山市基长郡长安邑孝岩里山105-10一带
用地面积：约 21000 坪
首层建筑面积：6261.98m²- 包括眺望台
总建筑面积：8957.68m²- 包括眺望台
建筑密度：9.02%(法定：20%- 自然绿地)
容积率：12.91%(法定：80%- 自然绿地)
结构：钢结构，型钢混凝土框架结构，钢筋混凝土框架结构
规模：宣传展示场 - 地上 2 层，文化体育中心 - 地上 3 层，眺望台 -2 层
各层面积：地上一层：2898.58m²
宣传展示场：1396.92m²
文化体育中心：1501.66m²
地上二层：4283.32m²
宣传展示场：1199.22m²
体育中心：3084.10m²
地上三层：1703.04m²
文化中心，体育中心
眺望台：72.74m²
外部装修：水泥板，透明双层玻璃，混凝土，铝板黑色花岗石，花岗石，钛亚铅板
停车位数：131 辆 - 大型公汽：30 辆(包含眺望台 10 辆)
轿车：101 辆(包含残疾人停车 4 辆)
法定：8957.68/100m²=89.57 辆以上
(法定停车位数：90 辆以上)
造景面积：50715.07m²(73.06%，法定：20% 以上)

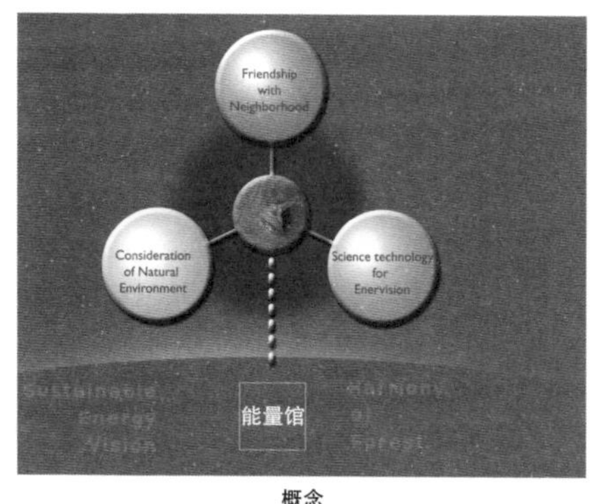

概念

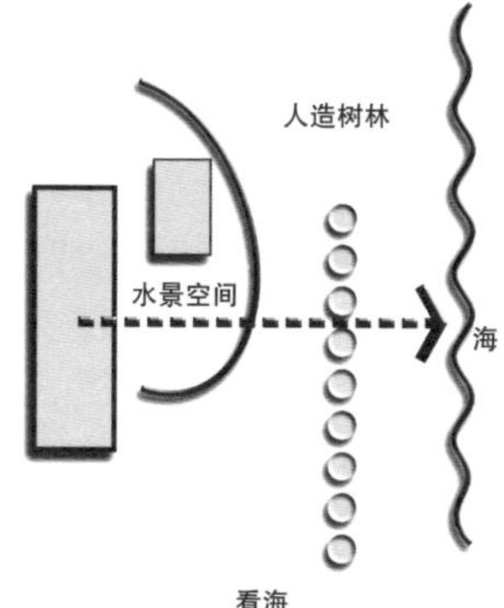

看海

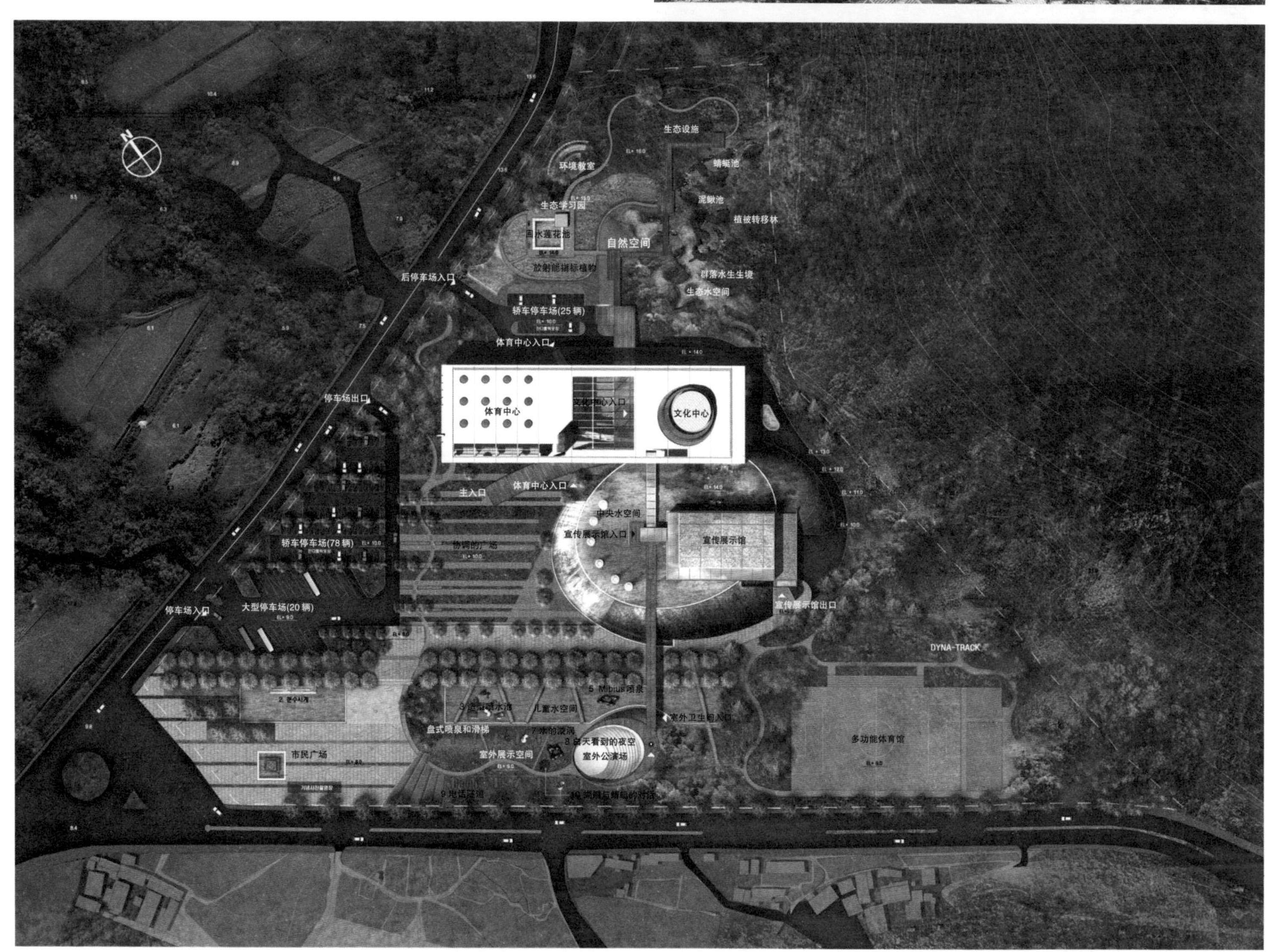

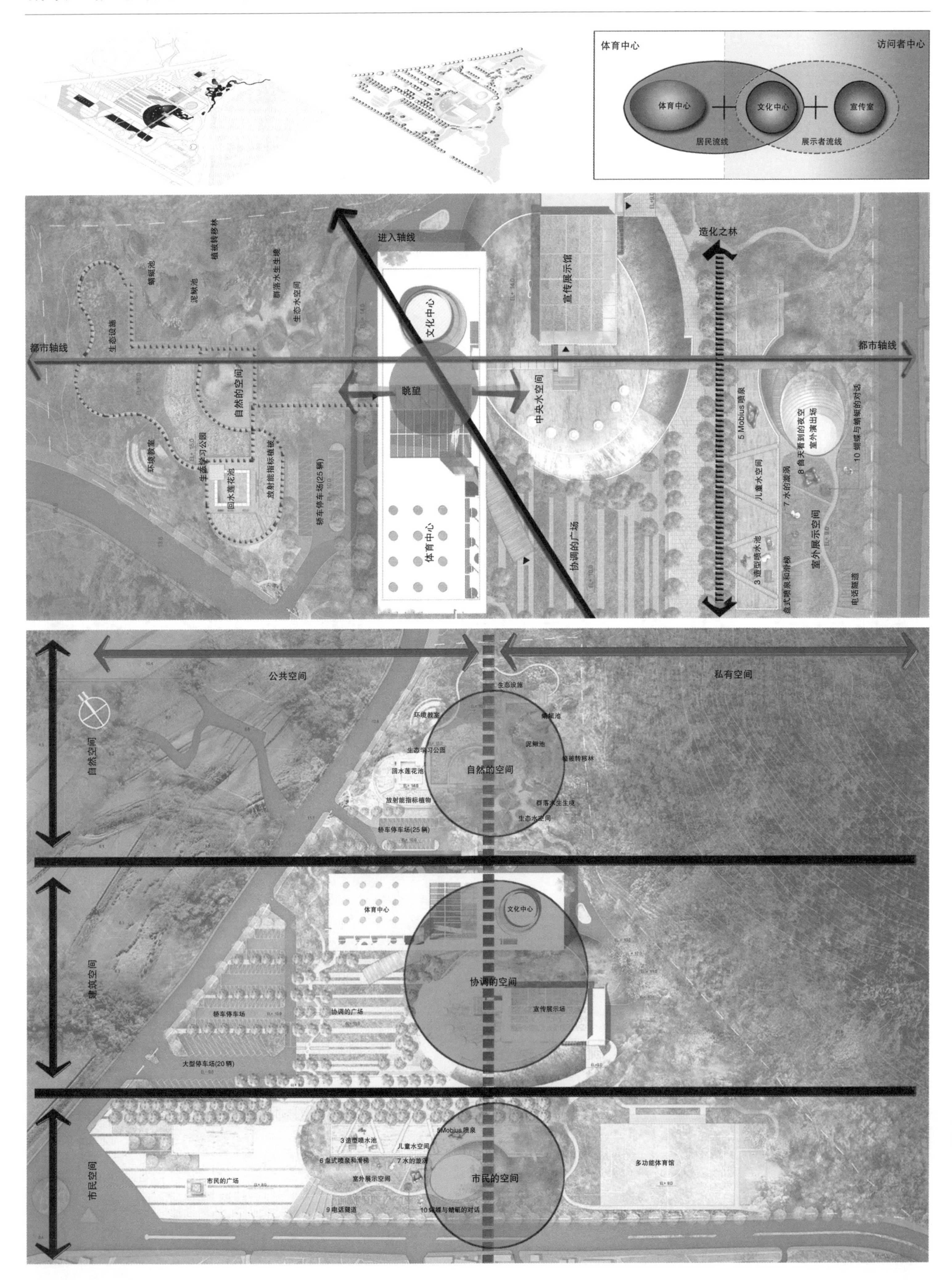

体育中心
访问者中心
体育中心
文化中心
宣传室
居民流线
展示者流线
进入轴线
造化之林
都市轴线
都市轴线
文化中心
宣传展示馆
眺望
中央水空间
自然的空间
生态设施
蜻蜓池
泥鳅池
植被转移林
群落水生生境
生态水空间
生态学习公园
环境教室
回水莲花池
放射能指标植被
轿车停车场(25辆)
体育中心
协调的广场
5 Mobius喷泉
儿童水空间
7 水的漩涡
8 白天看到的夜空 室外演出场
10 蝴蝶与蜻蜓的对话
3 造型喷水池
室外展示空间
盘式喷泉和滑梯
电话隧道
公共空间
私有空间
自然空间
建筑空间
市民空间
协调的空间
宣传展示场
轿车停车场
协调的广场
大型停车场(20辆)
市民的广场
市民的空间
多功能体育馆
9 电话隧道

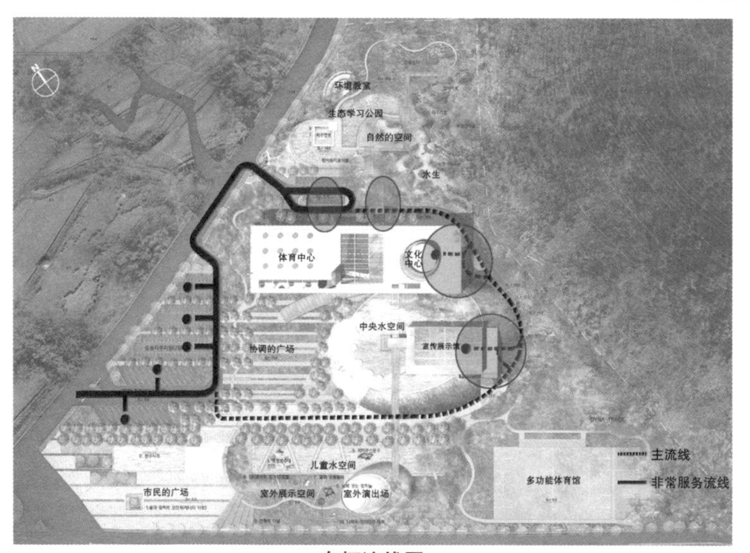

车辆流线图

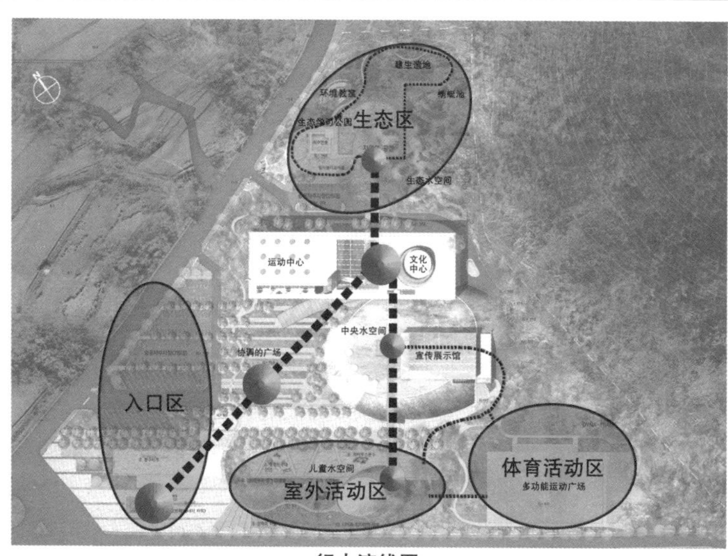

行人流线图

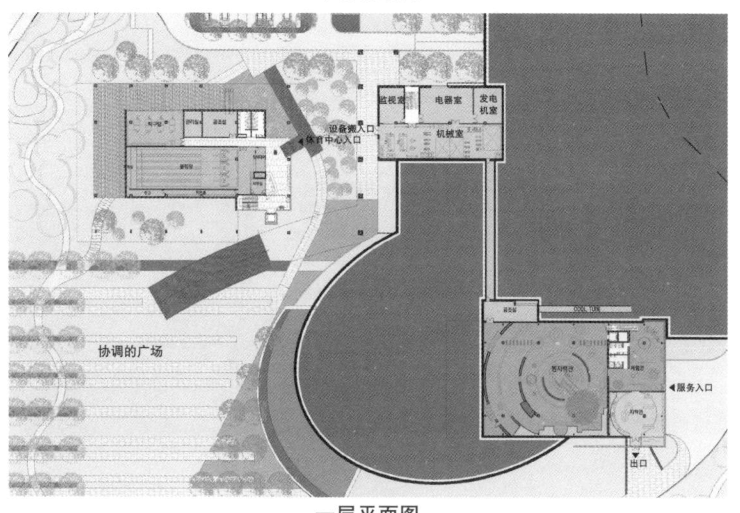

一层平面图

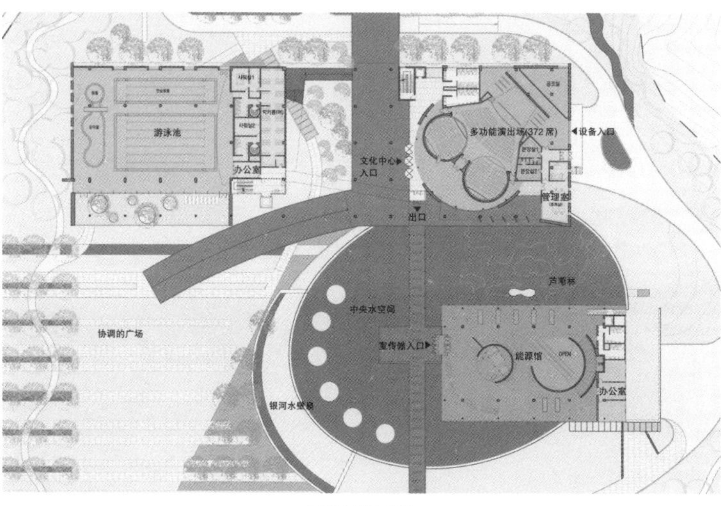

二层平面图

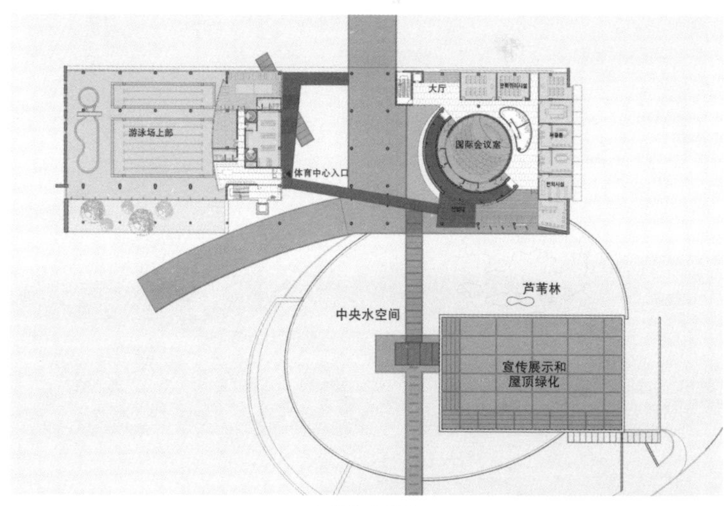

三层平面图

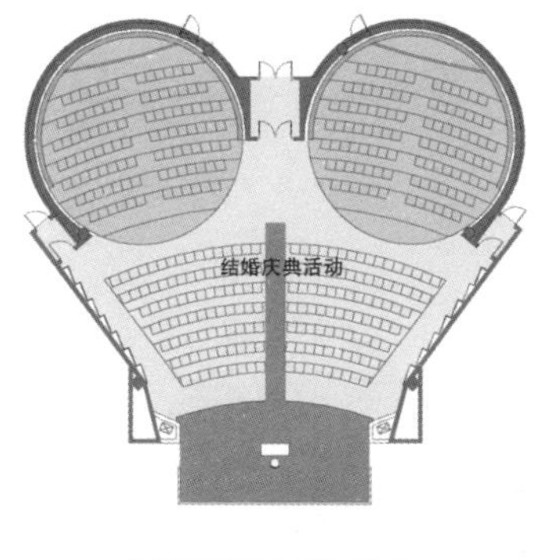

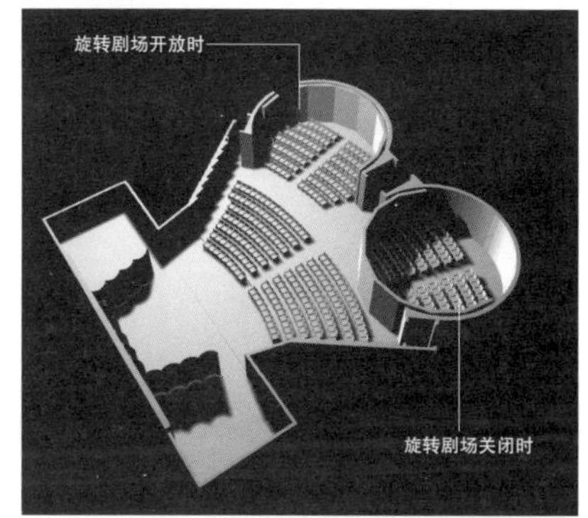

多功能演出场－两个旋转客席充分发挥了空间的多样性、可变性、节能性

新故里核电站地区配套设施

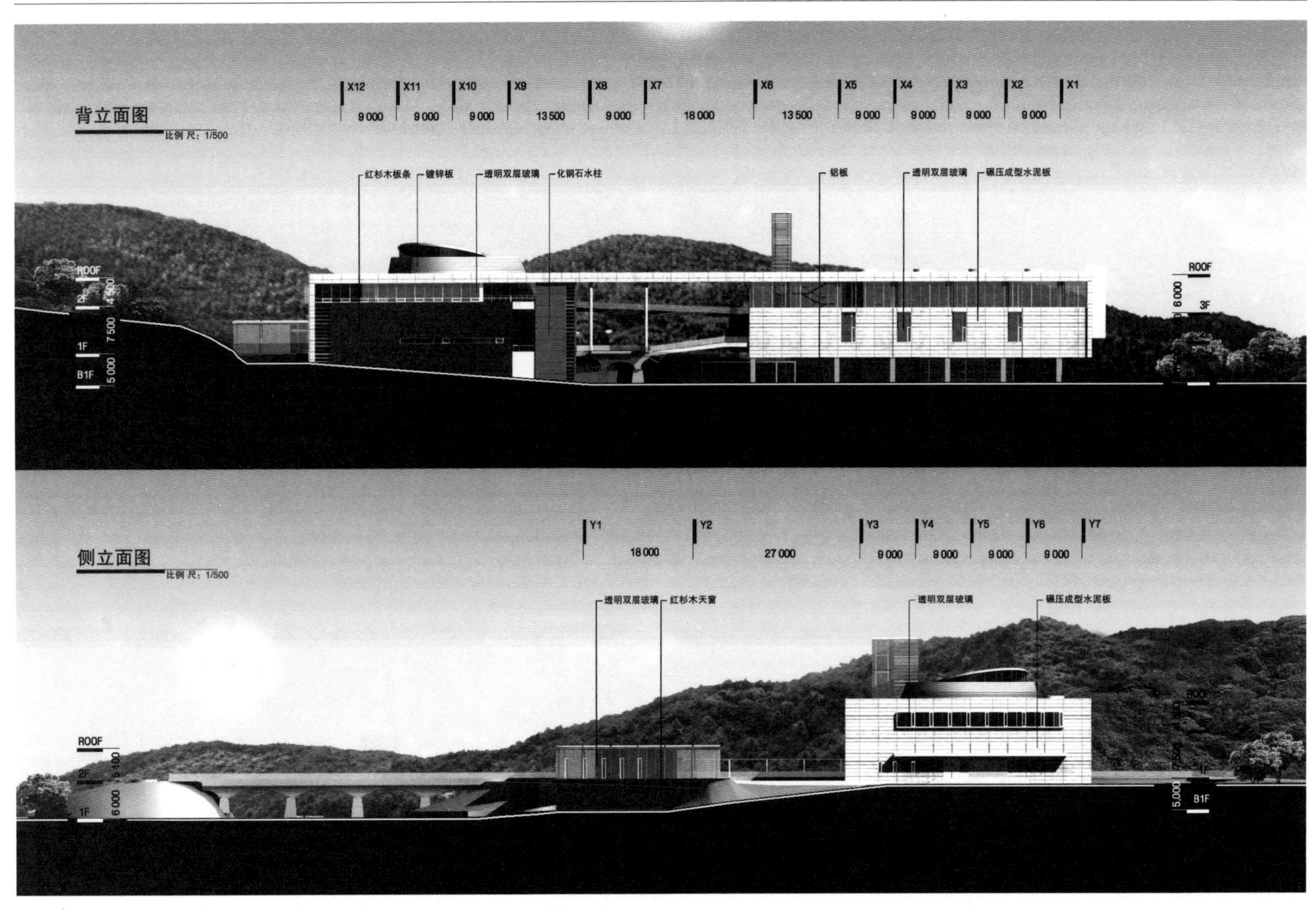
背立面图
比例尺：1/500
X12
X11
X10
X9
X8
X7
X6
X5
X4
X3
X2
X1
9 000
9 000
9 000
13 500
9 000
18 000
13 500
9 000
9 000
9 000
9 000
红杉木板条
镀锌板
透明双层玻璃
化钢石水柱
铝板
透明双层玻璃
碾压成型水泥板
ROOF
2F
1F
B1F
4 500
7 500
5 000
6 000
3F
侧立面图
比例尺：1/500
Y1
Y2
Y3
Y4
Y5
Y6
Y7
18 000
27 000
9 000
9 000
9 000
9 000
透明双层玻璃
红杉木天窗
透明双层玻璃
碾压成型水泥板
ROOF
2F
1F
5 100
6 000
5 000
B1F

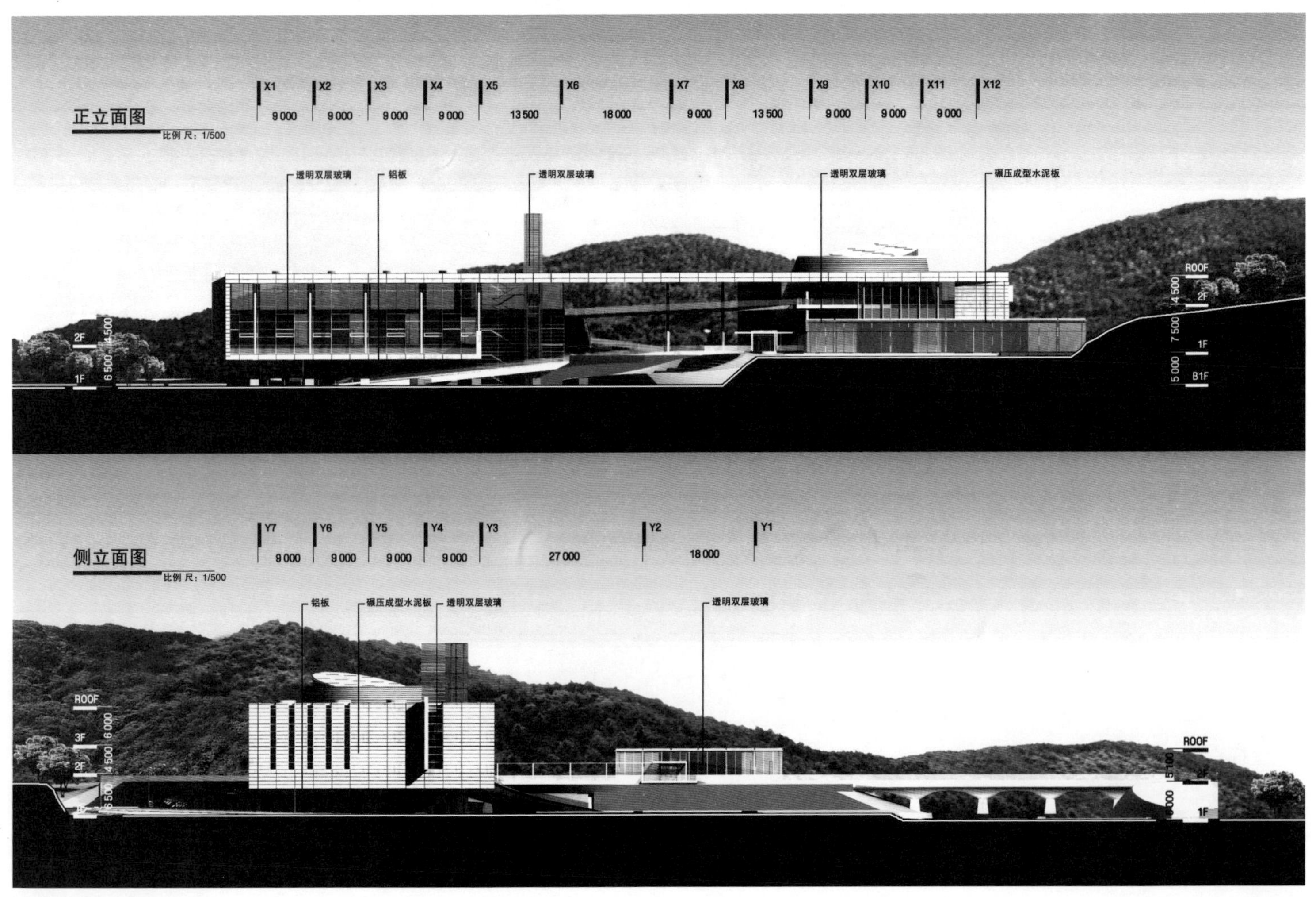
正立面图
比例尺：1/500
X1
X2
X3
X4
X5
X6
X7
X8
X9
X10
X11
X12
9 000
9 000
9 000
9 000
13 500
18 000
9 000
13 500
9 000
9 000
9 000
透明双层玻璃
铝板
透明双层玻璃
透明双层玻璃
碾压成型水泥板
ROOF
2F
1F
B1F
4 500
7 500
5 000
6 500
侧立面图
比例尺：1/500
Y7
Y6
Y5
Y4
Y3
Y2
Y1
9 000
9 000
9 000
9 000
27 000
18 000
铝板
碾压成型水泥板
透明双层玻璃
透明双层玻璃
ROOF
3F
2F
1F
6 000
4 500
6 500
5 100

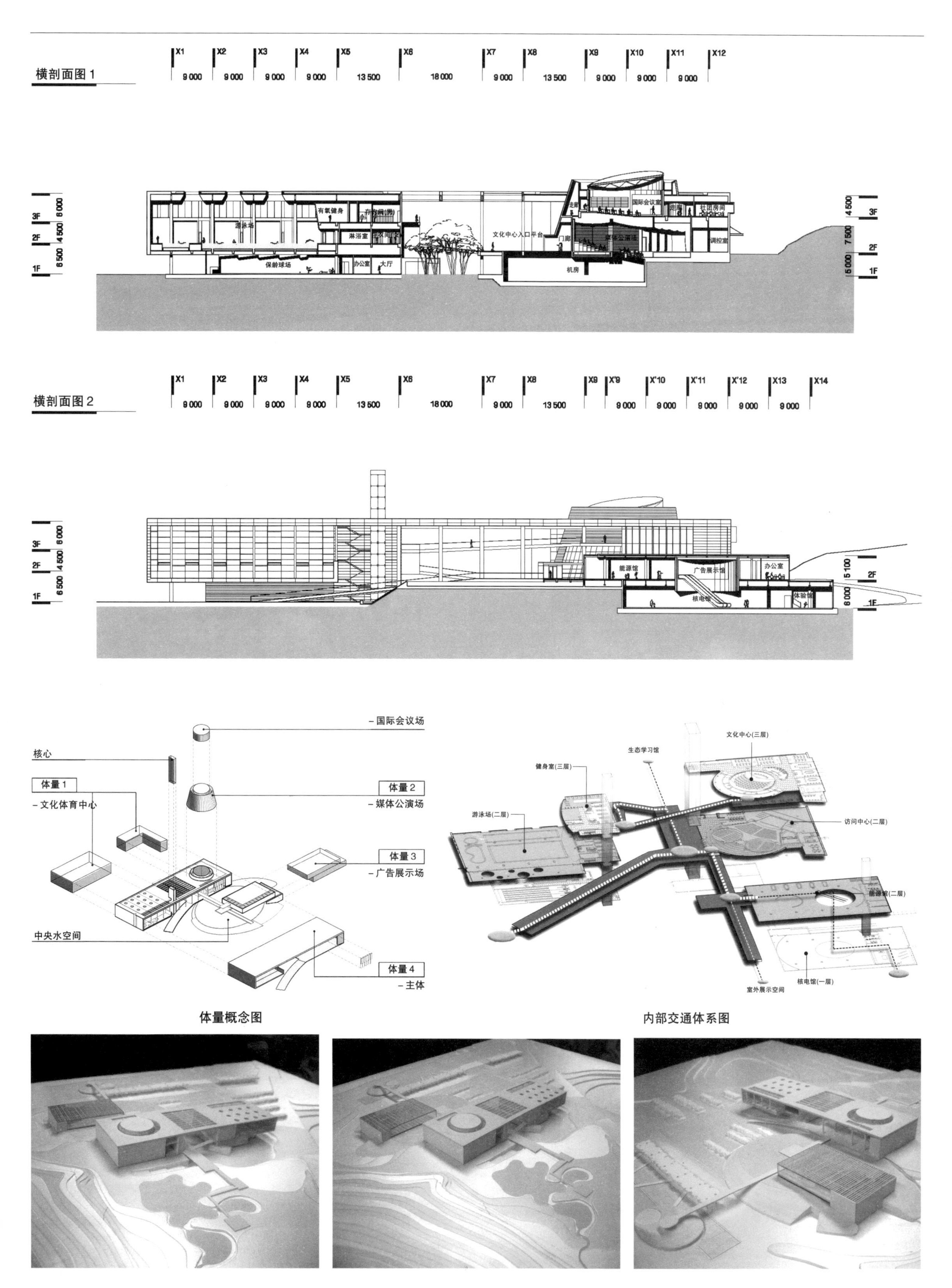
横剖面图 1
横剖面图 2
体量概念图
内部交通体系图
国际会议场
核心
体量 1
- 文化体育中心
体量 2
- 媒体公演场
体量 3
- 广告展示场
中央水空间
体量 4
- 主体

眺望台——进入，眺望，返回

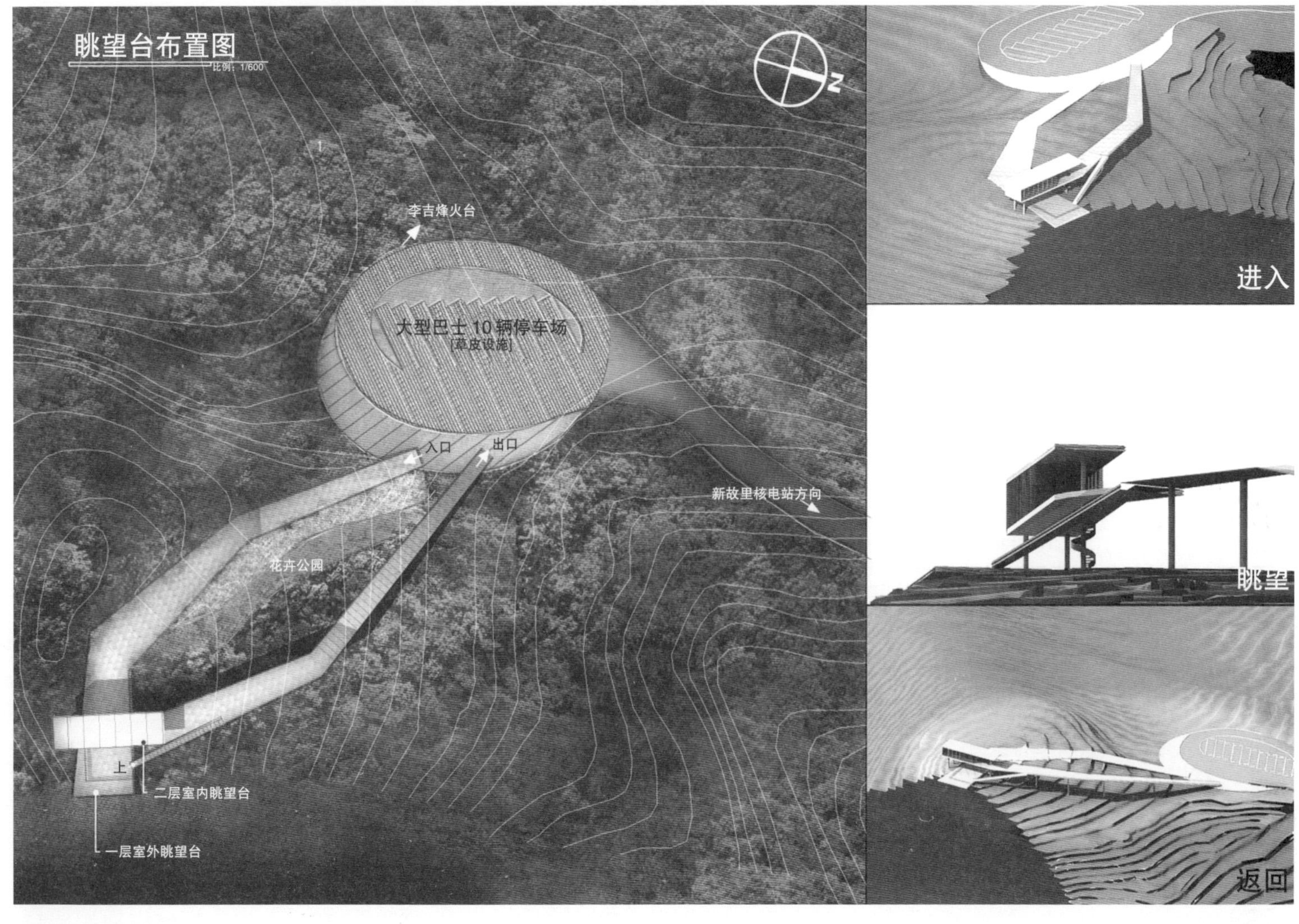
眺望台布置图
比例：1/600
李吉烽火台
大型巴士10辆停车场
[草皮设施]
入口
出口
新故里核电站方向
花卉公园
上
二层室内眺望台
一层室外眺望台
进入
眺望
返回

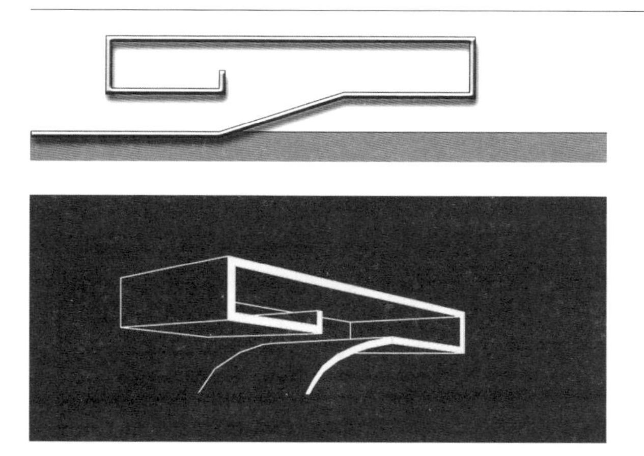

拓扑学设计

– 细致地分析了用地的地形，规划了符合地形的轮廓，并在新轮廓内引进了透明的玻璃幕墙。
– 穿过平台，林立的柱子像树林一样，让人们感觉到建筑物的亲切。
– 使用玻璃幕墙使整体空间透明而又开阔，不逆自然流而行，从而确保了"自然的连续性"。

和谐的设计

– 通风和自然采光的导入，实现自然的眺望和承载另一个自然的虚实对比相融合的设计。

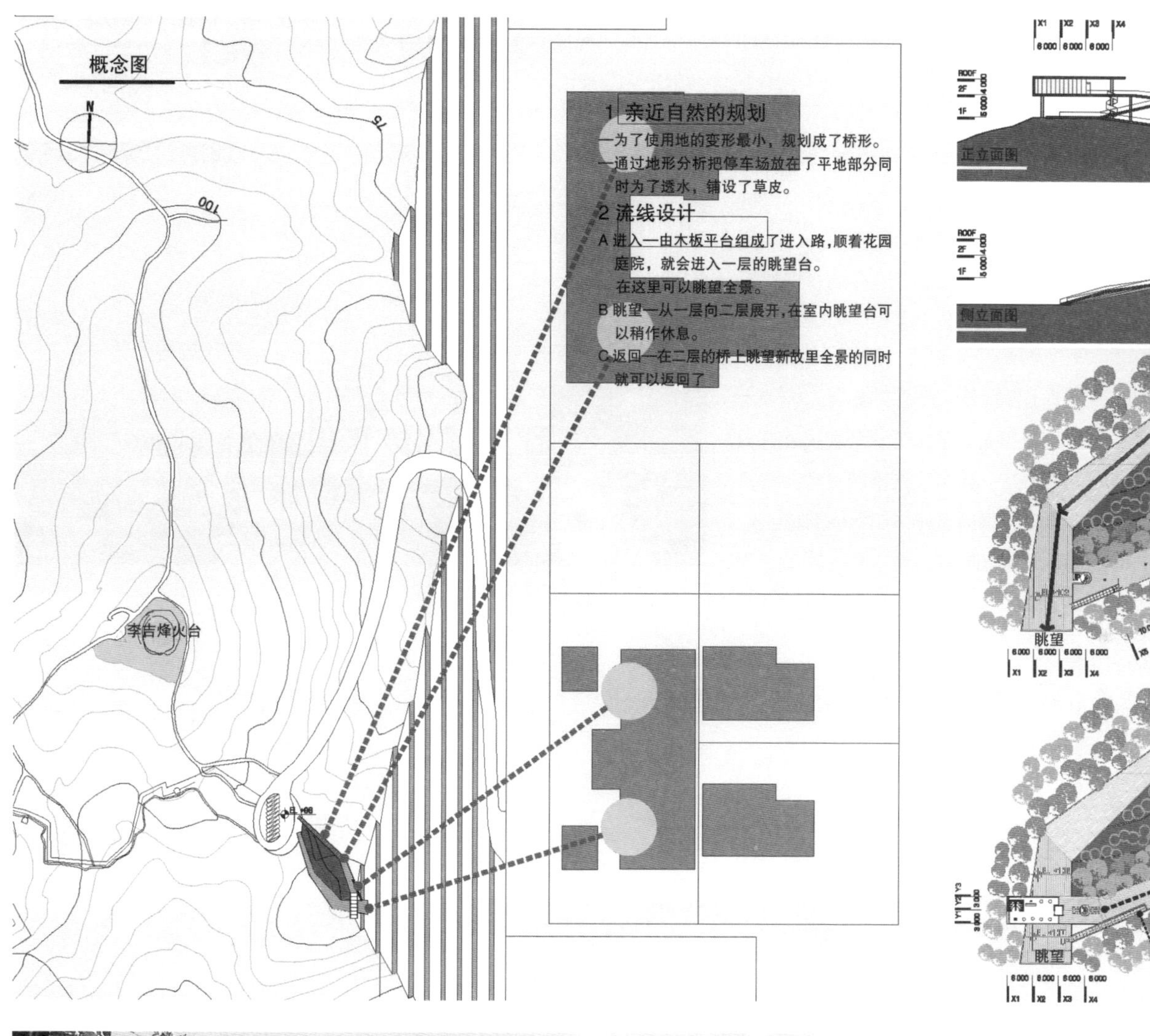

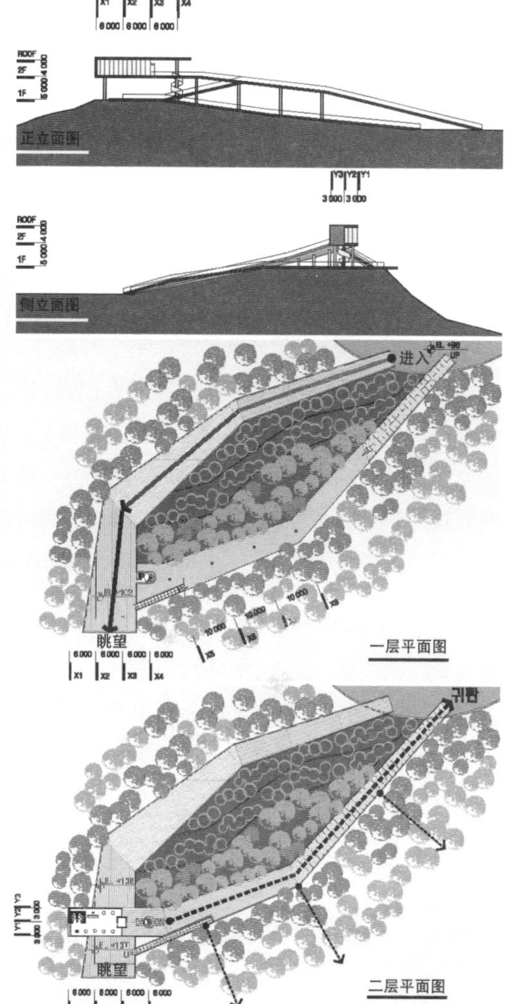

郡山儿童交通公园理论学习场

中标方案 **东南亚太建筑：**全在宇。**首尔大学：**金玄哲。**家园展示环境：**吴良远。设计组：梁承勋，金多美，李再奎，延贤淑，洪政民，李贤秀

总平面设计

轴线和朝向的确定

室内练习场位于附近公园内，交通公园西侧的边界。与西侧现有公园的健身设施有所不同，有必要与东侧交通公园室外学习场紧密联系。东西立面形成明确对比，交通公园(室外练习场)一侧的出入口和透明的立面具有开放感，其对面的服务管理区通过隔断树林带尽量与后面的体育公园相区分。

与室外练习场的联系

本练习场室内理论教育与室外体验学习项目采用单一管理。而让此内的流线变得顺畅，十分重要。本规划中一层和二层的展示场观看结束后，孩子们不从原路返回，而是向二层北侧的室外平台走，接下来沿着桥和坡道很自然地走向室外体验场。沿途经过池塘和喷泉点缀其间的水空间，在4.5m的高度可以欣赏到室外练习场的全景。

平面设计

室内理论学习场的一层和二层是为孩子们建立的。在一层观看展品后的孩子们沿着坡道自然地向二层移动。在二层展示场和视听教育场得到最终教育，经过右侧的室外平台和桥通往室外学习场。

二层北侧是多功能教育、活动区。成人驾驶执照补充教育及为其他目的设置的80座的多媒体室(小型礼堂)。成人与孩子们的路线不同，不是沿着坡道而是楼梯前行。

办公、管理领域的入口另设置在建筑西侧，紧急情况时车辆可以进入。办公室设在一层大厅一侧、离入口很近的位置，这样的布局所需的管理人员较少。

立面设计

建筑用火车的速度感来表现强有力的形象，充满现代感的互动的建筑象征了郡山市城市产业的发达。

东侧主立面的水平线像五线谱一样有节奏感地排列，不仅体现建筑美，还起到玻璃框架的作用。

剖面设计

一层的展示室和大厅部分层高4.5m，给人以开放感。

计划二层展示室层高7m，相当于2层的高度，与3.5m层高的多媒体室在剖面上下交错。

两个空间间隔处的入口大厅相当于开放空间，一、二层的展示空间在视觉上承上启下，给人以整体感。

位置：全罗北道郡山市小龙洞1630号地郡山国家产业园地内
地域：专用工业区，城市规划设施(公园)
用地面积：80640m²
总建筑面积：1362.28m²
首层建筑面积：575.45m²
建筑密度：0.71%
容积率：1.69%
规模：地下1层，地上3层
最高高度：18.70m
结构：钢筋混凝土结构
外部装修：韩国大理石，钢化玻璃，铝合金
设备：中央空调
道路：公园内10m道路，道路占地面积：6013m²

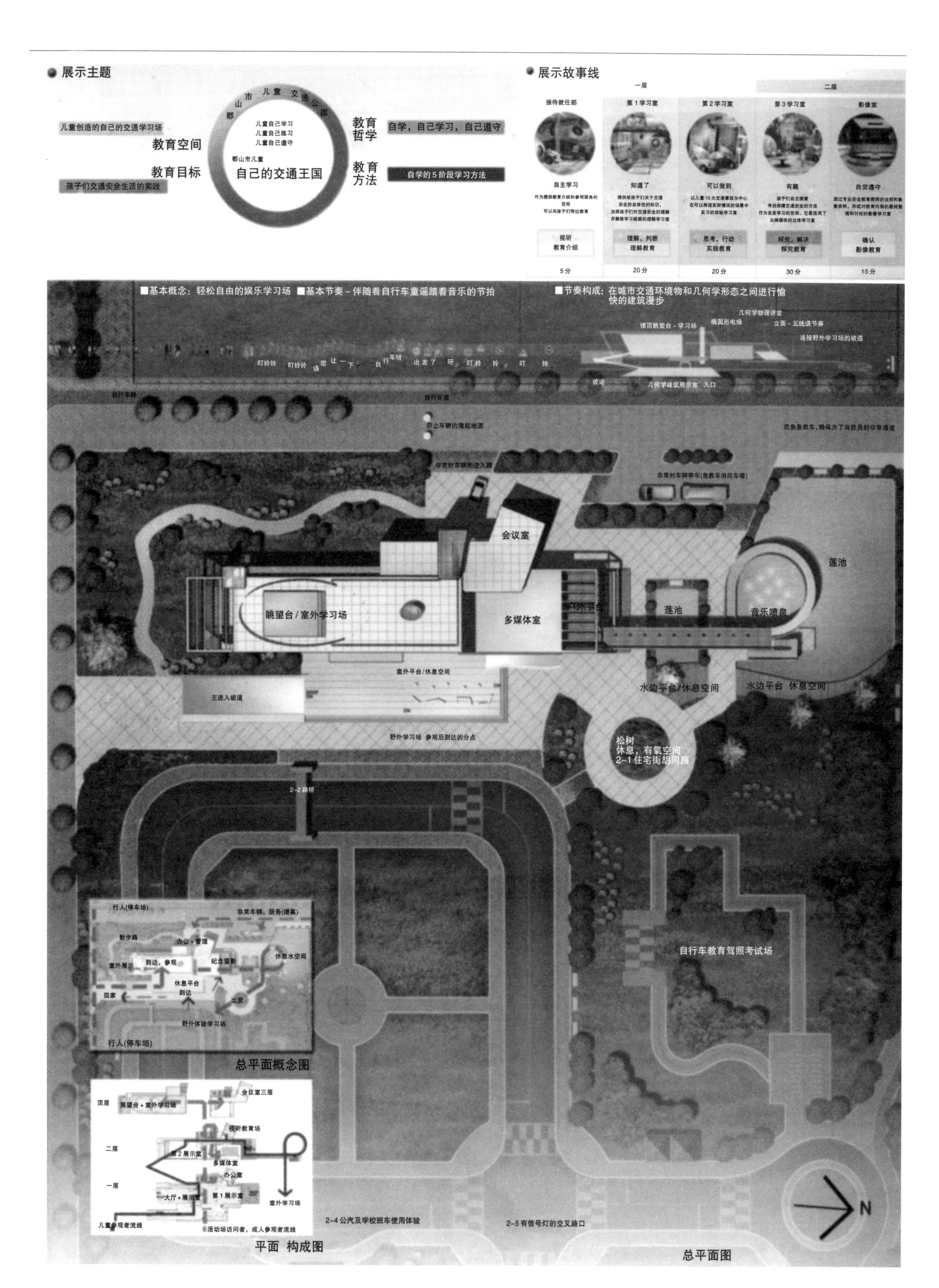

展示主题
郡山市儿童交通公园
儿童创造的自己的交通学习场
教育空间
儿童自己学习
儿童自己练习
儿童自己遵守
郡山市儿童
自己的交通王国
教育目标
孩子们交通安全生活的实践
教育哲学
自学，自己学习，自己遵守
教育方法
自学的5阶段学习方法
展示故事线
一层
二层
接待就任部
第1学习室
第2学习室
第3学习室
影像室
自主学习
知道了
可以做到
有趣
自觉遵守
视听 教育介绍
理解，判断 理解教育
思考，行动 实践教育
探究，解决 探究教育
确认 影像教育
5分
20分
20分
30分
15分
■基本概念：轻松自由的娱乐学习场 ■基本节奏－伴随着自行车童谣踏着音乐的节拍
■节奏构成：在城市交通环境物和几何学形态之间进行愉快的建筑漫步
几何学物理讲堂
椭圆形电梯
楼顶眺望台－学习场
立面－五线谱节奏
连接野外学习场的坡道
叮铃铃 叮铃铃 请 您 让 一 下 自 行车呀 出 发 了 呀 叮 铃 铃 叮 铃
坡道
几何学建筑展示室 入口
自行车路
自行车道
防止车辆的隆起地面
应急急救车，确保为了消防员的非常通道
非常时车辆的进入路
非常时车辆停车(急救车消防车等)
会议室
莲池
眺望台/室外学习场
多媒体室
户外平台
莲池
音乐喷泉
室外平台/休息空间
主进入坡道
水边平台/休息空间
水边平台 休息空间
野外学习场 参观后到达的分点
松树
休息，有氧空间
2-1住宅街胡同路
2-2路桥
自行车教育驾照考试场
行人(停车场)
非常车辆，服务(提案)
散步路
办公＋管理
室外展示
到达，参观
纪念留影
休息水空间
休息平台
到达
回家
出发
野外体验学习场
行人(停车场)
总平面概念图
顶层
展望台＋室外学习场
会议室三层
视听教育场
二层
第2展示室
多媒体室
办公室
一层
大厅＋展示室
第1展示室
室外学习场
儿童参观者流线
活动场访问者，成人参观者流线
平面 构成图
2-4公汽及学校班车使用体验
2-5有信号灯的交叉路口
N
总平面图

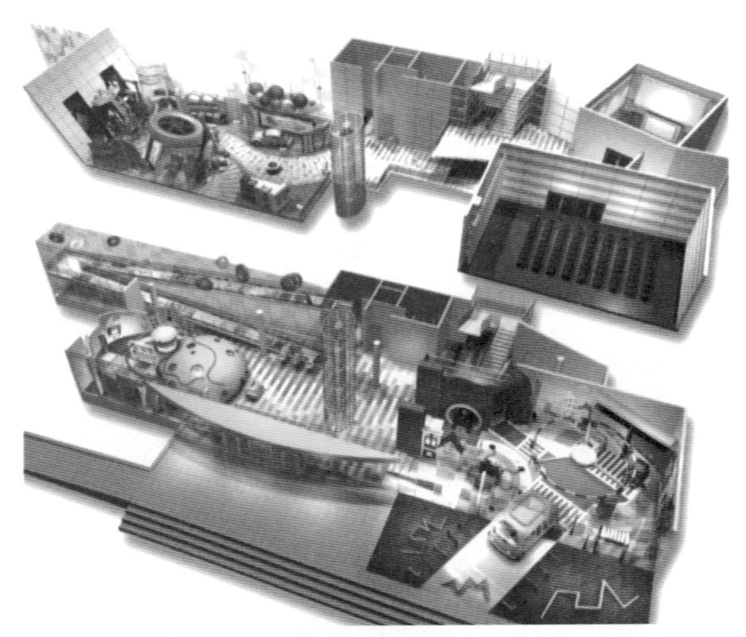

影像馆

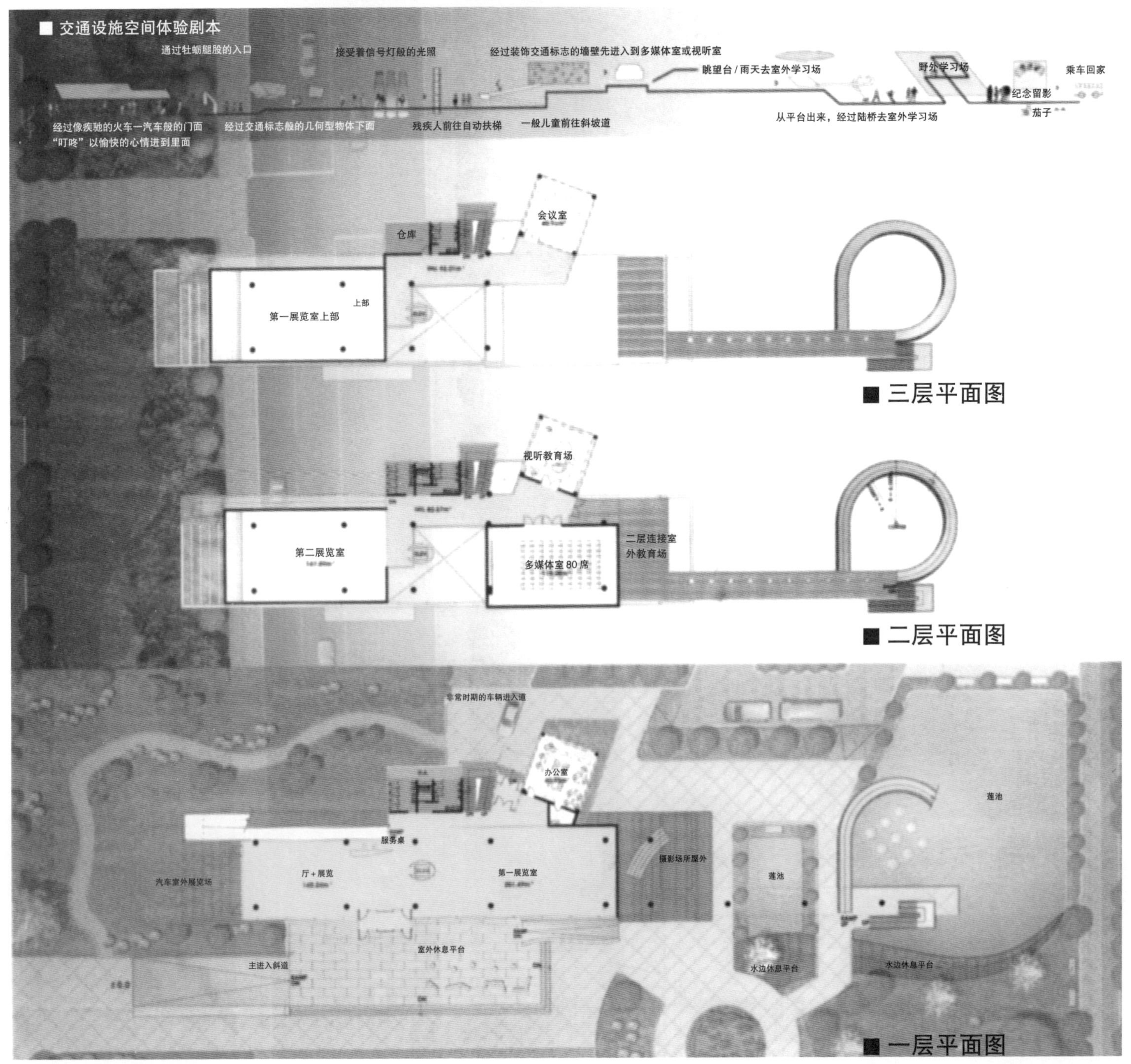
■ 交通设施空间体验剧本
通过牡蛎腿股的入口
接受着信号灯般的光照
经过装饰交通标志的墙壁先进入到多媒体室或视听室
眺望台/雨天去室外学习场
野外学习场
乘车回家
纪念留影
茄子
经过像疾驰的火车一汽车般的门面
"叮咚"以愉快的心情进到里面
经过交通标志般的几何型物体下面
残疾人前往自动扶梯
一般儿童前往斜坡道
从平台出来，经过陆桥去室外学习场
会议室
仓库
第一展览室上部
上部
■ 三层平面图
视听教育场
第二展览室
多媒体室 80 席
二层连接室
外教育场
■ 二层平面图
非常时期的车辆进入道
办公室
服务桌
厅+展览
第一展览室
摄影场所屋外
莲池
汽车室外展览场
室外休息平台
主进入斜道
水边休息平台
■ 一层平面图

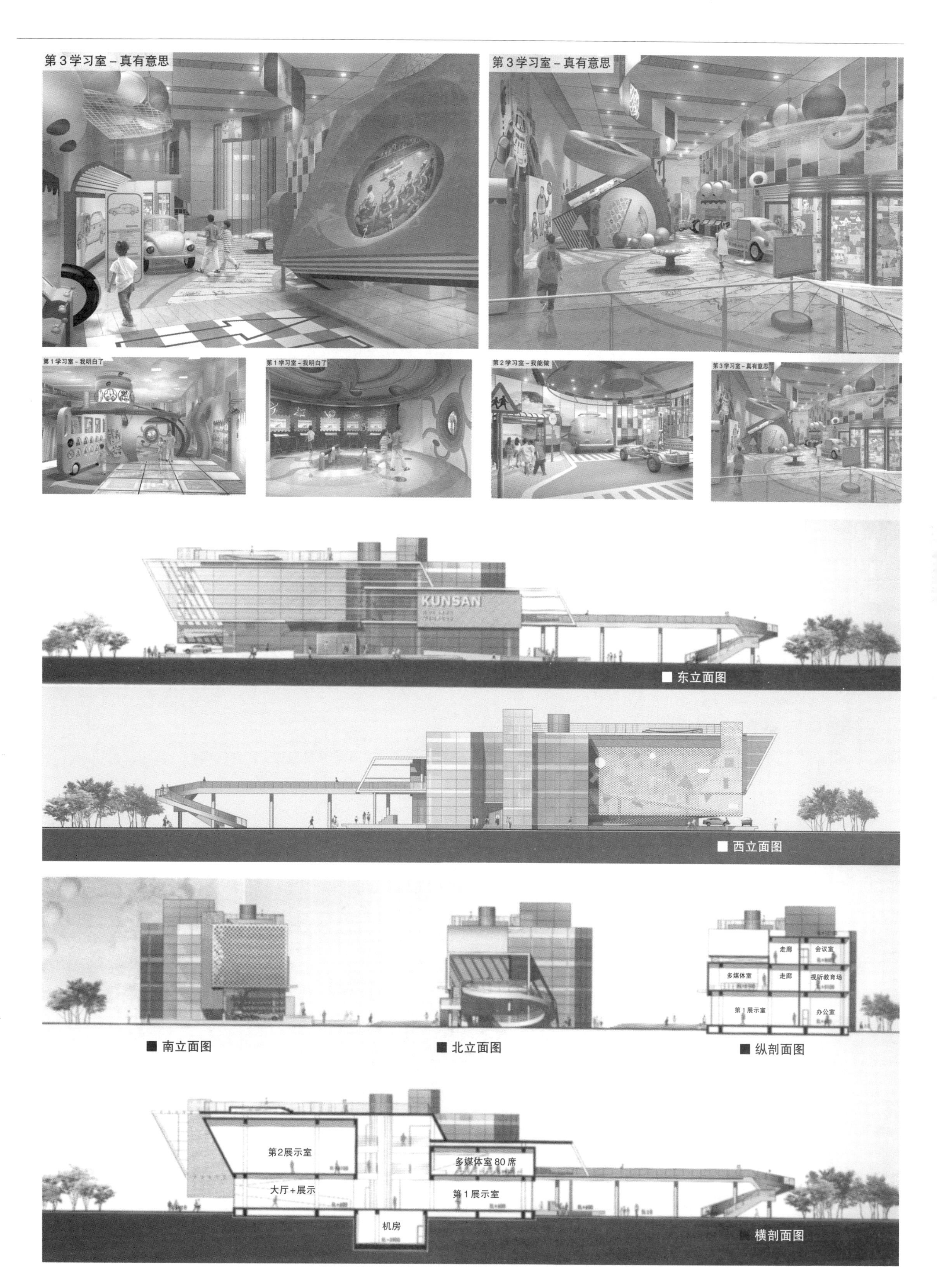
第3学习室－真有意思
第3学习室－真有意思
第1学习室－我明白了
第1学习室－我明白了
第2学习室－我能做
第3学习室－真有意思
KUNSAN
东立面图
西立面图
南立面图
北立面图
走廊
会议室
多媒体室
走廊
视听教育场
第1展示室
办公室
纵剖面图
第2展示室
多媒体室 80 席
大厅＋展示
第1展示室
机房
横剖面图

建国AMC岭东路10区规划

中标方案 超越空间建筑：李官郅

规划的基本方向

符合区域规划概念。

构思新建民众医院的标志。

连接大学的亲自然生态规划概念。

规划的主要内容

考虑建国大学的象征性和状态。

地铁沿线圈、四面街道的商业价值的最大活用。

提高民众医院的认知度和减少接近时的心理障碍。

考虑大学的生态轴线和广场设计。

地形土方量的最小化，水平建筑。

用地下一层，地上一、二层水平广场，贯通整个建筑群。

A地块设计基本方向

提高民众医院的认知度和减少接近时的心理障碍。

充分考虑地铁出入口的人流移动。

地铁沿线圈、四面街道的商业价值的最大活用。

B地块设计基本方向

确保建国大学设施的文化象征。

连接大学的亲自然生态和空间以及连接的协调。

作为开放的中心地块。

C地块设计基本方向

后面丘陵地形的毁损最小化。

以紧邻居住地和周围大学为对象的教育和必要的商业设施设计。

区别于A、B地块，确保以教育设施为主的新中心。

位置：首尔市光进区华阳洞4-17一带/建国大学入口周边

地域：准居住地区(特别规划区域)

用地面积：17490m²

公共用地、公园面积：2065.59m²(公共用地/下沉广场/街头公园)

结构：钢筋混凝土结构、钢结构

A地块

主要用途：商业以及营业设施

用地面积：5700m²

首层建筑面积：3317.31m²

造景面积：855m²

建筑密度：58.20%

容积率：329.11%

停车位数：270辆(含残疾人用车5辆)

B地块

主要用途：文化以及集会设施/商业以及营业设施

用地面积：6015m²

首层建筑面积：3608.38m²

造景面积：902.25m²

建筑密度：59.99%

容积率：264.42%

停车位数：247辆(含残疾人用车5辆)

C地块

主要用途：业务设施/教育研究以及福利设施

用地面积：5775m²

首层建筑面积：3386.70m²

造景面积：866.25m²

建筑密度：58.64%

容积率：233.39%

停车位数：227辆(含残疾人用车5辆)

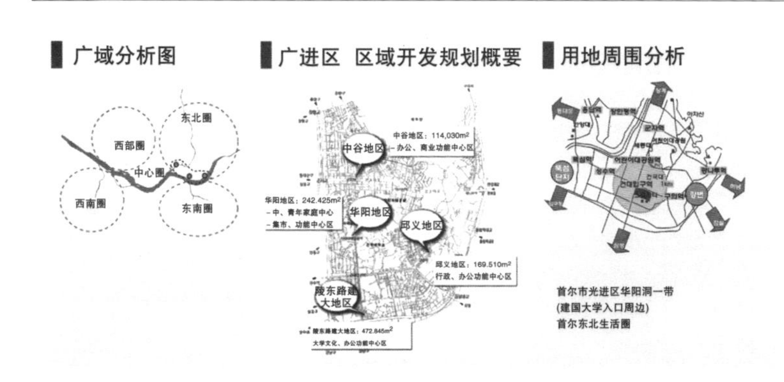

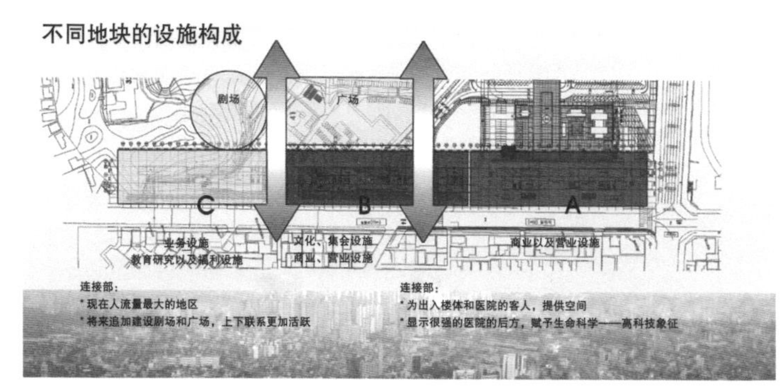

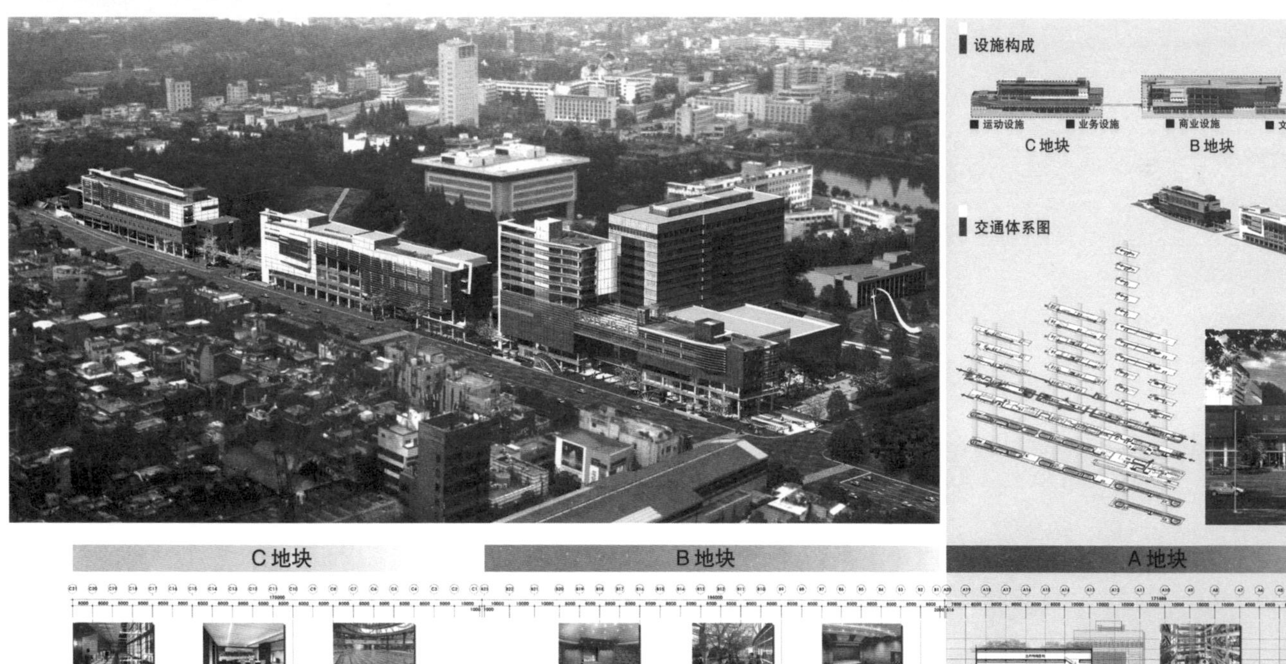

设施构成

■ 运动设施 ■ 业务设施 ■ 商业设施 ■ 文化设施 ■ 营业设施

C地块 B地块 A地块

交通体系图

C地块 B地块 A地块

商业建筑

釜山金井税务署

尚志 ENG 建筑　许东润

位置：釜山市金井区釜谷洞 226-5　**地域：**一般居住地域，部分为高程 9m 的低海拔地区　**用地面积：**4145.10m²　**首层建筑面积：**1933.12m²　**总建筑面积：**4347.40m²　**建筑密度：**46.64%　**容积率：**104.88%　**规模：**地上 4 层　**最高高度：**20.70m　**结构：**钢筋混凝土　**外部装修：**铝板，玻璃幕墙，花岗石　**内部装修：**地面—花岗石，塑胶和瓷砖；墙—彩色花纹涂料，水性油漆　**主要设备：**F.C.U 空调　**设计组：**高成龙，李洪植，崔成龙，宣宇植　**设计期限：**1999 年 7 月 22 日 ~ 10 月 9 日　**施工期限：**1999 年 12 月 ~ 2001 年 3 月　**内部装饰设计：**员工室—新型健康装饰　**结构：**株.O.S 结构工程　**设备：**时材设备　**电气：**韩国 NICE 技术团　**造景：**釜山环境　**土木：**大宇土木　**监理：**赵达青　**照片：**尚志 ENG 建筑(李仁美)

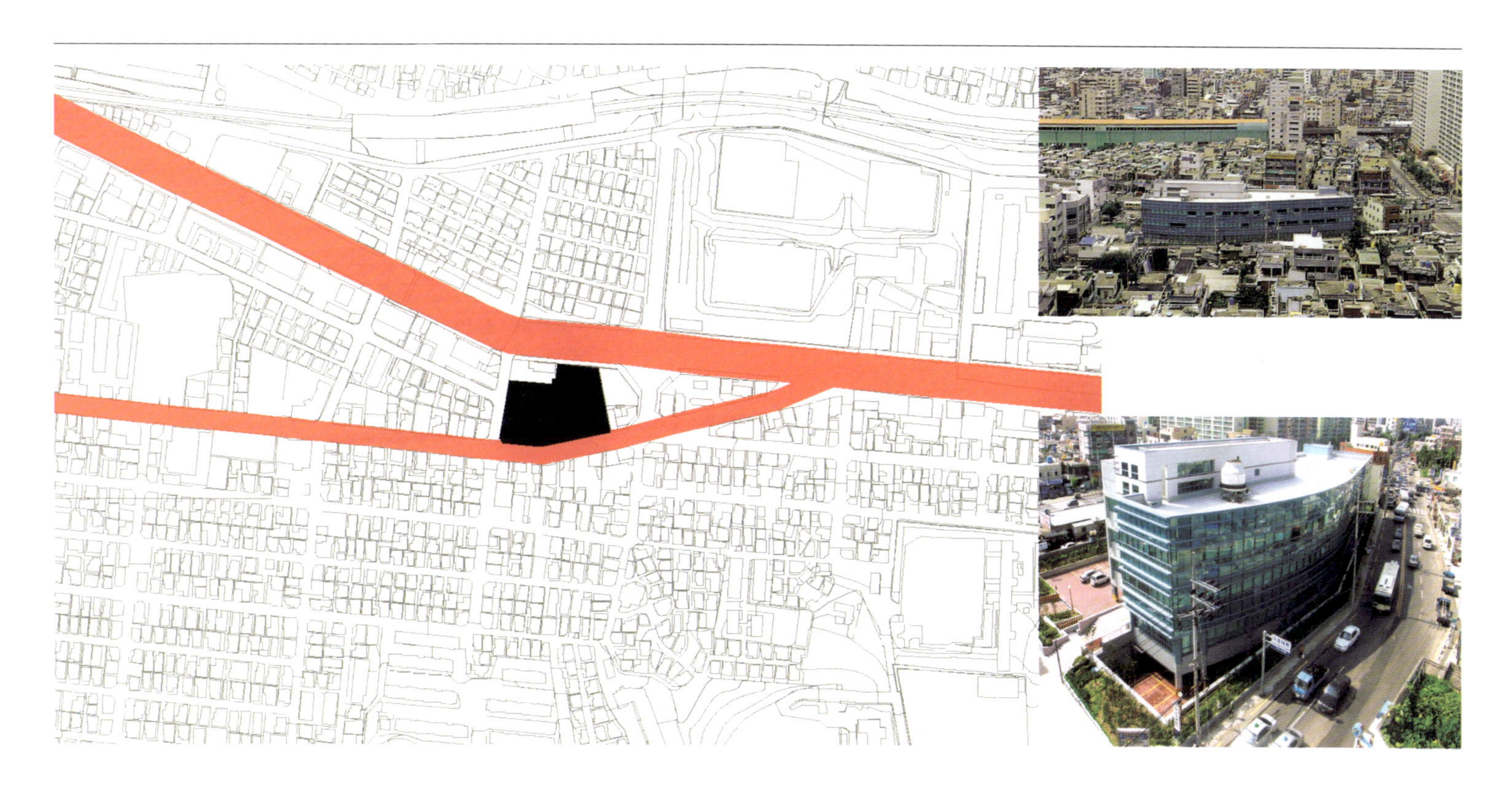

位于东莱(金井区南侧，东莱区)市副中心往北约3km处，东莱大路(35m)和釜谷洞路的交叉点附近的金井税务署，始于历史道路和现代道路的交汇。

釜谷洞的这条历史道路协调着居住文化的领域与因釜山大学这个教育媒体所带来的消费文化的交融。东莱大路是随着釜山的行政自治区域的扩大而规划的。它告诉我们现在釜山这座大都市的发祥地为东莱；同时，在这条历史道路的属性的延长线上，建造具有公共性的官公署。

道路扩张带来的用地的不规则斜线不仅体现在空间的布置中，并积极反映在建筑物内部。为了遮挡下午的直射光线而使用的遮阳板强化了官公署的标志性，整齐的格网赋予品位和秩序。前面广场的开放空间提升了公共建筑的形象，同时起到城镇中心作用。

金井税务署位于年轻人的消费文化街和居住区之中。官公署的单独性被吸收到周边居住和消费文化中，变成了过渡性的空间。即，金井税务署在超脱文化行为中，拥有共享文化的时间性。

釜山金井税务署

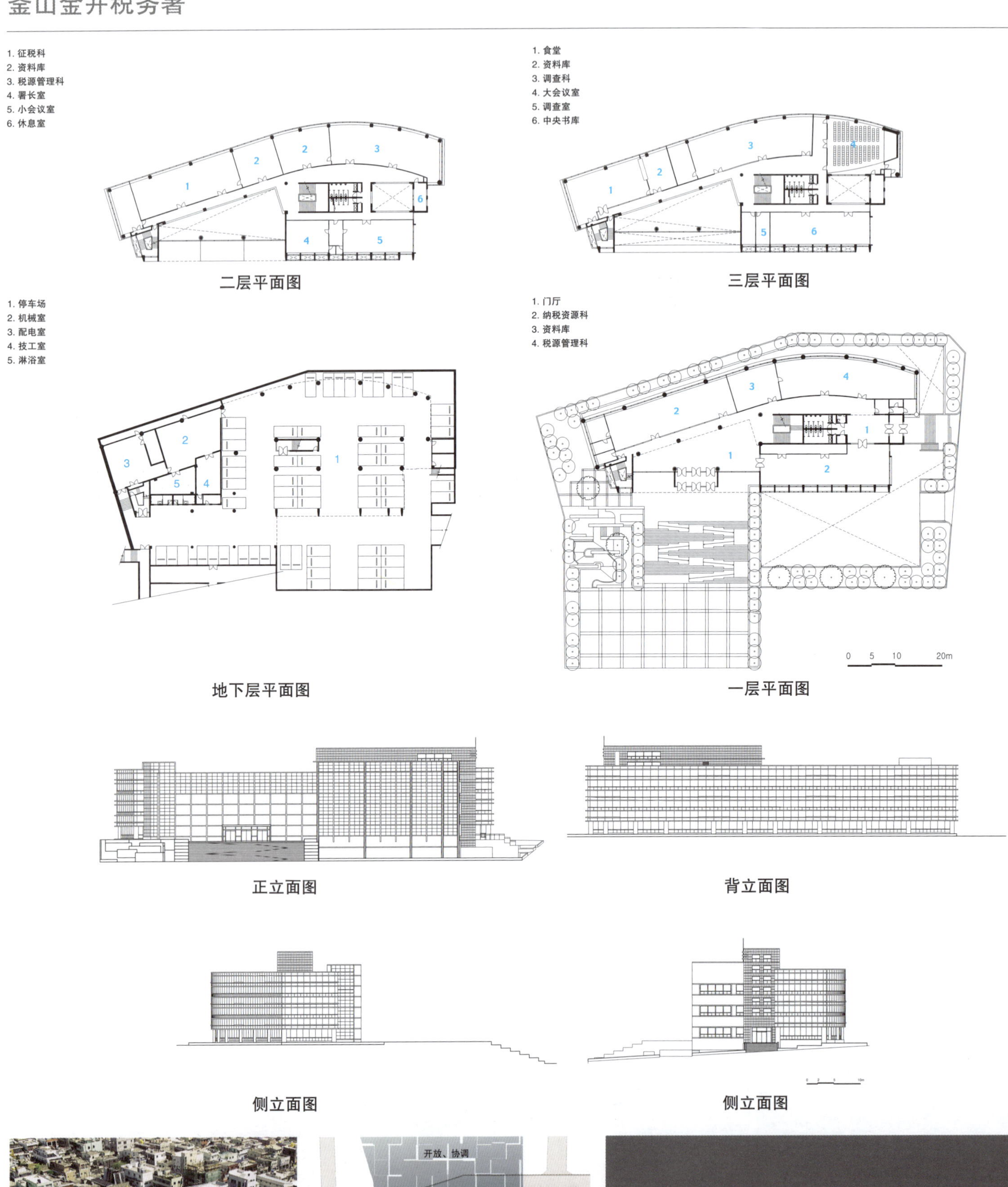

二层平面图

三层平面图

地下层平面图

一层平面图

正立面图

背立面图

侧立面图

侧立面图

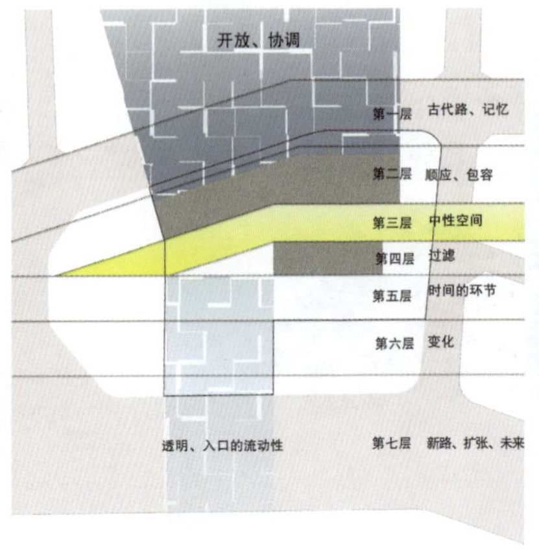

初期透视图

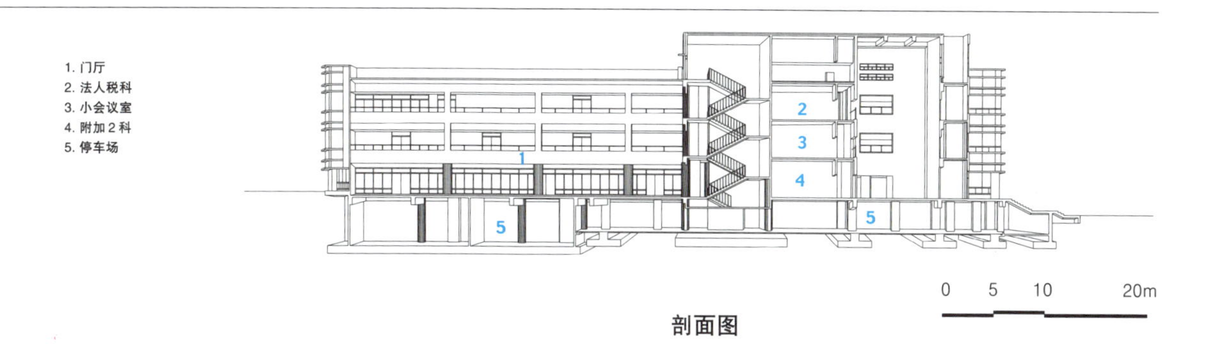
1. 门厅
2. 法人税科
3. 小会议室
4. 附加2科
5. 停车场
0 5 10 20m

剖面图

국세상담? 언제 어디서나 ☎1588-0060

正道稅政

韩国电力公司通营分店办公楼

中标方案 GO设计：朴榆仲。设计组：尹缓，崔昌学，朴在英，金镇哲

用地特性

用地位置在通营市北侧的竹林回填区内。从竹林回填现状来看，回填工程基本结束，部分已经被开发，预计将来可能成为通营市的中心位置，决定通营市未来的城市形象。综合用地的这些特性，要求能形成竹林新市区的未来形象，并形成新市区的整体脉络的规划。

本用地位于新市区的中心地域，并位于整个回填区的主入口轴线上的开头位置，对将来通营市的意境与回填区的整体意境起重要的影响。还要考虑到将来建设的官公署或商业设施将以韩国电力通营支店为重要脉络而建设。因此规划要考虑到整个回填区的形象。

空间规划特性

空间的规划中用地的一半将被用于材料的露天加工、堆积场。堆积场会造成荒凉的景观，这一点不仅会影响韩国电力通营支店的形象，而且会影响整个回填区的形象，甚至会影响通营市整体的形象，是用地利用规划中重要的要素，所以要求遮蔽堆积场的布置方式。

用地利用规划

布置规划

将办公楼和仓库沿25m宽道路布置，使后面的堆积场和作业空间从视觉上不会给回填区整体的主轴线带来影响。

绿色网络

在25m宽道路边形成绿地轴，沿回填区中央公园方向形成绿色网络，并对以后建设的周边建筑物带来影响。并在建筑物屋顶上设置屋顶花园，形成立体的绿色网络。

立面设计

从用地特性来看，北侧和南侧、西侧都需要各自的正面性。因此本设计中使用了让各个面都可以成为正面的要素。北侧立面和南侧立面的设计中通过仓库与办公楼立面上的连接，克服了容易分成两部分的缺点。另一方面为了与海洋和公园方向形成互动的立面，使用了斜线手法。西侧立面独立安排营业部，采用水平要素与办公楼的垂直要素形成对比，形成了水平分割的立面，并使之带有正面性格。主要着眼点如下：

表现韩国电力公司的未来形象的互动的立面构成。

规划考虑了会对竹林新市区的脉络产生的影响。

利用垂直、水平要素，表现轻快形象。

虚空间与办公空间之间的比例协调。

绿色网络。

位置：庆尚南道通营市光道面竹林里1575-2号
用地面积：6692.80m²
地域：一般居住地区
总建筑面积：3437.00m²
首层建筑面积：1842.20m²
建筑密度：27.53%
容积率：51.35%
造景面积：1397.21m²(20.60%)
结构：钢筋混凝土结构
规模：地下1层，地上4层
外部装修：铝板，THK24彩色双层玻璃
供热设备：集中供热，冷暖两用空调
空调设备：A.H.U + F.C.U
卫生设备：供水—下向供水方式(低水池+高位水箱)
停车位数：60辆(地上36辆、地下24辆)

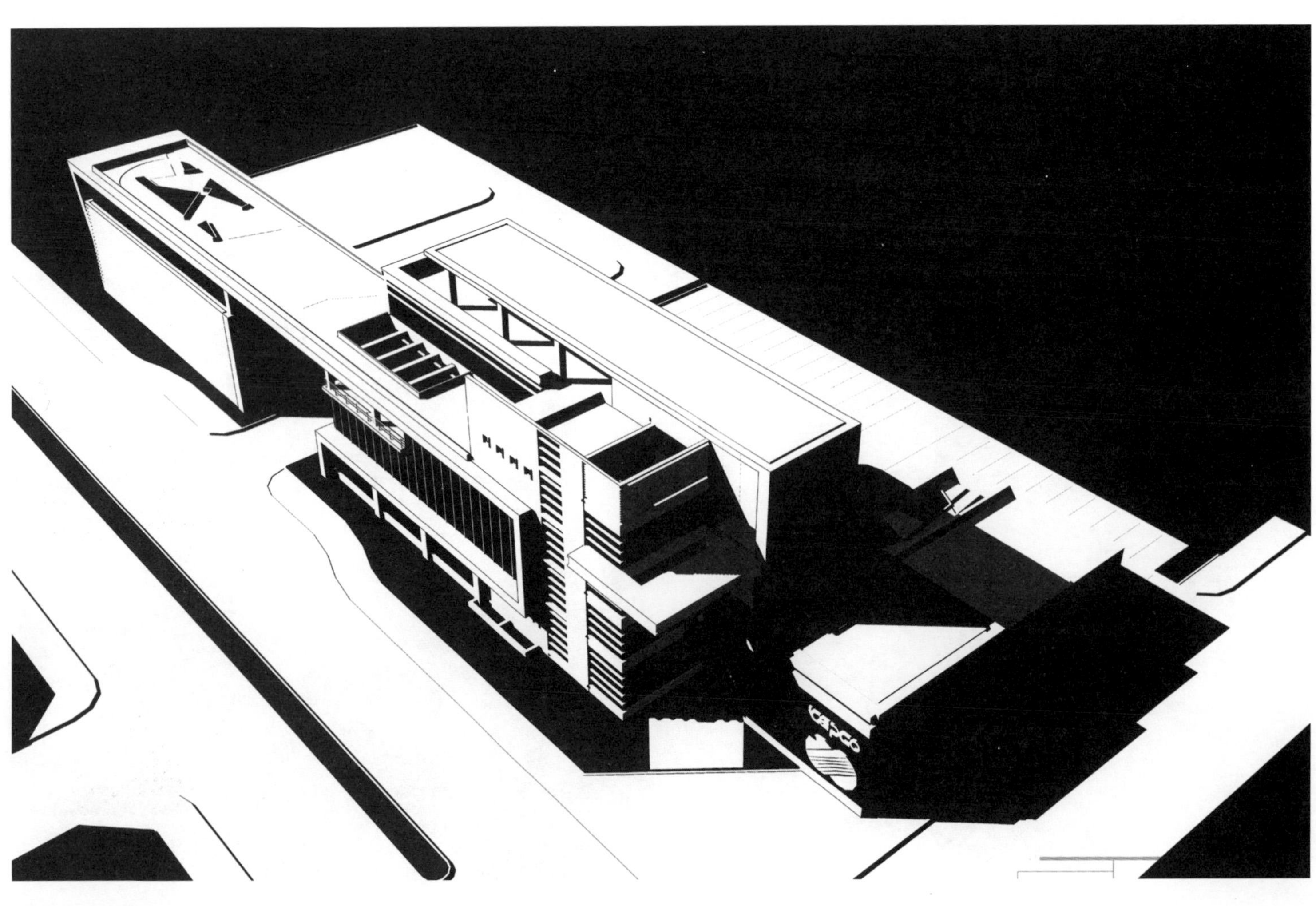

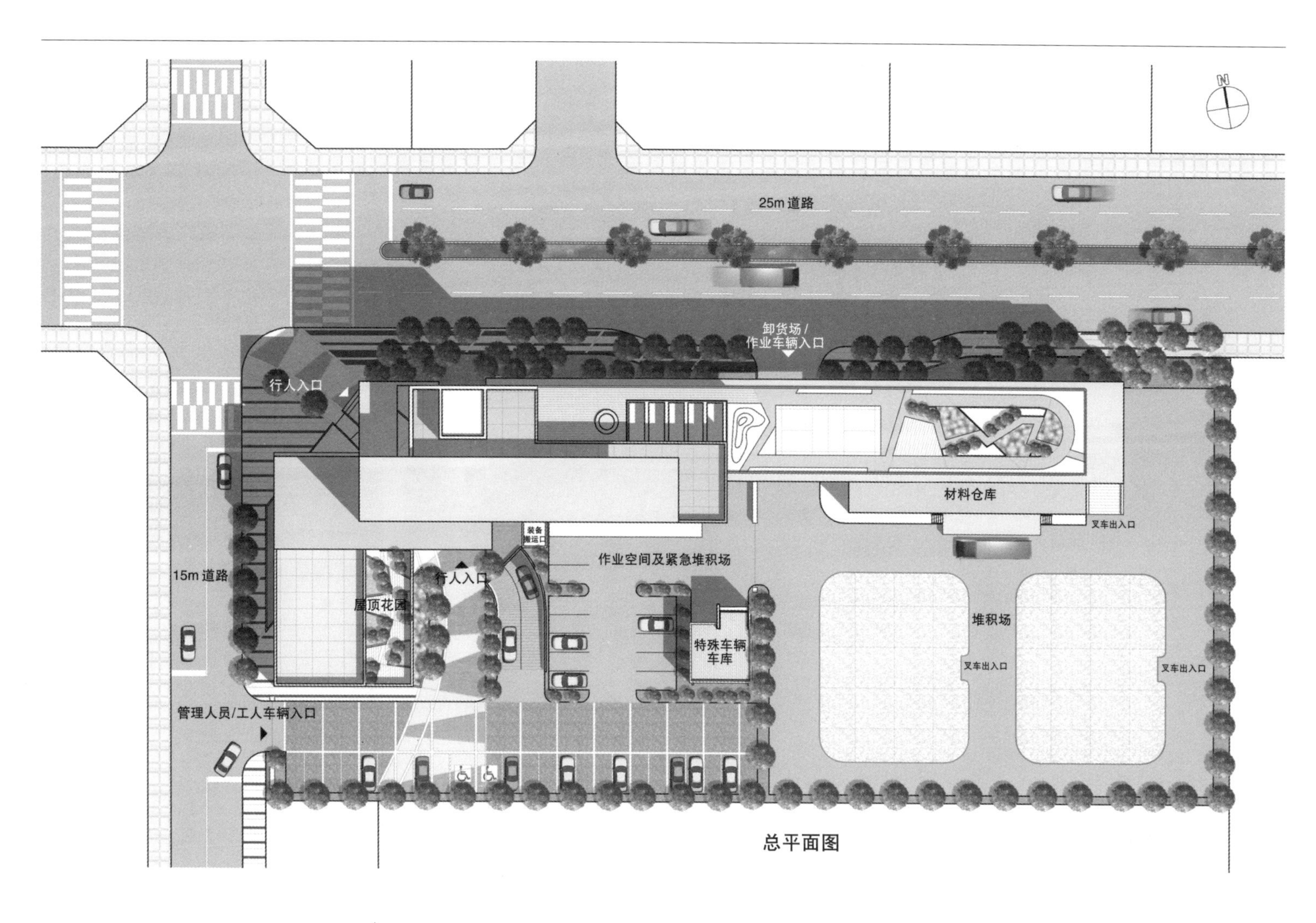

25m 道路
卸货场/
作业车辆入口
行人入口
材料仓库
叉车出入口
装备搬运口
作业空间及紧急堆积场
15m 道路
行人入口
屋顶花园
堆积场
特殊车辆车库
叉车出入口
叉车出入口
管理人员/工人车辆入口

总平面图

25m 道路
卸货场/作业
车辆入口
行人入口
配电运营室
淋浴室
夜间等待室
值班室
门厅
水池
办公人员
窗口大厅
器械仓库
一般工具仓库
常用工具仓库
维修材料仓库
材料仓库
叉车出入口
办公室
平台
会客室
装备搬运口
行人入口
作业空间及紧急堆积场
营业窗口
水池
庭院
特殊车辆车库
堆积场
叉车出入口
堆积场
管理人员/员工车辆入口

一层平面图

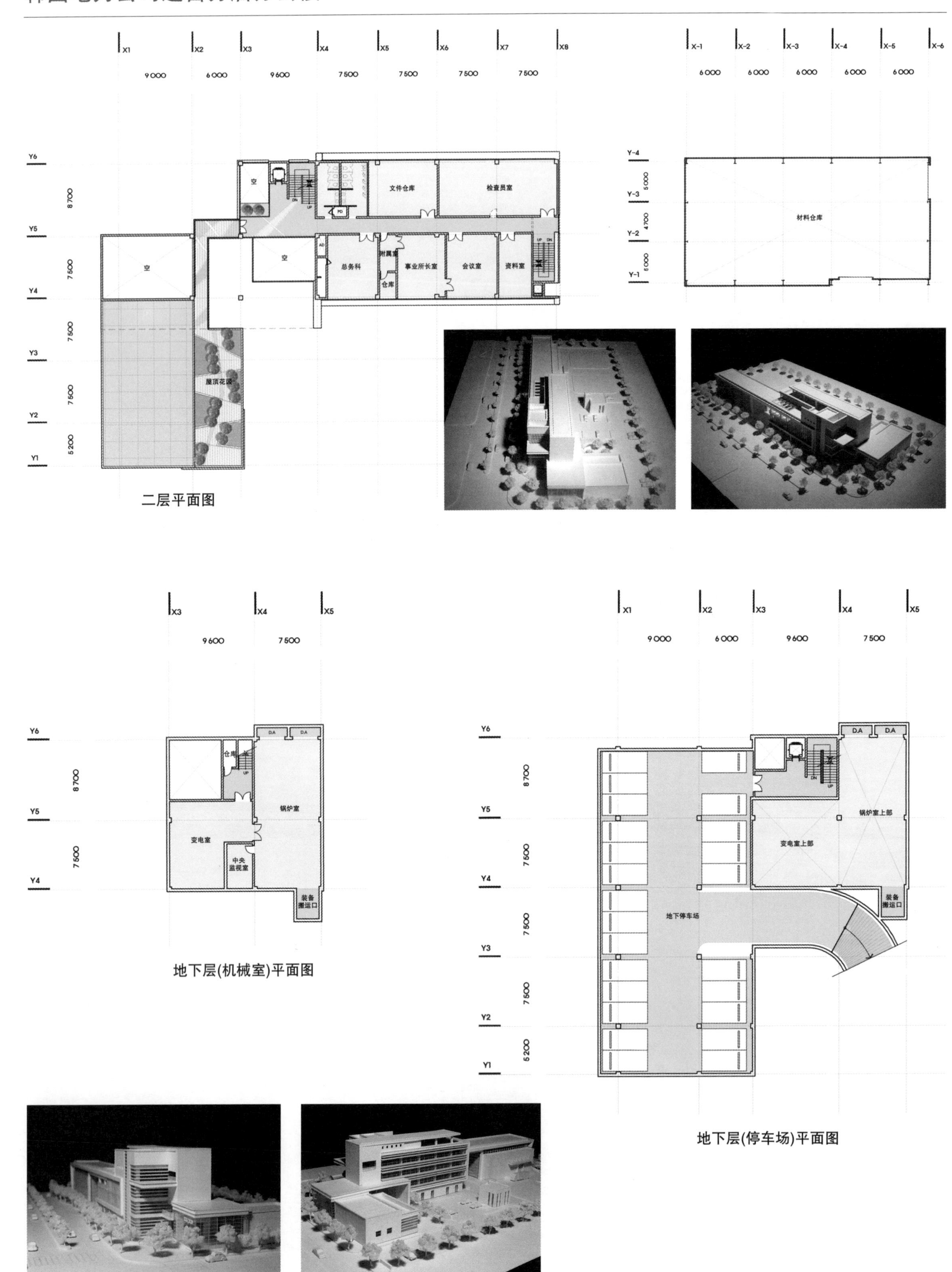

X1 X2 X3 X4 X5 X6 X7 X8
9000 6000 9600 7500 7500 7500 7500
Y6 Y5 Y4 Y3 Y2 Y1
8700 7500 7500 7500 5200
空
文件仓库
检查员室
总务科
附属室
事业所长室
会议室
资料室
仓库
屋顶花园
二层平面图
X-1 X-2 X-3 X-4 X-5 X-6
6000 6000 6000 6000 6000
Y-4 Y-3 Y-2 Y-1
5000 4700 5000
材料仓库
仓库
锅炉室
变电室
中央监视室
装备搬运口
地下层(机械室)平面图
锅炉室上部
变电室上部
地下停车场
地下层(停车场)平面图

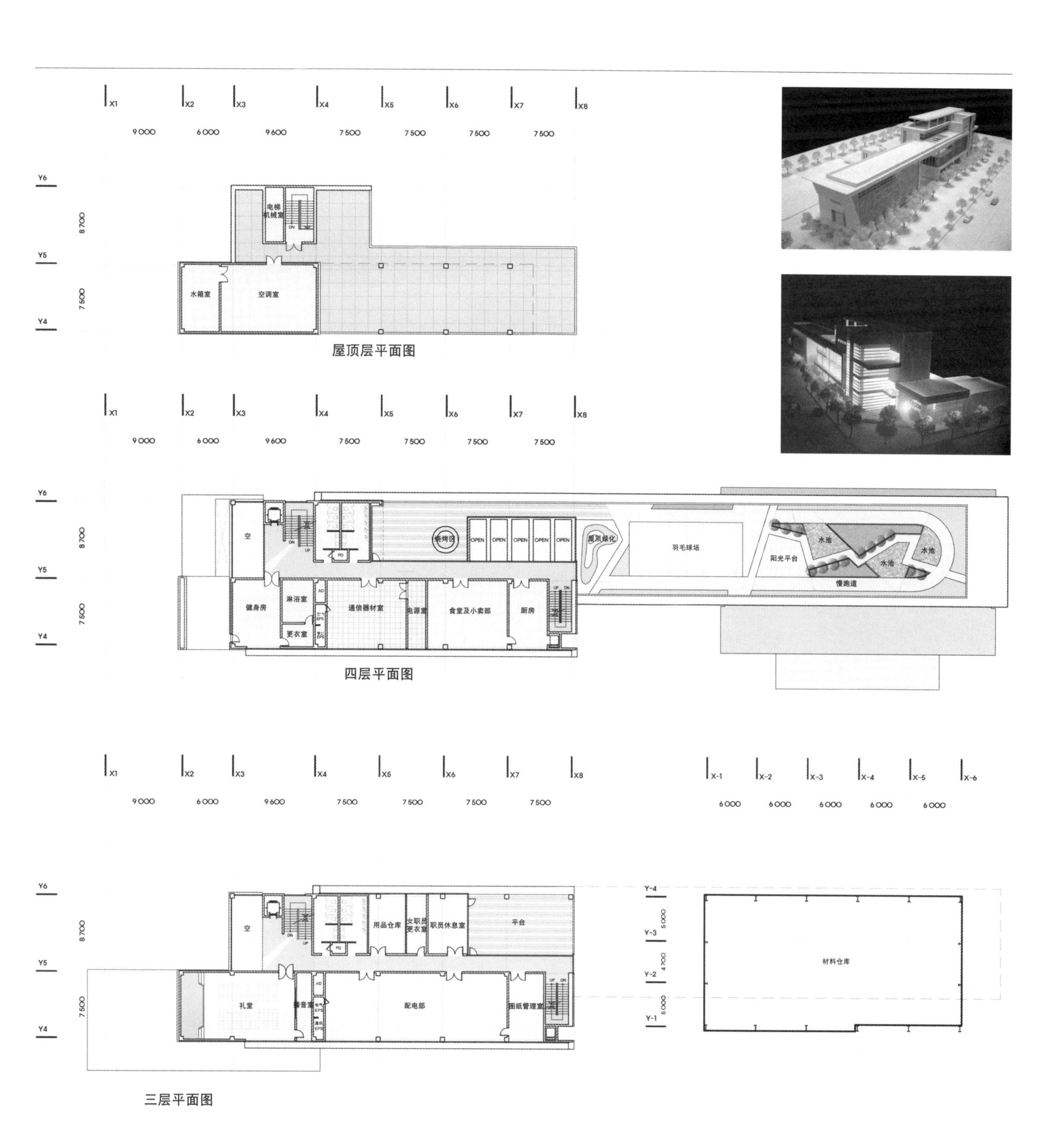

屋顶层平面图

四层平面图

三层平面图

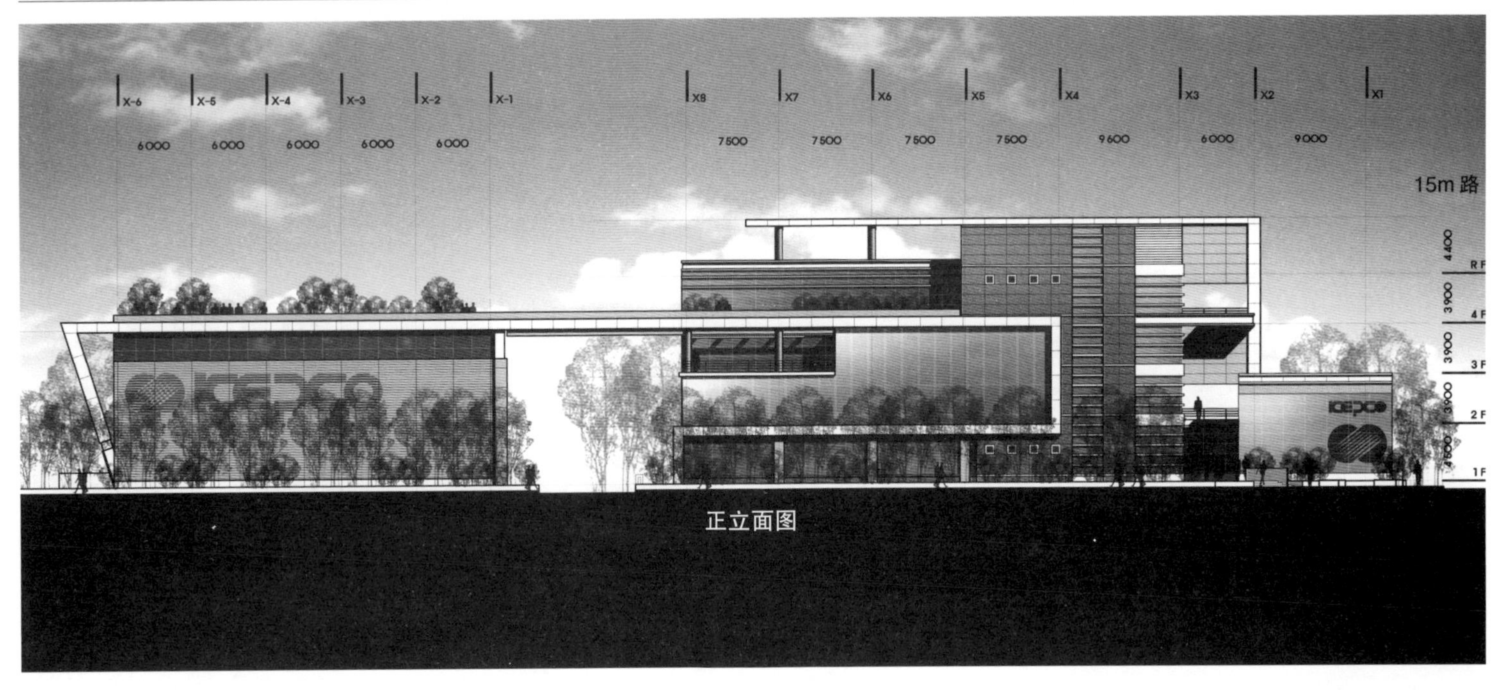

正立面图

侧立面图

侧立面图

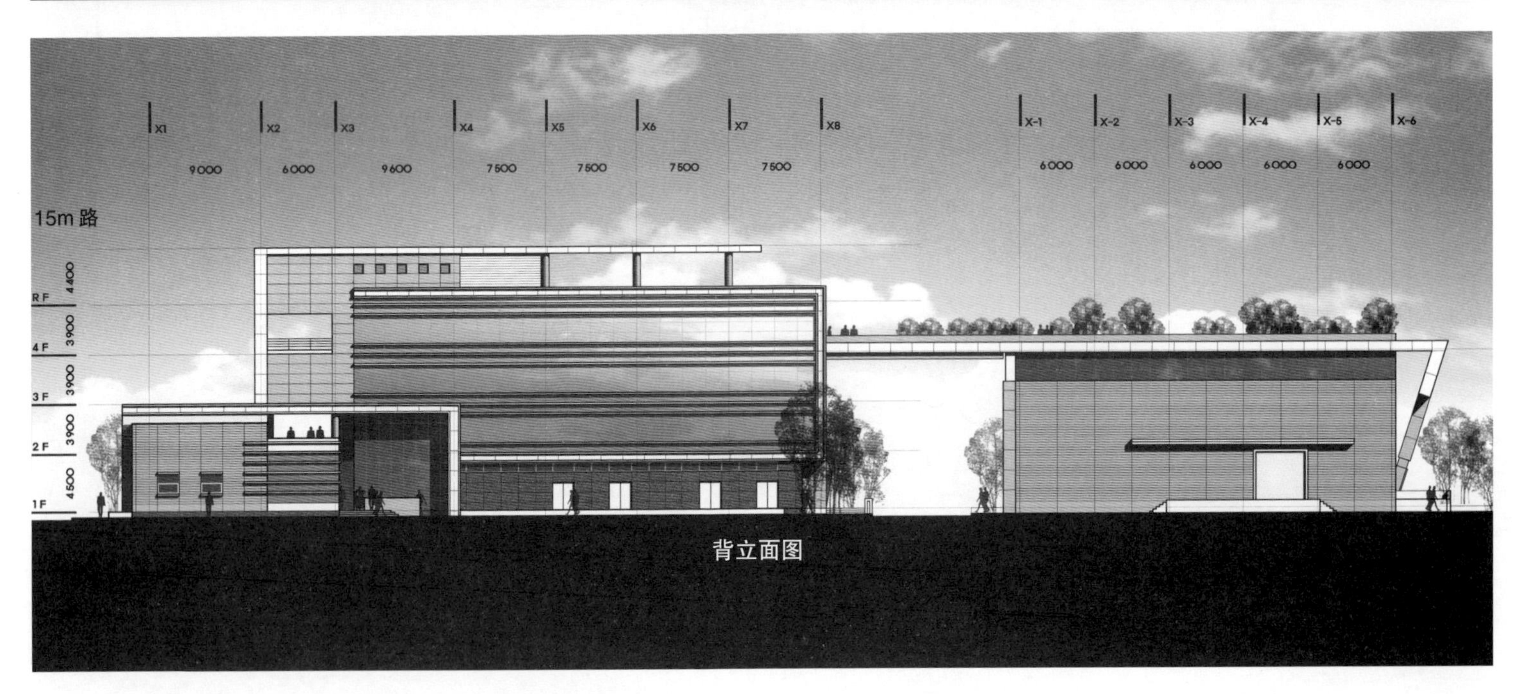

背立面图

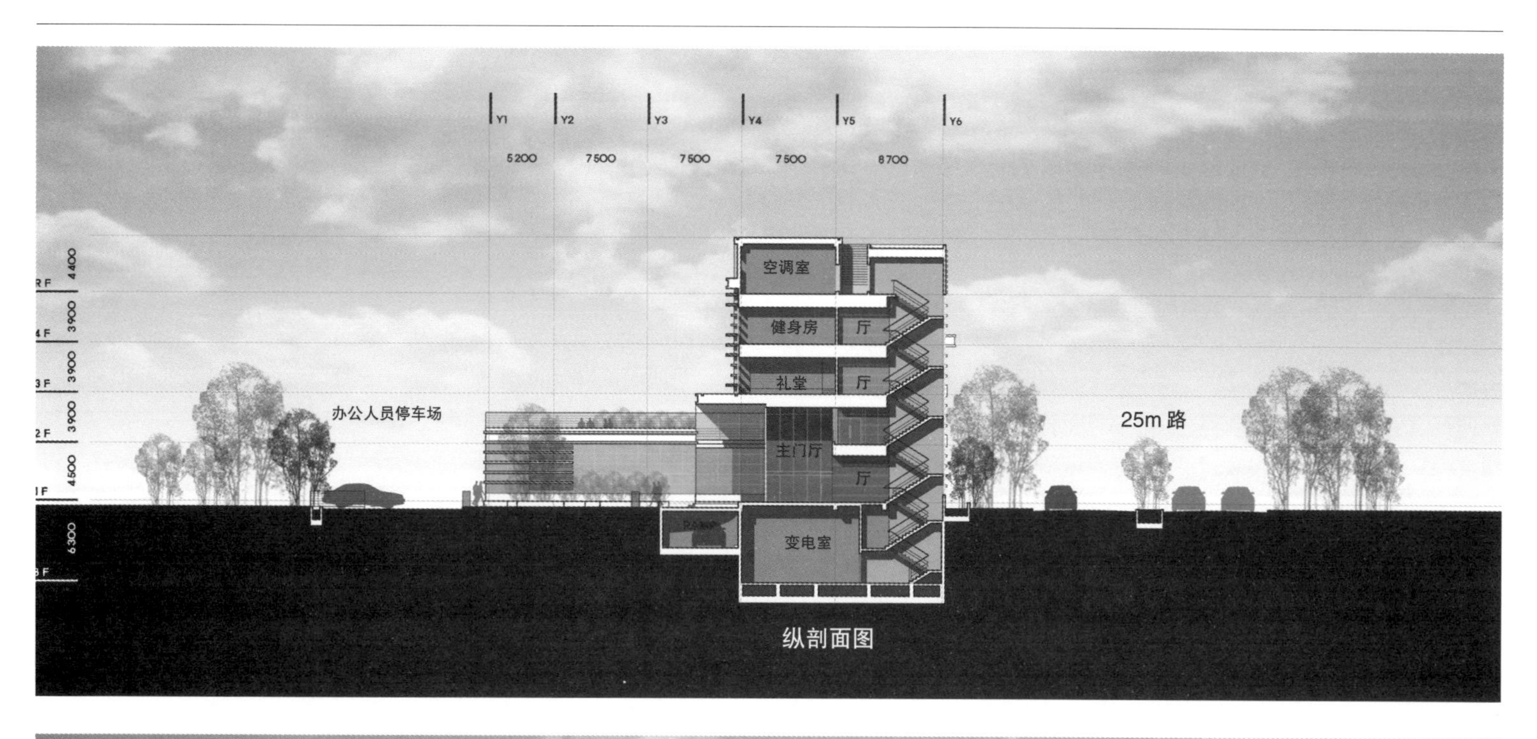
Y1
Y2
Y3
Y4
Y5
Y6
5200
7500
7500
7500
8700
4400
3900
3900
3900
4500
6300
RF
4F
3F
2F
1F
BF
空调室
健身房
厅
礼堂
厅
主门厅
厅
变电室
办公人员停车场
25m 路

纵剖面图

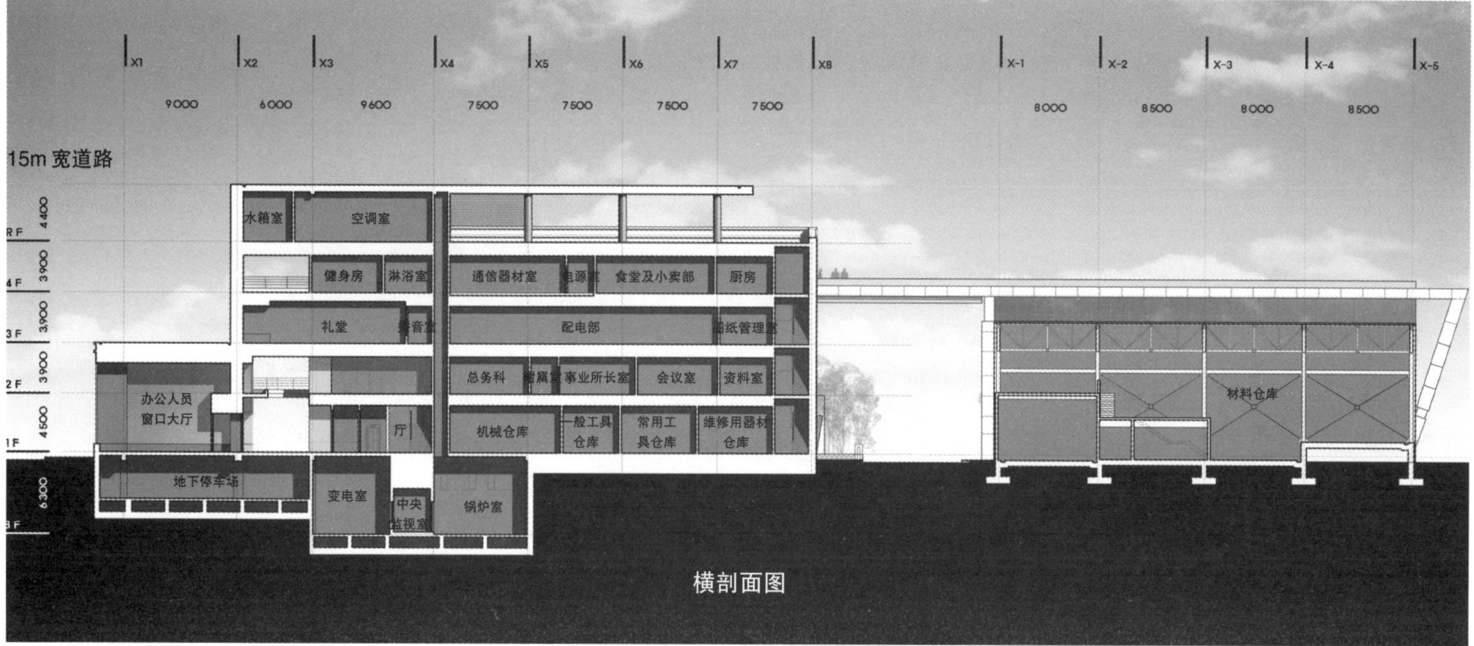
X1
X2
X3
X4
X5
X6
X7
X8
X-1
X-2
X-3
X-4
X-5
9000
6000
9600
7500
7500
7500
7500
8000
8500
8000
8500
15m 宽道路
4400
3900
3900
3900
4500
6300
RF
4F
3F
2F
1F
BF
水箱室
空调室
健身房
淋浴室
通信器材室
食堂及小卖部
厨房
礼堂
配电部
总务科
事业所长室
会议室
资料室
办公人员
窗口大厅
厅
机械仓库
一般工具
仓库
常用工
具仓库
维修用器材
仓库
材料仓库
地下停车场
变电室
中央
监视室
锅炉室

横剖面图

韩国电力公司通营分店办公楼

二等奖方案 孔诗仁、朴秉旭

总平面设计

出入体系

面向交叉路口以及主路，保证行人专用空间，与机动车道拉开一定距离，利用机动车主出入口组成部分的辅路。另设置员工停车场。

方向

东西长向，朝南布置。

建筑物轮廓以及外部空间构成。

从主路后退，增加开放性和公共性。面向交叉路口的前广场，布置营业窗口流程，确保电工的独立区域以及棚子，东边单独布置作业场仓库，确立用地的领域感。

用地前后的出入广场、员工空间、中厅、开放空间(大堂)相呼应。

交通规划

分设行人道和机动车道。

行人从前广场出入，机动车从交叉路口移动一定距离，从25m路和15m路出入。

分设客人和员工用通道。

分设客人和员工用通道，方便使用。

分设客人和员工用停车场。

客人用停车场，设在客人出入口附近；员工以及业务用停车场设在建筑物的后面。

交通干线边，组成缓和的交通线路。

分设大型货车出入口，防止交通拥挤。

立面设计

概念

体现韩国电力公司未来方向的企业形象，体现历史、文化、旅游都市——通营市的地方特色。

构思韩国电力新的飞跃和象征性。

通过对比曲面型屋顶和长方形办公楼，组成互动的外观。

通过立面分割、重叠和材料的相互贯入，形成丰富的立面造型。

高低层形成错落，体现安定感。

南侧引入水平采光以及太阳能发电系统，体现韩国电力的形象。

剖面设计

概念

符合不同功能的剖面构成以及空间的连续变化。

南北前后面的相互贯入以及空间感的增进、一体化，引入北侧采光条件。

根据高标准要求的功能区以及容积分配。

规划

满足功能的、与地面面积成比例的2层高的营业大厅设计，强化一、二层的统一，便于采光。

与一般业务功能相区别，强调其特性的讲堂高顶棚和形态变化。

职能调和：依据各室功能特性以及有机联系，进行的层别调和与垂直调和。

位置：庆尚南道通营市光道面竹林里1575-2
地域：一般居住地域
用地面积：6692.8m²
首层建筑面积：1096.26m²
总建筑面积：4074.69m²
建筑密度：16.38%
容积率：46.62%
结构：钢筋混凝土框架
规模：地下1层，地上4层，特殊车库2座
最高高度：20.4m
外部装修：3mm铝合金，18mm双层彩色玻璃
停车位数：地下24辆，地上36辆
造景面积：1380.5m²

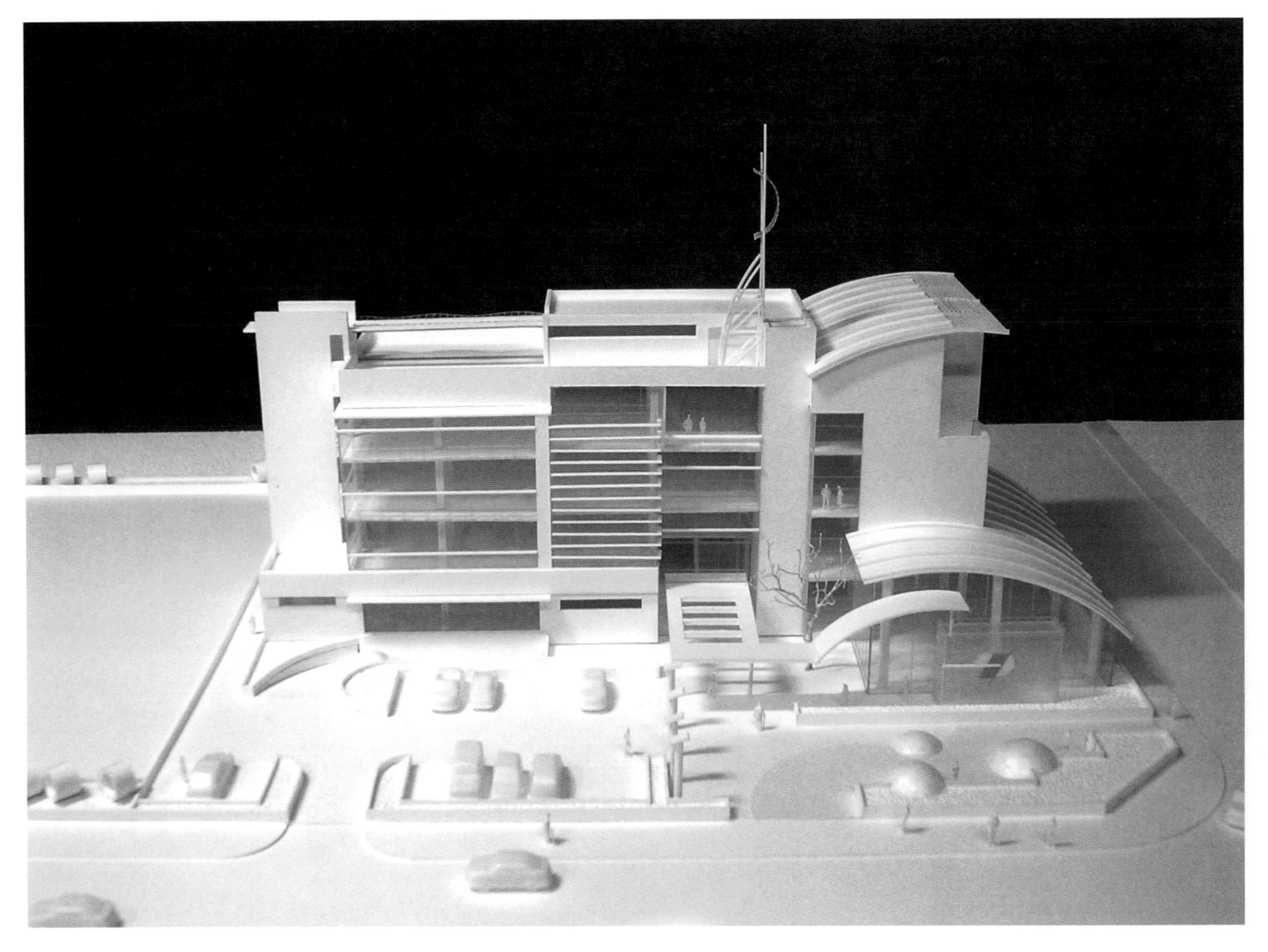

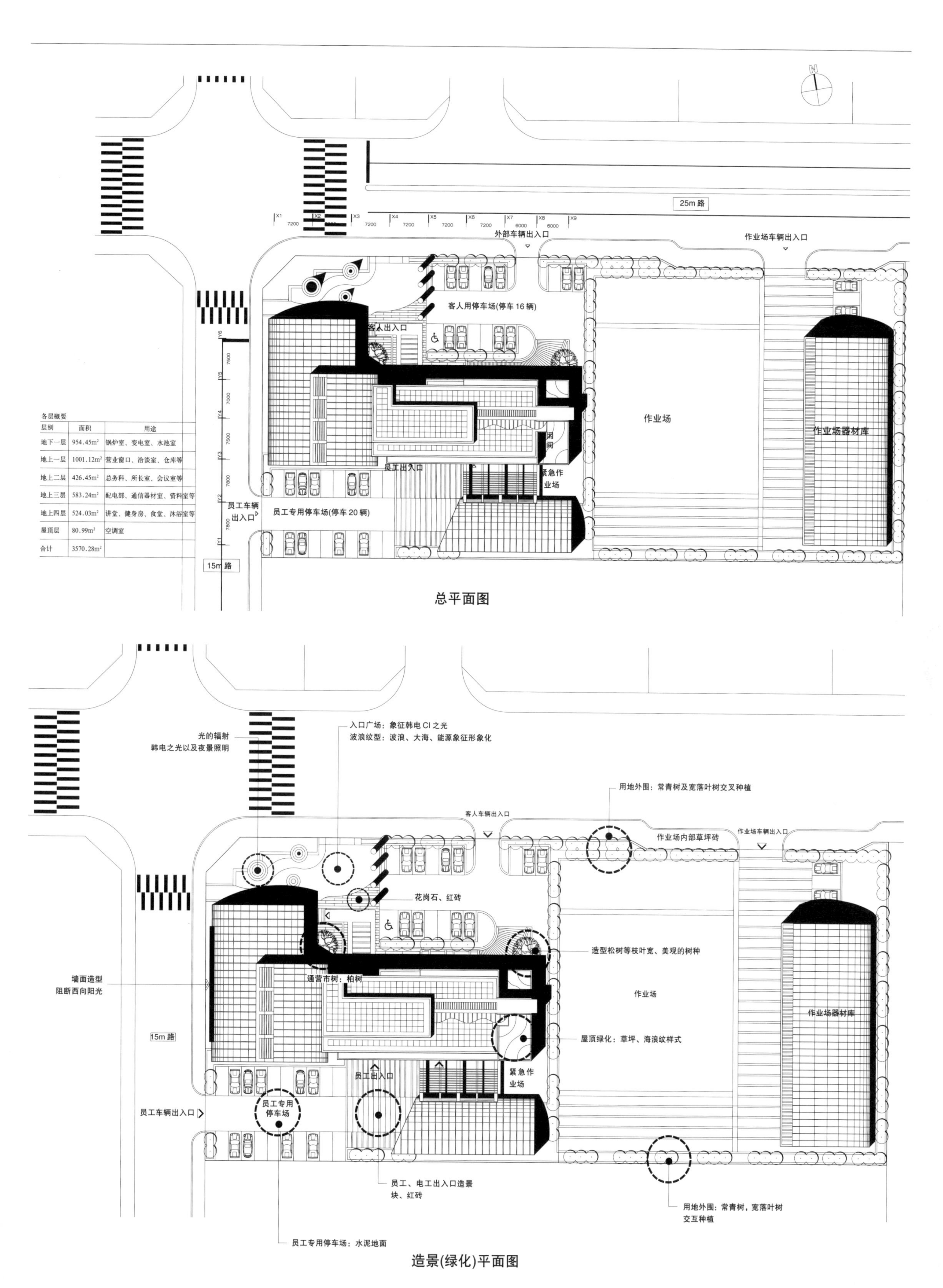

各层概要

层别	面积	用途
地下一层	954.45m²	锅炉室、变电室、水池室
地上一层	1001.12m²	营业窗口、洽谈室、仓库等
地上二层	426.45m²	总务科、所长室、会议室等
地上三层	583.24m²	配电部、通信器材室、资料室等
地上四层	524.03m²	讲堂、健身房、食堂、沐浴室等
屋顶层	80.99m²	空调室
合计	3570.28m²	

总平面图

造景(绿化)平面图

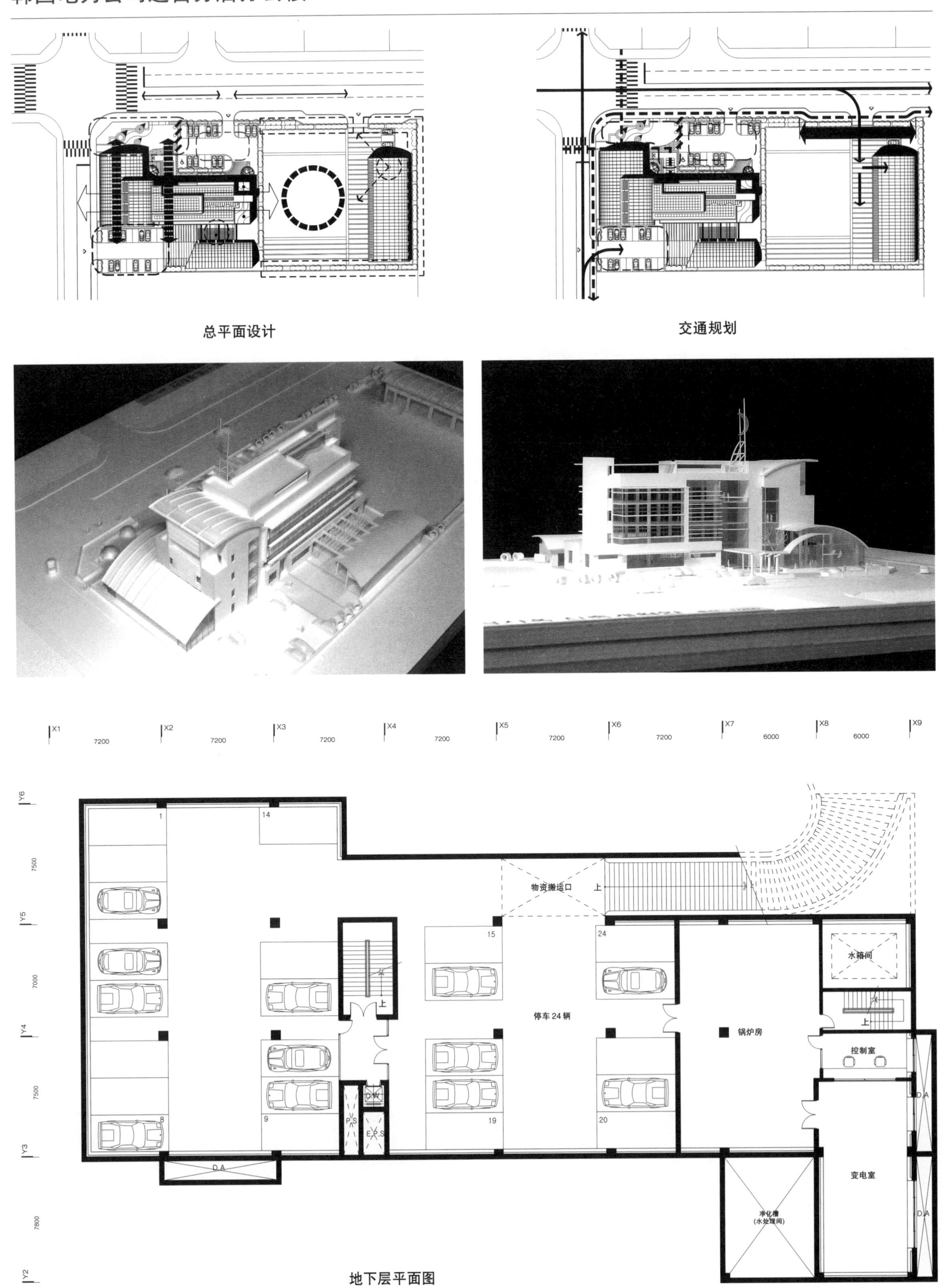

总平面设计

交通规划

地下层平面图

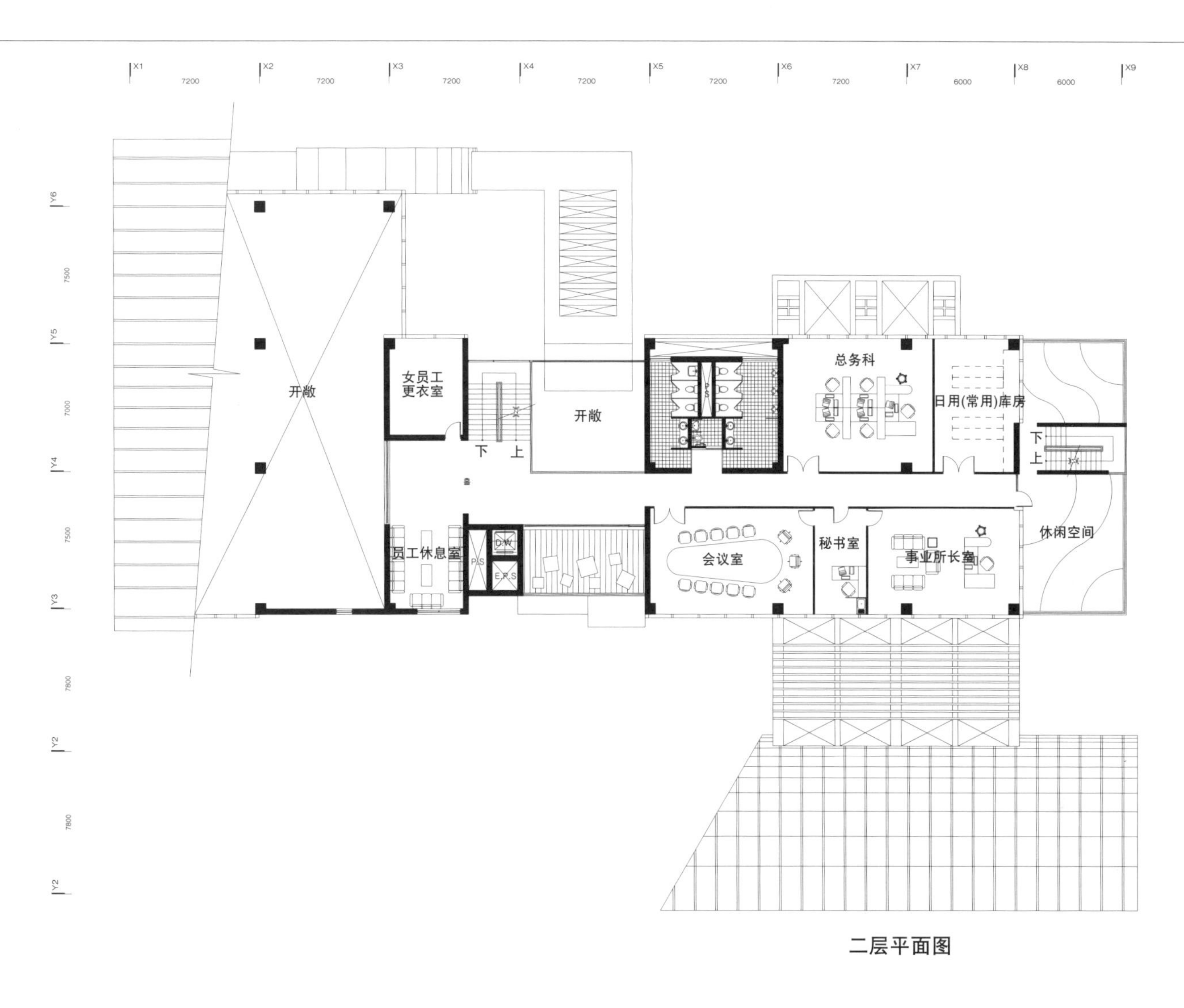

女员工
更衣室
开敞
开敞
下 上
员工休息室
总务科
日用(常用)库房
下
上
会议室
秘书室
事业所长室
休闲空间

二层平面图

客人出入口
营业窗口
主出入口
交谈室
前厅
营业部
值班室
器材库
夜间接待室
配电运营室
日用工具库
员工出入口
电气员出入口
作业场
员工停车场
(停车 20 辆)
低压维修车
扩(拉线)
作业车
维修用
器材库
扩线用
工具库

一层平面图

韩国电力公司通营分店办公楼

四层平面图

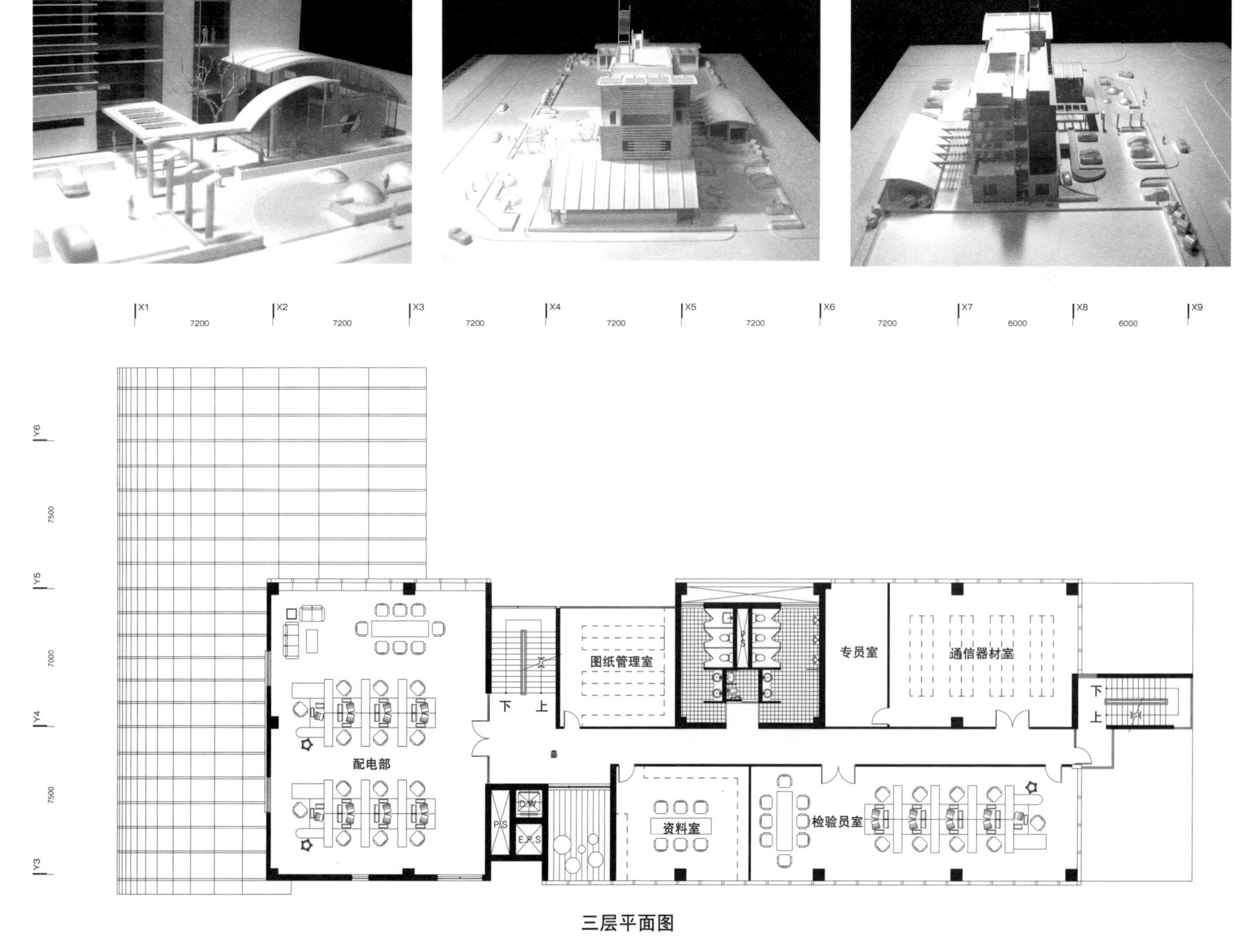

三层平面图

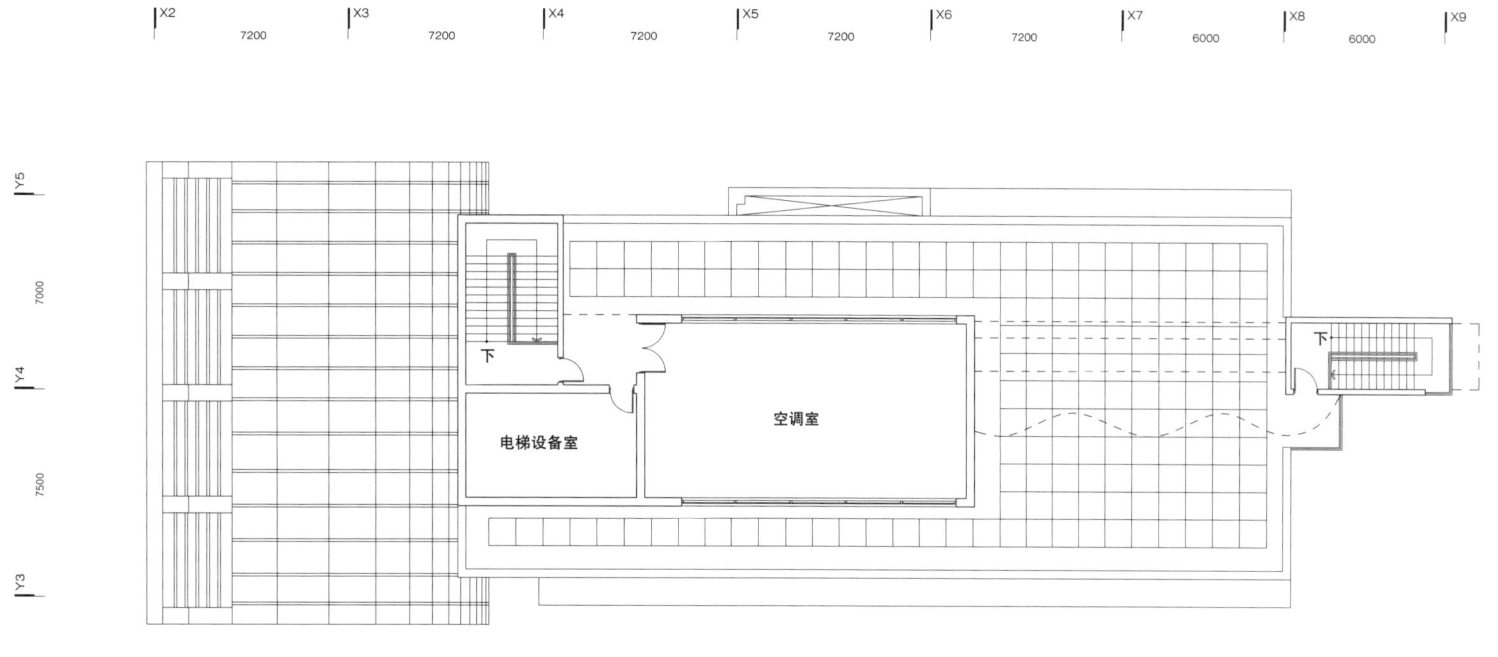

屋顶平面图

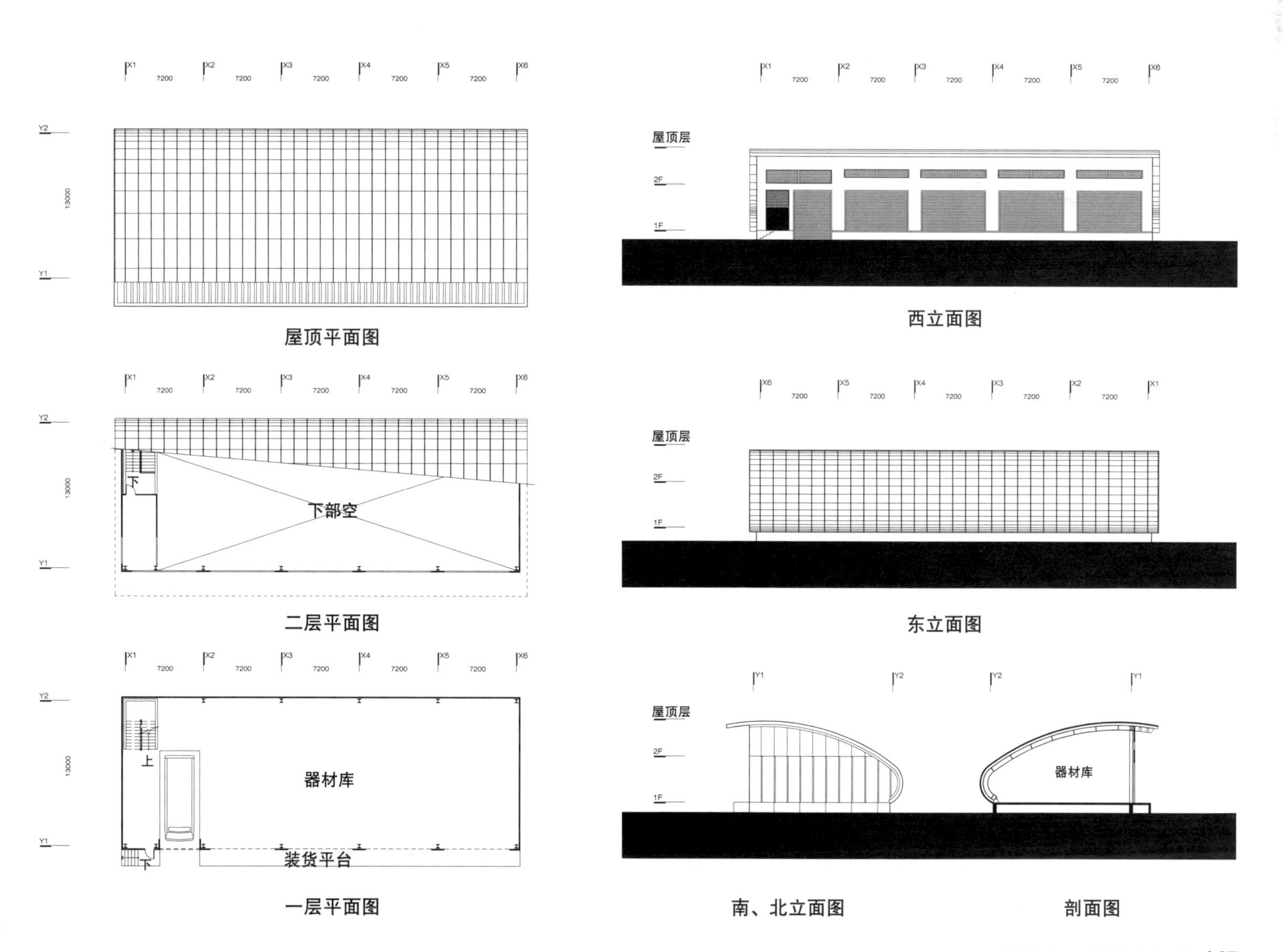

屋顶平面图

西立面图

二层平面图

东立面图

一层平面图

南、北立面图

剖面图

韩国电力公司通营分店办公楼

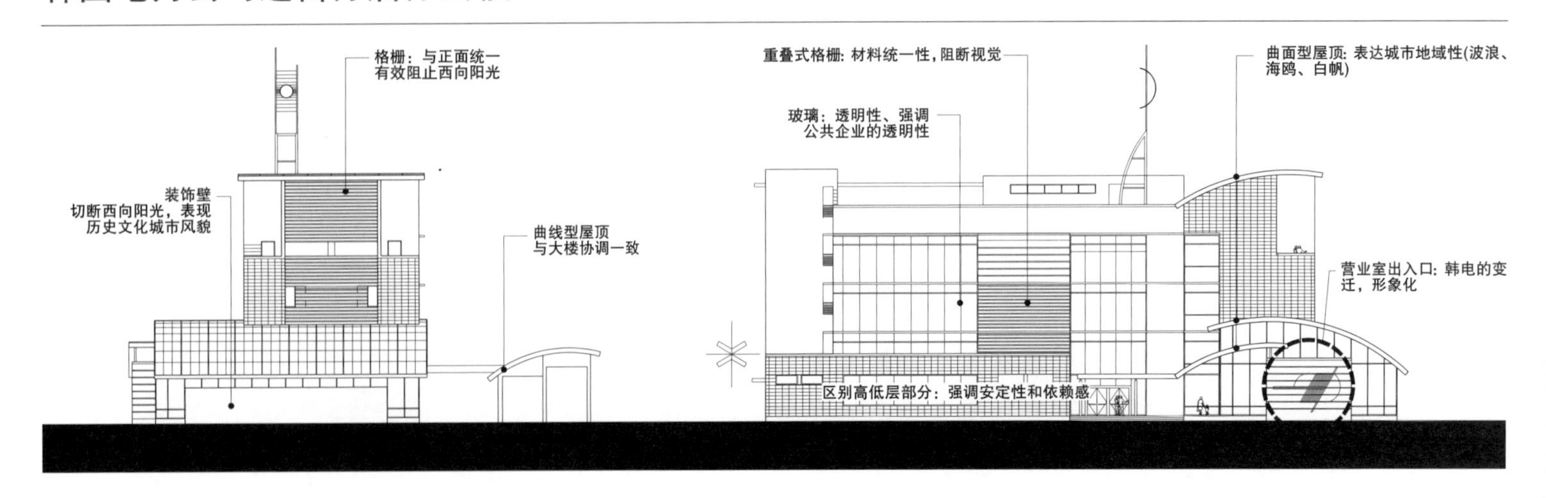

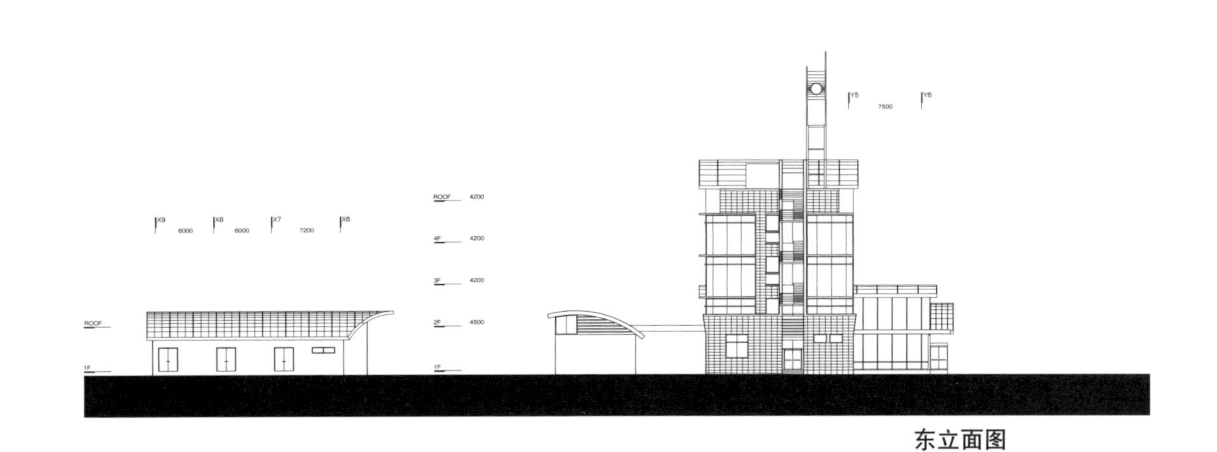

东立面图

北立面图

南立面图

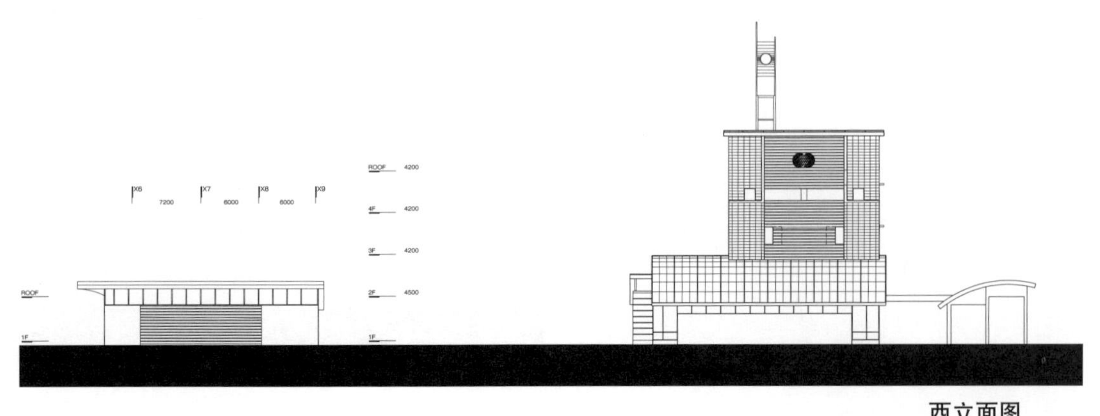

西立面图

楼梯
体力锻炼室
淋浴室
卫生间
走廊
讲堂
通信器材室
专员室
卫生间
图纸管理室
配电部
日用仓库
卫生间
女员工
更衣室
前厅
营业大厅
夜间值班室
器材库
卫生间
地下车库
地下车库
横剖面图

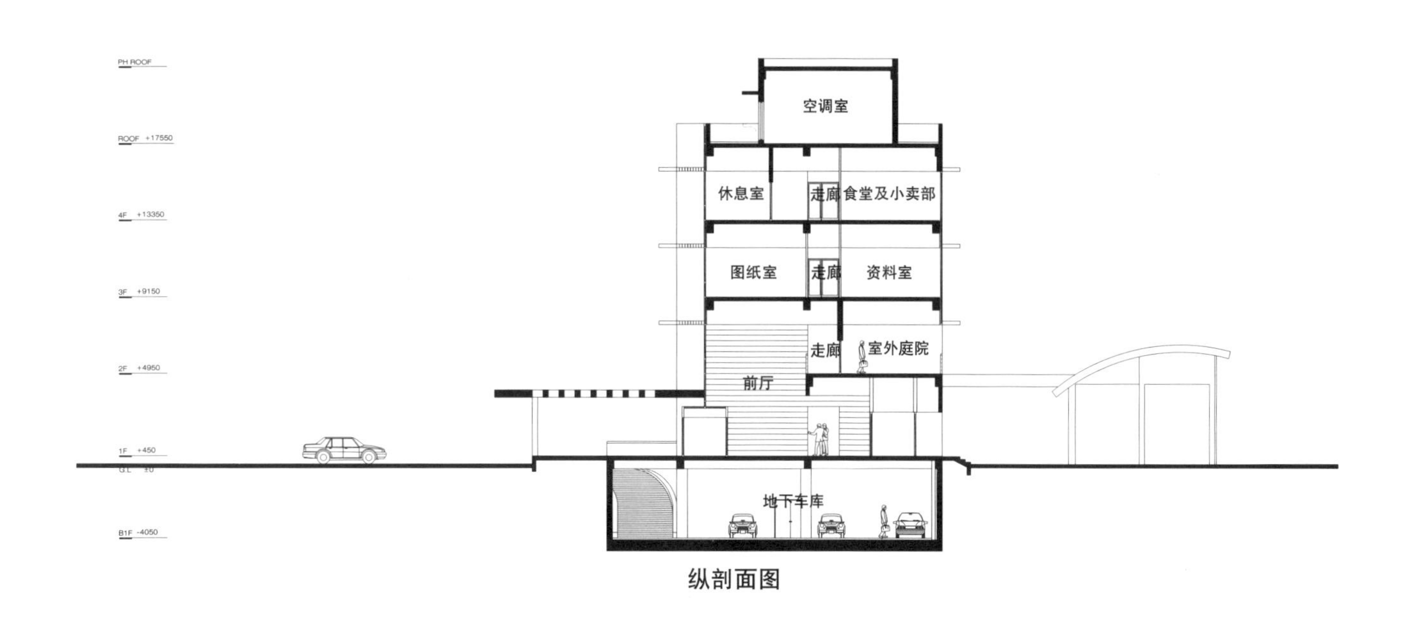
空调室
休息室
走廊
食堂及小卖部
图纸室
走廊
资料室
走廊
室外庭院
前厅
地下车库
纵剖面图

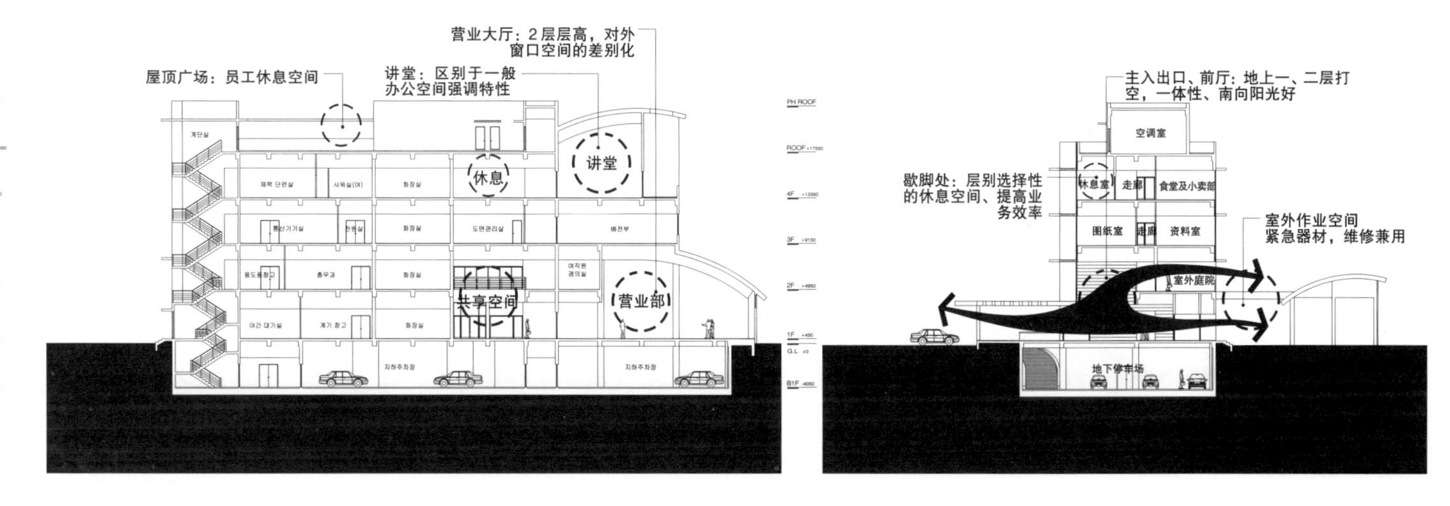
营业大厅：2层层高，对外窗口空间的差别化
屋顶广场：员工休息空间
讲堂：区别于一般办公空间强调特性
休息
讲堂
共享空间
营业部
主入出口、前厅：地上一、二层打空，一体性、南向阳光好
空调室
歇脚处：层别选择性的休息空间、提高业务效率
休息室
走廊
食堂及小卖部
图纸室
资料室
室外作业空间
紧急器材，维修兼用
室外庭院

中国西安市中央商务区总体规划国际有奖招标

中标方案 (株)熙林综合建筑师事务所：郑永均

规划用地位于离西安中心城区西南10km，陕西奥林匹克中心南侧。该区域为高新技术产业开发区，规划用地就在高新技术产业开发区的核心部位。规划设计要求为集商业、娱乐、休闲、办公、居住为一体的，达到现代国际水平的中央商务区。规划用地东西长约2100m，南北长约900m，总占地面积为1957000m²。西安是秦始皇灿烂历史文化遗迹的集中地和丝绸之路的起点，是著名的旅游城市，综合教育指数在中国位居第三位，是最早发射人造卫星的高新技术产业发达的地区。这里是20世纪80年代中期著名导演张艺谋导演的《大红灯笼高高挂》、《红高粱》等杰出电影作品在内的中国第五代导演家们活跃的据点，又是在中国最早设立电影制片有限公司的地方。本规划设计试图最大限度地发挥西安的历史、产业、文化的潜力，使其成为中国和亚洲的中心城市。

本规划设计中体现的西安未来城市的思想是，她是中国中心区域面向西方世界的丝绸之路的、国际性、历史性的门户城市，是高新技术信息交流城市，是绿色生态城市。第一：作为门户城市，设计充满活力的城市新景象的一系列标志性建筑；第二：设计从高新技术产业科研开发到业务、最终展示的功能性信息流和行人交通相一致的网络计划；第三：为实现绿色生态城市的目标，在适当的位置用适当大小的、水平或垂直的公园和绿化带，将整个区域相连接。

总平面设计的设计要点如下：第一，设计一个能够体验西安历史变迁的五行广场和三个主要轴线。展望西安的过去、现在和未来的五行广场由不规则的未来型的形态和展示空间构成，用现代的方法解释和设计古代中国的五行理论。在这里，像电影《骇客帝国》(MATRIX)中那样，人们可以亲身体验各种遐想和现实，学习新技术和享受文化。轴线之一是行人专用通道，是沿着地震带形成的文化轴线。轴线之二是新西安大道，是金融和办公轴线。轴线之三是新丝绸之路，是IT产业和商业轴线。第二，设计一个高科技与自然相协调的城市环境。为此，针对区域和环境进行了全面的分析研究，建筑物本身的设计也考虑了与周边环境的协调，使其成为美丽的都市景观，具体为：其建筑形状、层高(建筑高度)、容积率、材料因素等。自然绿化空间在显示高科技的玻璃、金属材料形成的建筑群和造景要素中间反复出现，具体为：水平上，通过街道、公路和体现未来的非常规形状的公园园墙以及建筑物内的大堂；垂直上，通过中间层的露台和高层里的交流空间以及屋顶庭院形成的绿化带相连接。第三，设计一个不夜城。为此，设计连接各大块区域的人行道路、过街桥梁等道路体系。尤其是由小型店铺和大型购物中心构成的新丝绸之路，将会起到展现西安这个不分昼夜、充满青春活力的城市的轴心作用。我们构思富有人性尺度的街道、建筑物低层部位的限高、高层建筑物的大三角形形状等设计。连续不间断的建筑物低层的商业设施，连同建筑物外表面成为主要设计要素的高科技多媒体广告屏一起，必将创造富有活力的空间。

位置：中国西安
用地面积：153.78hm²
总建筑面积：318.94 万 m²(全部)
244.09 万 m²(商业 / 办公)
74.85 万 m²(居住)
容积率：207%(全部：含道路、广场)
435%(商业/办公：道路、广场除外)
216%(居住)
规模：最高 45 层(商业 / 办公)
最高 36 层(居住)

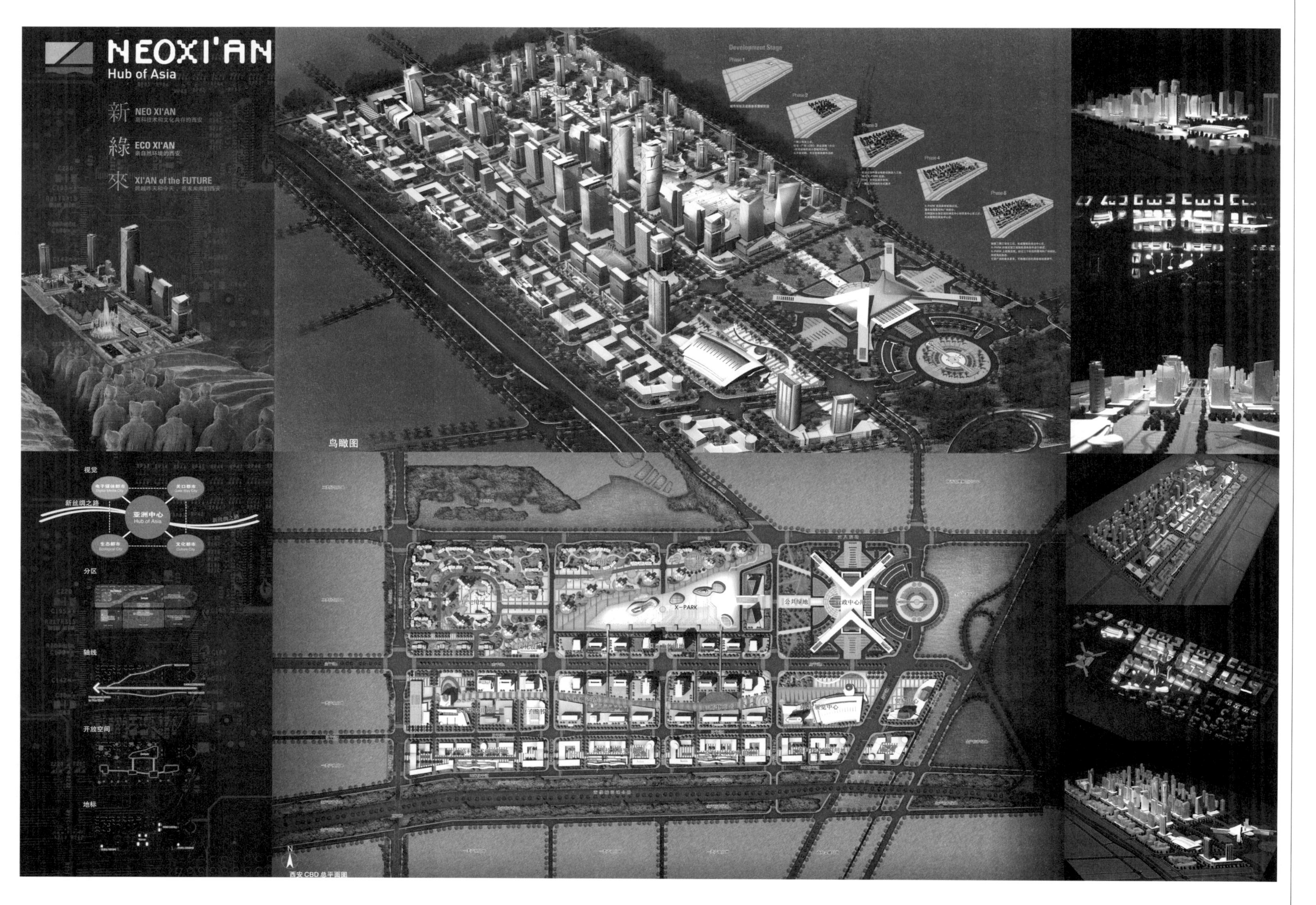

NEOXI'AN
Hub of Asia
新 NEO XI'AN
高科技术和文化共存的西安
綠 ECO XI'AN
亲自然环境的西安
來 XI'AN of the FUTURE
Development Stage
Phase 1
Phase 2
Phase 3
Phase 4
Phase 5
鸟瞰图
视觉
电子媒体都市
关口都市
新丝绸之路
亚洲中心
Hub of Asia
生态都市
文化都市
分区
轴线
开放空间
地标
X-PARK
公共绿地
政中心
西安CBD总平面图

新西安大道
选址(宏观)
选址(微观)
用地分析
分区
大板块
小板块
高科技园区与自然的交响曲

X Park
五行广场
东方思想和尖端技术的协调
未知空间，需要填充的场
网络
展示
五行广场剖面图
五种元素

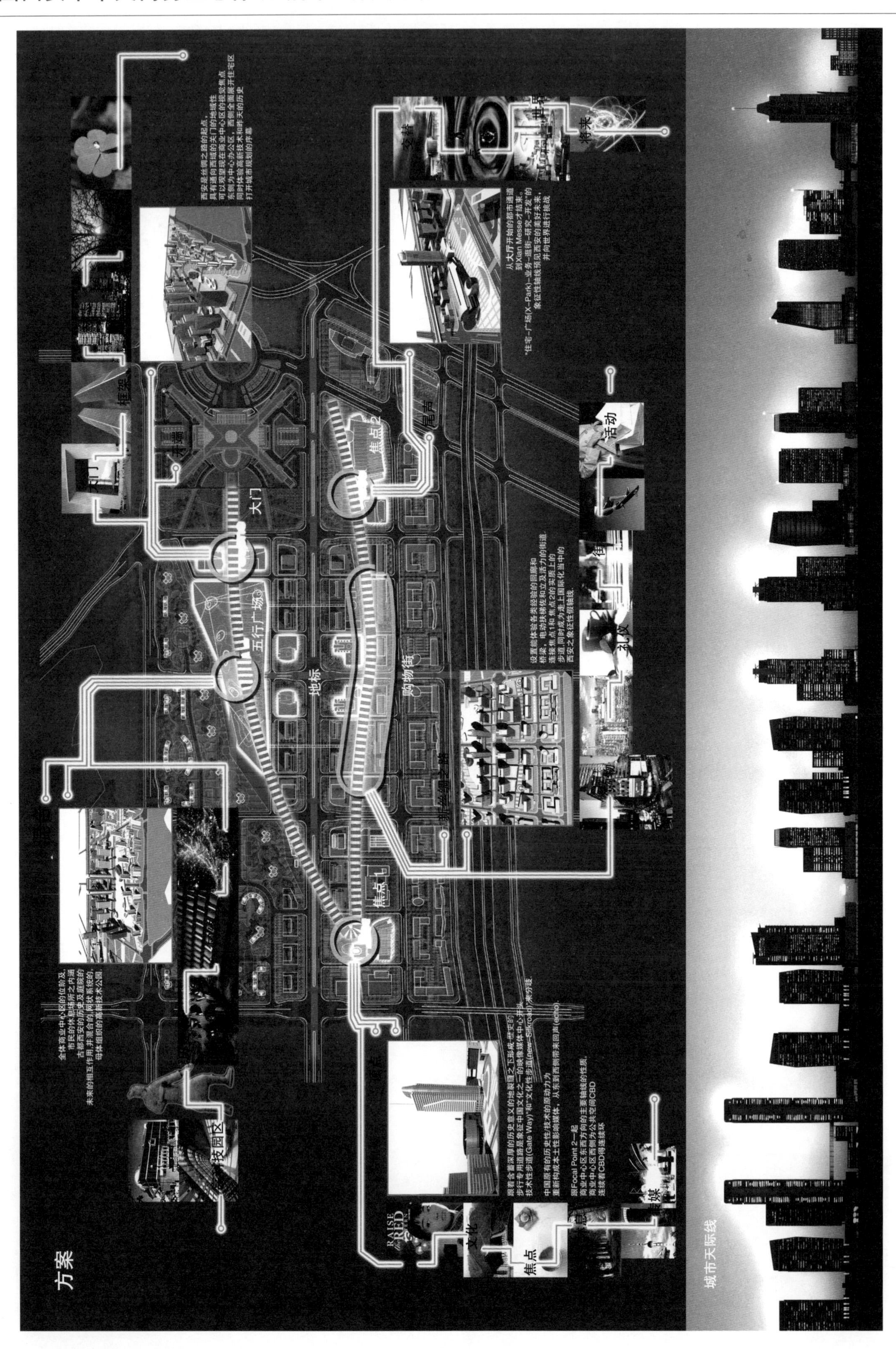

方案
全体商业中心区的位阶及，市民的休息场所之内涵古都西安的历史及庭院的未来的相互作用,并混合的,网状系统的,母体组织的高新技术公园.
技园区
大门
框架
开端
西安是丝绸之路的起点，具有通向西域的关门的地域性可以观望现在商业中心区的视觉焦点东侧为中心办公区，西侧全面展开住宅区同时体验高新技术和昨天的历史打开城市规划的序幕
五行广场
大门
地标
焦点1
购物街
焦点2
尾声
新丝绸之路
文化
焦点
息
媒
跟着含蓄深厚的历史意义的地裂缝之下形成 世史的步行专用道路是象征中国文化之一的映像媒体中心开头技术性步道(Gate Way)"和"文化性步道(new- Silkroad)"来分歧.
中国原有的历史性/技术的原动力为重新构成本土性影响媒体。从东到西侧带来回声(echo).
跟Focal Point 2一起商业中心区东西方向的主要轴线的性质,商业中心区西侧为公共空间CBD连续着CBD得连续环
设置能体验各类经验的回廊和桥梁，电动扶梯佐和立及活力的街道.连接焦点1和 焦点2的实质上的步道,同时成为走上国际化当中的西安之象征性假轴线.
购物
礼仪
街
活动
从大厅开始的都市通道到Xian Messe才结束。"住宅-广场(X-Park)-业务-道街-研究-开发"的象征性轴线预见西安的美好未来，并向世界进行挑战
交替
世界
将来
城市天际线

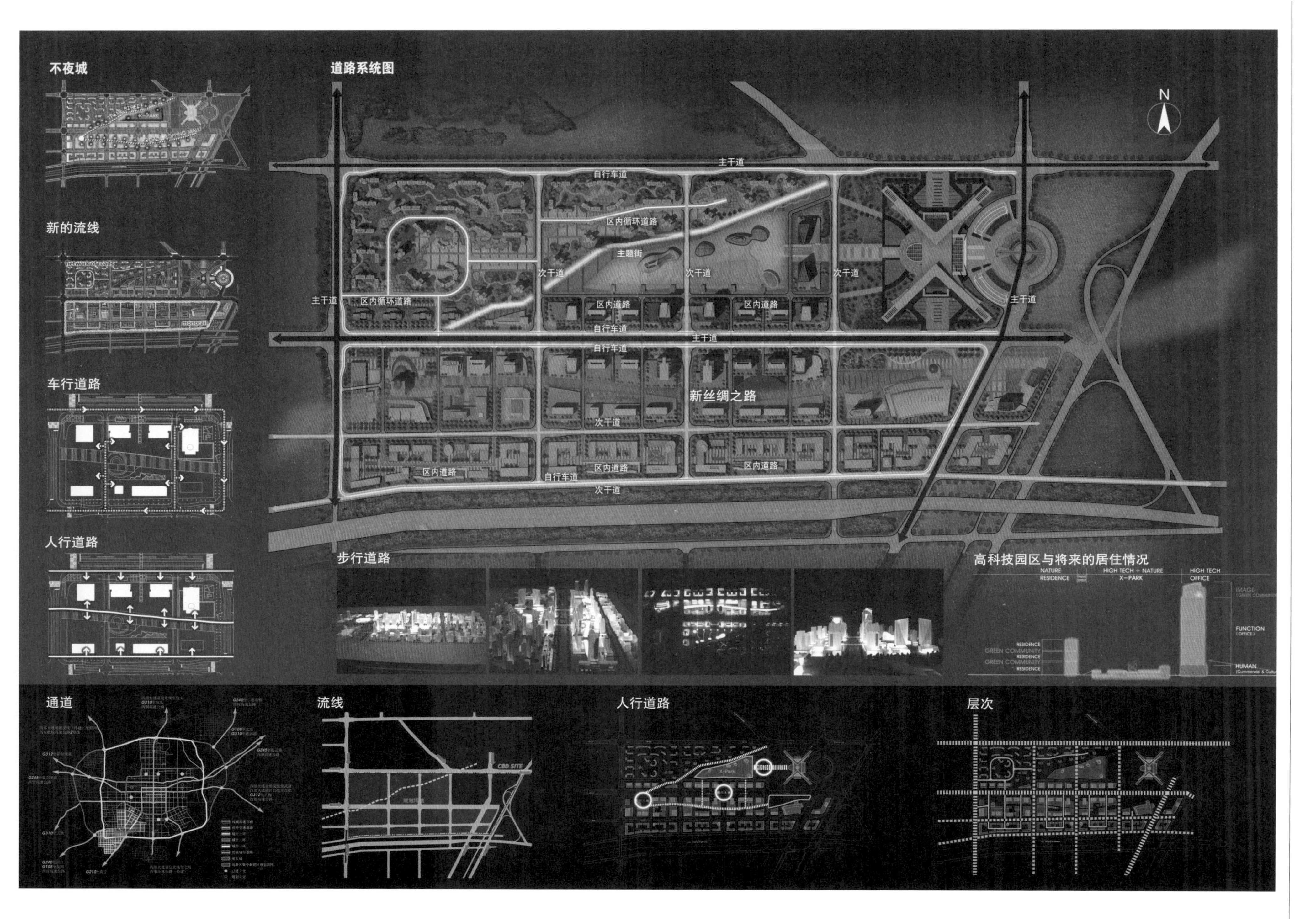

不夜城
道路系统图
N
主干道
自行车道
区内循环道路
主题街
次干道
区内道路
新丝绸之路
新的流线
车行道路
人行道路
步行道路
高科技园区与将来的居住情况
NATURE RESIDENCE
HIGH TECH + NATURE X-PARK
HIGH TECH OFFICE
FUNCTION
RESIDENCE
GREEN COMMUNITY
通道
流线
CBD SITE
人行道路
X-Park
层次

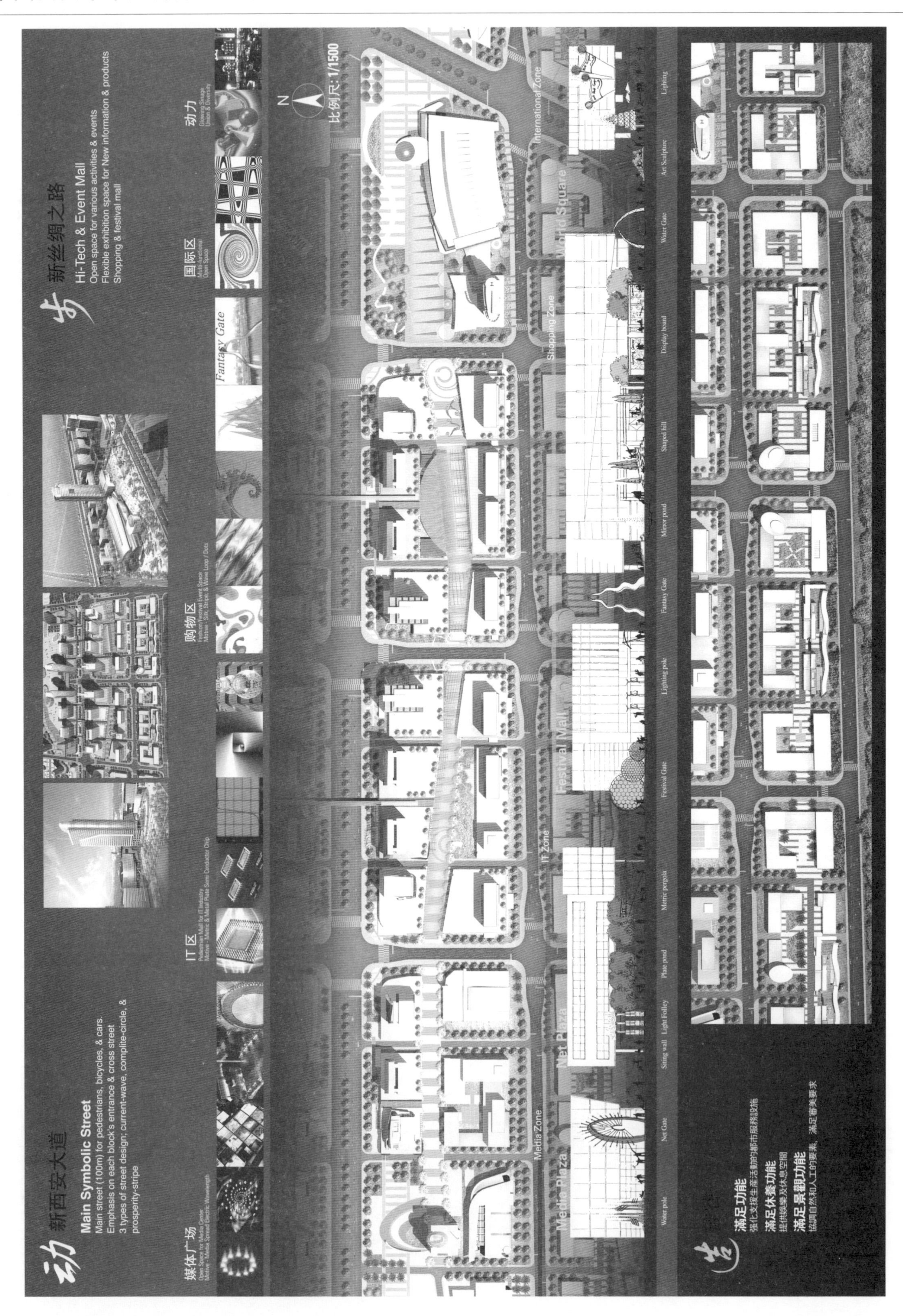
动 新西安大道
Main Symbolic Street
Main street (100m) for pedestrians, bicycles, & cars.
Emphasis on each block's entrance & cross street
3 types of street design; current-wave, complite-circle, &
prosperity-stripe
步 新丝绸之路
Hi-Tech & Event Mall
Open space for various activities & events
Flexible exhibition space for New information & products
Shopping & festival mall
媒体广场
Open Space for Media Center
Motive - Media Spread Electric Wavelength
IT 区
Pedestrian Mall for IT Industry
Motive - Metric & Metal Plate Semi Conductor Chip
购物区
Fashion/Festival Event Space
Motive - Silk, Stripe, & Wave Loop / Dots
国际区
Multi-functional
Open Space
动力
Glowing Sinage
Union & Diversity
Fantasy Gate
N
比例尺: 1/1500
Media Zone
IT Zone
Shopping Zone
International Zone
Media Plaza
Net Plaza
Festival Mall
World Square
Water pole
Net Gate
Siting wall
Light Folley
Plate pond
Metric pergola
Festival Gate
Lighting pole
Fantasy Gate
Mirror pond
Shaped hill
Display board
Water Gate
Art Sculpture
Lighting
造
满足功能
强化支援生産活動的都市服務設施
满足休養功能
提供娛樂及休息空間
满足景觀功能
協調自然和人工的要素，满足審美要求

超越
……西安
昨天和今天……
跨越历史时空
不久的将来
充满理想的西安
绿化区域
通道
开放空间
层
生态林
White Hill
Yellow Hill
Red Hill
Central Plaza
Blue Hill
Green Hill
Green alley
X-Poly
五行广场
gate
Glass Tower
玻璃城
新西安大道
Media Plaza
Net Plaza
新丝绸之路
Festival Mall
Fantasy Mall
Education Mall
Convention Plaza
World Square
硅谷
Mono plaza
Matrix plaza
Chorus plaza
景观设计
外部空间规划
N

金山国际人参物流中心

中标方案 **新生建筑：** 全梧俊，郑贤硕，金永觉。设计组：金永石，韩尚贤，赵珠明，朴运燮，姜成美，李智淑，刘美静

设计的基本方向

－考虑原有设施、人参综合展览馆和邻接的旧人参市场相互连接，设计成综合人参地区。

－表现人参的国际化象征性、优秀性、传统性，设计力求建筑的艺术性。

－考虑人参的广泛流通性和功能性，建筑扩大设计。

－充分利用自然倾斜的地形，设计成具有立体感的建筑空间。

－追求在自然中建成的建筑和周边的和谐，用亲和环境的周边绿化，使人参具有自然药材的形象。

总平面设计

－总平面设计考虑旧人参市场、人参综合展示馆等原有周边设施以及道路轴线。

－利用用地形状、用地现状，并利用用地高差进行和谐的设计。

－通过对步行轴线的布置构成，形成空间的层次，组成多样的外部空间。

－在用地中心设计节庆广场和活动广场，在确保各个设施的独立性的同时考虑相互连接关系。

－对原有绿地的保存和利用(周边野山、生态学习场地、主题公园、生态莲池等)。

平面设计

－考虑包括周边原有设施的有机连接。

－明确各个设施的特殊功能、流线以及空间。

－用虚和实、封闭和开放的空间引导多样的空间体验。

立面设计

用象征性表现特点

－表现人参象征性的形象。

－将种植人参的土地用建筑形式表现，即柔和的帐幕形状(物流中心顶棚)。

－将人参根须特有的柔软光滑的曲线表现在立面形态(会议中心)。

－物流中心屋顶采取适宜的、互动的形状，赋予象征性。

与周边环境的和谐

－将周边山脊轮廓线的走向、形状的变化用建筑来表现。

－使用天然材料(木材、素混凝土)，表现亲和环境的自然材质感。

－积极使用透明玻璃，表现金山郡干净透彻的自然情结。

对未来形象的追求

－用透明的玻璃幕墙表现开阔的远景和21世纪前卫、开放的形象。

－使用前卫的金属嵌板和律动的屋顶形状。

－个性鲜明的入口轴线，设置节庆广场的象征塔，反映金山郡的发展形象。

位置：忠庆南道金山郡金山邑新大里内
地域：商业地区、市场
用途：商业设施、文化以及集会设施
用地面积：96.774m^2
总建筑面积：23492.35m^2
首层建筑面积：12279.83m^2
建筑密度：12.69%
容积率：23.23%
规模：地下1层，地上5层
最高高度：27.0m
结构：钢结构，钢筋混凝土结构
外部装修：素混凝土，铝合金板条，THK24彩色双层玻璃
停车位数：361辆(室外201辆，室内160辆)

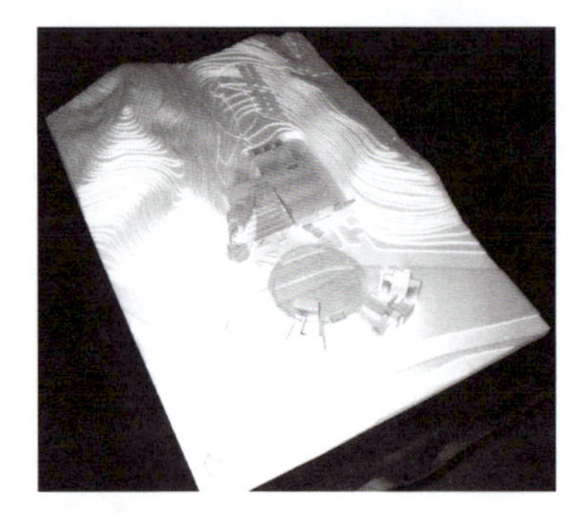

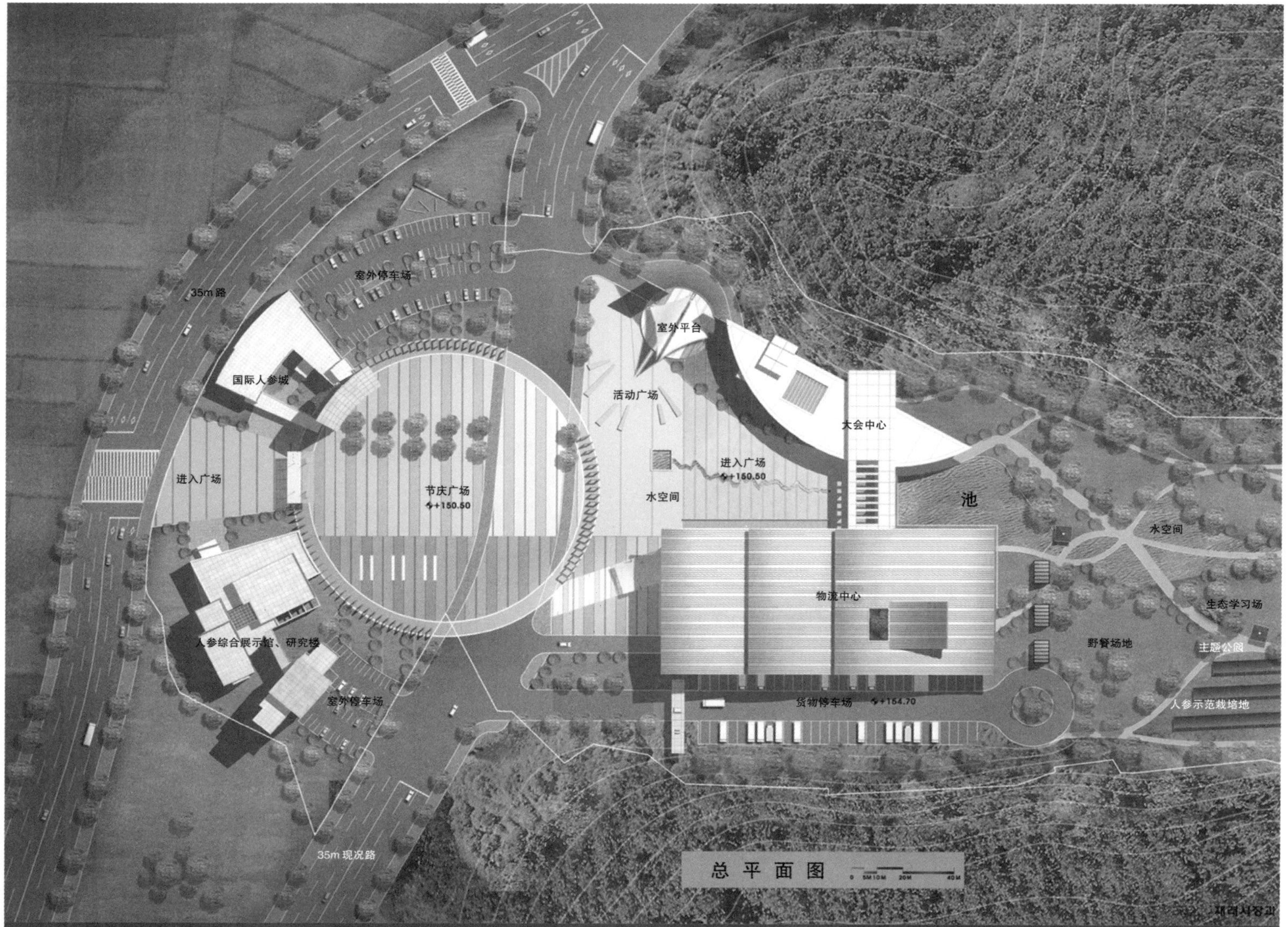
35m路
室外停车场
国际人参城
进入广场
节庆广场
+150.50
室外平台
活动广场
水空间
进入广场
+150.50
大会中心
池
水空间
物流中心
人参综合展示馆、研究楼
室外停车场
货物停车场
+154.70
野餐场地
生态学习场
主题公园
人参示范栽培地
35m现况路

总平面图

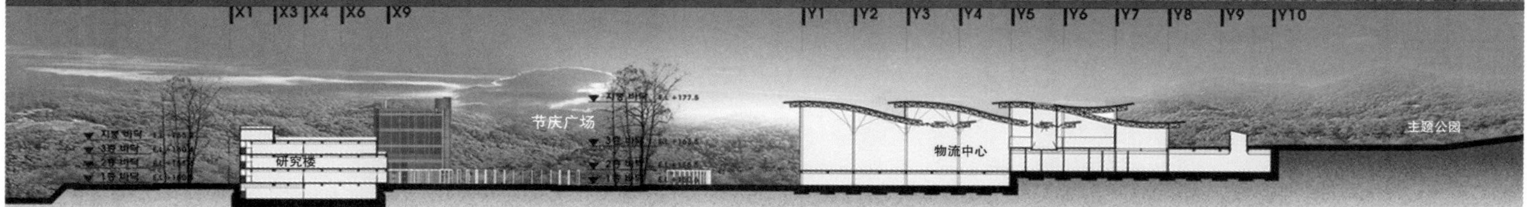
X1
X3
X4
X6
X9
Y1
Y2
Y3
Y4
Y5
Y6
Y7
Y8
Y9
Y10
研究楼
节庆广场
物流中心
主题公园

用地纵剖面图

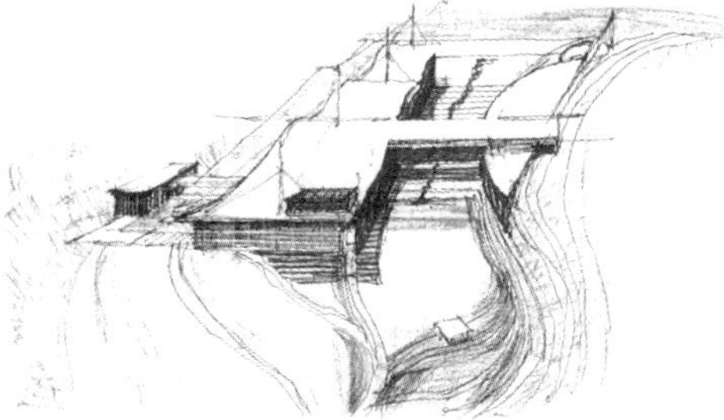

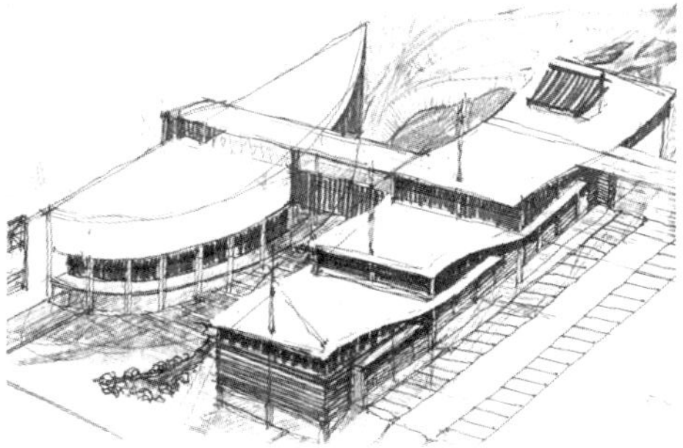

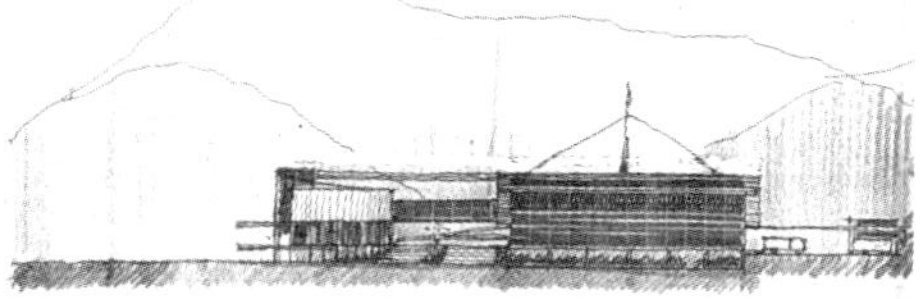

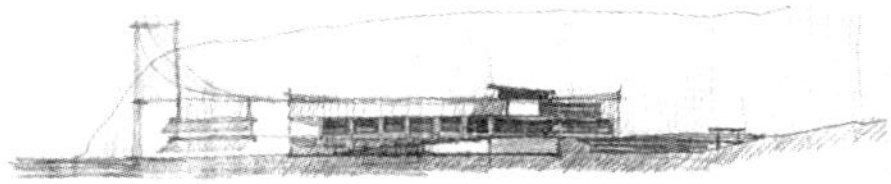

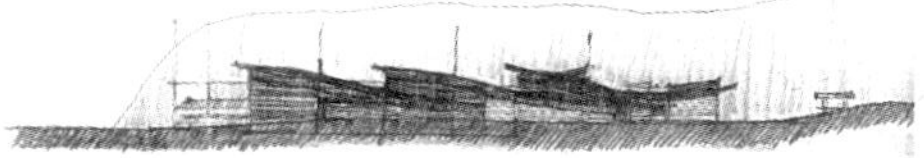

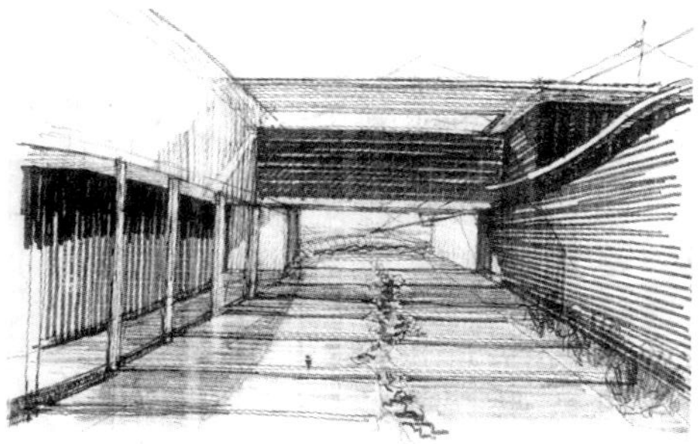

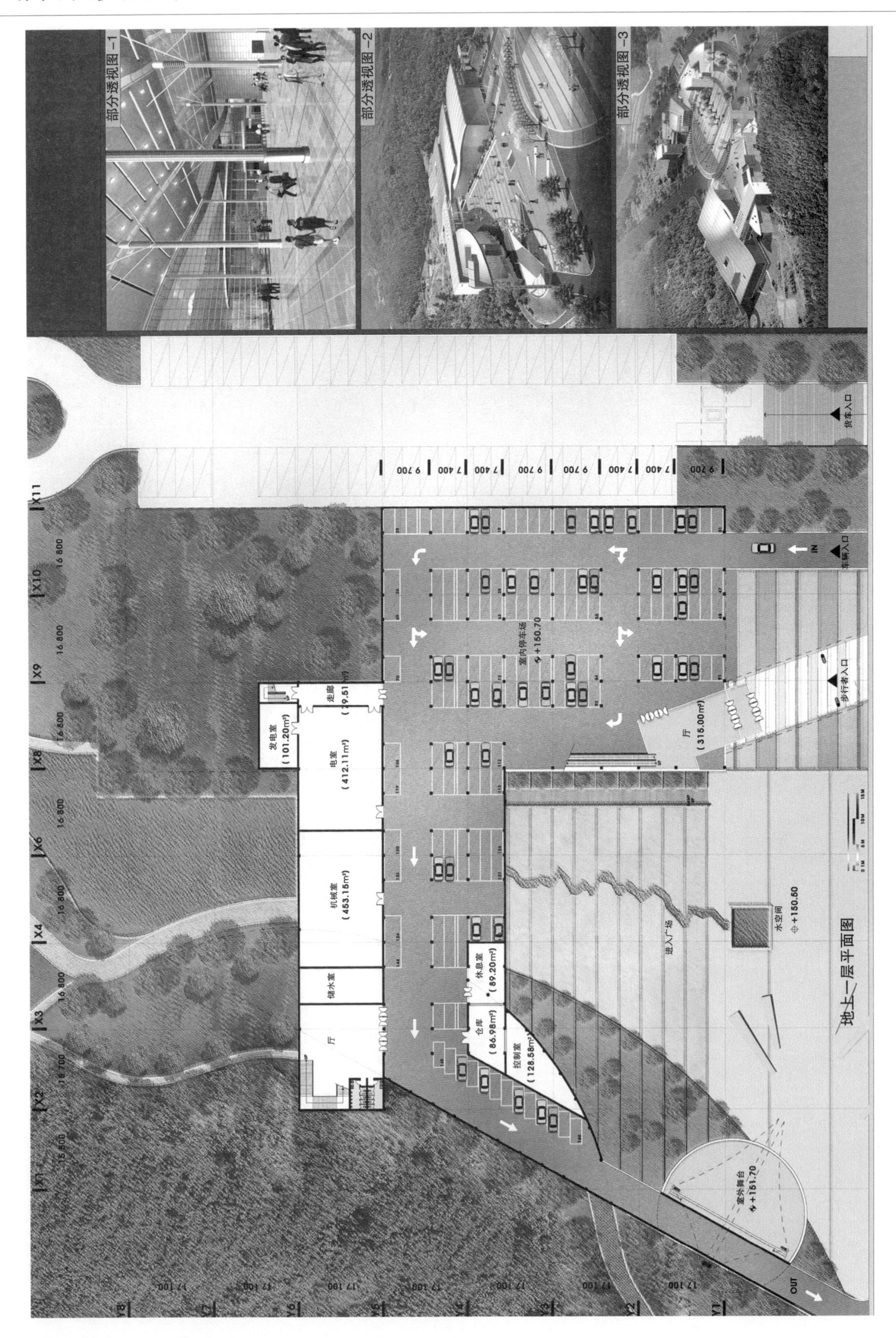

部分透视图-1
部分透视图-2
部分透视图-3
地上一层平面图
室内停车场
+150.70
发电室
(101.20m²)
走廊
电室
(412.11m²)
机械室
(453.15m²)
储水室
厅
休息室
(89.20m²)
仓库
(86.98m²)
控制室
(128.58m²)
厅
(315.00m²)
进入广场
水空间
+150.50
室外舞台
+151.70
货车入口
车辆入口
步行者入口
IN
OUT

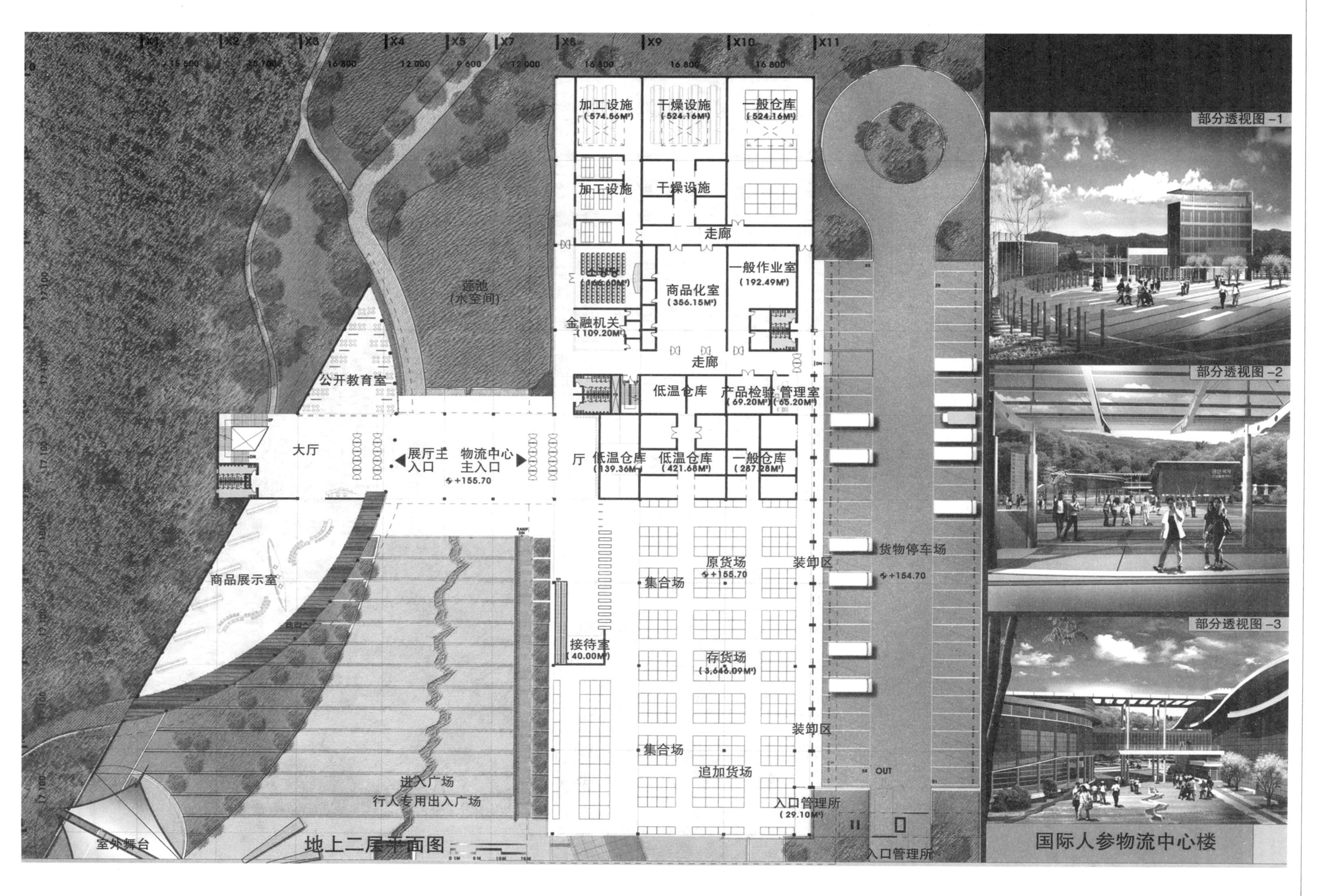

X1
X2
X3
X4
X5
X7
X8
X9
X10
X11
加工设施
(574.56M²)
干燥设施
(524.16M²)
一般仓库
(524.16M²)
加工设施
干燥设施
走廊
一般作业室
(192.49M²)
商品化室
(356.15M²)
金融机关
(109.20M²)
莲池
(水室间)
公开教育室
走廊
低温仓库
产品检验
(69.20M²)
管理室
(65.20M²)
大厅
展厅主
入口
物流中心
主入口
+155.70
厅
低温仓库
(139.36M²)
低温仓库
(421.68M²)
一般仓库
(287.28M²)
原货场
+155.70
集合场
装卸区
货物停车场
+154.70
商品展示室
接待室
(40.00M²)
存货场
(3,646.09M²)
装卸区
集合场
追加货场
进入广场
行人专用出入广场
入口管理所
(29.10M²)
OUT
入口管理所
室外舞台
地上二层平面图
部分透视图 -1
部分透视图 -2
部分透视图 -3
国际人参物流中心楼

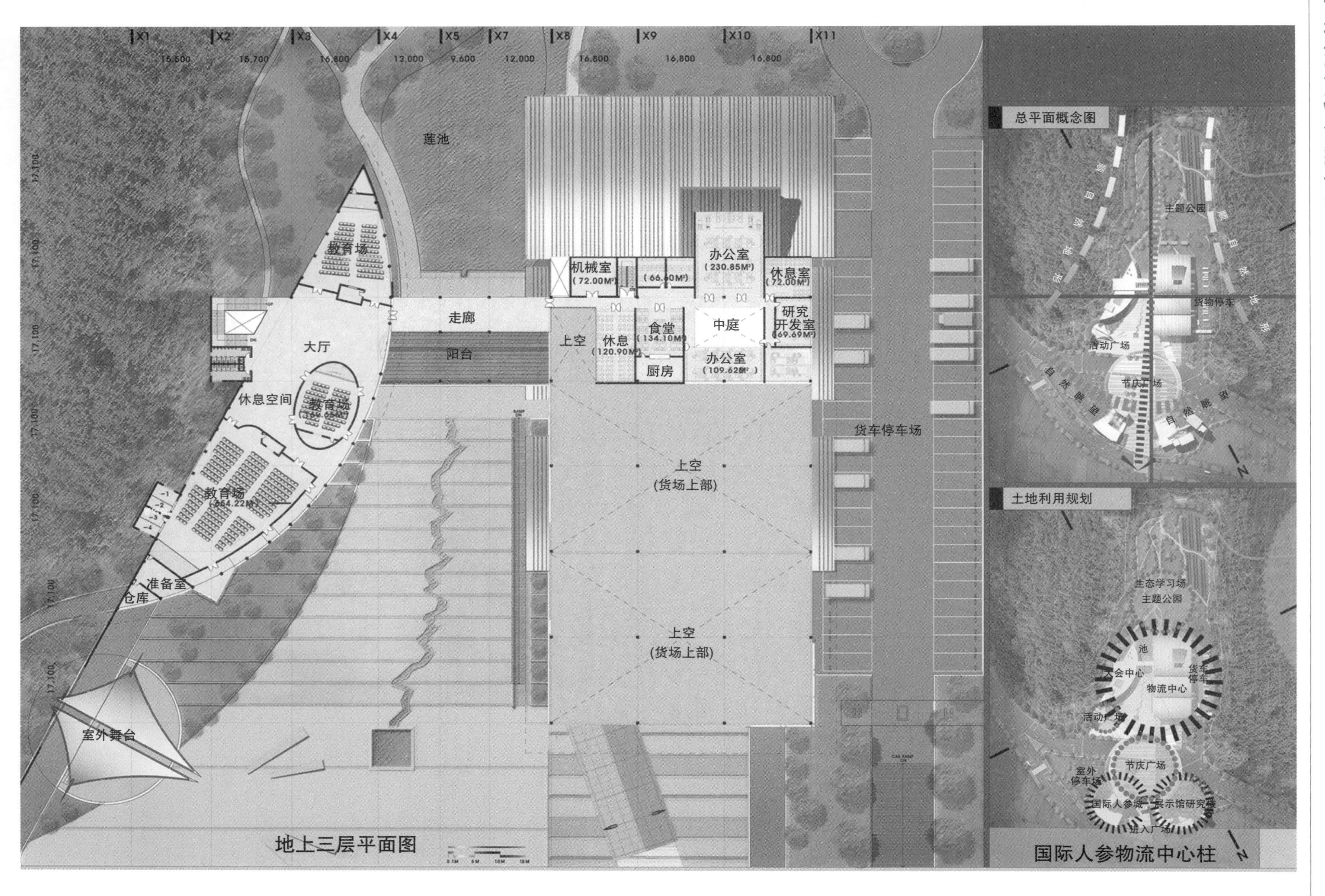

总平面概念图
主题公园
货物停车
活动广场
节庆广场
土地利用规划
生态学习场
主题公园
物流中心
活动广场
节庆广场
室外停车场
国际人参物流中心柱
莲池
机械室 (72.00M²)
(66.60M²)
办公室 (230.85M²)
休息室 (72.00M²)
研究开发室 (69.69M²)
中庭
食堂 (134.10M²)
休息 (120.90M²)
厨房
办公室 (109.62M²)
上空
走廊
阳台
大厅
教育场
休息空间
教育场 (254.22M²)
准备室
仓库
室外舞台
货车停车场
上空 (货场上部)
上空 (货场上部)
地上三层平面图

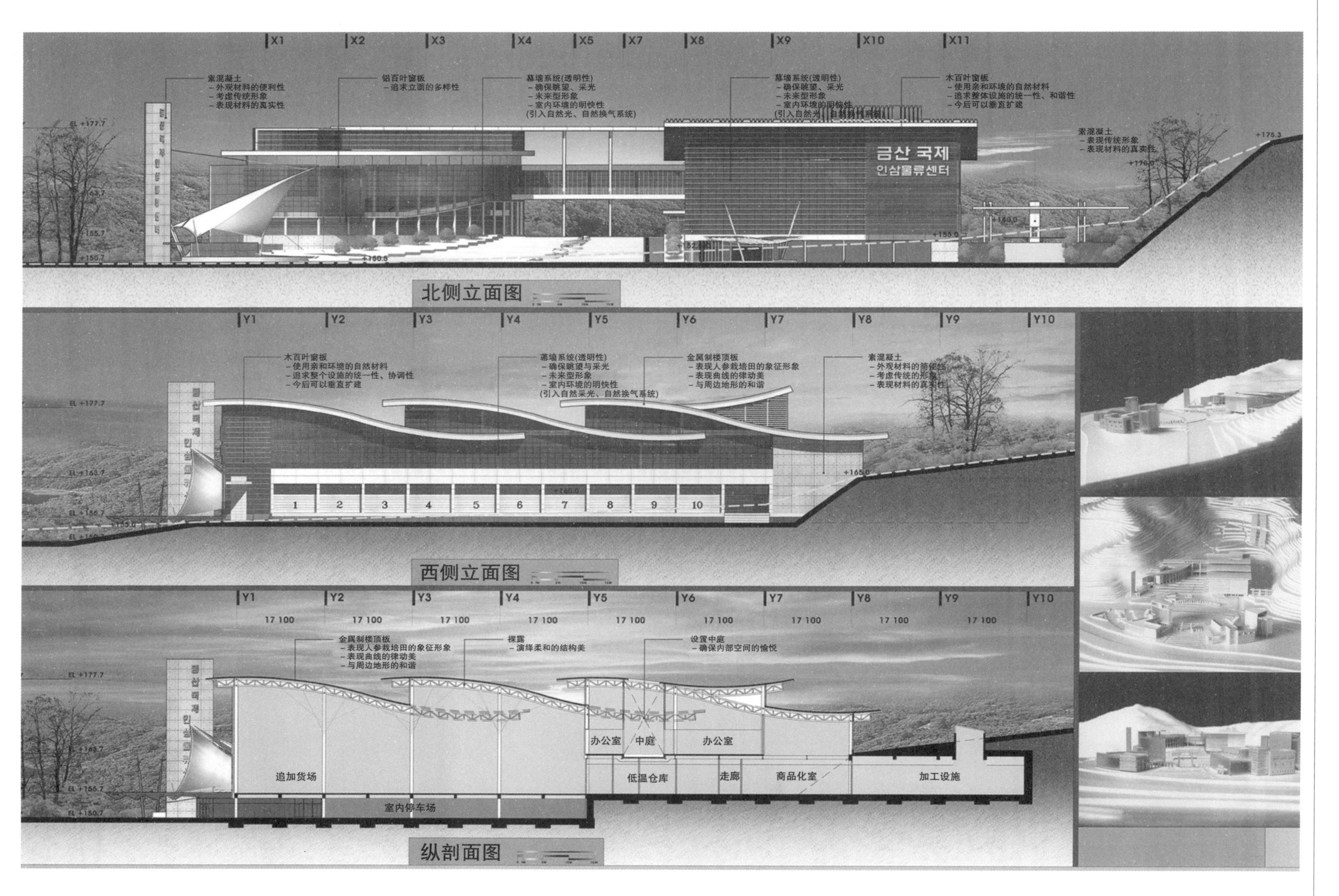
X1 X2 X3 X4 X5 X7 X8 X9 X10 X11
素混凝土
– 外观材料的便利性
– 考虑传统形象
– 表现材料的真实性
铝百叶窗板
– 追求立面的多样性
幕墙系统(透明性)
– 确保眺望、采光
– 未来型形象
– 室内环境的明快性
(引入自然光、自然换气系统)
木百叶窗板
– 使用亲和环境的自然材料
– 追求整体设施的统一性、和谐性
– 今后可以垂直扩建
素混凝土
– 表现传统形象
– 表现材料的真实性
금산 국제
인삼물류센터
EL +177.7
+175.3
+170.0
+160.0
+155.0
+150.5
北侧立面图
Y1 Y2 Y3 Y4 Y5 Y6 Y7 Y8 Y9 Y10
木百叶窗板
– 使用亲和环境的自然材料
– 追求整个设施的统一性、协调性
– 今后可以垂直扩建
幕墙系统(透明性)
– 确保眺望与采光
– 未来型形象
– 室内环境的明快性
(引入自然采光、自然换气系统)
金属制楼顶板
– 表现人参栽培田的象征形象
– 表现曲线的律动美
– 与周边地形的和谐
素混凝土
– 外观材料的简便性
– 考虑传统的形象
– 表现材料的真实性
1 2 3 4 5 6 7 8 9 10
+165.0
+160.0
EL +177.7
EL +163.7
EL +156.7
西侧立面图
17 100
金属制楼顶板
– 表现人参栽培田的象征形象
– 表现曲线的律动美
– 与周边地形的和谐
裸露
– 演绎柔和的结构美
设置中庭
– 确保内部空间的愉悦
办公室
中庭
追加货场
低温仓库
走廊
商品化室
加工设施
室内停车场
EL +177.7
EL +155.7
EL +150.7
纵剖面图

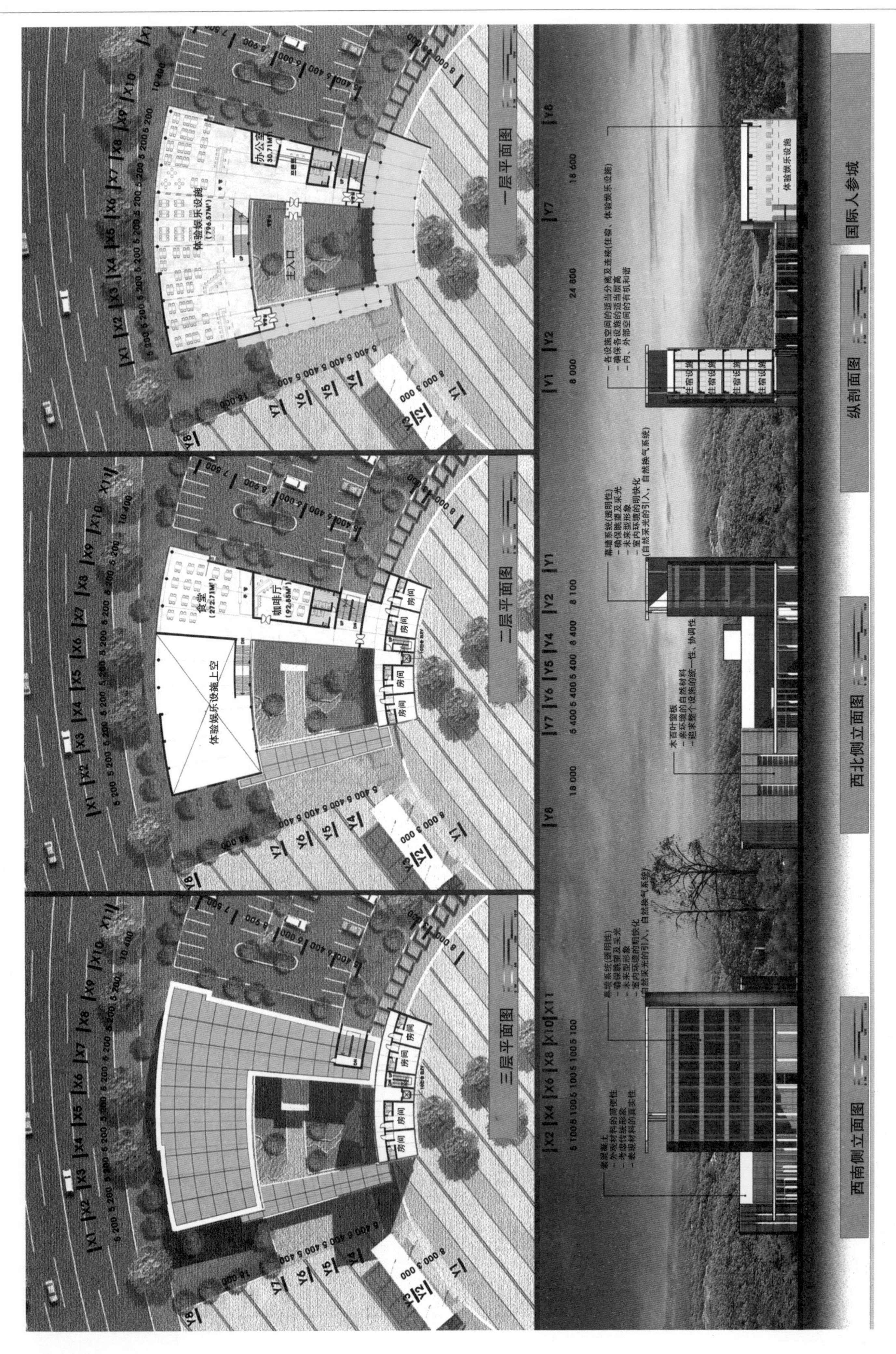
一层平面图
体验娱乐设施
办公室
主入口
二层平面图
食堂
咖啡厅
体验娱乐设施上空
房间
三层平面图
国际人参城
纵剖面图
西北侧立面图
西南侧立面图
体验娱乐设施
住宿设施

三层平面图
大教育室
中教育室
厅
走廊
病理分析室
精密机器及土壤分析室
生育调查及准备室
VOID
讲演厅
二层平面图
大厅上空
亭子
餐饮区
小教育室
研究室
上空
综合实验室
一层平面图
大厅、宣传馆
商品展示室
大厅
厅、走廊
今后可以垂直扩建
木百叶窗板
– 使用亲环境自然材料
– 追求整个设施的统一、和谐
花岗石条板
– 与扩建部分和谐
素混凝土
– 外观材料的简洁性
– 传统形象、表现材料的真实性
人参研究楼
人参综合展示馆栋
餐饮
机械室
南立面图
东立面图
纵剖面图
综合展示馆/研究楼

金山国际人参物流中心

二等奖方案 三元建筑：尹哲俊。启明大学：金哲洙

设计目标

为振兴韩国的人参产业，继而使金山成为世界人参流通中心和人参产地的国际观光景点，力求设计具备艺术性、象征性、实用性、经济性和独创性的设施，为开拓海外市场发挥主要作用。

设计的基本方向

—对物流流通没有障碍的合理的流线设计。

—功能性设施排列：不仅具备独立的运营条件，而且在整体上统一的空间设计。

—象征性：强调作为人参产地的地位，并扩大世界人参流通中心的功能。

—最大限度地扩大原有的设施面积，设计完善所需的各功能要素。

—力求最新建筑方法以及最大限度地节约能源的经济性。

—设计对周边地区的开放形象-绿化以及外部空间的开放形象。

—设计谋求人参物流中心的观光资源化的基础设施。

建筑面积：物流中心 / 教育研究 / 人参研究 11484.51m²
人参综合展览馆：2607.23m²
总建筑面积：25798.87m²
建筑密度：15.45%(物流中心用地)
25.28%(人参综合展览馆用地)
容积率：21.03%(物流中心用地)
64.50%(人参综合展览馆用地)
规模：地下1层，地上2层
结构：钢筋混凝土，钢结构
外部装修：铝合金，双层玻璃，玻璃幕墙、局部贴花岗石
停车位数：277辆(包括大巴、货车、服务用车、残疾人用车)

北立面图

建筑概要

总平面图

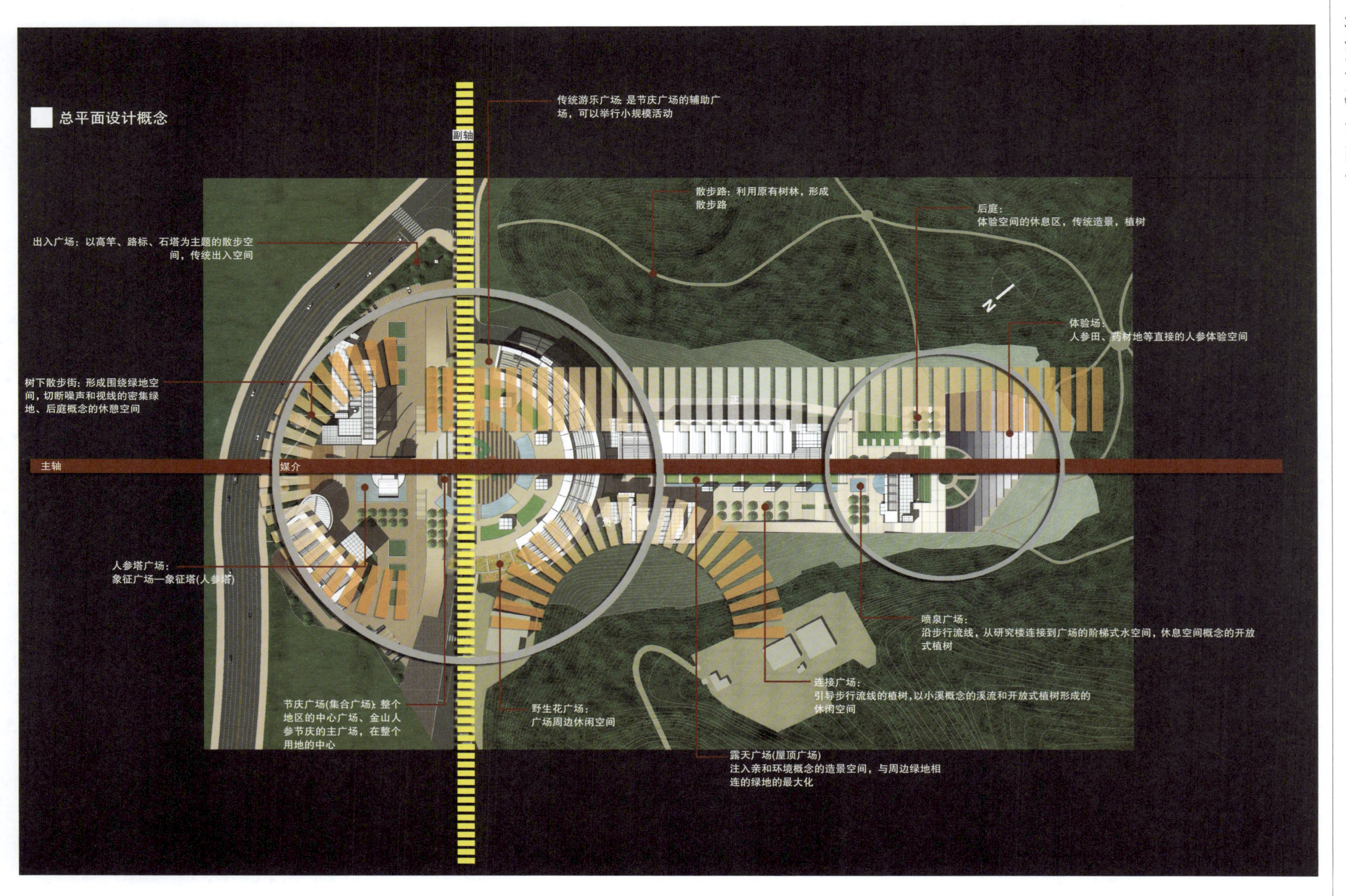
总平面设计概念
主轴
副轴
媒介
出入广场：以高竿、路标、石塔为主题的散步空间，传统出入空间
树下散步街：形成围绕地空间，切断噪声和视线的密集绿地，后庭概念的休憩空间
人参塔广场：象征广场一象征塔(人参塔)
节庆广场(集合广场)：整个地区的中心广场、金山人参节庆的主广场，在整个用地的中心
野生花广场：广场周边休闲空间
露天广场(屋顶广场)：注入亲和环境概念的造景空间，与周边绿地相连的绿地的最大化
连接广场：引导步行流线的植树，以小溪概念的溪流和开放式植树形成的休闲空间
喷泉广场：沿步行流线，从研究楼连接到广场的阶梯式水空间，休息空间概念的开放式植树
体验场：人参田、药材地等直接的人参体验空间
后庭：体验空间的休息区，传统造景，植树
散步路：利用原有树林，形成散步路
传统游乐广场，是节庆广场的辅助广场，可以举行小规模活动

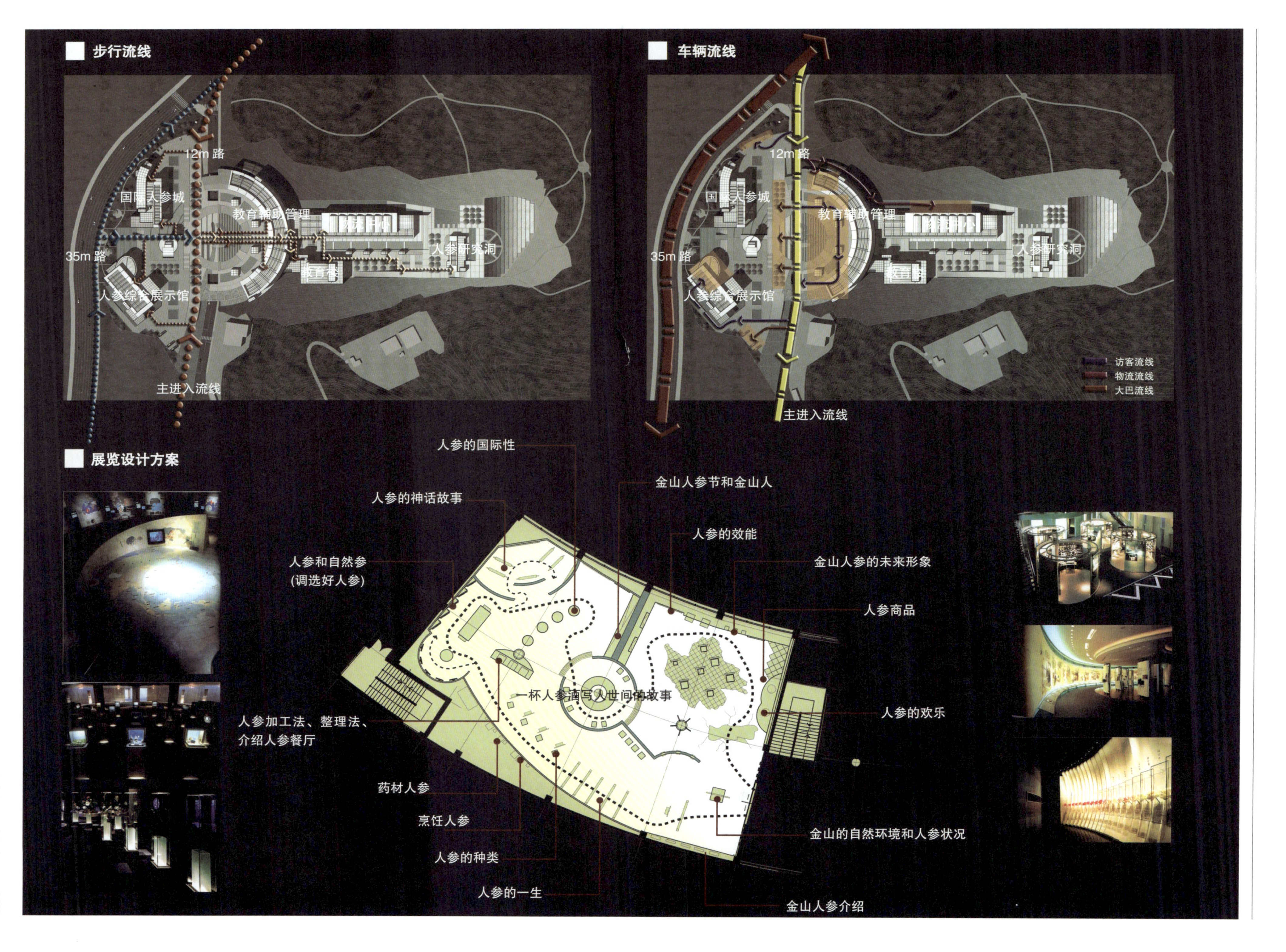

步行流线
12m 路
国际人参城
教育辅助管理
35m 路
人参研究洞
人参综合展示馆
主进入流线
车辆流线
12m 路
国际人参城
教育辅助管理
35m 路
人参研究洞
人参综合展示馆
访客流线
物流流线
大巴流线
主进入流线
展览设计方案
人参的国际性
金山人参节和金山人
人参的神话故事
人参的效能
人参和自然参
(调选好人参)
金山人参的未来形象
人参商品
一杯人参滴写人世间的故事
人参加工法、整理法、
介绍人参餐厅
人参的欢乐
药材人参
烹饪人参
金山的自然环境和人参状况
人参的种类
人参的一生
金山人参介绍

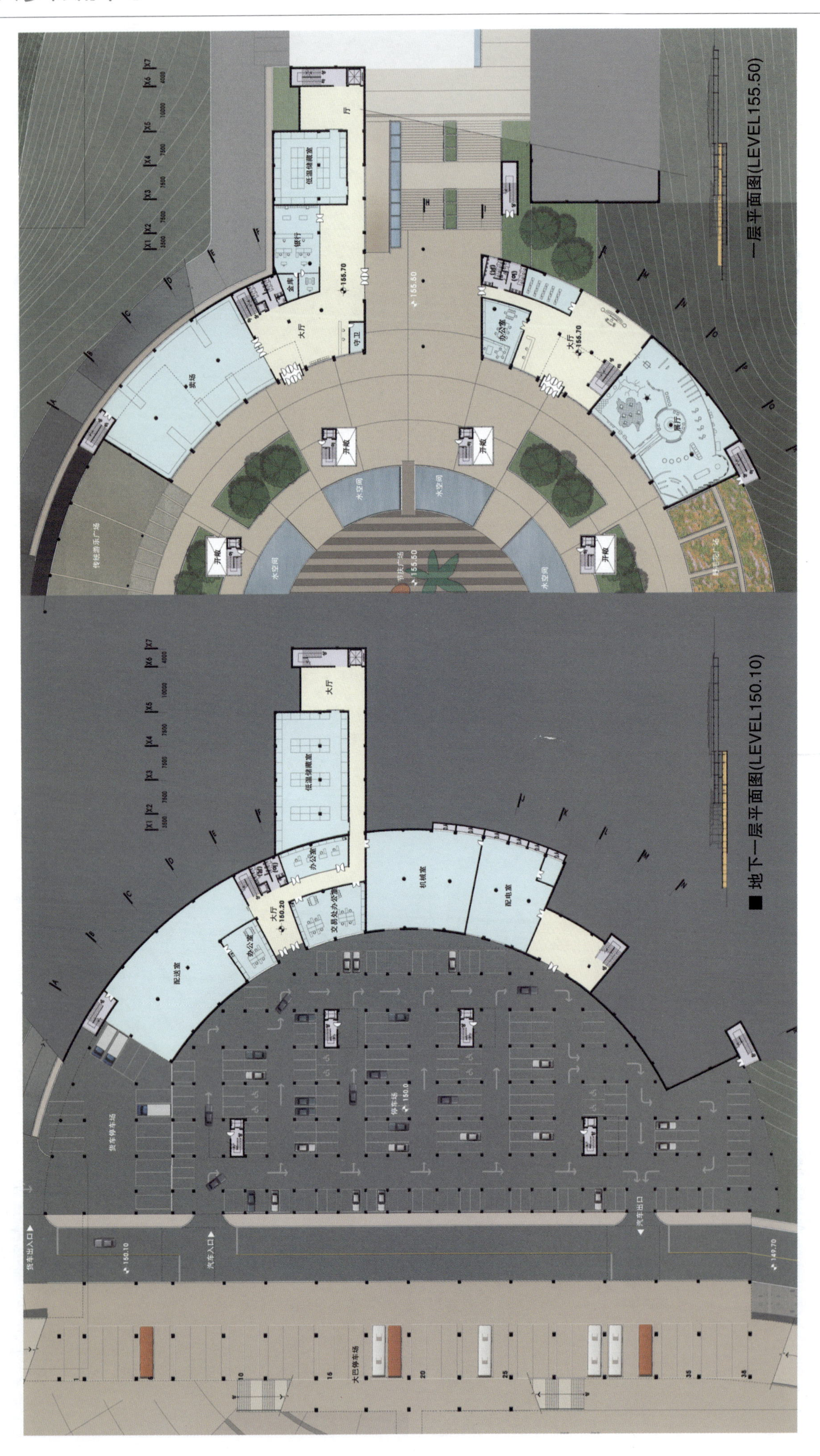
一层平面图(LEVEL155.50)
地下一层平面图(LEVEL150.10)

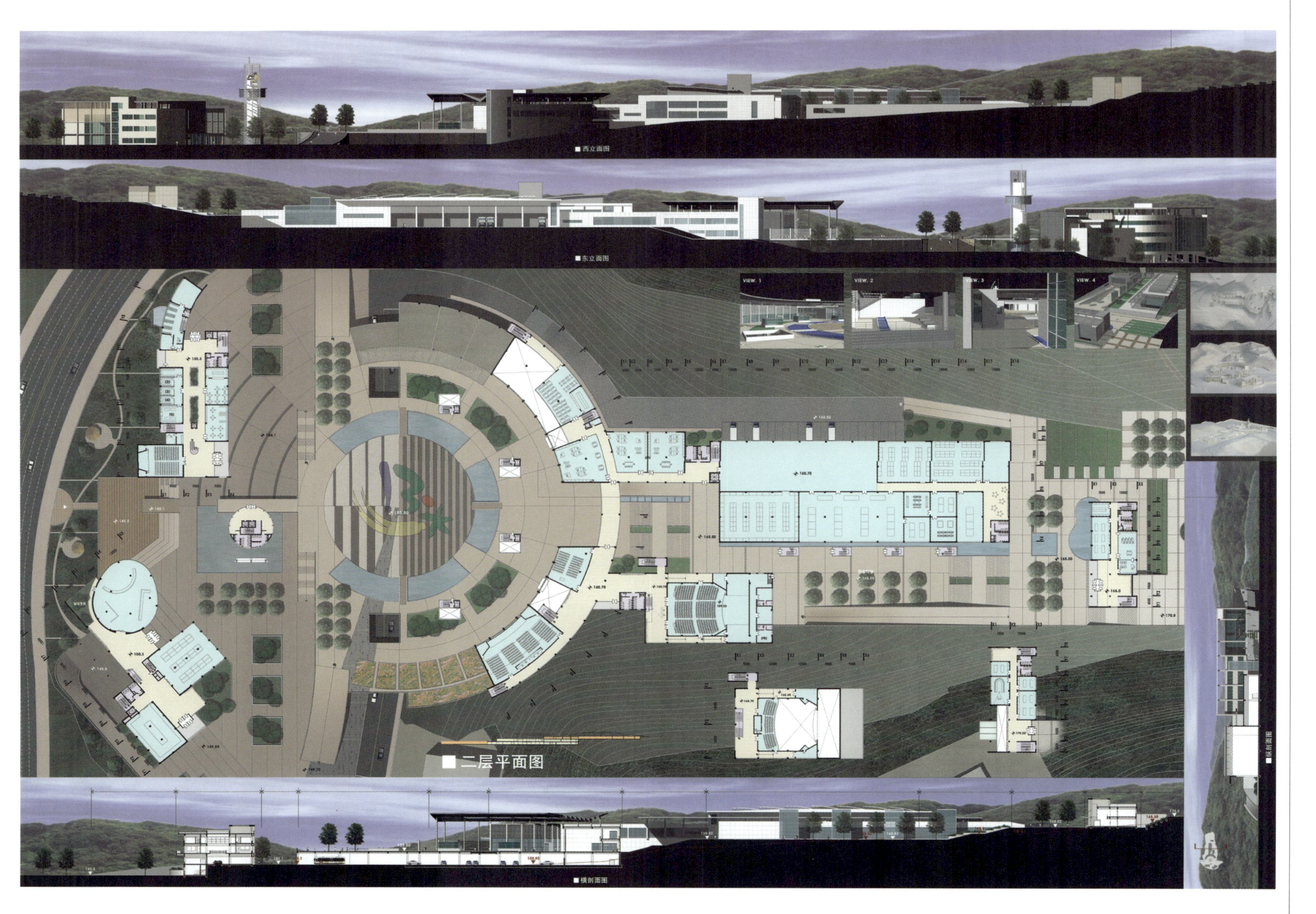
■西立面图
■东立面图
VIEW. 1
VIEW. 2
VIEW. 3
VIEW. 4
二层平面图
■纵剖面图
■横剖面图

金山国际人参物流中心

三等奖方案 **天一建筑工程**：韩奎奉。设计组：李宗勋，李宗焕，古知焕，金尚敏，金基范，朴镇永，李静银

规划要点

本规划用地包括物流中心、人参综合展览馆、国际人参城等三部分用地和穿越此地的地方国道。规划中引入多用途物流中心新概念，规划设计要点概括为以下几点：

—考虑与周边环境相协调及眺望视野的建筑(物流中心、人参展览馆、国际人参城等)和以中央广场(节庆、活动广场)为中心设置主题公园、生态学习场的自然亲和的地区设计。

—以象征新型人参产地的内、外空间(人参销售、加工、学习的场所)和发挥人参产业国际观光胜地的作用，设计具备艺术性、象征性、实用性、经济性的独创性设施。

—通过对具备包装加工厂和销售设施的类似物流中心的学习和数次现场调查，充分理解这种设施的功能，设计出功能齐全的方案。

—除了纯粹的物流中心外，考虑此地区可以提供的其他各项功能(展览、集会、娱乐、主题公园、学习等)，即对物流中心功能的再解释，设定注重外观的、不夸张的、正确的解释概念。

设计指导方针

物流中心

—销售设施和加工设施(附属工厂)功能的活化(面积：3450坪，1坪≈3.3m²)。

访问者可以参观销售和生产的全过程，并赋予教育、宣传的功能，使其作为观光胜地的地区中心设施。

—主题公园，生态学习场的设计构想确保能发挥主题公园、生态学习场的最大作用的室外空间，为了与物流中心的连接，充分考虑位于长而倾斜的、低矮山谷的用地条件，亲和环境。

—节庆、活动广场的具体设计设计成作为物流中心用地内设置的前广场和整个区域的中心广场，又是用地内所有设施的室外活动场所。

人参综合展览馆的扩建(面积1600坪)是现存展览馆(1000坪)的扩建(600坪)，从原来独立运营的展览馆的功能基础上，再进一步，增加用地内展览设施的作用，使其成为宣传、教育展览的中心。

人参研究楼(面积200坪)

与单独作为研究设施的面积要求相比较，研究楼的规模比较小，但这是为了整个用地设置的协调，力图使其成为独立的研究场所。

会议设施(面积900坪)

为使在物流中心用地内特别设置的商品展览室(面积200坪)和消费者教育场(面积700坪)行使物流中心的全面综合功能和承办国际会议的功能，考虑表现象征性形象的体量以及总平面设计。

国际人参城(面积700坪)

确保包括餐饮、住宿、体验、娱乐设施在内的总计700坪的人参城发挥最大作用，最大限度地活用外部空间，与物流中心用地内中央广场相通，行使国际性教育功能。

建筑面积：10498.11m²(3175.67坪)，物流中心8377.58m²(包括研究楼、会议设施)，展示馆1309.97m²，人参展览馆810.56m²

总建筑面积：23456.75m²(7095.67坪)，物流中心5592.80m²，展览馆5547.97m²，人参城2315.97m²

建筑密度：10.85%，物流中心11.27%，展览馆12.70%，人参城6.67%

容积率：24.26%，物流中心20.98%，展览馆53.98%，人参城19.07%

规模：物流中心地上4层，展览馆地下1层、地上4层，人参城地下1层、地上4层

结构：钢结构、钢筋混凝土结构

外部装修：外部-夹心板、花岗石、双层玻璃

内部装修：阳面-环氧树脂塑胶地板，水溶性油漆；阴面-吸声板

停车位数：地上182辆

概 要

位置：忠南金山郡金山邑新大里一带
地域：商业、生产自然绿地地区（后用途变化）
用地面积：96774m²

轴线

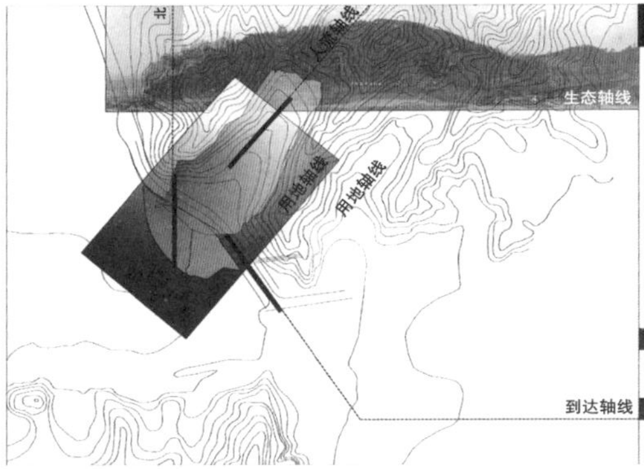
生态轴线
用地轴线
到达轴线

分区

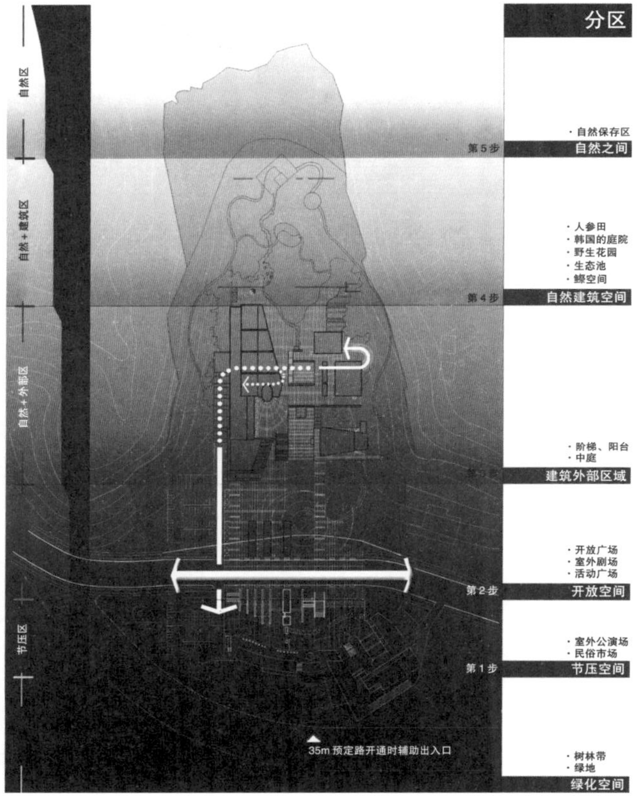
自然区
自然＋建筑区
自然＋外部区
节压区
第5步
·自然保存区
自然之间
第4步
·人参田
·韩国的庭院
·野生花园
·生态池
·鳄空间
自然建筑空间
·阶梯、阳台
·中庭
建筑外部区域
第2步
·开放广场
·室外剧场
·活动广场
开放空间
第1步
·室外公演场
·民俗市场
节压空间
35m 预定路开通时辅助出入口
·树林带
·绿地
绿化空间

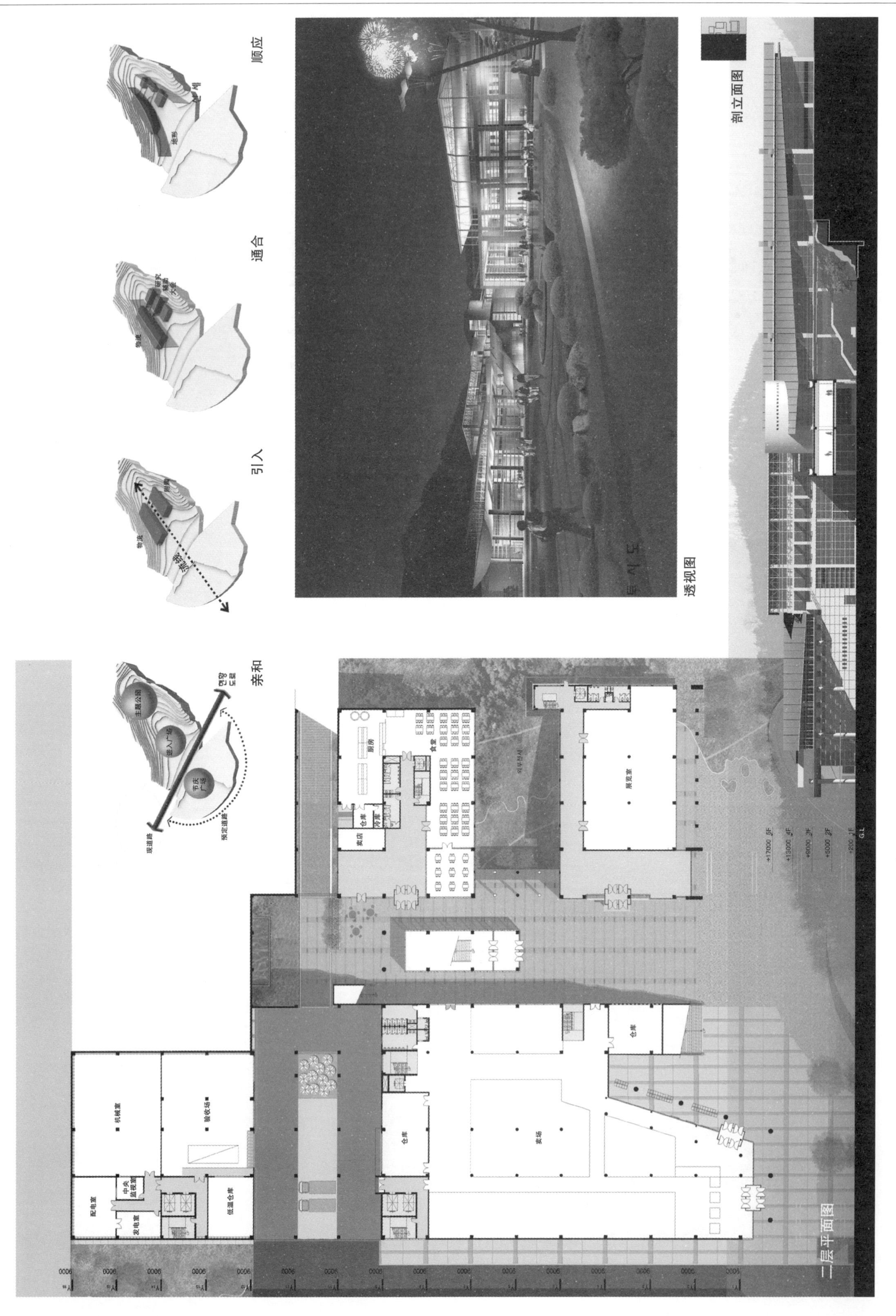
亲和
引入
通合
顺应
透视图
剖立面图
二层平面图

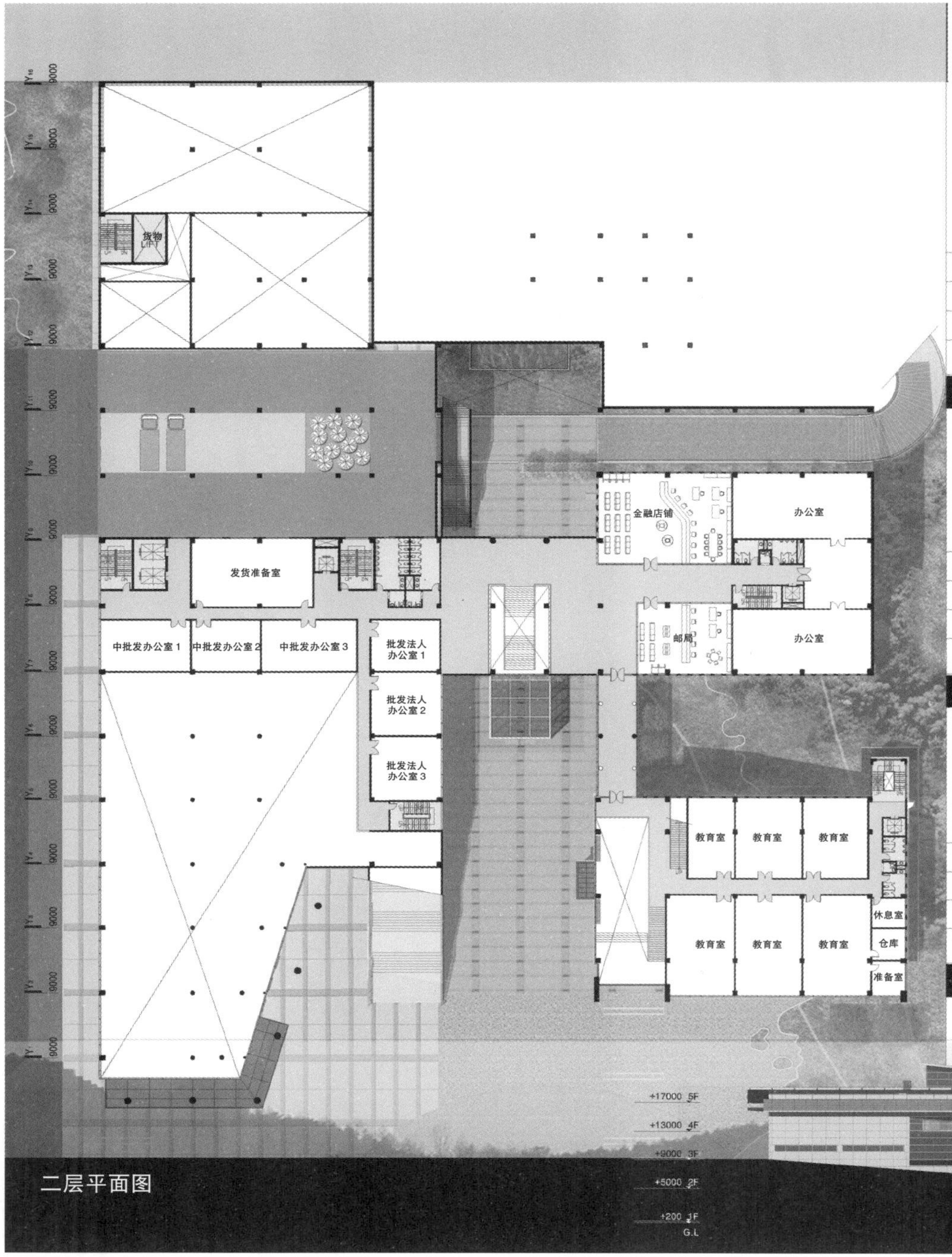
货物
LIFT
发货准备室
中批发办公室 1
中批发办公室 2
中批发办公室 3
批发法人办公室 1
批发法人办公室 2
批发法人办公室 3
金融店铺
邮局
办公室
办公室
教育室
教育室
教育室
教育室
教育室
教育室
休息室
仓库
准备室

二层平面图

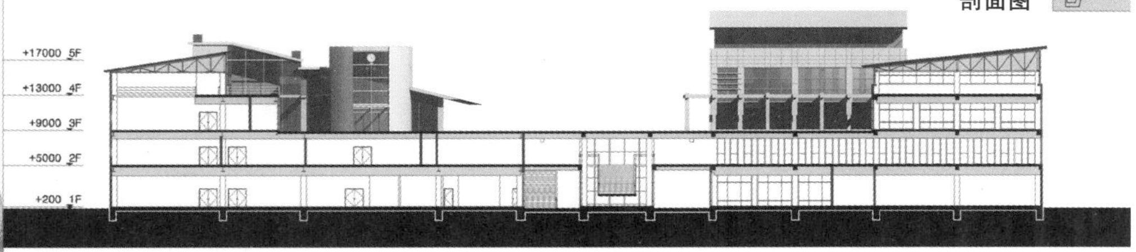
+17000 5F
+13000 4F
+9000 3F
+5000 2F
+200 1F

剖面图

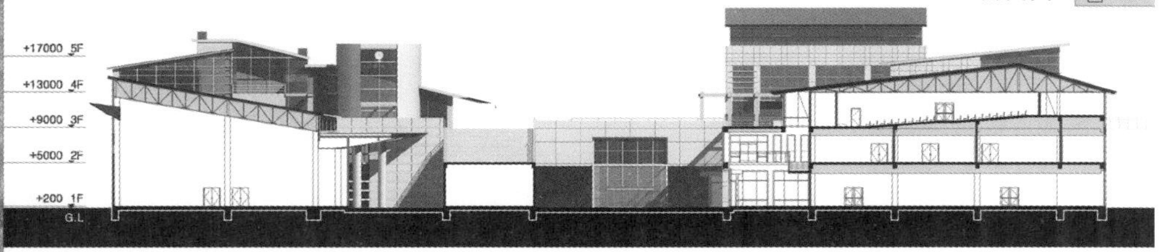
+17000 5F
+13000 4F
+9000 3F
+5000 2F
+200 1F
G.L

剖面图

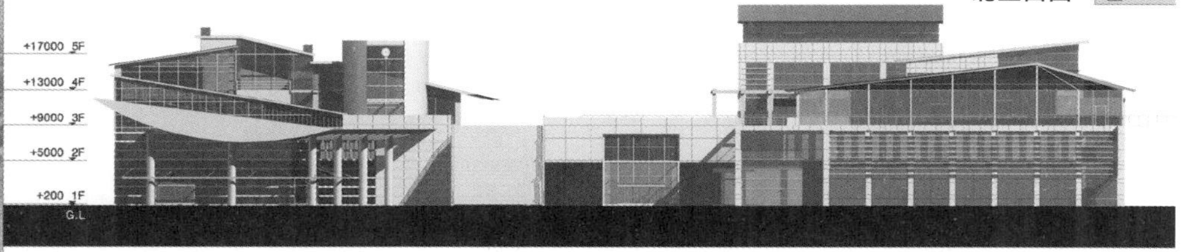
+17000 5F
+13000 4F
+9000 3F
+5000 2F
+200 1F
G.L

北立面图

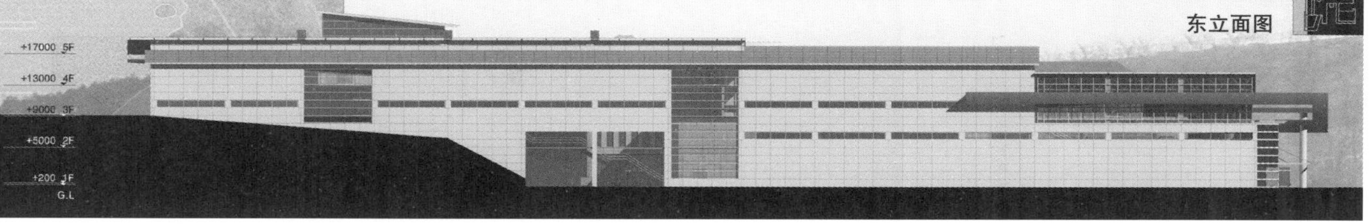
+17000 5F
+13000 4F
+9000 3F
+5000 2F
+200 1F
G.L

东立面图

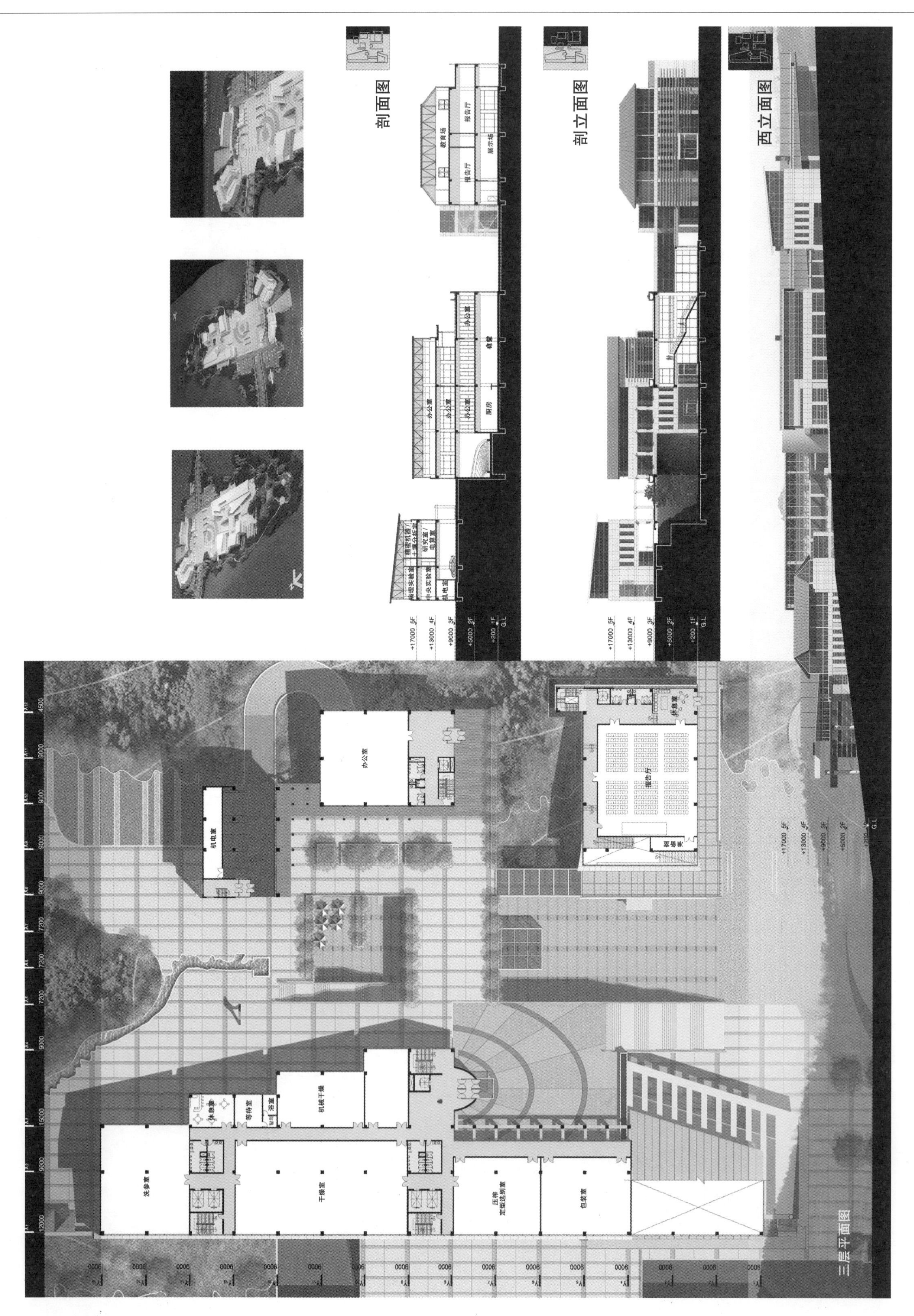
剖面图
剖立面图
西立面图
三层平面图
报告厅
办公室
机电室
洗参室
干燥室
包装室
+17000 5F
+13000 4F
+9000 3F
+5000 2F
+200 1F
G.L

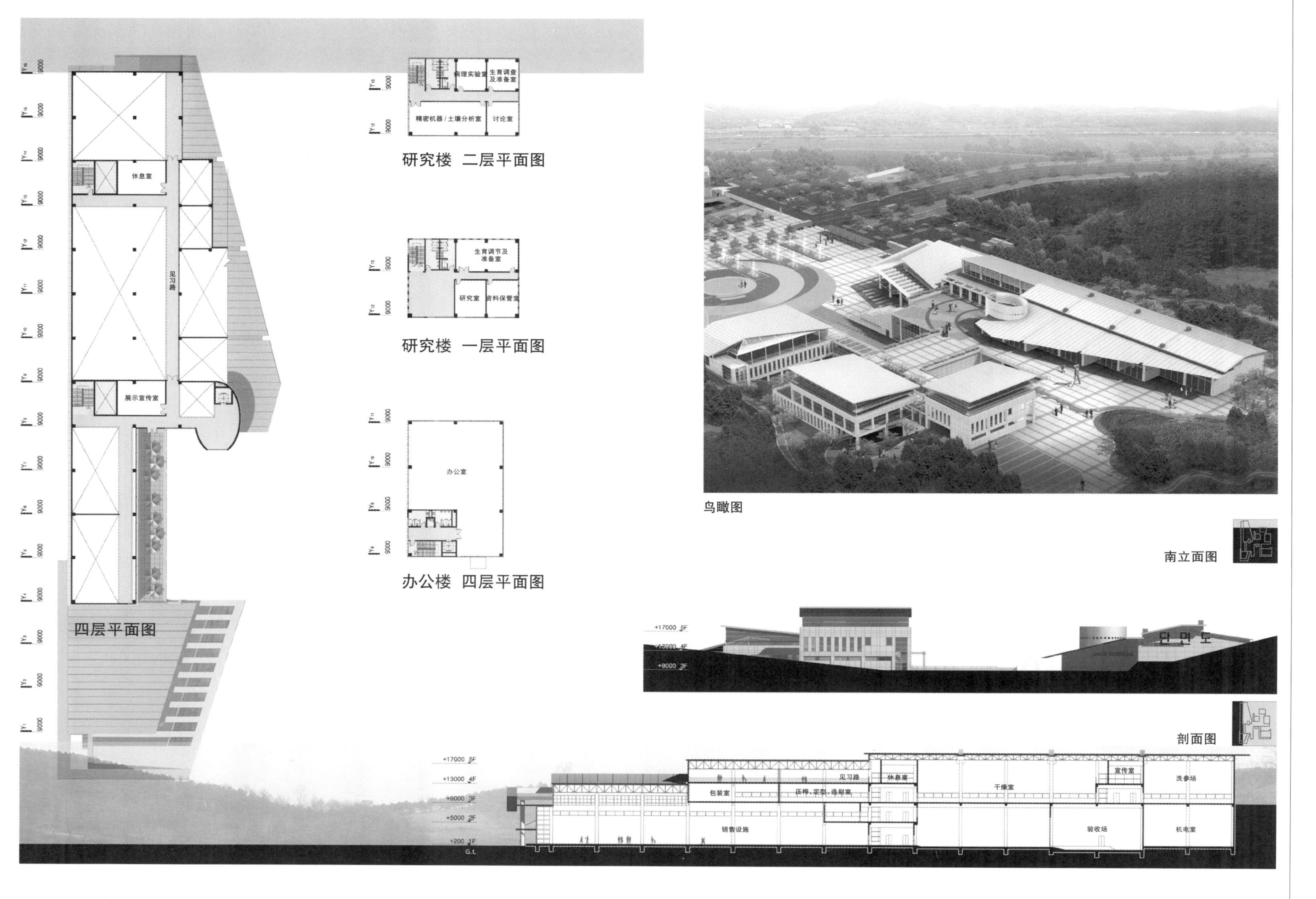

四层平面图

研究楼 二层平面图

研究楼 一层平面图

办公楼 四层平面图

鸟瞰图

南立面图

剖面图

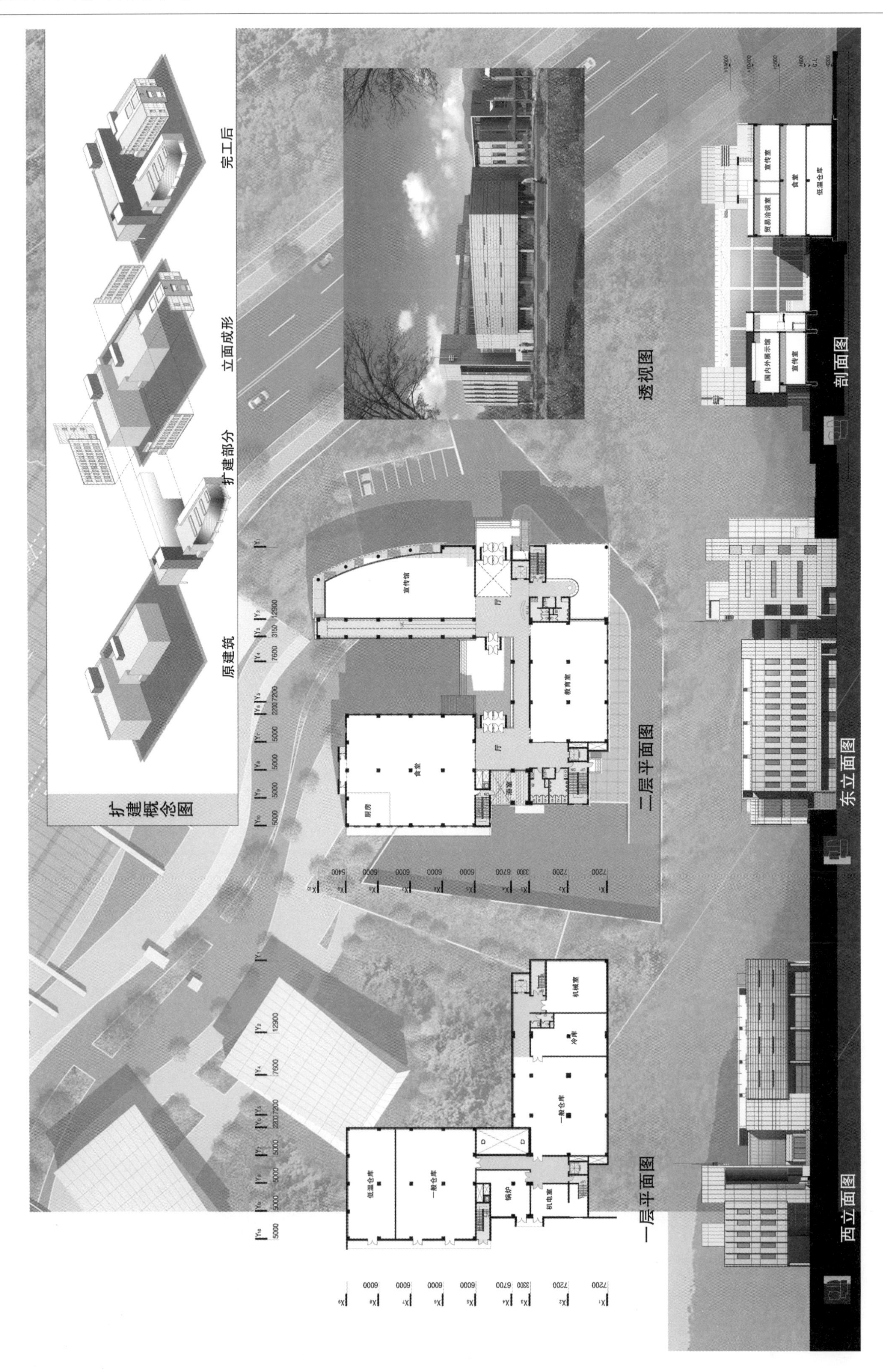
扩建概念图
原建筑
扩建部分
立面成形
完工后
透视图
二层平面图
一层平面图
剖面图
东立面图
西立面图
宣传馆
厅
教育室
食堂
厨房
机械室
冷库
一般仓库
低温仓库
锅炉
机电室

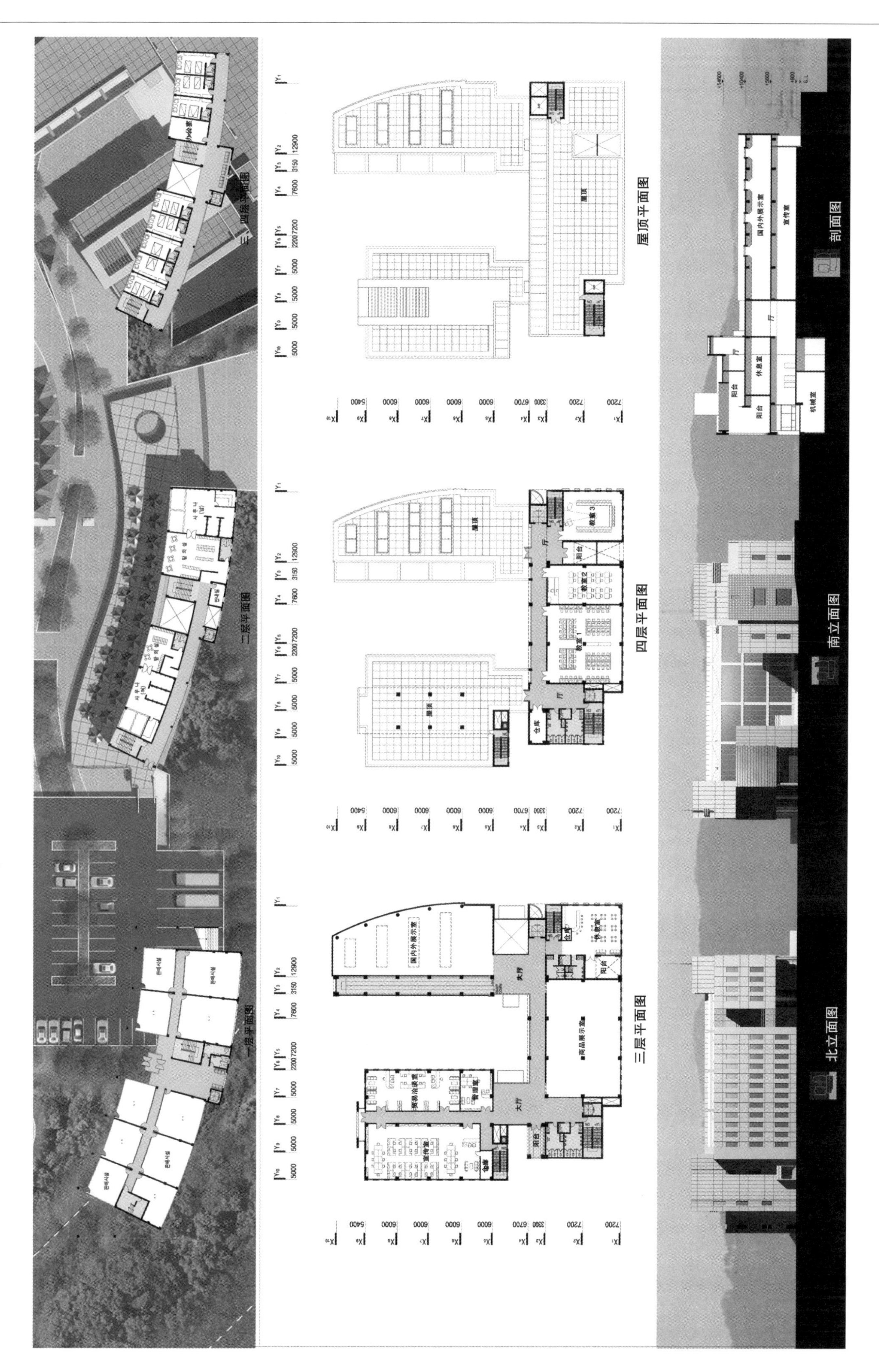
一层平面图
二层平面图
三、四层平面图
办公室
三层平面图
国内外展示室
大厅
商品展示室
贸易洽谈室
管理室
宣传室
仓库
休息室
阳台
四层平面图
教室 1
教室 2
教室 3
厅
屋顶
仓库
屋顶平面图
北立面图
南立面图
剖面图
国内外展示室
宣传室
休息室
阳台
机械室

学校建筑

大田长带中学新教学楼及附属设施

三等奖方案 **都城建筑：**安基敦，宋在宪。设计组：郑勇贤，尹永善

用地现状分析

—规划用地邻接的道路为北侧15m，东侧15m，南侧8m，西侧8m。

—用地东侧有河流，地形平坦，总高差为1m以下。

—考虑与周围环境协调，与交叉道路的接近性。

—提高地段的可视度。

布置规划

—利用道路轴线布置。

—南北向布置教室，创造欢快的室内环境。

—将学习空间和围绕学习空间的空间向当地居民开放，形成地域社会的交流社区。

外部空间构成

—在南北侧出入口，规划外部空间，给人以开放感。

—邻接东侧河流安排运动场，确保开放感和宽敞的视野。

流线设计

—减少内部车辆流线。

—通过出入广场，形成行人交通，确保空间感。

—顺着连接南北的主人行道构成方便的出入口。

平面设计

—南向布置一般教室，保证日照充足。

—按学科集中布置，提高运营效率。

—独立布置特别教室，确保空间的领域性。

—在流线的中心布置交往空间。

—提高流线的效率性。

—适当地分散布置休息、信息空间，以适应移动式教学。

—通过分散布置的楼梯和连廊创造畅通的垂直、水平流线。

立面设计

—分离圆形的玻璃幕墙特别教室，展开开放和封闭的立面。

—休息空间及交往空间部分用玻璃幕墙处理。

—立面设计考虑了一般教学楼的垂直扩建。

—利用遮阳板遮挡直射光线。

剖面设计

—体育馆安排在北侧道路一侧阻隔噪声。

—利用运动场和出入广场的高差，在体育馆下部安排地下停车场。

—休息场地、运动场、自然河流形成连续的外部空间。

—通过连廊提高流线的便利性，创造具有开放感的外部空间。

装修材料设计基本构想

—按房间的功能使用经济、耐久的材料。

—选择适用性和施工性好的材料。

—使用自然的材料及色调。

外装材料装修设计

—外装材料选择标准：耐久性卓越、与周围环境协调的材料。

位置：大田广驿市流成区长带洞 361 号
地域：一般居住区
用地面积：13220.80m²
总建筑面积：8570.24m²，包括体育馆面积，未包括体育馆下部停车场
首层建筑面积：2840.18m²
建筑密度：21.48%
容积率：62.44%
结构：钢筋混凝土框架结构
规模：地下 1 层，地上 4 层
外部装修：红砖，着色底板，金属板
造景面积：2010.00m²
停车位数：43 辆

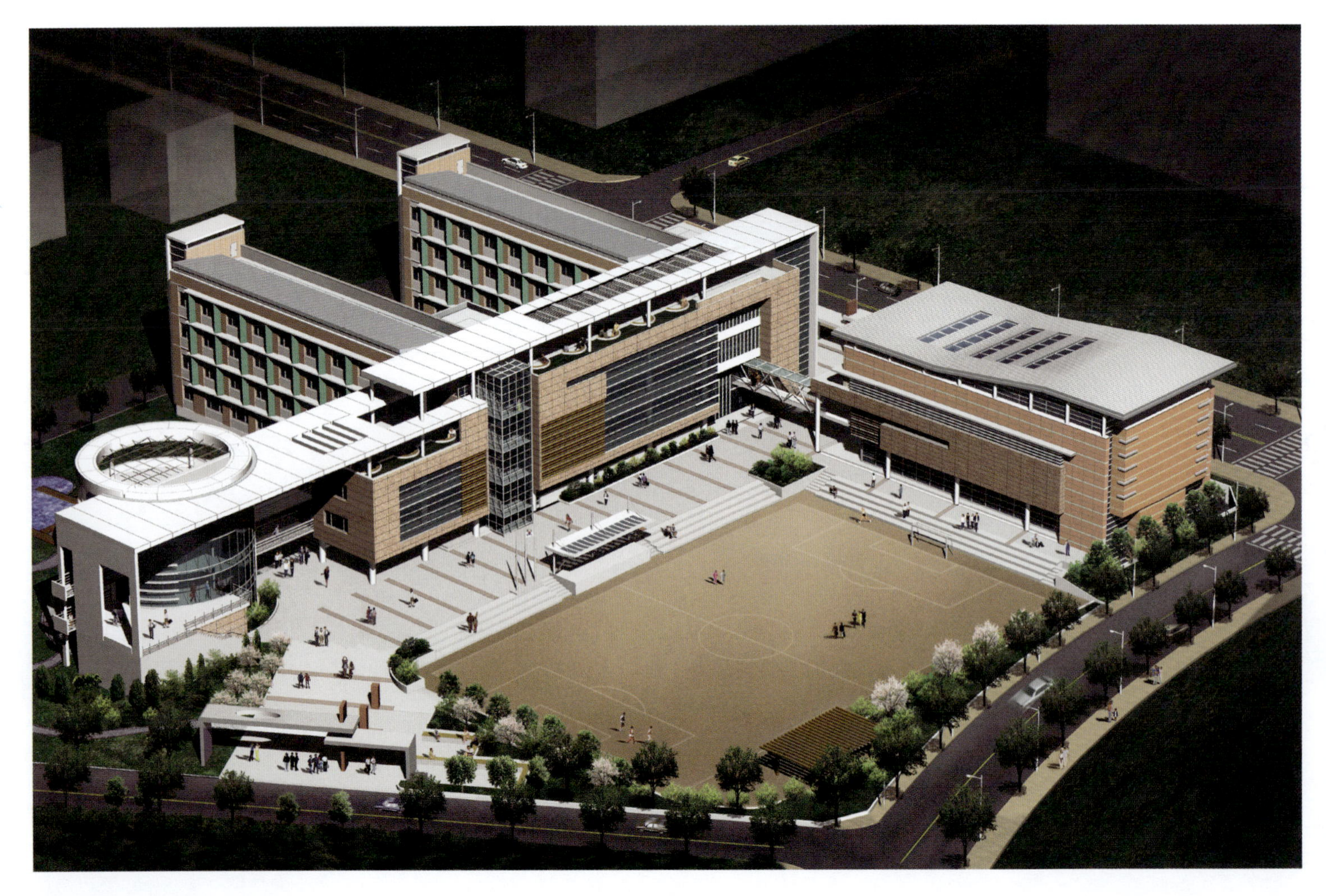

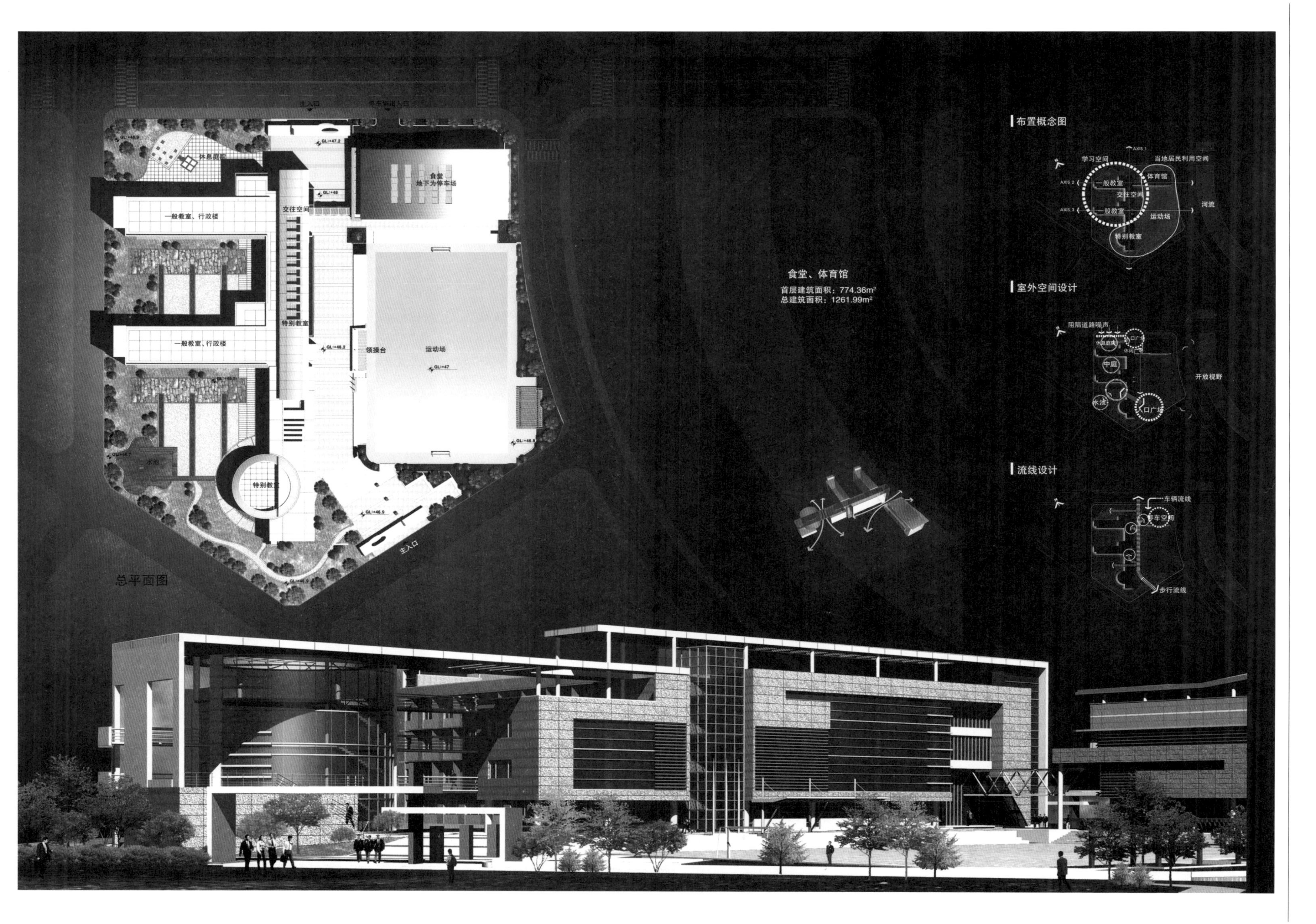

布置概念图
学习空间
当地居民利用空间
体育馆
一般教室
交往空间
一般教室
运动场
河流
特别教室
室外空间设计
阻隔道路噪声
口广场
休息庭院
中庭
水池
开放视野
流线设计
车辆流线
停车空间
步行流线
食堂、体育馆
首层建筑面积：774.36m²
总建筑面积：1261.99m²
主入口
停车场出入口
休息庭院
一般教室、行政楼
一般教室、行政楼
交往空间
特别教室
食堂
地下为停车场
领操台
运动场
特别教室
水池
主入口
总平面图

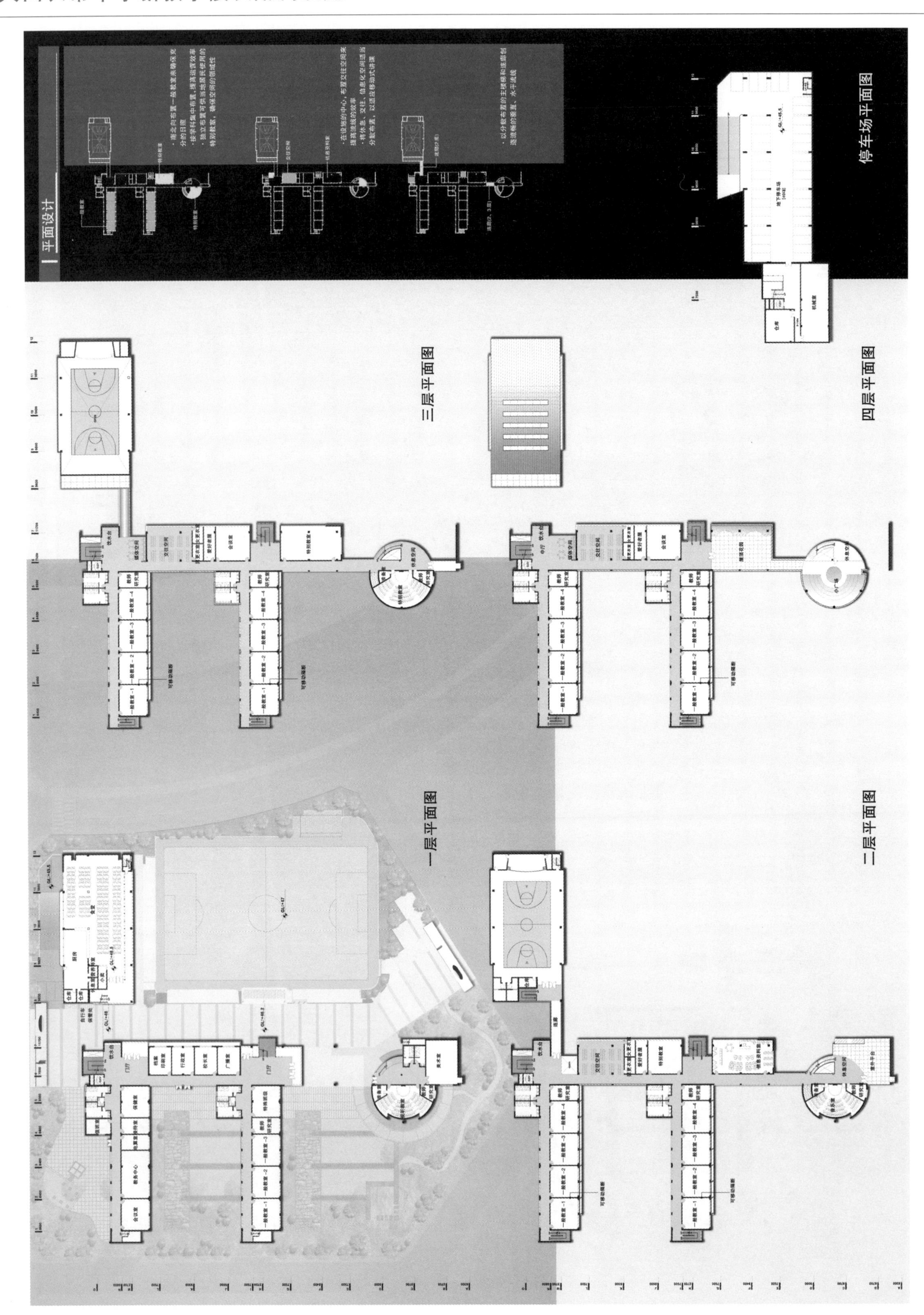
平面设计
停车场平面图
三层平面图
四层平面图
一层平面图
二层平面图

南立面图
东立面图
纵剖面图
厅
厅
厅
走廊
行政室
体育馆
食堂
停车场
横剖面图
体育馆
食堂
停车场
立面设计
玻璃幕墙
着色底板
玻璃幕墙
红砖
■将圆形的玻璃教室分离出来，形成开放与封闭的立面
■休息空间及交往空间部分做玻璃幕墙
遮阳板
日后扩建部分
着色底版
■立面设计考虑了一般教室楼的日后扩建
■利用遮阳板阻隔直射光线
进入部分
地下停车
阻隔道路噪声
18m 宽道路
■将体育馆安排在北侧道路边来阻隔噪声
■利用运动场与入口部高差规划体育馆下部地下停车场
特别教室连廊
体育馆连廊
休息庭院
运动场
■规划了以休息庭院、运动场及自然河口构成的连续的外部空间
■利用连廊提高了流线的便利性，并创造了具有开放感的外部空间

大田磐石中学新教学楼及附属设施工程规划

中标方案 D&B 建筑：赵道延，安昌茂。设计组：金贤洙，李勇浩，文形德，李基东，朴任浩，金优美

路以及庭院

庭院 / 空间

我们的庭院是空的场所，可作为活动场、作业场或儿童游乐场等行使多样的功能。散落在大地各处的庭院腾空其内部来容纳更多的行为，将建筑作为背景体现着它的价值。

路 / 连接

在建筑用地中，像流水一样连接各空间的路，时而水平向、时而垂直向联系着建筑与庭院。内外部如此完整的连接是连续性在视觉、空间上的表现。

自然中的学校……像公园的学校

外部空间处处安排了生态学习场、小庭院、铺石路等绿地。

各个院子可作为学生体验自然的空间或当地居民的休息空间，使学校犹如城市中的公园。

生态自然学习场地

作为连接儿童公园和学校的媒介空间，吸引居民并给地域社会提供休息和体验自然的机会的空间，创造没有围墙的学校。

内院 / 铺石路

铺石路引导流线，形成自然的入口道路，并从视觉上限定内院。铺石路围合内院，创造丰富的清静空间。

绿色中厅

公共活动楼由大厅、特殊技能教室、图书馆、信息资料室等组成。在公共活动楼中央规划绿色中厅，给清静的内部空间赋予生动感，创造欢快的室内环境。

解读用地和布置概念

为了隔离基地东侧的 25m 宽道路及南侧的步行专用道路的噪声，计划了噪声缓冲空间(食堂 / 体育馆)，最大限度地隔离了教学楼。在体育馆下面利用用地高差布置停车场，提高了空间效率。邻近公园一侧布置生态自然学习场，形成了公园到运动场的绿地轴线。在主入口和体育馆之间利用高差形成了斜坡，食堂前面的台阶可用于学生和当地居民的室外舞台。教学楼与体育馆之间的庭院可用于室外学习、休息和学生交流空间。

平面设计

教学楼按楼层、栋分离了教室，最大限度地减少各领域之间的干扰。同一学科在同一楼层布置，提高了学习空间效率。内部空间方面，在连接各教室的中央部位布置交往空间，减少了学生的流线。图书馆和信息图书馆、微机室、教学研究室等集中布置，赋予了多媒体中心的象征。内部流线的交叉点上设置了分年级的展示区和电脑检索区，与交往空间、教学研究室一起形成了学习辅助领域的功能。

立面概念

空间的虚和实

以架空层和二层平台组成的开放空间解除了内部空间的封闭感，表现了立面的轻快感，是隔离和连接内外空间的转移空间。

外墙面的虚和实

利用柱与梁、不透明的墙体与透明玻璃等的对比，形成丰富的内部空间与立面。使用透明材料使内外部空间的界线模糊，视觉上连续着两个空间，将外部空间引入内部空间。

传统建筑的隐喻

在立面中采用外廊、传统窗户等要素，表现了立面的开放感、节奏感、韵律感。

剖面概念

利用地形高差构成了台阶式院子，给各个院子赋予各自的性格，创造了多样的活动空间。

位置：大田广驿市流成区磐石洞 2 区
地域：低密度居住开发地区，3类一般居住区
用途：教育研究及福利设施
用地面积：13261.00m²
总建筑面积：9613.62m²
首层建筑面积：3247.19m²
造景面积：3345.39m²
规模：地下 1 层，地上 4 层
结构：钢筋混凝土结构 + 钢结构(体育馆)
外部装修：彩色砖，彩色双层玻璃，素混凝土，条板
停车位数：48 辆(包括残疾人停车 2 辆)

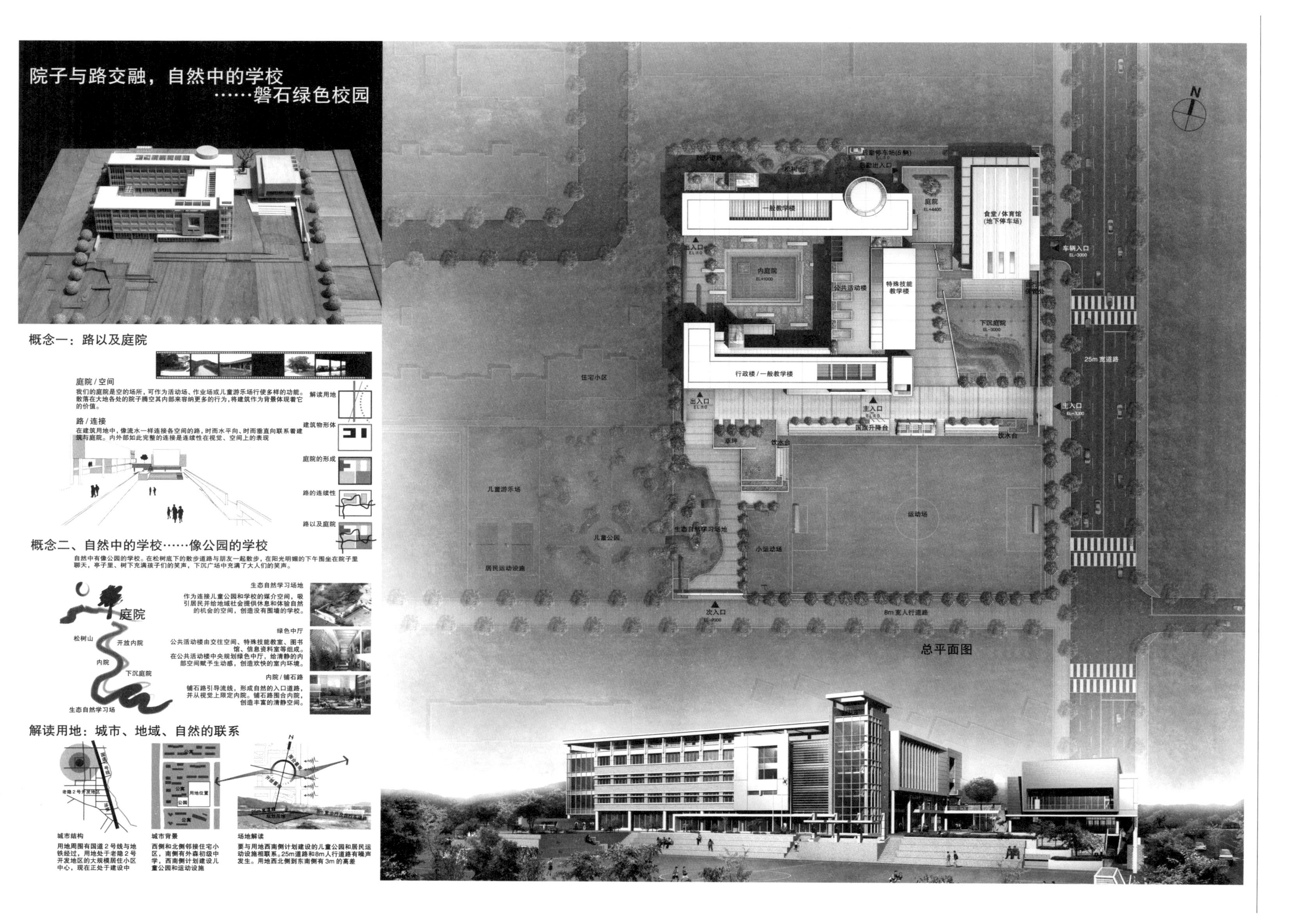
院子与路交融，自然中的学校
……磐石绿色校园
概念一：路以及庭院
庭院 / 空间
我们的庭院是空的场所，可作为活动场、作业场或儿童游乐场行使多样的功能。散落在大地各处的院子腾空其内部来容纳更多的行为，将建筑作为背景体现着它的价值。
路 / 连接
在建筑用地中，像流水一样连接各空间的路，时而水平向、时而垂直向联系着建筑与庭院。内外部如此完整的连接是连续性在视觉、空间上的表现
解读用地
建筑物形体
庭院的形成
路的连续性
路以及庭院
概念二、自然中的学校……像公园的学校
自然中有像公园的学校。在松树底下的散步道路与朋友一起散步，在阳光明媚的下午围坐在院子里聊天，亭子里、树下充满孩子们的笑声，下沉广场中充满了大人们的笑声。
庭院
松树山
开放内院
内院
下沉庭院
生态自然学习场
生态自然学习场地
作为连接儿童公园和学校的媒介空间，吸引居民并给地域社会提供休息和体验自然的机会的空间，创造没有围墙的学校。
绿色中厅
公共活动楼由交往空间、特殊技能教室、图书馆、信息资料室等组成。在公共活动楼中央规划绿色中厅，给清静的内部空间赋予生动感，创造欢快的室内环境。
内院 / 铺石路
铺石路引导流线，形成自然的入口道路，并从视觉上限定内院。铺石路围合内院，创造丰富的清静空间。
解读用地：城市、地域、自然的联系
老隐2号开发地区
公寓
用地位置
公园
规划用地
城市结构
用地周围有国道2号线与地铁经过，用地处于老隐2号开发地区的大规模居住小区中心，现在正处于建设中
城市背景
西侧和北侧邻接住宅小区，南侧有外森初级中学，西南侧计划建设儿童公园和运动设施
场地解读
要与用地西南侧计划建设的儿童公园和居民运动设施相联系。25m道路和8m人行道路有噪声发生。用地西北侧到东南侧有3m的高差
N
一般教学楼
庭院
食堂 / 体育馆
(地下停车场)
车辆入口
内庭院
公共活动楼
特殊技能教学楼
下沉庭院
行政楼 / 一般教学楼
25m宽道路
住宅小区
出入口
主入口
国旗升降台
饮水台
亭坪
儿童游乐场
儿童公园
运动场
小运动场
居民运动设施
次入口
8m宽人行道路
总平面图

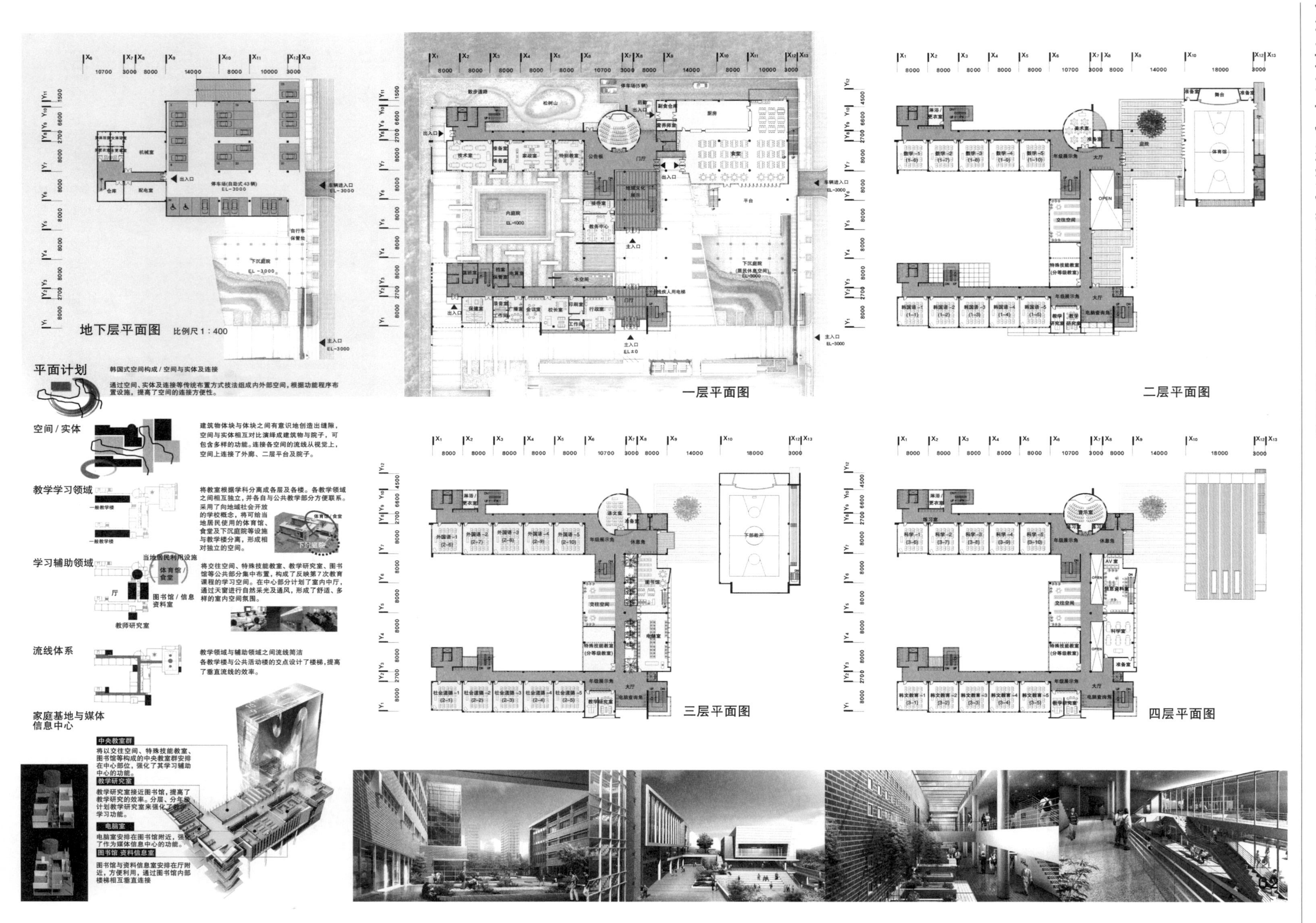
地下层平面图 比例尺1：400
一层平面图
二层平面图
三层平面图
四层平面图
平面计划
韩国式空间构成 / 空间与实体及连接
通过空间、实体及连接等传统布置方式技法组成内外部空间，根据功能程序布置设施，提高了空间的连接方便性。
空间 / 实体
建筑物体块与体块之间有意识地创造出缝隙，空间与实体相互对比演绎成建筑物与院子，可包含多样的功能。连接各空间的流线从视觉上，空间上连接了外廊、二层平台及院子。
教学学习领域
一般教学楼
将教室根据学科分离成各层及各楼。各教学领域之间相互独立，并各自与公共教学部分方便联系。
采用了向地域社会开放的学校概念，将可给当地居民使用的体育馆、食堂及下沉庭院等设施与教学楼分离，形成相对独立的空间。
体育馆 / 食堂
下沉庭院
学习辅助领域
当地居民利用设施
体育馆 / 食堂
厅
图书馆 / 信息资料室
教师研究室
将交往空间、特殊技能教室、教学研究室、图书馆等公共部分集中布置，构成了反映第7次教育课程的学习空间。在中心部分计划了室内中厅，通过天窗进行自然采光及通风，形成了舒适、多样的室内空间氛围。
流线体系
教学领域与辅助领域之间流线简洁
各教学楼与公共活动楼的交点设计了楼梯，提高了垂直流线的效率。
家庭基地与媒体信息中心
中央教室群
将以交往空间、特殊技能教室、图书馆等构成的中央教室群安排在中心部位，强化了其学习辅助中心的功能。
教学研究室
教学研究室接近图书馆，提高了教学研究的效率。分层、分年级计划教学研究室来强化了教学学习功能。
电脑室
电脑室安排在图书馆附近，强化了作为媒体信息中心的功能。
图书馆 资料信息室
图书馆与资料信息室安排在厅附近，方便利用，通过图书馆内部楼梯相互垂直连接

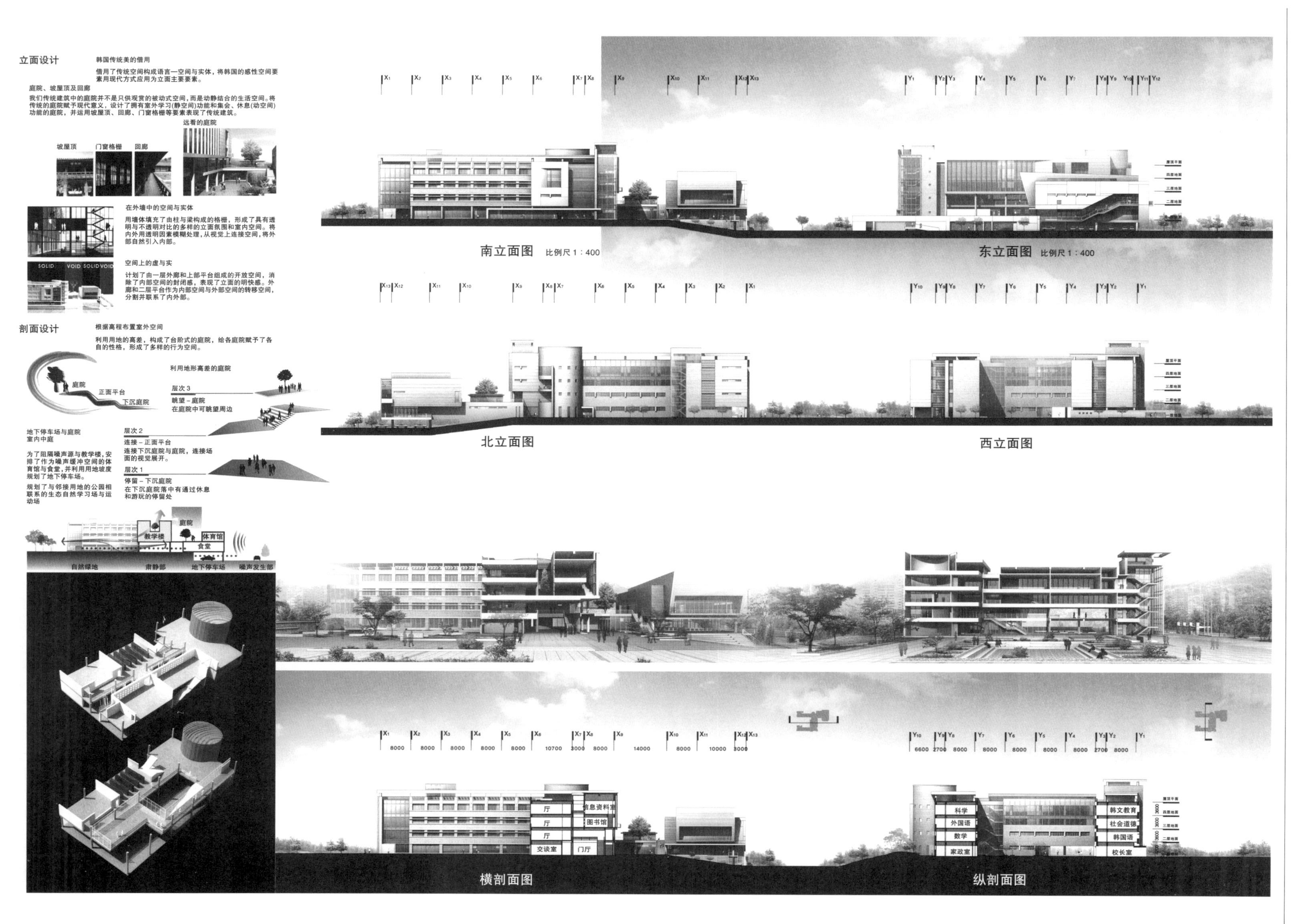

立面设计

韩国传统美的借用

借用了传统空间构成语言—空间与实体，将韩国的感性空间要素用现代方式应用为立面主要要素。

庭院、坡屋顶及回廊

我们传统建筑中的庭院并不是只供观赏的被动式空间，而是动静结合的生活空间。将传统的庭院赋予现代意义，设计了拥有室外学习(静空间)功能和集会、休息(动空间)功能的庭院，并运用坡屋顶、回廊、门窗格栅等要素表现了传统建筑。

在外墙中的空间与实体

用墙体填充了由柱与梁构成的格栅，形成了具有透明与不透明对比的多样的立面氛围和室内空间。将内外用透明因素模糊处理，从视觉上连接空间，将外部自然引入内部。

空间上的虚与实

计划了由一层外廊和上部平台组成的开放空间，消除了内部空间的封闭感，表现了立面的明快感。外廊和二层平台作为内部空间与外部空间的转移空间，分割并联系了内外部。

剖面设计

根据高程布置室外空间

利用用地的高差，构成了台阶式的庭院，给各庭院赋予了各自的性格，形成了多样的行为空间。

地下停车场与庭院
室内中庭

为了阻隔噪声源与教学楼，安排了作为噪声缓冲空间的体育馆与食堂，并利用用地坡度规划了地下停车场。

规划了与邻接用地的公园相联系的生态自然学习场与运动场

首尔产业大学语言学院

二等奖方案 三友同仁建筑：韩相墨，孙利太。设计组：朴孝星，全智仁，金永日，郑民桥

布置规划

根据总体规划，顺应整齐的校园，沿直角轴向布置。

外部空间考虑了开放性和接近性。

设置架空层，使前面广场和后院有机联系。

对应校园布局的成长与变化的开放性、舒适性的布置。

设置后院广场和预留扩建场地。

平面设计

设计两个建筑楼体，明确区分其功能。

按功能，创造了合理的弹性空间。

以底层架空和休息平台有机连接内、外部空间。

考虑到教学研究室是常住空间，南向布置，保证欢快的研究环境及往校园内的眺望。

按楼层设置休息空间，形成欢快的室内环境。

立面设计

形成21世纪尖端语言学院形象的大门构思。

L型布局确保了两个立面的正面性和认知性。

根据材料特性的虚和实，形成建筑物的分节和韵律。

根据模数的垂直、水平划分，演绎出视觉的安定性和变化的多样性。

剖面设计

考虑校园整体天际线的高层化倾向。

设置垂直、水平遮阳板来引进自然光线，但阻断光线的直射。

架空底层来保证开放空间的连续性，并形成了高效率的垂直流线体系。

确保各层的独立性和相互联系。

门厅部分架空两层，确保了开放感。

平面设计

规划充分考虑两个建筑楼体之间的联系。

利用两个建筑楼体之间的坡道规划了循环道路，使车辆交通畅通无阻。

布置注重实际功能和提高工作效率上。

进行必要的房间功能布置，提高其工作效率。

立面设计

符合陶艺实习楼形象的造型。

楼座以陶器作为模型引申。

立面设计能感觉到陶器的粗犷感。

位置：首尔市卢原区孔陵洞172号(首尔产业带校园内域)
地域：一般居住区域，学校设施地区
用途：教育研究设施(语言学院)
首层建筑面积：语言学院 1548.14m²
陶艺实习楼 456.39m²
合计 2004.50m²
总建筑面积：语言学院 6789.25m²
陶艺实习楼 580.33m²
合计 7369.58m²
规模：地下1层，地上5层
结构：钢筋混凝土结构
最高高度：24.9m
外部装修：T30花岗石，T18彩色双层玻璃，木材遮阳板

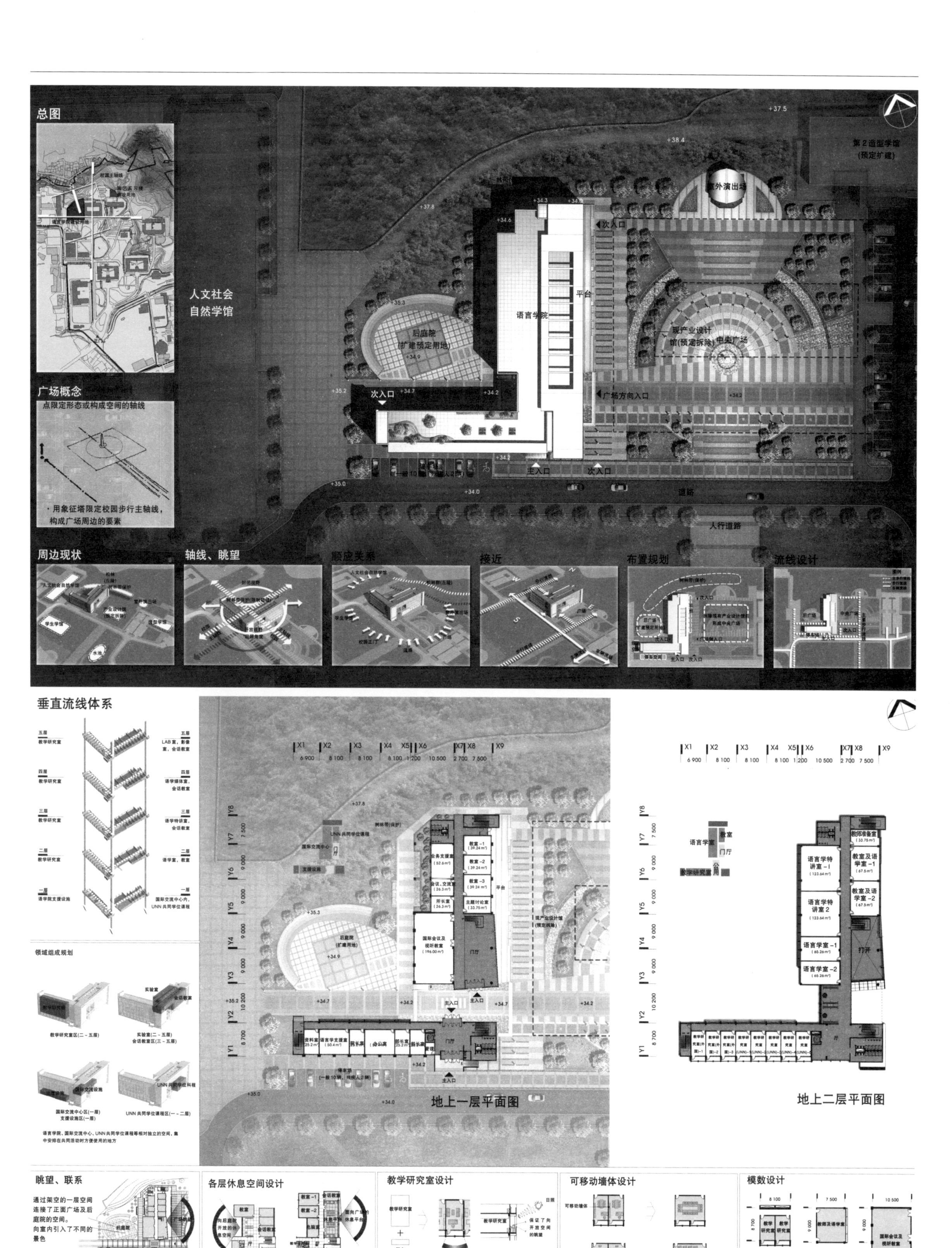
总图
广场概念
点限定形态或构成空间的轴线
·用象征塔限定校园步行主轴线，构成广场周边的要素
人文社会自然学馆
第2造型学馆(预定扩建)
室外演出场
次入口
平台
语言学院
后庭院(扩建预定用地)
现产业设计馆(预定拆除)
中央广场
广场方向入口
主入口
道路
人行道路
周边现状
轴线、眺望
顺应关系
接近
布置规划
流线设计
垂直流线体系
领域组成规划
地上一层平面图
地上二层平面图
眺望、联系
通过架空的一层空间连接了正面广场及后庭院的空间。
向室内引入了不同的景色 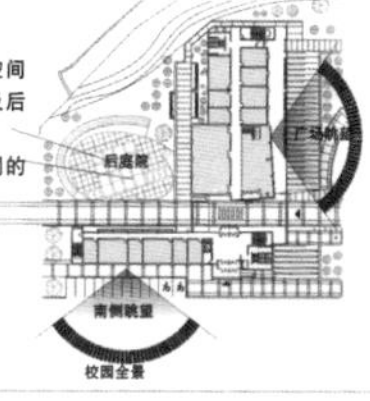
各层休息空间设计
为了缓解教学研究楼与教室楼交叉点，在二、四、五层设置了室内休息空间
为了便于交流，在三层设置平台
教学研究室设计
考虑了教学研究室是常住空间，南向布置教学研究室形成适宜的研究环境。
引入阳台保证了思索空间及向校园的眺望
可移动墙体设计 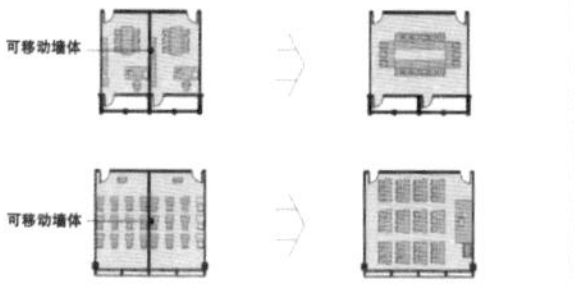
使用可移动墙体，可将房间使用为多种用途
模数设计
基本单位模数
教学研究室8.1m×9.8m
会话教室7.5m×4.5m
语言学室7.5m×9.0m
国际会议室10.5m×9.0m

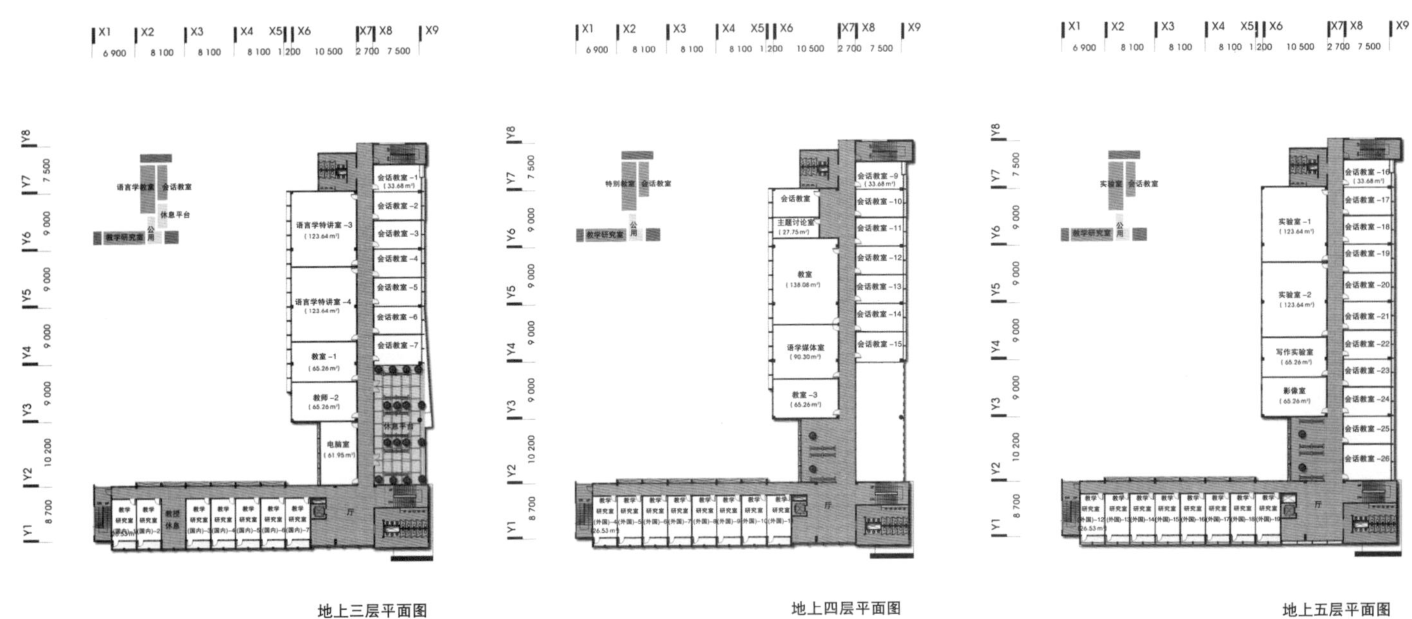

地上三层平面图

地上四层平面图

地上五层平面图

长安大学总体规划　大学本部以及学术信息馆

中标方案　高宇建筑：杨胜官，文东植，张东勋。MDO

总体规划

布置规划

大学本部和学术信息馆以及中央广场为中心，形成轴线系统的扩张。拟建建筑物均南向布置，与原有建筑物一起，聚集在中央广场周围，与校园用地形状相协调。

交通规划

机动车道路做成高架路，尽量使道路顺畅和减少斜坡。在校园中心道路和连接前后门的道路交叉点做校园的圆心，自然地连接生活科学馆前广场和中央广场。设置行人专用道路，连接公寓和提供便利设施的村庄，方便学生生活。

造景(绿化)规划

中央广场强调其重要性，设置为休息和遐想的场所，草坪广场设置为学生的节日用场所，在用地周边的所有绿地空间，设置山涧小路。

运动设施

确保运动场和运动设施的最大化，便于内外部的连接，维持运动设施所需的南北轴线。

停车设施

停车设施分散在3处，其中的两处利用原有地形设在地下，上部作为造景广场和运动设施使用。学校的大客车(通勤车)场，设在地下车库，不影响景观。

商业设施

在规划路周边集中设置，尤其是在大马路和规划路、后门交接处，设置产、学协作的大型商业设施。

大学本部以及学术信息馆

可能性

学术信息馆是交流信息的场所，为此除了安全所需部分以外，均设计为开放性的空间，便于自由地活用。

象征性

单一朴素的玻璃盒子外形和富有趣味的内部空间，符合21世纪的时代思想，有意识地设计为弱化校园内原有建筑物的威严的建筑形态。

外观形态

透明的玻璃盒子完全透进外部的原有建筑物和自然环境，形成了校园中心的造景，塑造强烈的夜景效果。

从外部清楚地看到里边的设施和活动，有意识地引导学生的学习欲望和接近意图。

内部空间

可以看到生活科学馆前广场和中央广场以及整个校园区，丰富室内的生活。

平面设计

大学本部、教职工休息室以及研究室安排在五、六层，学术信息馆安排在一～四层。按照使用功能进行区分，只是将行使学校行政服务功能的部分安排在低层，方便使用。

位置：京畿道 HUASENG 市 BENGDANG 邑上里 460 外 7 毗地
地域：自然绿化地域，城市规划设施/(学校设施)
用地面积：271680m²
红线面积：247477m²
首层建筑面积：19471.99m²
总建筑面积：97510.23m²
建筑密度：7.87%
容积率：29.02%
规模：学术信息馆：地下1层、地上6层
地下设施（地下车库，阅览室）：地下2层/金属工艺课实习楼：地上2层
结构：学术信息馆：钢筋混凝土，
部分型钢混凝土/地下设施：钢筋混凝土
外部装修：学术信息馆、地下设施为T24双层玻璃，T30花岗石贴面
金属工艺课实习楼为T50 WULIETAN PANEL
停车位数：新增241辆

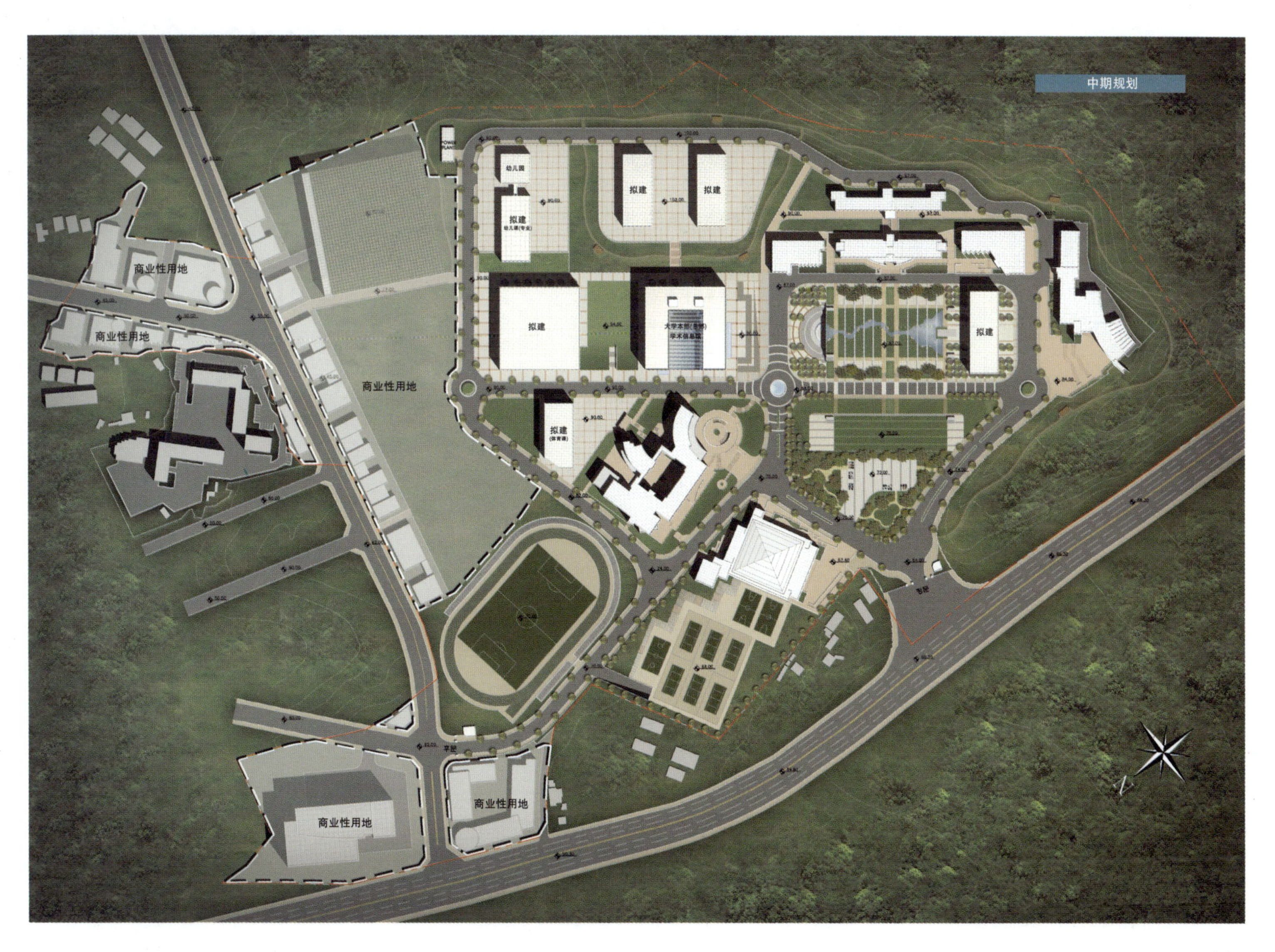

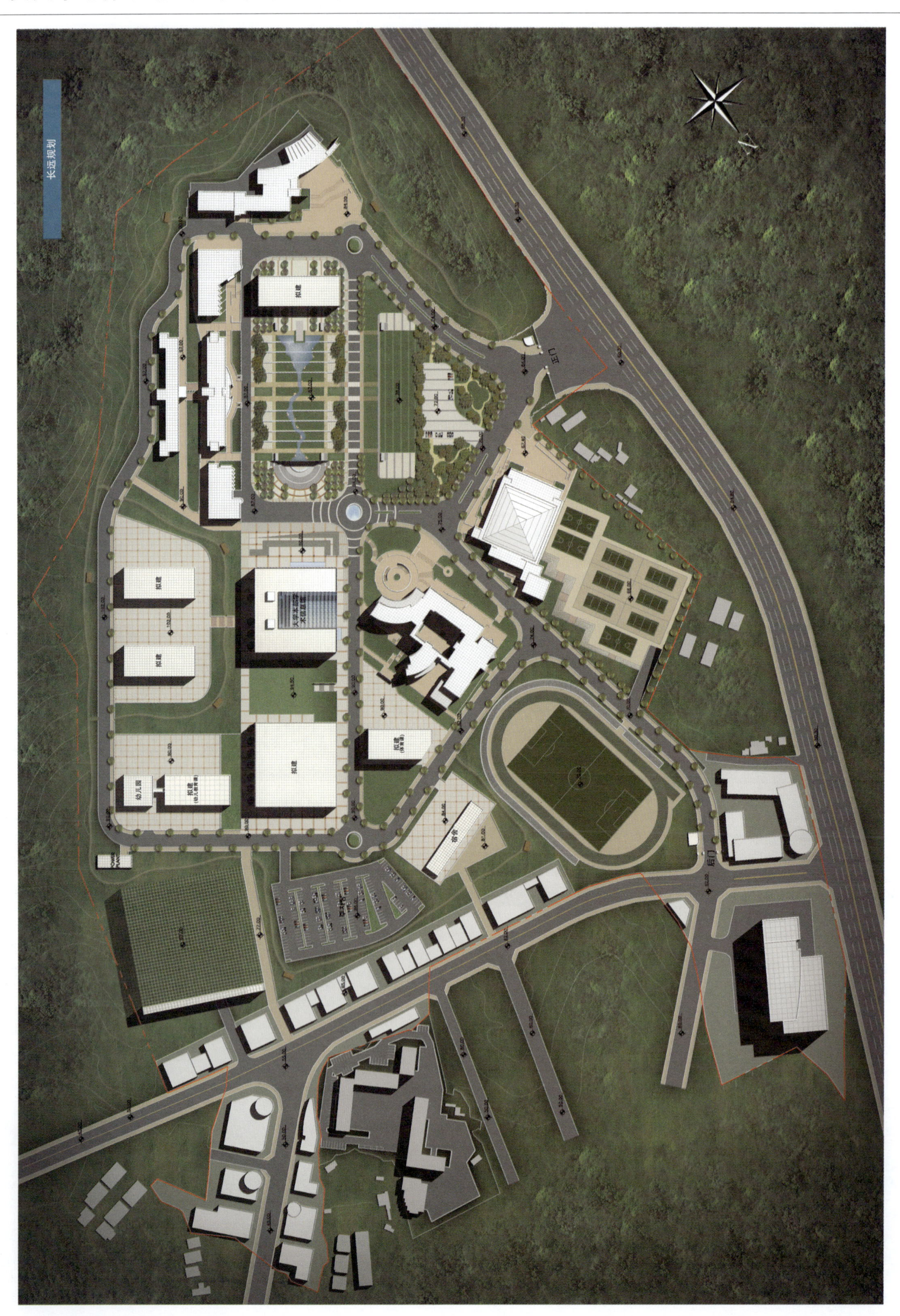
长远规划
拟建
拟建
拟建
大学本部学
术信息馆
拟建
拟建
(体育课)
幼儿园
拟建
(幼儿教育课)
宿舍
正门
后门

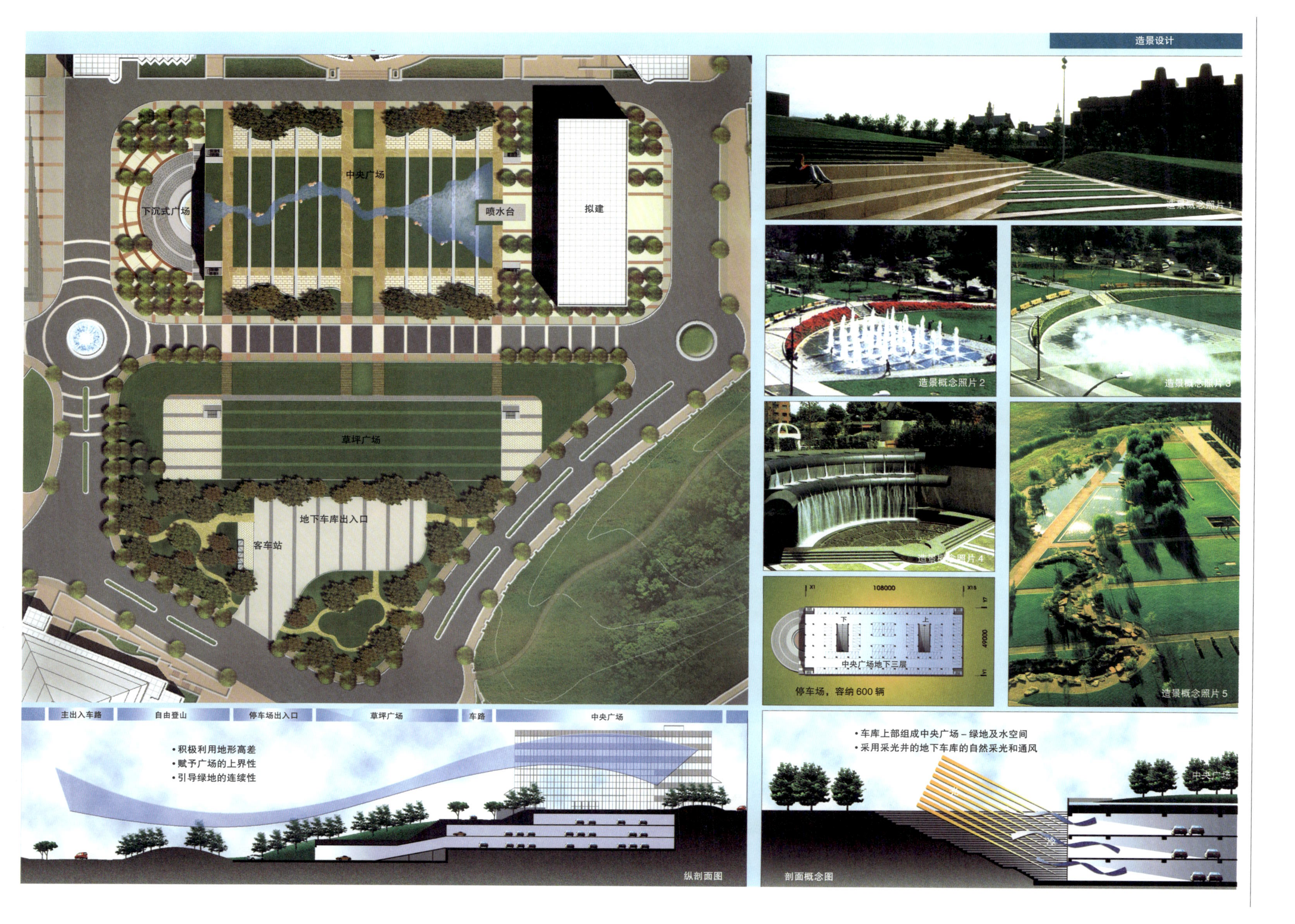

造景设计
下沉式广场
中央广场
喷水台
拟建
草坪广场
地下车库出入口
客车站
造景概念照片1
造景概念照片2
造景概念照片3
造景概念照片4
造景概念照片5
108000
49000
中央广场地下三层
停车场，容纳600辆
主出入车路
自由登山
停车场出入口
草坪广场
车路
中央广场
·积极利用地形高差
·赋予广场的上界性
·引导绿地的连续性
纵剖面图
·车库上部组成中央广场－绿地及水空间
·采用采光井的地下车库的自然采光和通风
剖面概念图

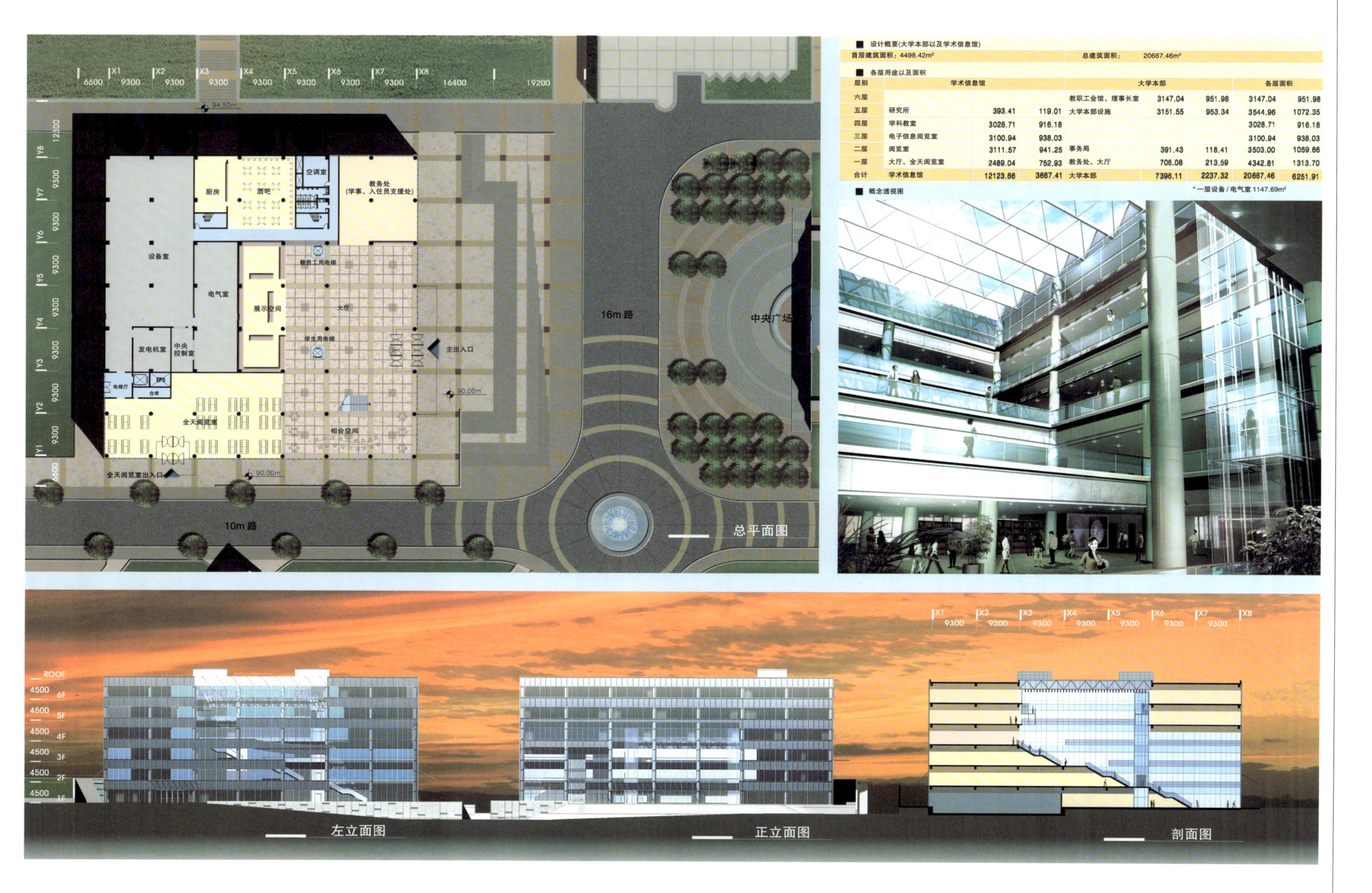

■ 设计概要(大学本部以及学术信息馆)

首层建筑面积：4498.42m²	总建筑面积：20667.46m²

■ 各层用途以及面积

层别	学术信息馆			大学本部			各层面积	
六层				教职工会馆、理事长室	3147.04	951.98	3147.04	951.98
五层	研究所	393.41	119.01	大学本部设施	3151.55	953.34	3544.96	1072.35
四层	学科教室	3028.71	916.18				3028.71	916.18
三层	电子信息阅览室	3100.94	938.03				3100.94	938.03
二层	阅览室	3111.57	941.25	事务局	391.43	118.41	3503.00	1059.66
一层	大厅、全天阅览室	2489.04	752.93	教务处、大厅	706.08	213.59	4342.81	1313.70
合计	学术信息馆	12123.66	3667.41	大学本部	7396.11	2237.32	20667.46	6251.91

* 一层设备 / 电气室 1147.69m²

■ 概念透视图

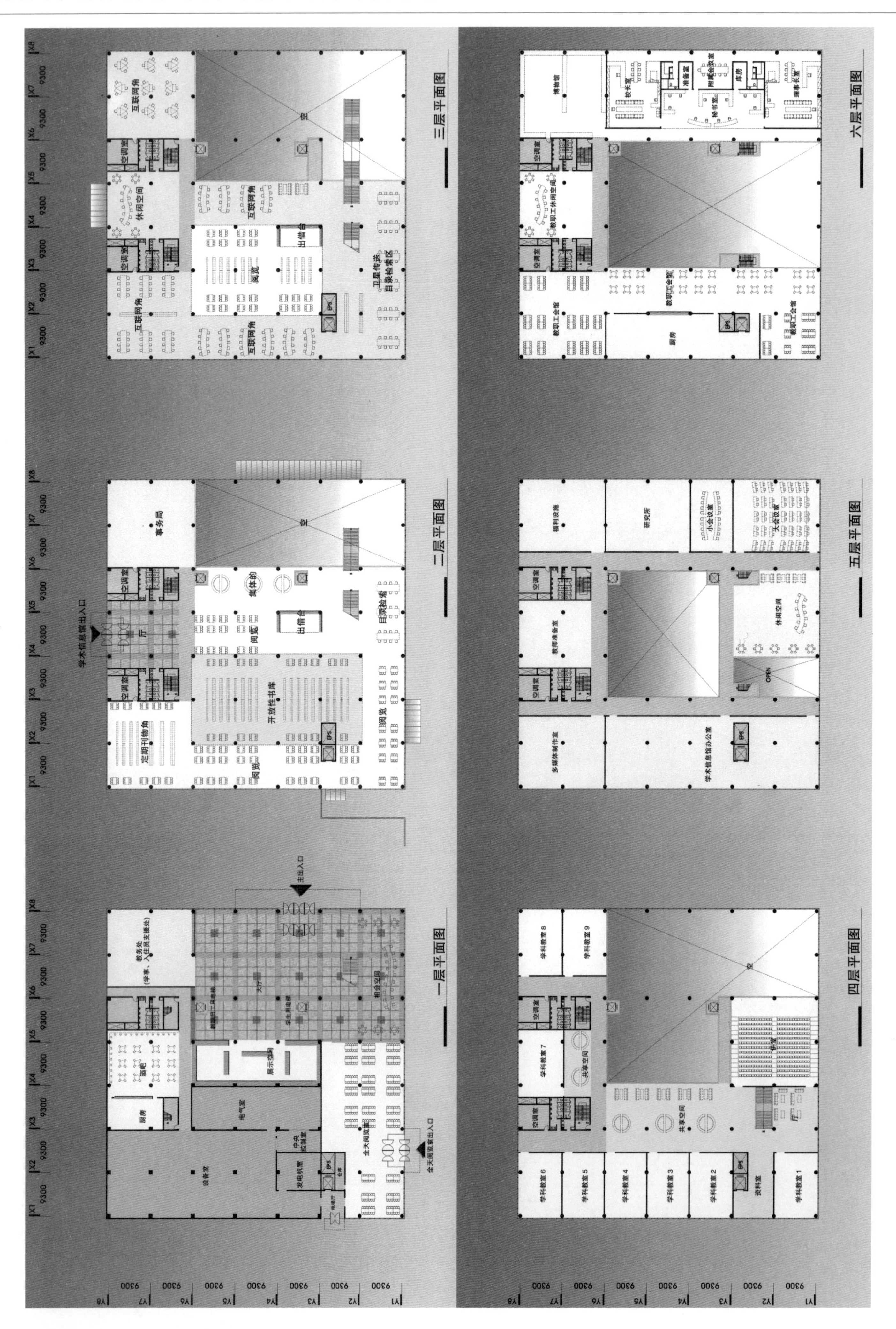

三层平面图
二层平面图
一层平面图
六层平面图
五层平面图
四层平面图

首尔盲人学校医疗专业教育馆异地扩建

中标方案 道宇建筑：崔德虎。继龙产业

设计概念

本设计是服务于盲人的学校设施工程，最重要的设计概念是要站在使用者的立场上考虑问题：第一是简短的交通规划，第二是空间认识中光线的处理规划，第三是考虑噪声的方向性提示，第四是发生灾害时的避难规划。以上述问题为中心，设计时充分理解盲人的特性，考虑学校的未来发展，考虑其安全性和方便性。

规划布置

第一：将教育行政功能楼布置在主出入口处，缩短盲人移动的路程，并设置盲人专用道，做到安全方便使用。

第二：除中央大厅以外，在各楼的走廊端部，追加疏散楼梯，使火灾时的迅速疏散变成可能。并在每层设置安全地带，作为非常时期的外部落脚躲避处使用。

第三：由于对盲人的社会偏见，往往征地困难。本设计考虑了学校以后的扩建。

第四：排除盲人难以辨认的圆形、多边形空间，各楼均为长方形。将间接噪声设计为盲人辨认方向的要素。而且连续的房间做成不同长度大小，特别是在走廊的转角处和尽头设置窗，给予盲人方向感和利用光线的明暗形成不同空间的认知感。

最后：用地南侧12m道路为拟建的规划路。为此，规划路竣工前，前广场用作停车场；规划路竣工后，运动内院兼作职工停车场，将空间最大化活用。

平面设计

平面设计的概念是优先保证盲人疏散距离的最短化以及在平面各楼端部设置疏散楼梯和安全地带。而且在走廊的转角处和尽头设置窗，以便通过走廊时容易辨认目标点和楼梯与室外空间之间的方向性。首先，在地下层设置下沉式天井，食堂的环境改善以及开辟另外出口成为可能。地上一层平面，分设行政辅助设施和宿舍出入口，引导通往后庭外部空间的自然通路。尤其是讲堂设在一层，提供多项用途，举办外部活动成为可能。地上二至四层水平分离教育设施区和宿舍区，确保层间连接通道。宿舍区设置南向外廊式走廊，阻断铁路噪声，利用光的亮度差别辨认方向。在教育设施区，南向布置一般教室群，考虑盲人因素引入直角通道体系，走廊的墙壁上防止出现棱角或突出物体，设置行走时的扶壁栏杆，确保行路安全。地上五层，设置独立的图书馆区域，并设置休闲空间和屋顶休闲空间，使多种多样的空间体验成为可能。值得一提的是，为了盲人安全，屋内所有外露柱子均采用圆形。

立面设计

第一：提高主出入口的认知度，最大限度地提高采光率，形成开放的空间。

第二：最高层的图书馆，设置通窗，使室内外通亮，赋予现代气息。

第三：避免单调，注重楼座的重叠效果，与周边龙山初级中学相协调，适合自然采光、通风的门窗设计。

剖面设计

为满足各房间适当的层高，教育行政设施区取3.9m，宿舍区取3m。根据事前调查得知，当地地基条件薄弱，因此采用桩基础。为了减少低层住宅的视觉阻挡和保证龙山初级中学的开放性，原有10m路边的楼体采用较低层的处理方法。

位置：首尔市龙山区汉江路2街1番地
地域：城区，一般居住地域，区域规划区
用地面积：5961.40m²(12m 城市规划路，约638.6m²除外)
首层建筑面积：2009.13m²
总建筑面积：7950.10m²
造景面积：1491.39m²
建筑密度：33.7%
容积率：112.9%
建筑规模：教育行政楼，地下1层、地上5层
宿舍楼，地上4层
建筑高度：23.6m
结构：钢筋混凝土
外部装修：饰面砖、THK18 双层玻璃
停车位数：40辆(含残疾人用车2辆、部分程序停车)
设备：北星设计
电气：三宇电气咨询
结构：形象结构安全咨询
土木：石原 YIYANSHI
造景：汉林造景

首尔盲人学校医疗专业教育馆异地扩建

■ 规划要素

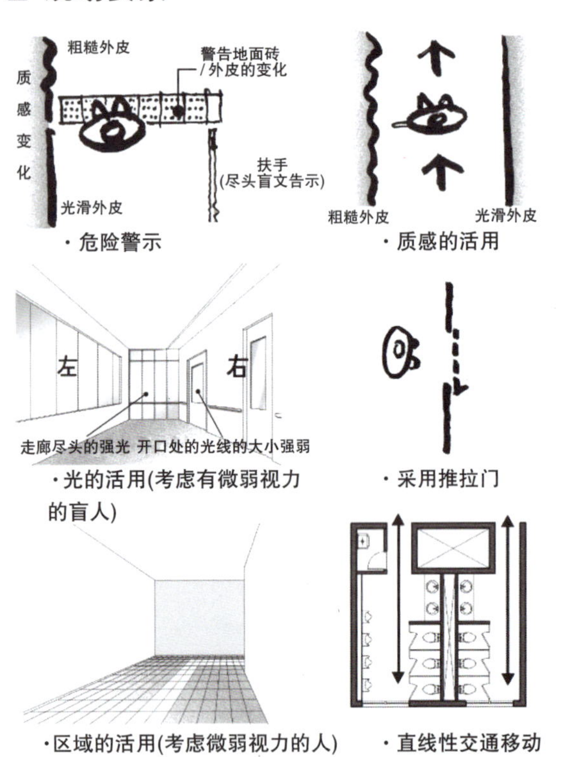

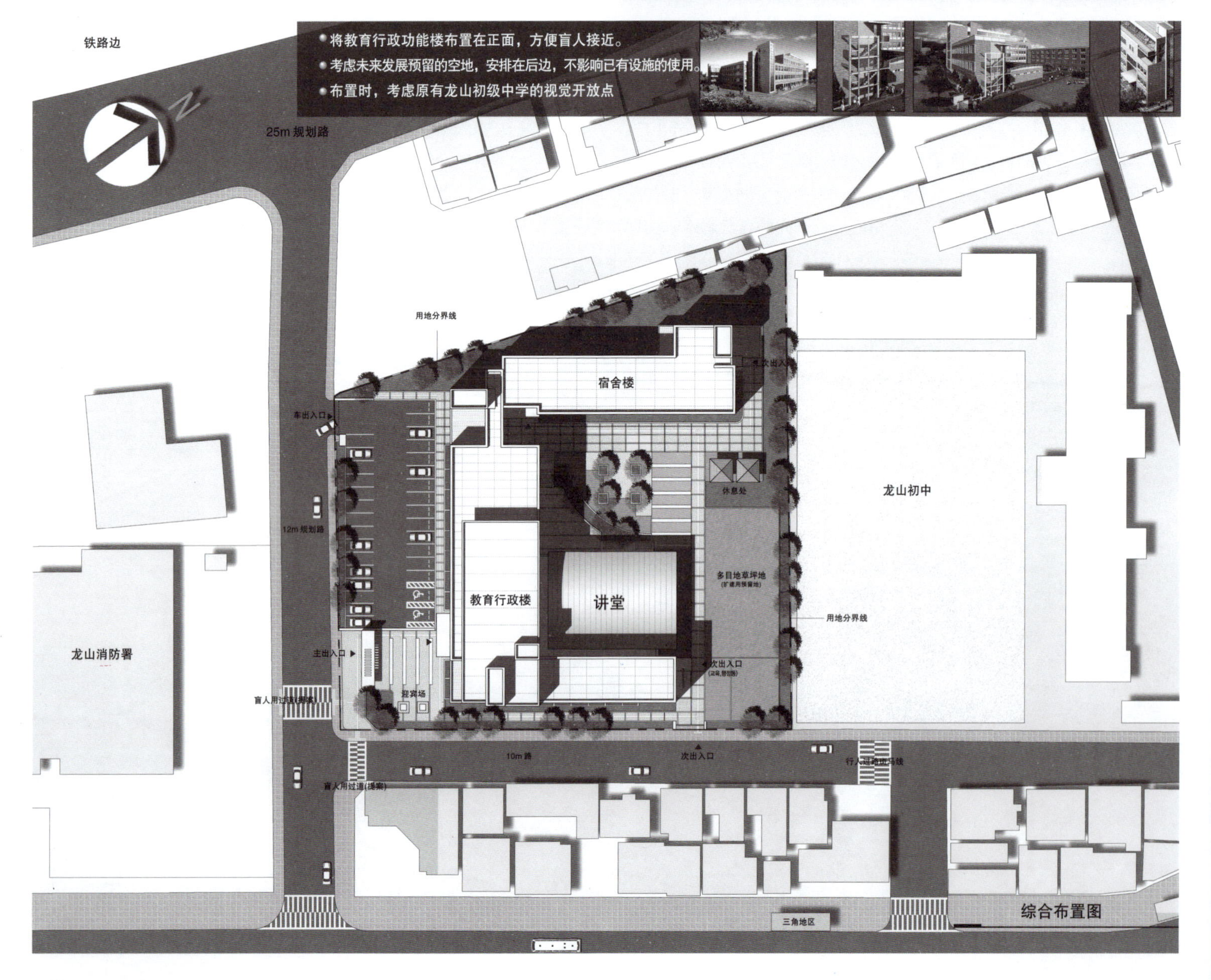

周边现状分析

现状照片

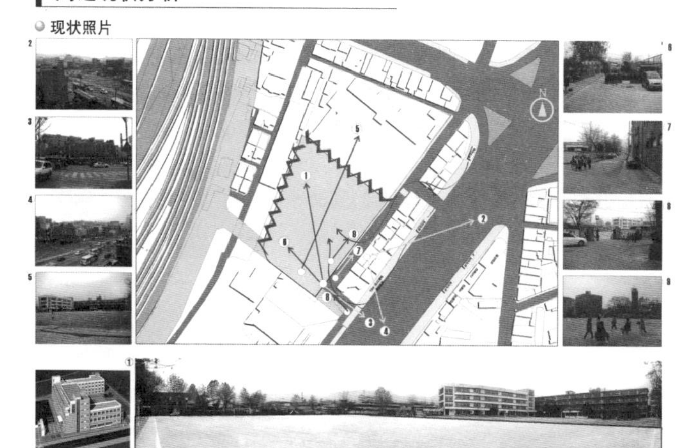

根据城市规划，用地南侧为12m规划路(消防署与用地间)
地质和地下水位调查结果，属于薄弱地基、水位在2.1～2.7m之间，需要周密的土木规划和建筑设计

用地现状分析

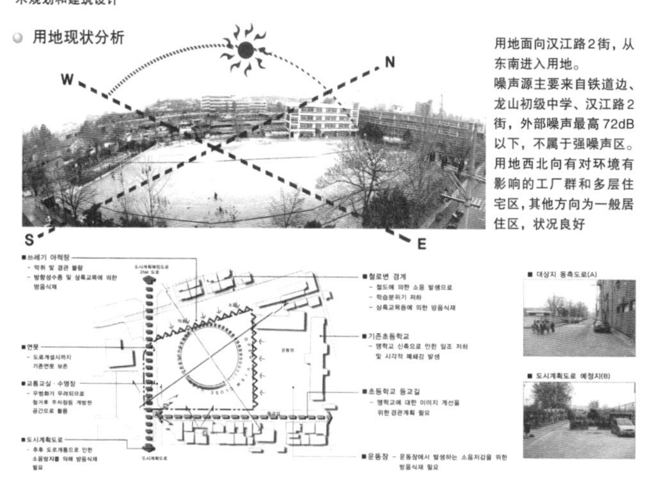

用地面向汉江路2街，从东南进入用地。
噪声源主要来自铁道边、龙山初级中学、汉江路2街，外部噪声最高72dB以下，不属于强噪声区。
用地西北向有对环境有影响的工厂群和多层住宅区，其他方向为一般居住区，状况良好

考察代表性问题

- 人文环境分析
  ①为盲人服务的教育以及研究设施：以方便盲人为主要目的的规划
  ②适当地阻断落后的周边环境以及与地域社会的联系对比：保证适当的开放空间
- 用地现状分析
  ①铁道边和原有学校(龙山初级中学)发生的噪声：利用白天使用率低的楼和开放空间的隔离噪声的效果
  ②城市12m规划路：作为机动车道使用
  ③狭窄的用地
  ④与原有学校和周边建筑物的关系：缩小阻碍视线的地上建筑物的规模
  ⑤建筑物的认知性问题：提高认知性的造型概念

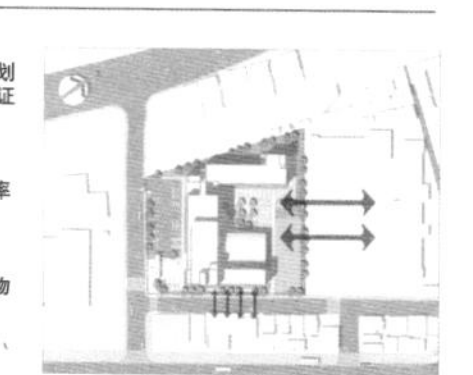

规划方向

无障碍空间规划

①以方便盲人为主要目的的设施规划
②盲人用设施的设置清单以及选用无障碍学校设计标准

空间的区分以及其连接的保证

①区分教育设施区和宿舍区
②追求外部空间优先的空间体系
③保证开放的空间，克服狭窄的用地条件
④提高用地的使用效率，并考虑将来的扩建

多功能、安全的建筑规划

①无障碍空间：以方便盲人为主要目的的设施规划
②人车分流以及道路方便畅通的设计
③适当地阻断落后的周边环境，保证开放的空间
④指向未来的造型概念：引入采光设计概念

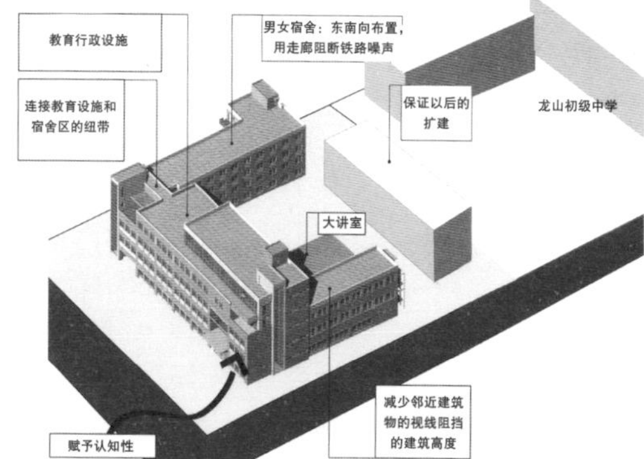

总平面布置的要点

- 调和建筑布局，防止来自铁道边、原有中学的噪声
- 以南向布置为主，取得充分的日照和通风
- 入口交通和各设施群之间合理的交通规划
- 形成适宜的共享空间
- 减少原有中学、路边低层住宅的视觉阻挡
- 确保建筑物认知性的造型设计
- 保留将来发展的用地
- 帮助盲人预测空间的构成

总平面布置的完成

	对策方案	选择方案
模型照片		
方向	主楼和宿舍楼南、西向	主楼南西向、宿舍楼东南向
铁道边的噪声	主楼和宿舍楼成直角，可有效阻挡	宿舍楼面向铁道的一边，设置走廊，最大限度减少噪声危害
原有学校的噪声	中学的噪声大多白天发生，将夜间使用频度大的宿舍楼布置在原有学校侧	将主楼和宿舍楼全部远离噪声源，最大限度减少噪声危害
步行交通	主出入口放在离路边最近处，教育空间和宿舍楼的出入分别设置	教育空间和宿舍楼的出入分别设置，但设置廊桥，以便穿插
机动车道	完全区分步行交通和机动车道	完全区分步行交通和机动车道
周边环境关系	宿舍楼阻挡原有初级中学的视线	设置与原有初级中学的运动场连接的空旷空间，确保周边建筑物的眺望
将来的扩建性	用完所有用地，不能扩建	保留与原有建筑物连接的部分用地
采纳采用		采用

外部交通规划

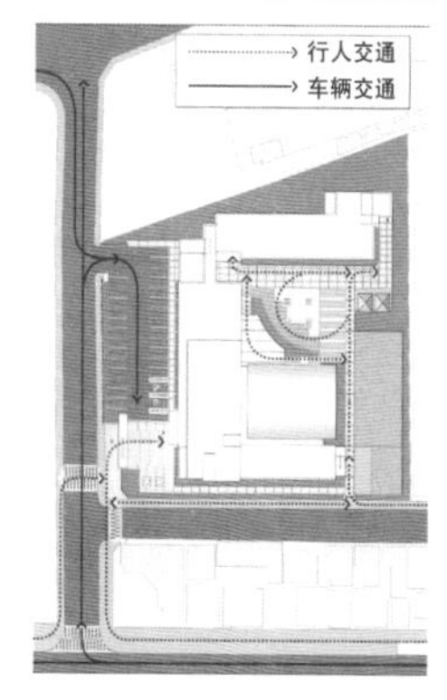

垂直交通规划

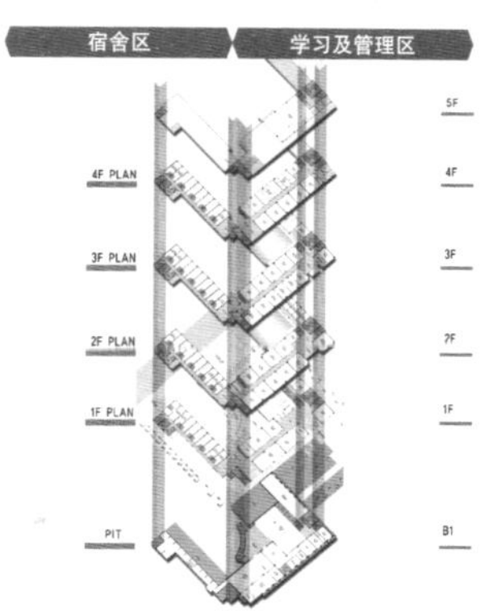

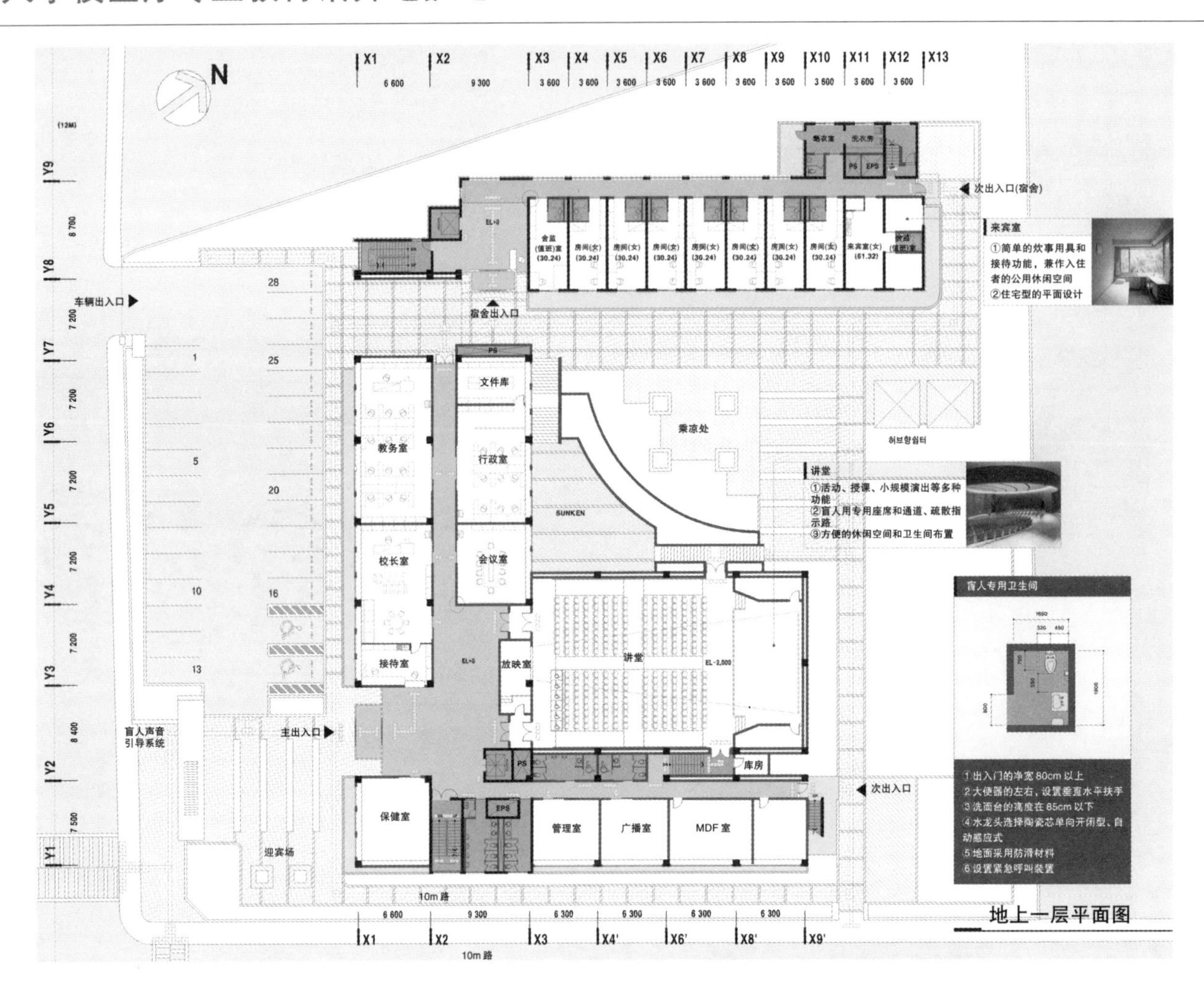

地上一层平面图

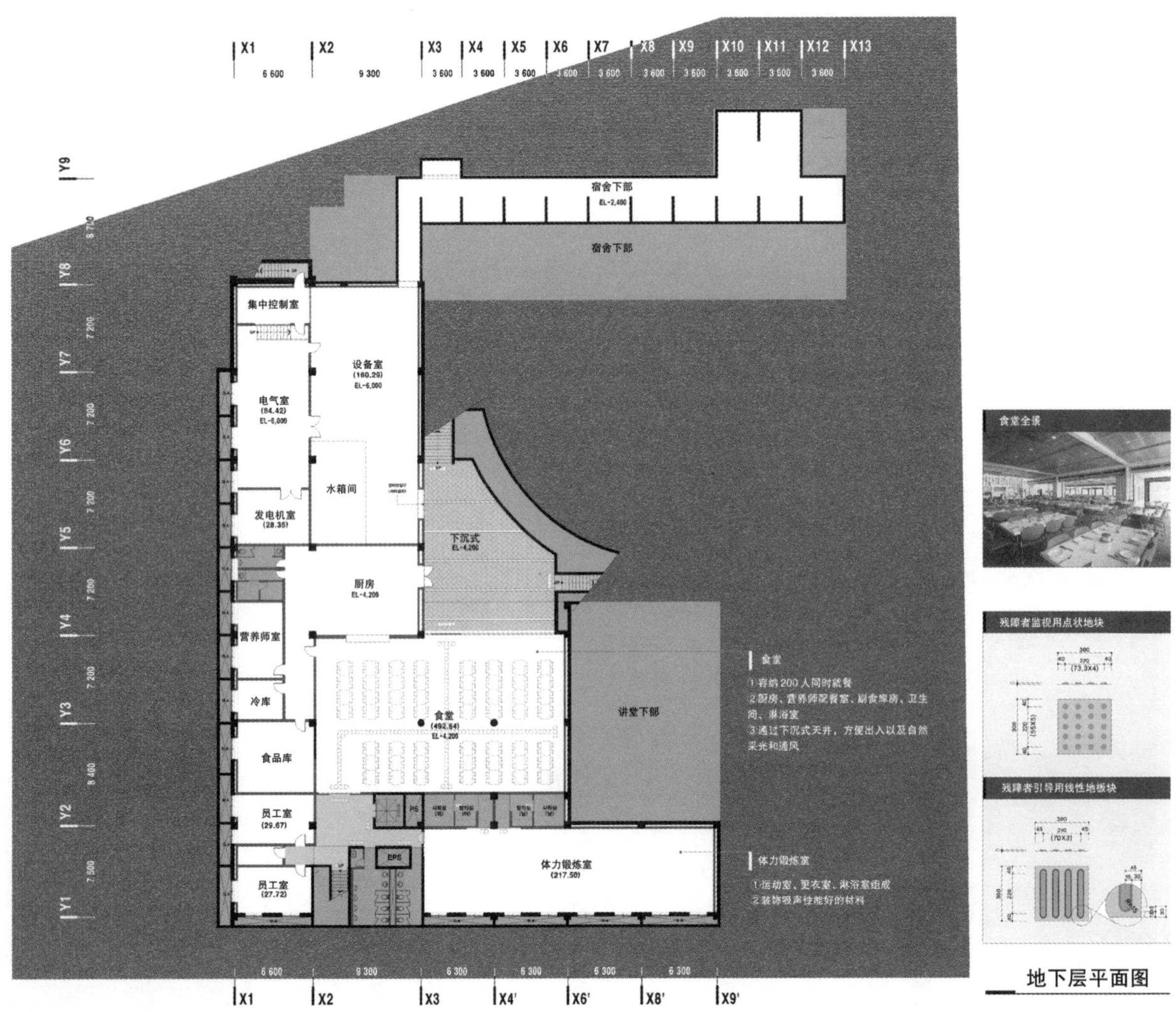

地下层平面图

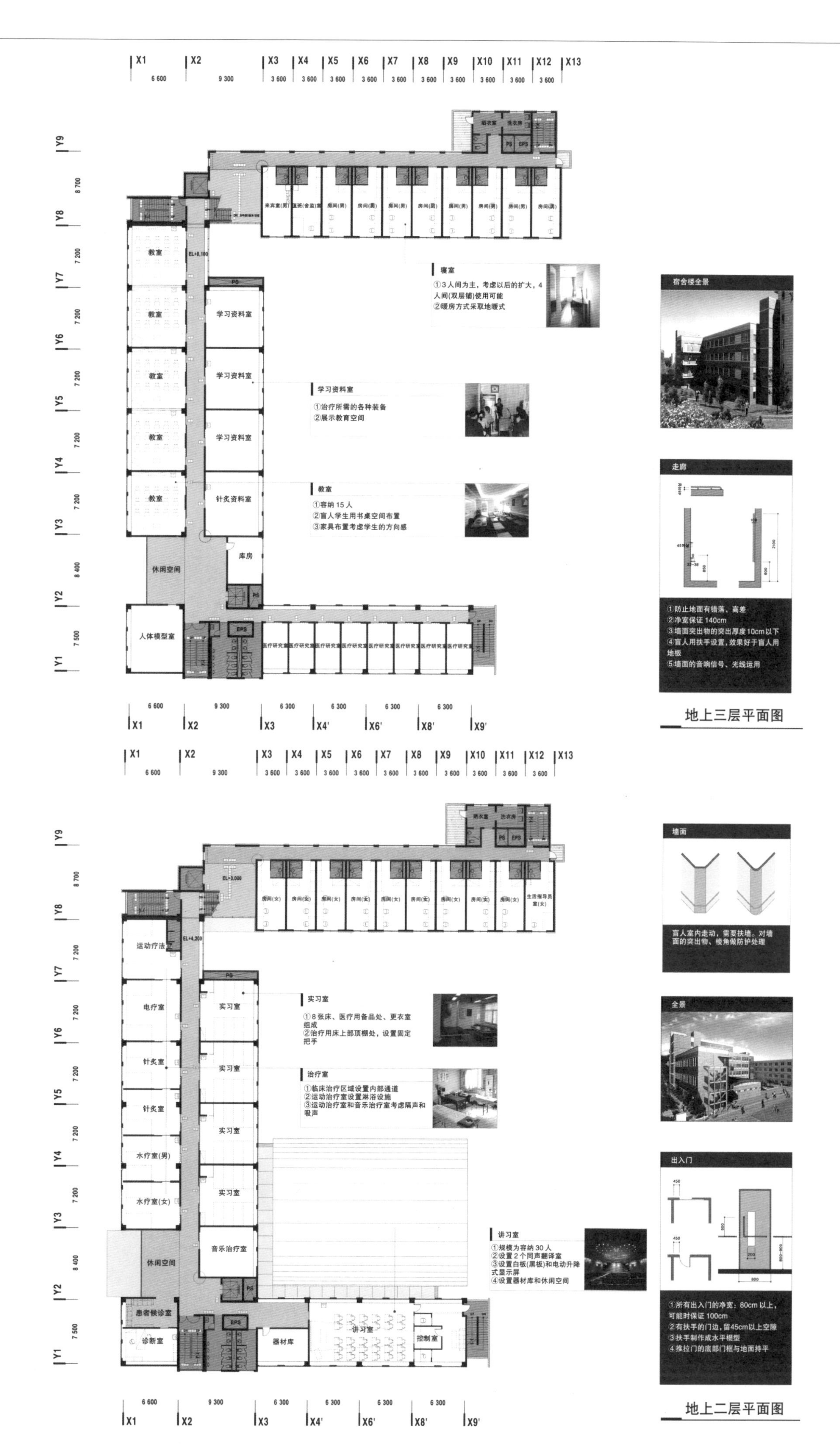

寝室
①3人间为主，考虑以后的扩大，4人间(双层铺)使用可能
②暖房方式采取地暖式
学习资料室
①治疗所需的各种装备
②展示教育空间
教室
①容纳15人
②盲人学生用书桌空间布置
③家具布置考虑学生的方向感
宿舍楼全景
走廊
①防止地面有错落、高差
②净宽保证140cm
③墙面突出物的突出厚度10cm以下
④盲人用扶手设置，效果好于盲人用地板
⑤墙面的音响信号、光线运用
地上三层平面图
实习室
①8张床、医疗用备品处、更衣室组成
②治疗用床上部顶棚处，设置固定把手
治疗室
①临床治疗区域设置内部通道
②运动治疗室设置淋浴设施
③运动治疗室和音乐治疗室考虑隔声和吸声
讲习室
①规模为容纳30人
②设置2个同声翻译室
③设置白板(黑板)和电动升降式显示屏
④设置器材库和休闲空间
墙面
盲人室内走动，需要扶墙。对墙面的突出物、棱角做防护处理
全景
出入门
①所有出入门的净宽：80cm以上，可能时保证100cm
②有扶手的门边，留45cm以上空隙
③扶手制作成水平模型
④推拉门的底部门框与地面持平
地上二层平面图

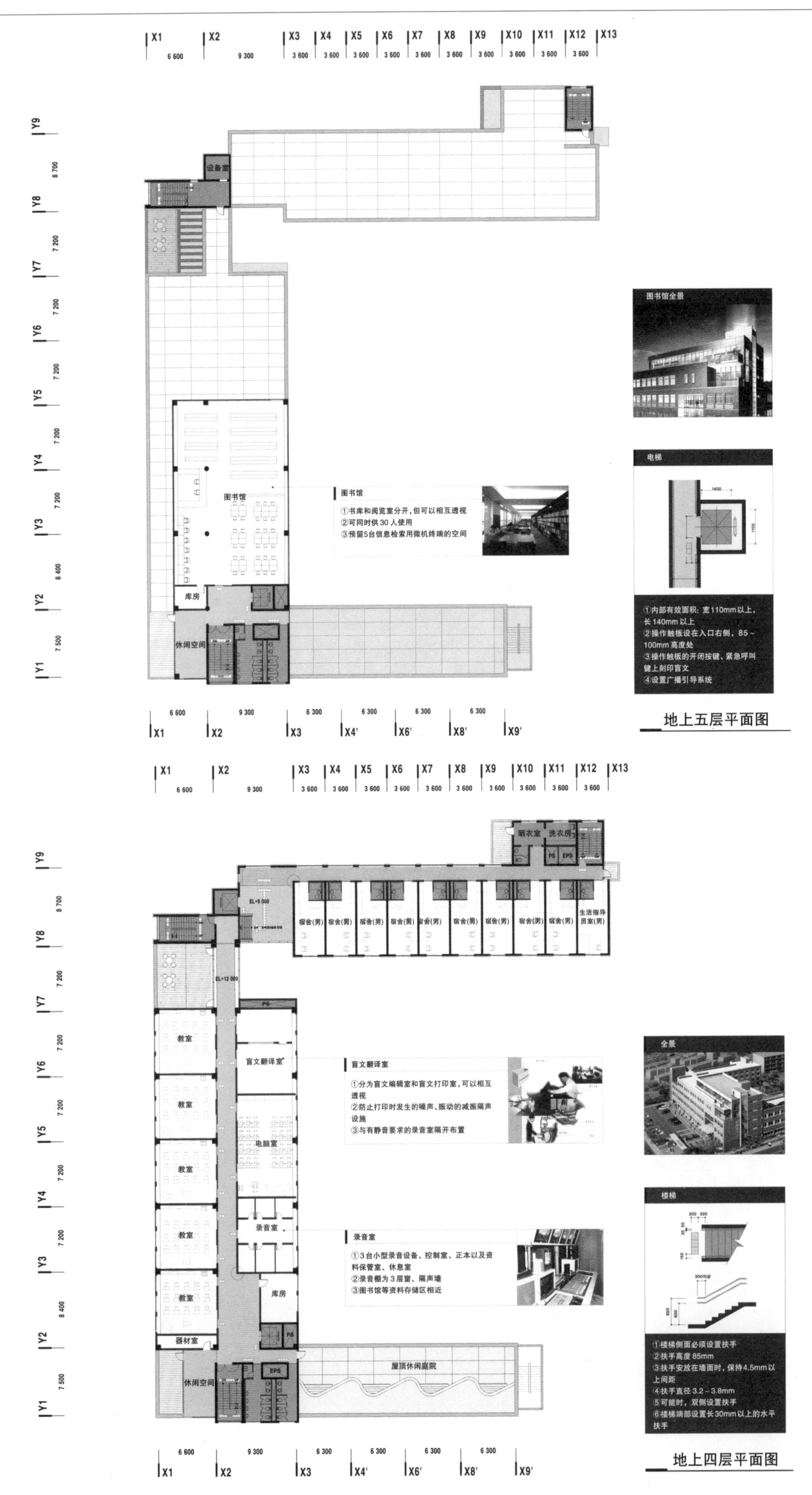

图书馆全景
设备室
图书馆
库房
休闲空间
图书馆
①书库和阅览室分开，但可以相互透视
②可同时供 30 人使用
③预留5台信息检索用微机终端的空间
电梯
①内部有效面积：宽110mm以上，长140mm以上
②操作触板设在入口右侧，85～100mm 高度处
③操作触板的开闭按键、紧急呼叫键上刻印盲文
④设置广播引导系统
地上五层平面图
晒衣室
洗衣房
宿舍(男)
生活指导员室(男)
教室
盲文翻译室
电脑室
录音室
库房
器材室
休闲空间
屋顶休闲庭院
盲文翻译室
①分为盲文编辑室和盲文打印室，可以相互透视
②防止打印时发生的噪声、振动的减振隔声设施
③与有静音要求的录音室隔开布置
录音室
①3台小型录音设备、控制室、正本以及资料保管室、休息室
②录音棚为3层窗、隔声墙
③图书馆等资料存储区相近
全景
楼梯
①楼梯侧面必须设置扶手
②扶手高度 85mm
③扶手安放在墙面时，保持4.5mm以上间距
④扶手直径 3.2～3.8mm
⑤可能时，双侧设置扶手
⑥楼梯端部设置长30mm以上的水平扶手
地上四层平面图

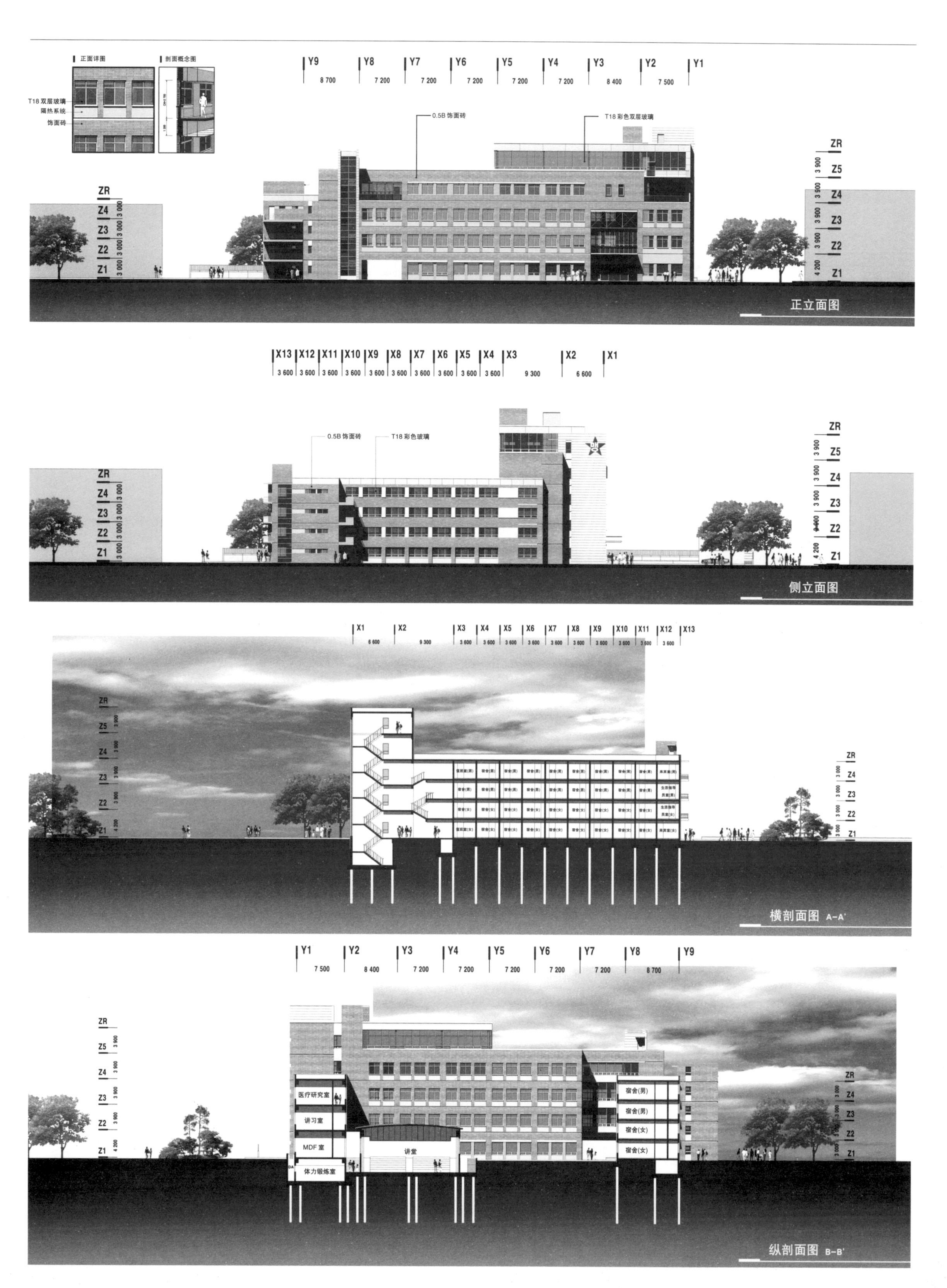
正面详图
剖面概念图
T18 双层玻璃
隔热系统
饰面砖
0.5B 饰面砖
T18 彩色双层玻璃
正立面图
0.5B 饰面砖
T18 彩色玻璃
侧立面图
横剖面图 A–A'
医疗研究室
讲习室
MDF 室
体力锻炼室
讲堂
宿舍(男)
宿舍(男)
宿舍(女)
宿舍(女)
纵剖面图 B–B'

首尔盲人学校医疗专业教育馆异地扩建

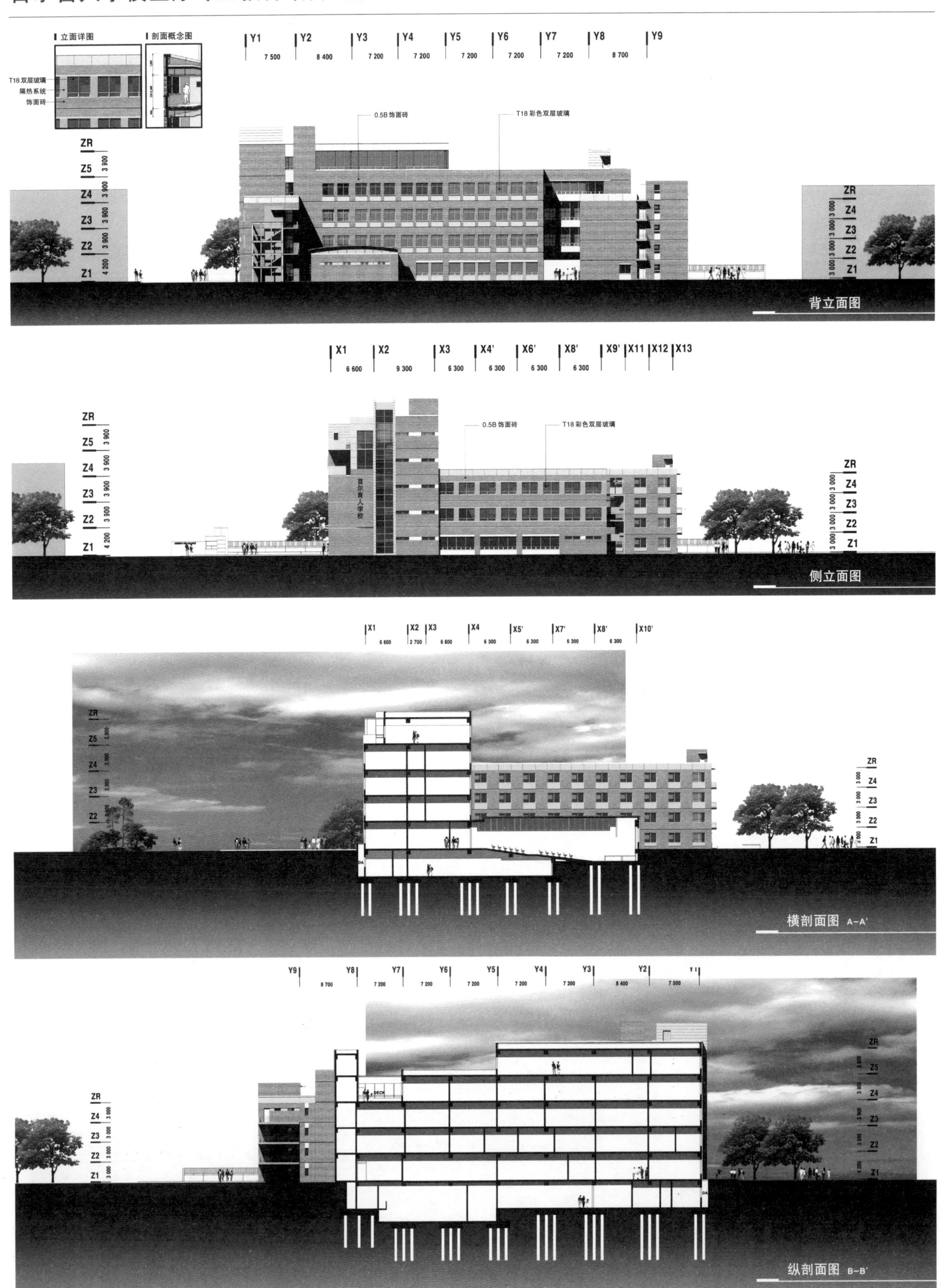

首尔盲人学校医疗专业教育馆异地扩建

二等奖方案 喜鹊建筑：韩相旭。正华建设

总平面设计基本概念

超前规划相联系的空间利用规划。
考虑用地的相互联系以及交通。
适应基于区域性控规的城市的未来发展和变化的用地规划。
高效率的空间布置，保证良好的教育环境。
西北侧主噪声源(城铁)与建筑体块之间，设置缓冲空间。
功能调整的总平面设计。

外部空间和外部交通规划

外部空间规划

保证学生交流、休息的休闲空间。
教育机关的象征性、爱教性、宣传性为一体的出入口空间设计。
既阻挡噪声又能进行包括学拼音等基本技能的丰富空间的下沉式庭院设计。

步行交通规划

学生交通保持以往的习惯做法。
明确人车分流，构成愉快的步行环境。
引入有声学效果的接近引导方式。
人行道面成凹凸状，用作视觉以外的辅助感觉。

机动车交通规划

分设车辆和行人出入口，增加校内学生和使用者的安全性。
连接已有干线(汉江路、元孝路、李太垣路)时，达到车辆交通的简捷。

平面设计基本概念

考虑不同功能之间的相互联系。
可以对应将来扩容变化的平面构成。
调和明确、交通缩短的合理的平面设计。
有机地连接下沉式庭院和步行大厅，在学校用地范围，构成有林荫小路的空间。
考虑各楼座的利用频率、相互连接的楼别、层别的无障碍设计概念。

立面设计基本概念

区域性

适合龙山地方性和特点，体现学校特性的立面设计。
构思面向当地居民的亲切氛围。
创造与休闲空间相协调的造型。

功能性

使用砖、玻璃、金属等材料，设计适合各项功能的立面。
为保证垂直交通的通畅，使用透明材料。
使用虚(玻璃)实(砖和金属)对比手段，引导视觉效果。

造型性

由各个单纯的建筑块的组合构成的明快的造型。
协调统一材料的使用，形成连贯的彩色表现。
整体上统一的形状和横竖线条协调的设计。

剖面设计

基本概念

功能垂直区分，保持其独立性和联系性。
满足设备系统需要的适当的经济层高。
保证剖面系统的合理使用和结构安全。
垂直交通的简单化，方便盲人移动
考虑加层的建筑、结构以及其他专业设计对比。
对比垂直加层的剖面。
考虑加层的建筑材料以及各个要素的融通性。
设备以及电气系统对垂直扩张的满足度。

交通规划基本概念

楼座间赋予共享功能，构成通畅的垂直交通体系。
宿舍设施，分离男女学生的流线。
教师室、教室与大堂空间之间高效率的交通连接。
缩短交通路程，构成高效率的交通体系。

首层建筑面积：1869.39m²
总建筑面积：8447.23m²
造景面积：995.48m²
建筑密度：28.32%
容积率：98.19%
建筑规模：教育行政楼地下1层、地上5层
宿舍楼地上4层
最高高度：24.15m
结构：钢筋混凝土
外部装修：行政教室楼、宿舍楼红砖饰面讲堂楼金属饰面
停车位数：地上40辆(含残疾人用车2辆)

首尔盲人学校医疗专业教育馆异地扩建

自然环境分析

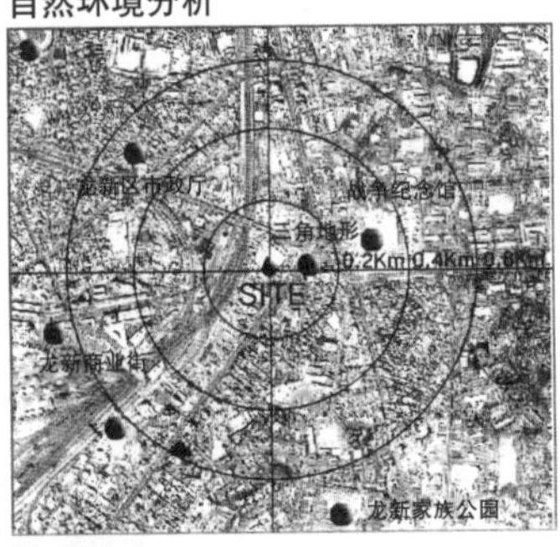

交通环境分析

基本概念

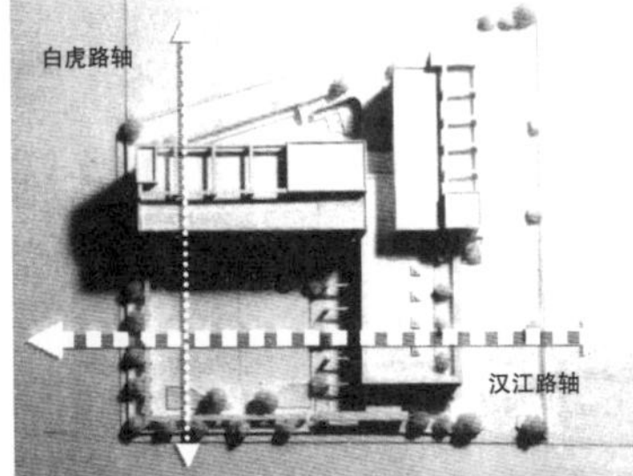

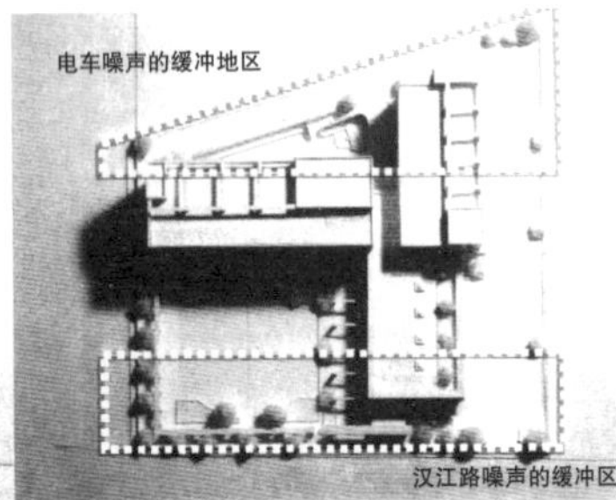

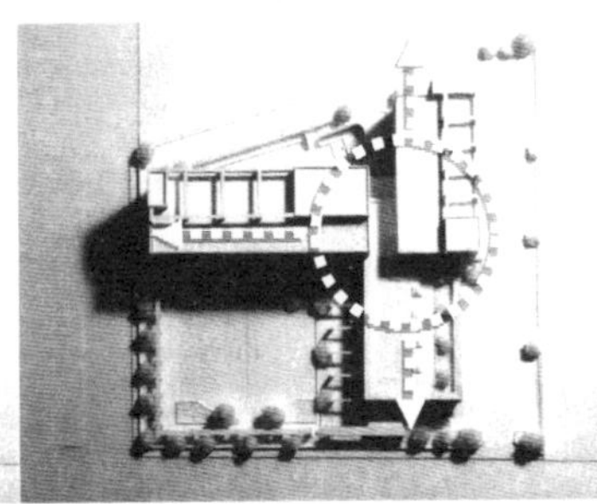

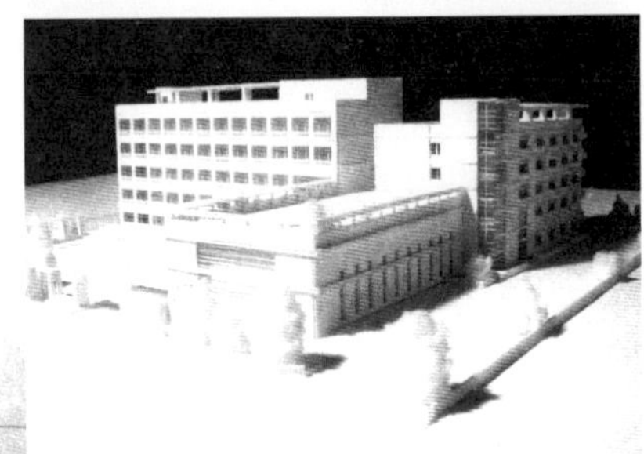

外部空间及外部交通计划

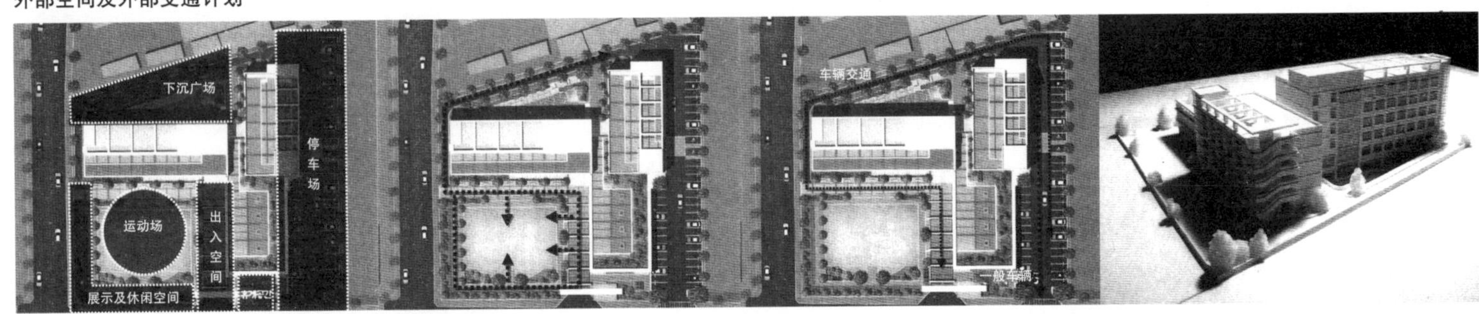

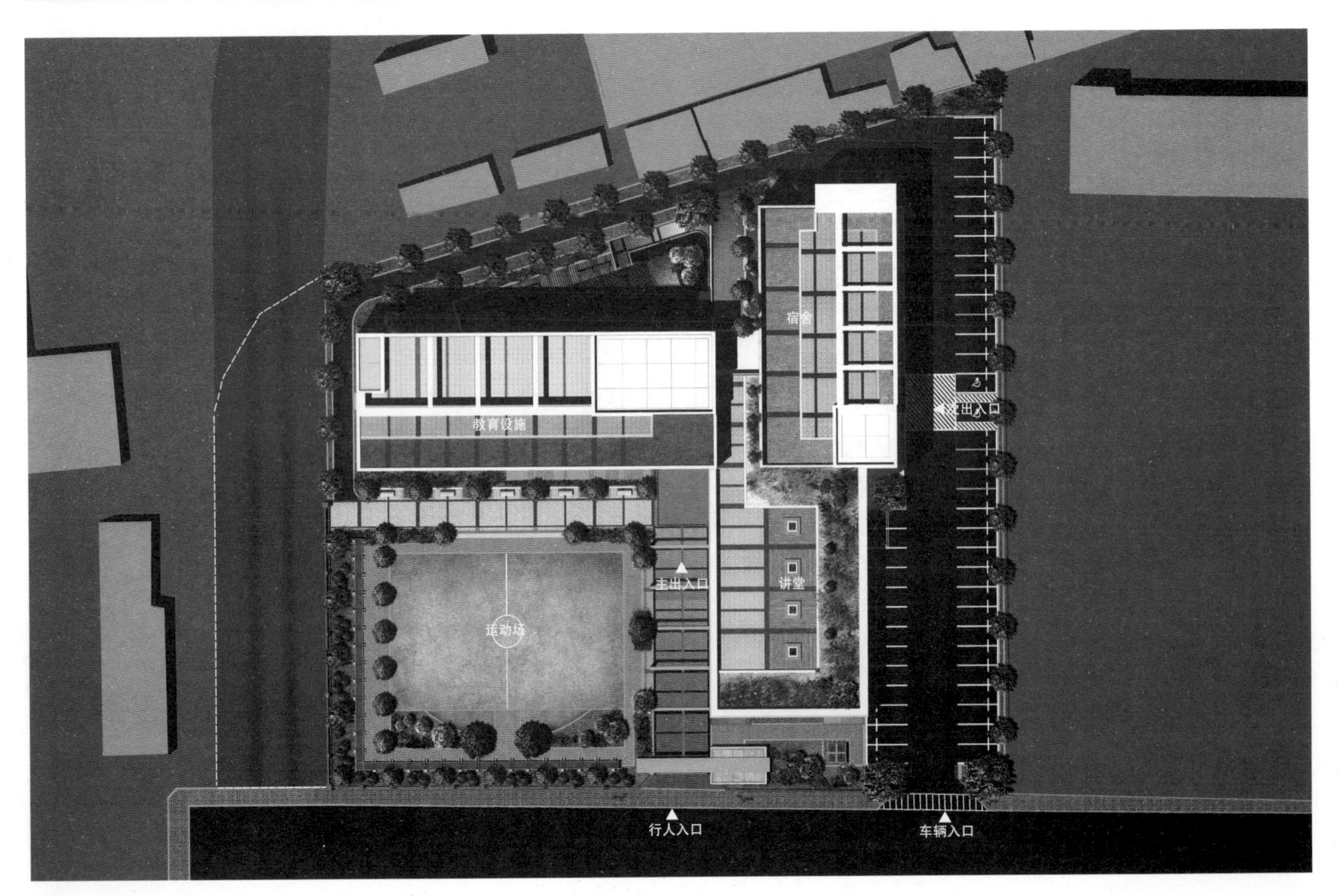

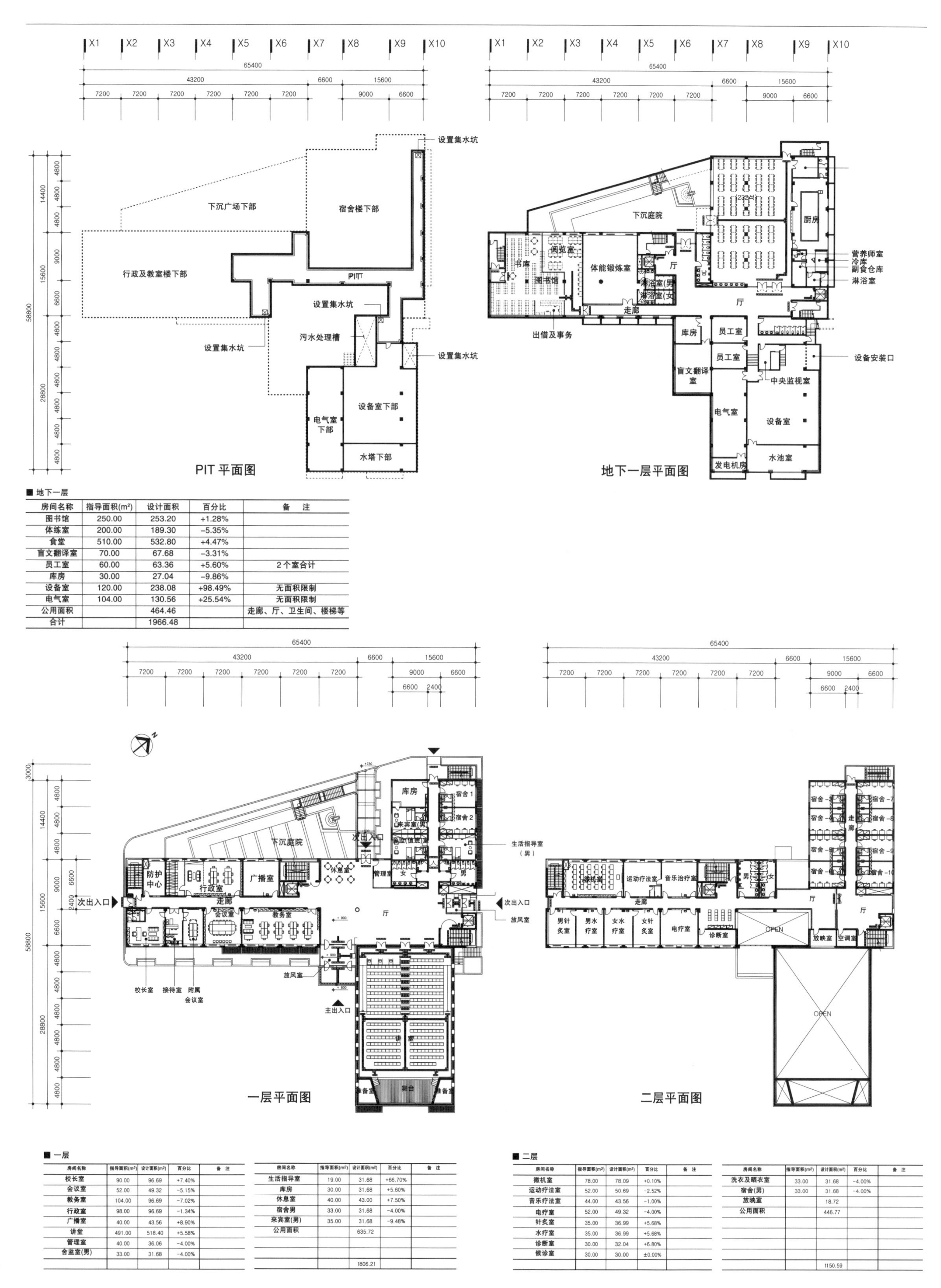

■ 地下一层

房间名称	指导面积(m^2)	设计面积	百分比	备　注
图书馆	250.00	253.20	+1.28%	
体练室	200.00	189.30	–5.35%	
食堂	510.00	532.80	+4.47%	
盲文翻译室	70.00	67.68	–3.31%	
员工室	60.00	63.36	+5.60%	2个室合计
库房	30.00	27.04	–9.86%	
设备室	120.00	238.08	+98.49%	无面积限制
电气室	104.00	130.56	+25.54%	无面积限制
公用面积		464.46		走廊、厅、卫生间、楼梯等
合计		1966.48		

■ 一层

房间名称	指导面积(m^2)	设计面积(m^2)	百分比	备　注
校长室	90.00	96.69	+7.40%	
会议室	52.00	49.32	–5.15%	
教务室	104.00	96.69	–7.02%	
行政室	98.00	96.69	–1.34%	
广播室	40.00	43.56	+8.90%	
讲堂	491.00	518.40	+5.58%	
管理室	40.00	36.06	–4.00%	
舍监室(男)	33.00	31.68	–4.00%	

房间名称	指导面积(m^2)	设计面积(m^2)	百分比	备　注
生活指导室	19.00	31.68	+66.70%	
库房	30.00	31.68	+5.60%	
休息室	40.00	43.00	+7.50%	
宿舍男	33.00	31.68	–4.00%	
来宾室(男)	35.00	31.68	–9.48%	
公用面积		635.72		
		1806.21		

■ 二层

房间名称	指导面积(m^2)	设计面积(m^2)	百分比	备　注
微机室	78.00	78.09	+0.10%	
运动疗法室	52.00	50.69	–2.52%	
音乐疗法室	44.00	43.56	–1.00%	
电疗室	52.00	49.32	–4.00%	
针炙室	35.00	36.99	+5.68%	
水疗室	35.00	36.99	+5.68%	
诊断室	30.00	32.04	+6.80%	
候诊室	30.00	30.00	±0.00%	

房间名称	指导面积(m^2)	设计面积(m^2)	百分比	备　注
洗衣及晒衣室	33.00	31.68	–4.00%	
宿舍(男)	33.00	31.68	–4.00%	
放映室		18.72		
公用面积		446.77		
		1150.59		

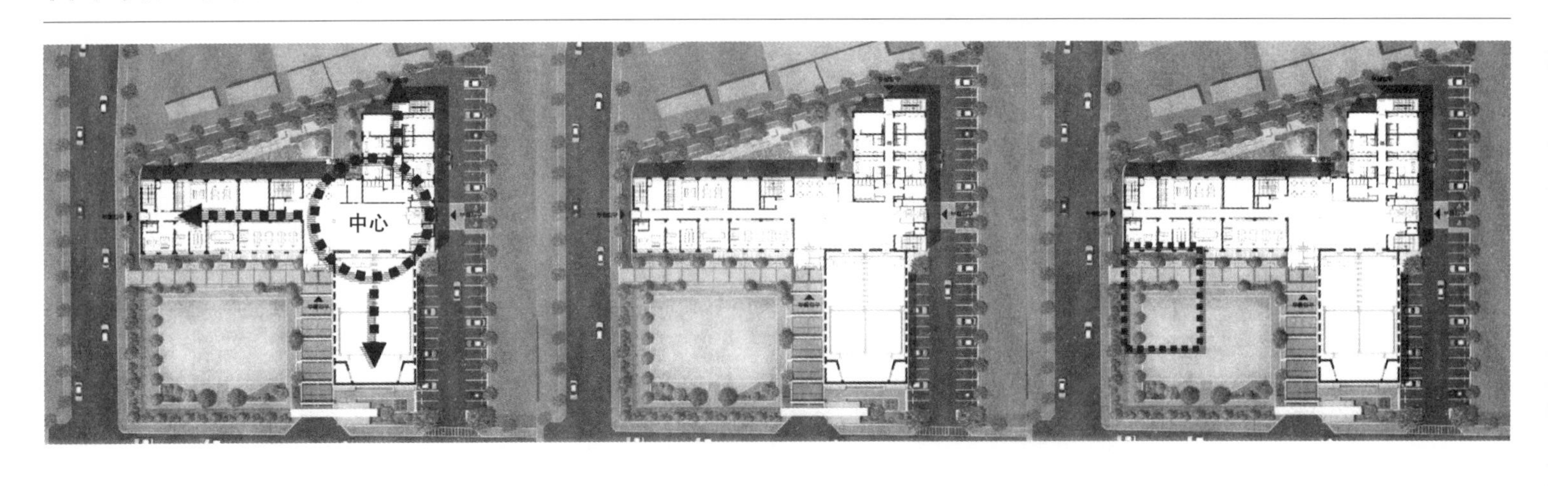

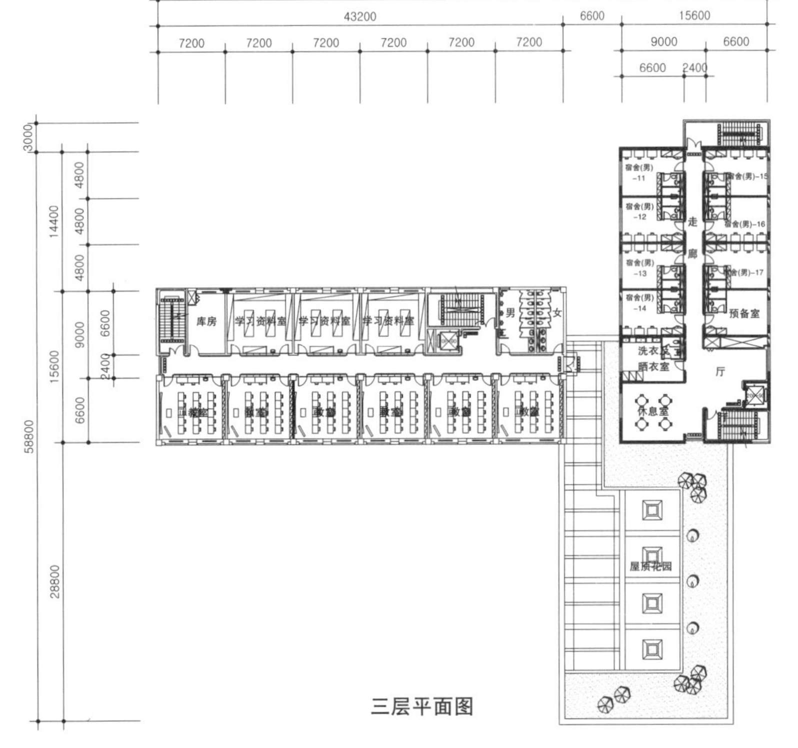

三层平面图

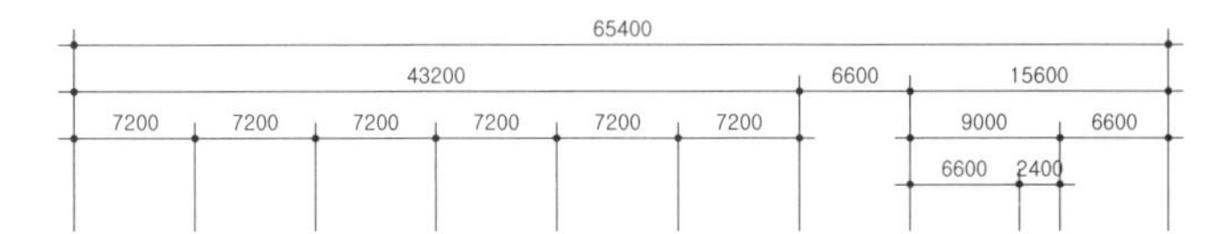

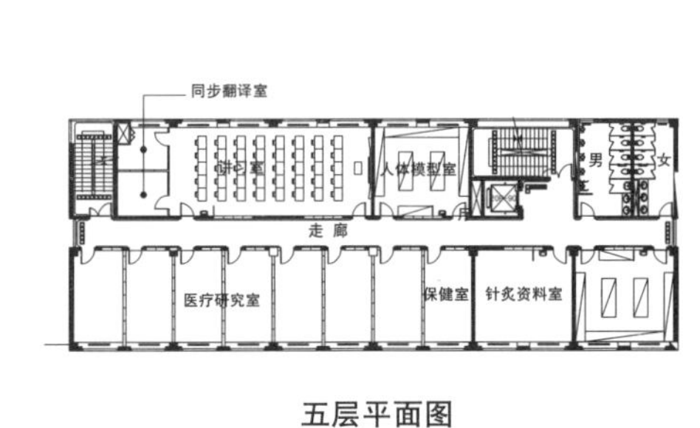

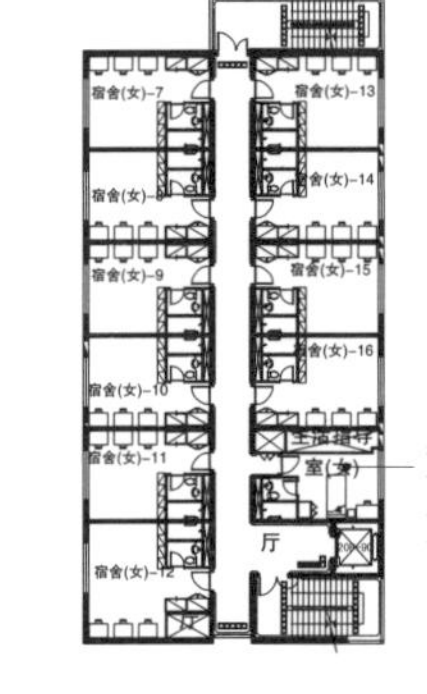

五层平面图

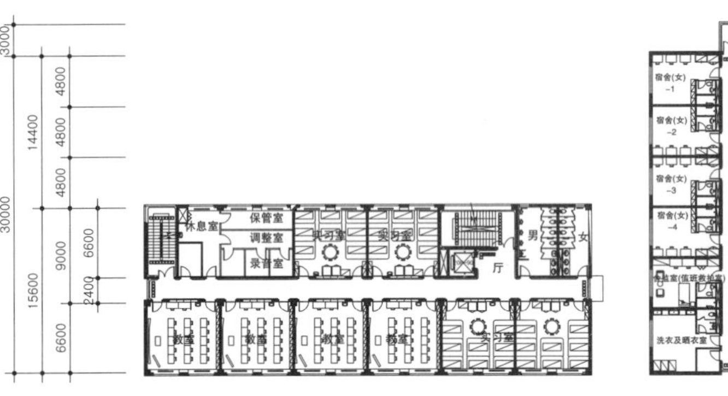

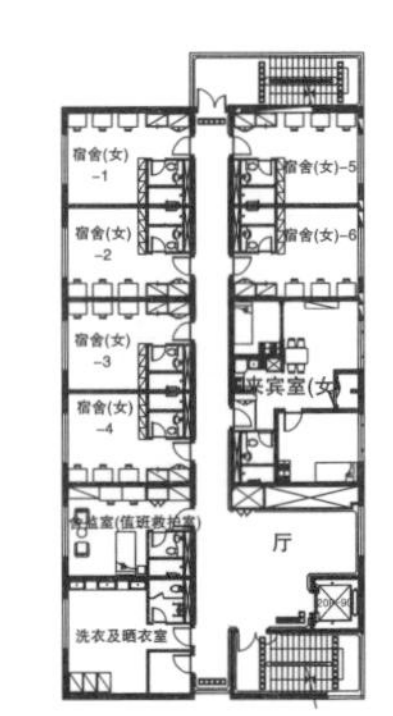

四层平面图

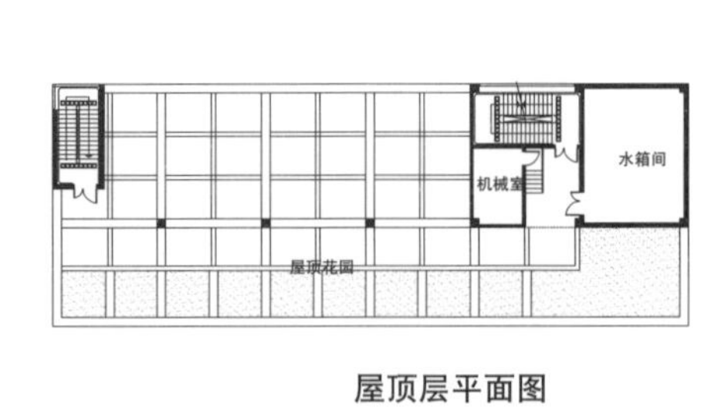

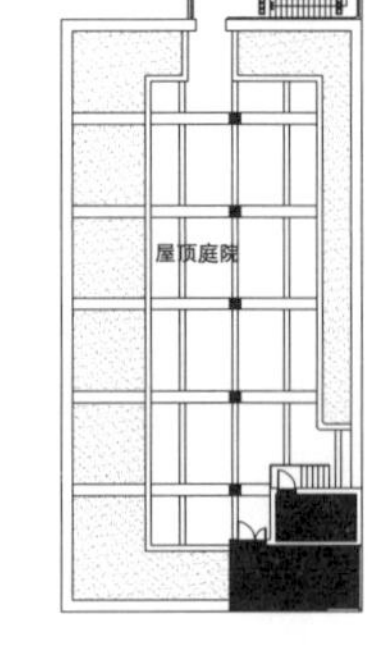

屋顶层平面图

■ 三层

房间名称	指导面积(m²)	设计面积(m²)	百分比	备　注
教室	52.00	49.32	-5.15%	6个
学习资料室	52.00	49.32	-5.15%	3个
库房	30.00	28.77	-4.10%	
宿舍(男)	33.00	31.68	-4.00%	8个
休息室	40.00	39.60	-1.00%	
预备室	-	31.68	-	
公用面积		377.28		走廊、厅、卫生间、楼梯等
合计		1174.65		

■ 四层

房间名称	指导面积(m²)	设计面积(m²)	百分比	备　注
教室	52.00	49.32	-5.15%	4个
学习室	52.00	49.32	-5.15%	4个
录音室	63.00	68.77	+9.15%	
全监室(女)	33.00	31.68	-4.00%	
设计晒衣室	33.00	32.40	-1.81%	
来客室(女)	68.00	63.36	-6.82%	
宿舍(女)	33.00	31.68	-4.00%	6个
公用面积		393.80		走廊、厅、卫生间、厅、楼梯等
合计		1174.65		

■ 五层

房间名称	指导面积(m²)	设计面积(m²)	百分比	备　注
医疗研究室	20.00	24.66	+23.30%	无面积限制 8个
讲习室	128.00	127.41	-0.46%	
人体模型室	52.00	49.32	-5.15%	
保健室	52.00	49.32	-5.15%	
针炙室	52.00	49.32	-5.15%	
宿舍(女)	33.00	31.68	-4.00%	10个
生活指导室(女)	19.00	22.16	+16.63%	无面积限制
公用面积		363.04		走廊、厅、卫生间、楼梯等
合计		1174.65		

东南立面图
东北立面图

扩张性

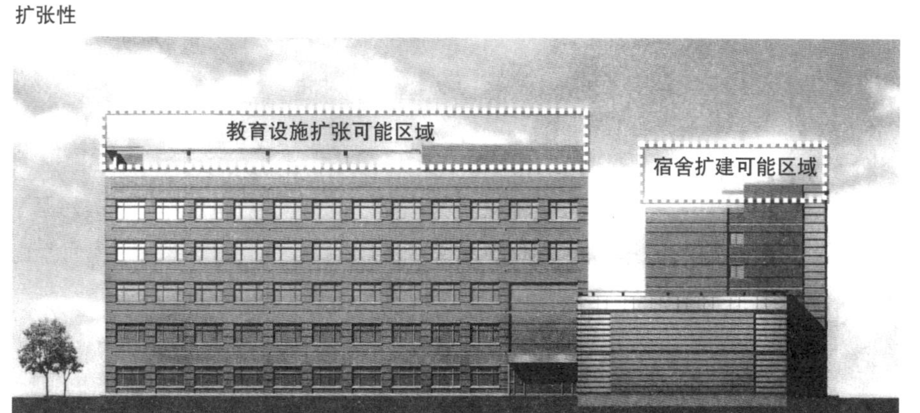
教育设施扩张可能区域
宿舍扩建可能区域

垂直交通体系图

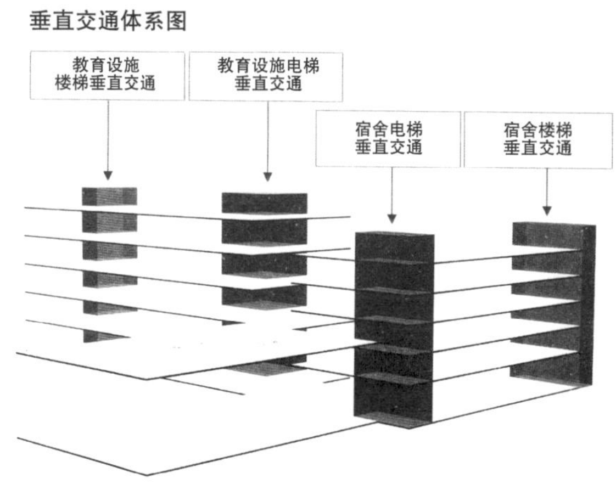
教育设施
楼梯垂直交通
教育设施电梯
垂直交通
宿舍电梯
垂直交通
宿舍楼梯
垂直交通

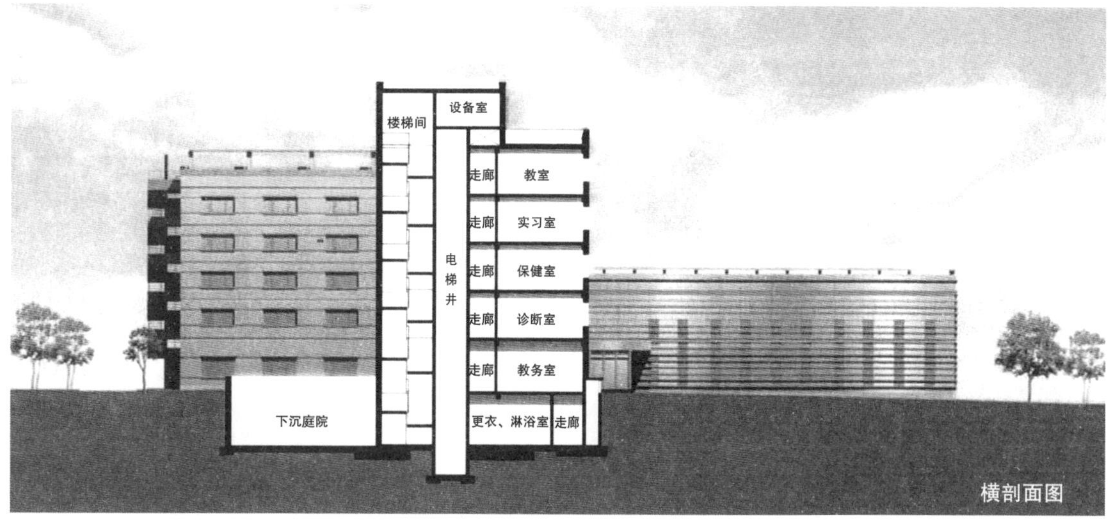
设备室
楼梯间
走廊
教室
走廊
实习室
电
梯
井
走廊
保健室
走廊
诊断室
走廊
教务室
下沉庭院
更衣、淋浴室
走廊
横剖面图

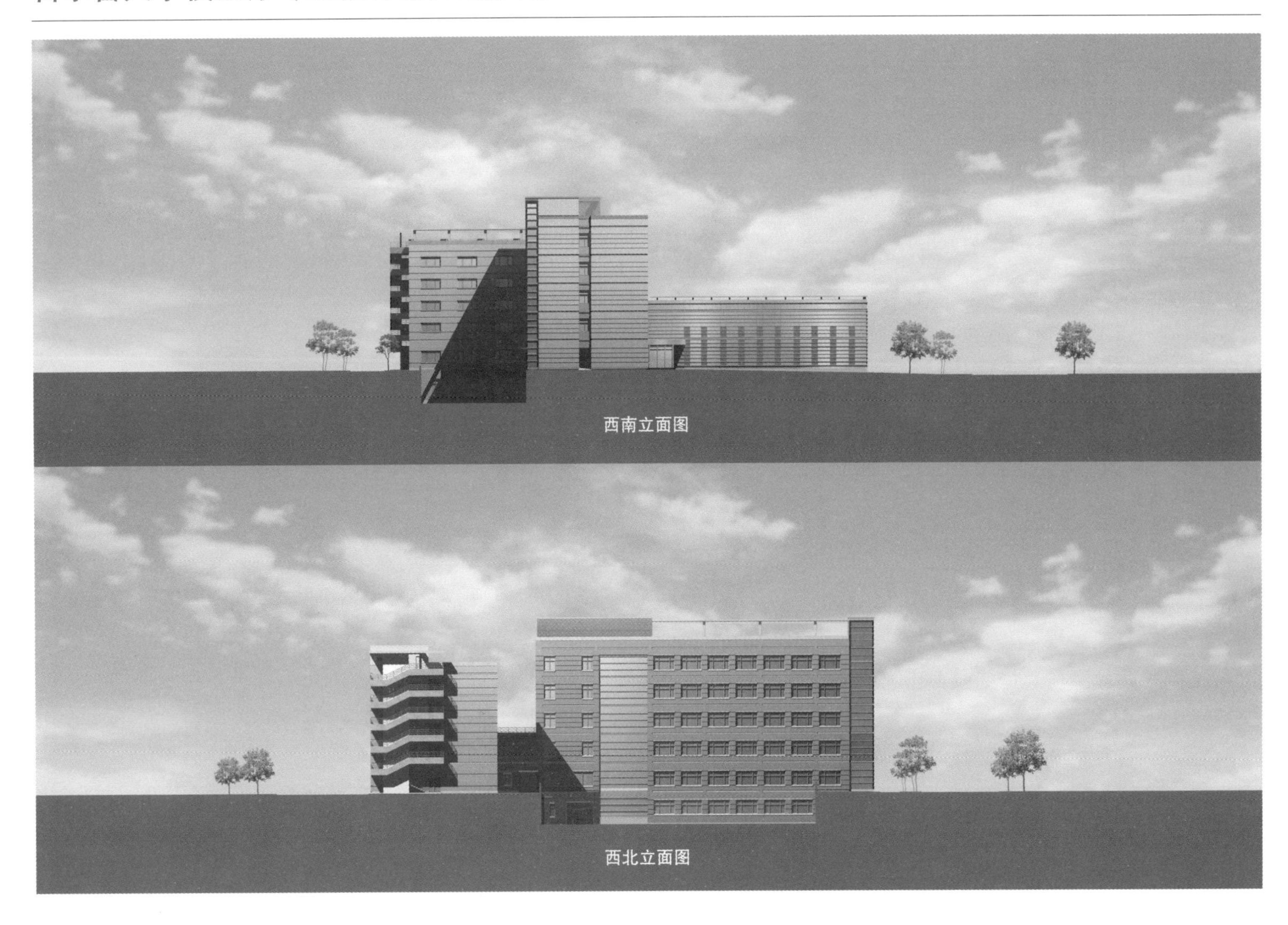
西南立面图
西北立面图

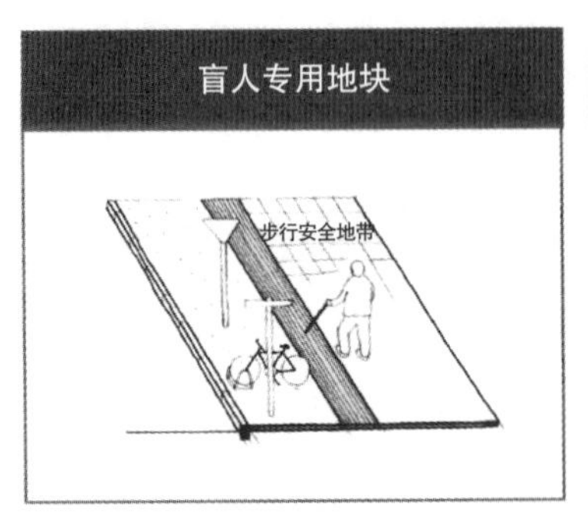
盲人专用地块
步行安全地带

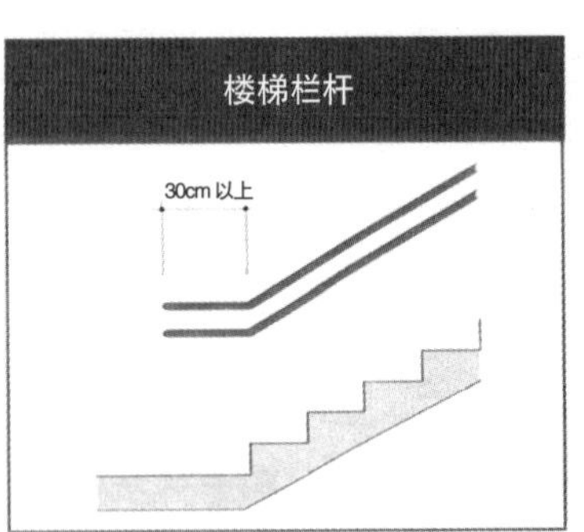
楼梯栏杆
30cm 以上

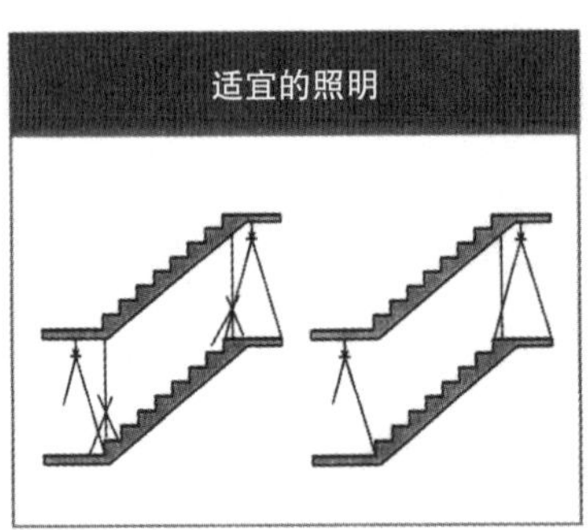
适宜的照明

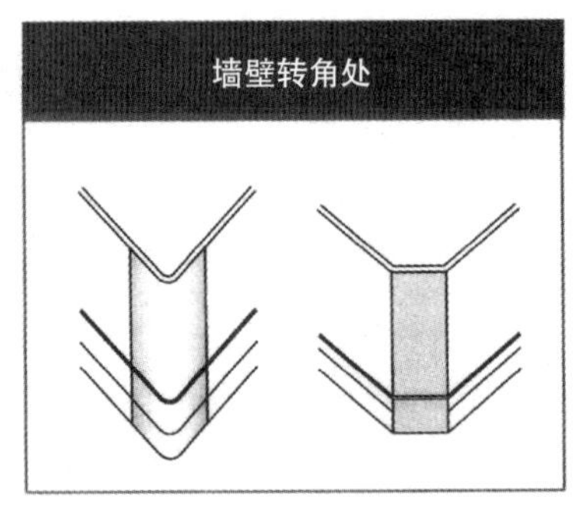
墙壁转角处

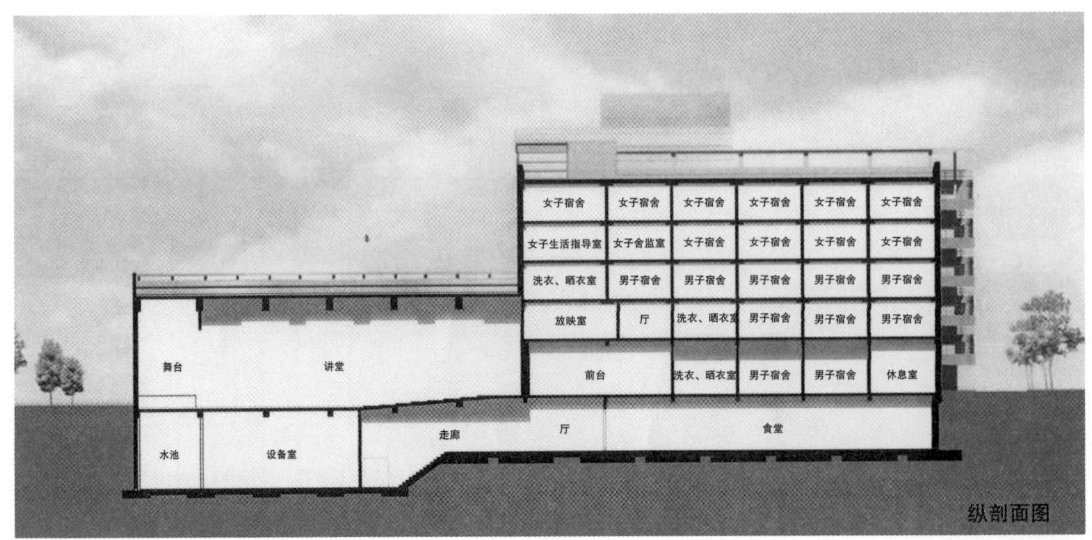
女子宿舍
女子宿舍
女子宿舍
女子宿舍
女子宿舍
女子宿舍
女子生活指导室
女子舍监室
女子宿舍
女子宿舍
女子宿舍
女子宿舍
洗衣、晒衣室
男子宿舍
男子宿舍
男子宿舍
男子宿舍
男子宿舍
放映室
厅
洗衣、晒衣室
男子宿舍
男子宿舍
男子宿舍
舞台
讲堂
前台
洗衣、晒衣室
男子宿舍
男子宿舍
休息室
水池
设备室
走廊
厅
食堂
纵剖面图

丽水韩丽高级中学

中标方案 YOUTA 工程建筑：吴金烈

总平面布置概念

悠然地处置用地：从主入口体现上升、开放的空间。

合理地解决用地：学习和活动两不耽误的各自独立的区域——学习、生活空间。

楼体概念

重叠的楼体：走上高处观景处可以看见学校。随视线的移动，可以看到不是那种死气沉沉、而是生动活泼的楼体。

开启空间的楼体：各个教学功能空间之间宽敞的空间以及并排的教学楼体富有节奏。

飞翔的楼体：连接并行3个教学楼体的线形主楼体，将所有楼体捆在一起，起中心楼体作用。

成为一体的楼体：各个楼体完整地连接在一起，成为名副其实的单体。

平面设计

明确各个教学楼群的完整形态，对学生教室之间的移动给予充分的空间。大堂等休闲空间和生活设施布置在空间中心，并且按学年分别使用各个教室。

剖面设计

从出入方向考虑视觉连续性的设计。

勾画依附于原有地形地貌的地下层方案设计。

贯通室内外的空间流。

确保方向的合理的空间填充。

立面设计

考虑立面走向的线条设计：给予建筑物的正面一种线条时，又附加一种同一走向的线条，能够凸显正面的立体形态。

在一层开放空间中水平排列的挺拔立柱，既给垂直楼体赋予节奏感，又体现正立面的安定性。

将各个楼体连成一体的屋顶设计：用作屋顶的挡雨遮阳板，也考虑以后的扩建。

位置：全罗南道丽水市美坪洞204番地一带
地域：一般居住地域、学校设施地区
用地面积：17013m²
首层建筑面积：2918.5m²
总建筑面积：10098.64m²
建筑用途：综合设施(多层住宅、变电所、办公楼)
建筑密度：17.15%，包括公园面积
容积率：59.4%，包括公园面积
建筑规模：地下1层、地上4层
结构：钢筋混凝土结构、钢结构35mm厚压型钢板
停车位：35辆(含残疾人用车2辆)

周边环境
用地位于丽水内陆，毗邻韩国国立丽水大学和全南体育公园。期待韩丽高级中学和周围设施一道，充分发挥其教育作用，也成为与当地居民亲切相处的场所
平面主轴线设定
用地位于向西倾斜的斜面，西北角与25m路连接。
考虑上述条件，顺应地形将出入轴线设定为南北走向曲线。以此轴线为中心，设置符合地形的3条放射形设想轴线
楼体设定
建筑要充分利用地形的条件和限制，呈现自然和谐的形象。
将可用的地块和不好使用的地块予以区分，进一步划分空置地和填充地段，尽可能维持倾斜形状，使得始于山坡的地形走向不间断
平面布置概念
考虑外部人们的接近和学生的交通，将行政及辅助设施楼布置在面向运动场的正面，成为建筑群的主轴线和连接3个教学楼的主交通轴线。
考虑方向，在各个教学楼间设置休闲庭院。教学楼安排在用地的内侧，提供自然的、安静的学习环境
露天演出场
教室
教室
休闲广场
教室
多功能讲堂
(下部快餐厅)
文化信息中心
行政及辅助设施
活动广场
停车场(35辆)
主出入口
出入广场
自行车道
莲池
造型公园
(生态广场)
篮球场
饮水台
仪仗台
运动场
以后出入口
8m 规划路
主出入口
水幕
开放性广场
25m 路
总平面图

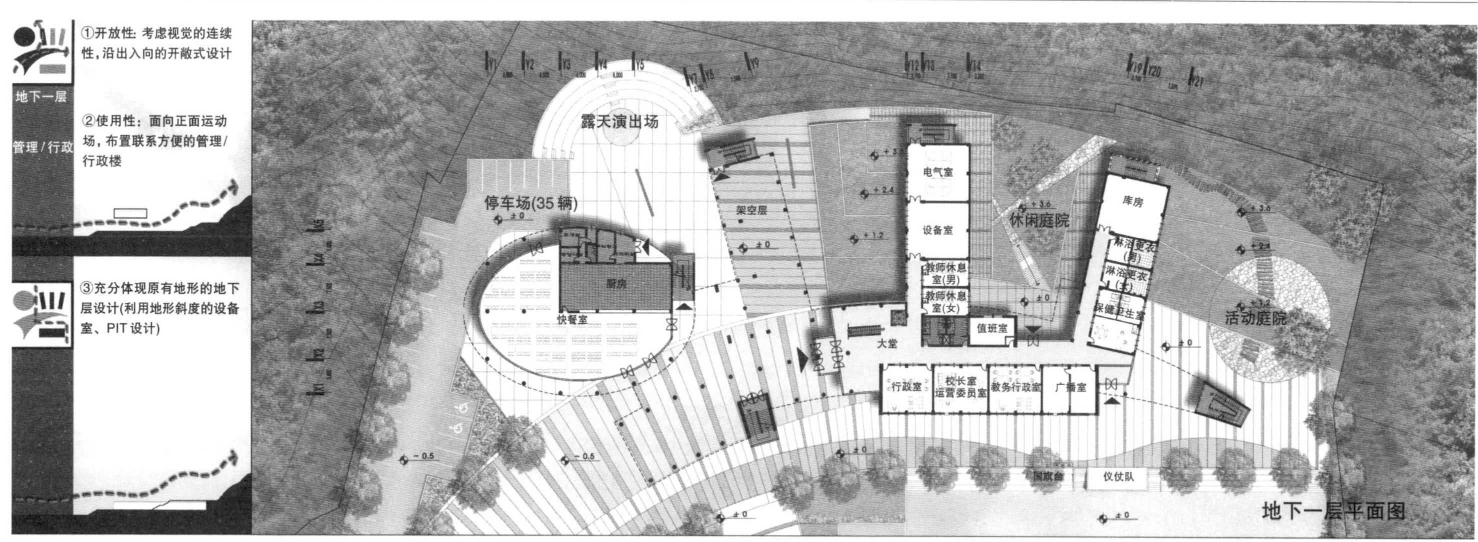

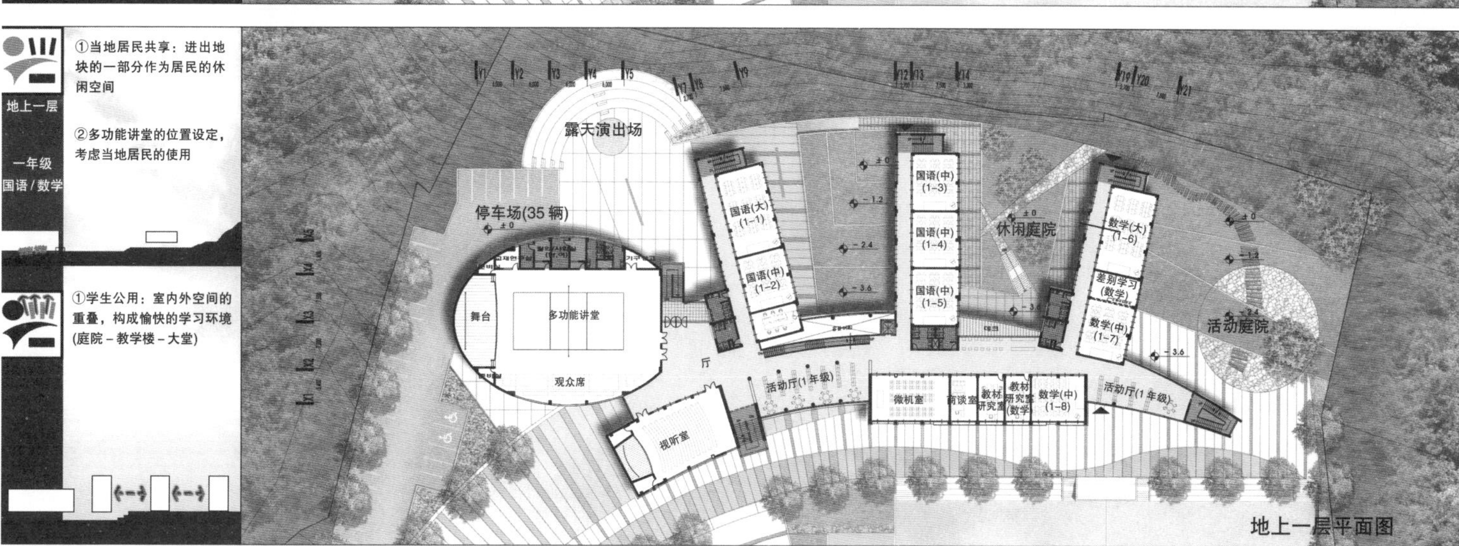

部分透视图-1

部分透视图-2

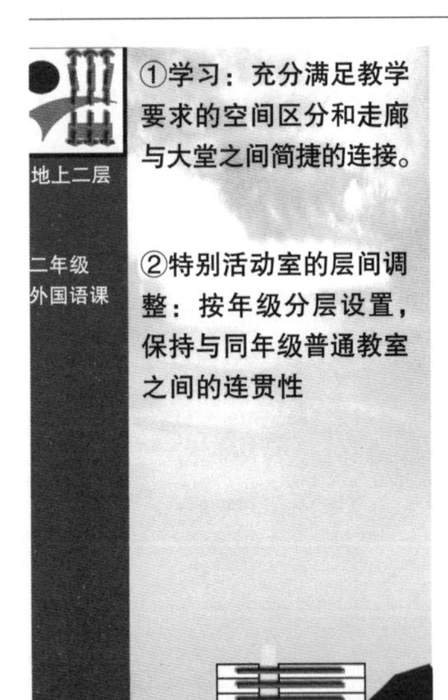

①学习：充分满足教学要求的空间区分和走廊与大堂之间简捷的连接。

②特别活动室的层间调整：按年级分层设置，保持与同年级普通教室之间的连贯性

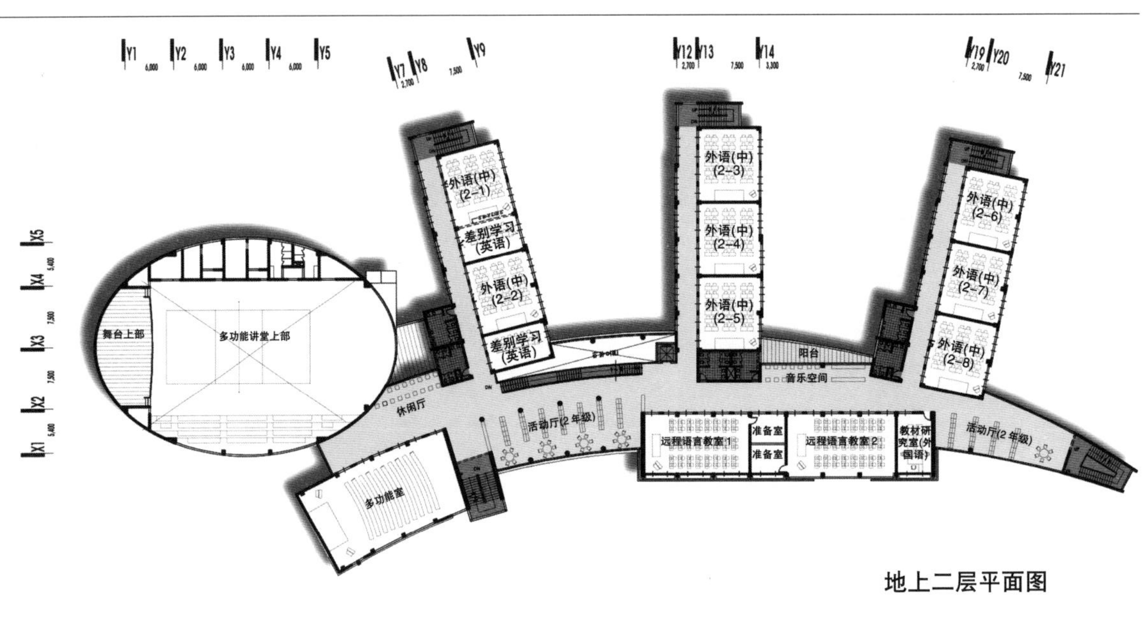

地上二层平面图

①依据年级分层划分空间的上乘设计。

②将人文/自然学科安排在不同教学楼，同一层安排科学教室和实验实习室。

③图书馆设置信息检索空间和多媒体空间，适应教育信息化的要求

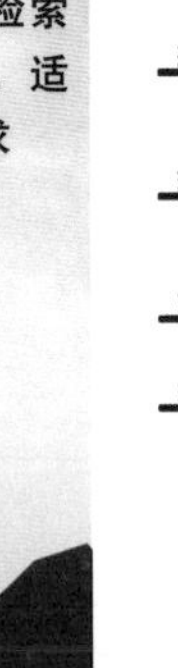

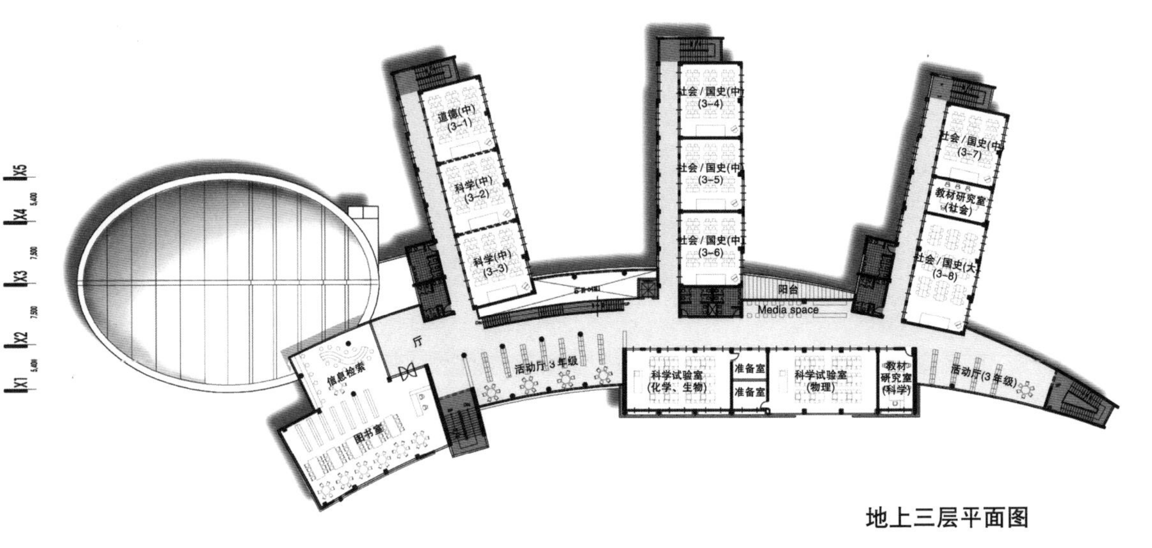

地上三层平面图

①楼顶庭院：实习为主的教室安排在最高层，活用屋顶空间设计楼顶庭院，作为课外学习等自由创作活动场所

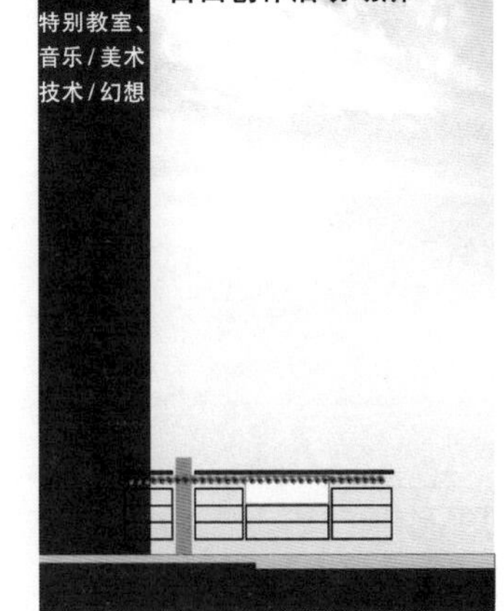

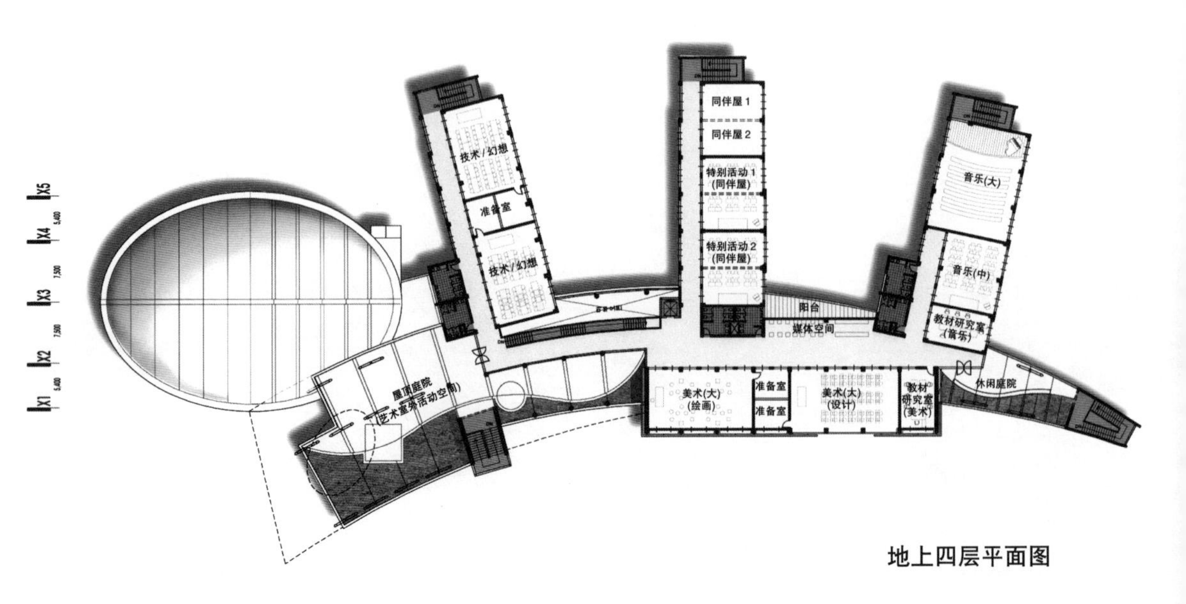

地上四层平面图

主楼梯上看到的全景
停车场上看到的全景
露天公演场看到的全景
左立面图
背立面图

正立面图
右立面图

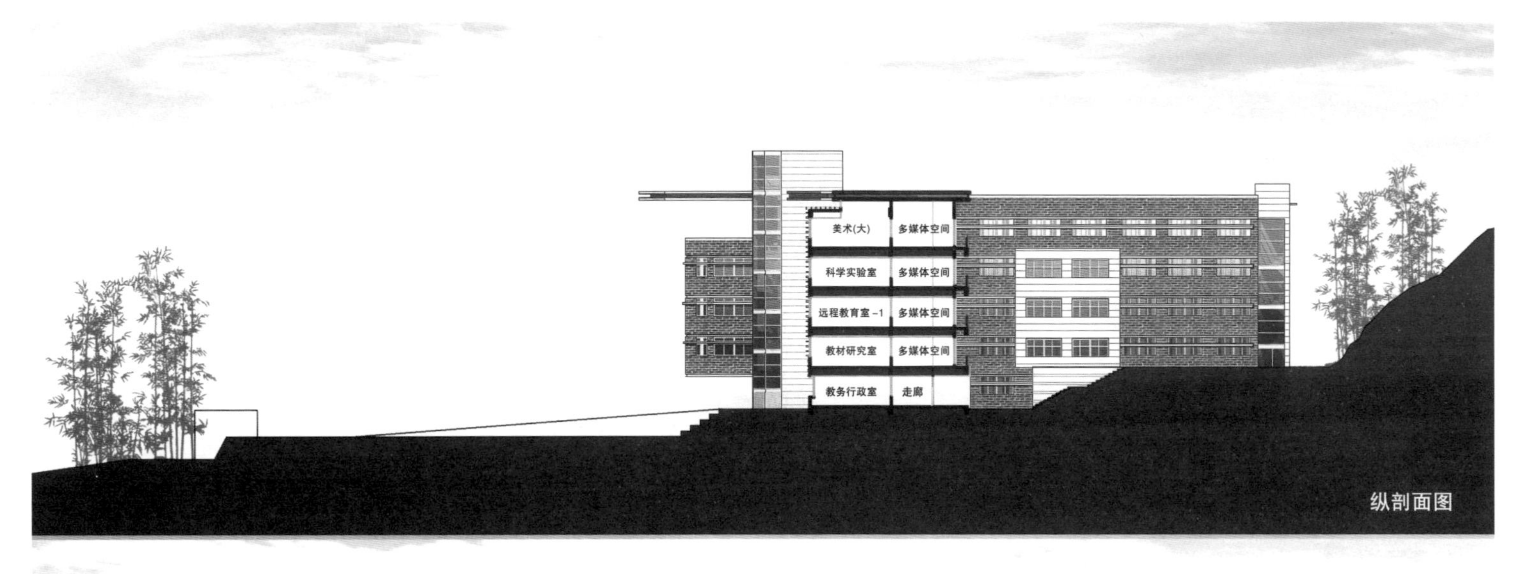
美术(大)
多媒体空间
科学实验室
多媒体空间
远程教育室-1
多媒体空间
教材研究室
多媒体空间
教务行政室
走廊
纵剖面图

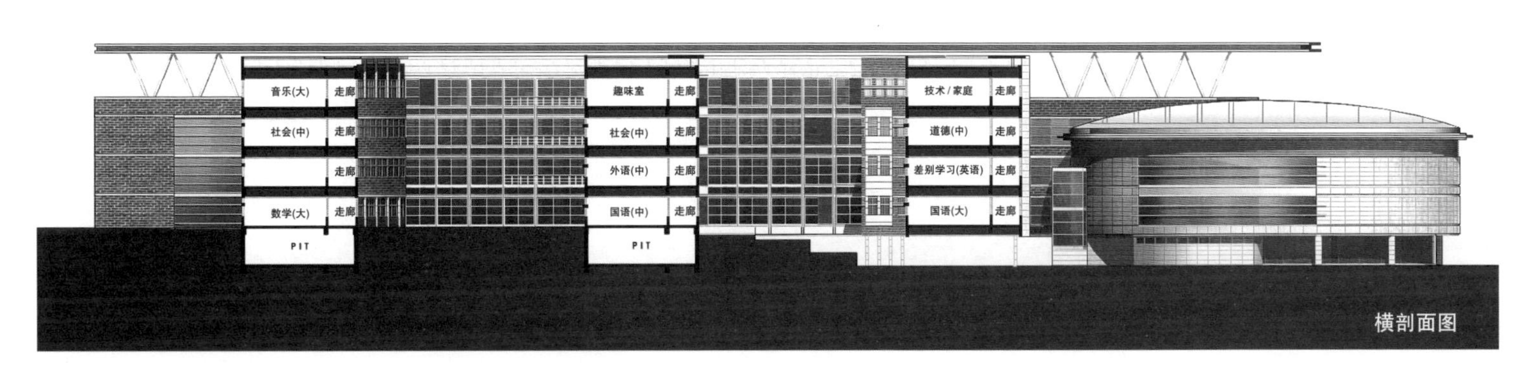
音乐(大)
走廊
社会(中)
走廊
走廊
数学(大)
走廊
PIT
趣味室
走廊
社会(中)
走廊
外语(中)
走廊
国语(中)
走廊
PIT
技术/家庭
走廊
道德(中)
走廊
差别学习(英语)
走廊
国语(大)
走廊
横剖面图

顺川甲谷中学

中标方案 **工程策划：**郑明哲

总平面

功能性

南向布置教学楼。

有机连接一般教室和特别教室。

交通的简单、明确性。

区域性

划分一般教室和特别教室。

确保当地居民利用。

轴线

顺应用地形状和城市轴线。

依据用地状况，自然布置讲堂。

出入性

充分考虑学生以及当地居民的接近性和活用度的平面布置。

沿着出入轴线自然地布置空间走向。

联系

各个教室和外部空间的联系。

设置开敞的空间，自然地连接室内外空间。

开放性

考虑当地居民利用讲堂以及辅助设施的便利性。

单体平面设计

依据关联课程的垂直、水平布置

根据专门授课区域，分离学习科目。提高教育以及研究的效率和专业化。

形成各个教室群

主体和上网区。

按年级垂直划分主体。

每个教室群由3个年级组成。

按楼层划分年级

一层布置管理设施，方便管理停车场。

各授课教室周围安排教师研究室，存放各种学习资料，提高效率。

按年级布置大回廊，设置学生自用品保管处和更衣室。

交通设计

明快的人车分流和独立的停车空间，确保安全。

设置开敞的空间(指部分一层只有柱子没有墙面)，自然连接室内外交通。

外部空间设计

多功能讲堂：作为休息和小聚会空间。

生态公园：引进亲环境要素(水景、水生植物园)。

迎宾广场：作为当地居民重要的文化活动场所。

中厅作为绿化空间的中心。

剖面设计

按楼层适当分配垂直功能和有机的连接，提高管理运营效率。

为保证教室内的采光，设置较大开口部位。

为提供欢快的学习环境，迎合成长期学生的人体工程学尺寸和尖端教育培养环境，采用3.6m层高和确保2.7m净高。

立面设计

认知性：引入不同手法的立面设计来确保认知度。楼梯部分采用垂直线条强调上升感。

调和性：适当分割建筑物立面，激活整体的均衡美，形成求变和安定感。

功能性：通过符合各个房间功能的窗的排列，形成富有融通性和节奏感的立面。

经济性：考虑材料的经济性和同一性，没有采纳多种不同材料，而是采用红砖饰面。

位置：全罗南道顺川市石岘洞157番地
地域：一般居住地域、学校设施地区
用地面积：15664m²
首层建筑面积：2996.64m²
总建筑面积：8987m²
建筑密度：19.13%
容积率：57.37%
建筑规模：地下1层，地上4层
结构：钢筋混凝土框架结构、钢结构
外部装修：红砖、T35压型水泥条、外保温系统
停车位数：35辆(含残疾人用车2辆)

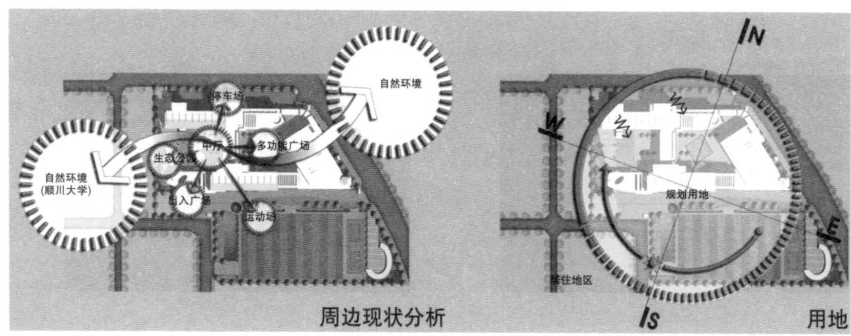

周边现状分析
用地

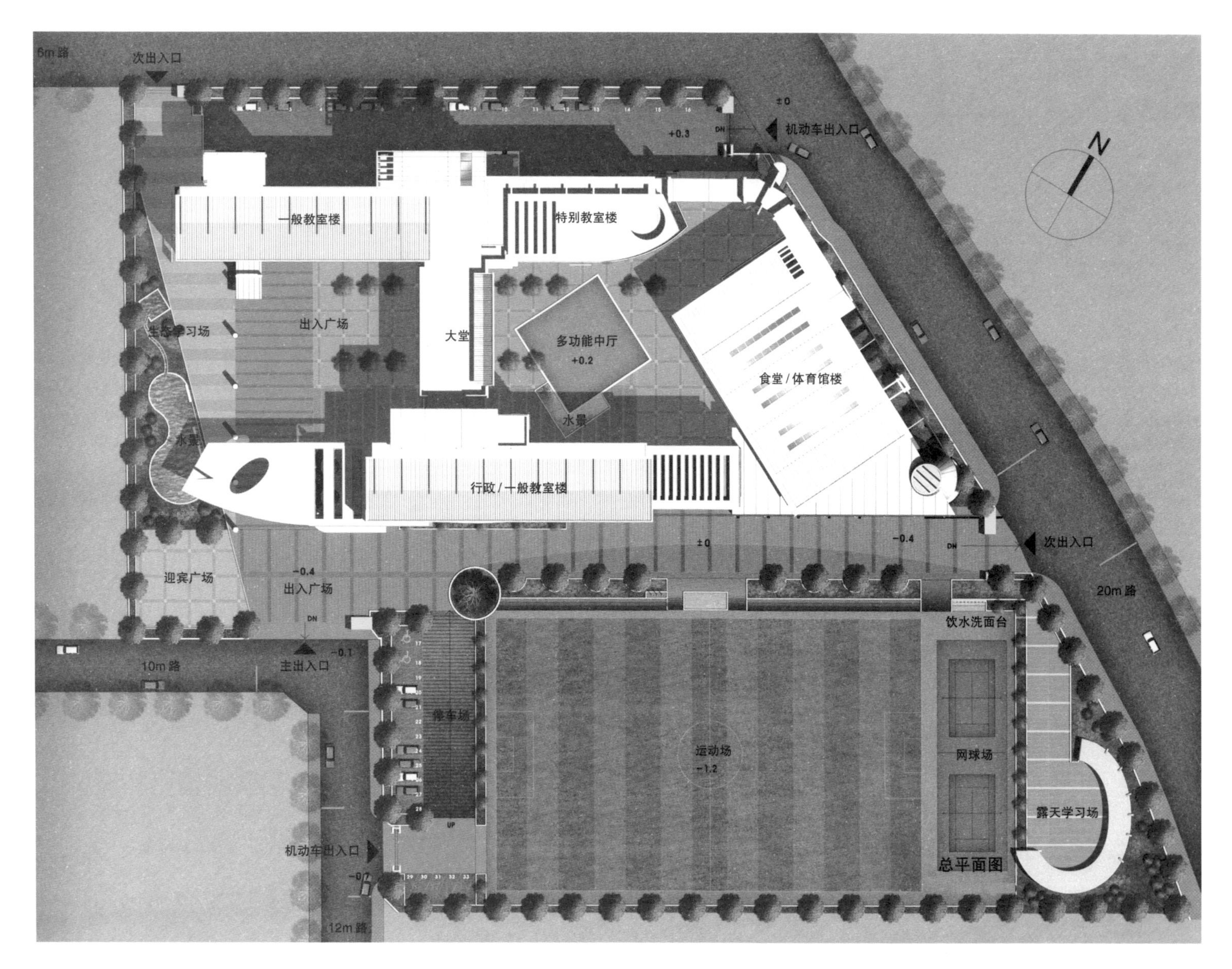

总平面图

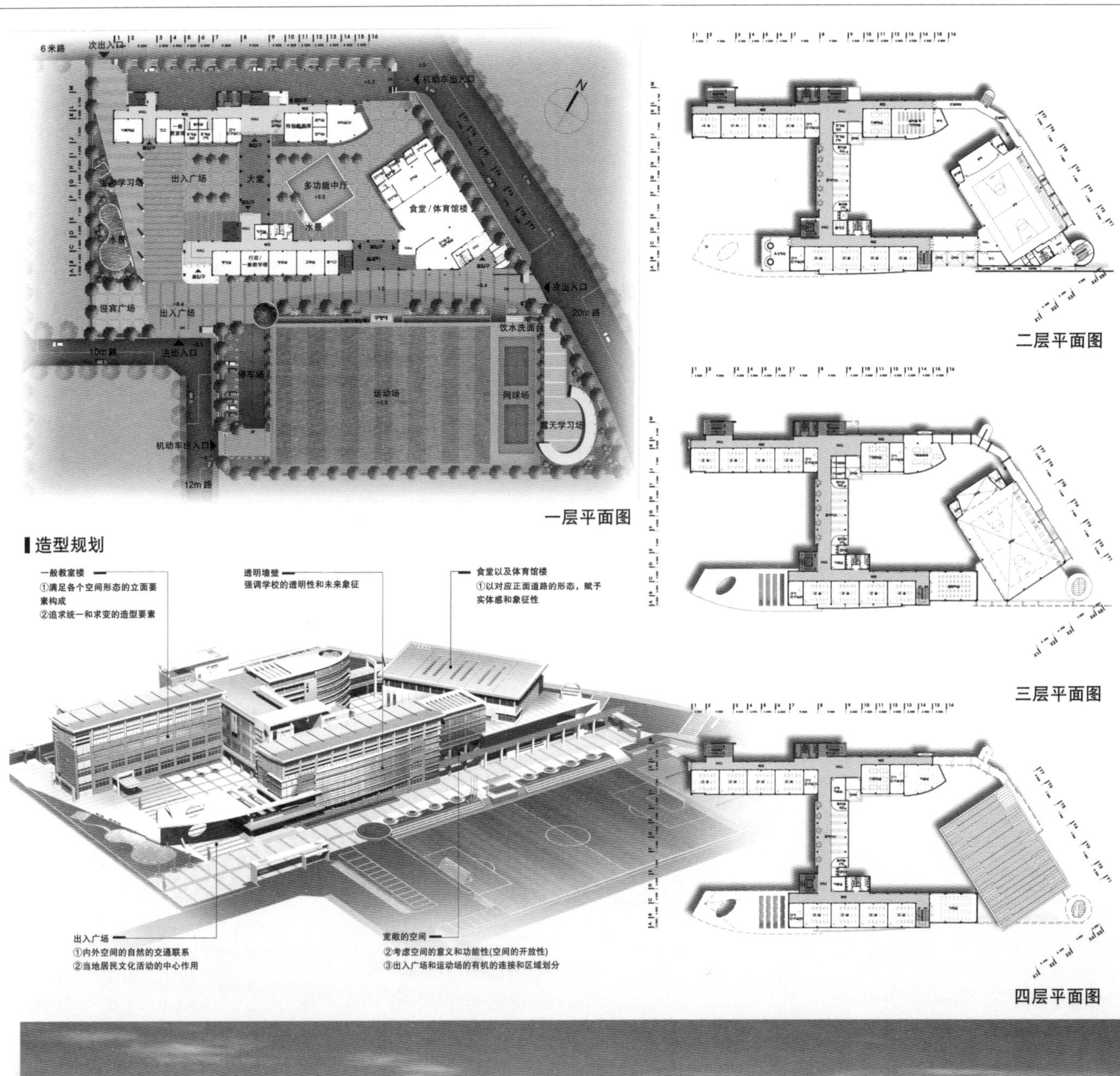

一层平面图

二层平面图

三层平面图

四层平面图

造型规划

一般教室楼
①满足各个空间形态的立面要素构成
②追求统一和求变的造型要素

透明墙壁
强调学校的透明性和未来象征

食堂以及体育馆楼
①以对应正面道路的形态，赋予实体感和象征性

出入广场
①内外空间的自然的交通联系
②当地居民文化活动的中心作用

宽敞的空间
②考虑空间的意义和功能性(空间的开放性)
③出入广场和运动场的有机的连接和区域划分

正立面图

侧立面图

背立面图

侧立面图

横剖面图

纵剖面图

顺川甲谷中学

二等奖方案 空间建筑：曹成浩

总平面要点

确定主次出入轴线。

保证出入空间留有余地。

区分当地居民和学生交通。

切断噪声并引东川的自然生态公园至学校。

组成通向四面道路的校内欢快的广场。

当地居民利用设施的简化。

平面设计

教室设置

分成两节的一般教室楼体，防止交通混乱且均可做到南向，采光充分。

通过单位平面块，构成满足教育课程新需求(7次)。

分散、独立设置特别教室，确保交通的高效率和空间的区域性，选择适当的平面形状满足多种教育需求。

学习支援空间

大回廊设在设施的中心，自然地、功能性地连接两块教室群，提高交通的效率。

大回廊设计成明快宽敞的空间，从西边可以看到出入广场，从东边可以眺望中厅。

分布于各连接点和各个要素里的休闲空间，可以容纳休息、对话、小聚会等多彩的活动。

特殊活动空间

视听室、图书信息室、体育馆、电脑室等特殊活动室，安排在教室群的一边，与主次出入部相连。根据其特性明确划分。考虑当地居民使用上的便利，另设置交通通道(地方社会学校)。

内部通道规划

分散布置在各连接点的主楼梯，引导圆满的垂直通道，并有机地连接外部空间。

内部(水平)通道有意识地连接为各种形态的循环走廊，沿着走廊可以欣赏水景、出入广场、中厅等多样的空间景色。

剖面设计

外部空间的变化和连续性

多样、特色化的外部空间，具有各自的区域性，有时通过开敞的一层空间、行人道、透明玻璃壁的相互贯透，呈现视觉性、立体性、连续性地向周围扩张。

各项功能的水平、垂直调整

根据教育以及学习区域的特性，进行水平、垂直调整，各缝隙处设置缓冲空间，确保各功能空间的效率和独立性。

通过开敞的一层空间、屋顶庭院、休息阳台，积极引入外部空间，构成能够感觉无限天空和各缝隙处吹来的微微风声的亲自然空间。

首层建筑面积：3038.6m²
总建筑面积：9506.4m²
建筑密度：19.4%
容积率：56.4%
建筑规模：地下1层，地上4层
结构：钢筋混凝土结构、部分钢结构
外部装修：红砖，外保温系统，DRIBIT，铝合金条
停车位数：39辆

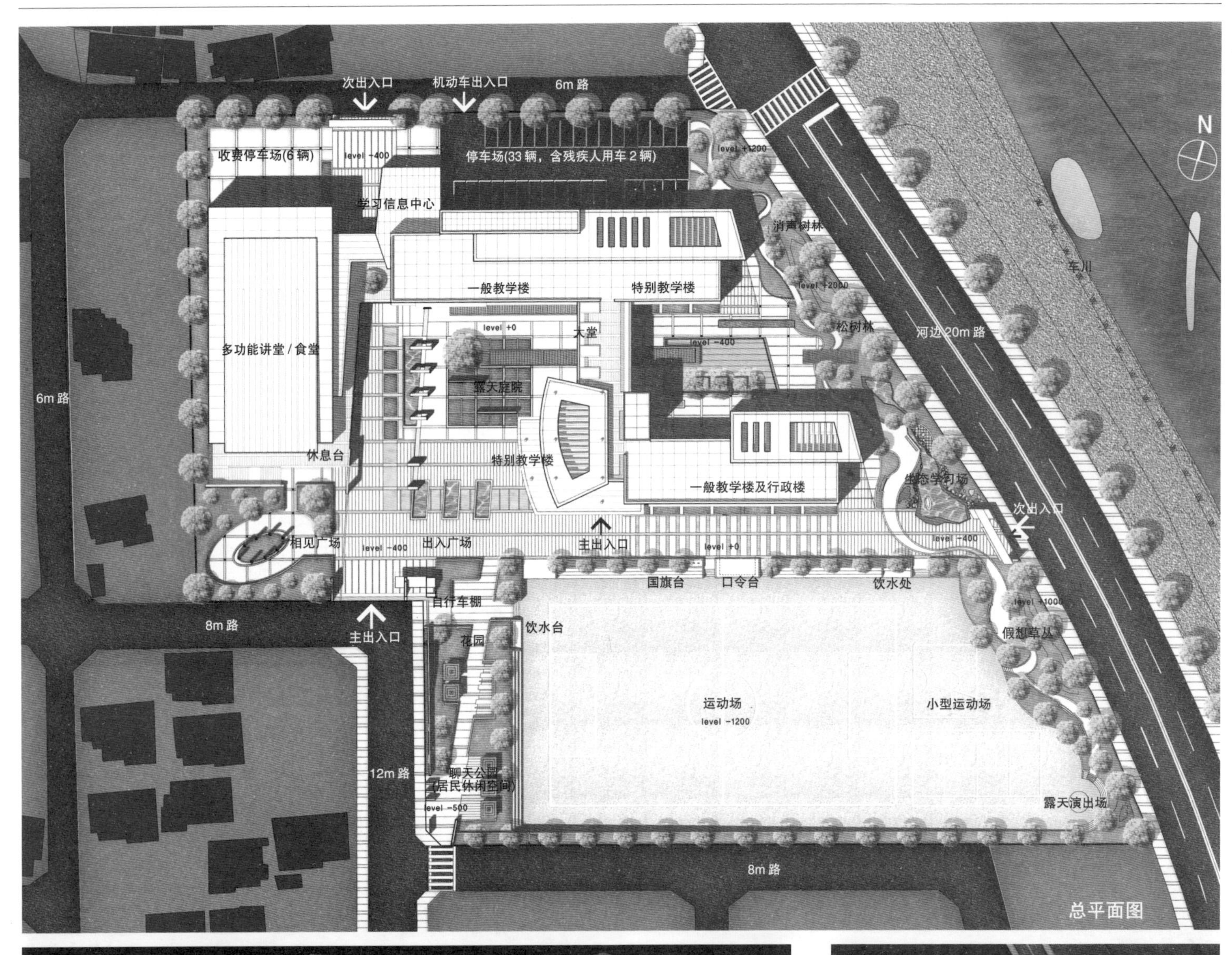

总平面图

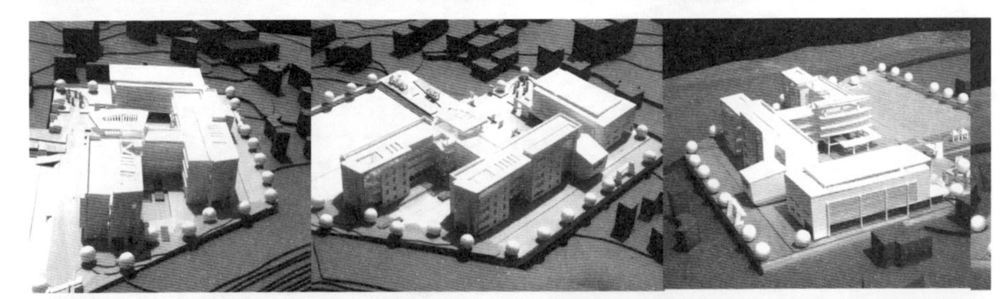

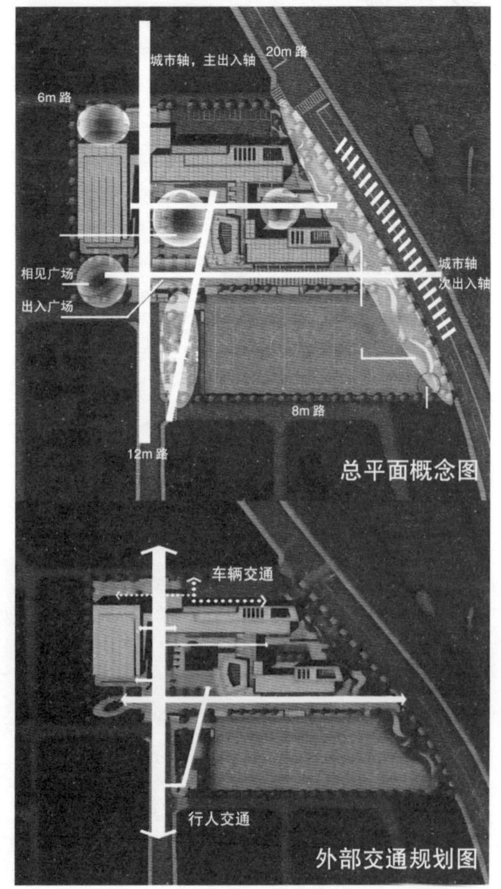

总平面概念图

外部交通规划图

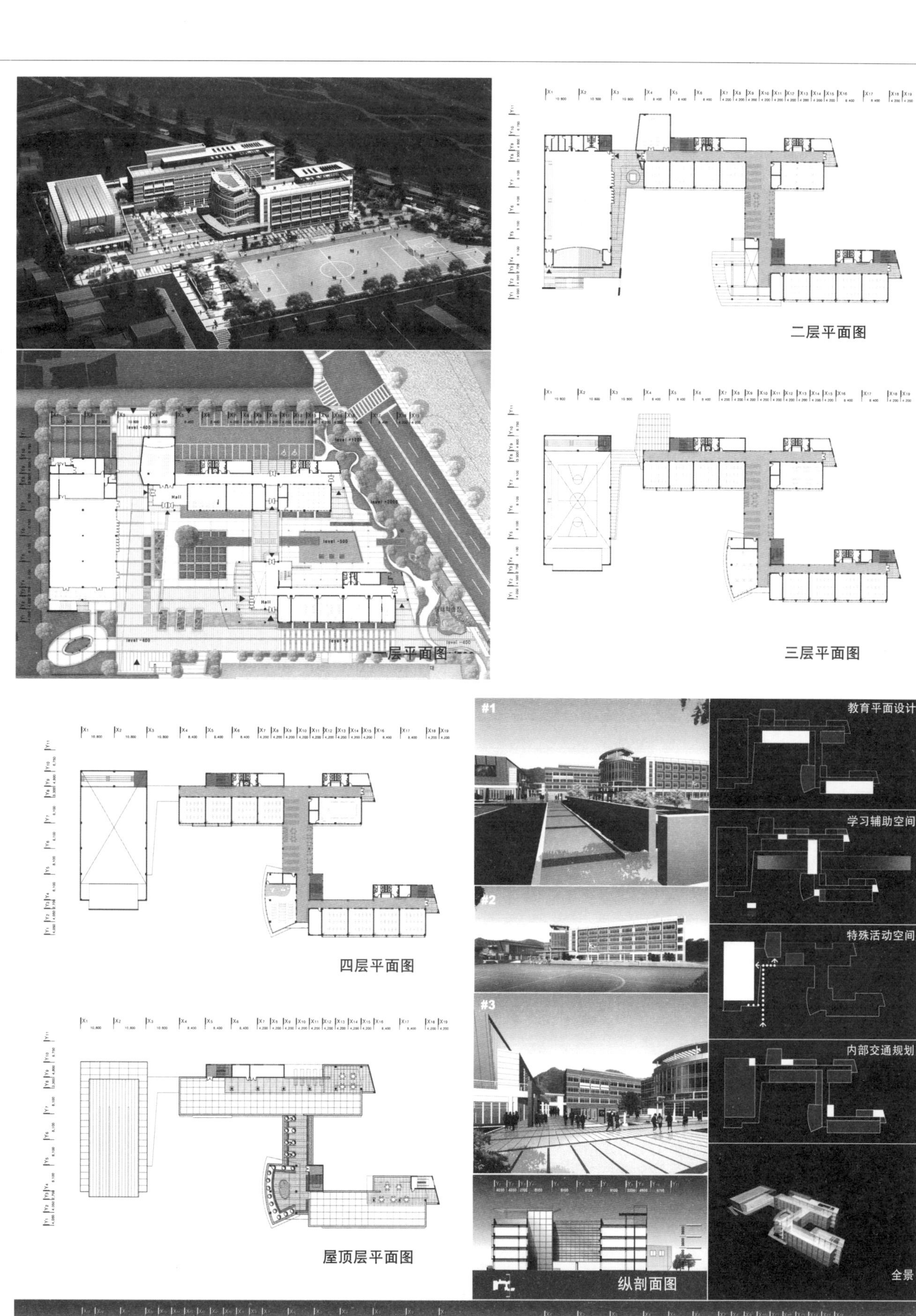

二层平面图
三层平面图
一层平面图
四层平面图
屋顶层平面图
教育平面设计
学习辅助空间
特殊活动空间
内部交通规划
全景
纵剖面图
#1
#2
#3

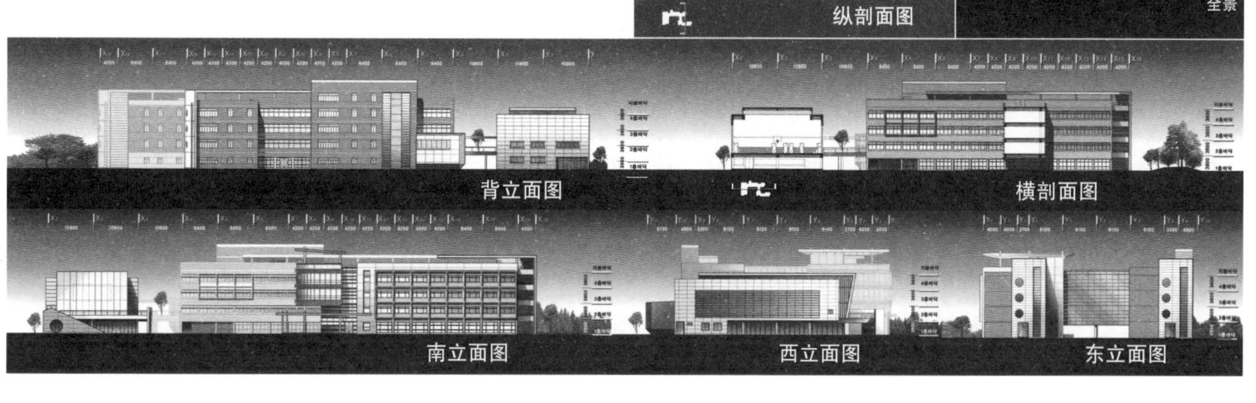

背立面图
横剖面图
南立面图
西立面图
东立面图

大田魁亭中高等学校

中标方案 都市人建筑：金永权，韩大震，张成植。设计组：赵成雄，金寿光，金道行，林昌石，秦尹静，金敏基，吴昌先，方基真，朴辉俊

前言

"魁亭"，似乎在地名中还留下了文化的痕迹。用地入口的榉树作为自然的恩惠以及其象征性，在"建筑"出现之前，就见证了许多故事，并在这个地区发挥了共同体般的主导作用，是人们聚会、交流的空间……也许这就是"学校"的开始吧。"学校"建筑是学习欲望的物质化，在设计"学校"时，首先要把接受"学习"这种行为的象征性物体所提供的空间，用当代的建筑语言来体现。

用地分析

大田魁亭中高等学校的设计用地，呈东西长、南北短的菱形，而且自北向南有7m左右的高差。在剖面设计中要求入口开阔和比较经济的用地解决方案。另外，还必须设置缓冲空间，阻隔从西北方向的20m道路和东侧的住宅区传入的噪声和视线。同时，需要考虑两所学校的独立性和连接性。

总平面设计与外部空间设计

以分开两个学校的中央步行街为中心，自然连接外部空间、共享空间、公用空间、自有空间，考虑与这一地段社区的连接与两所学校共用设施的可接近性；同时还要保证两所学校各自的领域性。各学校的固有空间以中庭为中心，自成一组，使学生的活动空间有向外扩张的可能。

在用地边界配置运动场和空地，使核心功能区与外界保持一定的距离，用树木、造景设施阻隔外来的噪声和视线，为学生营造宁静愉快的学习环境。

方案设计——创造适应教育环境变化的教育空间

为适应第七次教育改革的要求，本设计将讲课专用教室、特别教室、多功能教室等空间按课程编组，各组之间用教师研究室等学习辅助空间来连接，形成教室群。各个教室群的连接点处设计学生室内活动空间，既适应新的教育要求，还能最大限度地减少给学生带来的混乱。各个单位教室群与走廊、学生设施、开放空间相连接，引导多种活动行为，连接学生课外活动空间和学习空间，形成最佳学习环境。

实与虚、重叠与集合

利用体量的凸出与凹进、虚与实，以及廊桥和楼下出入空间等，通过自然连接和插入，形成与周边环境相协调的建筑。用轮廓和重叠立面的连续表现，用多样的铺设手段协调开放与封闭空间的联系。另外，百叶窗板和水平窗格的利用，以传统的水平和垂直的和谐美来表现建筑物的安定感。

亲和环境的外部空间

顺地势设计，尽量减少土方量，基柱下面的停车场和一层的开敞空间确保开放性和与用地的连接。设置屋顶花园，积极注入亲和环境的建筑要素。用中央步行街、榉树亭、入口水景空间、屋顶花园创造亲和自然的外部空间，设计木平台和室外学习场，使学习场所不至于局限于内部空间，还延伸到外部空间。一系列的绿化空间是建筑空间的连续背景，不仅提供体验自然的机会，还起到珍惜环境的教育空间的作用。

地点：大田广驿市西区魁亭洞120号
地域：一般居住地域
用地面积：23682.3m²
首层建筑面积：5783.50m²
总建筑面积：18104.14m²
造景面积：5056.17m²
建筑密度：24.42%
容积率：74.47%
规模：地下1层，地上5层
结构：钢筋混凝土，型钢混凝土(部分)
停车位数：地上32辆，架空层停车45辆(中学校32辆，高中45辆/包括残疾人用4辆)

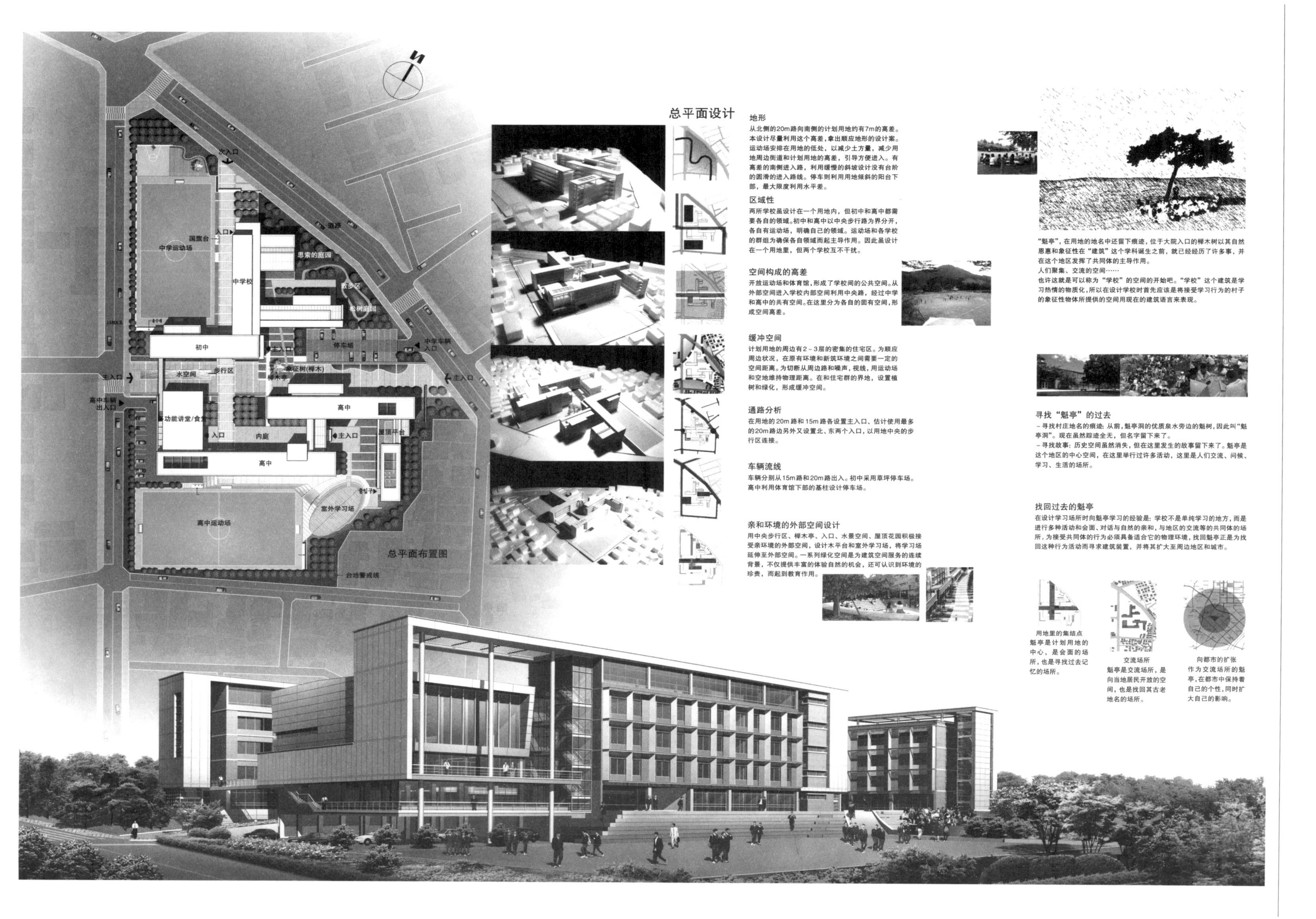

总平面布置图

总平面设计

地形

从北侧的20m路向南侧的计划用地约有7m的高差。本设计尽量利用这个高差，拿出顺应地形的设计案。运动场安排在用地的低处，以减少土方量，减少用地周边街道和计划用地的高差，引导方便进入。有高差的南侧进入路，利用缓慢的斜坡设计没有台阶的圆滑的进入路线。停车则利用用地倾斜的阳台下部，最大限度利用水平差。

区域性

两所学校虽设计在一个用地内，但初中和高中都需要各自的领域。初中和高中以中央步行路为界分开，各自有运动场，明确自己的领域。运动场和各学校的群组为确保各自领域而起主导作用。因此虽设计在一个用地里，但两个学校互不干扰。

空间构成的高差

开放运动场和体育馆，形成了学校间的公共空间。从外部空间进入学校内部空间利用中央路，经过中学和高中的共有空间。在这里分为各自的固有空间，形成空间高差。

缓冲空间

计划用地的周边有2～3层的密集的住宅区。为顺应周边状况，在原有环境和新筑环境之间需要一定的空间距离。为切断从周边路和噪声，视线，用运动场和空地维持物理距离。在和住宅群的界地，设置植树和绿化，形成缓冲空间。

通路分析

在用地的20m路和15m路各设置主入口、估计使用最多的20m路边另外又设置北、东两个入口，以用地中央的步行区连接。

车辆流线

车辆分别从15m路和20m路出入。初中采用草坪停车场。高中利用体育馆下部的基柱设计停车场。

亲和环境的外部空间设计

用中央步行区、榉木亭、入口、水景空间、屋顶花园积极接受亲环境的外部空间，设计木平台和室外学习场，将学习场延伸至外部空间。一系列绿化空间是为建筑空间服务的连续背景，不仅提供丰富的体验自然的机会，还可认识到环境的珍贵，而起到教育作用。

"魁亭"，在用地的地名中还留下痕迹，位于大院入口的榉木树以其自然恩惠和象征性在"建筑"这个学科诞生之前，就已经经历了许多事，并在这个地区发挥了共同体的主导作用。

人们聚集、交流的空间……

也许这就是可以称为"学校"的空间的开始吧。"学校"这个建筑是学习热情的物质化，所以在设计学校时首先应该是将接受学习行为的村子的象征性物体所提供的空间用现在的建筑语言来表现。

寻找"魁亭"的过去

－寻找村庄地名的痕迹：从前，魁亭洞的优质泉水旁边的魁树，因此叫"魁亭洞"。现在虽然踪迹全无，但名字留下来了。

－寻找故事：历史空间虽然消失，但在这里发生的故事留下来了。魁亭是这个地区的中心空间，在这里举行过许多活动，这里是人们交流、问候、学习、生活的场所。

找回过去的魁亭

在设计学习场所时向魁亭学习的经验是：学校不是单纯学习的地方，而是进行多种活动和会面、对话与自然的亲和，与地区的交流等的共同体的场所，为接受共同体的行为必须具备适合它的物理环境，找回魁亭正是为找回这种行为活动而寻求建筑装置，并将其扩大至周边地区和城市。

用地里的集结点
魁亭是计划用地的中心，是会面的场所，也是寻找过去记忆的场所。

交流场所
魁亭是交流场所，是向当地居民开放的空间，也是找回其古老地名的场所。

向都市的扩张
作为交流场所的魁亭，在都市中保持着自己的个性，同时扩大自己的影响。

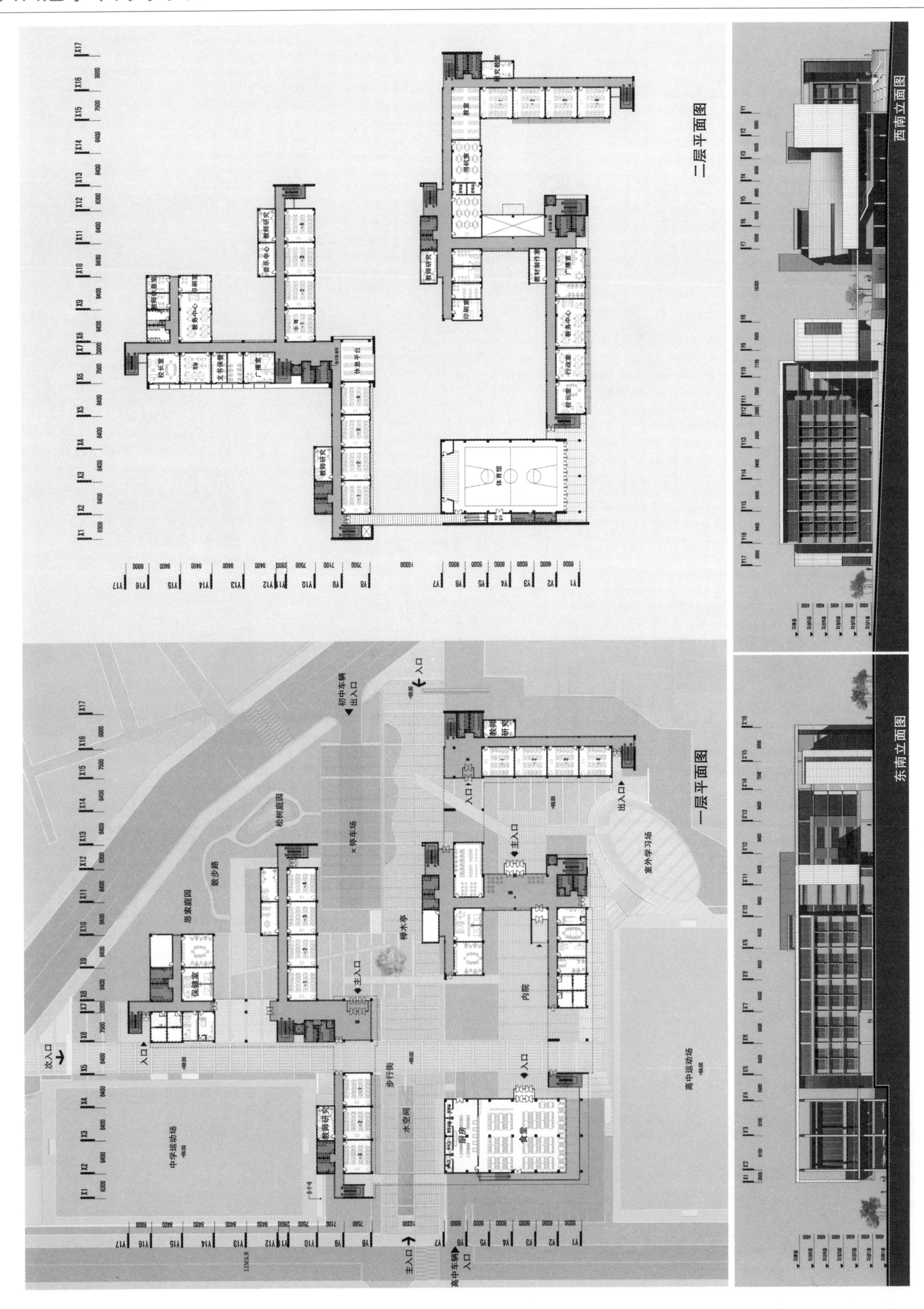
一层平面图
二层平面图
西南立面图
东南立面图
中学运动场
高中运动场
室外学习场
停车场
内院
食堂
厨房
体育馆
主入口
次入口
出入口
步行街
水空间
榉木亭
思索庭园
散步路
松树庭园

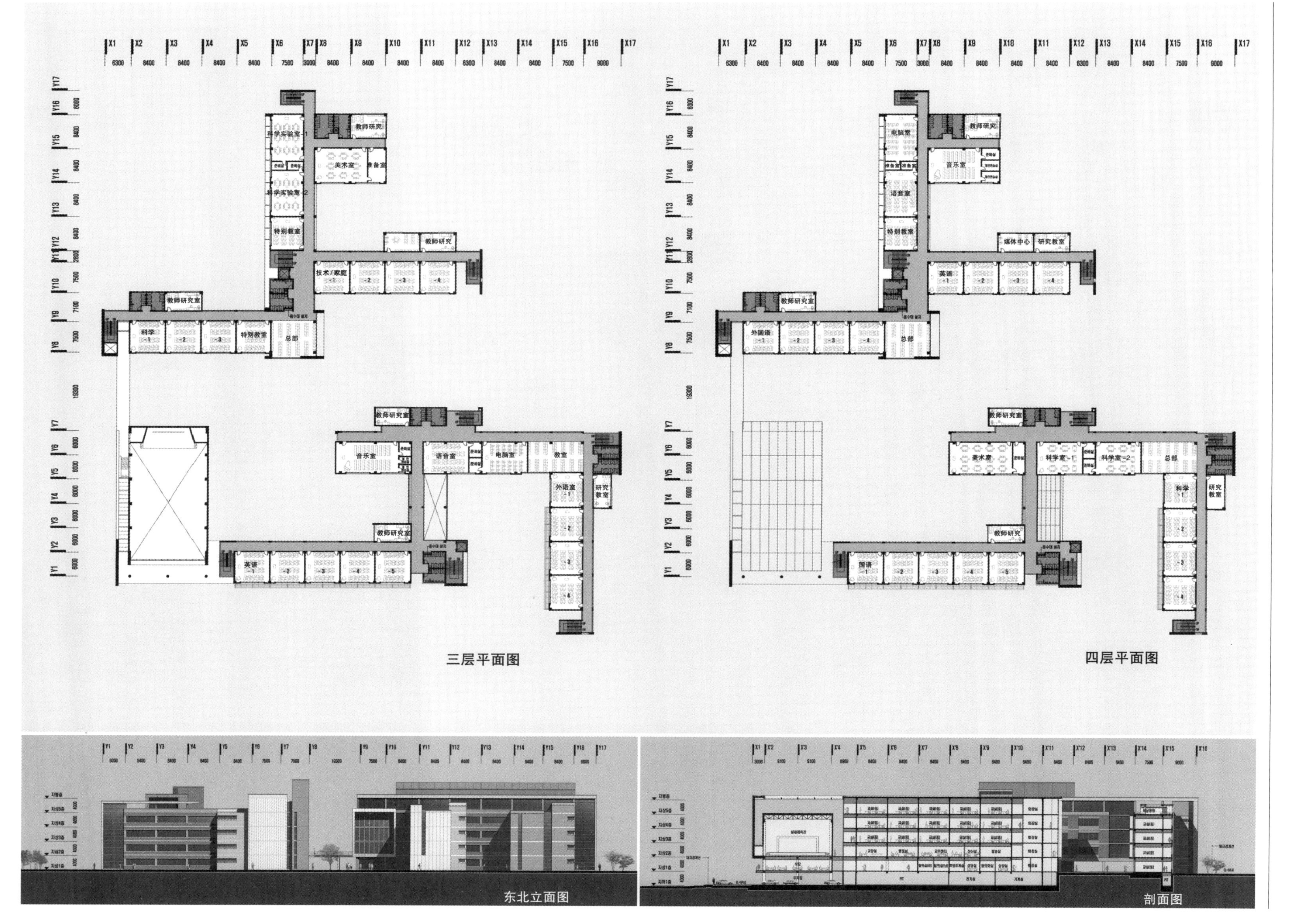
三层平面图
四层平面图
东北立面图
剖面图

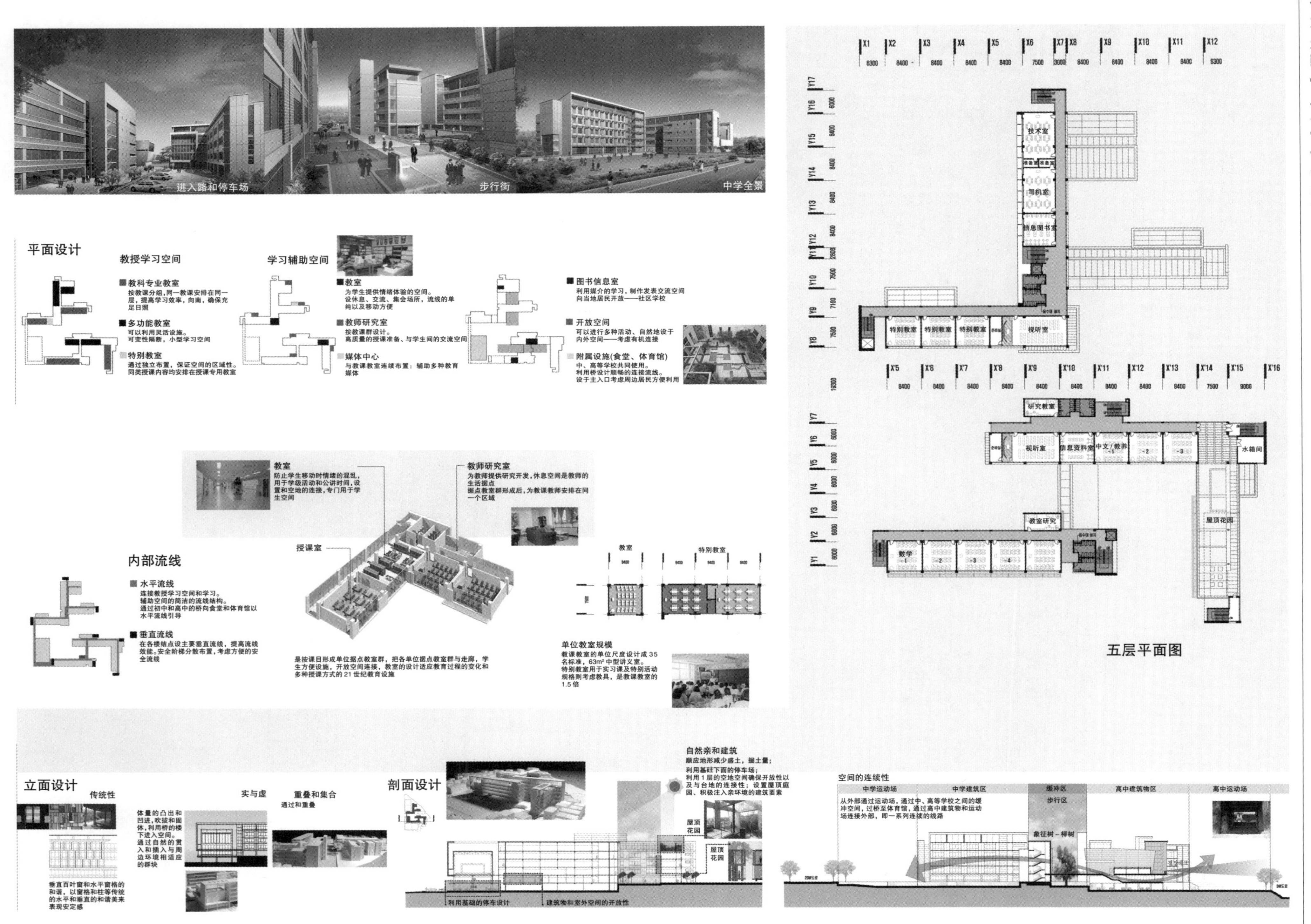
进入路和停车场
步行街
中学全景
平面设计
教授学习空间
■ 教科专业教室
按教课分组，同一教课安排在同一层，提高学习效率，向南，确保充足日照
■ 多功能教室
可以利用灵活设施。
可变性隔断，小型学习空间
■ 特别教室
通过独立布置，保证空间的区域性。
同类授课内容均安排在授课专用教室
学习辅助空间
■ 教室
为学生提供情绪体验的空间。
设休息、交流、集会场所，流线的单纯以及移动方便
■ 教师研究室
按教课群设计。
高质量的授课准备、与学生间的交流空间
■ 媒体中心
与教课教室连续布置：辅助多种教育媒体
■ 图书信息室
利用媒介的学习，制作发表交流空间
向当地居民开放——社区学校
■ 开放空间
可以进行多种活动、自然地设于内外空间——考虑有机连接
■ 附属设施(食堂、体育馆)
中、高等学校共同使用。
利用桥设计顺畅的连接流线。
设于主入口考虑周边居民方便利用
内部流线
■ 水平流线
连接教授学习空间和学习。
辅助空间的简洁的流线结构。
通过初中和高中的桥向食堂和体育馆以水平流线引导
■ 垂直流线
在各楼结点设主要垂直流线，提高流线效能。安全阶梯分散布置，考虑方便的安全流线
教室
防止学生移动时情绪的混乱，用于学级活动和公讲时间，设置和空地的连接，专门用于学生空间
教师研究室
为教师提供研究开发，休息空间是教师的生活据点
据点教室群形成后，为教课教师安排在同一个区域
授课室
是按课目形成单位据点教室群，把各单位据点教室群与走廊，学生方便设施，开放空间连接，教室的设计适应教育过程的变化和多种授课方式的21世纪教育设施
教室
特别教室
单位教室规模
教课教室的单位尺度设计成35名标准，63m² 中型讲义室。
特别教室用于实习课及特别活动规格则考虑教具，是教课教室的1.5倍
五层平面图
技术室
司机室
信息图书室
特别教室
视听室
研究教室
信息资料室
中文/教养
水箱间
屋顶花园
教室研究
数学
立面设计
传统性
垂直百叶窗和水平窗格的和谐，以窗格和柱等传统的水平和垂直的和谐美来表现安定感
体量的凸出和凹进，吹拔和困体，利用桥的楼下进入空间。
通过自然的贯入和插入与周边环境相适应的群块
实与虚
重叠和集合
通过和重叠
剖面设计
自然亲和建筑
顺应地形减少盛土，掘土量；
利用基柱下面的停车场；
利用1层的空地空间确保开放性以及与台地的连接性；设置屋顶庭园、积极注入亲环境的建筑要素
屋顶花园
利用基础的停车设计
建筑物和室外空间的开放性
空间的连续性
中学运动场
中学建筑区
缓冲区
步行区
高中建筑物区
高中运动场
从外部通过运动场，通过中、高等学校之间的缓冲空间，过桥至体育馆，通过高中建筑物和运动场连接外部，即一系列连续的线路
象征树—榉树

大田魁亭中高等学校

二等奖方案 **目成建筑**：李基秀，郑柄玉，俞再植，李京涣。**江南建筑**：崔炳灿。设计组：夏智燕(目成建筑)，朴宗绪，申宪国，刘秀庆，朴成宇，朴权熙(江南建筑)

设计的前提

—适应综合化、多变化教育环境的学习空间。

—中学和高中的区域分离。

—积极考虑日照方向，提高教室的环境质量。

—避免噪声干扰。

—外部空间的多样性：便于举行各种活动的空间结构，适合青少年的心理。

—愉悦的空间转换：积极考虑转换授课的可能性。

—最大限度地利用土地：尽量保留地形原貌，减少土方量。

—向社区开放：将特别教室、后勤设施提供给当地居民，作为永久性教育场所。

基本设计方向

总平面设计的合理性

—明确区分初中和高中的领域。

—节能建筑物配置。

—确保日照范围的总平面设计。

—在路边配置个性化的建筑物。

—根据教育及学习的特点，设计有效的空间和室外绿化。

艺术性、独创性

—设计个性化的内、外部空间，给使用者以丰富的空间体验。

—设计多样的外部空间，确保各个空间的领域性。

功能性、公共性

—适应第七次教育改革的教课教室型、授课方式的空间设计。

—在地区社会起中心作用的文化设施。

—地区居民可以参与教育以及举行各种文化活动的开放空间。

安全性

—坚固的结构设计。

—节约能源的结构设计。

环境亲和性

—与周边环境和地形相协调的空间设计。

—利用原有地形，最大限度地减少工程费用。

—考虑自然采光和眺望视野的窗户和立面设计。

安全性

—建立能源节约系统。

—设计便于维护及管理的设施。

首层建筑面积：4727.98m²
总建筑面积：18543.43m²
造景面积：4097.04m²
建筑密度：19.96%
容积率：73.21%
规模：地下1层，地上5层
结构：钢筋混凝土、部分钢结构
外部装修：清水墙，外保温系统，木材板，压模成型水泥板，THK18彩色双层玻璃
停车位数：地上63辆

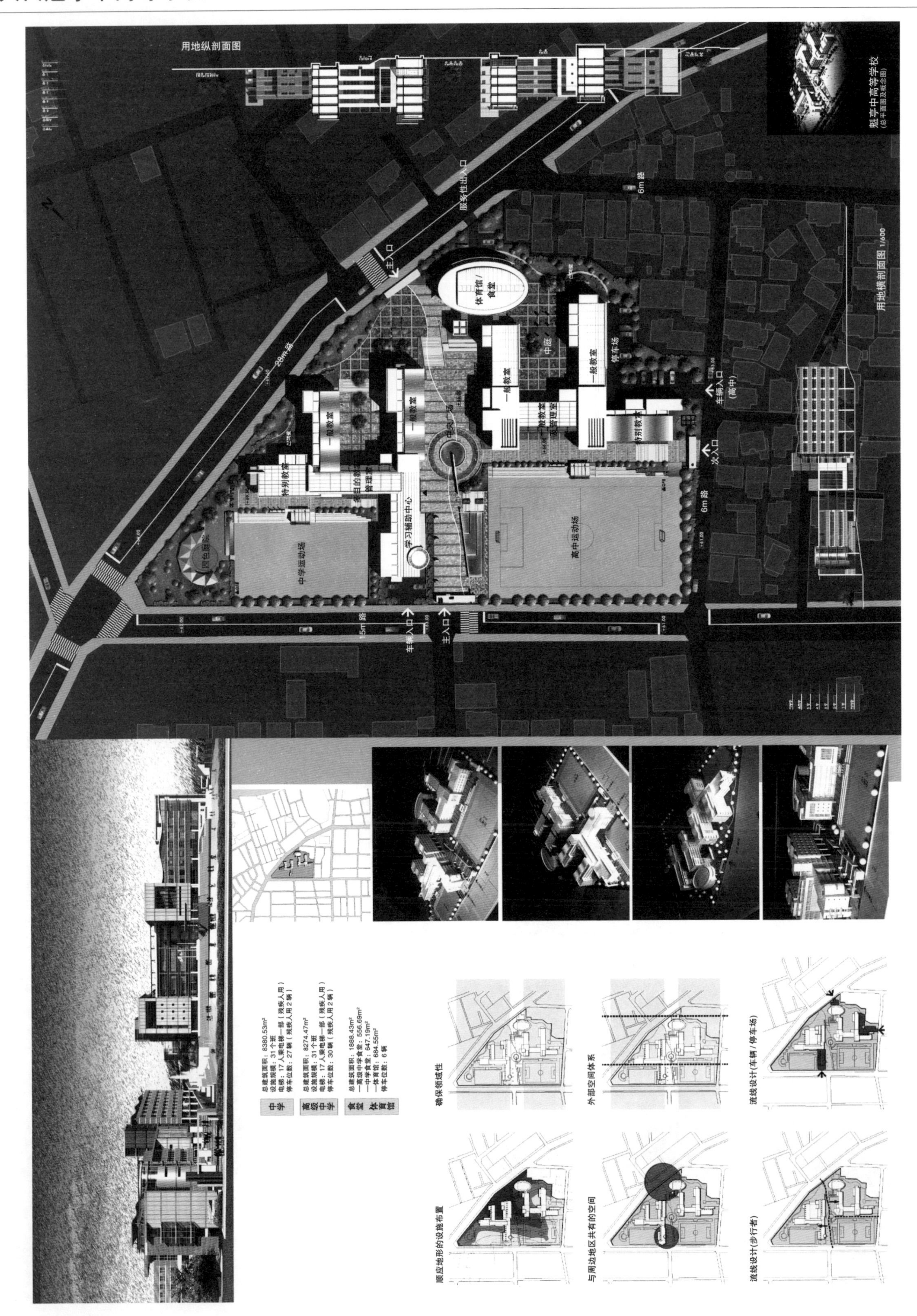

用地纵剖面图
魁亭中高等学校
服务性出入口
6m 路
主入口
体育馆/食堂
中庭
一般教室
停车场
28m 路
车辆入口（高中）
一般教室
一般教室及管理室
特别教室
中央广场
次入口
特别教室
多目的教室管理室
学习辅助中心
四色庭院
中学运动场
高中运动场
6m 路
用地横剖面图 1/600
15m 路
车辆入口
主入口
中学
总建筑面积：8380.53m²
设施规模：31 个班
电梯：17 人乘电梯一部（残疾人用）
停车位数：27 辆（残疾人用 2 辆）
高级中学
总建筑面积：8274.47m²
设施规模：31 个班
电梯：17 人乘电梯一部（残疾人用）
停车位数：30 辆（残疾人用 2 辆）
食堂 体育馆
总建筑面积：1888.43m²
一高级中学食堂：556.69m²
一中学食堂：647.19m²
一体育馆：684.55m²
停车位数：6 辆
确保领域性
顺应地形的设施布置
外部空间体系
与周边地区共有的空间
流线设计(车辆/停车场)
流线设计(步行者)

地下层平面图
LEVEL +66.30
一层平面图
LEVEL +69.90
二层平面图
LEVEL +73.50
三层平面图
LEVEL +77.10
四层平面图
LEVEL +80.70
五层平面图
LEVEL +84.30

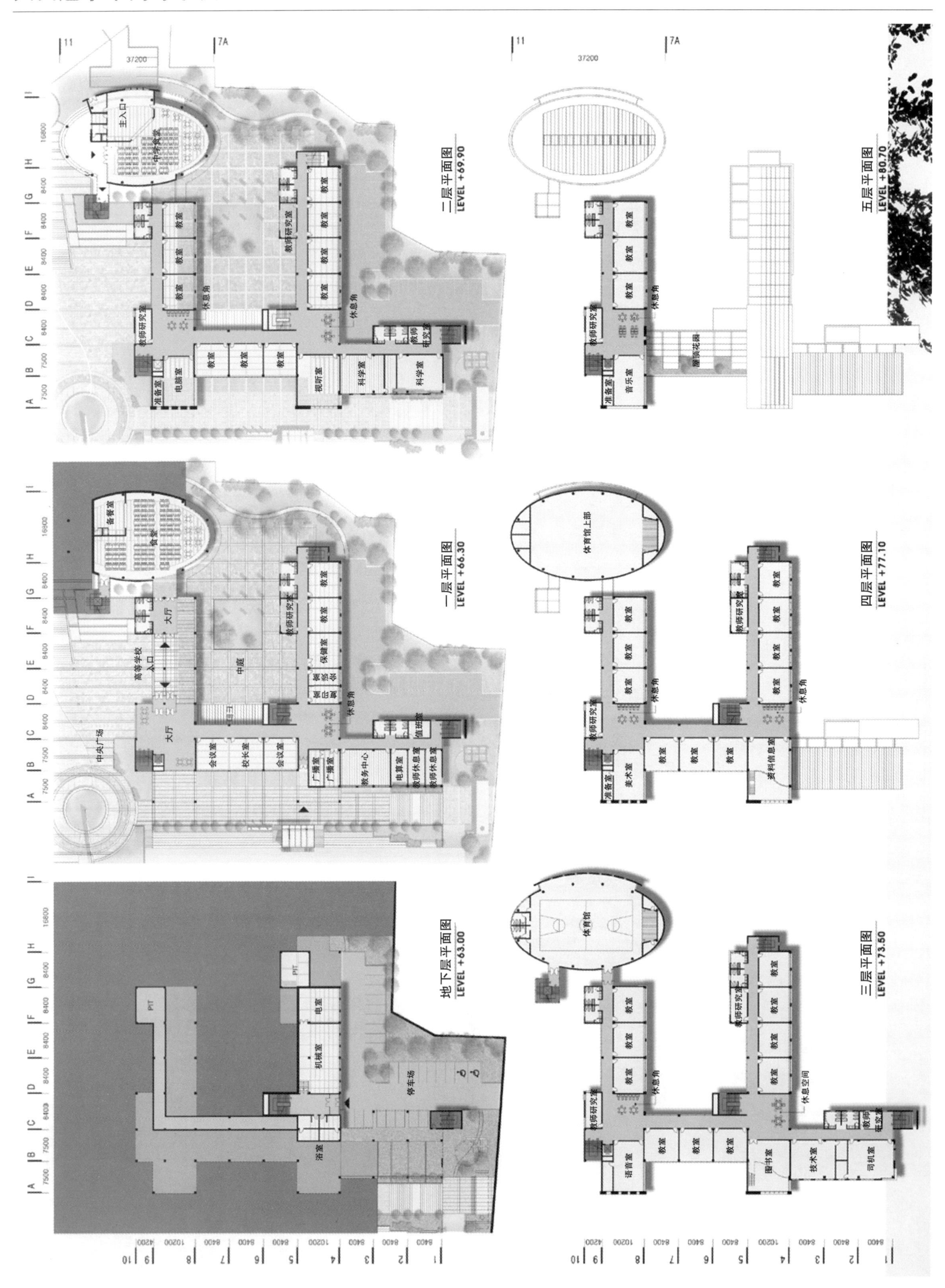
二层平面图
LEVEL +69.90
五层平面图
LEVEL +80.70
一层平面图
LEVEL +66.30
四层平面图
LEVEL +77.10
地下层平面图
LEVEL +63.00
三层平面图
LEVEL +73.50

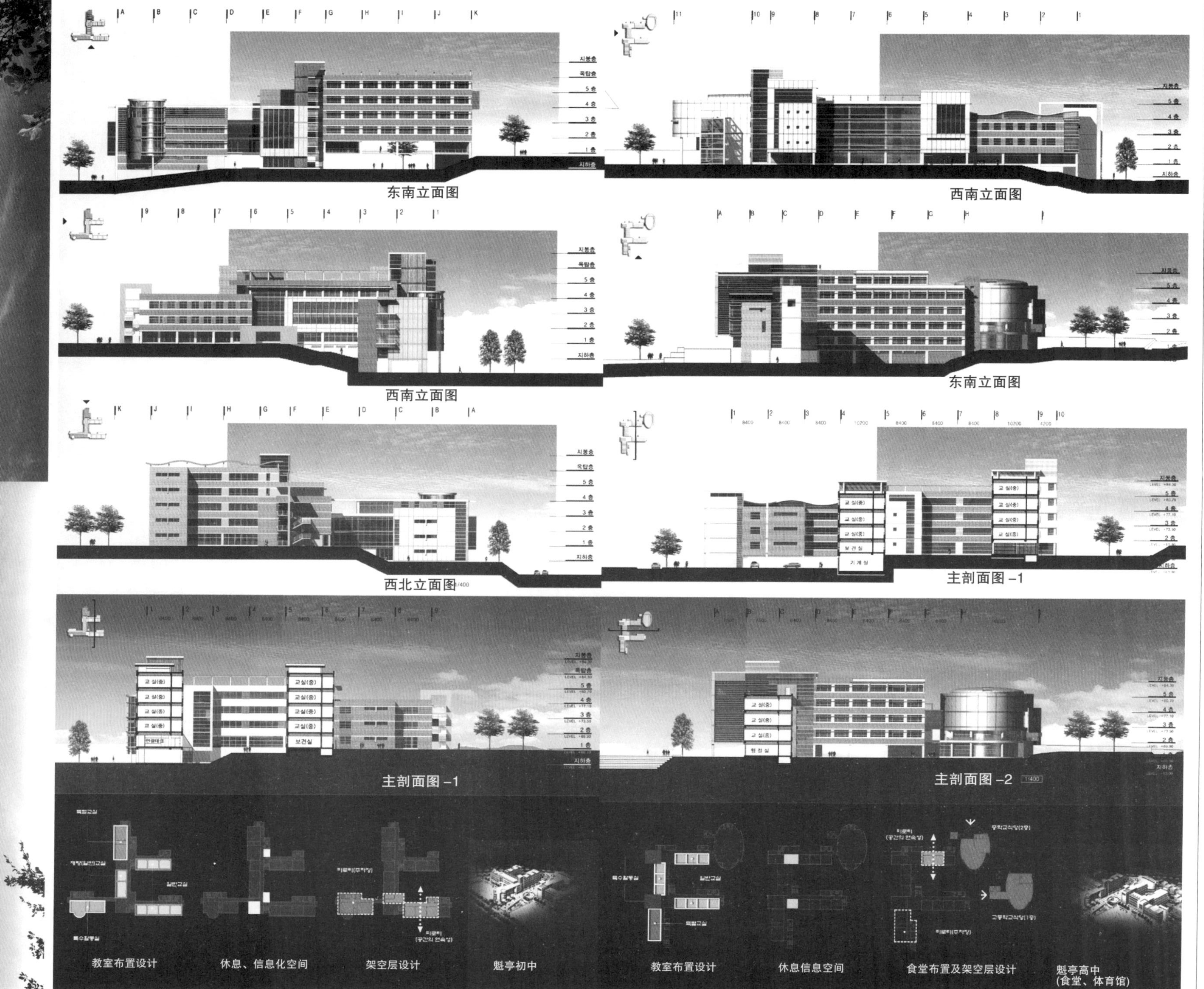

东南立面图
西南立面图
西南立面图
东南立面图
西北立面图
主剖面图 -1
主剖面图 -1
主剖面图 -2
教室布置设计
休息、信息化空间
架空层设计
魁亭初中
教室布置设计
休息信息空间
食堂布置及架空层设计
魁亭高中
(食堂、体育馆)

大田魁亭中高等学校

三等奖方案 正元建筑：朴润雄。设计组：金英灿，李华昌，李恩庆

总平面设计

—考虑道路轴线，设计建筑物入口。

—为初中学和高中之间的明确分离，设计缓冲空间(设计活动场)。

—教学楼尽量南向，保证必要的日照时间，形成愉悦的教学环境。

—邻近路边设置生态教育场、室外学习场、停车场等，减少外界的噪声。

—各教学楼之间设计中庭，根据空间的性质和功能的不同划分区域。

外部主要空间设计

活动广场：上学、放学时使用集中流线，在区分初中学和高中时起缓冲联系作用。

游戏广场：作为青少年的学习空间和休息空间，提供小型集会和交谈的亲和空间。

生态教育场：组成多样的绿地庭院，与自然相协调。

室外学习场：静与动的空间，提供与教室气氛不同的学习空间。

入口广场：为与周边居民便于融合及提供活动场所，用植树、地砖样式积极引导流线，并强化可接近性。

平面设计

—反映第七次教育改革特点的功能性空间构成。

——般教室南向设置(利于采光的单边走廊结构)。

—教室群与教师办公室形成一个整体。

—将教学楼分为一般教学楼、特殊教室以及管理行政楼，使用时利于空间的转换。

—特殊教室设置于出入方便的低层(魁亭初中)。

—特殊年级教室设置于主入口附近(魁亭高中)。

立面设计

立面结构设计

—适应地形的水平展开结构。

—明亮愉快的“开”与“闭”的表现。

—强调水平性，构成集会空间的开阔立面。

与周边环境的和谐感

—为与原有的周边建筑群和谐，设计明亮透明的立面。

—立面以重复的窗户构成，强调稳定性。

—强调轻快的幕墙立面，表现进取精神。

外部装修设计

—使用给人以亲切、安定感的红砖。

—使用气氛轻快的幕墙，赋予集会空间以透明性。

色彩设计

—设计利于青少年心理发展的安定、亲切的色彩。

—使用与周边环境相协调的重色(浓色)。

剖面设计

垂直区域设计

—根据不同功能，协调剖面，最大限度地扩大教育活动。

—与垂直流线有机连接的核心设计。

确保外部空间的高差

—将62.8～70.0m的高差分成三段。

—设计时最大限度地适应原有的地形，尽量减少土方量。

—以各段水平结构，确保各个功能建筑空间的高差。

剖面设计

—空间特性以及剖面结构：确保独立性，根据不同功能划分剖面。

—通过底层架空，形成各功能区之间的连接与开放空间。

首层建筑面积：中学 –1868.51m²
高中 –2059.11m²
食堂以及体育馆 –911.81m²

总建筑面积：中学 –8748.86m²
高中 –8226.52m²
公共设施 –1987.60m²

建筑密度：20.43%

容积率：75.84%

规模：地下1层，地上5层

班级数：各31个(包括特殊班级)

结构：钢筋混凝土

外部装修：红砖，金属嵌板

停车位数：80辆(包括残疾人用、服务用车)

总平面设计概念(眺望、防卫)
土地利用规划概念(流线设计)
市民开放空间
设计概念
总平面图
室外学习场
特别活动广场
70.0
一般教学楼
特别教学楼
一般教学楼
生态教育场
管理行政楼
入口广场
70.0
主入口
活动广场
70.0
多功能体育馆/食堂
主席台
管理、行政楼
游戏广场
62.8
休息广场
66.4
运动场
66.0
一般教课楼
一般教学楼
室外学习场
小活动场
67.0
停车场(23辆)
高中领域
公共领域
一般居住区
16m 正面道路
中高等学校
5m 次道路
用地界线
高等学校
活动广场
中学
休息庭院
停车场
15m 次道路
用地横剖面图
用地纵剖面图

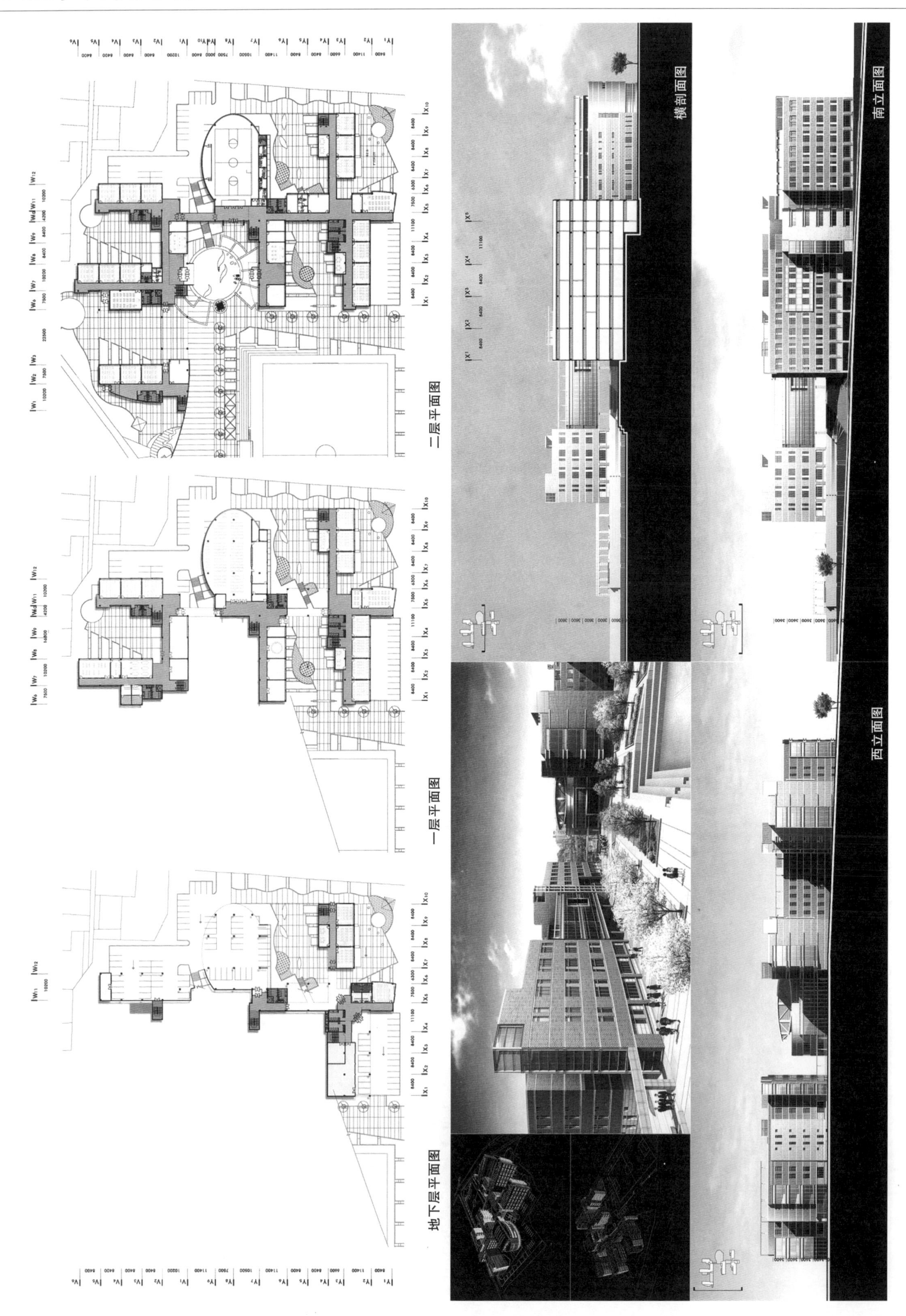

二层平面图
一层平面图
地下层平面图
横剖面图
南立面图
西立面图

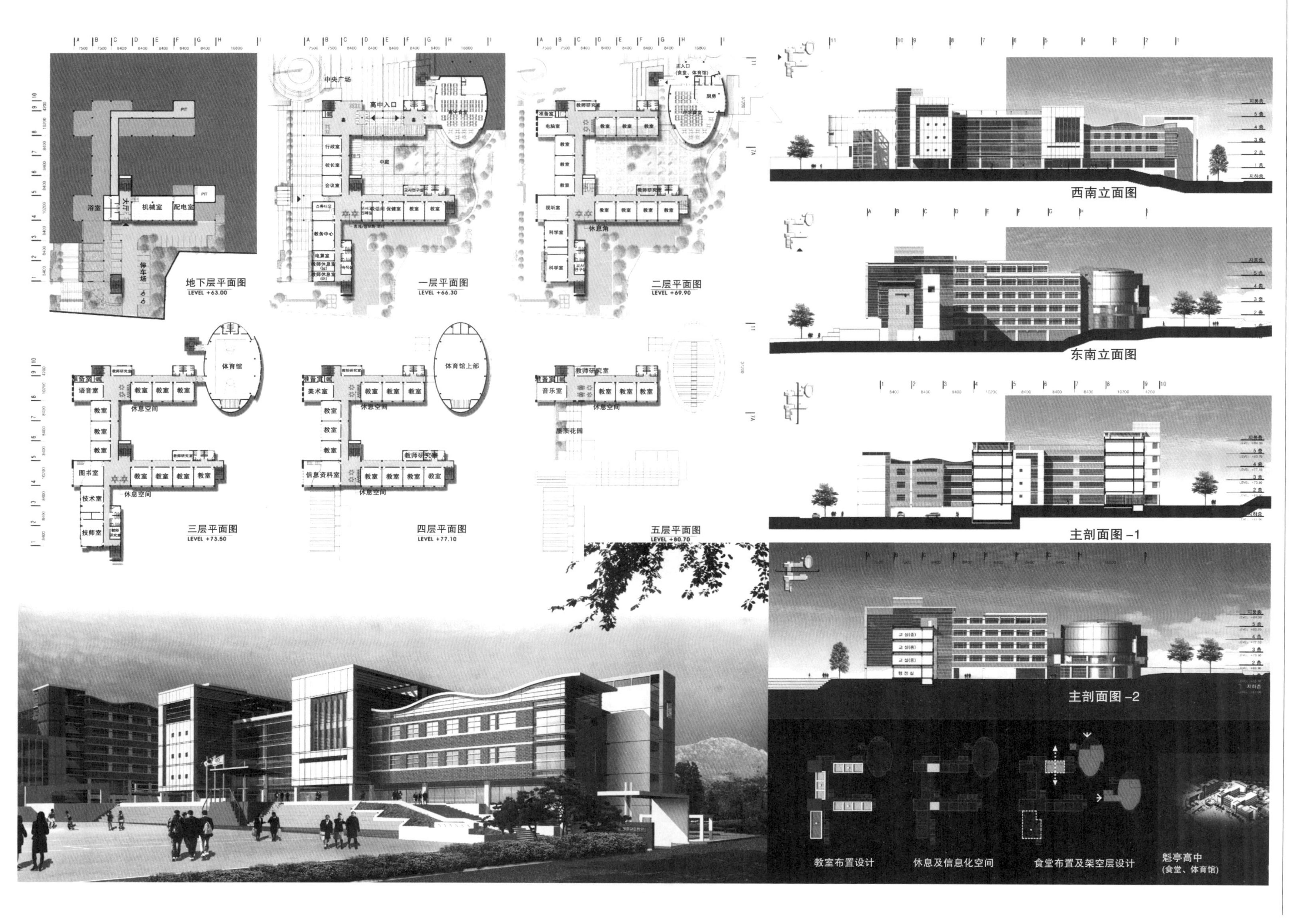
地下层平面图
LEVEL +63.00
一层平面图
LEVEL +66.30
二层平面图
LEVEL +69.90
三层平面图
LEVEL +73.50
四层平面图
LEVEL +77.10
五层平面图
LEVEL +80.70
西南立面图
东南立面图
主剖面图 -1
主剖面图 -2
教室布置设计
休息及信息化空间
食堂布置及架空层设计
魁亭高中
(食堂、体育馆)
浴室
大厅
机械室
配电室
停车场
中央广场
高中入口
中庭
行政室
校长室
会议室
教务中心
电算室
主入口
(食堂、体育馆)
厨房
教师研究室
电脑室
准备室
视听室
科学室
休息角
语音室
美术室
音乐室
教室
休息空间
图书室
技术室
技师室
信息资料室
屋顶花园
体育馆
体育馆上部

大田大正小学

中标方案 Arc Open 建筑：孙成泰。设计组：刘昌熙，郑大哲，郑盛熙，朴长熙

用地现状以及任务书

设计用地位于大田市友城区新规划的综合流通团地内，这个地区已经被纳入地区单位规划内。地形比较平坦，但由东北向西南方向倾斜，有6～7m的高差，正南向的四角形用地。

用地的周边情况是，以学校用地为中心，南面是公寓区，西面是居住区，比较安静；相反，北面是货物仓库和物流配送区，有噪声等环境干扰。右侧已规划为日后的交通干线，也会有噪声等环境干扰。

任务书要求的是新建包括幼儿园一个年级的总共19个班级规模的小学校。作为特别的要求事项，必须考虑将来增加到36个班级的规模。

设计构想

独创性

本学校是周边新开发区的主要公共设施，它不仅仅作为单纯的学习空间，还作为这个地区的主要公共设施，必须设计成具有特色的建筑。根据这个原则，充分使用韩国学校建筑传统材料红砖，在建筑物的造型上，追求新的样式，适当结合玻璃、金属等现代材料，尽量避免周围常见的容易陈旧的样式，设计成既保留传统气氛，又有个性，同时具有现代气息的学校。

功能性和公共性

为建设国际化、信息化时代所要求的有自律、有创意的人才教育，首先把握第七次教育改革所要求的要点，将其反映在空间设计上。外部空间根据使用者的要求，设计多样化、个性化的空间；内部空间则适应新的学校运营体系，形成功能相对独立的空间结构，并适当结合学习空间和休息空间。同时为了将学校适当地对社区开放，把运动场和体育馆设置在开放区域，其他设施则设置于相对封闭的内部区域。

考虑扩建的可能性和亲环境性

关于扩建的特别要求，应该同时考虑两点。首先，建19个班级的学校以后，从视点上具有适当的空间构成而给人以美感。其次，还要使将来的扩建过程在平稳中进行。基于以上两点，在前面设置教学主楼和体育馆，在这后面以中庭为核设置中心空间，以便今后可以沿着两端扩建。

造型设计

根据各个功能性区域适当分区的同时，还要相互结合，整体上既统一，又寻求均衡的变化。另外，在分区部位设置架空层或主入口，表现动感。将教学主楼和体育馆设计成不同的形状，在主入口架空层处，利用楼梯间设计塔，使之成为学校的中心和象征。

位置：大田市友城区大正洞310号
用地面积：13223.00m²
首层建筑面积：2285.57m²
总建筑面积：6796.07m²
建筑密度：17.28%
容积率：49.35%
规模：地下1层，地上4层
最高高度：16.9m
结构：钢筋混凝土框架结构
外部装修：教学主楼0.5B清水砖，体育馆、食堂贴人造石板
停车位数：地上25辆(包括残疾人用2辆)

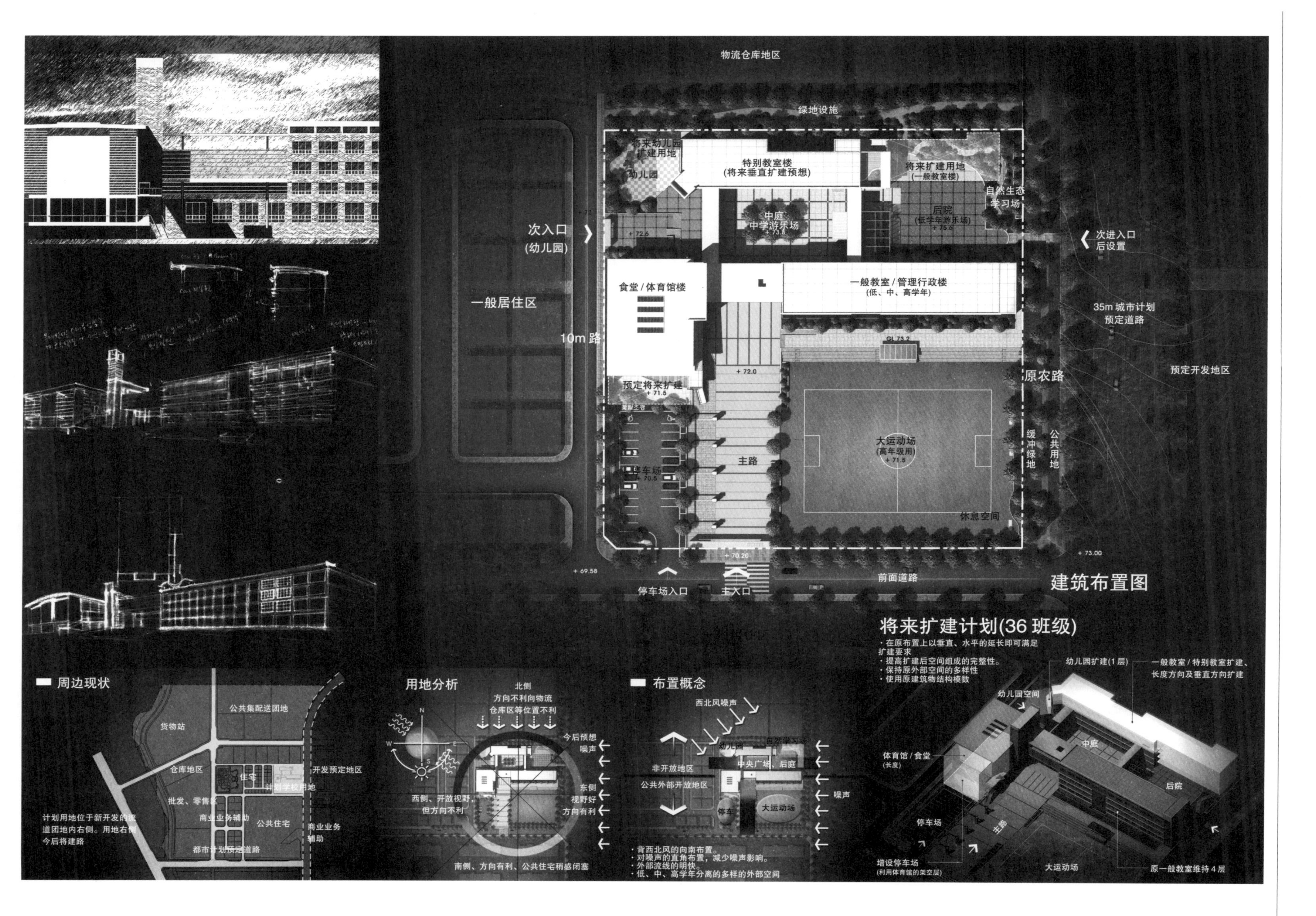
物流仓库地区
绿地设施
将来幼儿园扩建用地
幼儿园
特别教室楼
(将来垂直扩建预想)
将来扩建用地
(一般教室楼)
自然生态学习场
后院
(低学年游乐场)
+75.5
中庭
中学游乐场
+73.8
+72.6
次入口
(幼儿园)
次进入口
后设置
食堂/体育馆楼
一般教室/管理行政楼
(低、中、高学年)
一般居住区
35m 城市计划
预定道路
10m 路
GL 73.2
+72.0
预定将来扩建
+71.5
原农路
预定开发地区
大运动场
(高年级用)
+71.5
主路
停车场
+70.5
缓冲绿地
公共用地
休息空间
+73.00
+69.58
+70.20
停车场入口
主入口
前面道路
建筑布置图
将来扩建计划(36 班级)
・在原布置上以垂直、水平的延长即可满足扩建要求
・提高扩建后空间组成的完整性。
・保持原外部空间的多样性
・使用原建筑物结构模数
幼儿园扩建(1层)
一般教室/特别教室扩建、长度方向及垂直方向扩建
幼儿园空间
中庭
体育馆/食堂
(长度)
后院
停车场
主路
增设停车场
(利用体育馆的架空层)
大运动场
原一般教室维持4层
周边现状
公共集配送团地
货物站
仓库地区
住宅
开发预定地区
计划学校用地
批发、零售区
商业业务辅助
公共住宅
商业业务辅助
都市计划预定道路
计划用地位于新开发的流通团地内右侧。用地右侧今后将建路
用地分析
北侧
方向不利向物流
仓库区等位置不利
今后预想
噪声
东侧
视野好
方向有利
西侧、开放视野,
但方向不利
南侧、方向有利、公共住宅稍感闭塞
布置概念
西北风噪声
幼儿园
自然学习场
中央广场、后庭
非开放地区
公共外部开放地区
停车
大运动场
噪声
・背西北风的向南布置。
・对噪声的直角布置,减少噪声影响。
・外部流线的明快。
・低、中、高学年分离的多样的外部空间

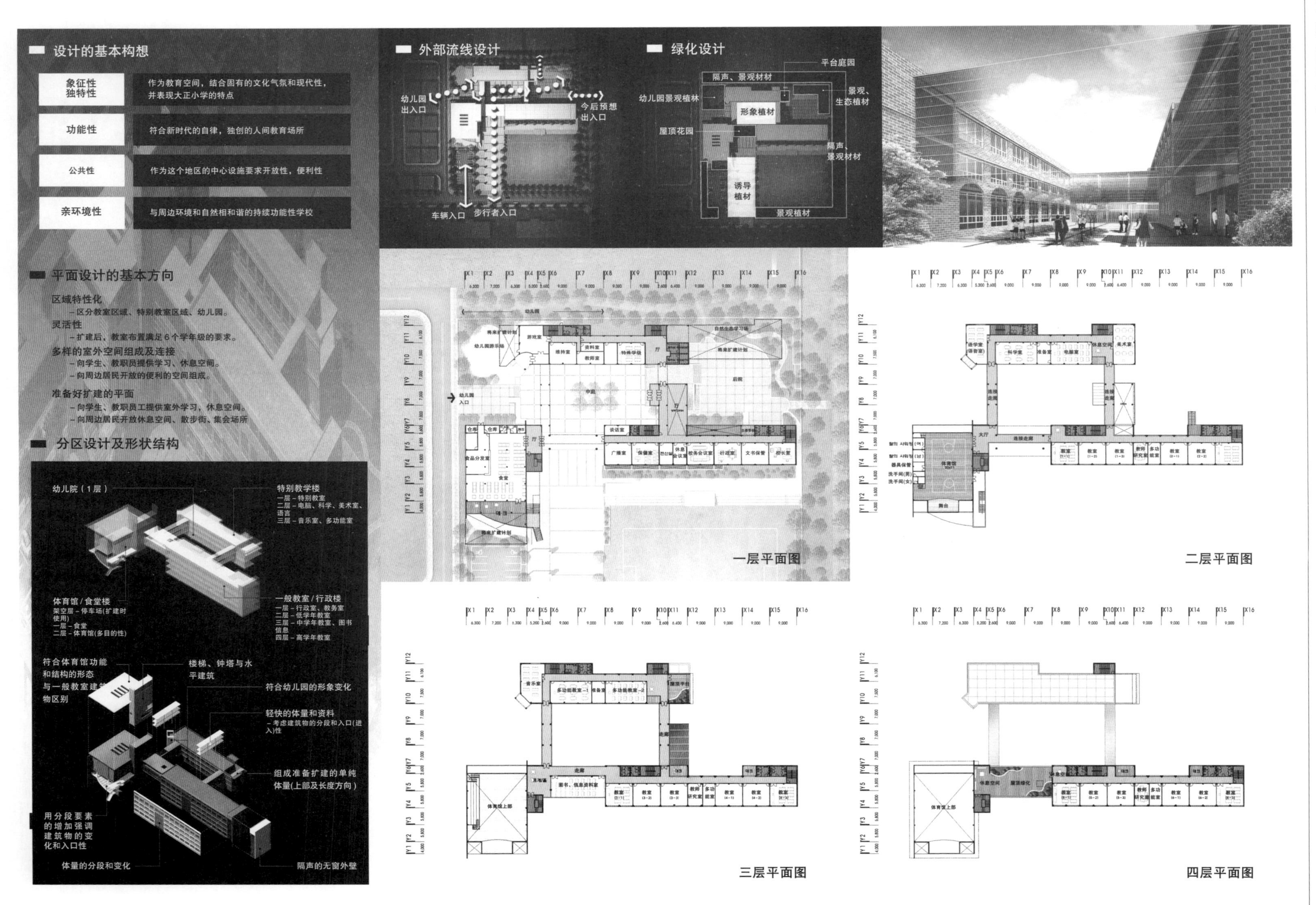

设计的基本构想
象征性
独特性
作为教育空间，结合固有的文化气氛和现代性，并表现大正小学的特点
功能性
符合新时代的自律，独创的人间教育场所
公共性
作为这个地区的中心设施要求开放性，便利性
亲环境性
与周边环境和自然相和谐的持续功能性学校
平面设计的基本方向
区域特性化
－区分教室区域、特别教室区域、幼儿园。
灵活性
－扩建后，教室布置满足6个学年级的要求。
多样的室外空间组成及连接
－向学生、教职员提供学习、休息空间。
－向周边居民开放的便利的空间组成。
准备好扩建的平面
－向学生、教职员工提供室外学习，休息空间。
－向周边居民开放休息空间、散步街、集会场所
分区设计及形状结构
幼儿院（1层）
特别教学楼
一层－特别教室
二层－电脑、科学、美术室、语言
三层－音乐室、多功能室
体育馆／食堂楼
架空层－停车场(扩建时使用)
一层－食堂
二层－体育馆(多目的性)
一般教室／行政楼
一层－行政室、教务室
二层－低学年教室
三层－中学年教室、图书信息
四层－高学年教室
符合体育馆功能和结构的形态与一般教室建筑物区别
楼梯、钟塔与水平建筑
符合幼儿园的形象变化
轻快的体量和资料
－考虑建筑物的分段和入口(进入)性
组成准备扩建的单纯体量(上部及长度方向)
用分段要素的增加强调建筑物的变化和入口性
体量的分段和变化
隔声的无窗外壁
外部流线设计
幼儿园出入口
今后预想出入口
车辆入口
步行者入口
绿化设计
平台庭园
隔声、景观材材
景观、生态植材
幼儿园景观植林
形象植材
屋顶花园
隔声、景观材材
诱导植材
景观植材
一层平面图
二层平面图
三层平面图
四层平面图

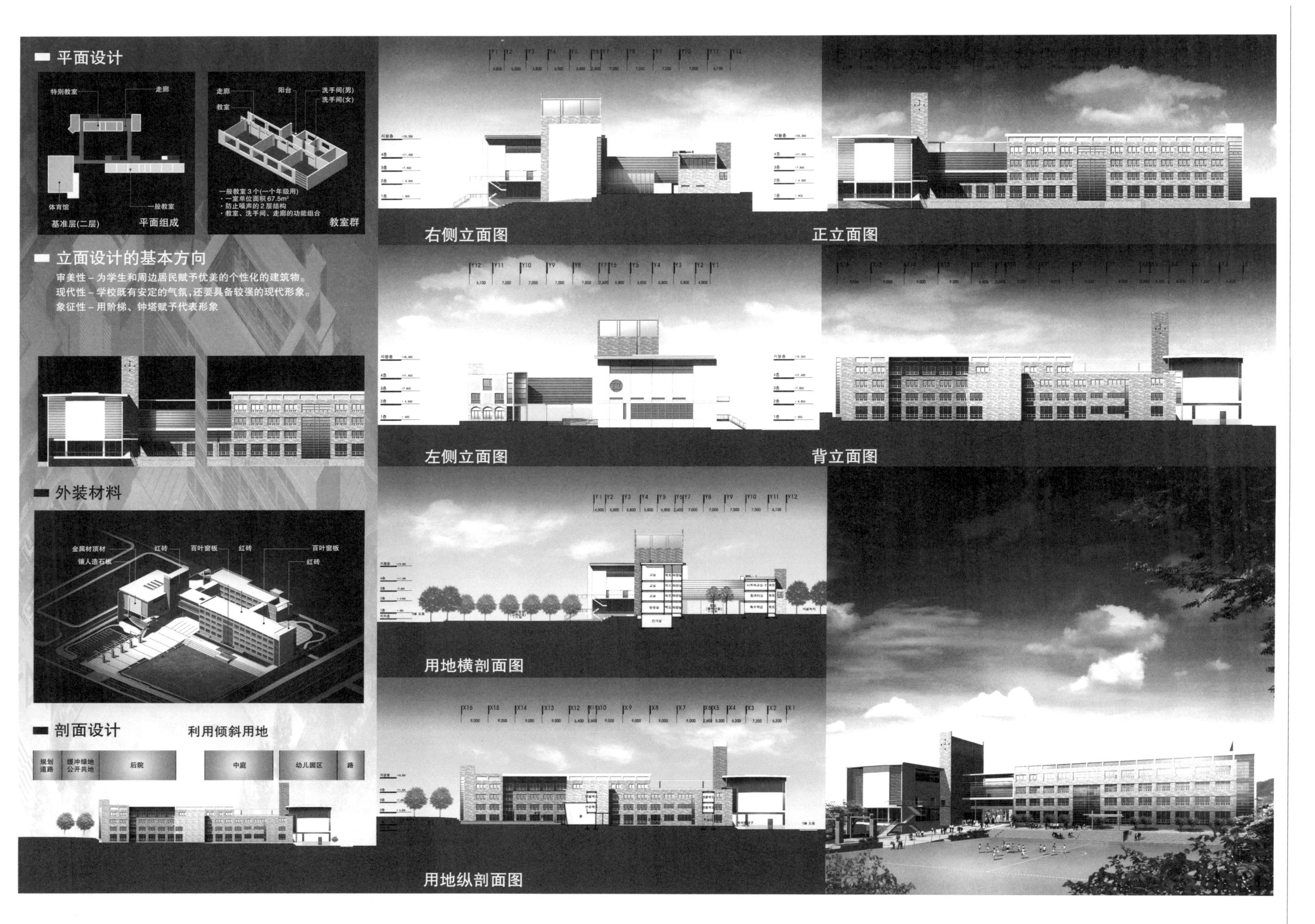

平面设计
特别教室
走廊
体育馆
一般教室
基准层(二层)
平面组成
走廊
教室
阳台
洗手间(男)
洗手间(女)
一般教室3个(一个年级用)
·一室单位面积67.5m²
·防止噪声的2层结构
·教室、洗手间、走廊的功能组合
教室群
立面设计的基本方向
审美性－为学生和周边居民赋予优美的个性化的建筑物。
现代性－学校既有安定的气氛,还要具备较强的现代形象。
象征性－用阶梯、钟塔赋予代表形象
外装材料
金属材顶材
镶人造石板
红砖
百叶窗板
红砖
百叶窗板
红砖
剖面设计
利用倾斜用地
规划道路
缓冲绿地 公开共地
后院
中庭
幼儿园区
路
右侧立面图
正立面图
左侧立面图
背立面图
用地横剖面图
用地纵剖面图

首尔恩脉高中、旧村小学

中标方案 (株)DNB建筑：赵度延。设计组：金贤珠，金秀姬，申武庆，刘福宰，文衡德，朴任浩，天承进

学校拥有绿色的森林，就像城市中的公园一样……

看看大自然吧。

“大道泛兮，其可左右。万物恃之以生而不辞，功成而不有。衣养万物而不为主，可名於小。万物归焉而不为主，可名为大。以其终不自为大，故能成其大。”

—老子《道德经》

当地居民使用设施的集中化

作为社会教育设施，微机室和图书信息室、多媒体室等信息中心应使用另外的入口，从而使人们进出更方便。

生态学校规划

为了加深学生对生态界的理解并体验原理，把学校外部空间活用为学习、教育的场所。

为当地居民提供学习、休息空间的学校

学校向社区开放，运动场、体育馆和食堂、信息中心等与教学教室分开，并向当地居民开放。

底层排桩结构营造空间的开放感

半室外空间的设计提高了内外部空间的连续性，可以把学习空间向室外延伸。

总平面设计

教学楼朝南设置

高中教学区域的教室和小学的开放教室朝南设置，自然采光和通风。

规划噪声缓冲空间

为了使从用地东侧8m道路上传来的噪声最小化，设置了噪声缓冲空间(运动场)，使噪声最大限度地远离教学楼。

用地节省土方量和外墙最少化

考虑到现有地形，设定入口处和运动场、教学楼的室内地平，尽量保持坡地的特性和饮食生活的方便，应使用地节省土方量和外墙最少化。

用绿地来分区

以绿地为中心轴线，把高中与初中分开安排，在轴线上设置体育馆、水空间和庭院等公用空间。

平面设计

根据功能进行合理分区

高中——区分水平/垂直的教学教室群，在同一层上使同一科目的授课成为可能。

初中——把日常的学习空间和非固定的学习空间连续布置，引导多种多样的学习方式，同时把特别教室设置在中央，提高使用效率。

构建反映教育改革的学习空间

以家庭基础为中心，把特别教室和图书信息室、多媒体室连在一起，构建反映第7次教育改革的学习空间。导入亲和环境的要素，构建舒适的室内环境。

为了休息和眺望，在教室群中央设置绿化带，并通过天窗达到自然采光和换气的目的，从而营造舒适的室内环境。

立面设计

节奏感和韵律美

通过间隔出现的柱子的反复衬托，给人一种韵律美和节奏感，营造出与传统建筑走廊一样的氛围。

水平性和垂直性

通过固定百叶窗和传统窗棂把水平和垂直方向的要素相协调，构成安定的学习空间。

绿地轴线带来的空阔感/视觉的分离

根据坡地特征，规划把连续的绿地一直延伸到每个院落，使两个学校从视觉上分开，并把用地一直延伸到周围的村子。

外皮的排桩和填充

在柱子和横梁之间产生的网格结构上，使用透明和不透明的材料进行填充，从单调乏味的构成中脱离出来，营造富有特色的立面。

剖面设计

排桩停车场/下凹/草地

活用坡地的特点，设计排桩停车场，在体育馆上部利用现有的土壤建造草地。同时为了节约冷/暖房的能源，通过下凹和天窗来进行采光和换气。

门廊/绿化带/保护绿地/散步路

在内部空间灵活运用门廊和绿化带，达到自然通风和采光的效果。把绿化带和保护绿地直接连接起来，作为散步用的小路。利用地形的高差使院落显得错落有致；同时根据用地海拔差异，实现空间的连续布局和形成绿地轴线。

穿过亭子之后是下凹的开放广场，然后是生态自然学习场，这样的走向保存了现有用地的水路流向，以便更好地利用雨水。

位置：首尔市恩平区巨山洞41-1番地外15匹地
地域：城市规划用地、第二类居住区域
用途：教育研究(小学，高中)
用地面积：14853.00m²
建筑面积：3511.47m²
总建筑面积：17547.59m²
造景面积：4826.02m²
规模：地下1层/地上5层
结构：钢筋混凝土，钢结构(体育馆)
停车位数：92辆/(包含残疾人停车3辆)

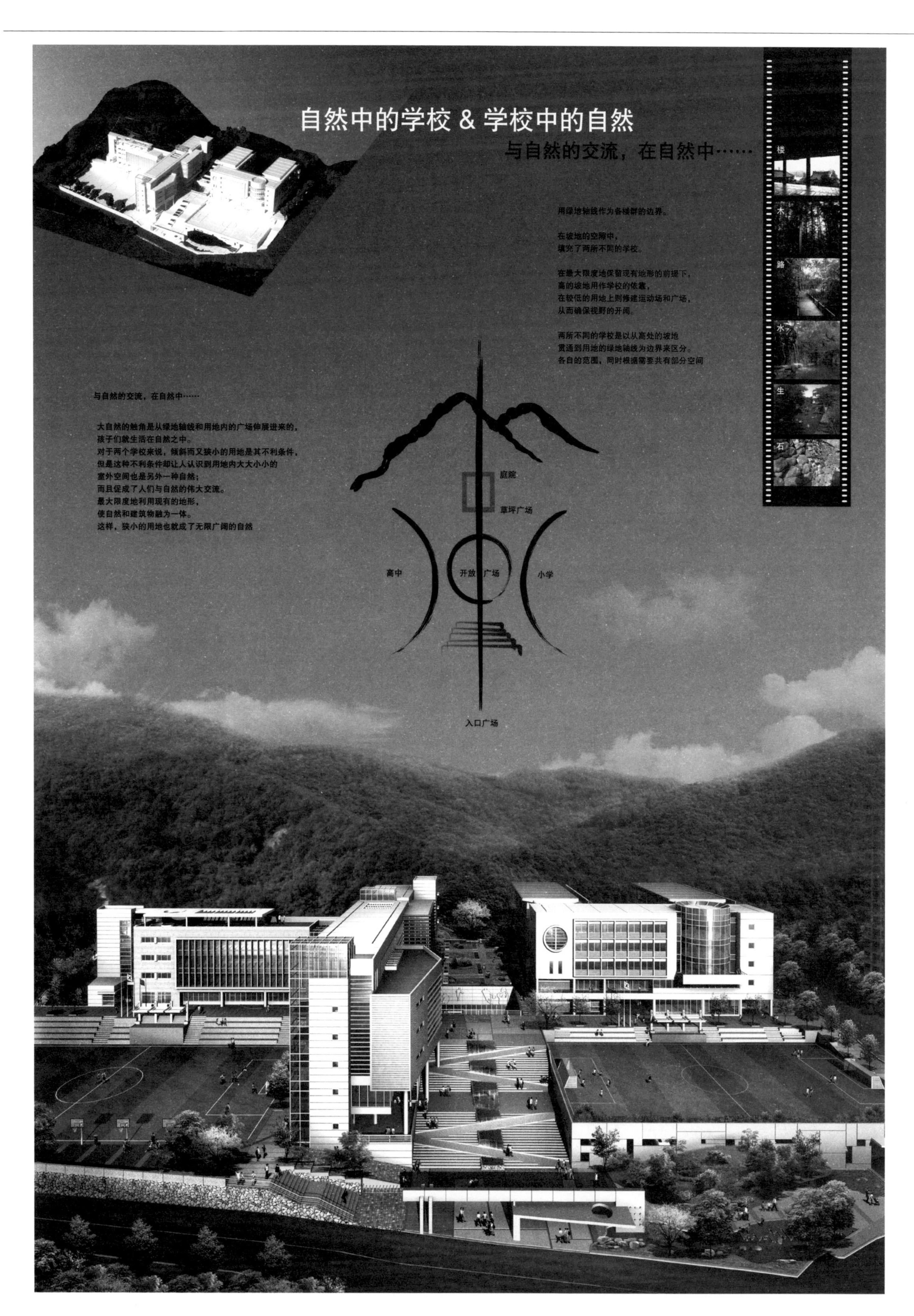
自然中的学校 & 学校中的自然
与自然的交流，在自然中……
用绿地轴线作为各楼群的边界。
在坡地的空隙中，
填充了两所不同的学校。
在最大限度地保留现有地形的前提下，
高的坡地用作学校的依靠，
在较低的用地上则修建运动场和广场，
从而确保视野的开阔。
两所不同的学校是以从高处的坡地
贯通到用地的绿地轴线为边界来区分。
各自的范围，同时根据需要共有部分空间
与自然的交流，在自然中……
大自然的触角是从绿地轴线和用地内的广场伸展进来的，
孩子们就生活在自然之中。
对于两个学校来说，倾斜而又狭小的用地是其不利条件，
但是这种不利条件却让人认识到用地内大大小小的
室外空间也是另外一种自然；
而且促成了人们与自然的伟大交流。
最大限度地利用现有的地形，
使自然和建筑物融为一体。
这样，狭小的用地也就成了无限广阔的自然
楼
木
路
水
生
石
庭院
草坪广场
高中
开放
广场
小学
入口广场

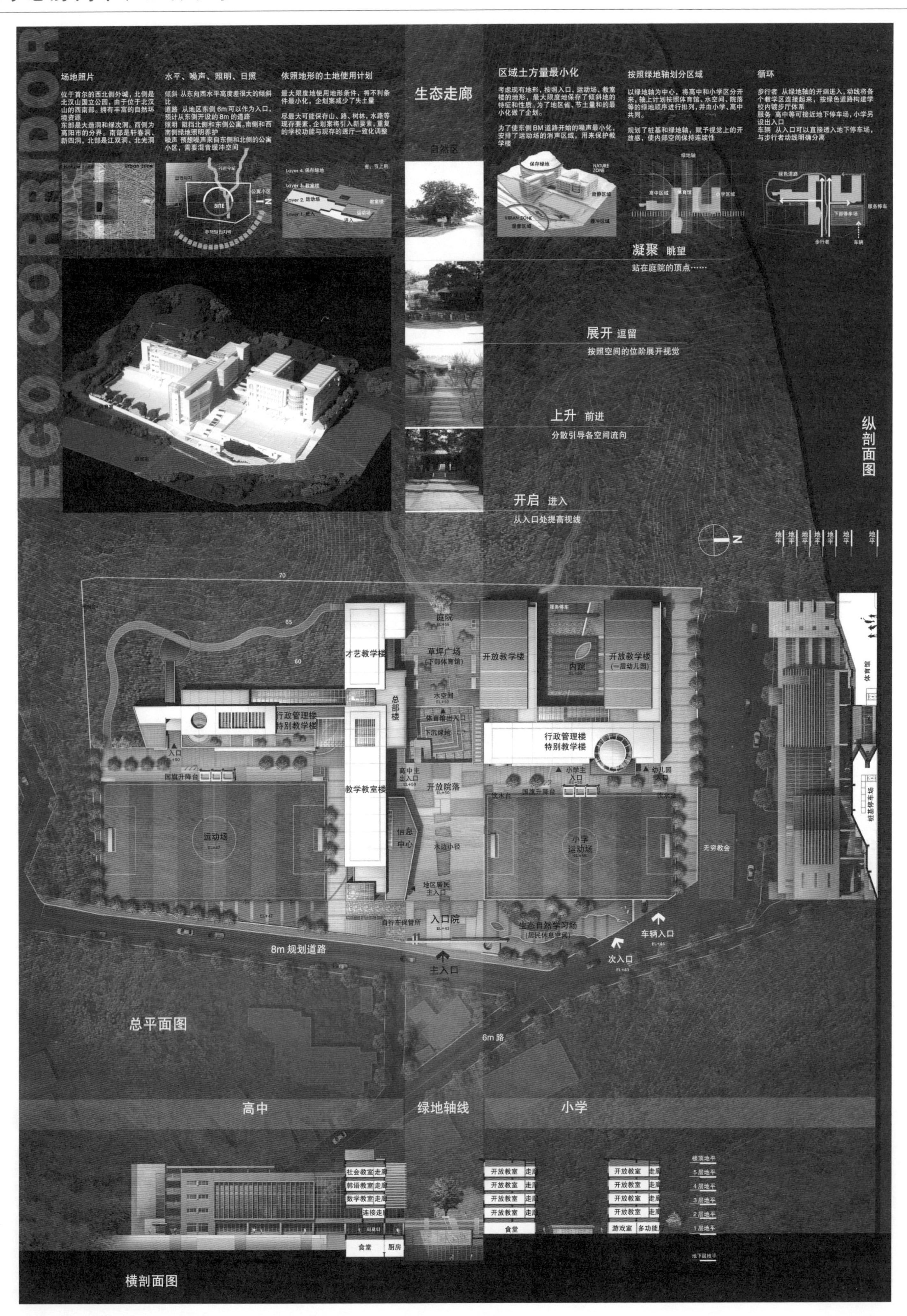
ECO CORRIDOR
场地照片
位于首尔的西北侧外城，北侧是北汉山国立公园，由于位于北汉山的西南部。拥有丰富的自然环境资源
东部是大造洞和绿次洞。西侧为高阳市的分界。南部是轩春洞、新四洞，北部是江双洞、北光洞
Nature zone
Urban zone
SITE
水平、噪声、照明、日照
倾斜 从东向西水平高度差很大的倾斜比
道路 从地区东侧 6m 可以作为入口，预计从东侧开设的 8m 的道路
照明 阻挡北侧和东侧公寓。南侧和西南侧绿地照明养护
噪声 预想噪声来自东侧和北侧的公寓小区，需要混音缓冲空间
公寓小区
SITE
依照地形的土地使用计划
最大限度地使用地形条件，将不利条件最小化，企划案减少了失土量
尽最大可能保存山、路、树林，水路等现存要素，企划案将引入新要素，重复的学校功能与现存的透厅一致化调整
Layer 4. 保存绿地
Layer 3. 教室楼
Layer 2. 运动场
Layer 1. 进入
教室楼
运动场
进入
生态走廊
自然区
区域土方量最小化
考虑现有地形，按照入口、运动场、教室楼的地形，最大限度地保存了倾斜地的特征和性质。为了地区省、节土量和的最小化做了企划。
为了使东侧BM道路开始的噪声最小化，安排了运动场的消声区域，用来保护教学楼
保存绿地
NATURE ZONE
URBAN ZONE
按照绿地轴划分区域
以绿地轴为中心，将高中和小学区分开来，轴上计划按照体育馆、水空间、院落等的绿地顺序进行排列，并由小学、高中共同。
规划了桩基和绿地轴，赋予视觉上的开放感，使内部空间保持连续性
绿地轴
高中区域
体育馆
小学区域
循环
步行者 从绿地轴的开端进入，动线将各个教学区连接起来，按绿色道路构建学校内镀步厅体系
服务 高中等可接近地下停车场，小学另设出入口
车辆 从入口可以直接透入地下停车场，与步行者动线明确分离
绿色道路
服务停车
下部停车场
步行者
车辆
凝聚 眺望
站在庭院的顶点……
展开 逗留
按照空间的位阶展开视觉
上升 前进
分散引导各空间流向
开启 进入
从入口处提高视线
纵剖面图
才艺教学楼
庭院
草坪广场
水空间
总部楼
开放教学楼
内院
开放教学楼
行政管理楼
特别教学楼
教学教室楼
信息中心
开放院落
运动场
小学运动场
入口院
自行车保管所
生态自然学习场
主入口
次入口
车辆入口
8m 规划道路
6m 路
无穷教会
总平面图
高中
绿地轴线
小学
社会教室
韩语教室
数学教室
连接走廊
食堂
厨房
开放教室
游戏室
多功能
横剖面图

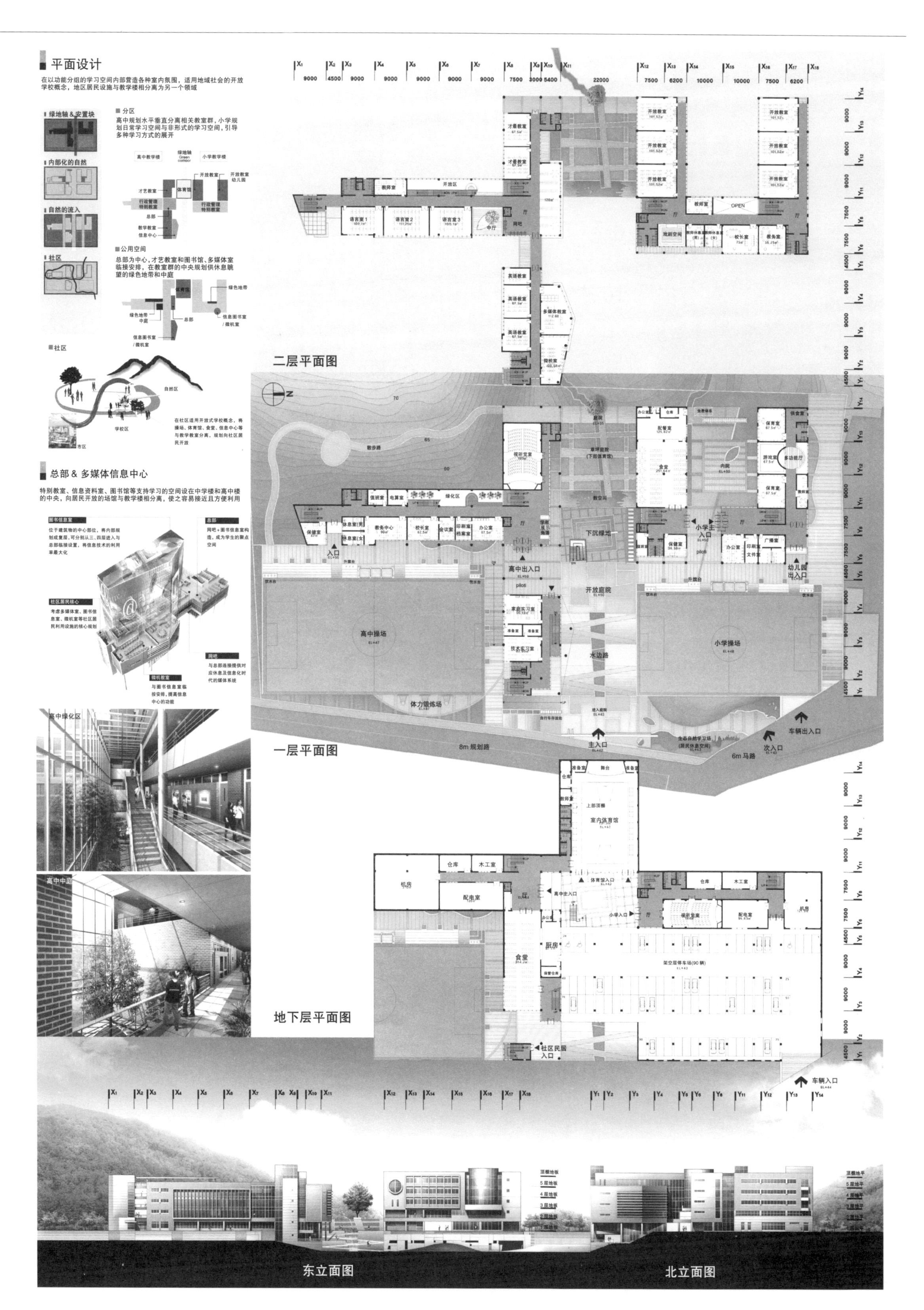
平面设计
在以功能分组的学习空间内部营造各种室内氛围，适用地域社会的开放学校概念，地区居民设施与教学楼相分离为另一个领域
绿地轴＆安置块
内部化的自然
自然的流入
社区
分区
高中规划水平垂直分离相关教室群，小学规划日常学习空间与非形式的学习空间，引导多种学习方式的展开
高中教学楼
绿地轴
Green corridor
小学教学楼
开放教室
开放教室
幼儿园
才艺教室
体育馆
行政管理
特别教室
行政管理
特别教室
总部
教学教室
信息中心
公用空间
总部为中心，才艺教室和图书馆、多媒体室临接安排，在教室群的中央规划供休息眺望的绿色地带和中庭
体育馆
绿色地带
绿色地带
中庭
总部
信息图书室
/微机室
信息图书室
/微机室
社区
自然区
学校区
市区
在社区适用开放式学校概念，将操场、体育馆、食堂、信息中心等与教学教室分离，规划向社区居民开放
总部＆多媒体信息中心
特别教室、信息资料室、图书馆等支持学习的空间设在中学楼和高中楼的中央，向居民开放的场馆与教学楼相分离，使之容易接近且方便利用
图书信息室
位于建筑物的中心部位，将内部规划成复层，可分别从三、四层进入与总部临接设置，将信息技术的利用率最大化
总部
网吧＋图书信息室构造，成为学生的聚点空间
社区居民核心
考虑多媒体室、图书信息室、微机室等社区居民利用设施的核心规划
网吧
与总部连接提供对应休息及信息化时代的媒体系统
微机教室
与图书信息室临按安排，提高信息中心的功能
高中绿化区
高中中庭
二层平面图
一层平面图
地下层平面图
高中操场
小学操场
体力锻炼场
水边路
开放庭院
下沉绿地
高中出入口
小学主入口
幼儿园出入口
主入口
次入口
车辆出入口
8m 规划路
6m 马路
室内体育馆
架空层停车场(90辆)
食堂
厨房
社区居民入口
车辆入口
东立面图
北立面图

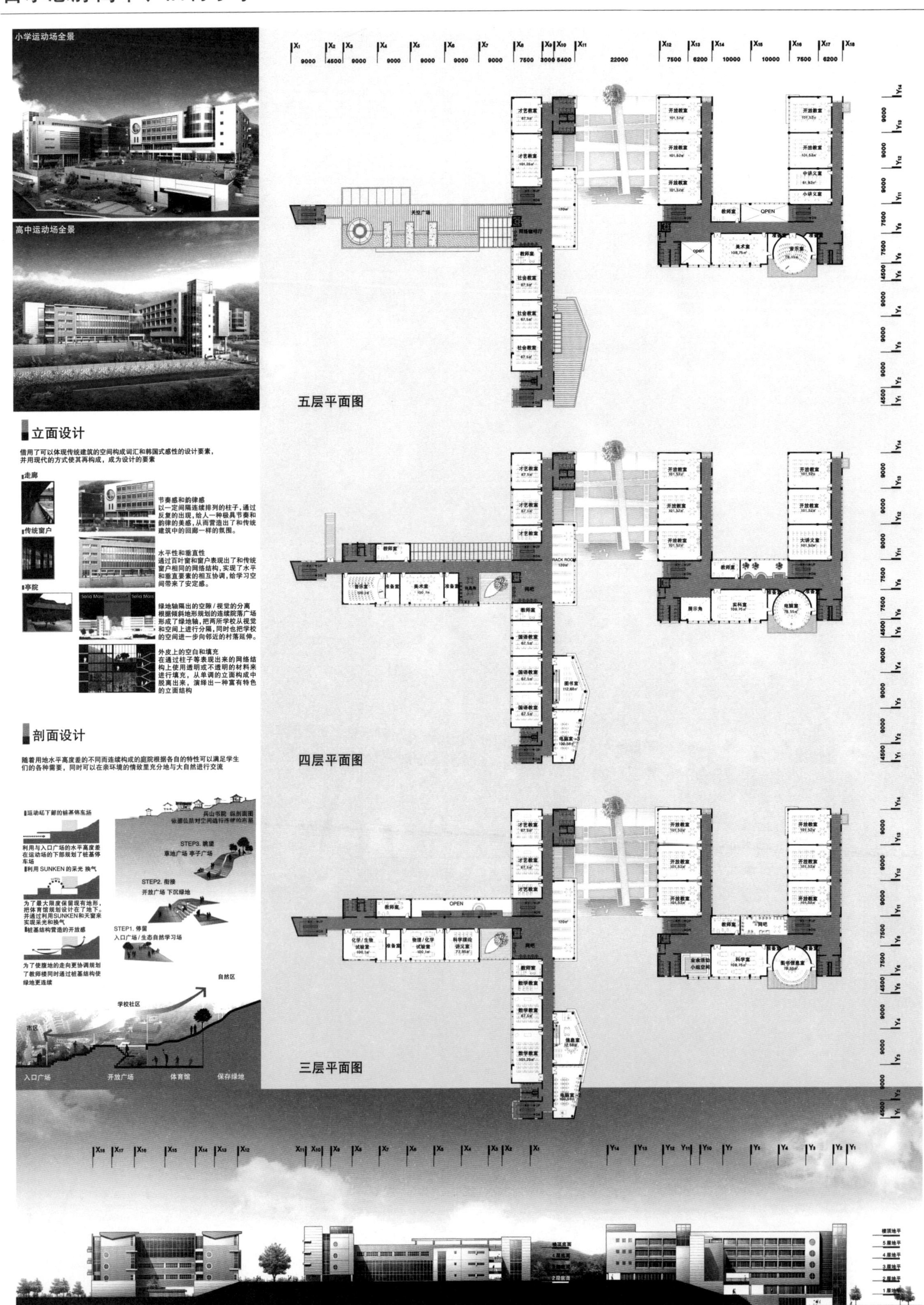
小学运动场全景
高中运动场全景
立面设计
借用了可以体现传统建筑的空间构成词汇和韩国式感性的设计要素，
并用现代的方式使其再构成，成为设计的要素
走廊
传统窗户
亭院
节奏感和韵律感
以一定间隔连续排列的柱子，通过反复的出现，给人一种极具节奏和韵律的美感，从而营造出了和传统建筑中的回廊一样的氛围。
水平性和垂直性
通过百叶窗和窗户表现出了和传统窗户相同的网络结构，实现了水平和垂直要素的相互协调，给学习空间带来了安定感。
绿地轴隔出的空隙／视觉的分离
根据倾斜地形规划的连续院落广场形成了绿地轴，把两所学校从视觉和空间上进行分隔，同时也把学校的空间进一步向邻近的村落延伸。
外皮上的空白和填充
在通过柱子等表现出来的网络结构上使用透明或不透明的材料来进行填充，从单调的立面构成中脱离出来，演绎出一种富有特色的立面结构
剖面设计
随着用地水平高度差的不同而连续构成的庭院根据各自的特性可以满足学生们的各种需要，同时可以在亲环境的情致里充分地与大自然进行交流
利用与入口广场的水平高度差在运动场的下部规划了桩基停车场
利用 SUNKEN 的采光 换气
为了最大限度保留现有地形，把体育馆规划设计在了地下。并通过利用SUNKEN和天窗来实现采光和换气
桩基结构营造的开放感
为了使腹地的走向更协调规划了教师楼同时通过桩基结构使绿地更连续
兵山书院 纵剖面图
STEP3. 眺望
草地广场 亭子广场
STEP2. 衔接
开放广场 下沉绿地
STEP1. 停留
入口广场／生态自然学习场
自然区
学校社区
市区
入口广场
开放广场
体育馆
保存绿地
五层平面图
四层平面图
三层平面图

首尔恩脉高中、旧村小学

二等奖方案 (株)综合建筑社事务所　**前期企划**：李荣善。设计组：李奎烈，郑石范，李荣民，元润静，金荣尚，黄盛宪，金泰奎，朴正贤

高中、小学以及幼儿园范围的界定

虽然两个学校规划建在一块用地上，但是由于小学和高中的学校生活有所不同，因此，每个学校都需要有各自的独立空间。小学和高中是以生态学习路为中心进行区分的，每个学校都设置了各自的运动场，从而确保学校有自己明确的范围。

每个学校的建筑群都是围绕在各自的主体建筑周围的，从而形成向心感，同时也便于区分各自的界线。而且虽然是设计在同一块用地上的学校，但通过这种方法，就能避免相互之间的干扰和影响。

综合信息中心/共用设施的集中

当地居民的交流中心

为了把学校的设施开放为公共的文化空间，并成为与社区交流的场所，规划兴建与生态公园连接在一起的综合信息中心。将要建设的多功能食堂、多媒体室、微机室、图书信息、语音室及体育馆将会对社区开放，并与小学共同使用。

灵活运用自然地形，构建室外空间——亲环境的室外空间

我们应积极、灵活地利用从入口处开始倾斜的自然地形，使室外空间的构成更加连贯，更加顺应自然环境；还可以利用外部空间兴建休闲娱乐的场所，从而确保有更大的发展空间。

两个学校的中心由信息中心和生态路组成，这里也将是举办各种活动的空间以及当地居民学习的场所。

生态学校的实现

按照学习空间的本质，即教育/地方社会的基地/城市的生态基地的功能需求，它将具备生态体验学习场、社会教育场所、小规模生态公园的空间特性。

总平面设计

—适应西高东低倾斜地形的设施布局。

—为便于接近，在靠近主入口处设置幼儿园/低学年教学楼。

—为了保存并利用美丽的自然景观，将构建与自然协调的室外空间。

—相对独立协调设置供当地居民使用的设施，体现学校面向社会的功能。

—考虑到方向/采光/通风，教学楼采取南向，同时确保相邻两幢楼之间有足够的间隔。

—学习空间/管理行政/特别教学楼/社区开放地带要分开，确保各种设施的区域功能。

环境美化及室外空间规划

—一系列室外空间，都是为建筑空间服务的连续背景，并提供丰富的体验自然的机会，以及让学生认识到环境重要性的教育空间的作用。

—积极采纳生态学习路、生态公园、自然学习场、屋顶花园、低年级学生游乐场、休息场所等自然室外空间。

—底层架空和室外学习场使学习的空间可以从内向外延伸。

—把由于地形高差而产生的多样化室外空间相互连接得更协调。

—把小学/高中的运动场各自独立。

—小学低年级学生和幼儿园孩子的活动场所分别设置，确保不同成长阶段的功能需要。

室外流线设计

—小学和高中的主入口完全分开，确保各自的教育学习设施和室外空间保持相互独立。

—单独设置向社区开放设施的流线，方便使用。

—确保车辆就近进入停车场，并与学生的步行流线分开，从而使停车场使用起来更便利。

生态 / 节能 / 无障碍学校

亲近环境的生态学校

具有生态教育设施的学校

—规划兴建生态环境体验场。

—利用山谷溪水兴建生态荷花池、小溪、室外学习场等。

—成为学生和当地居民共同了解自然界、体验自然原理的生态体验学习场所。

—作为生态基地的学校，规划在正门附近建设生态公园。

—作为具有自然生态土壤及水循环功能的城市生态基地，将为学生、教师、当地居民提供休闲生活空间。

—作为社区交流中心的生态学校。

—确保成为向社区开放并与之进行交流的场所。

—规划在正门附近建造综合信息中心，加强与当地居民间的互相交流，并使其参与到学校教育和社会教育中来，起到中心文化设施的作用。

节能

通过节能，提高经济效益，构建亲近环境的生态学校——屋顶花园，墙面绿化，太阳能集热板，雨水再利用。

无障碍学校

为了能让残疾人正常进行学校生活，构建相关基础设施——电梯，坡道，残疾人专用洗手间，盲道，手轨等。

通用设计——为了所有人而不是大多数人的环境创造；没有专为特定团体服务的统合规划；建筑物所有构成要素的无障碍设计；接近性；便利性——容易接近，提供容易触摸并操作的尺度和空间；使用轮椅等辅助工具时的无障碍空间。

公平性——向所有人传达的都一样，所有的人都可以识别。

认知性——传达方法的多样化(文字、语音、触摸)使信息传达更明了。

位置：首尔市恩平区巨山洞41-1番地外15匹地

地域：第二类一般居住区域，学校用地

用途：教育研究及福利设施(小学，高中)

规模：地下1层，地上6层

结构：钢筋混凝土＋钢结构

用地面积：14853.00m²

建筑面积：4424.16m²

总建筑面积：18932.04m²(包含地下停车场3546.25m²时为22478.29m²)

建筑密度：29.79%(法定：60%)

容积率：120.81%(法定：300%)

电梯：15人乘2台(残疾人用)，吊车2台(食物搬运)

外部装修：

外墙—墙砖，铝板，混凝土，压模成型水泥板

窗户—THK18双层玻璃

屋顶—金属薄板(钛亚铅板)，混凝土板

造景面积：4924.28m²/33.15%(法定：15%)

停车位数：109辆/包含残疾人专用车6辆(法定：95辆)

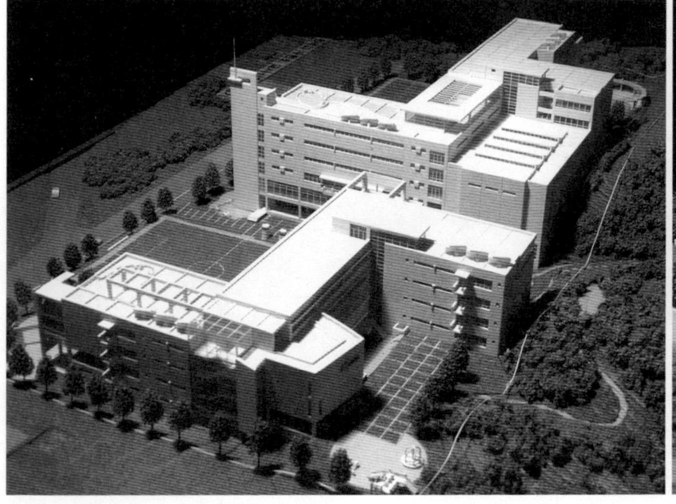

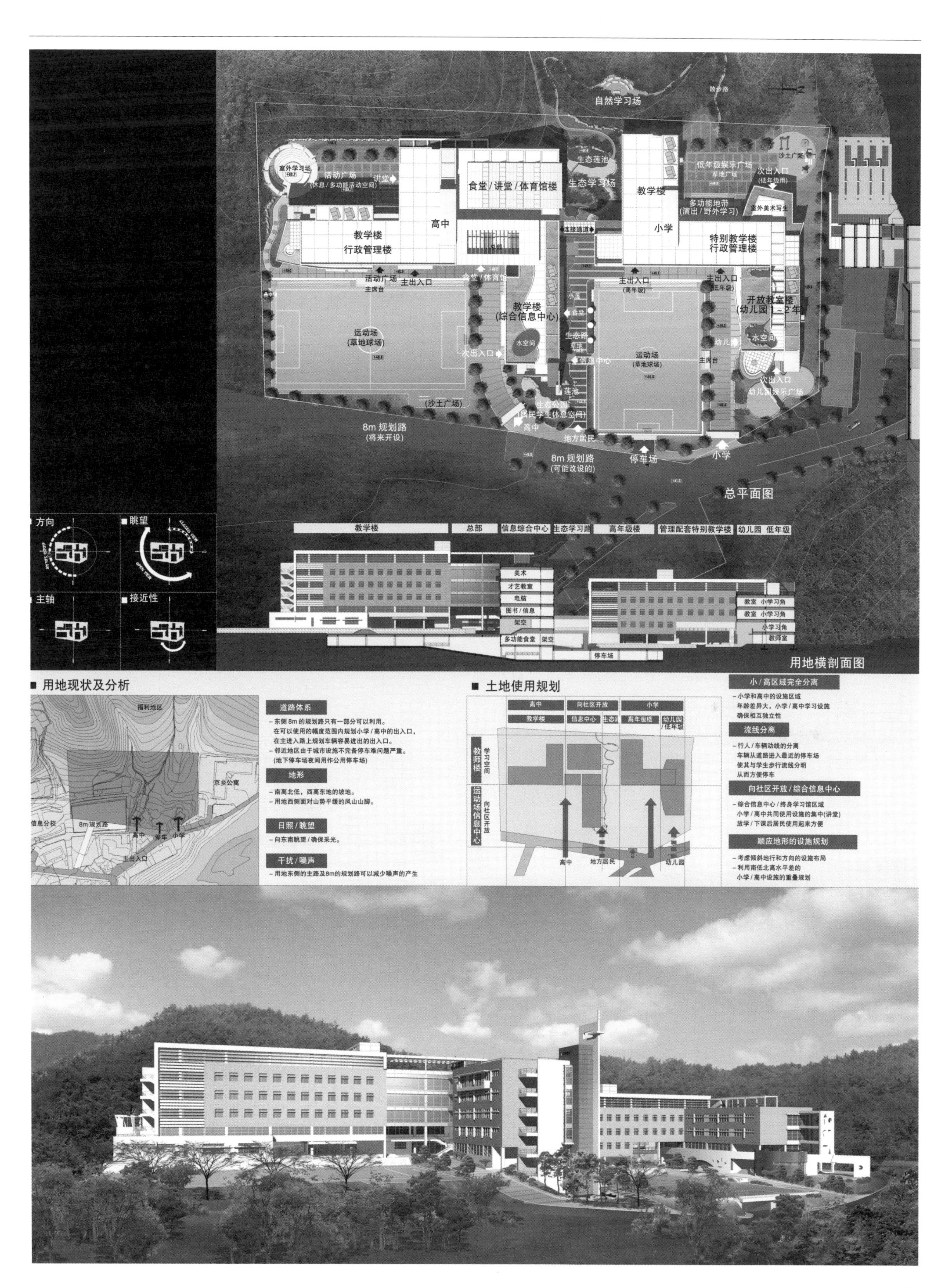

自然学习场
室外学习场
活动广场
(休息/多功能活动空间)
讲堂
食堂/讲堂/体育馆楼
生态莲池
生态学习场
教学楼
低年级娱乐广场
次出入口
(低年级用)
沙土广场
多功能地带
(演出/野外学习)
室外美术写生
高中
教学楼
行政管理楼
连接通道
小学
特别教学楼
行政管理楼
活动广场
主席台
主出入口
食堂/体育馆
主出入口
(高年级)
主出入口
(低年级)
开放教室楼
(幼儿园1~2年)
教学楼
(综合信息中心)
运动场
(草地球场)
水空间
次出入口
生态路
信息中心
运动场
(草地球场)
幼儿园
水空间
主席台
次出入口
幼儿园娱乐广场
莲池
(沙土广场)
生态公园
(居民/学生休息空间)
8m 规划路
(将来开设)
高中
地方居民
8m 规划路
(可能改设的)
停车场
小学
总平面图
方向
眺望
主轴
接近性
教学楼
总部
信息综合中心
生态学习路
高年级楼
管理配套特别教学楼
幼儿园
低年级
美术
才艺教室
电脑
图书/信息
架空
多功能食堂
架空
停车场
教室 小学习角
教室 小学习角
小学习角
教师室
用地横剖面图
用地现状及分析
道路体系
- 东侧8m的规划路只有一部分可以利用。
在可以使用的幅度范围内规划小学/高中的出入口，
在主进入路上规划车辆容易进出的出入口。
- 邻近地区由于城市设施不完备停车难问题严重。
(地下停车场夜间用作公用停车场)
地形
- 南高北低，西高东地的坡地。
- 用地西侧面对山势平缓的凤山山脚。
日照/眺望
- 向东南眺望/确保采光。
干扰/噪声
- 用地东侧的主路及8m的规划路可以减少噪声的产生
8m 规划路
高中
停车
小学
主出入口
信息分校
土地使用规划
高中
向社区开放
小学
教学楼
信息中心
生态
高年级楼
幼儿园/低年级
教师楼
学习空间
运动场信息中心
向社区开放
高中
地方居民
幼儿园
小/高区域完全分离
- 小学和高中的设施区域
年龄差异大，小学/高中学习设施
确保相互独立性
流线分离
- 行人/车辆动线的分离
车辆从道路进入最近的停车场
使其与学生步行流线分明
从西方便停车
向社区开放/综合信息中心
- 综合信息中心/终身学习馆区域
小学/高中共同使用设施的集中(讲堂)
放学/下课后居民使用起来方便
顺应地形的设施规划
- 考虑倾斜地行和方向的设施布局
- 利用南低北高水平差的
小学/高中设施的重叠规划

首尔恩脉高中、旧村小学

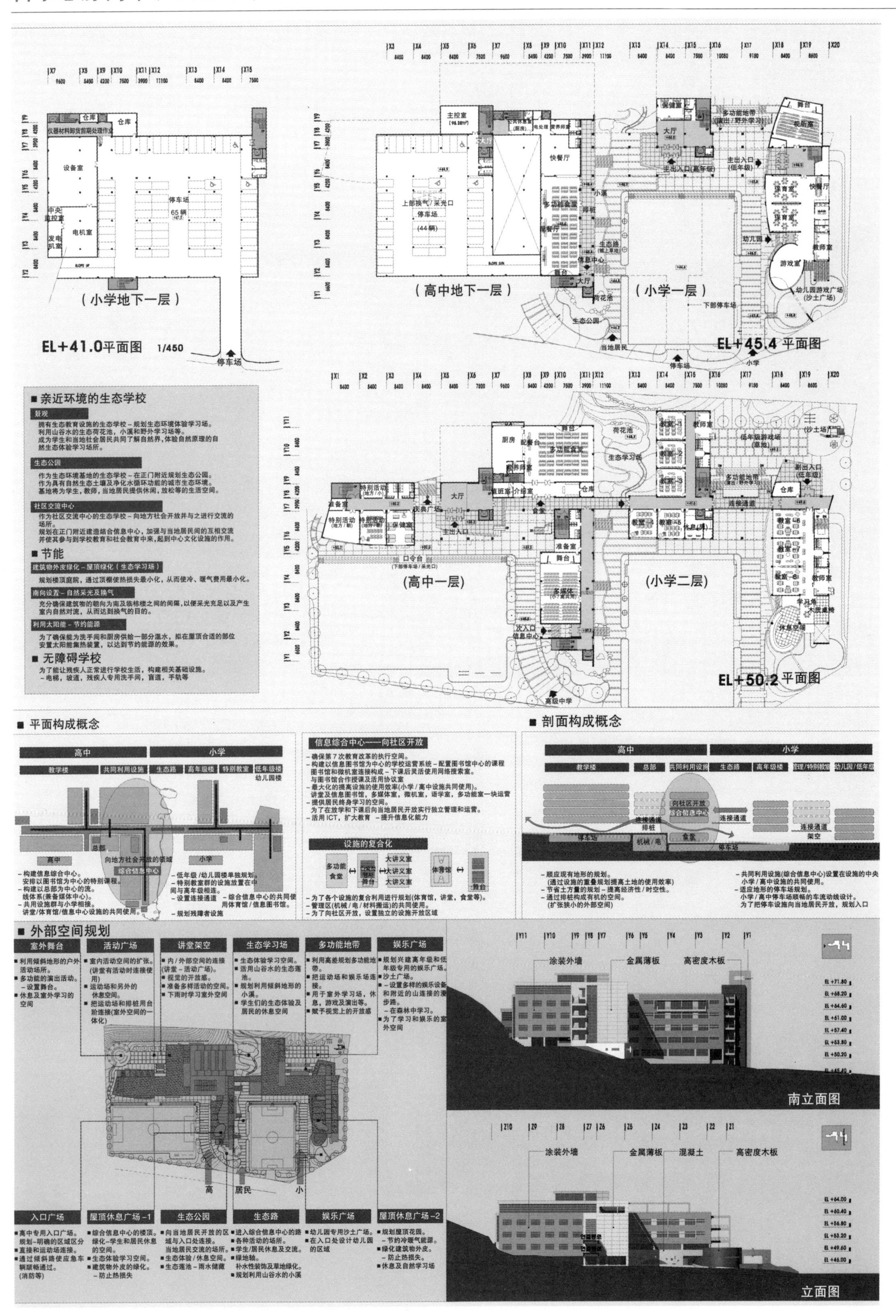

（小学地下一层）
EL+41.0平面图 1/450
（高中地下一层）
（小学一层）
EL+45.4 平面图
（高中一层）
（小学二层）
EL+50.2 平面图
■ 亲近环境的生态学校
景观
拥有生态教育设施的生态学校－规划生态环境体验学习场。
利用山谷水的生态荷花池，小溪和野外学习场等。
成为学生和当地社会居民共同了解自然界，体验自然原理的自然生态体验学习场所。
生态公园
作为生态环境基地的生态学校－在正门附近规划生态公园。
作为具有自然生态土壤及净化水循环功能的城市生态环境。
基地将为学生，教师，当地居民提供休闲，放松等的生活空间。
社区交流中心
作为社区交流中心的生态学校－向地方社会开放并与之进行交流的场所。
规划在正门附近建造结合信息中心，加强与当地居民间的互相交流并使其参与到学校教育和社会教育中来，起到中心文化设施的作用。
■ 节能
建筑物外皮绿化－屋顶绿化（生态学习场）
规划楼顶庭院，通过顶楼使热损失最小化，从而使冷、暖气费用最小化。
南向设置－自然采光及换气
充分确保建筑物的朝向为南及临栋楼之间的间隔，以便采光充足以及产生室内自然对流，从而达到换气的目的。
利用太阳能－节约能源
为了确保能为洗手间和厨房供给一部分温水，拟在屋顶合适的部位安置太阳能集热装置，以达到节约能源的效果。
■ 无障碍学校
为了能让残疾人正常进行学校生活，构建相关基础设施。
－电梯，坡道，残疾人专用洗手间，盲道，手轨等
■ 平面构成概念
高中
小学
－构建信息综合中心。
安排以图书馆为中心的特别课程。
－构建以总部为中心的流线体系(兼备媒体中心)。
－共用设施群与小学相接。
讲堂/体育馆/信息中心设施的共同使用。
－低年级/幼儿园楼单独规划。
－特别教室群的设施放置在中间与高年级相连。
－设置连接通道 －综合信息中心的共同使用体育馆/信息图书馆。
－规划残障者设施
信息综合中心──向社区开放
－确保第7次教育改革的执行空间。
－构建以信息图书馆为中心的学校运营系统－配置图书馆中心的课程图书馆和微机室连接构成－下课后灵活使用网络搜索室。
与图书馆合作授课及活用协议室
－最大化的提高设施的使用效率(小学/高中设施共同使用)。
讲堂及信息图书馆，多媒体室，微机室，语学室，多功能室－块运营
－提供居民终身学习的空间。
为了在放学和下课后向当地居民开放实行独立管理和运营。
－活用ICT，扩大教育 －提升信息化能力
设施的复合化
－为了各个设施的复合利用进行规划(体育馆，讲堂，食堂等)。
－管理区(机械/电/材料搬运)的共同使用。
－为了向社区开放，设置独立的设施开放区域
■ 剖面构成概念
－顺应现有地形的规划。
(通过设施的重叠规划提高土地的使用效率)
－节省土方量的规划－提高经济性/时空性。
－通过排桩构成有机的空间。
(扩张狭小的外部空间)
－共同利用设施(综合信息中心)设置在设施的中央
小学/高中设施的共同使用。
－适应地形的停车场规划。
小学/高中停车场顺畅的车流动线设计。
为了把停车设施向当地居民开放，规划入口
■ 外部空间规划
室外舞台
■利用倾斜地形的户外活动场所。
■多功能的演出活动。－设置舞台。
■休息及室外学习的空间
活动广场
■室内活动空间的扩张。(讲堂有活动时连接使用)
■视觉的开放感。
■运动场和另外的休息空间。
■把运动场和体育馆用台阶连接(室外空间的一体化)
讲堂架空
■内/外部空间的连接(讲堂－活动广场)。
■视觉的开放感。
■准备多样活动的空间。
■下雨时学习室外空间
生态学习场
■生态体验学习空间。
■活用山谷水的生态莲池。
■规划利用倾斜地形的小溪。
■学生们的生态体验及居民的休息空间
多功能地带
■利用高差规划多功能地带。
■把运动场和娱乐场连接。
■用于室外学习场，休息，游戏及演出等。
■赋予视觉上的开放感
娱乐广场
■规划兴建高年级和低年级专用的娱乐广场。
■沙土广场。
－设置多样的娱乐设备和附近的山连接的漫步路。
－在森林中学习。
■为了学习和娱乐的室外空间
入口广场
■高中专用入口广场。
规划－明确的区域区分
■直接和运动场连接。
■通过倾斜路使应急车辆顺畅通过。(消防等)
屋顶休息广场－1
■综合信息中心的楼顶。
绿化－学生和居民休息的空间。
■生态体验学习空间。
■建筑物外皮的绿化。
－防止热损失
生态公园
■向当地居民开放的区域与入口处连接。
当地居民交流的场所。
■生态体验/休息空间。
■生态莲池－雨水储藏
生态路
■进入综合信息中心的路
■各种活动的场所。
■学生/居民休息及交流。
■绿地轴。
补水性铺饰及草地绿化。
■规划利用山谷水的小溪
娱乐广场
■幼儿园专用沙土广场。
■在入口处设计幼儿园的区域
屋顶休息广场－2
■规划屋顶花园。
－节约冷暖气能源。
■绿化建筑物外皮。
－防止热损失。
■休息及自然学习场
涂装外墙
金属薄板
高密度木板
南立面图
涂装外墙
金属薄板
混凝土
高密度木板
立面图

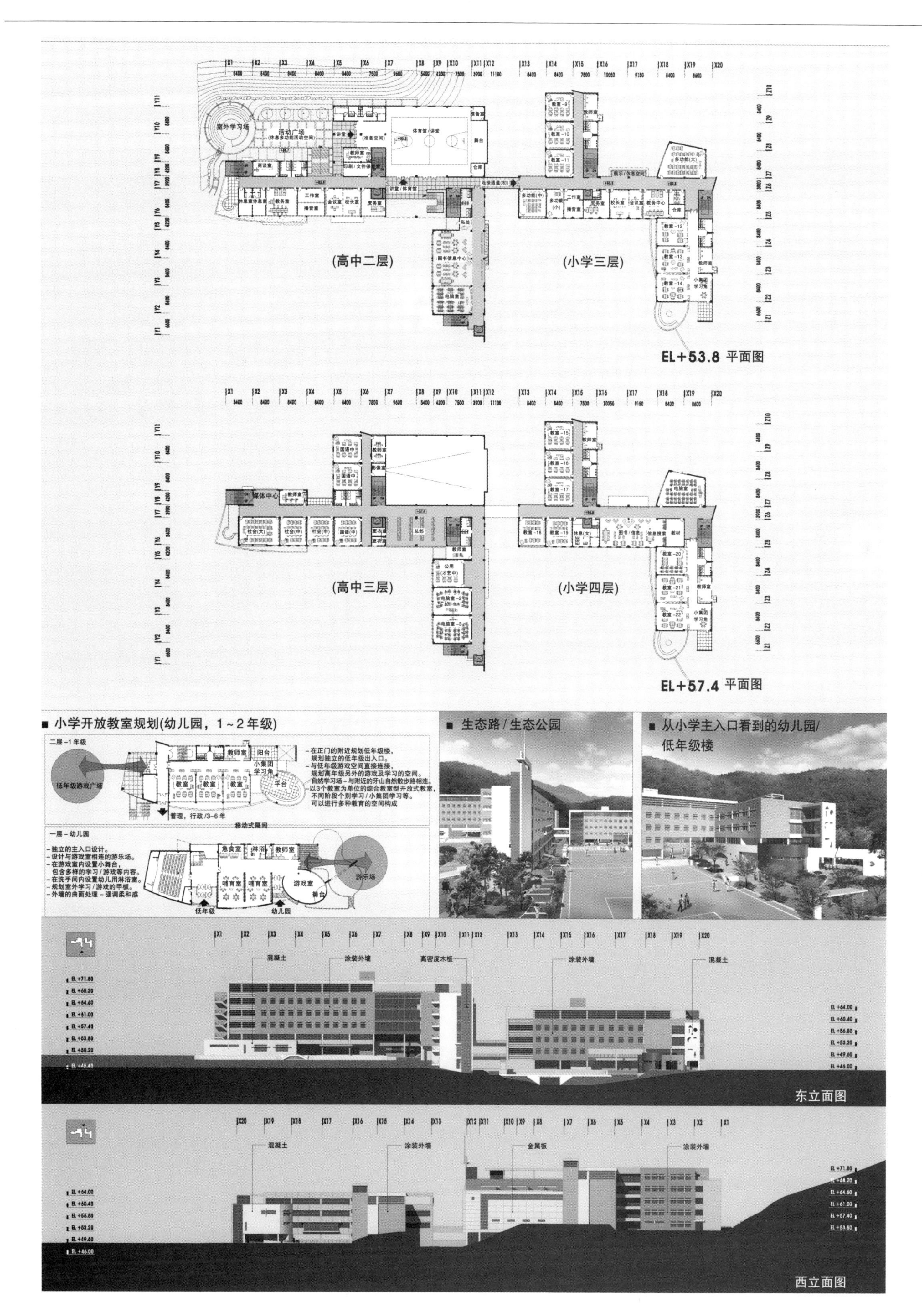

(高中二层)
(小学三层)
EL+53.8 平面图
(高中三层)
(小学四层)
EL+57.4 平面图
小学开放教室规划(幼儿园，1~2年级)
二层－1年级
-在正门的附近规划低年级楼，规划独立的低年级出入口。
-与低年级游戏空间直接连接，规划高年级另外的游戏及学习的空间。
-自然学习场－与附近的牙山自然散步路相连。
-以3个教室为单位的综合教室型开放式教室，不同阶段个别学习／小集团学习等。
可以进行多种教育的空间构成
一层－幼儿园
-独立的主入口设计。
-设计与游戏室相连的游乐场。
-在游戏室内设置小舞台，包含多样的学习／游戏等内容。
-在洗手间内设置幼儿用淋浴室。
-规划室外学习／游戏的甲板。
-外墙的曲面处理－强调柔和感
生态路／生态公园
从小学主入口看到的幼儿园/低年级楼
混凝土
涂装外墙
高密度木板
东立面图
金属板
西立面图

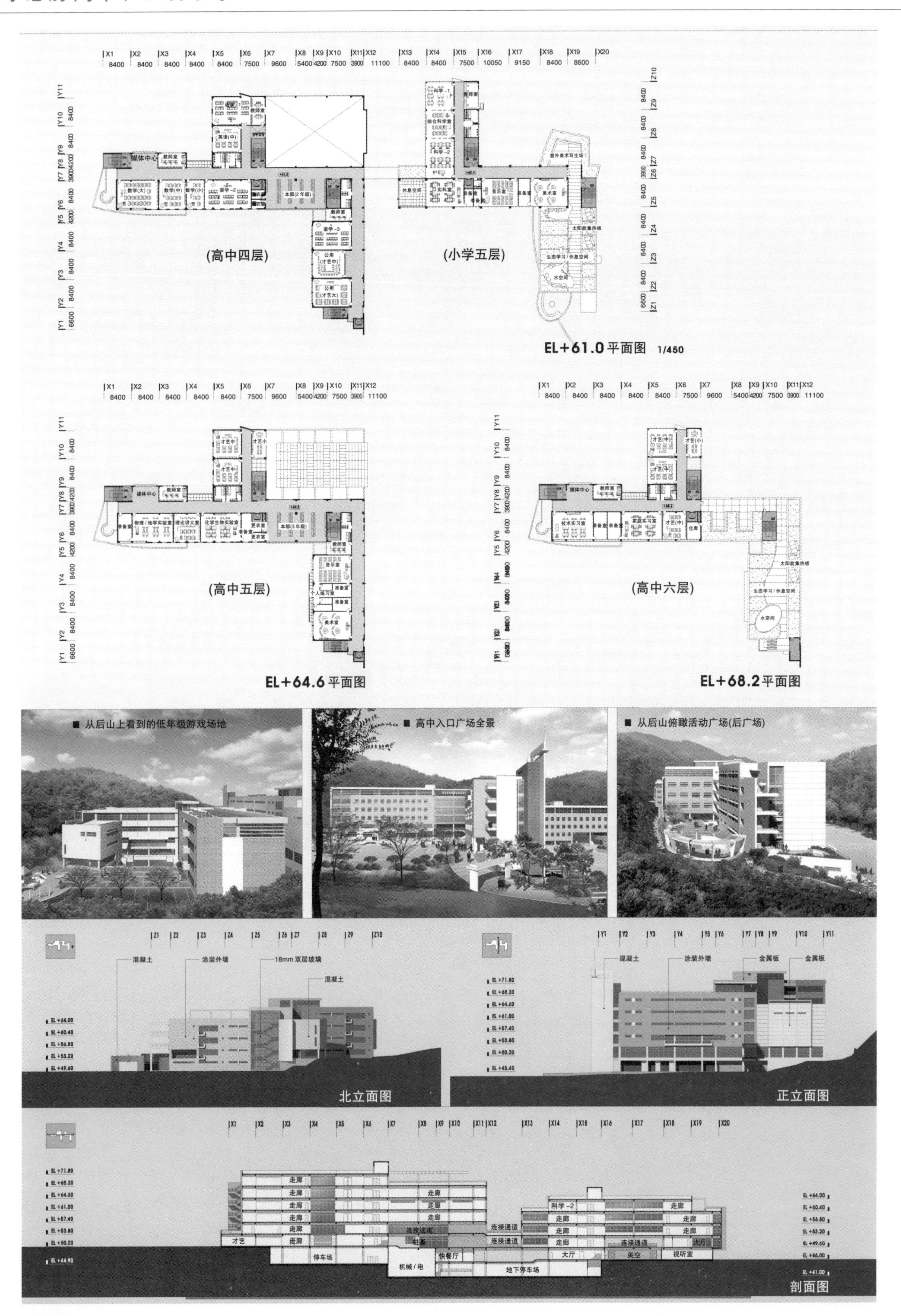

(高中四层)
(小学五层)
EL+61.0 平面图 1/450
(高中五层)
(高中六层)
EL+64.6 平面图
EL+68.2 平面图
从后山上看到的低年级游戏场地
高中入口广场全景
从后山俯瞰活动广场(后广场)
混凝土
涂装外墙
18mm 双层玻璃
北立面图
金属板
正立面图
走廊
连接通道
停车场
机械/电
快餐厅
地下停车场
大厅
视听室
剖面图

体育设施

安阳体育馆及冰上竞技场

向林建筑：李勇浩，权昌龙

位置：京畿道安阳市东安区飞山洞1023外7号 **用地面积**：23360m² **首层建筑面积**：13939.64m² **总建筑面积**：45231.43m² **建筑密度**：59.67% **容积率**：97.38% **规模**：地下3层，地上4层 **结构**：钢结构，钢筋混凝土框架 **屋顶**：铝合金夹层吸声板，THK0.9铝板 **外墙**：THK3.0铝板 **窗户**：THK24双层玻璃，反射玻璃TC88，SC75，THK18双层玻璃 **停车位数**：445(地下)+247(地上)=692辆 **座席数**：室内体育馆座席6690个(固定席：5966个/贵宾席52个/收纳式672个)，室内滑冰场座席1284个(固定席：1284个) **合作单位**：设计/监理－向林建筑(031-389-6600)，结构－C.S结构工程(02-574-2355)，施工－斗山建设(02-510-3114)，泰荣，东部建设(02-3484-2114)新韩建设(02-369-0001) **照片**：李基涣，向林建筑提供

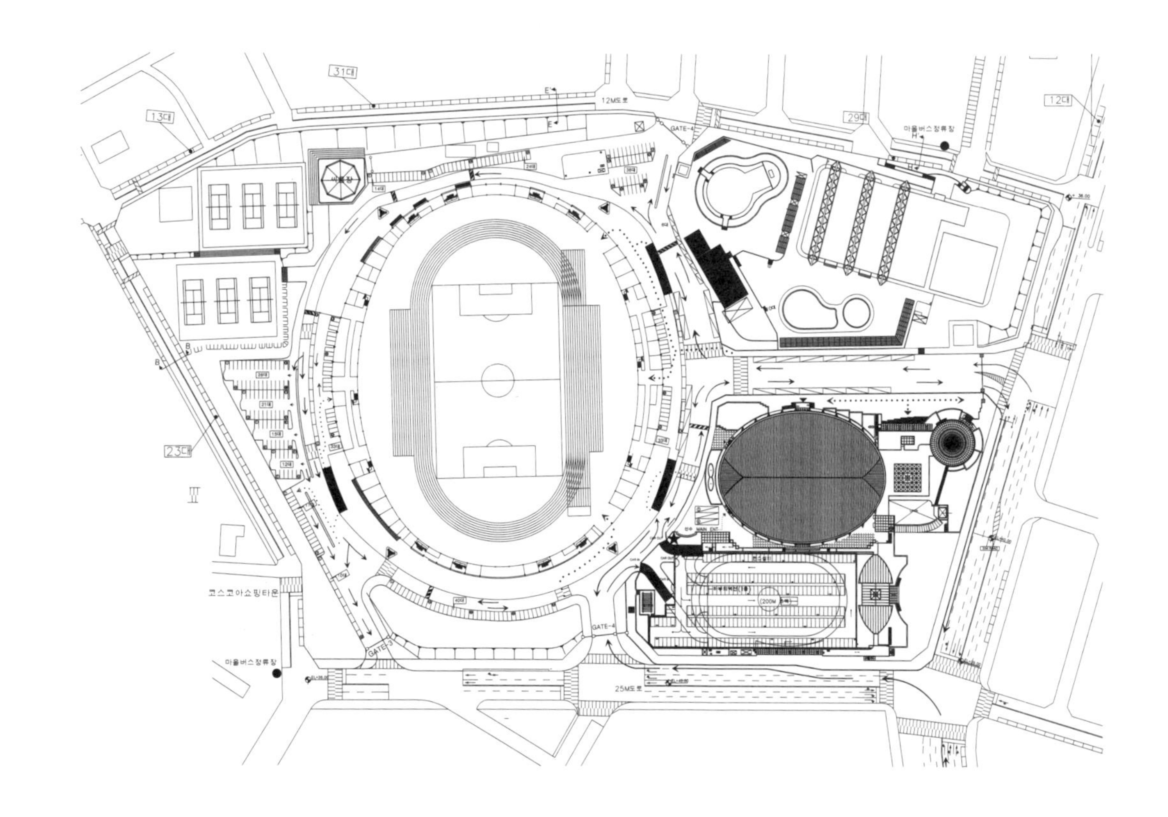

阳光体育馆

作为安阳市综合运动场内的室内体育馆和室内冰上竞技场的扩建工程，是为了给地方创造体育空间、文化空间及庆典空间和国际规模的竞技场。体育馆位置处在综合运动场主要入口道路的最近处，所以规定整个运动场的整体性格的同时带有标志性意义，将有引导步行者视线的重要作用。计划用地两侧面临道路，用地与道路之间有高差，按要求来说用地面积相对偏小，因此将室内冰场安排在地下来保证地上的开放空间。在这开放空间中安排了田径训练场地(200m)，在国际比赛时起辅助田径跑道的作用，平时可用作市民的简易足球场。

与传统的单调、简易的体育馆不同，安阳体育馆充分反映了当前最先进的技术，充分满足人性要求，是四维的阳光体育馆。

将韩国传统的民居形象化而成的3个建筑物四面采用玻璃，使室内外的光线相互贯穿，使城市与建筑、观众一体化。满足国际标准的6690座位的多功能体育馆和1284座位的室内冰上竞技场采用裸露的管型钢桁架，表现着压缩与延伸的美学。

室内体育馆

在韩国国内首次采用的中央四面型数码投影，构筑了能提供高画质现场直播的系统，设置了可以适应比赛、演出、活动的移动式观众席。在集会时可挪走移动式观众席，作为讲台。为观赏激烈比赛创造了最好的音响条件的同时，努力缩小球场与座席的距离。作为新型结构型式的屋顶和热强化玻璃的使用，节省能源的同时脱离了传统的体育馆形态，表现了高新技术的造型性。比赛场外墙与观众席的相互分离，带来了空气的流通效果，确保了有利于采光和日照的开放空间。

室内冰上竞技场

最大的特征是韩国国内首先采用的高新数码投影设施。通过高画质的大型画面，可观赏冰球、花样滑冰、冰上芭蕾舞等所有冰上比赛。采用各种数码CCD彩色摄像头及移动型ENG摄像头，可用于教育及自行播放。虽设计成国际标准的比赛场设施运营，但在非比赛期间作为给一般市民开放的体育设施利用。

结构

室内体育馆的外部主构架是钢管桁架结构形式，在椭圆形屋顶构造的短边设置主桁架来支撑，主桁架共12榀，受力主要路径是屋顶→中间檩条→屋顶桁架→主柱→基础结构。主柱支撑着屋顶桁架的两端，柱截面为三肢柱型式，连接柱与柱的屋檐桁架水平设置在柱的上端，与设置在屋顶桁架之间的托架一起维持主桁架间的距离，抑制不均衡性举动，起稳定结构的功能。

冰上体育馆上部为长42m、高3～8m的钢架拱形状，是最大程度地活用建筑美的单方向桁架。

综合运动场照明塔

安阳市综合运动场内的照明塔，在满足照明功能的同时作为环境设施，设计时注重了形态要素与功能要素的协调结合。照明塔上部的雨篷斜向天空，穿插在云彩中间的形象，加强了造型物的象征性。

照明塔的总高度为54.9m，柱距为3.6～7.3m，上部安排的建筑物形态，重心偏向运动场一侧。塔的上部和柱截面均呈三角形，通过改变风向，减少风荷载的作用以及塔上部位移。

安阳体育馆及冰上竞技场

1. 冰上竞技场
2. PIT
3. 停车场
4. 中央控制室
5. 本部人员室及记者室
6. 教练室及队员室
7. 仓库
8. 更衣室
9. 出租处
10. 医务室
11. 设备室
12. 快餐及休息室
13. 厨房
14. 仓库

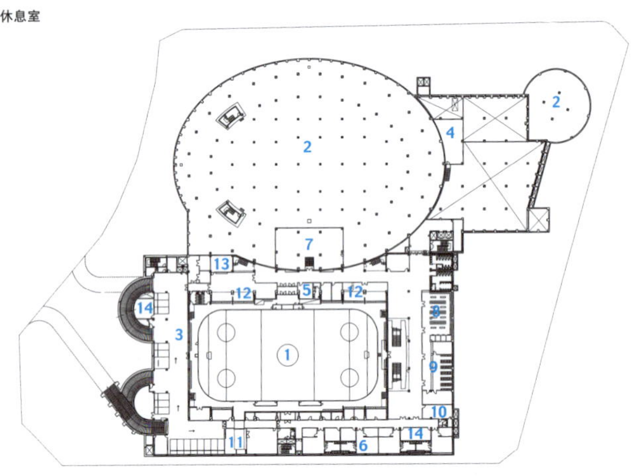

地下一层平面图

1. 冰上竞技场上空
2. 辅助练习场
3. 职员食堂
4. 厨房
5. 门厅
6. 办公室
7. 会议室
8. 更衣室
9. 控制室
10. 货物存放场
11. 防灾室
12. 售票处
13. 快餐
14. 仓库
15. 商店

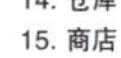

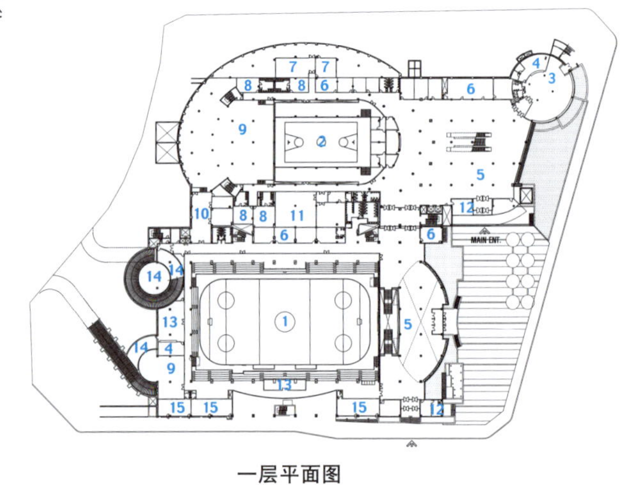

一层平面图

1. 训练场(200m 跑道)
2. 球场
3. 西餐厅
4. 门厅
5. 售票处
6. 教练室及队员室
7. 电算室及记录室
8. 本部室
9. 迎接室
10. 医务室
11. 保安室
12. 休息空间
13. 仓库

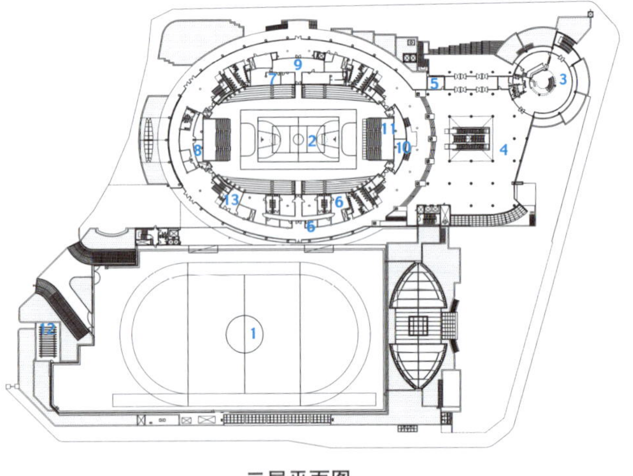

二层平面图

1. 球场上部
2. 西餐厅
3. 厨房
4. 门厅
5. 小卖部
6. 仓库
7. 通风设备室
8. 冷却塔
9. 贵宾休息室
10. 贵宾席

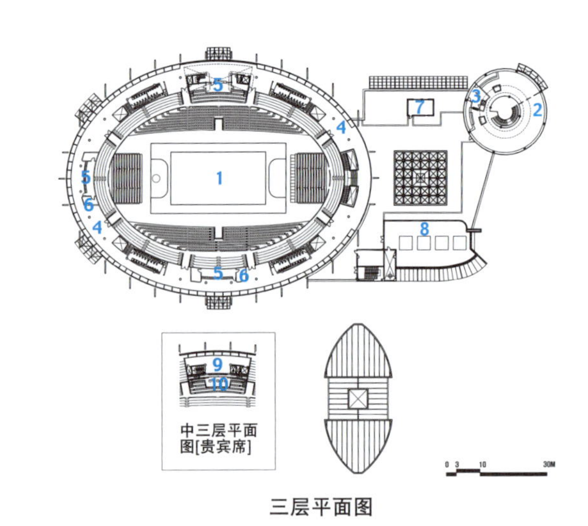

三层平面图

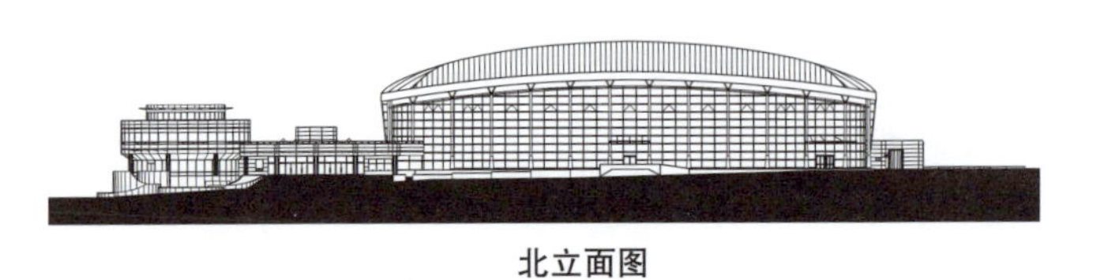

北立面图

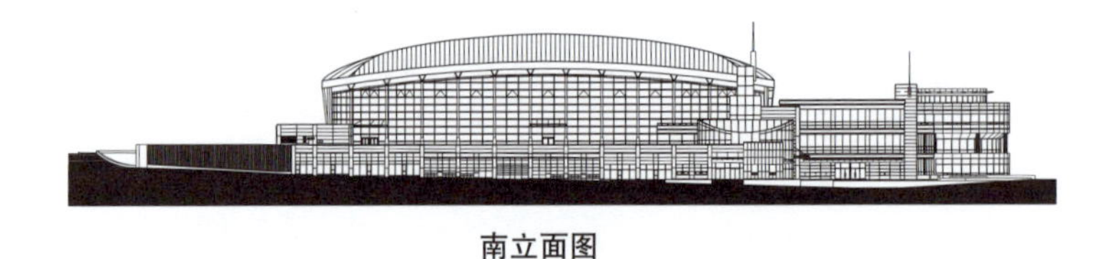

南立面图

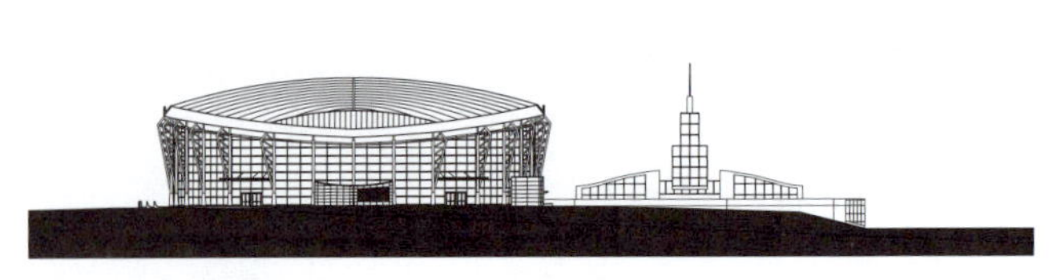

西立面图

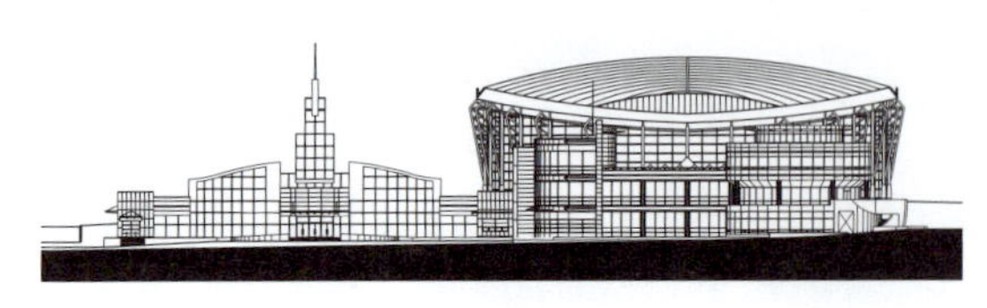

东立面图

0 3 10 30M

1. 室内体育馆
2. 训练场
3. 控制室
4. 门厅
5. 小卖店
6. 西餐厅
7. 职员食堂
8. 机械室
9. 中央控制室
10. 会议室
11. 向导

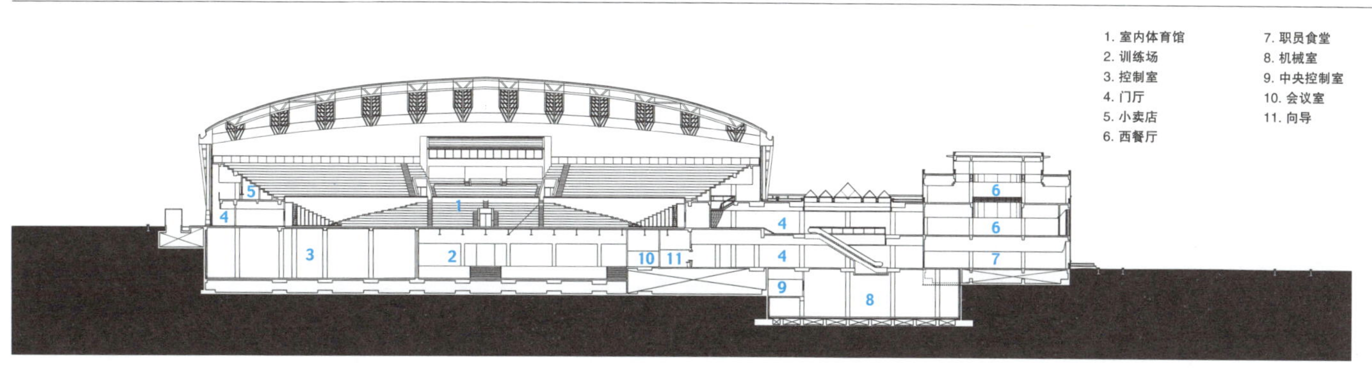

横剖面图

1. 室内体育馆
2. 训练场
3. 冰上竞技场
4. 停车场
5. 司机等候室
6. 前室
7. 广播室
8. 贵宾席
9. 迎接室
10. 团体办公室
11. 防灾中心
12. 休息空间

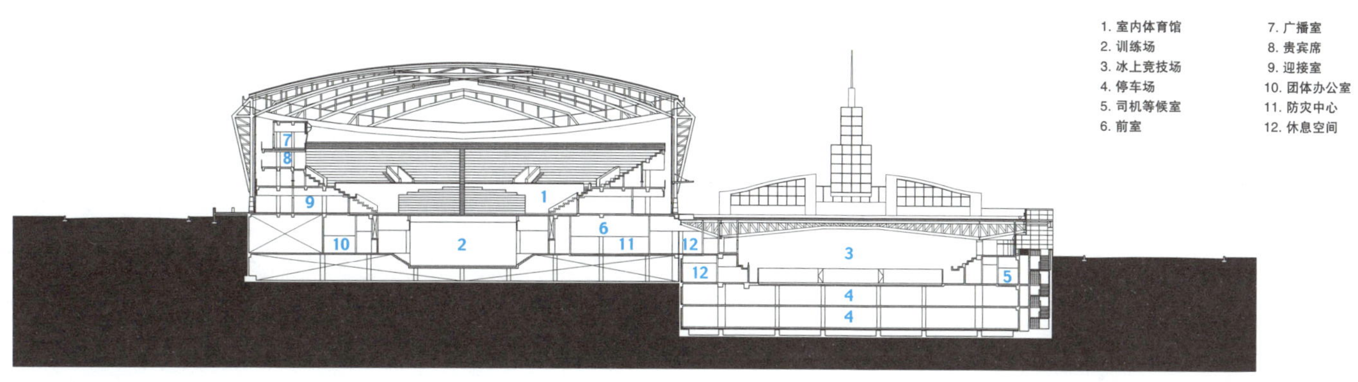

纵剖面图

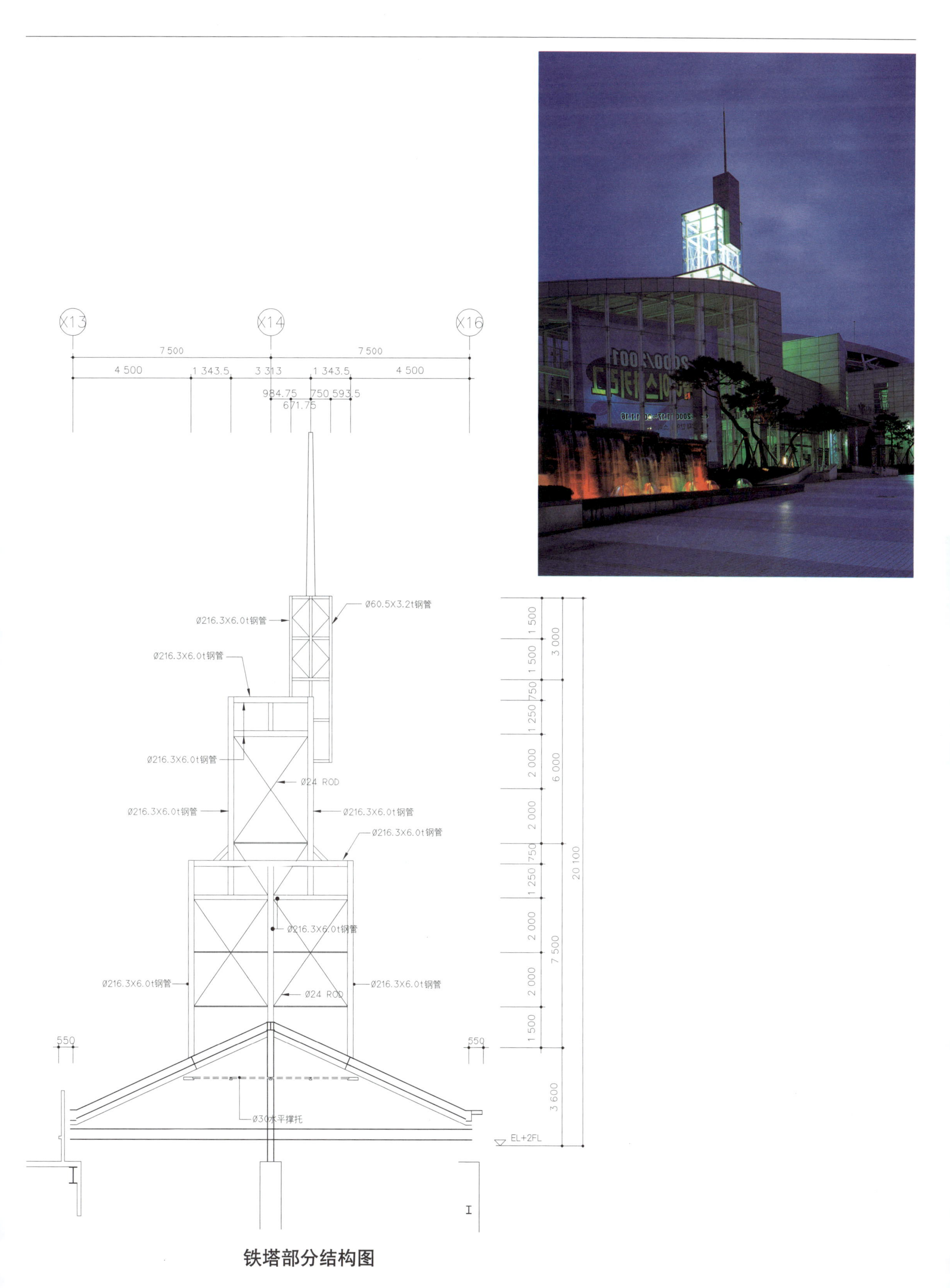
X13
X14
X16
7 500
7 500
4 500
1 343.5
3 313
1 343.5
4 500
984.75
750 593.5
671.75
Ø60.5X3.2t钢管
Ø216.3X6.0t钢管
Ø216.3X6.0t钢管
Ø216.3X6.0t钢管
Ø24 ROD
Ø216.3X6.0t钢管
Ø216.3X6.0t钢管
Ø216.3X6.0t钢管
Ø216.3X6.0t钢管
Ø216.3X6.0t钢管
Ø216.3X6.0t钢管
Ø24 ROD
550
550
Ø30水平撑托
EL+2FL
1 500
1 500
3 000
750
1 250
2 000
2 000
6 000
750
1 250
2 000
2 000
1 500
7 500
20 100
3 600

铁塔部分结构图

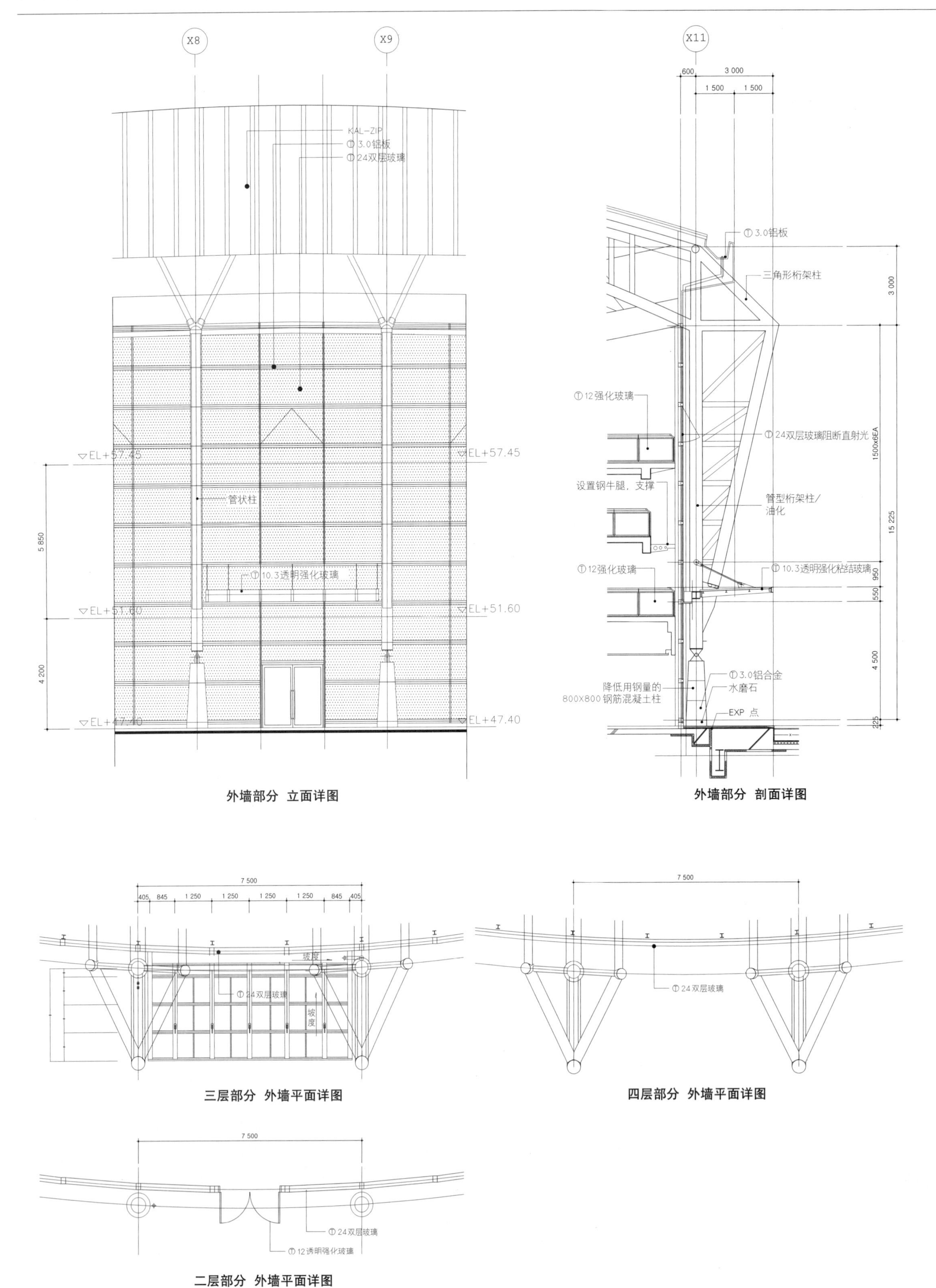

外墙部分 立面详图

外墙部分 剖面详图

三层部分 外墙平面详图

四层部分 外墙平面详图

二层部分 外墙平面详图

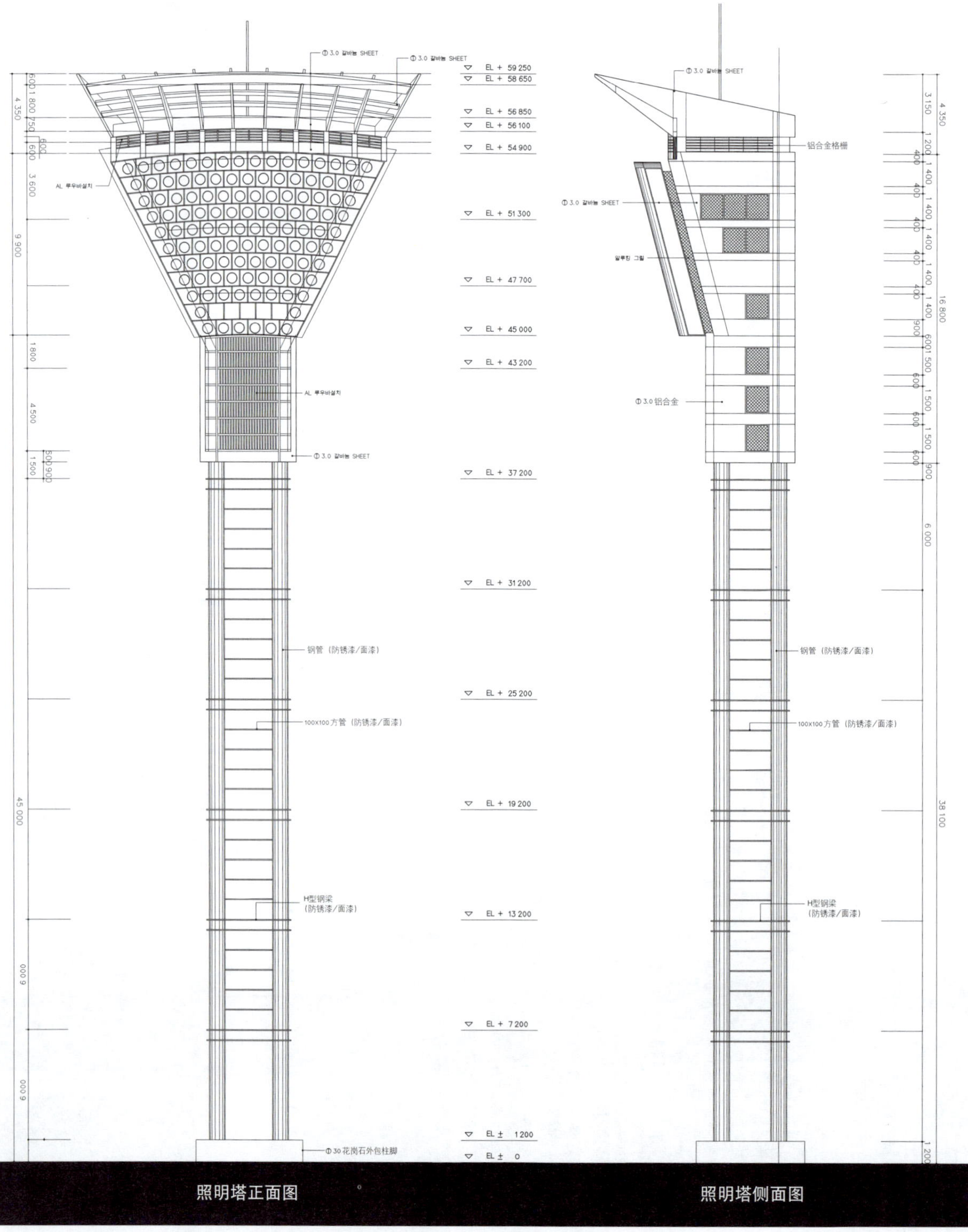

照明塔正面图

照明塔侧面图

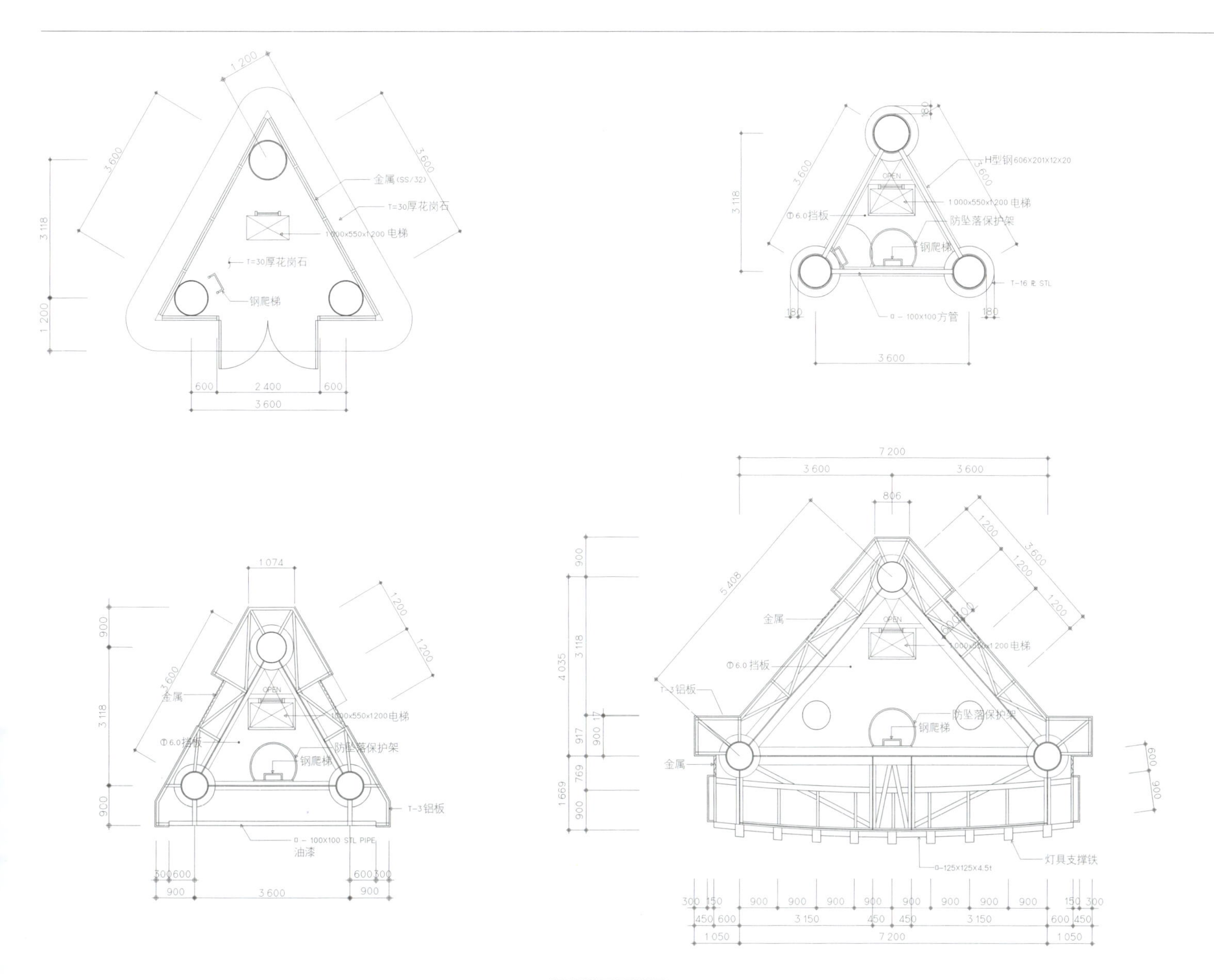
金属(SS/32)
T=30厚花岗石
1000x550x1200 电梯
钢爬梯
H型钢606x201x12x20
1000x550x1200 电梯
Φ6.0挡板
防坠落保护架
钢爬梯
T-16 R STL
0－100x100方管
金属
Φ6.0挡板
防坠落保护架
T-3铝板
0－100x100 STL PIPE
油漆
T-3铝板
灯具支撑铁

照明塔平面详图

安阳体育馆及冰上竞技场

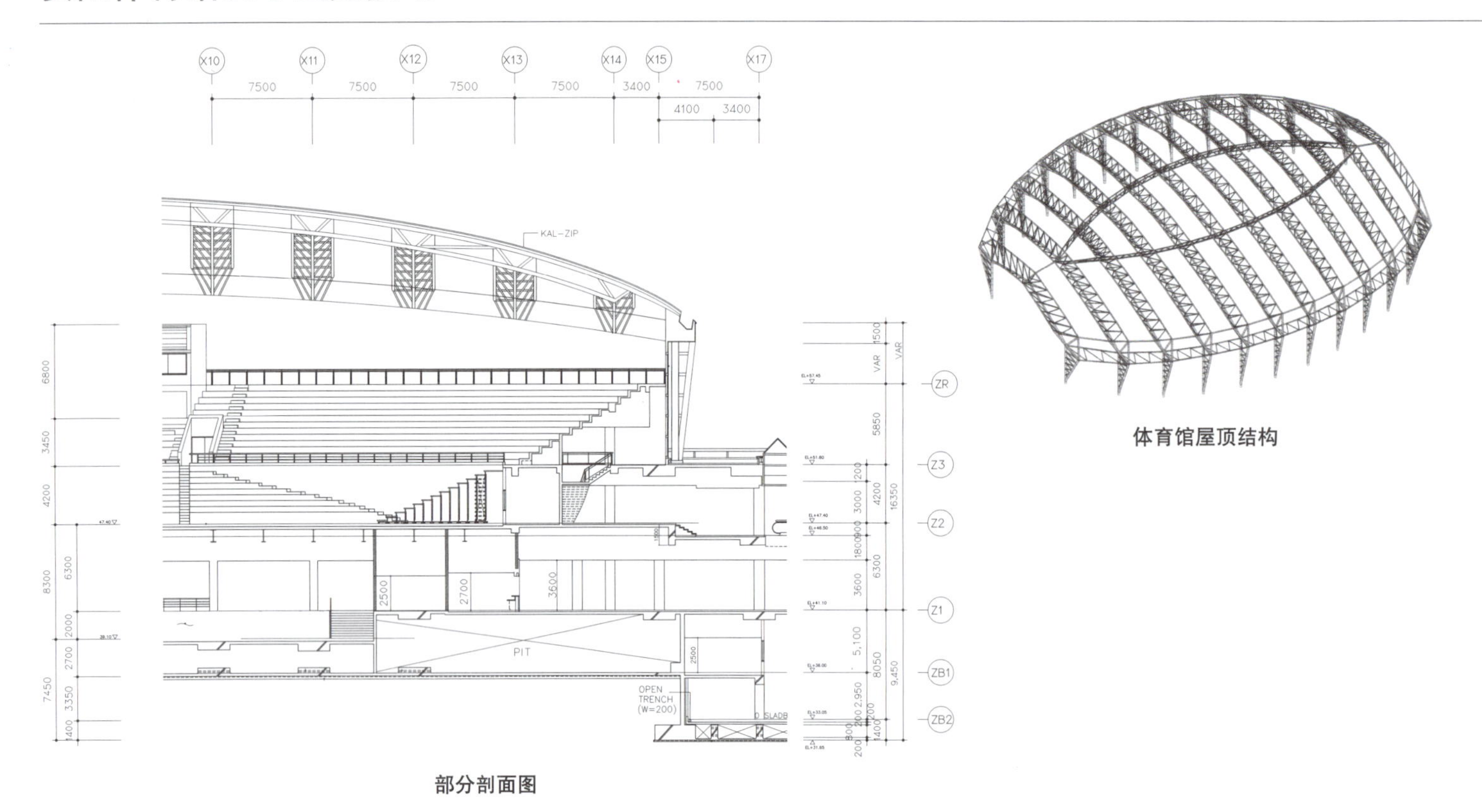

体育馆屋顶结构

部分剖面图

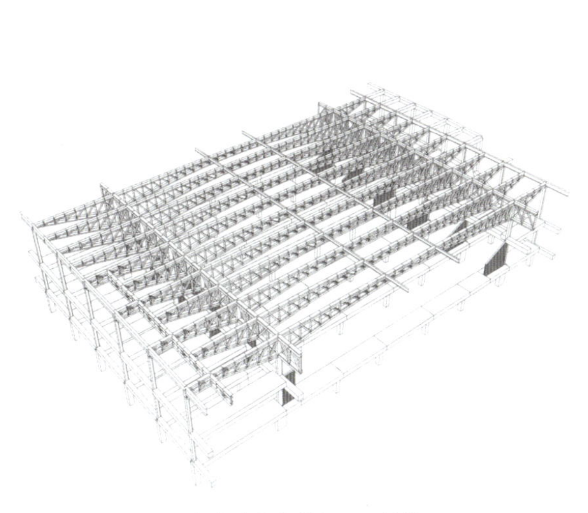

室内冰上竞技场屋顶结构

永德体育文化中心

三等奖方案 **唯新建筑：**金智德，黄贤明。设计组：申哲星，钱胜培，赵宗延，金秀延

规划概念

—积极利用周边秩序(引言：通过大地拥有的异质或同质但分离的自然境界，确立新的秩序体系，计划扩张的同化的建筑计划)。

象征性

—用多样的形态规划赋予永德的标志性。

—反映周边道路认知性的轴线。

可能性

—作为居民的社区设施相互交流、集会的场所。

—体育空间和文化空间相融的最适合的布置计划。

—以建筑物的建设，提示城市开发的方向性。

—使居民体验丰富的内外空间设施，自然地运动、休息、集会。

造型性

—反映地域性的造型计划。

—精炼的计划和高效率的空间表现。

—以高新技术的动感立面及材料追求未来志向的建筑物。

经济及施工性

—利用地形地貌的平面设计提高经济性。

—高效率的施工方法来提高经济性。

融通性

—各空间之间有机地构成复合的文化设施。

——个可变的多用途空间计划。

布置规划

—南北向布置室内体育馆来减少眩光，东西向布置文化中心来积极引入自然光。

—通过中央大厅连接内外前后、体育与文化设施，提高设施的认知可行性。

—进入广场可集会和活动，平时还可用作公园。

—将羽毛球场、门球场、游乐场等分为动的空间和准动的空间，布置在后院。

—积极利用地形高差设置室外演出场地。

—停车场布置在建筑物后面，创造了适宜的步行空间。

立面、剖面设计

—有韵律的屋顶天际线象征永德海洋的波浪，并与前面的五十川和自然景观协调。

—通过中央大厅的框景来与自然对话。

—房间的层高根据用途来确定，注重实用性。

—将青少年文化设施、居民自治中心、文化园、环境研修馆、女性福利设施按楼层分开，使之成为相互独立的领域。

—将游泳场和体育馆这两个大空间重叠起来使结构合理、经济。

位置：庆北永德郡永德邑花开里608号
地域：自然环境保护区域，水产资源保护区域
用地面积：16485m²
首层建筑面积：2289.47m²
总建筑面积：4918.42m²
建筑密度：13.89%
容积率：17.87%
结构：钢结构及钢筋混凝土结构
层数：地下1层，地上3层
最高高度：14.2m
外部装修：THK24彩色双层玻璃、镀锌板、SSTL屋顶材料
造景概要：造景面积3132.09m²
绿化面积2798.80m²
造景设施面积：333.29m²
停车位数：法定停车33辆，计划停车82辆，地上82辆(包括残疾人用4辆)

永德

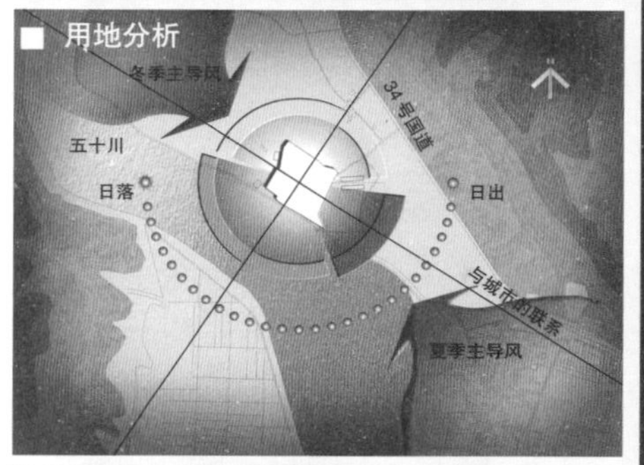
用地分析
冬季主导风
34号国道
五十川
日落
日出
与城市的联系
夏季主导风

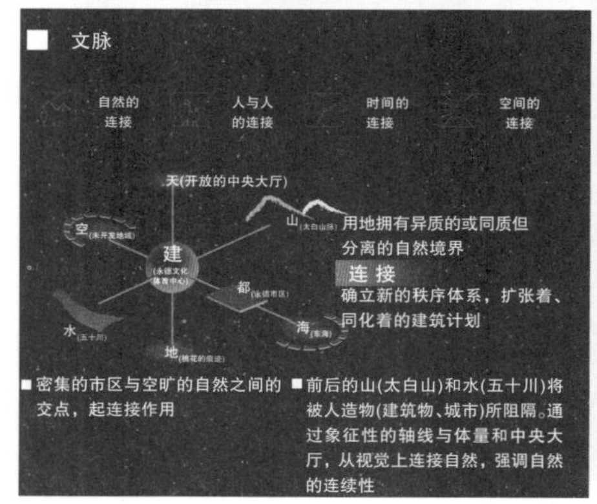
文脉
自然的连接
人与人的连接
时间的连接
空间的连接
天(开放的中央大厅)
山
水
地
建
都
海
空
用地拥有异质的或同质但分离的自然境界
连接
确立新的秩序体系，扩张着、同化着的建筑计划
■密集的市区与空旷的自然之间的交点，起连接作用
■前后的山(太白山)和水(五十川)将被人造物(建筑物、城市)所阻隔。通过象征性的轴线与体量和中央大厅，从视觉上连接自然，强调自然的连续性

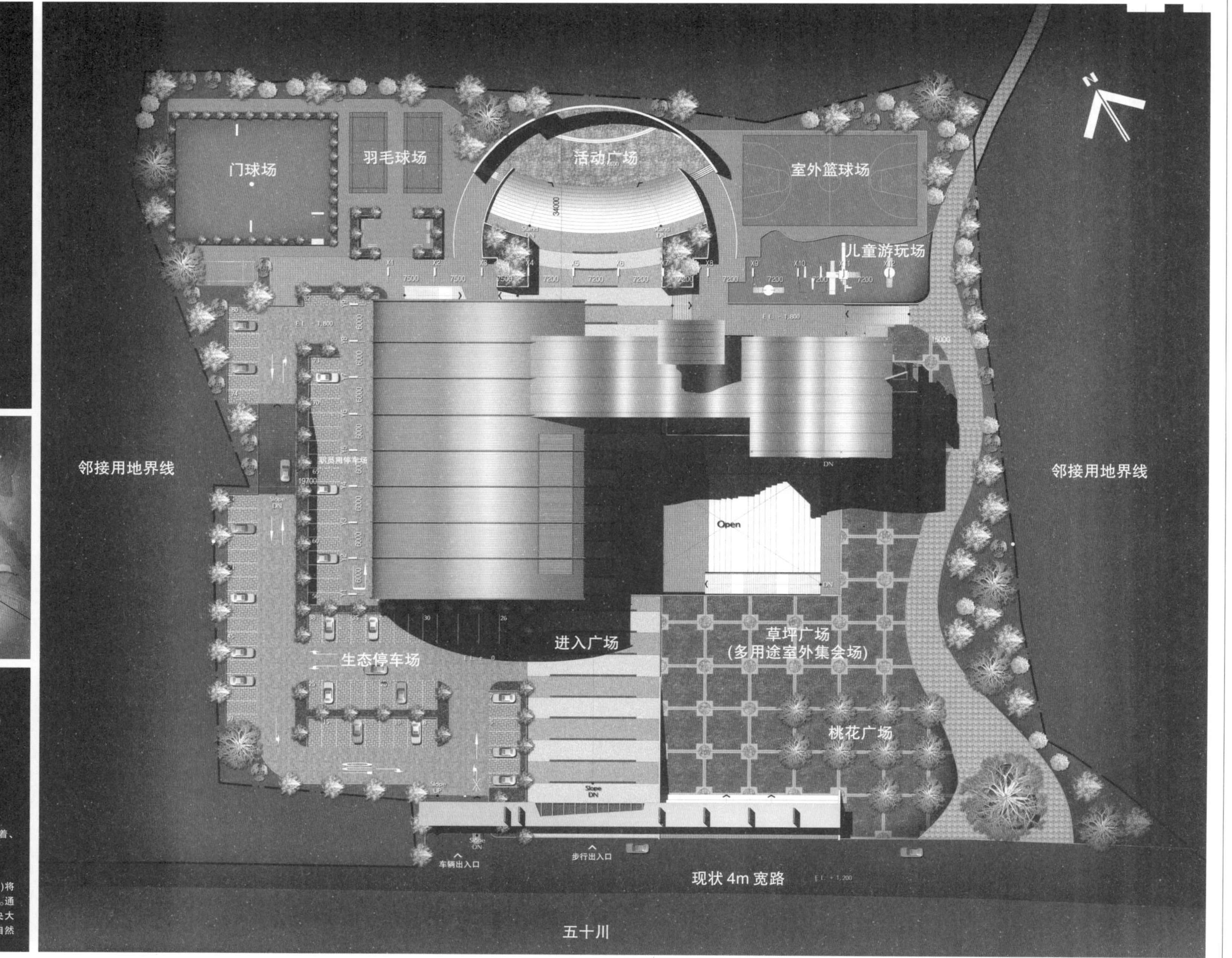
门球场
羽毛球场
活动广场
室外篮球场
儿童游玩场
邻接用地界线
邻接用地界线
职员用停车场
Open
进入广场
草坪广场
(多用途室外集会场)
生态停车场
桃花广场
车辆出入口
步行出入口
现状 4m 宽路
五十川
34000
7500
7200
6000
19700
DN

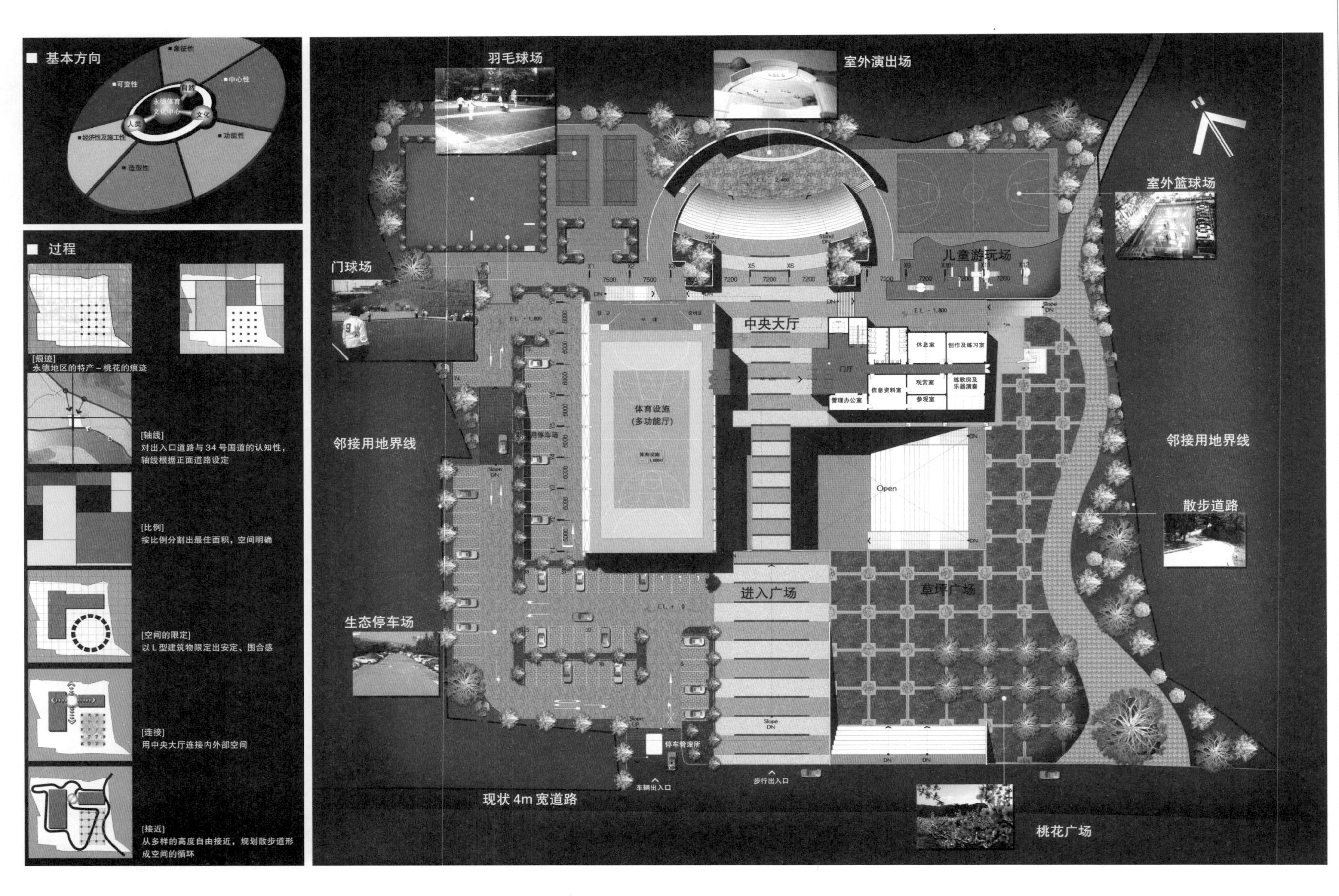
基本方向
象征性
中心性
可变性
功能性
经济性及施工性
造型性
永德体育文化中心
自然
文化
人类
过程
[痕迹]
永德地区的特产－桃花的痕迹
[轴线]
对出入口道路与34号国道的认知性，
轴线根据正面道路设定
[比例]
按比例分割出最佳面积，空间明确
[空间的限定]
以L型建筑物限定出安定、围合感
[连接]
用中央大厅连接内外部空间
[接近]
从多样的高度自由接近，规划散步道形
成空间的循环
羽毛球场
室外演出场
室外篮球场
儿童游玩场
门球场
中央大厅
休息室
创作及练习室
门厅
观赏室
练歌房及乐器演奏
信息资料室
参观室
管理办公室
体育设施
(多功能厅)
Open
邻接用地界线
邻接用地界线
散步道路
生态停车场
进入广场
草坪广场
停车管理所
车辆出入口
步行出入口
现状 4m 宽道路
桃花广场

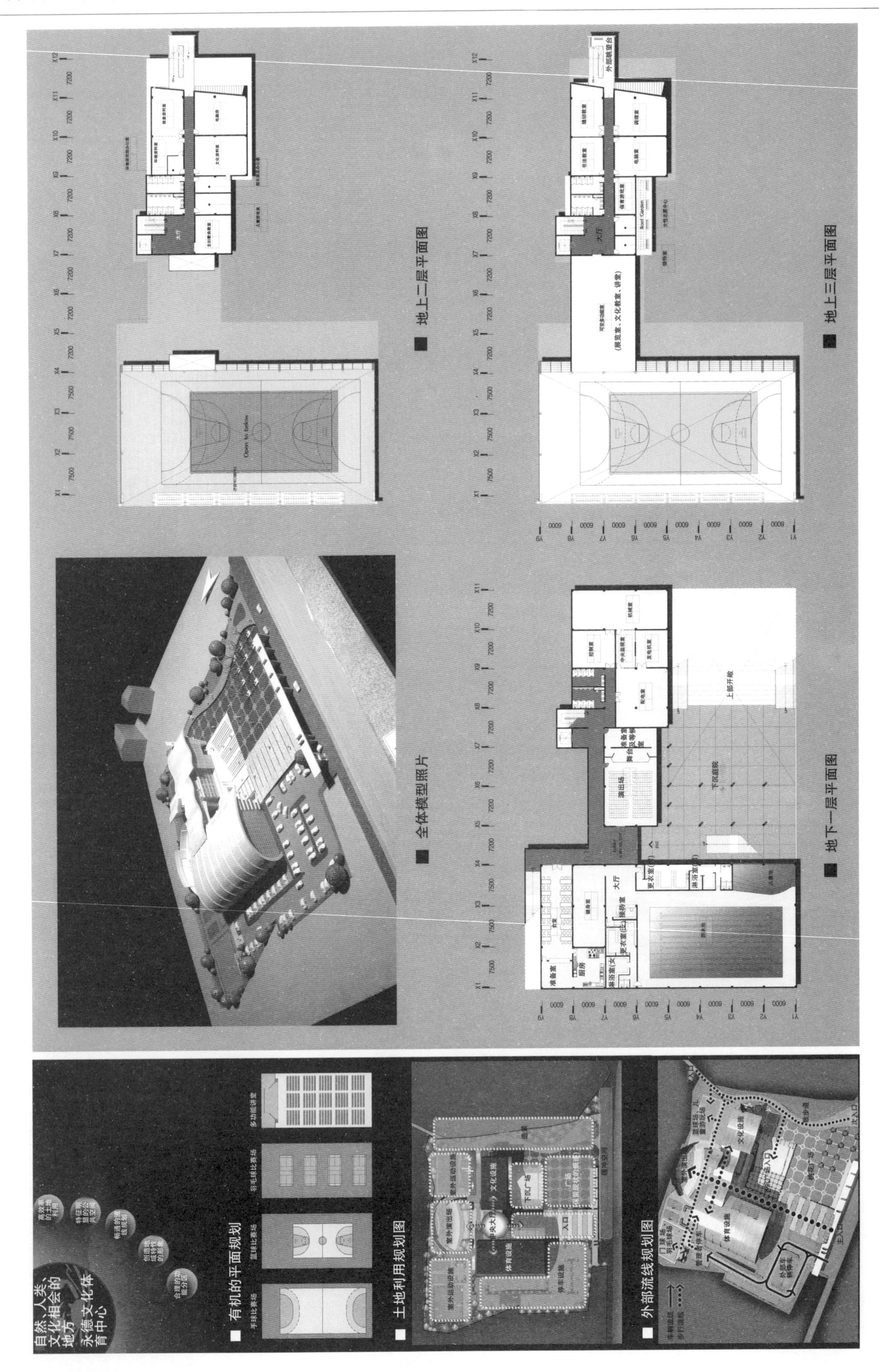

地上二层平面图
全体模型照片
地上三层平面图
地下一层平面图
自然、人类、文化相会的地方
永德文化体育中心
有机的平面规划
手球比赛场
篮球比赛场
羽毛球比赛场
多功能讲堂
土地利用规划图
外部流线规划图

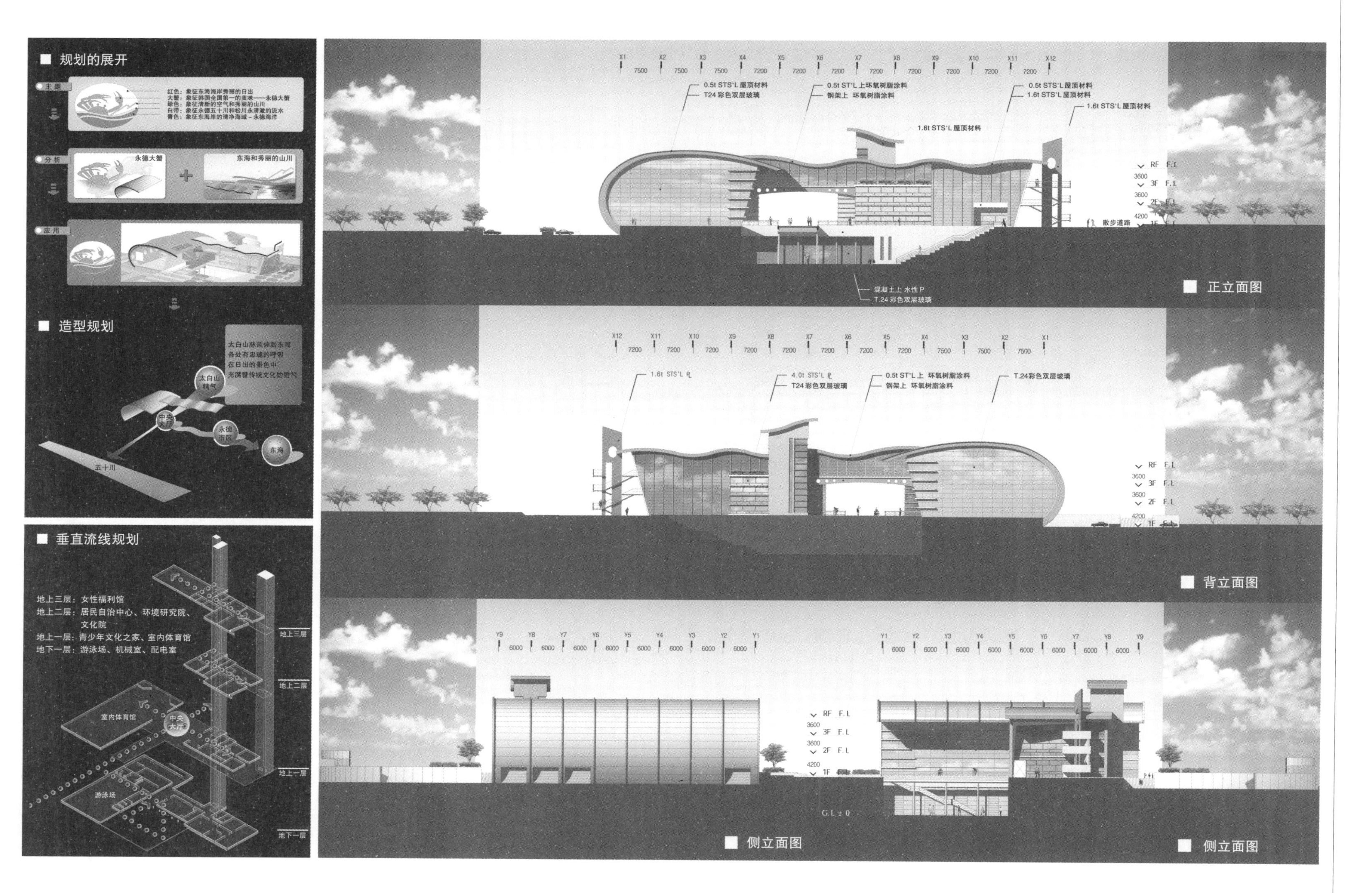

规划的展开
主题
红色：象征东海海岸秀丽的日出
大蟹：象征韩国全国第一的美味——永德大蟹
绿色：象征清新的空气和秀丽的山川
白带：象征永德五十川和松川永清澈的流水
青色：象征东海岸的清净海域－永德海洋
分析
永德大蟹
东海和秀丽的山川
应用
造型规划
太白山脉蜿蜒伸到东海
各处有悠远的呼吸
在日出的景色中
充满着传统文化的韵气
太白山精气
中央大厅
永德市区
东海
五十川
垂直流线规划
地上三层：女性福利馆
地上二层：居民自治中心、环境研究院、文化院
地上一层：青少年文化之家、室内体育馆
地下一层：游泳场、机械室、配电室
地上三层
地上二层
地上一层
地下一层
室内体育馆
中央大厅
游泳场
0.5t STS'L 屋顶材料
T24 彩色双层玻璃
0.5t ST'L 上环氧树脂涂料
钢架上 环氧树脂涂料
0.5t STS'L 屋顶材料
1.6t STS'L 屋顶材料
1.6t STS'L 屋顶材料
1.6t STS'L 屋顶材料
散步道路
混凝土上 水性 P
T.24 彩色双层玻璃
正立面图
1.6t STS'L ℓ
4.0t STS'L ℓ
T24 彩色双层玻璃
0.5t ST'L 上 环氧树脂涂料
钢架上 环氧树脂涂料
T.24彩色双层玻璃
背立面图
RF F.L
3F F.L
2F F.L
1F F.L
G.L ± 0
侧立面图
侧立面图

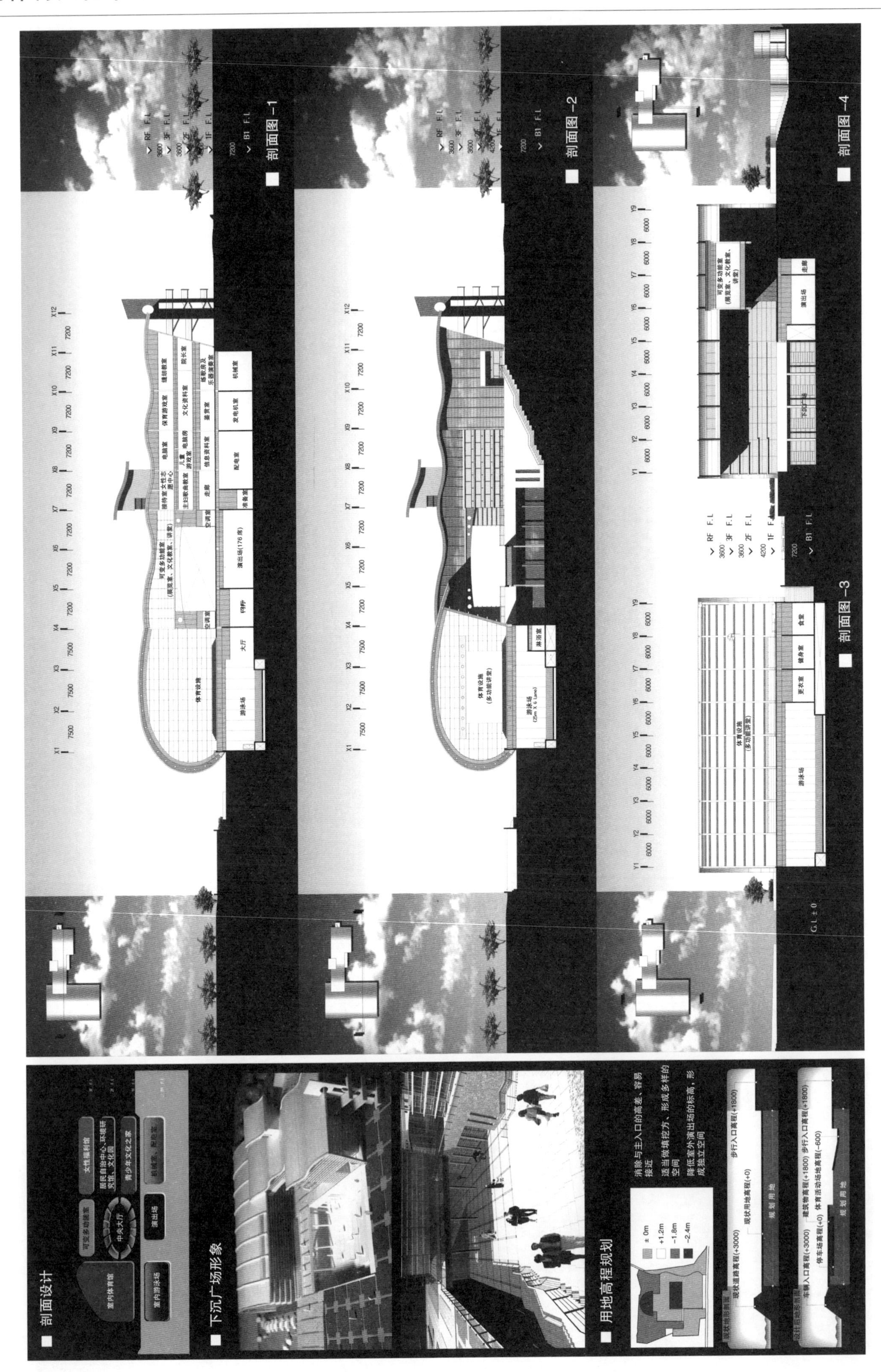
剖面设计
下沉广场形象
用地高程规划
消除与主入口的高差，容易接近
适当做填挖方，形成多样的空间
降低室外演出场的标高，形成独立空间
剖面图 -1
剖面图 -2
剖面图 -3
剖面图 -4

永德体育文化中心

中标方案 **建筑局建筑**：金永洙，郑永浩。设计组：金光润，姜正勋

规划用地为邻接永德邑五十川江边，沿五十川河方向景色美丽。因此在设计中考虑了将季节的变化和自然的流动引入建筑，让使用者感觉、享受其快乐。

布置规划：将青少年会馆与妇女会馆分别安排在前面，将农渔民体育中心安排在后面，明确了功能分区。利用与建筑轴成直角的中心步行轴实现了流线上立体的连接。

利用屋顶、屋顶花园、室外平台、庭院，引入周边景观，用现代手法再现传统建筑中向外眺望的人与自然的协调关系。建筑物的整体与局部的关系中努力使自由空间流畅，并富有庄严感与生动感。

位置：庆尚北道永德郡永德邑花开里608号
地域：自然环境保护地区，水产资源保护地区
用地面积：16485.00m²
首层建筑面积：2501.89m²
总建筑面积：5025.21m²(地下—99.00m²，地上—4926.21m²)
建筑密度：15.18%
容积率：29.88%
结构：型钢混凝土结构
层数：地下1层，地上3层
最高高度：18.40m
设备概要：集中供水成套方式，(A/C)方式－体育馆
外部装修：铝板，TPC玻璃幕，红砖，THK18双层玻璃
造景面积：3200.00m²
植树面积：1150.00m²
造景设施面积：2050.00m²
停车场面积：986.40m²(一般停车场51辆：938.40m²，残疾人停车场2辆：48.00m²)
停车位数：室外自助式停车：53辆(包括残疾人停车2辆)，法定34辆

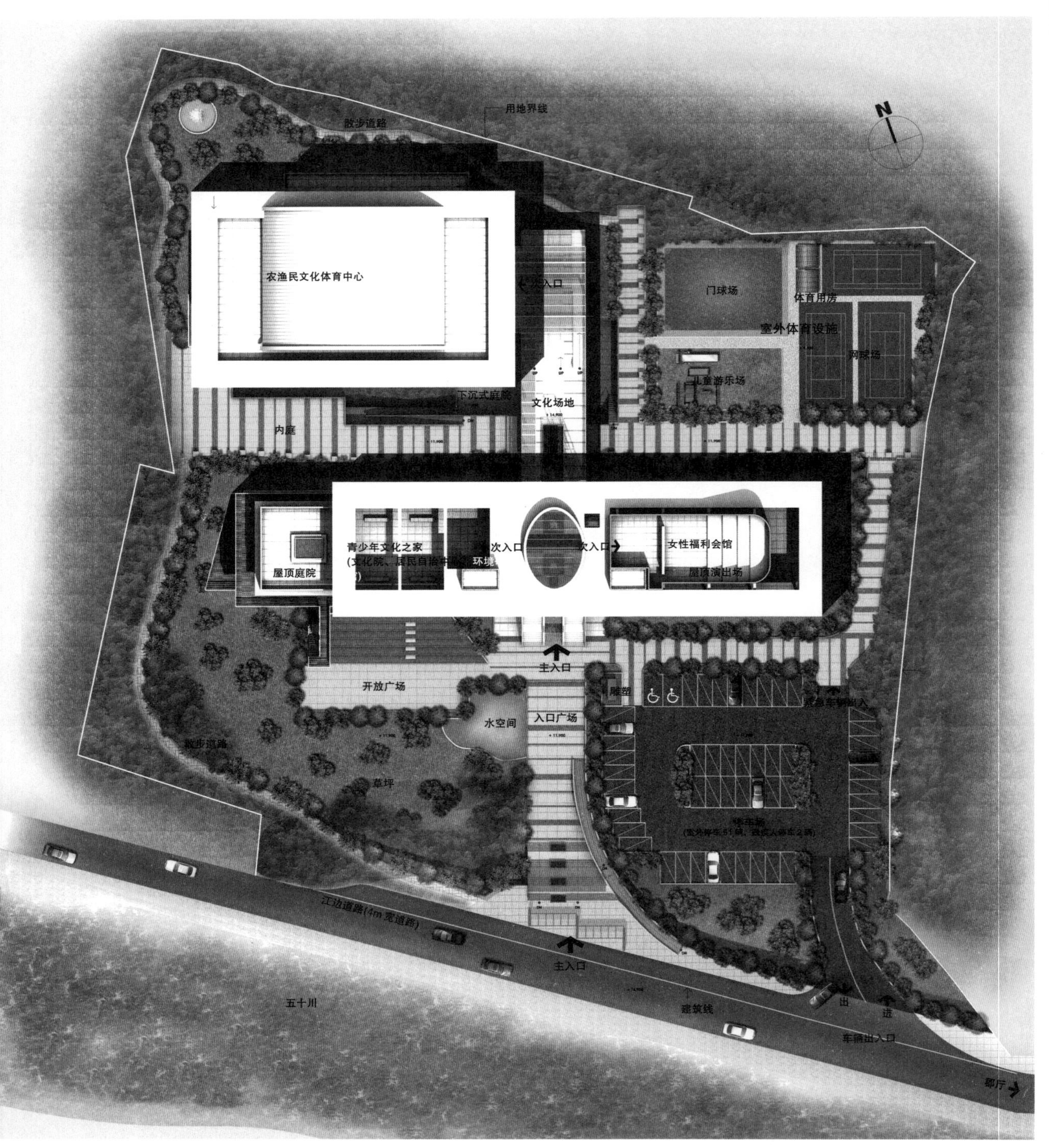

规划的目标

• 将原有自然环境和新人文环境合二为一的建筑性布局是：引入中心步行轴、建筑物水平轴和间隙空间的概念。
自然和人类在建筑空间中与文化功能相融合。

• 用静和动的协调，表现传统建筑的内外部空间特性，并用现代尺度和材质再现。

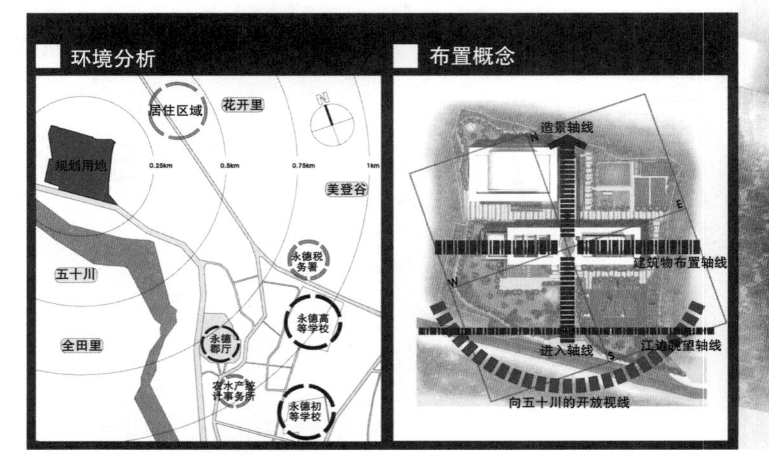

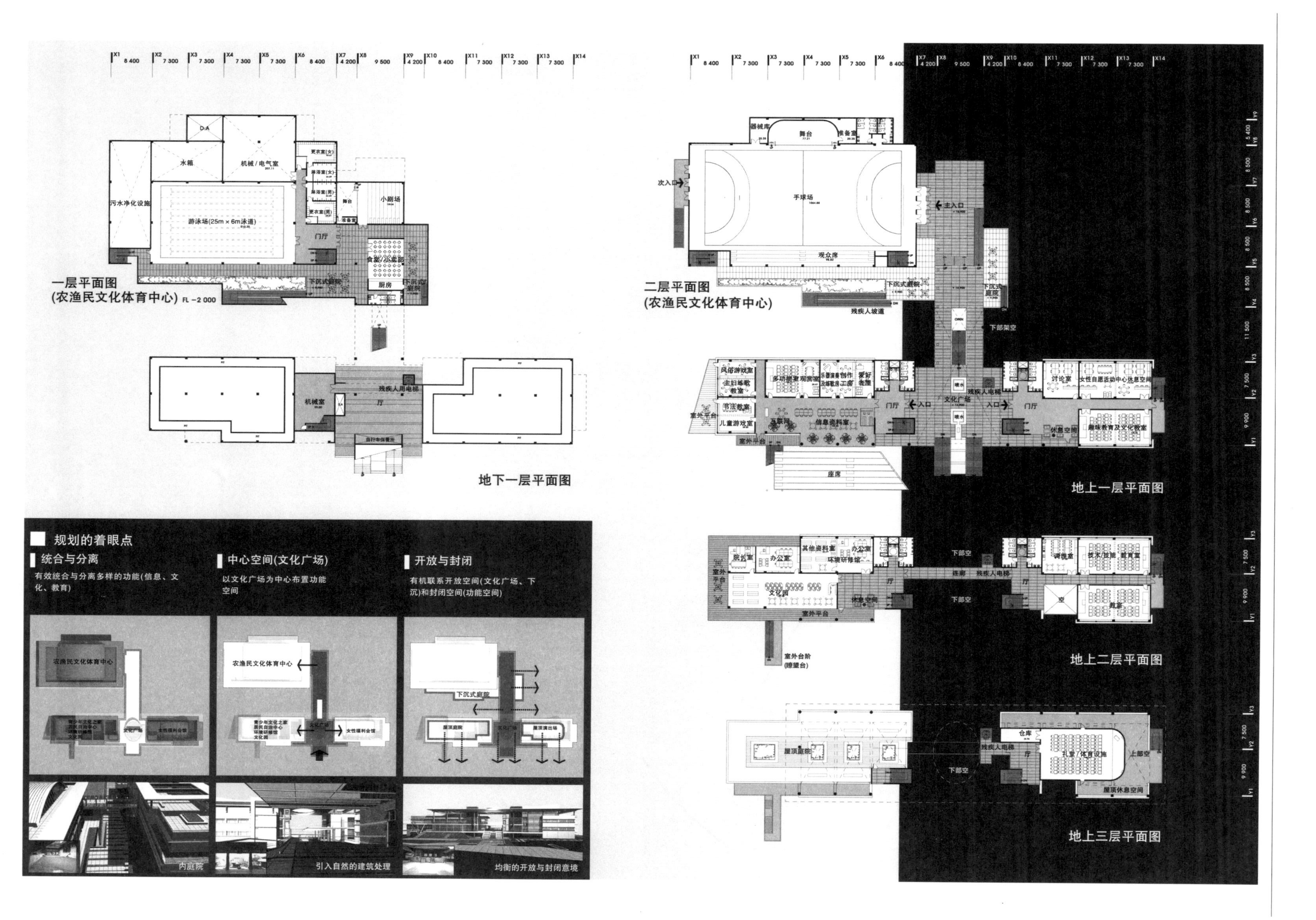

一层平面图
(农渔民文化体育中心) FL −2 000
污水净化设施
游泳场(25m × 6m泳道)
水箱
机械/电气室
小剧场
门厅
厨房
下沉式庭院
地下一层平面图
机械室
残疾人用电梯
厅
二层平面图
(农渔民文化体育中心)
手球场
舞台
器械库
准备室
观众席
次入口
主入口
残疾人坡道
下部架空
地上一层平面图
文化广场
入口
门厅
信息资料室
互联网
儿童游戏室
讨论室
趣味教育及文化教室
休息空间
座席
室外平台
地上二层平面图
院长室
办公室
其他资料室
环境研修馆
文化园
调查室
教室
连廊
下部空
室外台阶
(瞭望台)
地上三层平面图
屋顶庭院
礼堂/体育设施
仓库
上部空
屋顶休息空间
规划的着眼点
统合与分离
有效统合与分离多样的功能(信息、文化、教育)
中心空间(文化广场)
以文化广场为中心布置功能空间
开放与封闭
有机联系开放空间(文化广场、下沉)和封闭空间(功能空间)
农渔民文化体育中心
下沉式庭院
内庭院
引入自然的建筑处理
均衡的开放与封闭意境

外部空间规划
步行、车辆流线规划
步行流线
车辆流线
非常车辆流线
横剖面图
背立面图
侧立面图
用地界线
机械室
文化广场
书法教室
文化园
信息资料室
厅 / 休息空间
礼堂 / 体育设施
教室
趣味教育及文化教室
屋顶演出场
内庭院
开放庭院
休息处

立面设计
用建筑技法完成体量的整体感
中心广场上空给进入轴线最大的视觉开放感
空间和流线的自由的相互贯穿
采光及通风
利用下沉空间保证采光与视野
利用遮阳板调节光量
自然采光
(设置遮阳板)
多功能体育馆
自然采光
开放感
游泳池
下沉式庭院
剖面设计
保证眺望的竖向规划及屋顶庭院
主建筑部分适应江边道路的高度
多功能体育馆
屋顶庭院
文化广场高程
游泳池
保证眺望
河边道路
现状地形
五十川
休息处
农渔民文化体育中心
文化广场
内庭院
文化园
环境研修馆
居民自治中心
青少年文化之家
女性福利会馆
竞技活动场
入口广场
开放场地
草坪
河边道路
五十川
最高高度(EL+18 400)
RFL(EL+13 900)
2FL(EL+4 000)
用地界线
舞台
多功能体育馆
机械/电气室
游泳池
下沉式庭院
文化广场
屋顶庭院
环境研修馆
文化园
多功能厅
信息资料室
机械室
开放场地
水空间
草坪
RFL(EL+15 000)
3FL(EL+11 000)
2FL(EL+7 000)
1FL(EL+3 000)
B1FL(EL−2 000)
纵剖面图 比例尺：1：300
屋顶层(EL+15m)
3层(EL+11m)
2层(EL+7m)
1层(EL+3m)
室外标高(EL+0)
RFL(EL+13 900)
2FL(EL+4 000)
1FL(EL−2 000)
侧立面图
正立面图

健将文艺体育馆

中标方案 **路建筑：李吉焕，金万中**

规划背景

本规划充分体现历史忠将的故乡健将郡的象征，考虑其艺术性，使之成为作为综合文化空间的地域文化核心，促进郡内居民的业余生活，提高郡内居民的健康水平和生活质量。

规划前提以及基本方向

贴近用地规划

确立文艺体育馆的基本要素，最大限度地反映当地历史地理环境特征。

用地规划资源

确立包括与周边建筑物和自然融合在内的当地固有的传统性和现代性。

独立性

充分体现健将郡的所在位置、历史、地域性，将其建成郡内居民的文化体育核心设施。

象征性

把握规划基地周边的自然特性和景观的重要性，配置规划基地功能方向轴线。

作为象征，规划为生活体育、文化空间设施。

平面设计

为了提高文艺体育馆的功能效率，采取针对性和统一性的规划方法。

考虑管理和活用效率，明确区分用途。

根据市民利用设施的层别，做到极大化活用

一层：游泳场、常设展示室、休闲吧、多功能室；

二层：健身房、滑冰场；

三层：休闲空间。

入口规划

作为地域的象征，规划强调了其独立性和现代性；

考虑文艺体育馆的象征性，将传统的形象抽象化；

考虑建筑物的亲环境性，使之成为周边环境和公园内的视觉焦点；

处理墩实和轻快这两个对立要素时，通过采用适当的材料作到保持各自特性的完整。

剖面设计

以钢筋混凝土结构为主，做到功能面积的最大化；

采取满足文艺体育馆功能的经济层高；

同时采用干式轻型结构和湿式混凝土结构，保证功能的多用性；

充分反映设计要素的材料特性。

位置：全罗北道健将郡健将邑斗三里472番地一带

地域：公园地区内

占地面积：8125m²

用途：文化以及集会设施

首层建筑面积：4319m²

总建筑面积：7467m²

造景面积：1500m²

容积率：73.86%

建筑规模：地下1层，地上3层

建筑限高：35m

结构：钢筋混凝土，型钢混凝土，钢结构

外部装修：THK3铝合金和THK24双层彩色玻璃

停车位数：32辆(地下，含残疾人用车3辆)

露天演艺场
展示楼
多功能体育馆
小剧场
游泳场
体育馆、游泳场、次出入口
小剧场出入口
游泳场出入口
小剧场文化道具出入口
休闲广场
地下车库出入口
公园停车场
场地
轴线
■露天集会区域
露天剧场
■"动"活动区域
一体育馆
一游泳场
■"静"活动
一小剧场
一展示馆
■象征、休闲区域
一出入广场
一主题广场
公园停车区域
■"动"活动空间
■"静"活动空间
■体育馆
■小剧场
游泳场
机动车路线
行人路线（参观）
绿地空间
露天剧场
正面出入广场
城市轴线
开放广场（底层架空）
建筑物轴线
顺应大地及出入轴
建筑物出入轴与
主轴呈45°

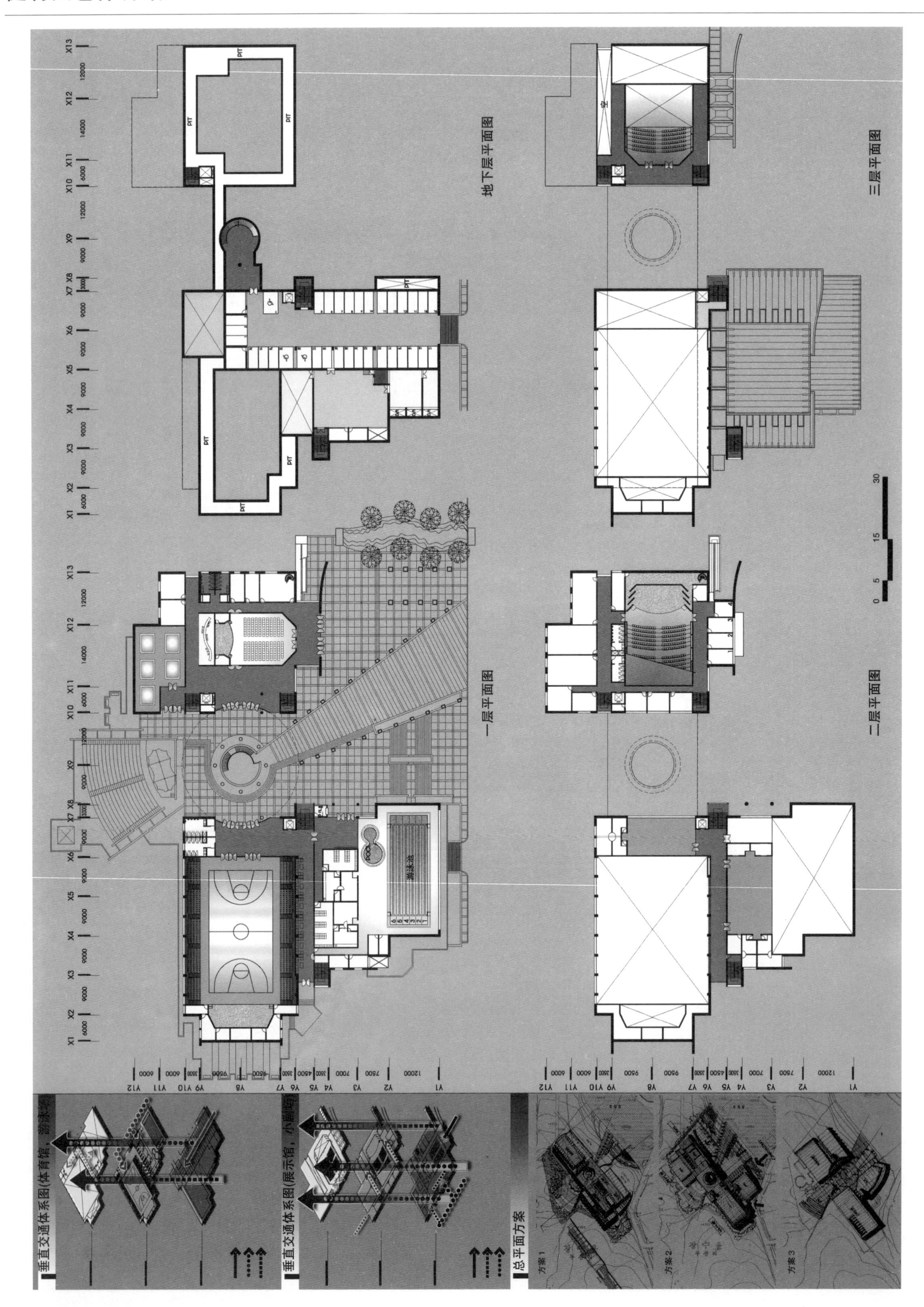

地下层平面图
一层平面图
二层平面图
三层平面图
游泳池
垂直交通体系图(体育馆，游泳池)
垂直交通体系图(展示馆，小剧场)
总平面方案
方案1
方案2
方案3

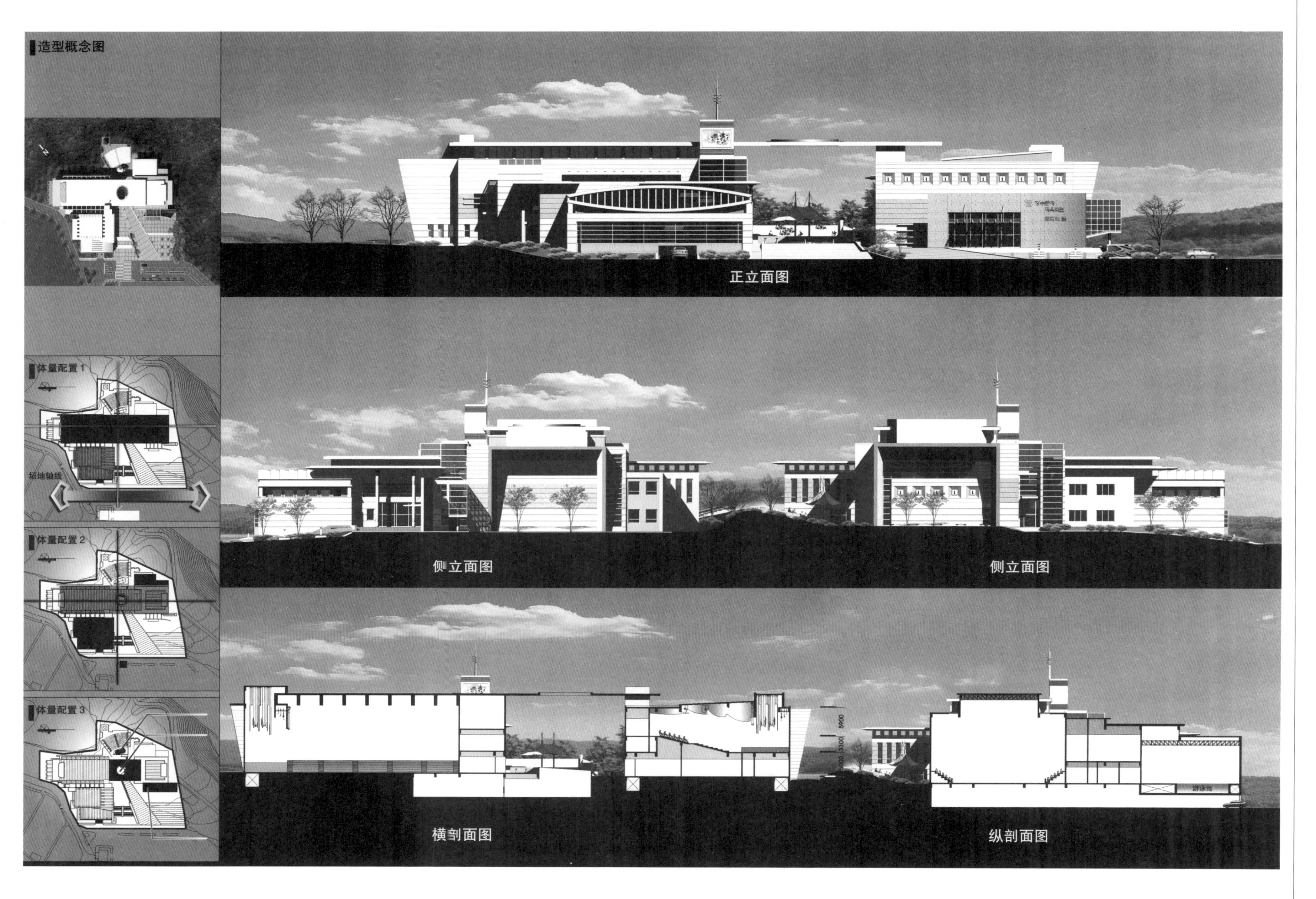

造型概念图
正立面图
体量配置 1
场地轴线
侧立面图
侧立面图
体量配置 2
体量配置 3
5900
3300
5000
游泳池
横剖面图
纵剖面图

健将文艺体育馆

二等奖方案 **汉森综合技术：**金煌平，李珍熙。设计组：申兴顺，李成彪，李敏京，金德勋，俞钟植，权恩智，李智英，孙任善

总平面设计

—为方便使用者沿着循环道路进入，配置了中央广场。

—抬高中央广场的标高，以便眺望前面的斗山湖。

—以中央广场为中心，隔开各个功能组团。

—沿着前面斗山湖的水平轴线配置建筑群。

—把具有象征性的体育馆配置在主路的正前方。

—把功能性强的文化设施和公演设施标高提高，与用地的标高相适应。

平面设计

—以中央广场为中心，各栋建筑按功能分离。

—配置适合各功能空间特性的休息空间。

—把具有象征意义的体育馆配置在前面，而功能性强的000部分配置在用地上部。

地下一层

—由于用地标高差异，以地下一层为主要进入层。

—以大厅为中心，集中布置体育设施、文化以及集会设施，明确流线和管理流线。

—设置下沉式室外休息空间，获得自然采光和地下层的绿化空间。

—面向正面的水景，设置露天咖啡厅。

地上一层

—中央广场。

—确保眺望斗山湖的视线。

—配置连接各个功能区域的媒介空间。

—通过沿轴线形成的墙壁的开口部分，取得框景效果。

—利用用地高差设计室外公演场和室外展览场。

地上二层

—用通道自然地连接从小剧场至讲演室再至文化信息室的流线。

—在连接通道各处配置室外平台，确保与斗山湖的视线连接。

—利用在室外停车场至办公室的次出入口，分离各管理流线。

地上三层

—后勤设施集中配置。

—多功能性：作为周边居民的文化空间使用。

—可以从第二停车场独立进入。

立面设计

—根据建筑形状和空间构成，对体量进行垂直、水平划分。

—与整体相和谐的体量，比例的均衡感。

—考虑各层高度和功能的立面及窗户设计。

—塑造建筑的文化形象和地域交流形象。

—反映材料特性的立面设计。

剖面设计

—利用用地高差进行剖面设计。

—抬高中央广场的水平标高，更好地观赏湖面。

—由于高差，地下一层成为步行者的主要入口层，因此各楼的流线和核心合并在主要进入口层。

—在需要时可在垂直方向进行扩建。

建筑面积：2765.85m²
总建筑面积：7572.34m²
规模：地下1层，地上3层
最大高度：19.8m
结构：钢筋混凝土，钢桁架
外部装修：T24透明双层玻璃，压出成型水泥嵌板，红杉木上油性染色剂，不锈钢板(顶棚)
停车位数：52辆(包括残疾人用2辆)
机械设备：F.C.U + 空调设备

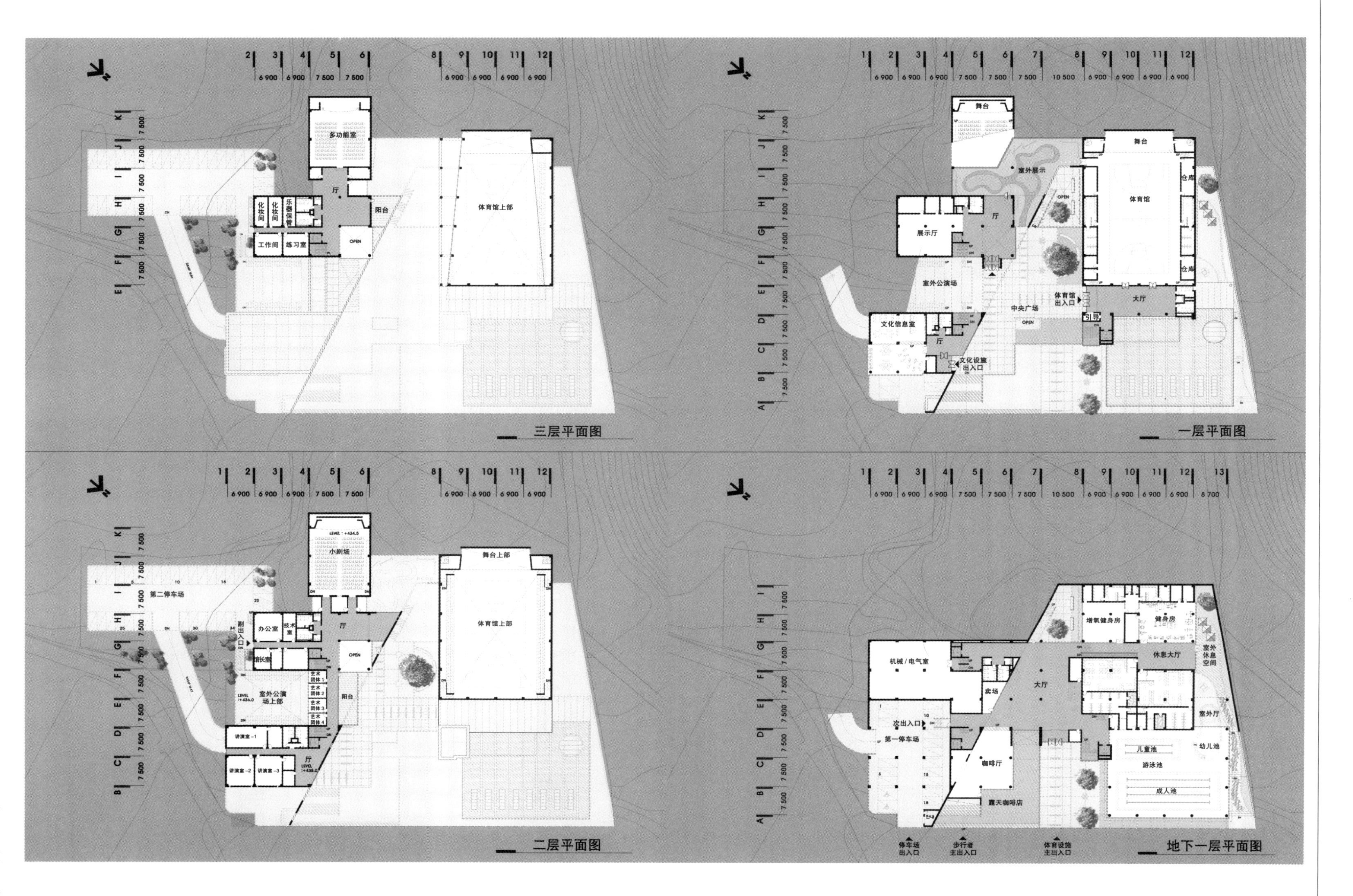
多功能室
厅
化妆间
化妆间
乐器保管
阳台
工作间
练习室
OPEN
体育馆上部
三层平面图
舞台
室外展示
舞台
体育馆
仓库
仓库
展示厅
厅
室外公演场
体育馆出入口
大厅
中央广场
OPEN
文化信息室
厅
文化设施出入口
一层平面图
小剧场
舞台上部
体育馆上部
第二停车场
办公室
技术室
厅
副出入口
馆长室
OPEN
室外公演场上部
艺术团体1
艺术团体2
艺术团体3
艺术团体4
阳台
讲演室-1
讲演室-2
讲演室-3
厅
二层平面图
增氧健身房
健身房
休息大厅
室外休息空间
机械/电气室
大厅
卖场
室外厅
次出入口
第一停车场
咖啡厅
儿童池
幼儿池
游泳池
成人池
露天咖啡店
停车场出入口
步行者主出入口
体育设施主出入口
地下一层平面图

剖面图 1
多功能厅
小剧场
室外展示场
礼堂
大厅
洗手间
室外公演场
卖场
咖啡店
剖面图 2
观众席
体育馆
舞台
健身房
休息室
更衣室
浴室
游泳池
剖面图 3
体育馆
室外休息空间
休息厅
走廊
大厅
礼堂
洗手间
展示室
办公室
机械/电室
正立面图
侧立面图 -1
侧立面图 -2

健将文艺体育馆

三等奖方案 间建筑：朴柱焕。设计组：宋尚浩，林尊贤，郑善花，朴根哲

设计目标

作为健将郡公民的公演、集会场所、文化之家以及生活体育设施，本设计力图给人们提供一个令人愉悦、使用效率高的空间；并且要使之符合忠节的故乡—健将郡的形象，成为具有象征性和艺术性的文艺体育馆。

总平面设计

—在主要入口区域配置体育馆，在开放空间(进入广场、中央广场)周围设置文化之家和公演设施，以确保建筑群的正面性。

—明确区分各功能区域——以最大限度确保各个功能区的明确性。

—通过开阔空间引导人们自然进入建筑群，追求渐进性和可接近性。

流线设计

—利用用地的天然地形地势，引导渐进式的接近方式。

—区外停车场、入口广场、中央广场、室外公演场自然地构成水平上升轴线。

—体育馆和游泳场配置于地下一层，引导人们从用地自然地进入。

—各功能区域均配置特别通道，追求各流线的自然结合。

—通过进入广场和中央广场来利用高差，将使用性质不同的文化之家、公演设施配置在不同的标高上，以明确区分各功能区域。

立面设计

—体育馆的立面设计成开放式，以确保其形象的可接近性。

—设计分离式和集中式系统，追求多样的立面结构。

—体育馆的体量用分节式、曲线式，保证人性化的尺度。

—以文化之家的椭圆形体量为中心，确保建筑群的正面性。

—通过水平和垂直体量的构成，设计具有稳定感的立面。

剖面设计

—通过中央广场赋予各空间的位置和秩序。

—将体育运动设施和体育馆配置在地下层，确保设施间的有机连接。

—采用适应地形的剖面结构，以克服自然高差。

—进入广场、中央广场、后庭院相互自然连接，形成明快的空间构成。

—从建筑物内部可以欣赏到公园的景色。

建筑面积：2655.54m²
总面积：7607.58m²
造景面积：2369.42m²
结构：钢筋混凝土、钢结构
规模：地下1层、地上4层
最高高度：15.9m
装修：花岗石、铝合金、T24双层玻璃，红杉木
停车位数：地上43辆(包括残疾人用2辆)
电梯：残疾人用电梯，16人乘2台

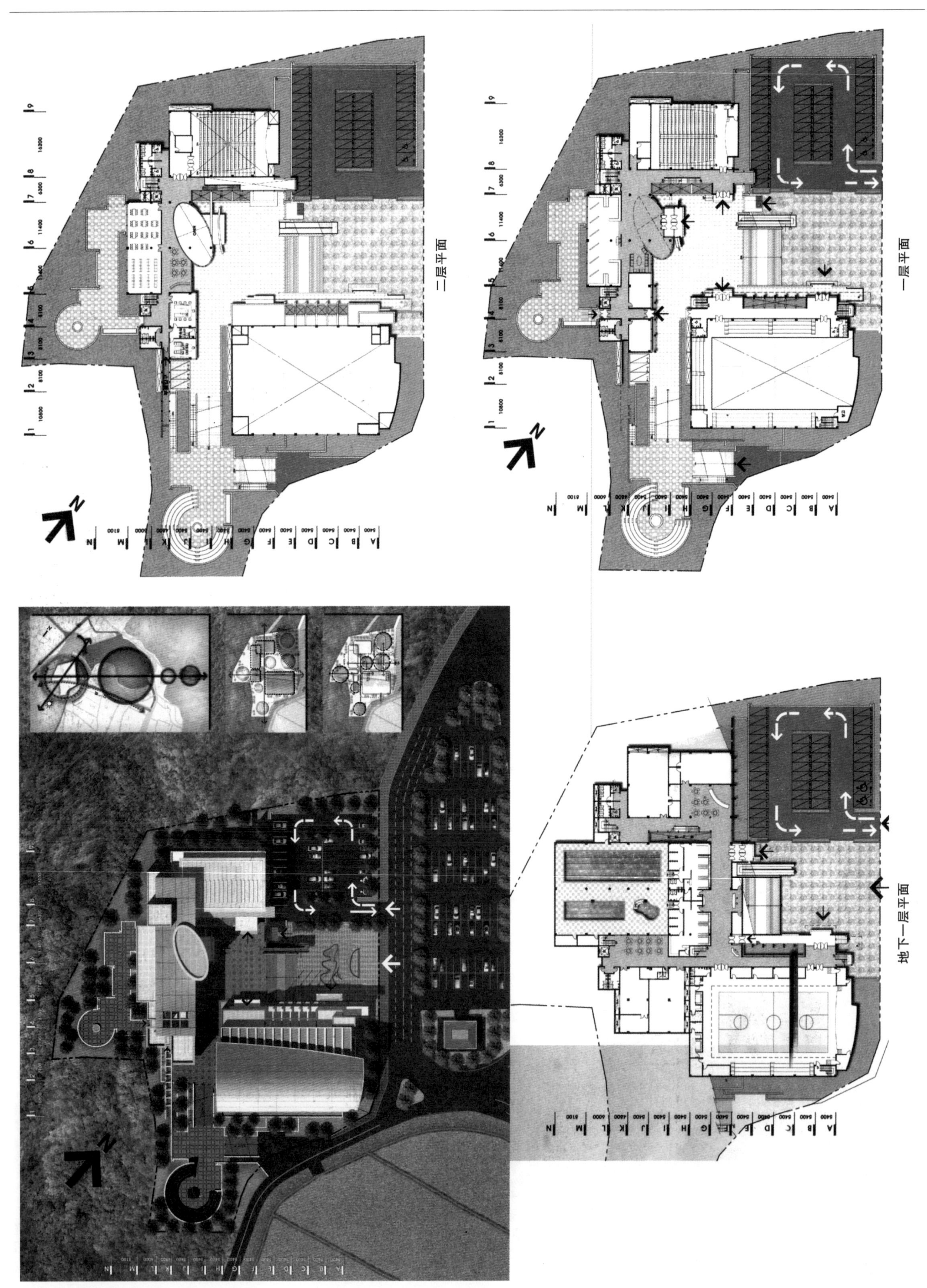

二层平面
一层平面
地下一层平面

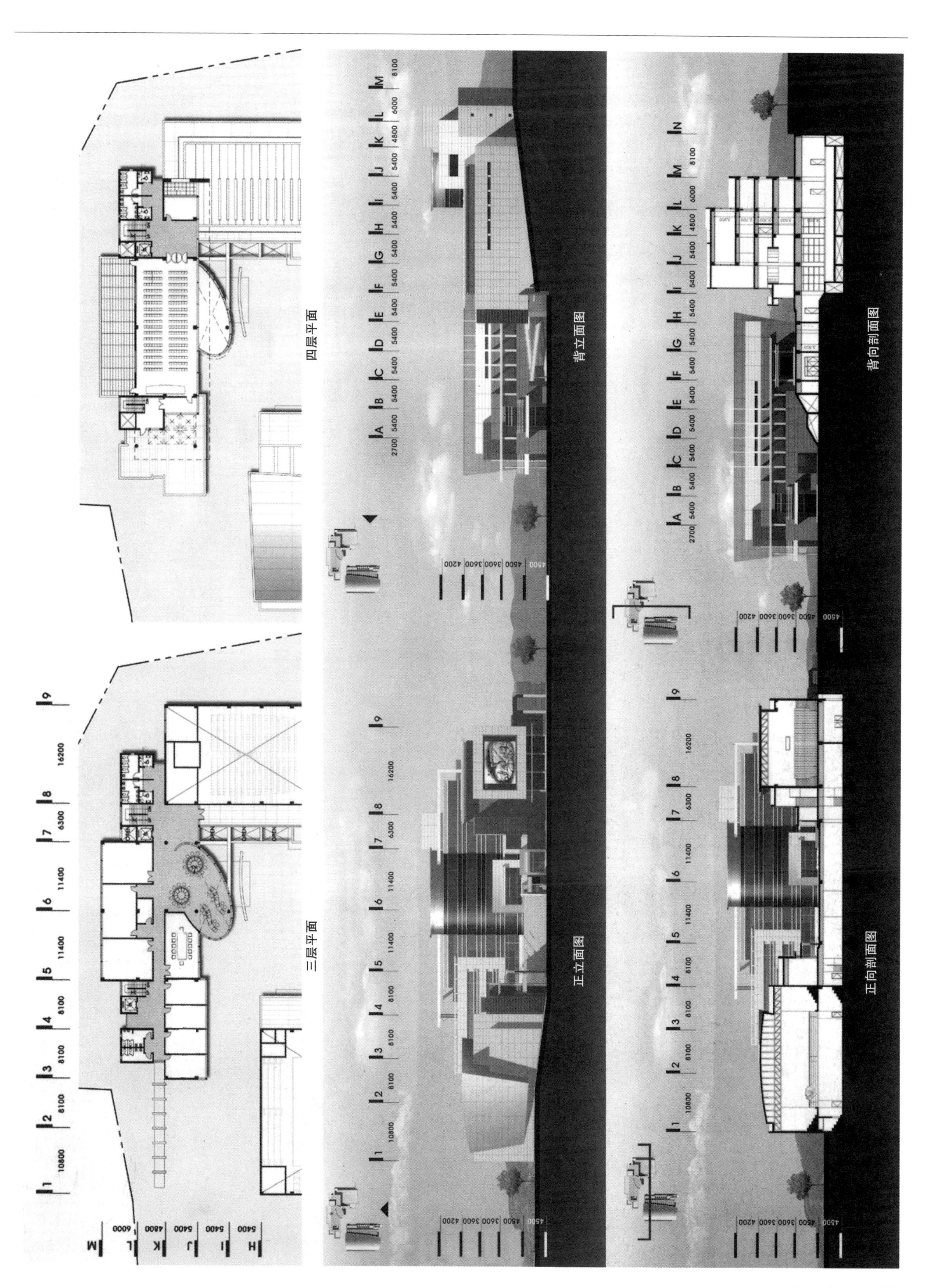
四层平面
三层平面
背立面图
正立面图
背向剖面图
正向剖面图

釜山市西区青少年训练馆

二等奖方案 **上地工程建筑：**许东勋

规划用地位于大众公园的山涧小路边，规划宗旨是为青少年创造一个新的游玩和学习场所。

规划用地，地处未开发的自然地(风、树、水、人物)。在这种环境中建造工程，容易与环境发生冲突。不过，本规划所采纳的自然状况设计(土地高差、水空间、登山路等)，具有独特的解决方式，可以缓冲和稀释这种冲突。

本项目的土地特点是：不是建造在地势平坦的地方，也不是建造在城市里的一般的青少年训练设施，而是建造在城市公园边的山谷里。而且本工程要始于东侧的公园出入口，终于西侧的寺庙。

作为符合实际的空间解析方法，土地高差采用出入口的立体性“开”和“关”的方法解决。也就是地势较低处，引入沸腾连续的概念，采纳水空间。而且充分考虑现有的公园入口和以后开发的作为公园景点的任何寺庙的前后性，工程各功能的衔接采用连续不断的曲线。

本规划的侧重点是作为山中自然的脉络要素所拥有的“地理观点”，和位于其中的青少年的“自由奔放的沟通”。

作为上述侧重点的解释方法：第一，在自然的轴线中间，采用空间的手法，把只属于青少年的好动的语言沟通，融入水平和垂直规划；第二，在方位的轴线中间，从现在的出入方法和以后的出入方法所拥有的地理性解释观点出发，始终开启一头，起到现在和未来之间的桥梁作用，采取以玻璃围成塔的形象的建筑手法。

首层建筑面积：1441m²
总建筑面积：3146.26m²
建筑密度：14.41%
容积率：29.6%
建筑规模：地下1层，地上3层
结构：钢结构、钢筋混凝土
外部装修：混凝土、双层彩色玻璃、铁格栅、装饰条、红斑木

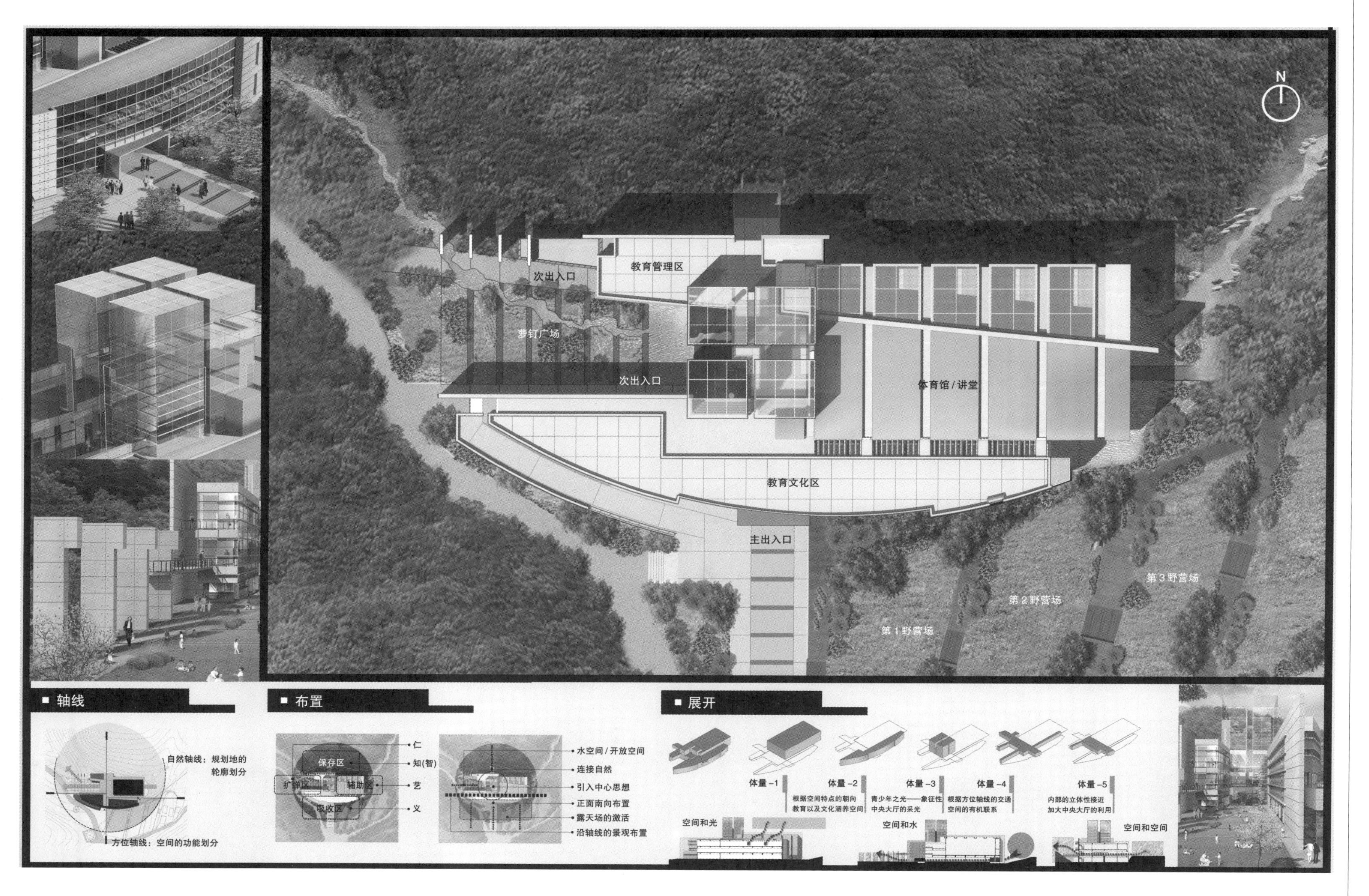
N
次出入口
教育管理区
萝钉广场
次出入口
体育馆 / 讲堂
教育文化区
主出入口
第 3 野营场
第 2 野营场
第 1 野营场
■ 轴线
自然轴线：规划地的
轮廓划分
方位轴线：空间的功能划分
■ 布置
保存区
扩张区
辅助区
吸收区
仁
知(智)
艺
义
水空间 / 开放空间
连接自然
引入中心思想
正面南向布置
露天场的激活
沿轴线的景观布置
■ 展开
体量 -1
体量 -2
根据空间特点的朝向
教育以及文化涵养空间
体量 -3
青少年之光——象征性
中央大厅的采光
体量 -4
根据方位轴线的交通
空间的有机联系
体量 -5
内部的立体性接近
加大中央大厅的利用
空间和光
空间和水
空间和空间

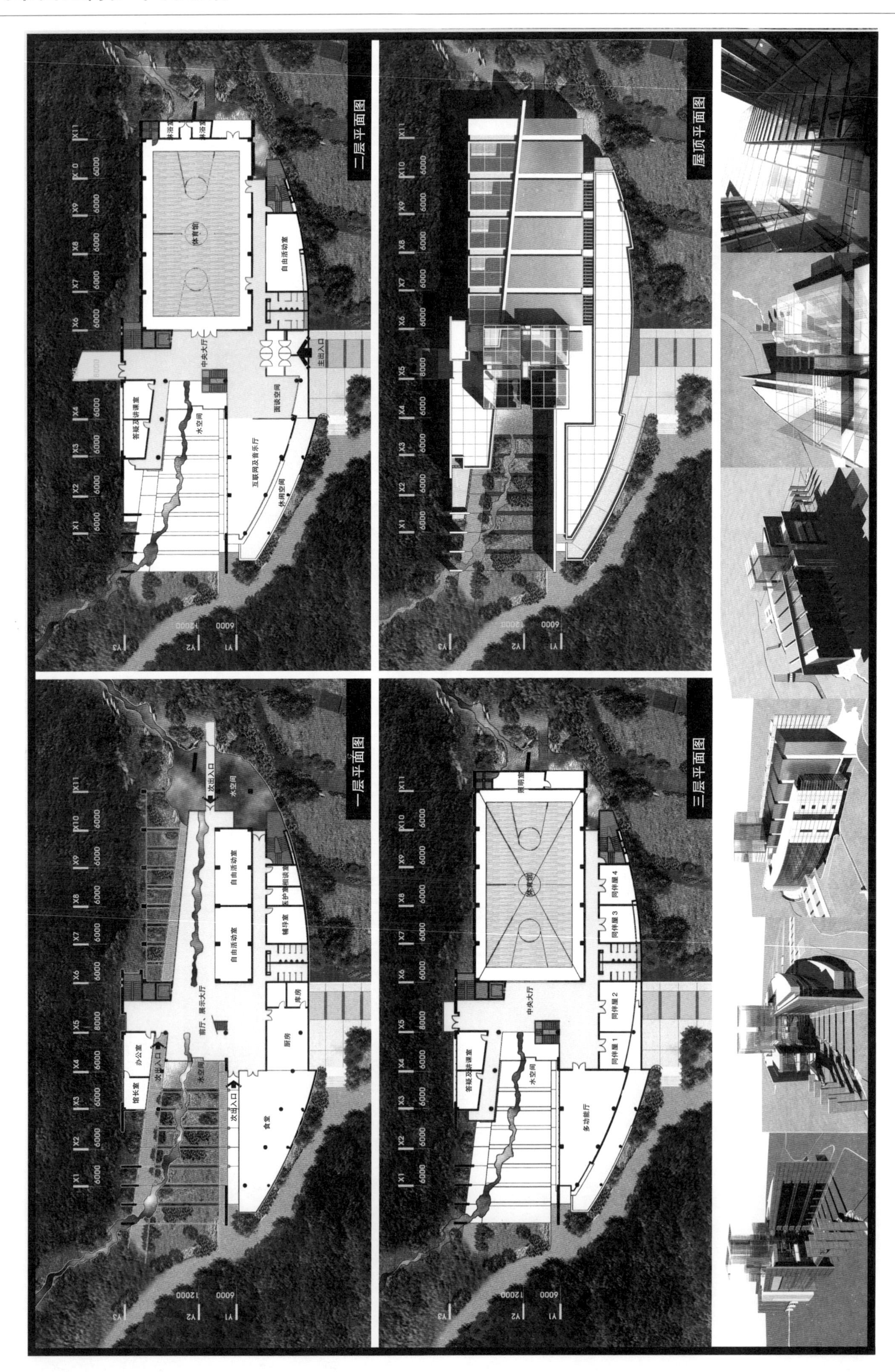
二层平面图
一层平面图
屋顶平面图
三层平面图

屋顶层
次屋顶层
三层
二层
一层
GL=+243.0
GL=+232.0
GL=+229.0
GL=+225.0
GL=+221.0
GL=+217.0
正立面图
背立面图
前厅
同伴屋
中央大厅
前厅 / 展示大厅
食堂 / 厨房
侧立面图
侧立面图
纵剖面图
多功能厅
前厅
走廊
互联网 / 音乐厅
中央大厅
走廊
食堂 / 厨房
前厅 / 展示厅
走廊
体育馆 / 讲堂
前厅
中央大厅
前厅 / 展示大厅
自由活动室
自由活动室
横剖面图
横剖面图

钟楼文化体育中心

中标方案 熙林建筑：郑永均，林东根

传统文化

首尔的钟楼区是建有古代王朝宫殿和国家重要设施的地方。600年来是韩国的最高中心地，其风水地理显赫，是古代王朝在这里以庆福宫为中心按照左庙右寺原则建立宗庙和史迹，建立权势的地方。

集中圈

以庆福宫为中心，右侧的昌德宫、宗庙、行礼洞就是现存的文化遗迹之一。左侧的德寿宫、庆喜宫、请辞坛，虽然也是文化遗迹，但是毁损程度严重，遗失了许多古代原貌，未免有些遗憾。

以传统文化为基底，把集中在庆福宫附近和行礼洞的艺术街向西延伸，谋求钟楼区的均衡发展。这就是本项目的大脉络和出发点。

地标：钟

与钟楼区的象征——东边的菩神觉钟一道，在西边建造预示着未来钟声的地标。

菩神觉钟的现代化

用现代的眼光，重新审视菩神觉钟，告知韩国首都西区文化遗产(强壮的白虎)新的开始。

又一个象征：白色的老虎。

勇猛健壮的老虎之吼声，

是传播文化的声音。

钟楼

钟楼文化体育中心，在请辞坛为中心的西部圈中起着中枢作用。她将散落在各处的古文化遗迹连接成一片，而且会继续连接又一个文化网……

像隆隆的钟声一样传播四方，连成一片文化带，一定会以坚实的文化姿态迎接未来。

建筑策划

外部空间规划

运用连接城市和自然环境的要素：平台和桥，便于与仁王山(当地山名)的连接，顺应用地实际的亲环境手法。

造型规划

以菩神觉钟为模板，进行造型设计。通过透明的玻璃和两楼体间形成的天然屏幕，一览仁王山全貌。而且特殊的屋顶设计体现体育设施的互动性。

综合规划

文化体育设施的功能设计，要满足当地居民精神和身体上的健康生活需求，同时她将成为钟楼区的现代标志性建筑，使钟楼区居民的生活水平上一个新台阶。

位置：首尔市钟楼区请辞洞262-186，188
地域：自然绿化地区、部分一般居住地域
用地面积：3669.80m²
首层建筑面积：2514.40m²
总建筑面积：7021.41m²
建筑密度：3.39% 包括请辞公园面积
容积率：6.27% 包括请辞公园面积
建筑规模：地下2层，地上3层
结构：钢筋混凝土结构、钢结构
外部装修：铝合金饰面和24mm双层玻璃
停车位数：55辆(含残疾人用车2辆，货车1辆)

历史文化城市
服务于居民的外部空间
立体出入口
合理的组块规划
运动
仪式
文化
CAFETERIA
行人出入口
邻近别墅
演出场
车辆入口
4m 路
多功能体育馆
文化体验馆
车辆出口
10m 路
主出入口

01 自然要素　02 城市结构　03 首　尔　04 钟楼之路　05 文化价值　06 原有结构　07 新结构　08 文化的连接　09 文化轨迹

历史

· 完成以钟楼为中心的韩国历史文化轨道
· 通过菩神觉钟的现代解释，追求新旧文化的调和

土地

· 连接城市和自然环境
· 通过连续的流入，把大地的力量融进建筑中

建筑

· 通过菩神觉钟的现代解释，体现钟的互动性，富有特色景观的"T"型建筑
·作为两种文化网 络之间的连接带和空间形成

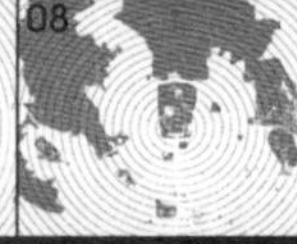

人类

· 体验多种文化
· 参与性活动空间形成

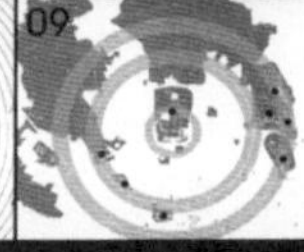

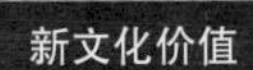

新文化价值	土地的再解释	标志物的形成	追求联系
文化轨道	景观的连续性	旧 / 新 菩神觉钟 / 象征未来之钟	提高生活质量

建筑策划

外部空间规划

· 通过设置连接城市和自然环境的平台和桥，连接仁王山，顺应用地景色的分层次规划

楼座规划

· 作为原有用地的延长线规划
· 借助大地和奔向仁王山的力量，分割空间

造型规划

·以菩神觉钟为象征的标志性建筑的形成
·通过玻璃的透明性和两楼间形成的天然屏幕，一览城市风景和仁王山全貌

综合规划

· 追求自然和城市环境的连续性
· 通过新旧文化的调和，追求新的文化轨迹
· 通过多样的节目，为居民提供活动机会

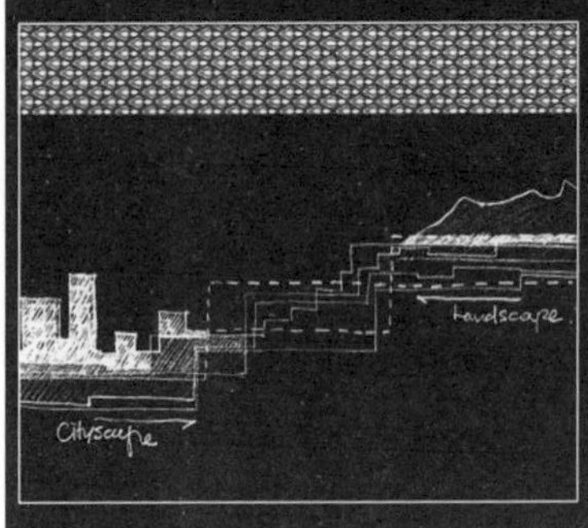

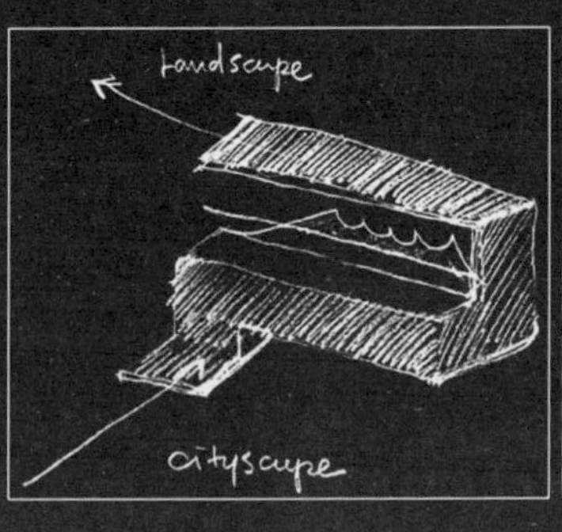

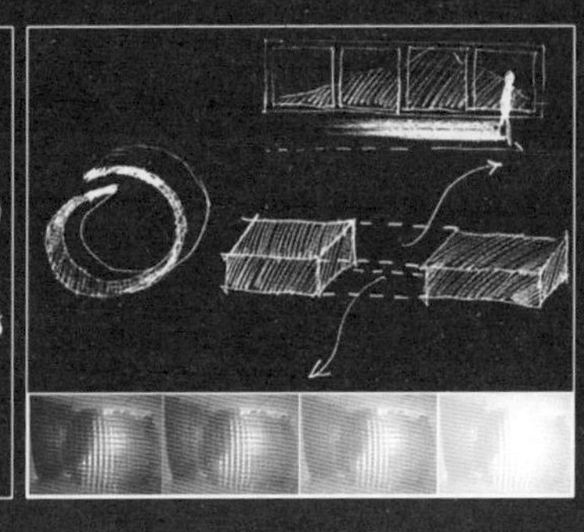

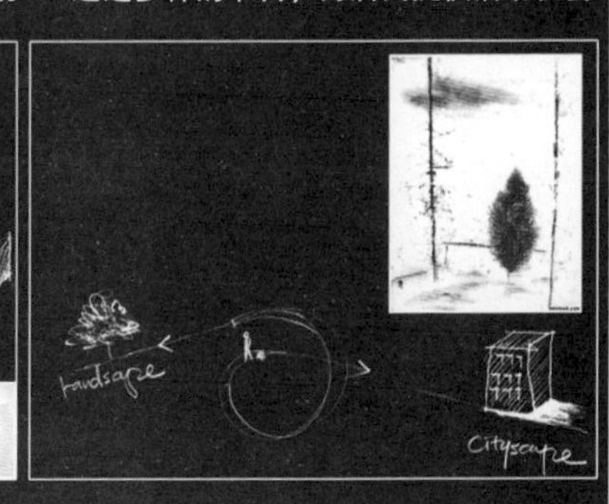

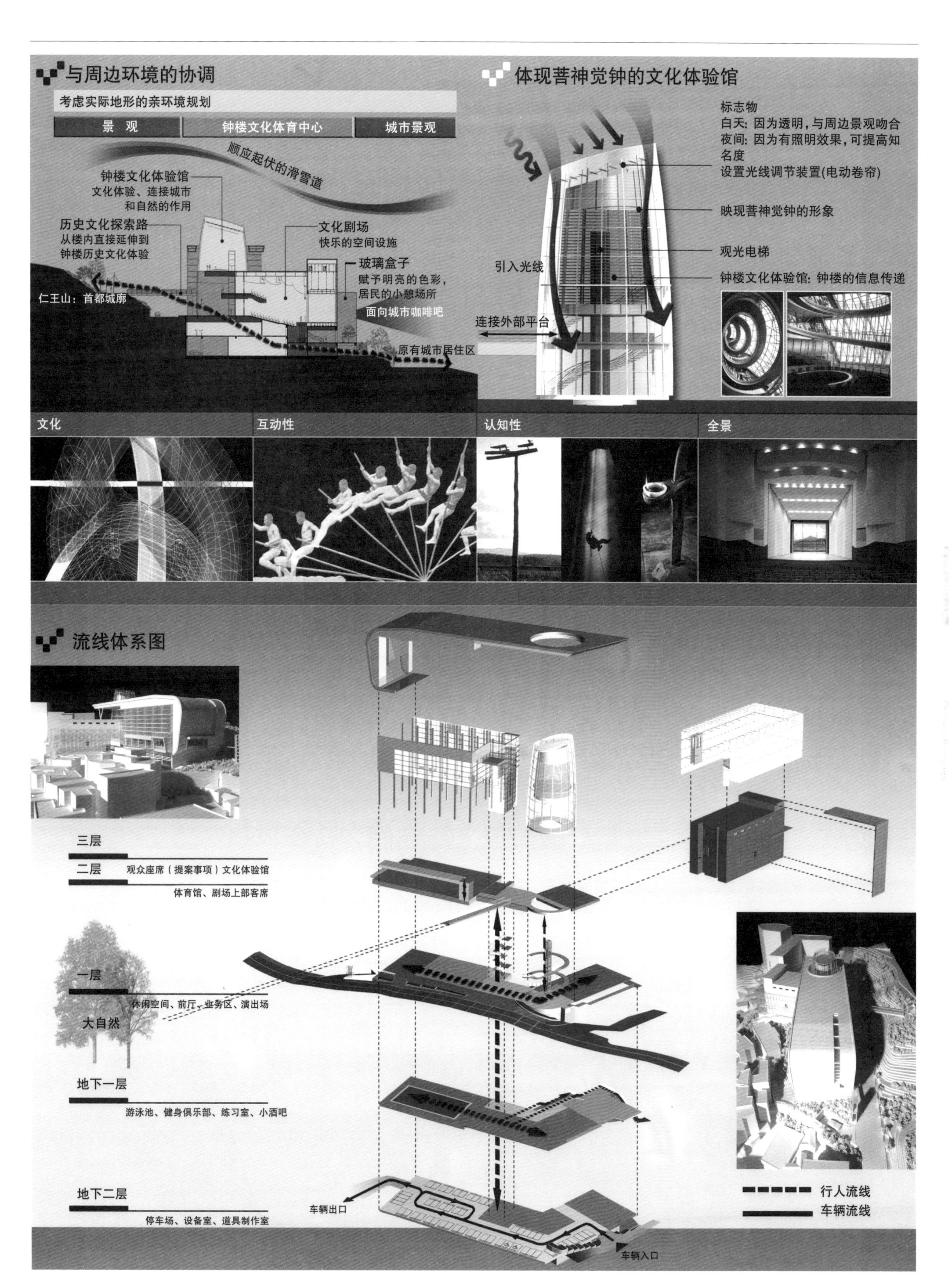
与周边环境的协调
考虑实际地形的亲环境规划
景 观
钟楼文化体育中心
城市景观
顺应起伏的滑雪道
钟楼文化体验馆
文化体验、连接城市
和自然的作用
历史文化探索路
从楼内直接延伸到
钟楼历史文化体验
文化剧场
快乐的空间设施
玻璃盒子
赋予明亮的色彩，
居民的小憩场所
面向城市咖啡吧
仁王山：首都城廓
原有城市居住区
体现菩神觉钟的文化体验馆
标志物
白天：因为透明，与周边景观吻合
夜间：因为有照明效果，可提高知
名度
设置光线调节装置(电动卷帘)
映现菩神觉钟的形象
观光电梯
引入光线
钟楼文化体验馆：钟楼的信息传递
连接外部平台
文化
互动性
认知性
全景
流线体系图
三层
二层
观众座席（提案事项）文化体验馆
体育馆、剧场上部客席
一层
休闲空间、前厅、业务区、演出场
大自然
地下一层
游泳池、健身俱乐部、练习室、小酒吧
地下二层
停车场、设备室、道具制作室
车辆出口
车辆入口
行人流线
车辆流线

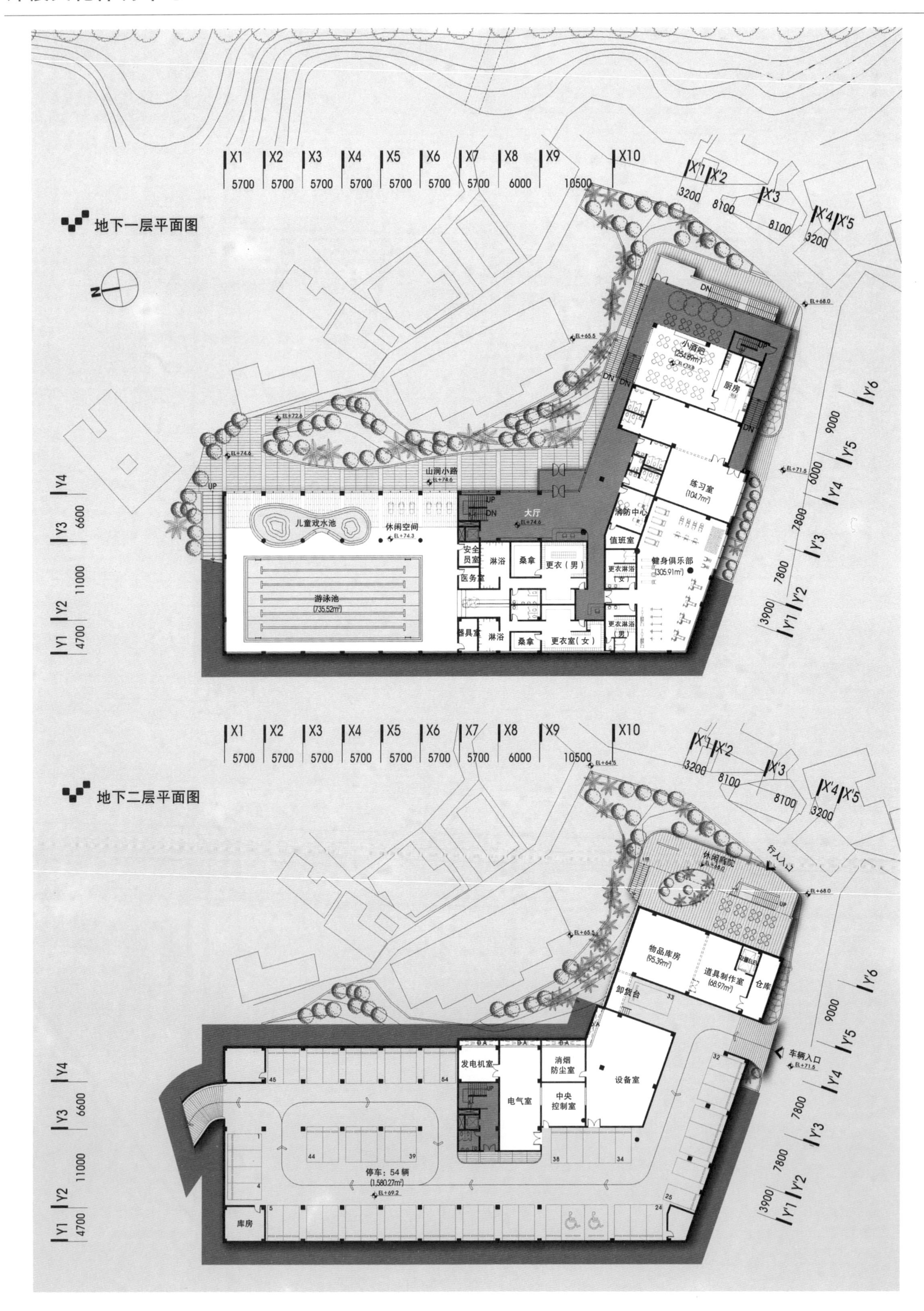

地下一层平面图
X1 X2 X3 X4 X5 X6 X7 X8 X9 X10
5700 5700 5700 5700 5700 5700 5700 6000 10500
X'1 X'2 X'3 X'4 X'5
3200 8100 8100 3200
Y1 Y2 Y3 Y4
4700 11000 6600
Y'1 Y'2 Y'3 Y'4 Y'5 Y'6
3900 7800 7800 6000 9000
小酒吧
厨房
练习室
(104.7m²)
消防中心
值班室
健身俱乐部
(305.91m²)
更衣淋浴（女）
更衣淋浴（男）
大厅
山涧小路
儿童戏水池
休闲空间
游泳池
(735.52m²)
安全员室
医务室
器具室
淋浴
桑拿
更衣（男）
更衣室（女）
UP
DN
地下二层平面图
休闲庭院
行人入口
物品库房
(95.39m²)
道具制作室
(68.97m²)
仓库
卸货台
车辆入口
发电机室
电气室
消烟防尘室
中央控制室
设备室
停车：54 辆
(1,580.27m²)
库房

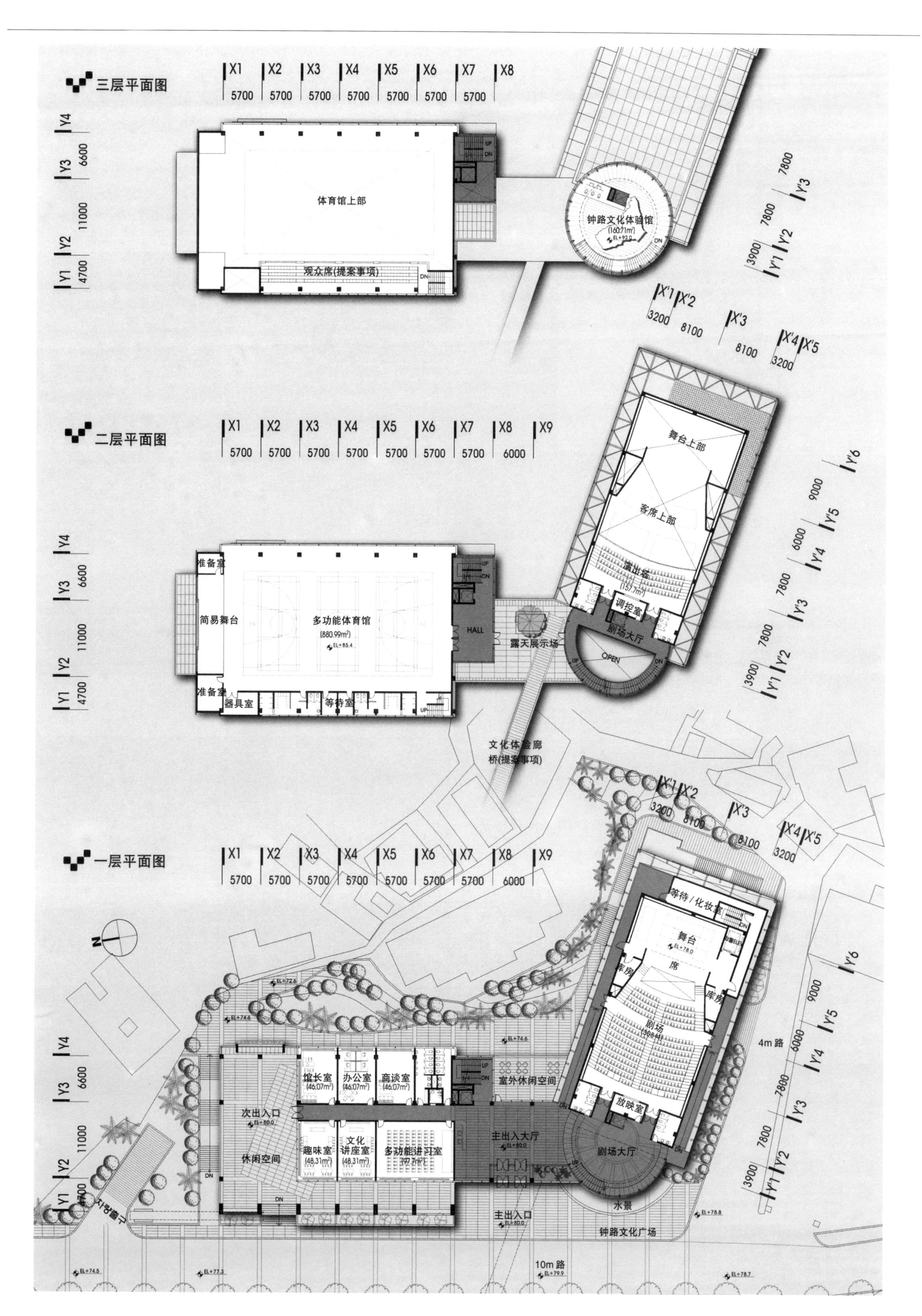
三层平面图
体育馆上部
观众席(提案事项)
钟路文化体验馆
二层平面图
准备室
简易舞台
多功能体育馆
(880.99m²)
器具室
等待室
HALL
露天展示场
舞台上部
客席上部
演出场
调控室
剧场大厅
OPEN
文化体验廊桥(提案事项)
一层平面图
等待/化妆室
舞台
席
库房
剧场
放映室
剧场大厅
馆长室
办公室
商谈室
室外休闲空间
次出入口
休闲空间
趣味室
文化讲座室
多功能讲习室
主出入大厅
主出入口
水景
钟路文化广场
4m 路
10m 路

正立面图
侧立面图
背立面图
侧立面图
X1
X2
X3
X4
X5
X6
X7
X8
X9
X'2
X'3
X'4
5700
5700
5700
5700
5700
5700
5700
6000
3200
8100
8100
Y1
Y'1
Y'2
Y3
Y4
Y5
Y6
3900
7800
7800
6000
9000
屋顶层 EL 96.6
地上三层 EL 92.2
地上二层 EL 85.4
地上一层 EL 80.0
地下一层 EL 74.4
地下二层 EL 69.2
4500
6000
5400
横剖面图
纵剖面图

益山青少年体育馆

二等奖方案 道家建筑：李形玉。设计组：伍兴民，李英俊

流线设计

行人交通

经过北边的停车场，通过入口广场，在4m左右处进入(台阶和坡道构成)。

东、西、南方向也引入自在的行人交通路线。

按进入轴线，可以进入主体建筑及食堂，一层及二层的体育及多功能空间。

通过廊桥与主建筑连接。

残疾人可以使用坡道和建筑内部的残疾人电梯。

车辆流线

北侧停车场(除规划用地外，使用大型停车空间)。

在入口处通过设置车用坡道，可以将服务车辆导入各个功能区。

平面设计

文化、教育、休闲、体育功能的分离与统一。

功能区有机的交通体系

具有灵活性的空间构成——未来变化的对策。

模块规划

基本模块：0.3m、3m(考虑功能性、施工性、维修养护等)。

构造模块：6.0m、2m(一般)/6.0m、18.0m(礼堂)。

节能型设计。

立面设计

水平的稳定感

布局的主要概念是流线和视线，为了流线和视线的形成，空出中央部分，在入口空间，用人造草皮球场保持方向性。

强化步行绿地，将体育与多功能厅分离。

为了与周边环境的调和，要确保水平的造型。

垂直上升感及象征性

整体上将安定的水平外观与垂直要素(透明玻璃台阶)相结合来表现上升感(夜间有照明塔的作用)。

剖面设计

立体的空间构成

从一层到三层的各功能群是以展示厅为中心连接起来的，通过廊桥将体育与多功能厅连接起来，构成空间的互动。

步行者为中心的室内外空间设计

按各层的功能来分区：

一层组成了展示厅和容易接近的开放的功能群，形成向四周伸展的开放空间；

二层形成静区，三层形成动区。

每层室内外都有休闲空间，

最大限度活用倾斜的空间。

在散步路上，最大限度活用2～3m的上升空间，不仅保存了自然景观，也实现了室内外空间的有机结合。

外部空间的构成及多样的水平高差的灵活运用，使其与内部的功能群连接起来。

建筑面积：1556.83m²
建筑密度：19.77%
容积率：45.80%
规模：地下1层，地上3层
最高高度：15.0m
结构：钢筋混凝土
外部装修：铝板，花岗石，双层玻璃
主要设备：FCU+AHU控制方式，水变电设备，电灯及传热设备，统一管理系统

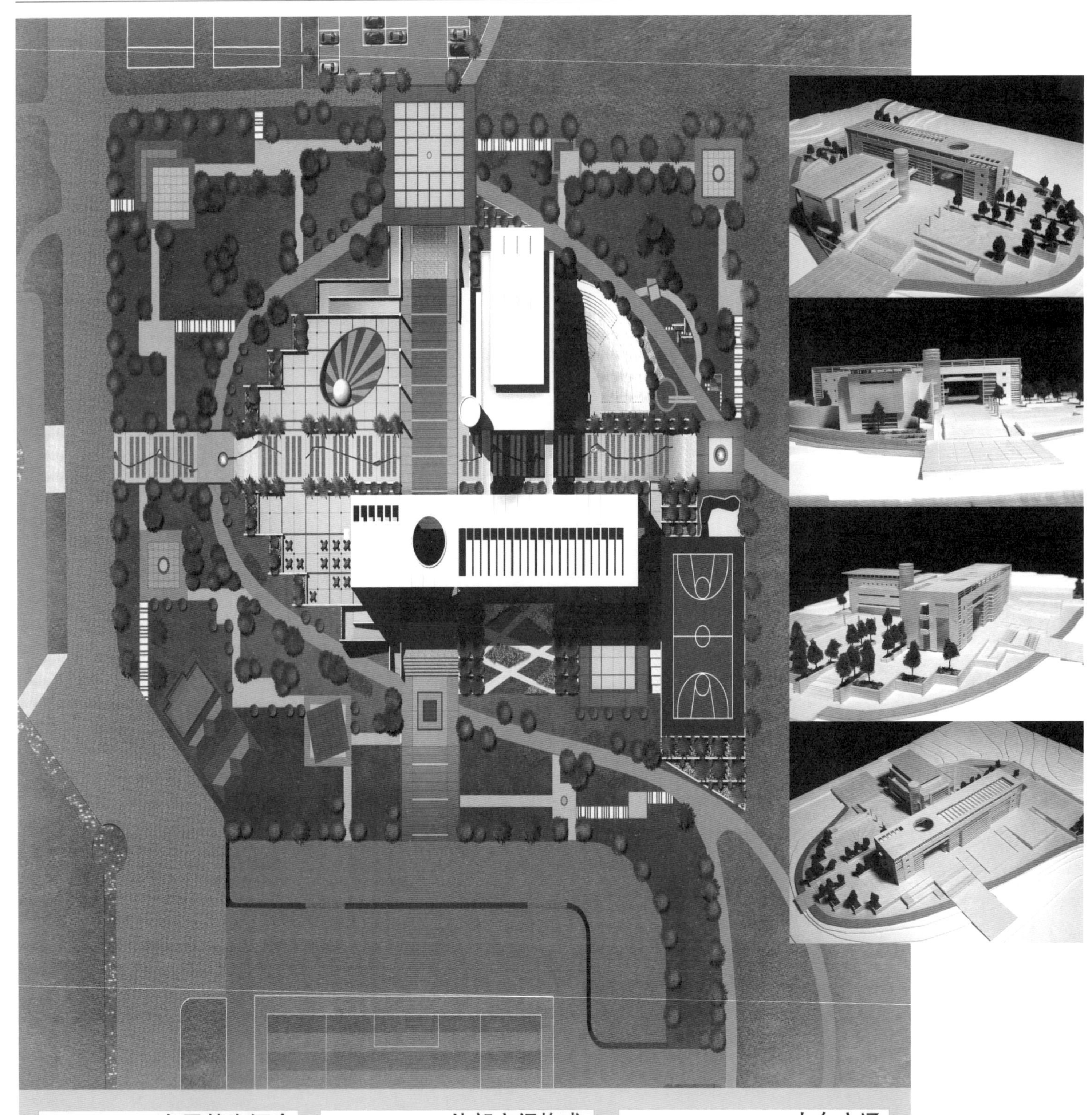

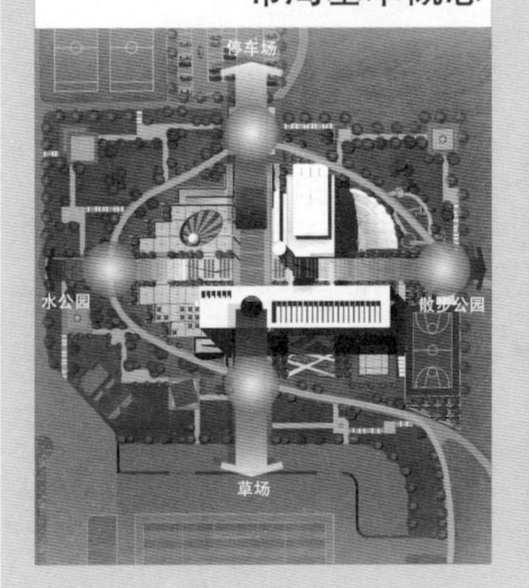
布局基本概念
停车场
水公园
散步公园
草场

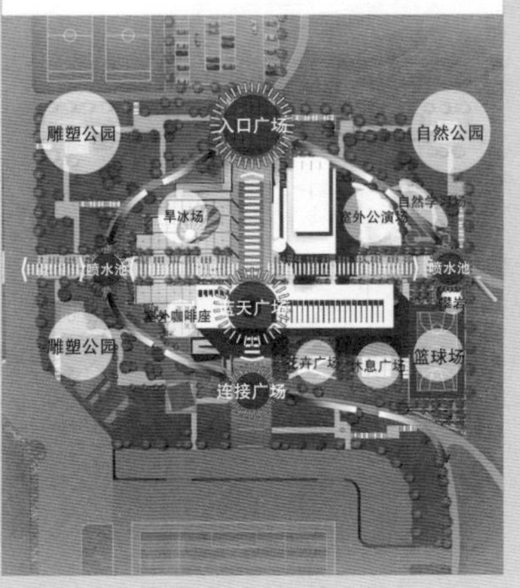
外部空间构成
入口广场
雕塑公园
自然公园
旱冰场
喷水池
喷水池
雕塑公园
篮球场
连接广场

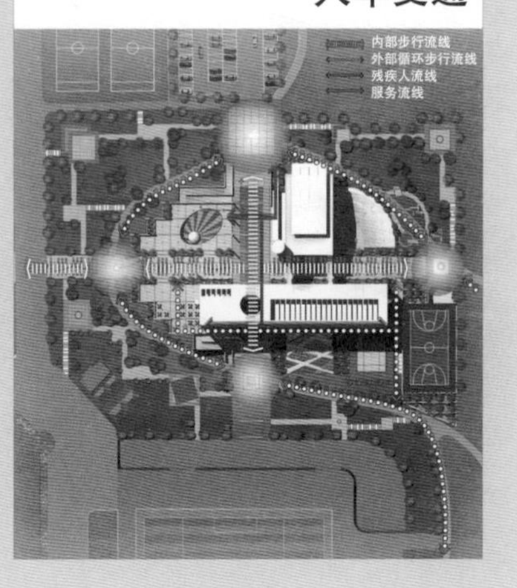
人车交通
内部步行流线
外部循环步行流线
残疾人流线
服务流线

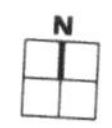
N

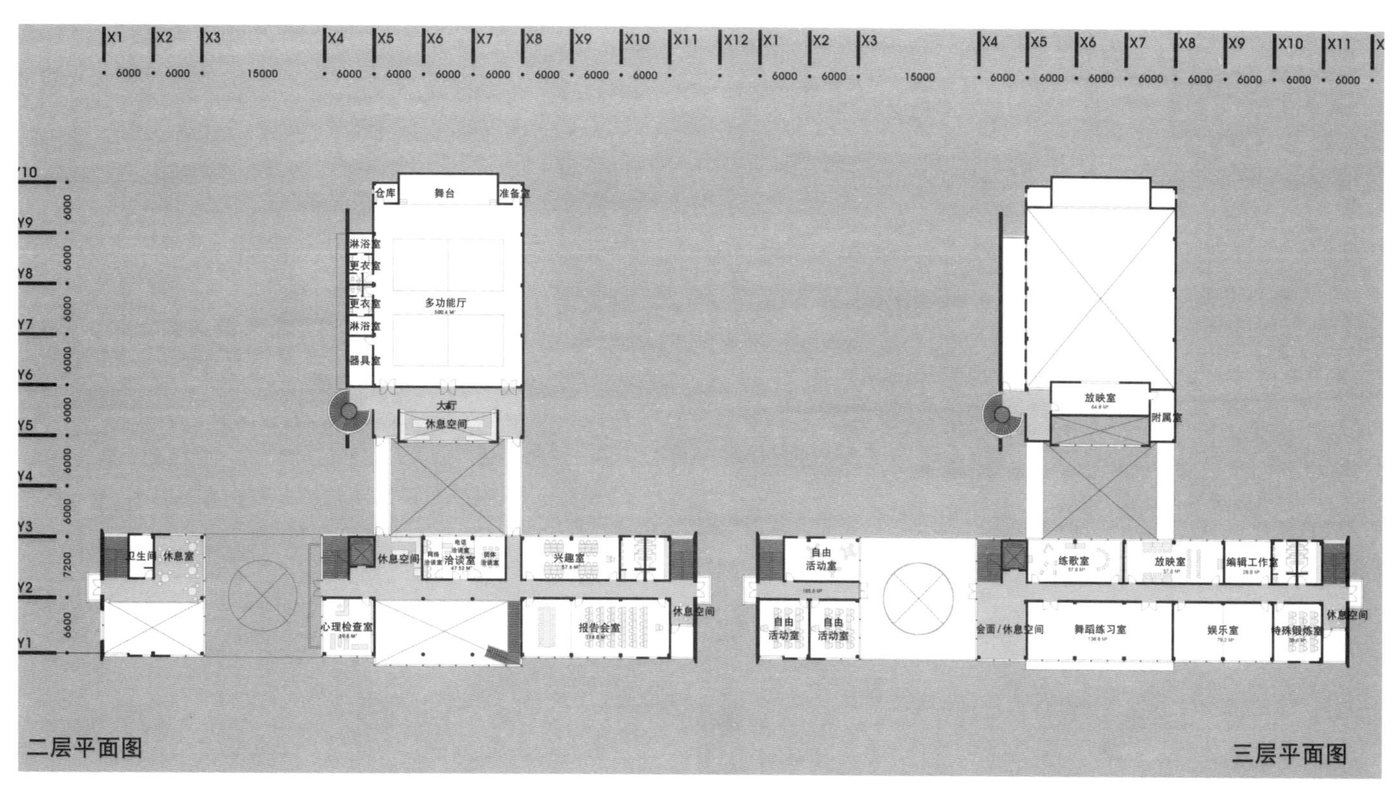
舞台
仓库
准备室
淋浴室
更衣室
多功能厅
器具室
大厅
休息空间
卫生间
休息室
休息空间
洽谈室
兴趣室
心理检查室
报告会室
休息空间
二层平面图
放映室
附属室
自由活动室
练歌室
放映室
编辑工作室
会面/休息空间
舞蹈练习室
娱乐室
特殊锻炼室
休息空间
三层平面图

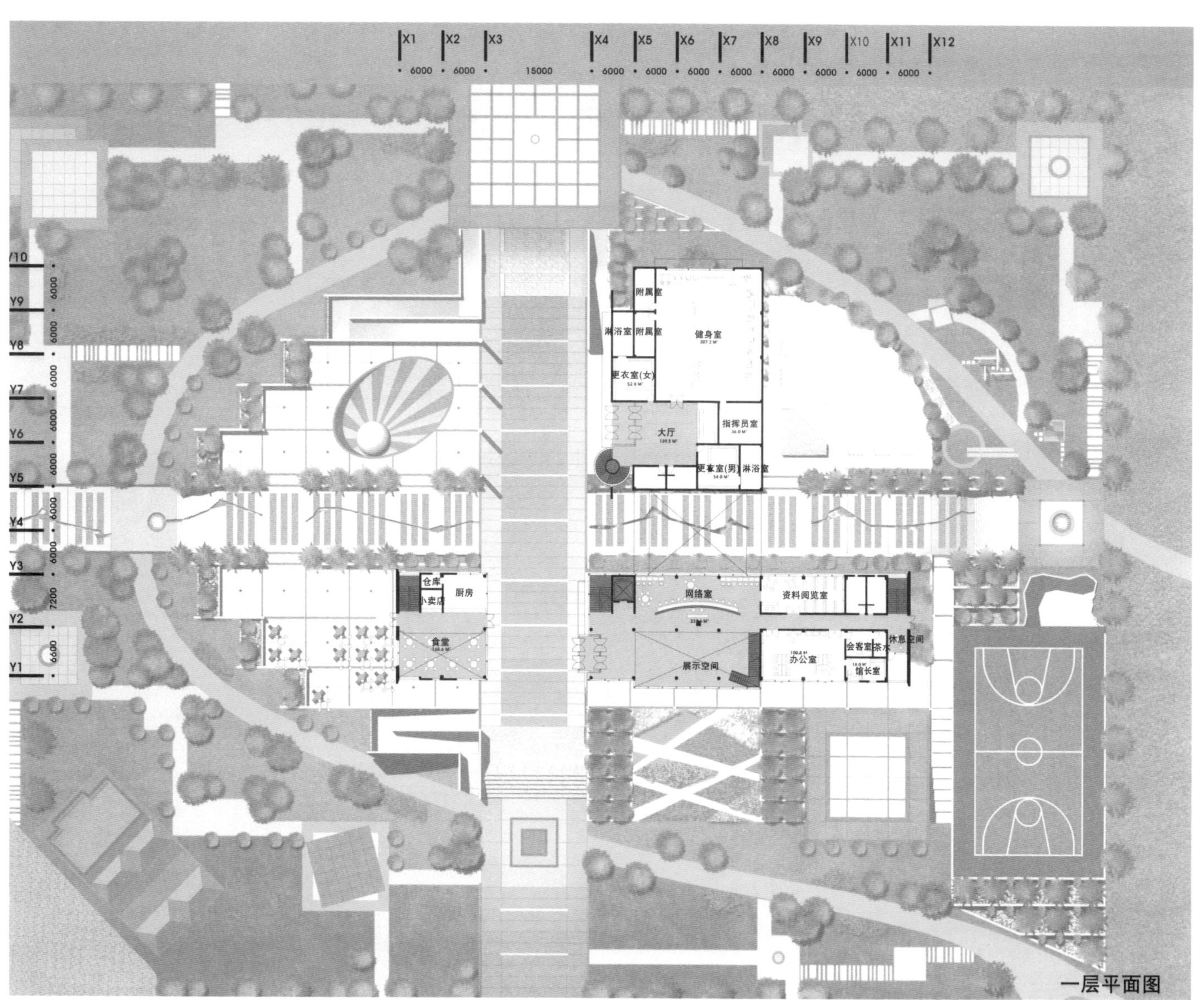
附属室
淋浴室
健身室
更衣室(女)
大厅
指挥员室
更衣室(男)
淋浴室
仓库
小卖店
厨房
食堂
网络室
资料阅览室
展示空间
办公室
会客室
茶水
馆长室
休息空间
一层平面图

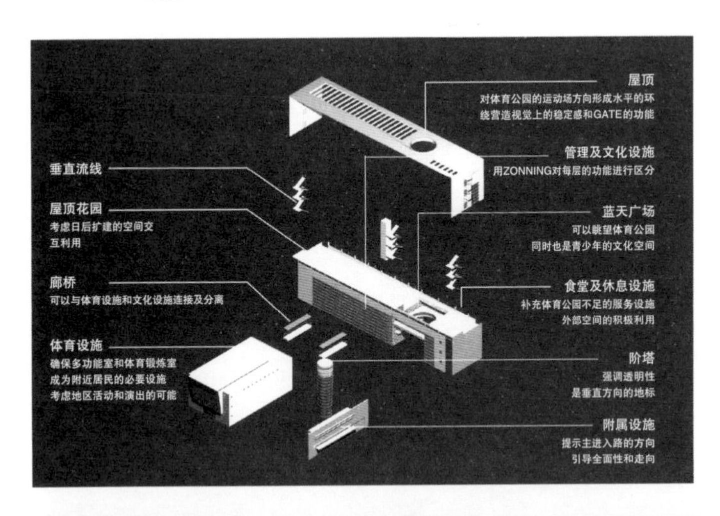

进入轴线

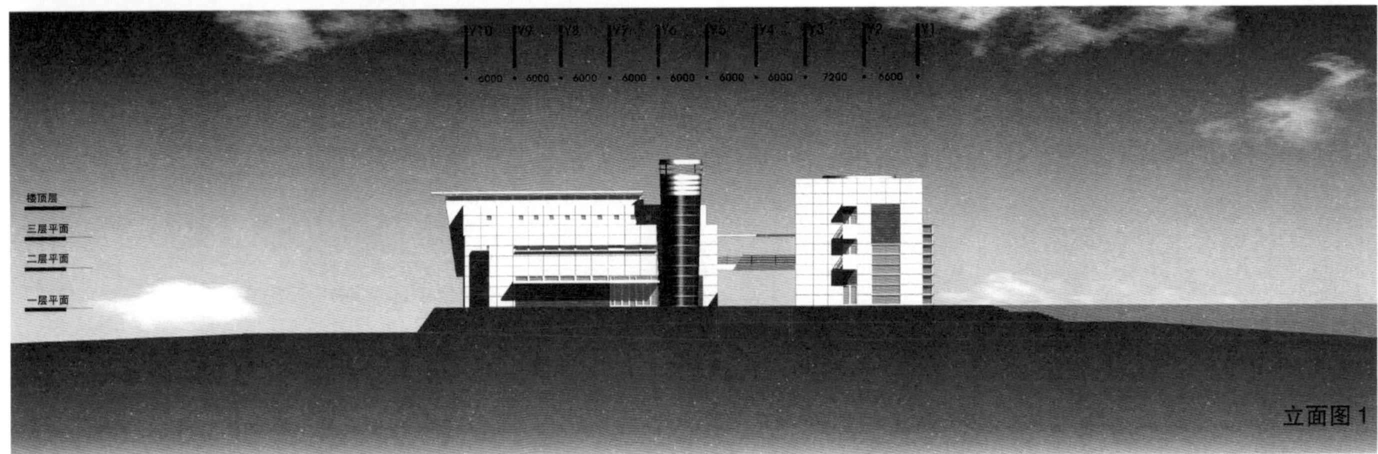

立面图 1

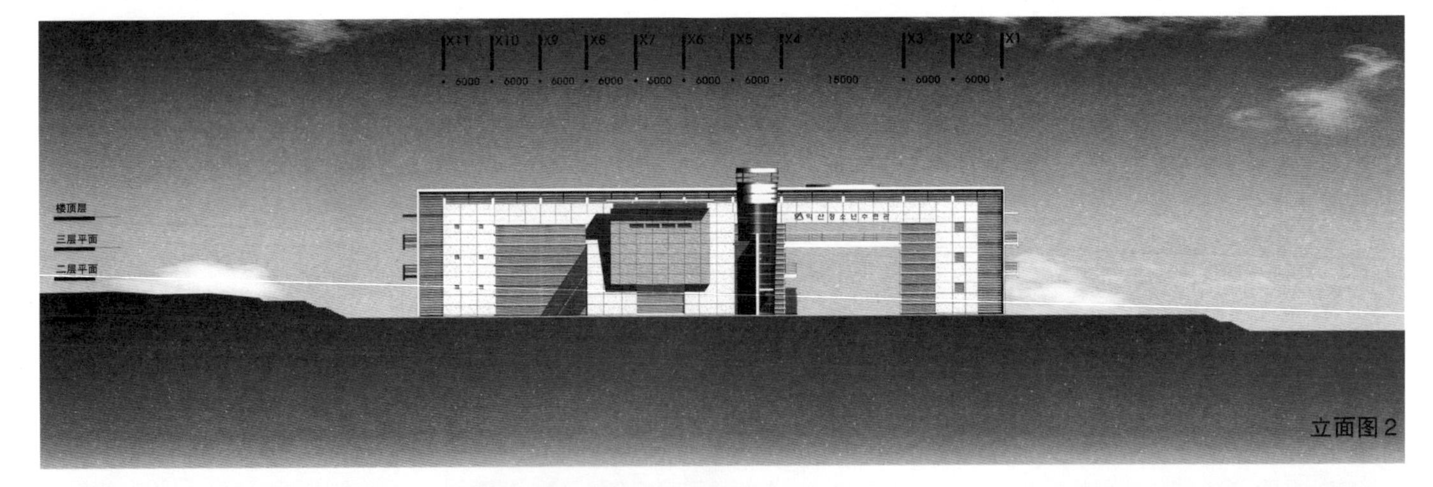

立面图 2

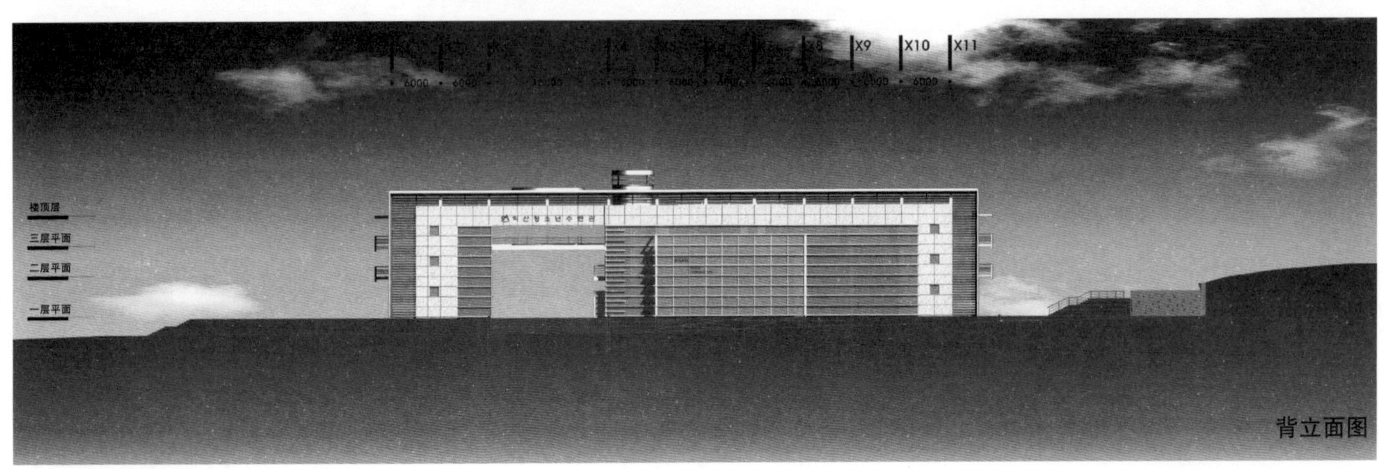

背立面图

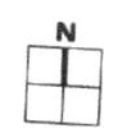

绿地步行轴线

蓝天广场

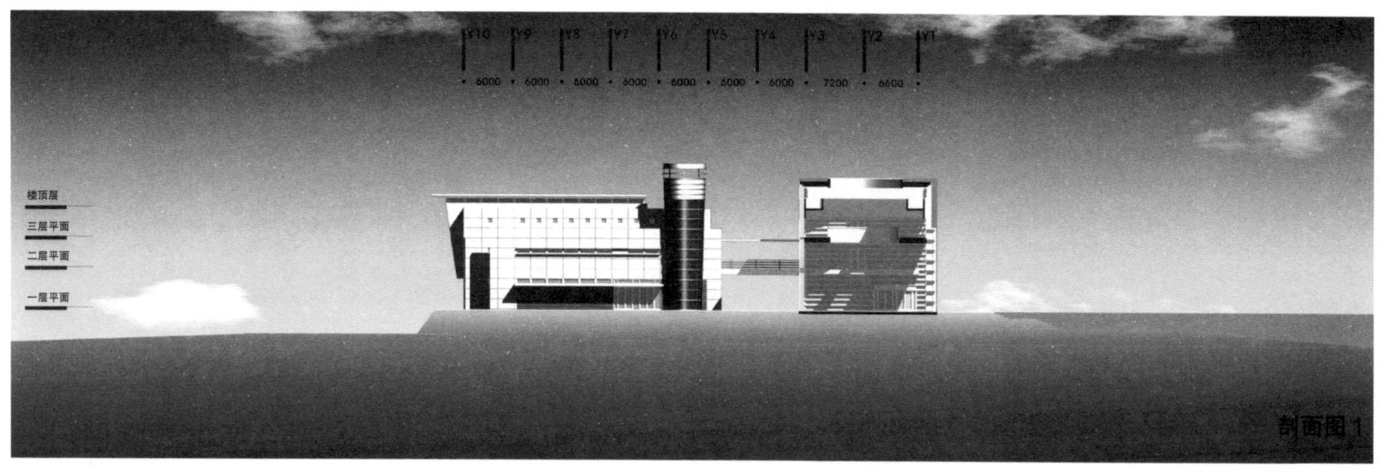

剖面图 1

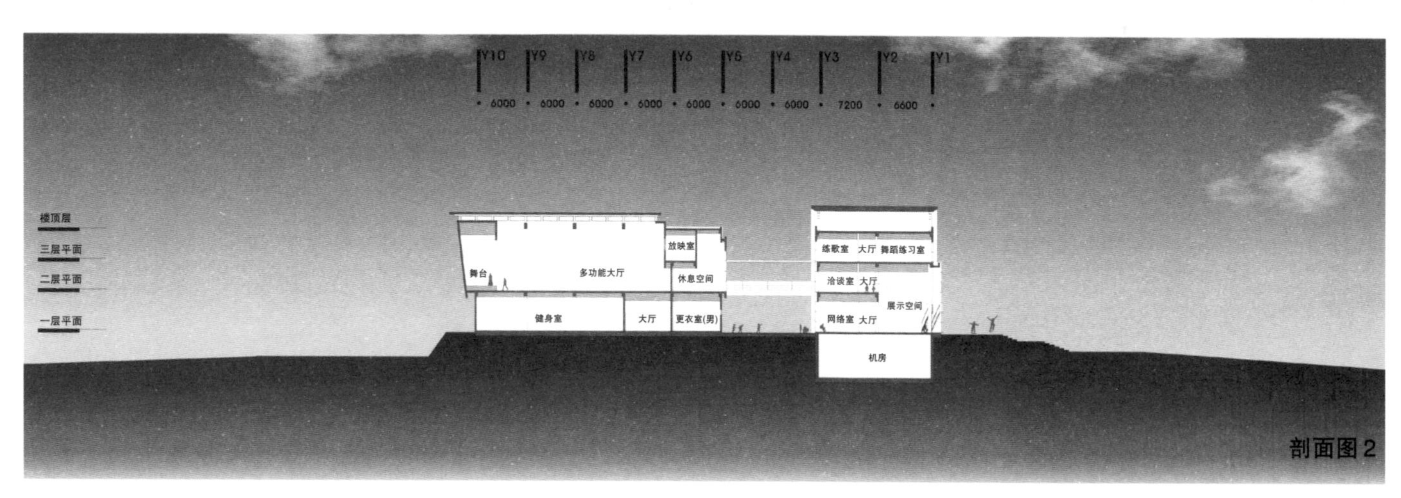

剖面图 2

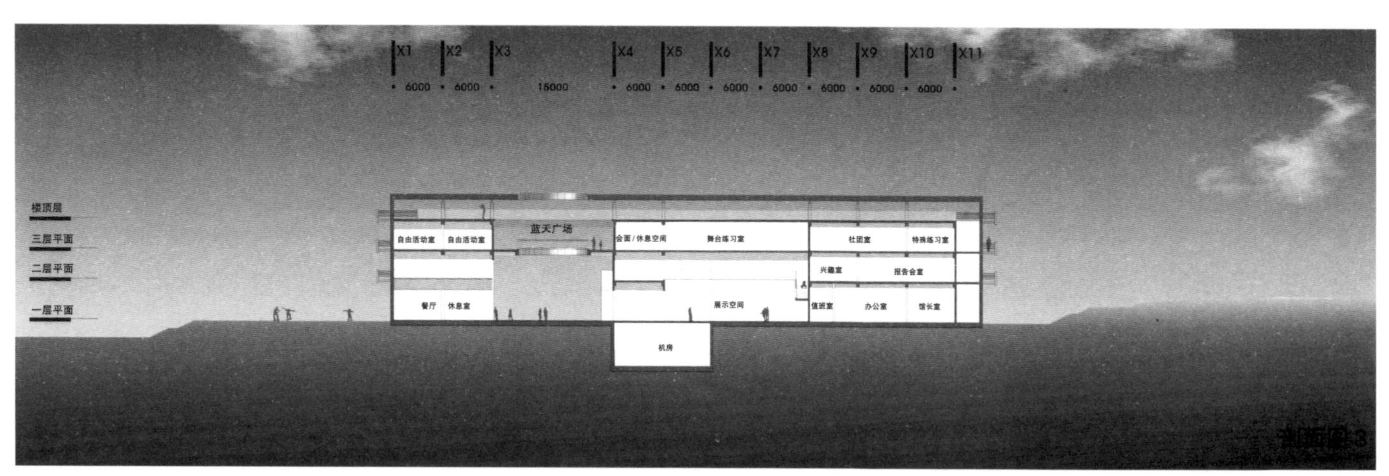

剖面图 3

博 物 馆

密阳市立博物馆

二等奖方案 **唯新建筑**：金志德，黄贤明。**施工技术**：朴基石。**AM**：安基贞。设计组：申哲星，权大佑，李贤宇，钱胜培，徐运三/CG队：李兴杰，朴银淑(唯新)，车中浩，朴世雄，金东日，李南洙，邱姬贞(施工技术)，洪星洙(AM)

密阳的时间、文化的象征(推化山，岭南楼)。

新罗、百济、高句丽、三国时代，密阳曾被称为密里密洞，随着时间的推移，密里密洞用韩文记载，并被称为"推化"("推"在象形文字中发音为密里，"化"的发音为伐)。

以山为中心形成了村落，山叫推化山，同时形成了现在的密阳。这样，推化山是密阳不可缺少的历史地域根源。

推化山是密阳历史的开始，是密阳最初的都城，同时从风水角度来看，起到了城市形成的主山的作用。岭南楼为朝鲜三大楼阁之一，将推化山和岭南楼作为主题，不仅是作为博物馆，更主要是为给密阳市民创造可以享受地域特性和时间痕迹的空间与场所。

规划的着眼点

是考察过去的时间、思考未来的博物馆。

是欣赏之外，接触文化的博物馆。

象征性：在21世纪国际化的设施中包含着密阳市的特征与意义。

创意性：表现了密阳市的历史，空间形象的感性的共感带。

接近性：以有效利用地形及与周边道路的空间联系，极大地方便市民的接近。

连接性：在空间上、意义上与独立公园保持联系。

功能性：以收藏和展览为基础，拥有现场教育空间及可支持多样文化活动的空间。

总平面布置规划

密阳历史的轴线

顺着花岳山——推化山——以此山，以连续的山脉流，设定其轴线以及组成其建筑。

在空间的规划中，考虑了将在日后建设的独立公园的联系。

放在前面的中心广场为了适应多样的文化活动，规划成大广场，有利于观赏者的集合、分散及分类观赏。适应地形的设计提供多样的空间体验，人车分流明确，以步行为中心，给步行者提供喜悦。

平面设计

包含密阳历史和城市脉络的博物馆。

历史的解释：让生活在现代社会中的人们通过在展示厅观赏、考察历史文物，可以展望未来的，按照过去、现代、未来的博物馆的基本规划设计原则，设计平面，满足未来。

城市脉络解析

将被河流分成3部分的密阳的地理形状，作为未来构成上的3部分空间。包含河流意境的大厅和连廊部分在形态上进行空间分割的同时，也是起着连接空间的作用。充分体现了城市的脉络。

立面设计

现代的解释岭南楼的空间构成原理

岭南楼由楼和其两侧的浸流阁、凌波阁组成，在其下面有密阳历史的痕迹——密阳旧城和密阳河。密阳河贯穿密阳市，包含着密阳市民的文化。

整体的立面形象体现了岭南楼的这种空间特性，在局部将浸流阁以顺应地形的台阶形式，适用在博物馆的展示楼。凌波阁虚实互补的空间构成采用在规划展示楼，岭南楼前富余的空间以廊桥的方式，表现在连接其空间的连接上。

展示规划

密阳文化的根源——忠、义、儒

密阳历史上有树立忠历史的使命党、树立义历史的金宗直、树立岭南学派的密阳的儒林等。分析密阳人的历史和精神，并通过历史室、民俗室、文物室、体验室、广场等设施给人们传达展示规划。

位置：庆尚南道密阳市桥洞485-4号
地域：自然绿地
用地面积：17899.00m²
首层建筑面积：1903.57m²
总建筑面积：3445.30m²
建筑密度：10.70%
容积率：19.35%
结构：钢筋混凝土、钢结构
规模：地上3层
最高高度：17.7m
外部装修：镀锌板，红杉木，T24玻璃幕墙
停车位数：62辆(包括残疾人、大客车，法定23辆)

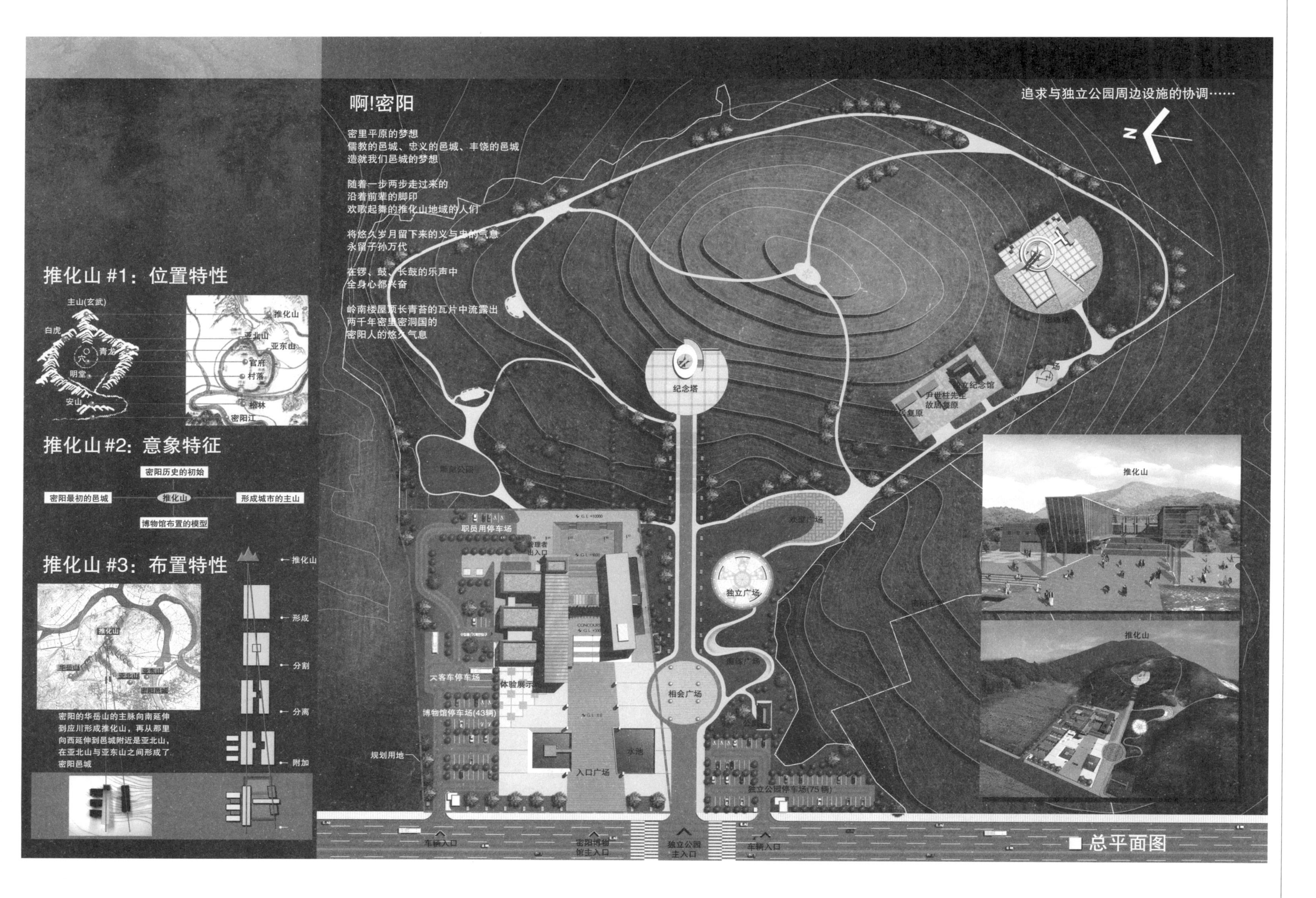
啊!密阳
密里平原的梦想
儒教的邑城、忠义的邑城、丰饶的邑城
造就我们邑城的梦想
随着一步两步走过来的
沿着前辈的脚印
欢歌起舞的推化山地域的人们
将悠久岁月留下来的义与忠的气息
永留子孙万代
在锣、鼓、长鼓的乐声中
全身心都兴奋
岭南楼屋顶长青苔的瓦片中流露出
两千年密里密洞国的
密阳人的悠久气息
追求与独立公园周边设施的协调……
推化山 #1：位置特性
主山(玄武)
白虎
青龙
穴
明堂
安山
推化山
亚北山
亚东山
官府
村落
榆林
密阳江
推化山 #2：意象特征
密阳历史的初始
密阳最初的邑城
推化山
形成城市的主山
博物馆布置的模型
推化山 #3：布置特性
推化山
华岳山
亚北山
亚东山
密阳邑城
密阳的华岳山的主脉向南延伸
到应川形成推化山，再从那里
向西延伸到邑城附近是亚北山，
在亚北山与亚东山之间形成了
密阳邑城
推化山
形成
分割
分离
附加
纪念塔
尹世柱先生
故居复原
独立纪念馆
职员用停车场
管理者
出入口
CONCOURSE
大客车停车场
体验展示
博物馆停车场(43辆)
规划用地
入口广场
水池
相会广场
独立广场
独立公园停车场(75辆)
车辆入口
密阳博物
馆主入口
独立公园
主入口
车辆入口
■总平面图

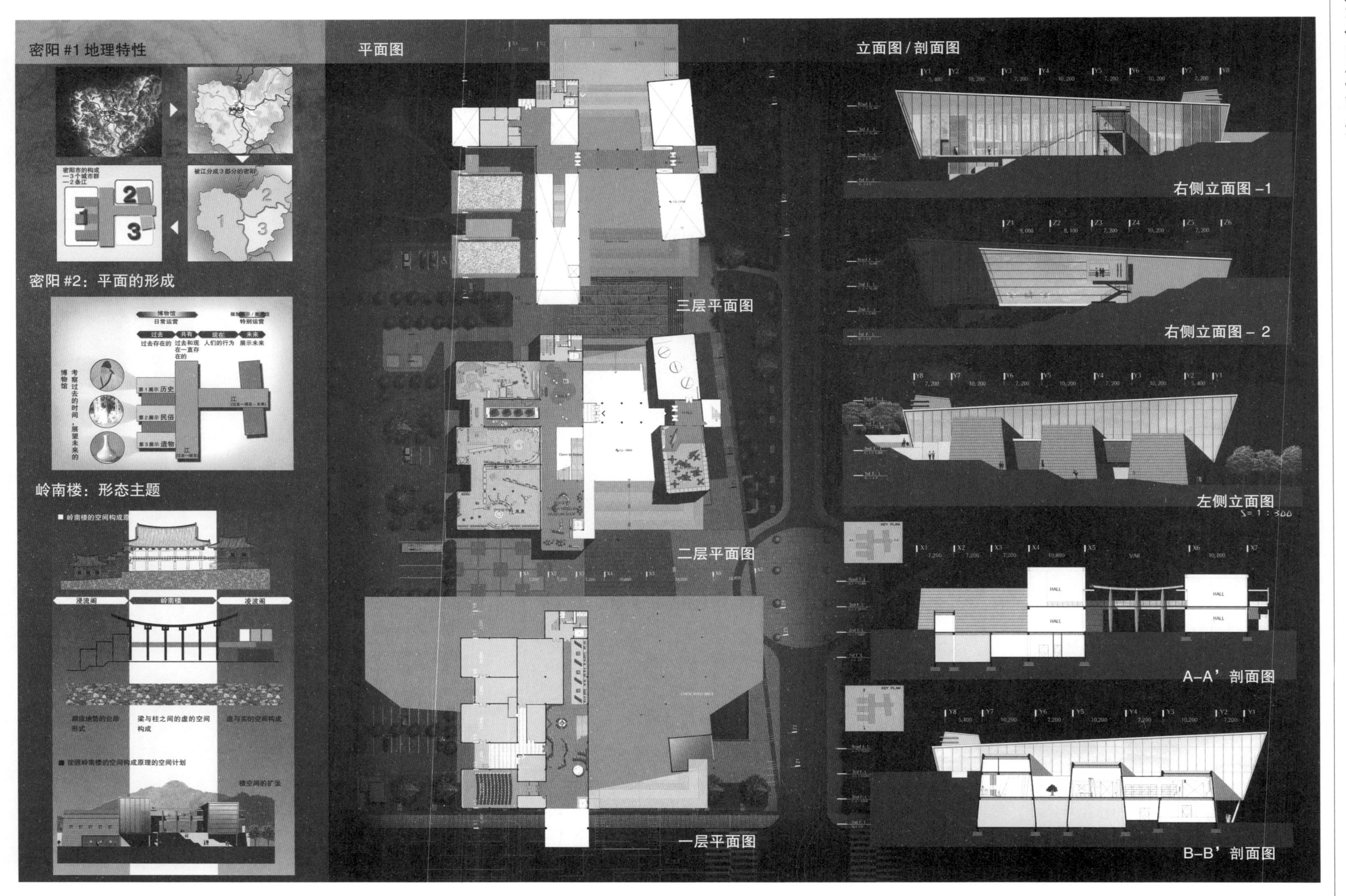
密阳 #1 地理特性
密阳市的构成
一3个城市群
一2条江
被江分成3部分的密阳
密阳 #2：平面的形成
博物馆
日常运营
特别运营
过去
共有
现在
未来
过去存在的
过去和现在一直存在的
人们的行为
展示未来
考察过去的时间，展望未来的博物馆
第1展示 历史
第2展示 民俗
第3展示 遗物
岭南楼：形态主题
■ 岭南楼的空间构成
浸流阁
岭南楼
凌波阁
顺应地势的台阶形式
梁与柱之间的虚的空间构成
虚与实的空间构成
■ 按照岭南楼的空间构成原理的空间计划
楼空间的扩张
平面图
三层平面图
二层平面图
一层平面图
立面图 / 剖面图
右侧立面图 -1
右侧立面图 - 2
左侧立面图
S=1：300
KEY PLAN
HALL
A-A' 剖面图
B-B' 剖面图

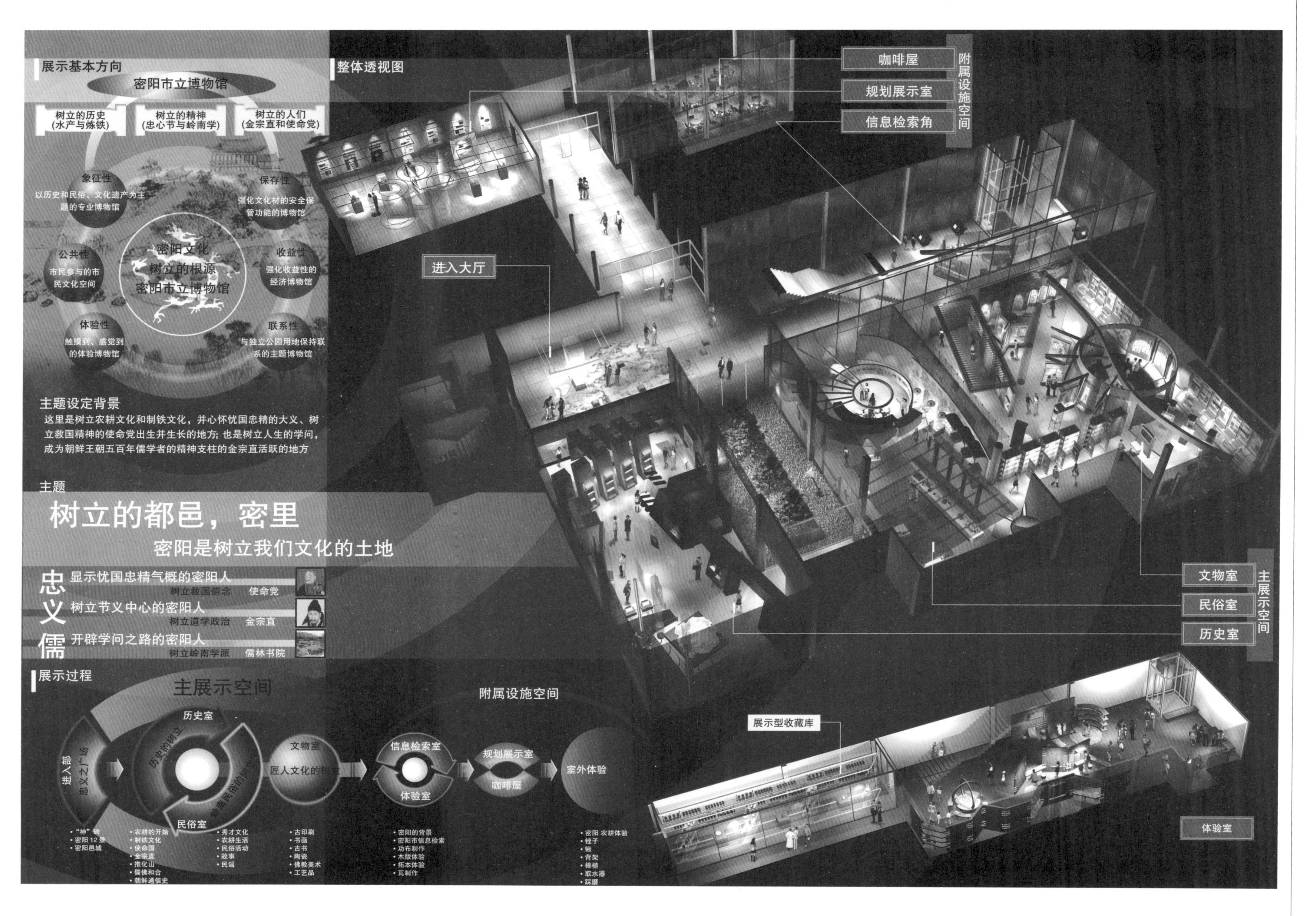

展示基本方向
密阳市立博物馆
树立的历史
(水产与炼铁)
树立的精神
(忠心节与岭南学)
树立的人们
(金宗直和使命党)
象征性
以历史和民俗、文化遗产为主题的专业博物馆
保存性
强化文化材的安全保管功能的博物馆
公共性
市民参与的市民文化空间
收益性
强化收益性的经济博物馆
体验性
触摸到、感觉到的体验博物馆
联系性
与独立公园用地保持联系的主题博物馆
密阳文化
树立的根源
密阳市立博物馆
主题设定背景
这里是树立农耕文化和制铁文化，并心怀忧国忠精的大义、树立救国精神的使命党出生并生长的地方；也是树立人生的学问，成为朝鲜王朝五百年儒学者的精神支柱的金宗直活跃的地方
主题
树立的都邑，密里
密阳是树立我们文化的土地
忠 显示忧国忠精气概的密阳人
树立救国信念 使命党
义 树立节义中心的密阳人
树立道学政治 金宗直
儒 开辟学问之路的密阳人
树立岭南学派 儒林书院
展示过程
主展示空间
进入部
忠义之广场
历史室
历史的树立
民俗室
岭南民俗的树立
文物室
匠人文化的树立
附属设施空间
信息检索室
体验室
规划展示室
咖啡屋
室外体验
•“神”碑
•密阳12景
•密阳邑城
•农耕的开始
•制铁文化
•使命国
•金宗直
•推化山
•儒佛和合
•朝鲜通信史
•秀才文化
•农耕生活
•民俗活动
•故事
•民谣
•古印刷
•书画
•古书
•陶瓷
•佛教美术
•工艺品
•密阳的背景
•密阳市信息检索
•功布制作
•木版体验
•拓本体验
•瓦制作
•密阳 农耕体验
•锉子
•锹
•背架
•棒槌
•取水器
•踩磨
整体透视图
咖啡屋
规划展示室
信息检索角
附属设施空间
进入大厅
文物室
民俗室
历史室
主展示空间
展示型收藏库
体验室

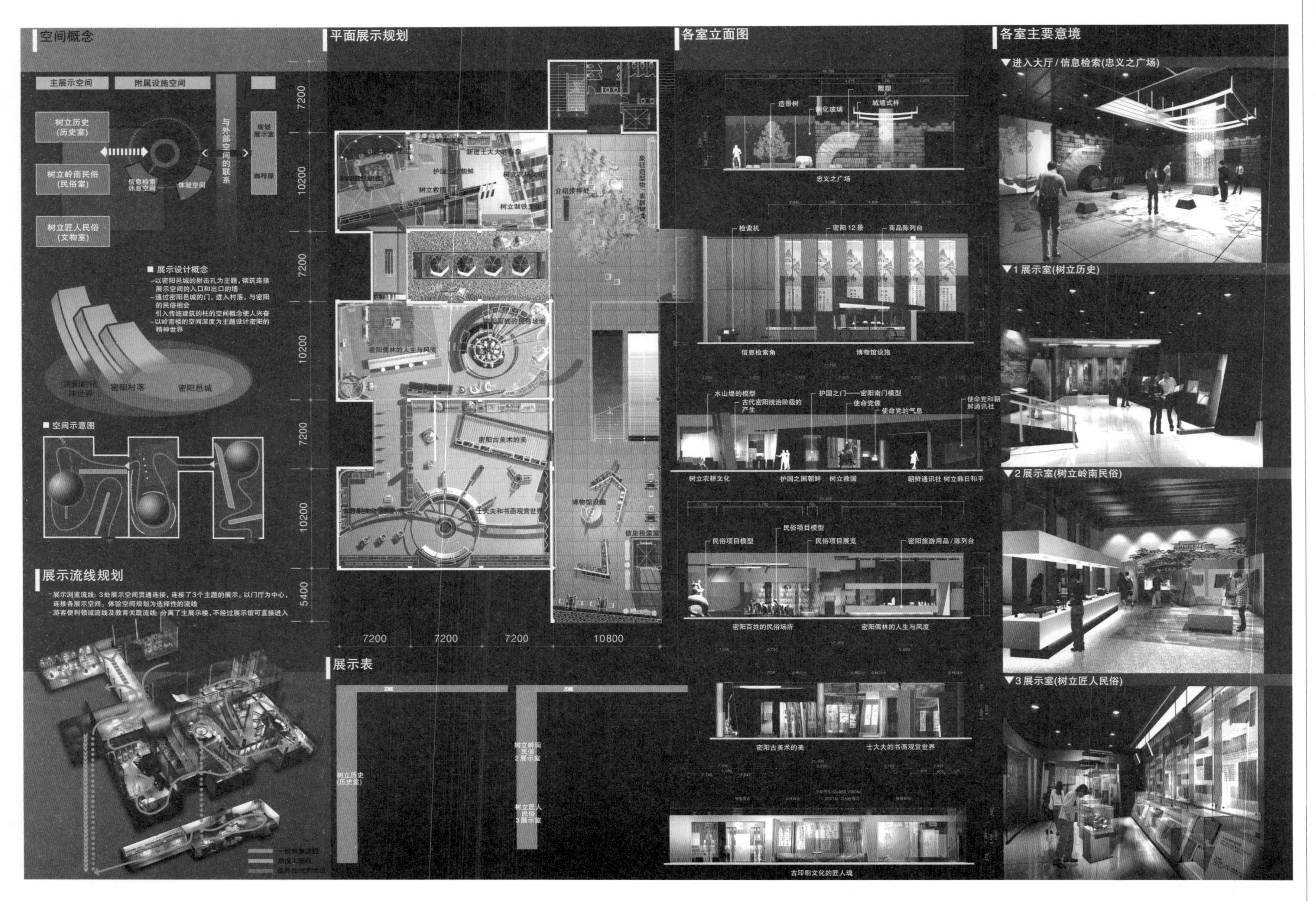
空间概念
主展示空间
附属设施空间
树立历史
(历史室)
树立岭南民俗
(民俗室)
树立匠人民俗
(文物室)
信息检索
休息空间
体验空间
与外部空间的联系
规划展示室
咖啡屋
■ 展示设计概念
-以密阳邑城的射击孔为主题，砌筑连接展示空间的入口和出口的墙
-通过密阳邑城的门，进入村落，与密阳的民俗相会
引入传统建筑的柱的空间概念使人兴奋
-以岭南楼的空间深度为主题设计密阳的精神世界
密阳村落
密阳邑城
■ 空间示意图
展示流线规划
-展示浏览流线：3处展示空间贯通连接，连接了3个主题的展示。以门厅为中心，连接各展示空间。体验空间规划为选择性的流线
-游客便利领域流线及教育关联流线：分离了主展示楼，不经过展示馆可直接进入
平面展示规划
7200
10200
7200
10200
7200
10200
5400
7200
7200
7200
10800
护国之门朝鲜
树立教国
密阳古美术的美
士大夫和书画观赏世界
博物馆设施
信息检索室
介绍接待处
展示表
树立历史
(历史室)
树立岭南
民俗
2展示室
树立匠人
民俗
3展示室
各室立面图
造景树
钢化玻璃
雕塑
城墙式样
忠义之广场
检索机
密阳 12景
商品陈列台
信息检索角
博物馆设施
水山堤的模型
古代密阳统治阶级的产生
护国之门——密阳南门模型
使命党像
使命党的气息
使命党和朝鲜通讯社
树立农耕文化
护国之国朝鲜
树立救国
朝鲜通讯社 树立韩日和平
民俗项目模型
民俗项目模型
民俗项目展览
密阳旅游用品 / 陈列台
密阳百姓的民俗场所
密阳儒林的人生与风度
密阳古美术的美
士大夫的书画观赏世界
古印刷文化的匠人魂
各室主要意境
▼进入大厅 / 信息检索(忠义之广场)
▼1 展示室(树立历史)
▼2 展示室(树立岭南民俗)
▼3 展示室(树立匠人民俗)

位置图
2F
1F
进入大厅
历史室
民俗室
文物室
信息检索/体验室
规划展示室/咖啡屋
室外体验展示
各室展出规划
忠义之广场
■展出示意图
■展出内容
通向邑城的路
■展出示意图
信息检索
■展出示意图
■展出内容
意境统筹规划
■目的
■引导牌设计
树立历史
树立岭南文化
树立匠人民俗
■综合向导板设计
■屏风设计
树立农耕文化
■展出示意图
■展出内容
密阳的农耕民俗场地
■展出示意图
■展出内容
咖啡屋
■展出示意图
树立炼铁文化
■展出示意图
■展出内容
古印刷文化之匠人魂
■展出示意图
■展出内容
木版印刷体验室
保存环境规划
■收藏库的必要性
混凝土第1层墙
密封防火设施
不透湿板第2层墙
收藏库用密封型出入门
使命党 金宗直
■展出示意图
■展出内容
电子翻译陈列室
书画鉴赏世界
■展出示意图
■展出内容
咖啡屋
■空间概要
贵重的文物展示在密封型陈列场
■特征
照明装置部分
展示部分
下部
忠义之山 推化山
■展出示意图
■展出内容
透明玻璃
立体形象
密阳人的技巧
■展出示意图
■展出内容
■背背架
■取水器
■棒槌
■踩磨
体验踩磨活动
室外体验
长进
苏途
农洛
耕地

密阳市立博物馆

三等奖方案 **空间建筑：**李相林，吴成勋。**未来建设：**崔锡中。设计组：韩俊日，权时衡，韩润石(空间)，郑永镇，高成永，全永大，韩成民，郑德真，尹姬景，金学基，韩亨柱(未来建设)

设计目标

—确保与独立公园的联系。

—体验历史博物馆的空间。

—象征性地表现密阳市。

确保与独立公园的联系

—确保入口的正面性。

—入口选定考虑了博物馆及独立公园的接近性。

—入口规划考虑了公园停车场的统筹运营。

—同时保证了对道路与公园的正面性。

做为历史博物馆的空间体验

—内外部空间相互穿插。

—通过建筑物内部的开放空间将外部环境引入到内部。

—大厅及走廊的虚空间起贯通内外部空间的作用。

体验多样的外部空间

—室外空间进入顺序(入口广场—活动广场—展示广场—休闲广场)，体验多样的空间。

—由动空间到静空间的渐进变化。

密阳精神的象征性表现

象征性造型

用直角体系反映了金宗直、使命大师、阿郎传说等耿直、义气的密阳人物。

用透明造型象征了清廉、洁白的文人精神。

通过直角体系与软造型的协调来表现了动的空间和密阳的情绪。

岭南楼的底层架空空间

—通过底层架空的设计手法，表现从岭南楼都能看得见的楼下空间以及各个柱列空间。

—表现为走廊、出入交通等的通行空间。

位置：庆尚南道密阳市桥洞485-4号
地域：农林地区
用地面积：约17800m²
首层建筑面积：2438.6m²
总建筑面积：3458.8m²
建筑密度：13.7%
容 积 率：17.9%
规模：地上2层，地下1层
用途：文化及集会设施(博物馆)
结构：钢筋混凝土
装修：T30花岗石，T24双层玻璃，素混凝土，木材间隔
停车位数：30辆

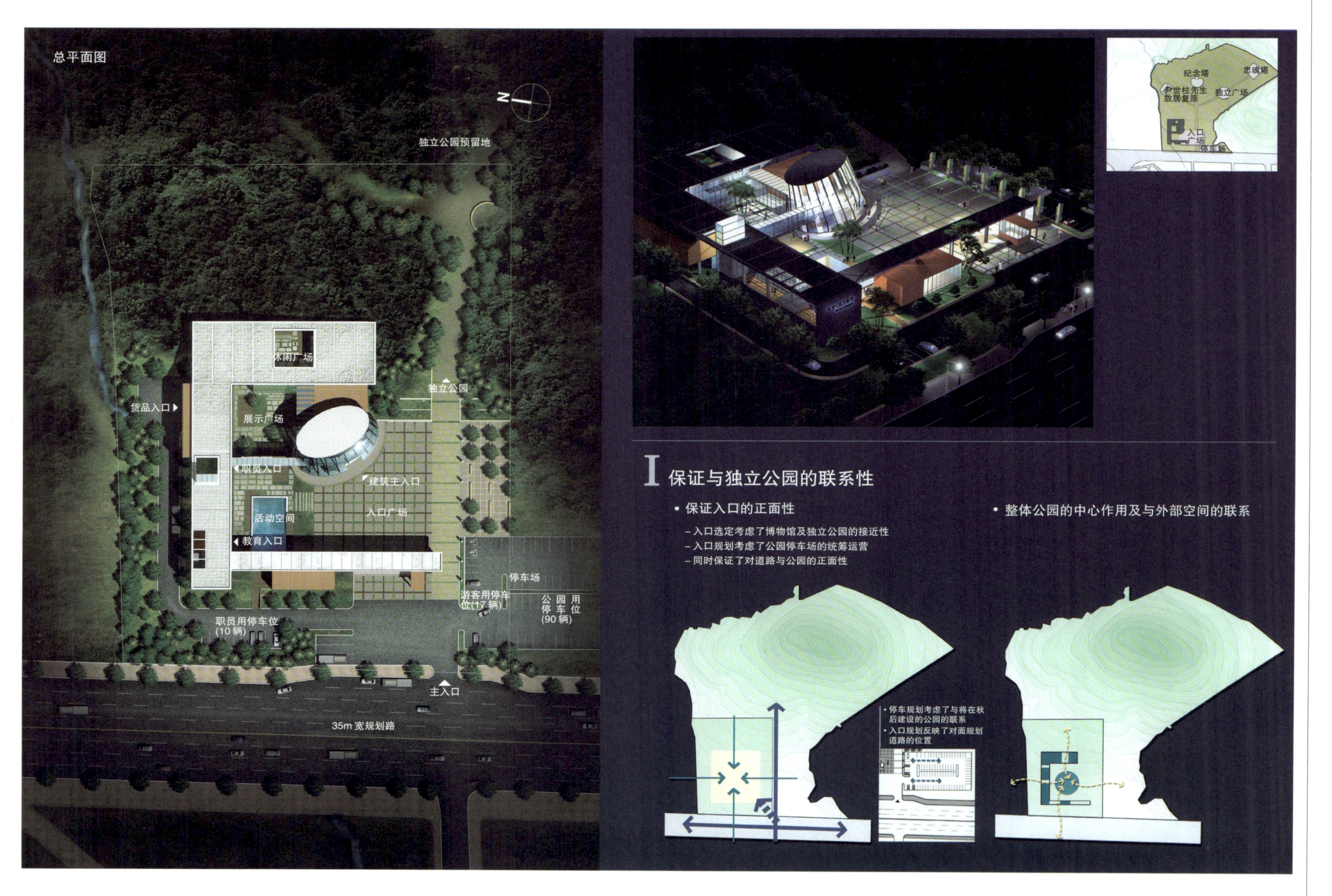

总平面图
独立公园预留地
休闲广场
独立公园
货品入口
展示广场
职员入口
建筑主入口
活动空间
入口广场
教育入口
停车场
游客用停车位(17辆)
公园用停车位(90辆)
职员用停车位(10辆)
主入口
35m宽规划路
纪念塔
忠魂塔
尹世柱先生故居复原
独立广场
入口广场
停车场
I 保证与独立公园的联系性
• 保证入口的正面性
– 入口选定考虑了博物馆及独立公园的接近性
– 入口规划考虑了公园停车场的统筹运营
– 同时保证了对道路与公园的正面性
• 整体公园的中心作用及与外部空间的联系
• 停车规划考虑了与将在秋后建设的公园的联系
• 入口规划反映了对面规划道路的位置

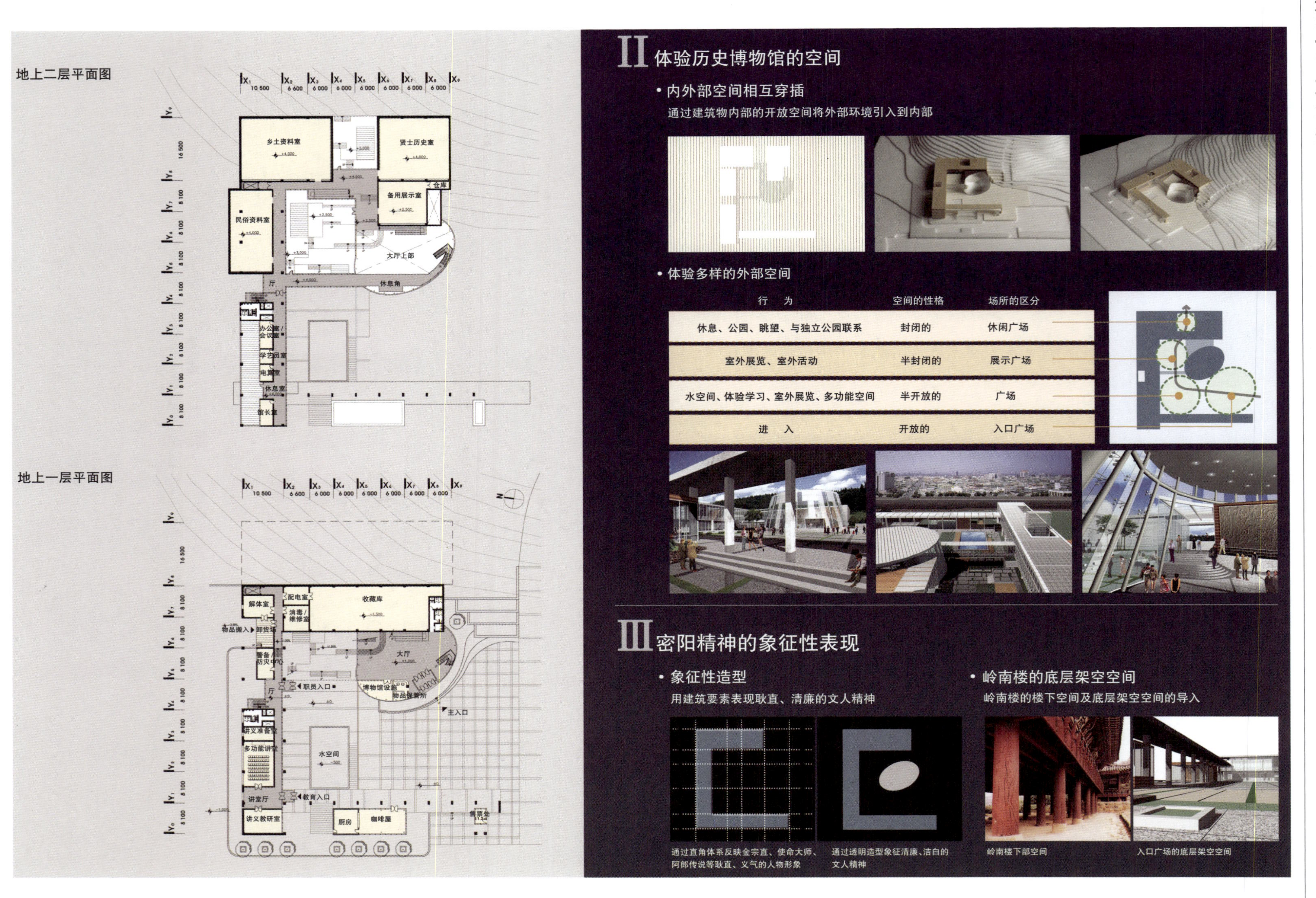
地上二层平面图
地上一层平面图
II 体验历史博物馆的空间
・内外部空间相互穿插
通过建筑物内部的开放空间将外部环境引入到内部
・体验多样的外部空间
行为
空间的性格
场所的区分
休息、公园、眺望、与独立公园联系
封闭的
休闲广场
室外展览、室外活动
半封闭的
展示广场
水空间、体验学习、室外展览、多功能空间
半开放的
广场
进入
开放的
入口广场
III 密阳精神的象征性表现
・象征性造型
用建筑要素表现耿直、清廉的文人精神
・岭南楼的底层架空空间
岭南楼的楼下空间及底层架空空间的导入
通过直角体系反映金宗直、使命大师、阿郎传说等耿直、义气的人物形象
通过透明造型象征清廉、洁白的文人精神
岭南楼下部空间
入口广场的底层架空空间

国立生物资源馆

二等奖方案 **空间建筑：李相林，吴闪勋。设计组：柳旭钟，金智兴，李相银，李儒振**

自然的生态系不仅仅理解为单纯的生物与环境的集合体，而应看作是这些元素按一定规律连接的有机组织体，即体系。所有的生态系都维持着互动的安定。生态系中有多样的生物种类栖息时，其安定性提高；栖息生物种类不够的时候，成为不安定的状态。

—— Arthur Tansley

国立生物资源馆的收藏库和实验室、研究室应该像一个完整的生命体，相互连接形成体系。

因此将水藏库和实验室、研究室划分成各自独立的一个部分，并在整体建筑物中有机联系成一个系统。

外部空间主要分两个部分，一个是在展览时可供一般访客和游客共用的生态庭院，另一个是与温室及饲育室连接起来可供研究人员利用的研究庭院。建筑物安排在长条形用地的中间部分，自然地形成了两个空间。

在处理复合功能的方面，将整个形体分为主中庭和副中庭等外部空间，明确了功能分区的同时，做到每个房间无死角，实现了自然通风和采光。

位置：仁川市西区景西洞首都圈回填地2-1工区综合环境研究区域
地域：自然绿地
用途：教育研究及福利设施、文化及集会设施
用地面积：67016m²
首层建筑面积：11879.7m²
总建筑面积：30630.3m²
建筑密度：17.7%
容 积 率：43.9%
造景面积：31729.7m²
规模：地下1层，地上4层
结构：钢筋混凝土，型钢混凝土
外部装修：红砖，T28透明双层玻璃，氧化铜板，镀锌板
停车位数：158辆

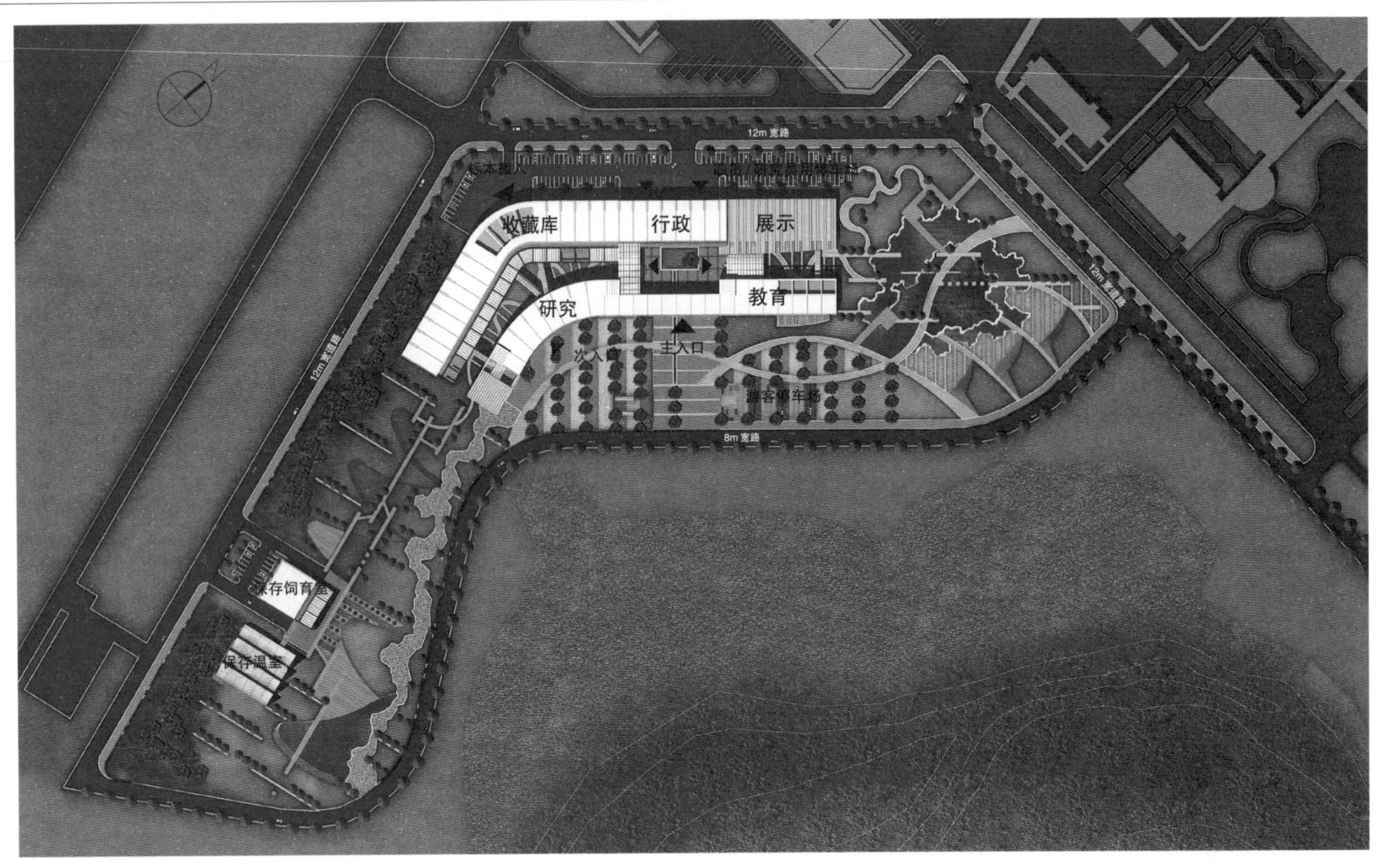

国立生物资源馆 新建设计竞赛

自然的生态系不仅仅理解为单纯的生物与环境的集合体，而应看作是这些元素按一定规律连接的有机组织体，即体系。所有的生态系都维持着互动的安定。生态系中有多样的生物种类栖息时，其安定性提高；栖息生物种类不够的时候，成为不安定的状态

Arthur Tansley

规划的着眼点

方案形成过程

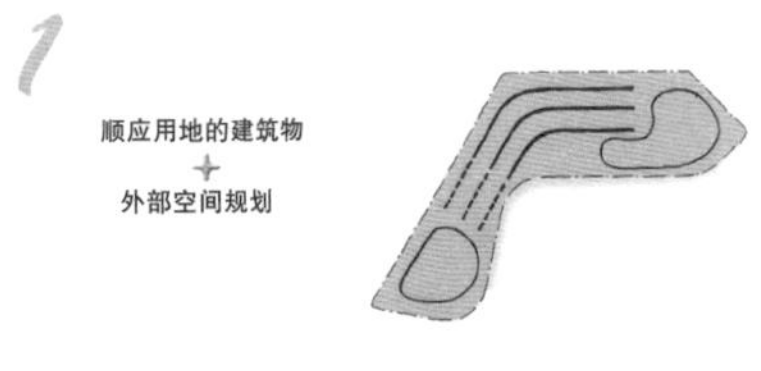

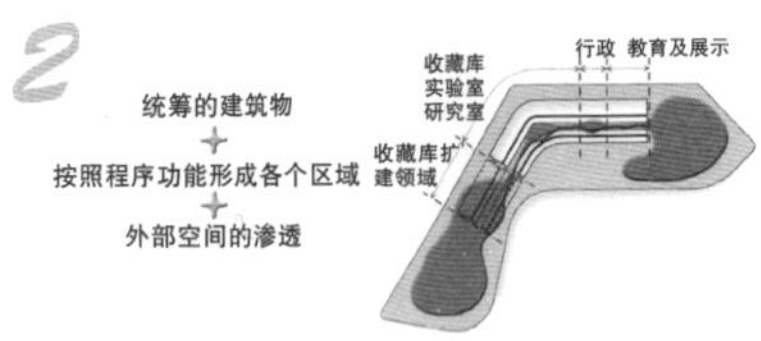

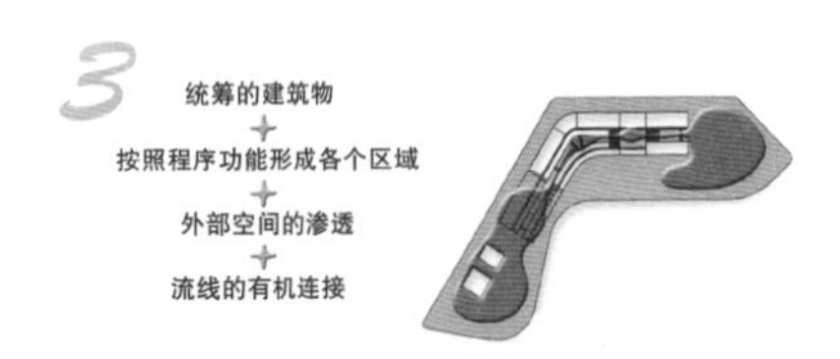

收藏 研究 实验 系统

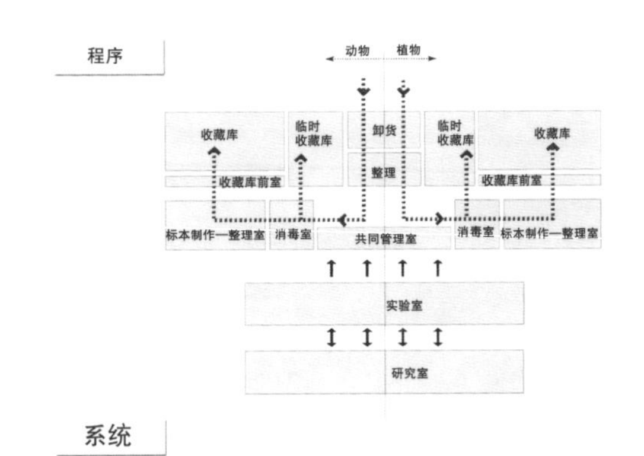

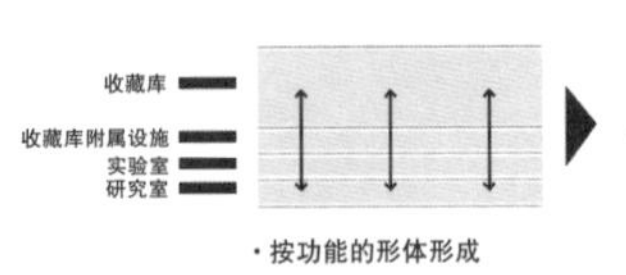

·按功能的形体形成

·功能之间的有机统合与中庭的采纳
·利用中厅保证了各室的采光及通风

总平面及入口道路

总平面设计的着眼点

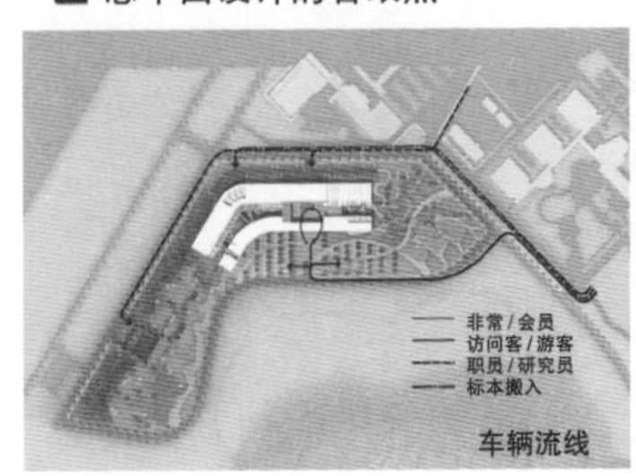

车辆流线

步行流线

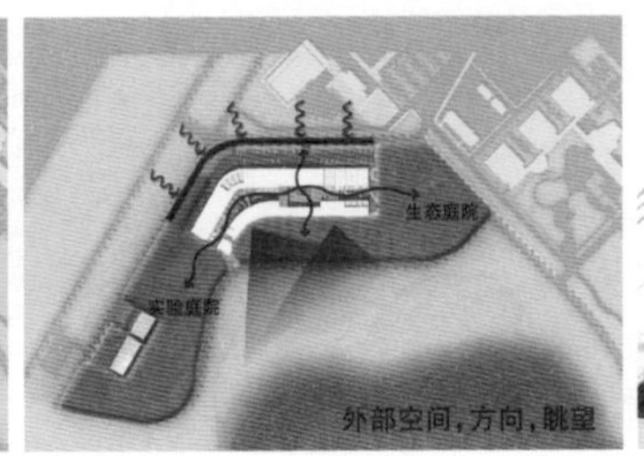

外部空间，方向，眺望

收藏库扩建

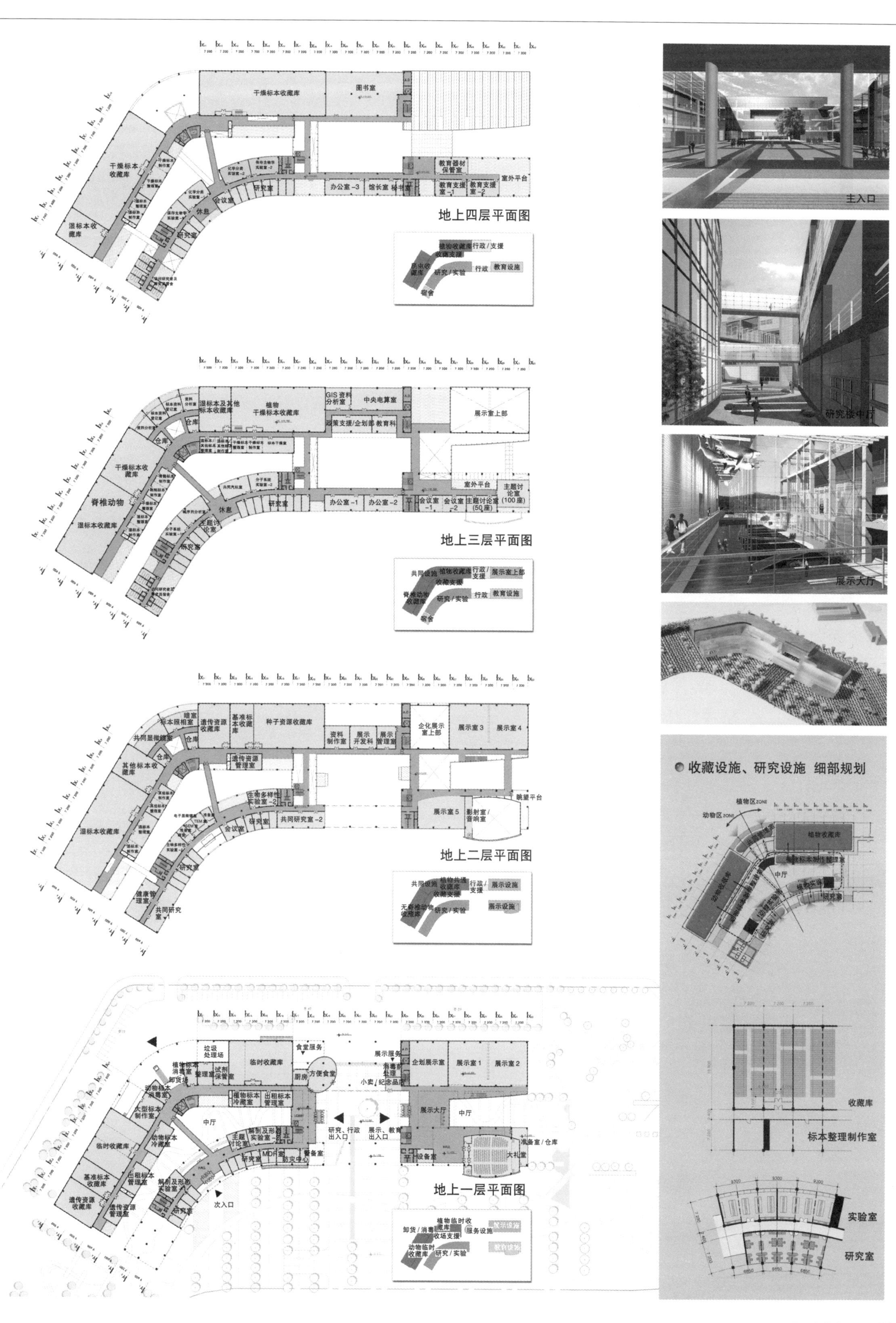
地上四层平面图
地上三层平面图
地上二层平面图
地上一层平面图
主入口
研究楼中庭
展示大厅
收藏设施、研究设施 细部规划
收藏库
标本整理制作室
实验室
研究室

流线规划

• 收藏设施
– 区别动植物
– 与附属设施直接联系

• 研究设施
– 与收藏库紧密联系
– 区别动物区与植物区

• 行政设施
– 从中央与各设施联系

• 展示、教育设施
– 两种设施的紧密联系
– 以中厅为中心循环

动植物标本
实验研究
行政
教育
展示

造型概念

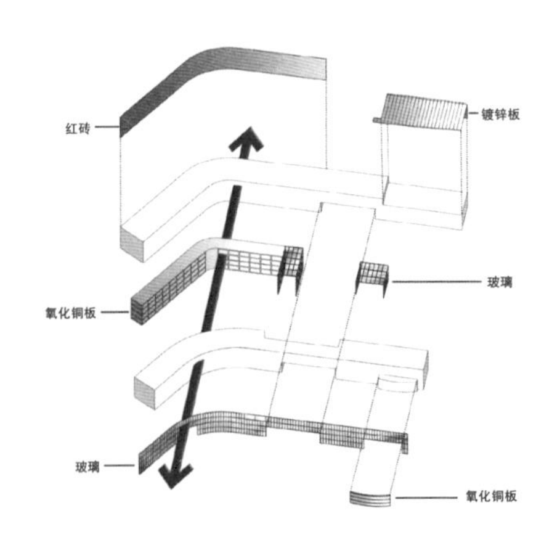

造型：轮廓的形成

• 按功能程序的形体形成
• 引入中厅分割、隔离形体，给各室提供良好的采光及通风
• 按功能有机联系

材料：砖、氧化铜板、玻璃

• 砖 – 用土制作的亲自然材料
– 耐久性好的保护收藏库的材料

• 氧化铜板 – 使用自然的色彩相协调的绿色材料
• 玻　璃 – 反映未来型研究所的高科技形象
– 有利于采光及眺望

相互贯穿

• 连廊
• 形体的打开
• 材料的反复使用

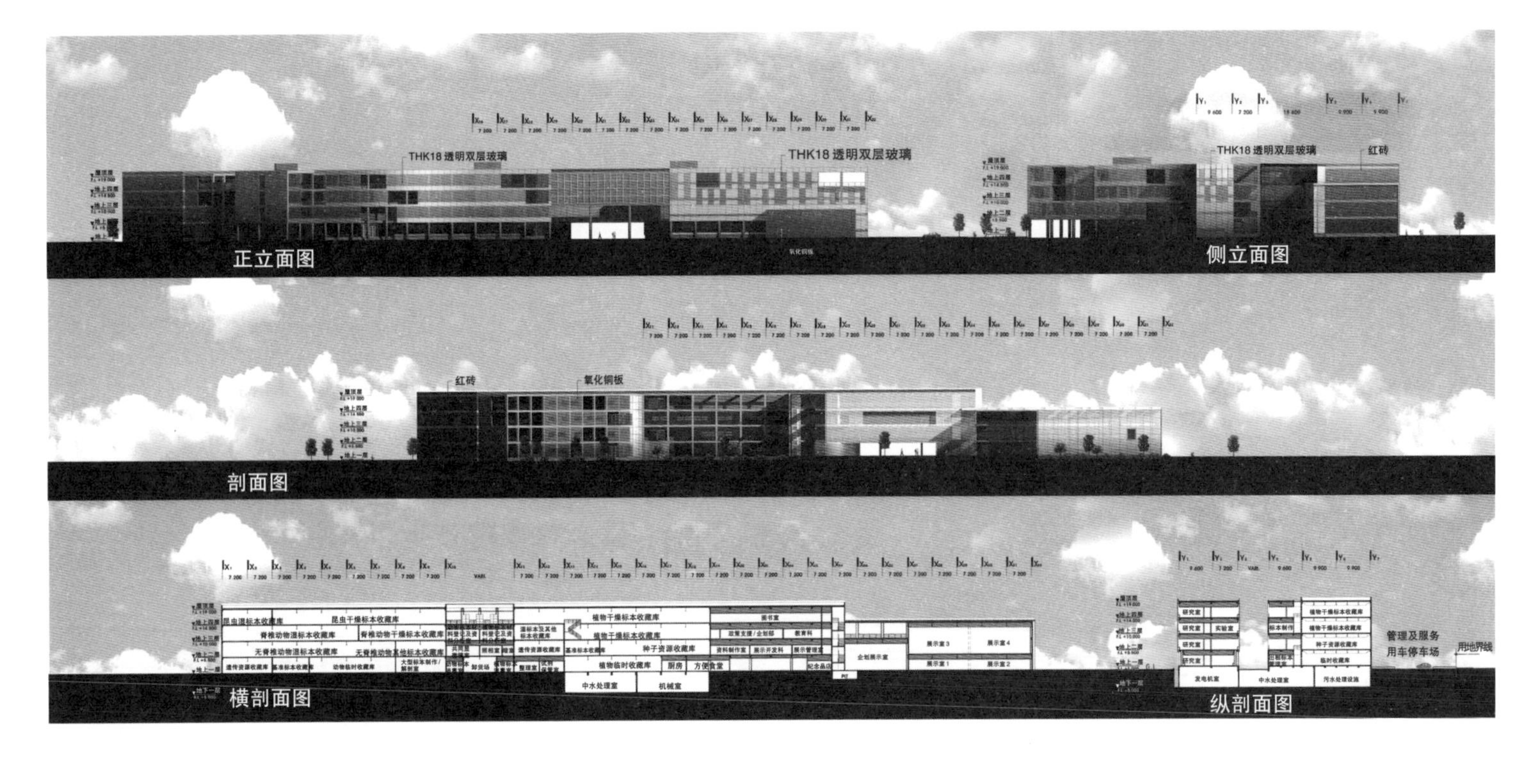

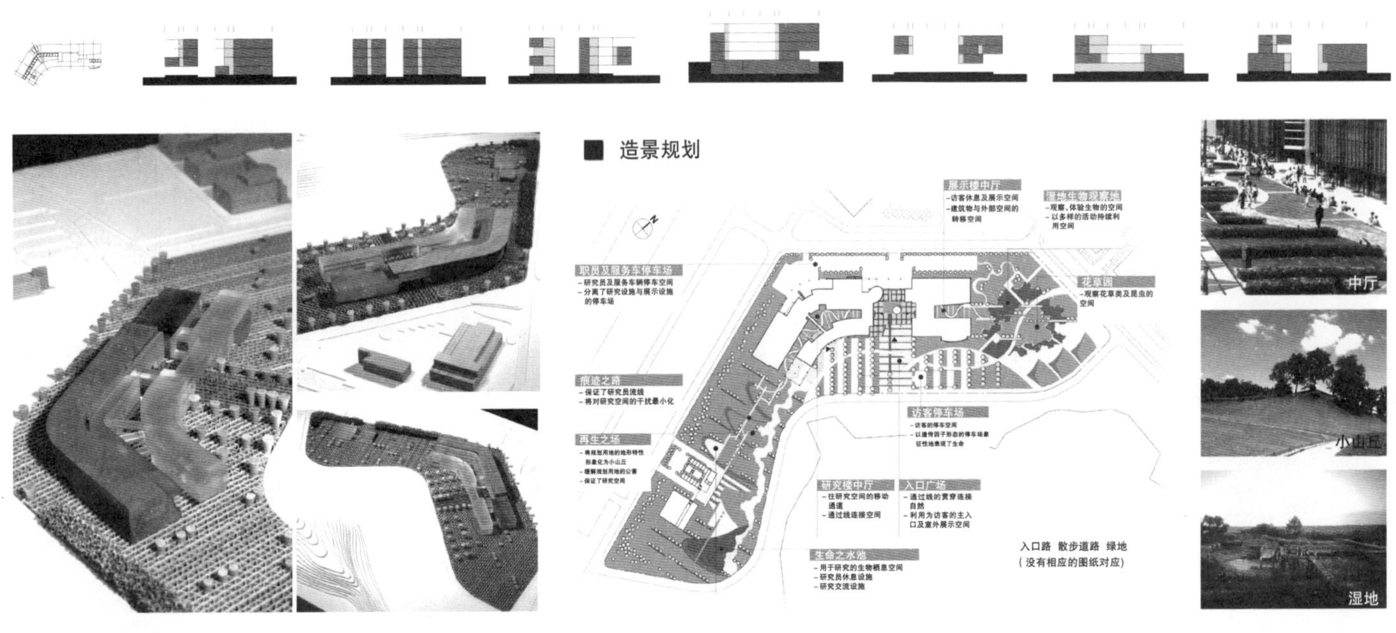

釜山渔村民俗展示馆

中标方案 建优建筑＋釜山建筑：郑太福

设计基本方向

继承和发展釜山渔村文化传统和历史的空间。

青少年对大海的梦想和代代相传的文化学习的空间。

设计概念

以釜山渔村文化传统性和历史性为基础，体现象征未来进取秘籍的展示馆。

体现乘风破浪驶向大海的渔船的互动形象。

体现内外有机连接在一起的公园内的形象。

形象性

作为渔村文化的传统性、历史性、交流的中心，体现釜山渔村的大海形象(水空间和水幕)。

象征发展中的、宏伟的、互动的船舶形象(展示室)。

可以寻找渔村生活痕迹的、象征进取气象的灯塔和白帆(眺望台和灯塔)。

码头的形象(教育、管理以及公共服务区域)。

总平面设计

积极保留和活用原有植物的自然环境保存设计。

面向洛同江的，确保足够眺望圈的平面布置。

在原有人行道边设置休息椅子，方便行人和游客。

象征鱼类的建筑物布置

考虑釜山的气候，在建筑物的正面设置水空间。

在建筑物的后部设置露天实习场，提高游客和居民对渔村生活的理解。

以建筑物为中心，前部设计成静的空间，后部设计成动的空间。

平面设计

展示物的摆放，从入口到出口不影响宽敞合理的流线。

明确划分展示区域和管理区域。

上部室外空间的设置，保证面向洛同江的视野。

大厅连贯企划展示室，满足小规模展示的空间设计。

统合构成下部的公共服务区域，强调便于游览以及公共建筑物的特性。

紧急状态时认知清楚的疏散通路设计。

立面设计

互动的柱型设计，避免单一性。

通过柱的重叠，设计互动的形状。

象征灯塔和白帆的眺望台设计。

象征波浪的立面水景以及采用首层开敞式，从水空间托起建筑物，象征面向大海的巨轮。

象征海草的柱子，布置在出入口区域。

通过若干立体的面块分割，强化对建筑物的吸引力和知名度。

选用除了功效以外还具有外装饰效果的木材料。

为建筑物全盘设计适当的照明系统，日落以后也能够显现建筑物的外景。

剖面设计

一层设置固定(企划)展示室等方便设施，供游客利用。

二、三层设置展示室，楼层间的联系使用内部楼梯以及电梯。

低层：通过室内外强烈的视觉开放和与外部空间的联系，强调空间的扩张。

在可以眺望洛同江的适当高度设置眺望台，同时使建筑物摆脱平面扩张，朝立体方向扩展。

上层：在灯塔和平台等通路边，设置可以眺望洛同江的屋顶空间。

通过调整各楼体的高度，引导空间变化的快速感。

通过展示室破碎的立体形状，增大对建筑物的吸引力。

展示室：为了适应功能的流动性，引进压缩概念，来满足展览的扩张性。

位置：釜山市北区化名洞2260番地(邻近公园内)

地域：第三种一般居住地域、住宅开发预定地区

用地面积：10000m²

首层建筑面积：1984.15m²

总建筑面积：2982.33m²

结构：钢筋混凝土结构、型钢混凝土结构

建筑密度：19.84%

容积率：29.82%

建筑规模：地下1层、地上3层

最高高度：63.25m

外部装修：合金条板、水泥喷涂、彩色双层玻璃

设备概要

共存设备：恒温恒湿(水交换)设备、单一新风输送方式

热源设备：冷热两用(UNIT)套(城市煤气)

卫生设备：压力泵送水方式

消防设备：屋内消防用电/消防用水/气体灭火/移动灭火

停车位数：30辆(含残疾人用车1辆)

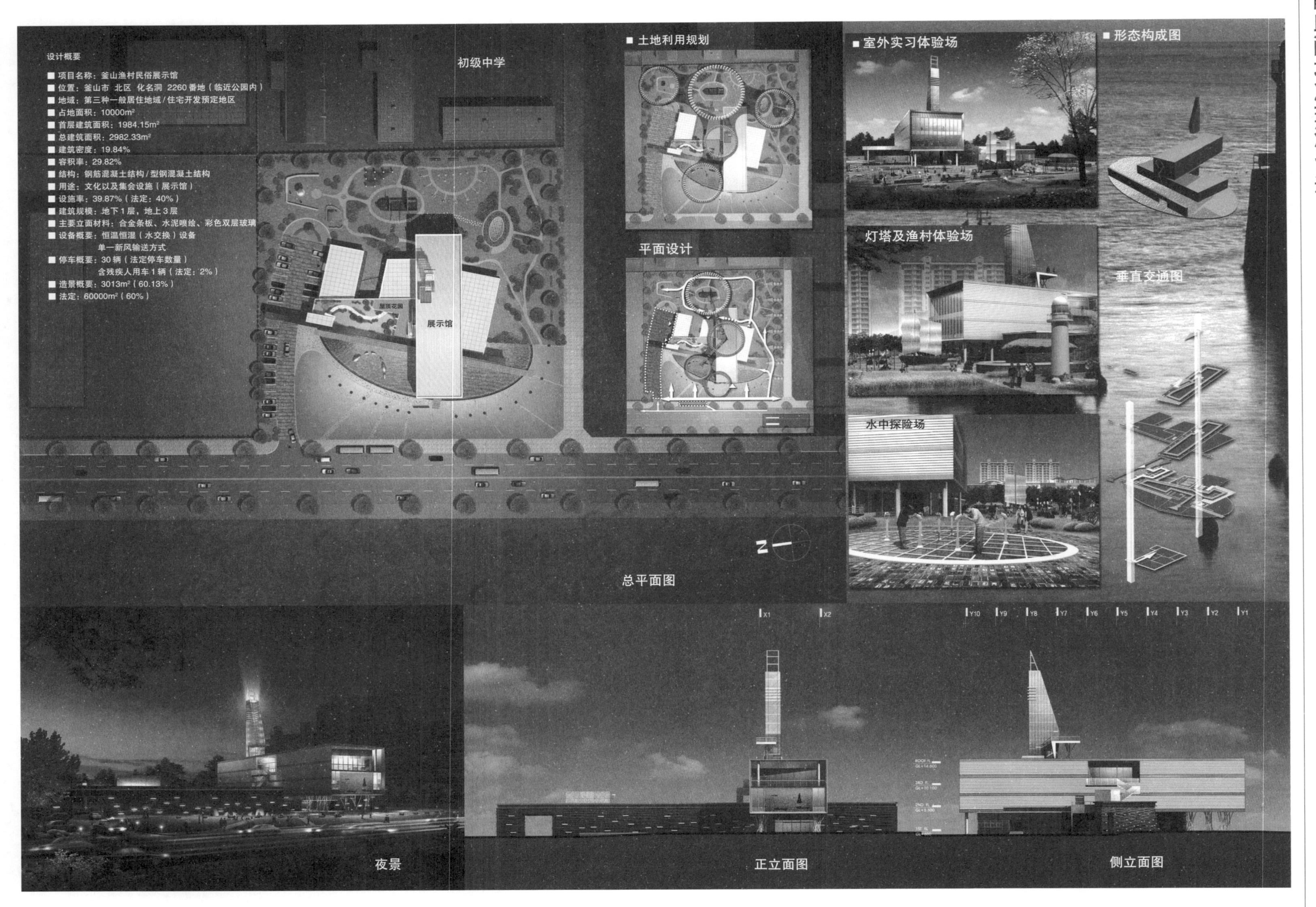

设计概要
■ 项目名称：釜山渔村民俗展示馆
■ 位置：釜山市 北区 化名洞 2260 番地（临近公园内）
■ 地域：第三种一般居住地域 / 住宅开发预定地区
■ 占地面积：10000m²
■ 首层建筑面积：1984.15m²
■ 总建筑面积：2982.33m²
■ 建筑密度：19.84%
■ 容积率：29.82%
■ 结构：钢筋混凝土结构 / 型钢混凝土结构
■ 用途：文化以及集会设施（展示馆）
■ 设施率：39.87%（法定：40%）
■ 建筑规模：地下 1 层，地上 3 层
■ 主要立面材料：合金条板、水泥喷绘、彩色双层玻璃
■ 设备概要：恒温恒湿（水交换）设备
单一新风输送方式
■ 停车概要：30 辆（法定停车数量）
含残疾人用车 1 辆（法定：2%）
■ 造景概要：3013m²（60.13%）
■ 法定：60000m²（60%）
初级中学
展示馆
总平面图
■ 土地利用规划
平面设计
■ 室外实习体验场
灯塔及渔村体验场
水中探险场
■ 形态构成图
垂直交通图
夜景
正立面图
侧立面图

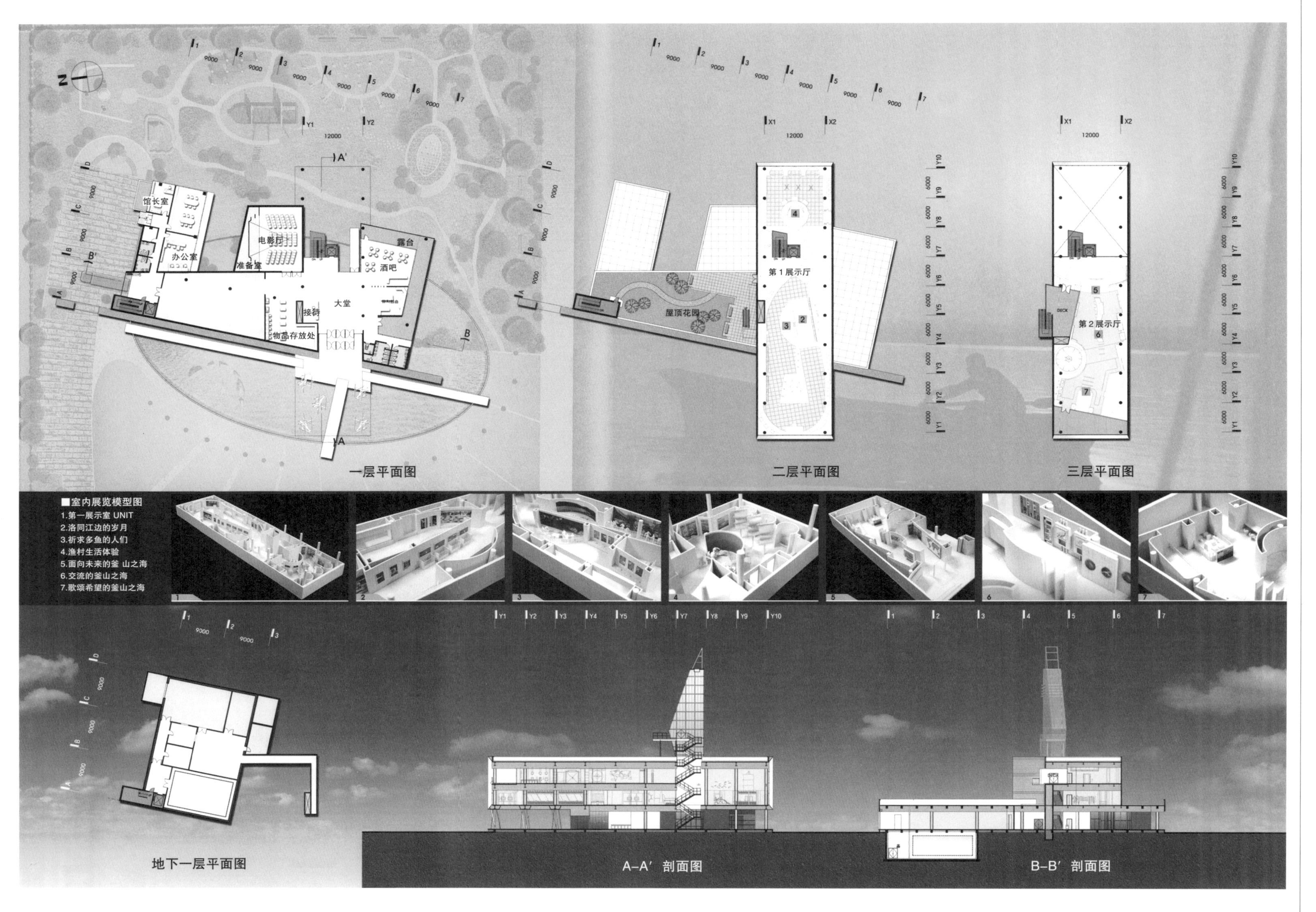

馆长室
办公室
准备室
电影厅
接待
大堂
物品存放处
露台
酒吧
一层平面图
屋顶花园
第1展示厅
二层平面图
DECK
第2展示厅
三层平面图
■室内展览模型图
1.第一展示室 UNIT
2.洛同江边的岁月
3.祈求多鱼的人们
4.渔村生活体验
5.面向未来的釜 山之海
6.交流的釜山之海
7.歌颂希望的釜山之海
地下一层平面图
A-A′ 剖面图
B-B′ 剖面图

忠庆北道丛林博物馆

优秀方案 **建筑师事务所：**金奎石。**韩国技术教育大学：**朴广范 。**(株)Human C：**朴明久。设计组：罗国珍，郑智淑，金顺姬。透视图：art vision

设计目标

—区域山林的保存研究及地区居民自然环境教育空间的提供。

—对于自然山林理解宣传的场所。

—通过对传统山林文化的保存开发，激励对山林文化的自豪感。

—预示未来林业环境的景象。

—利用富饶的自然环境作为开放式学习、体验教育的场所。

现状分析

周边现状分析

接近性

—参观者的接近流线在现有的树木园处，分为植物园、昆虫馆两个分支。

—用地北侧现有道路步行与车行环境分离(有利于利用用地内出入流线)。

—现有树木园建筑物外观形态的造型美中不足。

朝向和眺望

—由用地东南侧进入广场喷水池等展开眺望(有利朝向和眺望)。

—通过用地北侧屹立的山峰隔断眺望。

室外空间

—从停车场到现有建筑物前广场的室外空间利用不够。

—室外集会空间及适当的休息空间不足。

总平面设计

基本概念

—从树木园主入口开始利用自然倾斜的地形，考虑传统建筑空间的外部构成及建筑布置。

—与现有建筑物自然连接的规划。

—用地的外部空间(庭院)设在南侧，以便自然眺望的建筑平面设计(展示，休息空间的视野十分良好)。

—展示及布置区，管理区等将楼座分为两大区域。

—现有建筑物中央的开放性确保博物馆后面的热带植物馆、昆虫馆的易接近性。

室外空间及造景计划

室外造景及绿地

—规划现有的水空间为室外表演场，利用现有的倾斜台阶作为座席。

—博物馆和植物园之间形成的内庭为参观者提供了安静的休息及午餐空间。

—博物馆主出入口前面的广场是为团体参观预备的空间。

剖面设计

—现有建筑物层高和扩建建筑物(展示领域)层高之间的自然连接。

—确保二层展示空间层高多样化(易于适应展示物大小)。

—确保主入口的大空间，以提高内部空间认知性。

—考虑现有建筑物首层标高，确定扩建建筑地平的设计。

原有建筑物修缮及扩建规划

—强调外立面的造型，寻求扩建部分及其相互间自然的连接性。

—原有建筑物中央的开放性(原结构不变)，确保到植物园的游客交通。

—考虑与原有地下层连接的垂直流线设计(规划增建楼梯间)。

—扩建部分及其形态与功能调和，来设计新形态山林博物馆。

—外墙主材料使用红杉木及玻璃，力求亲和自然。

—将现有的植物布置库与植物园之间的空间作为日后扩建用地，用作展示，布置空间。

位置：忠庆北道清原郡美园面美园里20号地(忠庆北道山林环境研究所内)
地域：管理地区 / 自然绿地地区
用地面积：58548m²
建筑面积：3904.66m²(规划建筑物：945.70m²)
总建筑面积：6321.63m²(规划建筑物：1926.46m²)
建筑密度：6.67%
容积率：10.15%
规模：地下1层，地上2层
结构：钢筋混凝土，钢结构

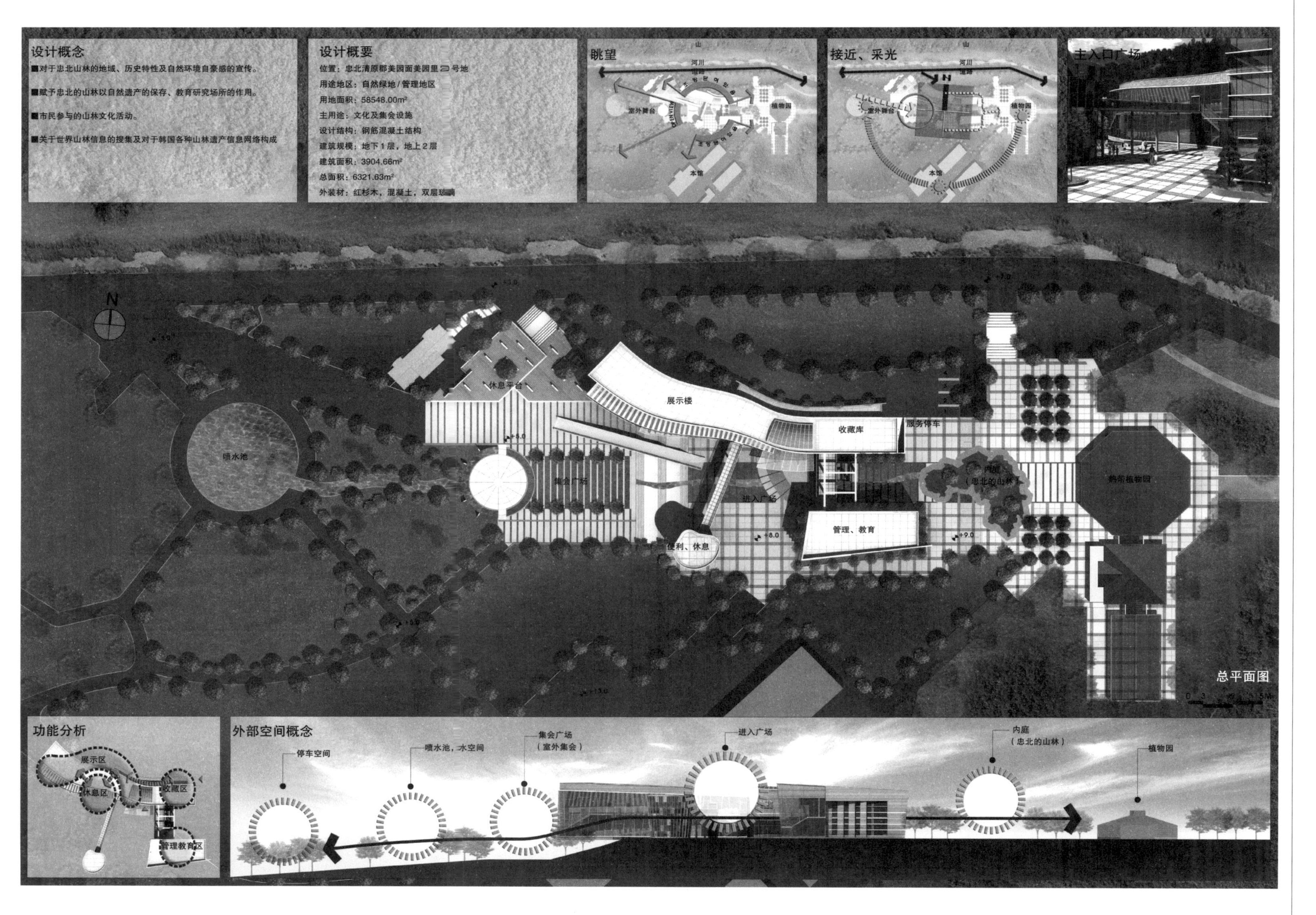

设计概念
■对于忠北山林的地域、历史特性及自然环境自豪感的宣传。
■赋予忠北的山林以自然遗产的保存、教育研究场所的作用。
■市民参与的山林文化活动。
■关于世界山林信息的搜集及对于韩国各种山林遗产信息网络构成
设计概要
位置：忠北清原郡美园面美园里 ⊃ 号地
用途地区：自然绿地/管理地区
用地面积：58548.00m²
主用途：文化及集会设施
设计结构：钢筋混凝土结构
建筑规模：地下1层，地上2层
建筑面积：3904.66m²
总面积：6321.63m²
外装材：红杉木，混凝土，双层玻璃
眺望
山
河川
道路
室外舞台
植物园
本馆
接近、采光
山
河川
道路
室外舞台
植物园
本馆
主入口广场
休息平台
展示楼
收藏库
服务停车
喷水池
集会广场
进入广场
内庭
（忠北的山林）
热带植物园
管理、教育
便利、休息
总平面图
功能分析
展示区
休息区
收藏区
管理教育区
外部空间概念
停车空间
喷水池，水空间
集会广场
（室外集会）
进入广场
内庭
（忠北的山林）
植物园

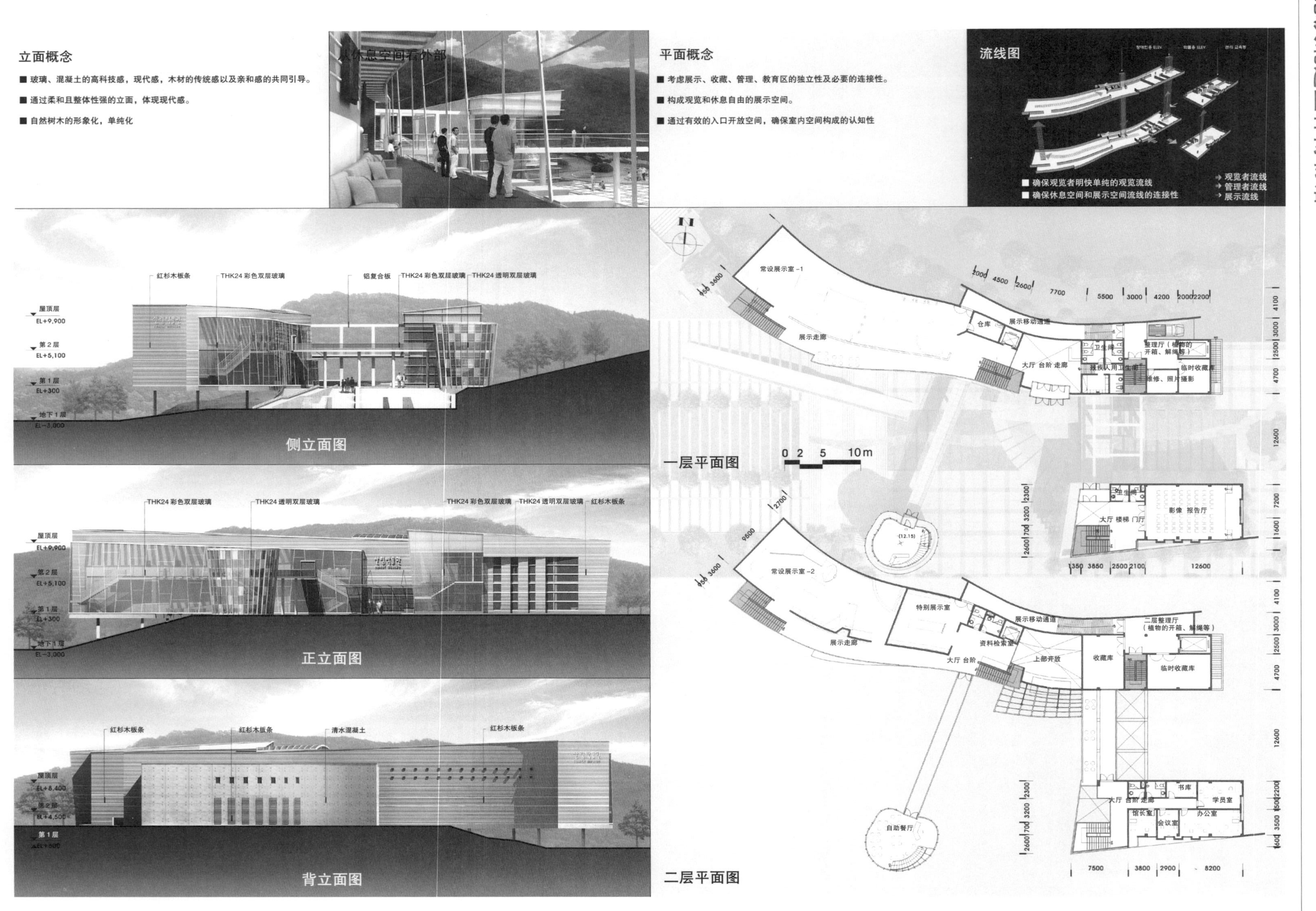
立面概念
■ 玻璃、混凝土的高科技感，现代感，木材的传统感以及亲和感的共同引导。
■ 通过柔和且整体性强的立面，体现现代感。
■ 自然树木的形象化，单纯化
从休息空间看外部
平面概念
■ 考虑展示、收藏、管理、教育区的独立性及必要的连接性。
■ 构成观览和休息自由的展示空间。
■ 通过有效的入口开放空间，确保室内空间构成的认知性
流线图
■ 确保观览者明快单纯的观览流线
■ 确保休息空间和展示空间流线的连接性
观览者流线
管理者流线
展示流线
红杉木板条
THK24 彩色双层玻璃
铝复合板
THK24 透明双层玻璃
屋顶层
EL+9,900
第2层
EL+5,100
第1层
EL+300
地下1层
EL−3,000
侧立面图
正立面图
清水混凝土
EL+8,400
EL+4,500
背立面图
常设展示室 -1
展示走廊
仓库
展示移动通道
大厅 台阶 走廊
卫生间
残疾人用卫生间
整理厅（植物的开箱、解绳等）
临时收藏库
维修、照片摄影
一层平面图
0 2 5 10m
影像 报告厅
大厅 楼梯 门厅
常设展示室 -2
特别展示室
资料检索室
大厅 台阶
上部开放
收藏库
二层整理厅（植物的开箱、解绳等）
书库
学员室
馆长室
会议室
办公室
自助餐厅
二层平面图

革新概念

■ 拆除现有建筑物的中央部分，保证通往植物园及昆虫馆的观赏流线。

■ 与扩建部分的功能相协调，规划新形态的森林博物馆

■ 现有建筑物拆除部分
（保存构造体）

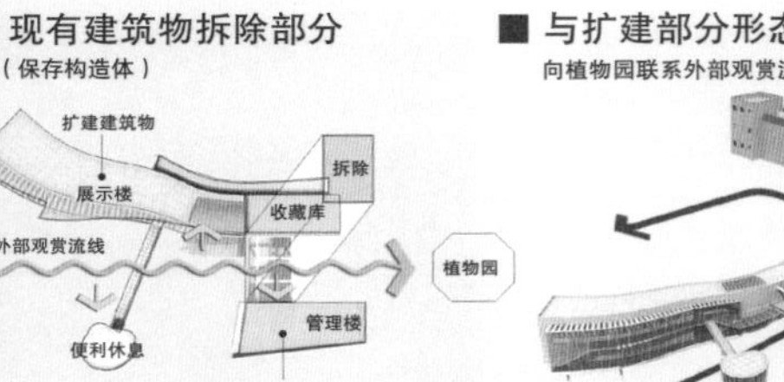

■ 与扩建部分形态、功能的协调
向植物园联系外部观赏流线

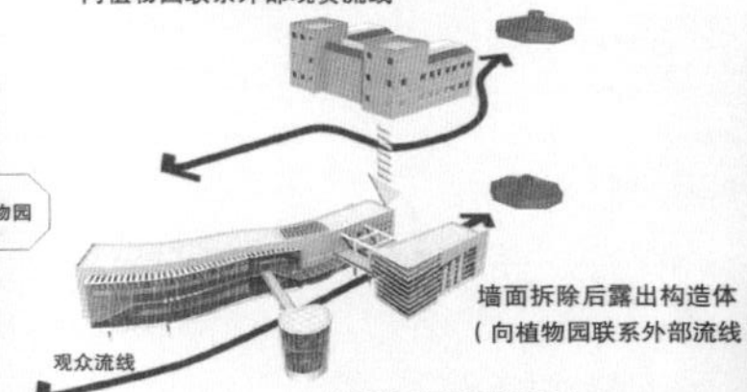
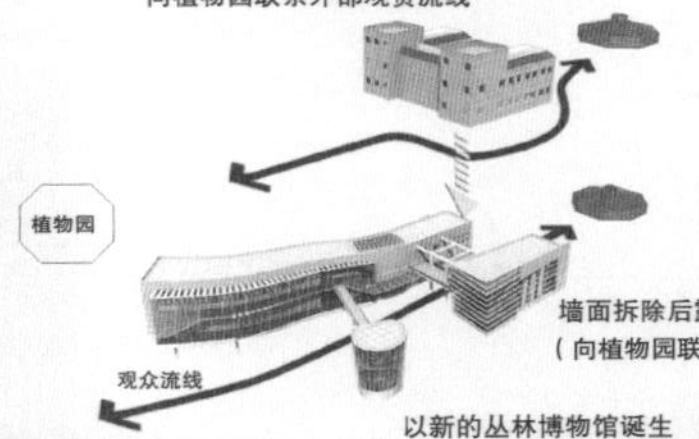

以新的丛林博物馆诞生

剖面概念

■ 现有建筑物的层高与扩建建筑物（展览区）层高的自然联系

■ 确保二层展览空间的多种层高（可适应各种展览内容）

■ 保证主入口的大空间：内部空间的认知

■ 考虑现有建筑物地坪标高的扩建规划

入口处全景

纵剖面图

横剖面图

展示设想图

■ 组成可塑造忠北特性化的展示内容
■ 构成考虑林区规划展示的扩张性
■ 强调并展示通过丛林的亲环境、感化情绪要素
■ 传达在现代生活中丛林的具体利用及好处

▲用忠北丛林博物馆厅内的象征物，表现出自然、人类、动物相协调的生存状态

▲用音响和艺术作品表现了忠北的丛林，起到了感化观众情绪和引导参观氛围的作用

▲忠北的丛林环境和保护方面的努力

▲美丽的忠北丛林旅行

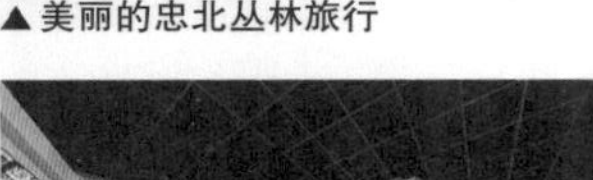

▲展示忠北的林产资源和昆虫标本

▲山林病害虫和冬眠灌木

▲丛林的利用

▲忠北林厅和丛林环境研究所发展史

▲丛林、环境、未来

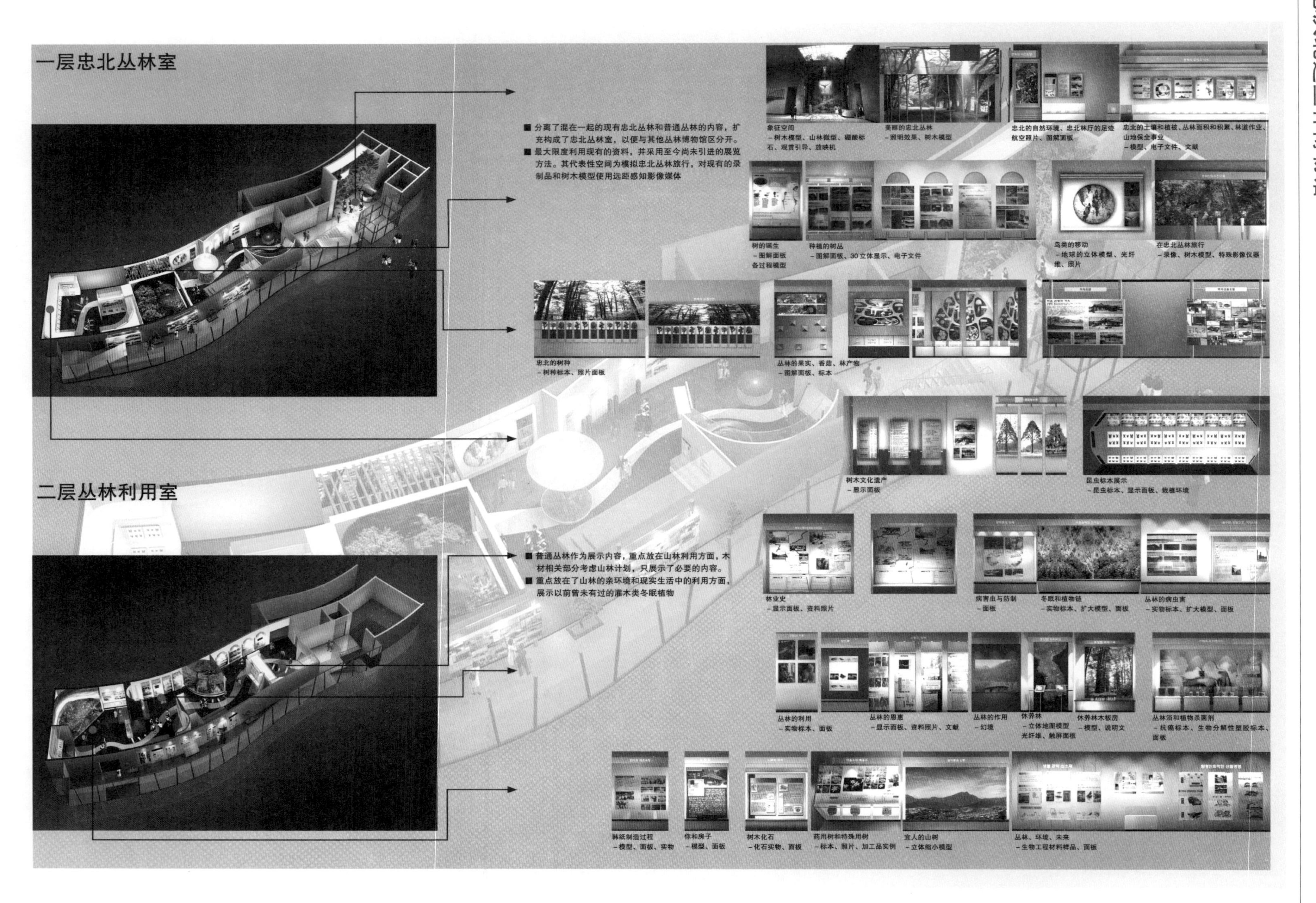
一层忠北丛林室
■ 分离了混在一起的现有忠北丛林和普通丛林的内容，扩充构成了忠北丛林室，以便与其他丛林博物馆区分开。
■ 最大限度利用现有的资料，并采用至今尚未引进的展览方法。其代表性空间为模拟忠北丛林旅行，对现有的录制品和树木模型使用远距感知影像媒体
象征空间
－树木模型、山林微型、砸敲标石、观赏引导、放映机
美丽的忠北丛林
－照明效果、树木模型
忠北的自然环境、忠北林厅的足迹
航空照片、图解面板
忠北的土壤和植被、丛林面积和积累、林道作业、山地保全事业
－模型、电子文件、文献
树的诞生
－图解面板
各过程模型
种植的树丛
－图解面板、3D立体显示、电子文件
鸟类的移动
－地球的立体模型、光纤维、照片
在忠北丛林旅行
－录像、树木模型、特殊影像仪器
忠北的树种
－树种标本、照片面板
丛林的果实、香菇、林产物
－图解面板、标本
树木文化遗产
－显示面板
昆虫标本展示
－昆虫标本、显示面板、栽植环境
二层丛林利用室
■ 普通丛林作为展示内容，重点放在山林利用方面，木材相关部分考虑山林计划，只展示了必要的内容。
■ 重点放在了山林的亲环境和现实生活中的利用方面，展示以前曾未有过的灌木类冬眠植物
林业史
－显示面板、资料照片
病害虫与防制
－面板
冬眠和植物链
－实物标本、扩大模型、面板
丛林的病虫害
－实物标本、扩大模型、面板
丛林的利用
－实物标本、面板
丛林的恩惠
－显示面板、资料照片、文献
丛林的作用
－幻境
休养林
－立体地图模型
光纤维、触屏面板
休养林木板房
－模型、说明文
丛林浴和植物杀菌剂
－抗癌标本、生物分解性塑胶标本、面板
韩纸制造过程
－模型、面板、实物
你和房子
－模型、面板
树木化石
－化石实物、面板
药用树和特殊用树
－标本、照片、加工品实例
宜人的山树
－立体缩小模型
丛林、环境、未来
－生物工程材料样品、面板

住宅及公园

釜川如月地区住宅小区

中标方案 **熙林建筑：**郑永钧，李钟洙

"覆盖着山川与河流的自然村庄"，如月土地的脉搏在跳动……

①迎合用地和脉络的平面选型；

②作为区域一部分的小区规划；

③依附于自然造就的小区风景。

如月地区位于连接首尔与仁川的卫星城：釜川中央部光驿交通网内，是与韩国首都联系很方便的地区，是开发潜力非常大的交通要塞。而且如月洞方原先大部分为水稻等农耕地，部分为海拔100m以内的丘陵地带。西邻海拔106.5m的春意山(山名)，东南为大小不等的丘陵山地，中央地区为错落成六七个景色优美的大台阶地区。该地区将来与原有都市中心的联系与开发的可能性很大，对釜川地区大气环境改善起到巨大作用。

第一块地区

规划概念

设计时，考虑动静复合构成空间的多样性，积极活用步行歇脚处，有机地连接外部空间。

—亲环境居住小区：自然的脉搏(充分吸收舆论界破坏绿色环境的批评言论，做到保存并活用该地区优良的自然环境要素)。

—构筑步行绿地网络：人的脉搏(国民租赁居住小区的新的思想)。

—强化城市景观：景观之脉搏(用地的城市性和田园性共存、分块考虑景观)。

第三块地区

规划概念

设计时，考虑动静复合构成空间的多样性和移动时流向主空间的思维手法，积极构思丰富多样的步行空间，做到与外部空间的连接。

主动在楼座墙壁上进行绿化，提示欢快的步行环境。

保证行人的视觉开放感

设计一层开敞空间，提供休闲以及居民的公共空间。

主动考虑都市景观

构成与周边环境相协调的天际线(滑雪道)。

平立面设计

优化型：依据用地形状的楼座间的连接。

—赋予整个小区的节奏感和生动感。

—面向用地眺望的平面布置。

塔楼型：全朝南的平面设计，提供均匀的方向。

利用造型设计赋予小区特色。

位置：京畿道釜川市 梧丁区如月洞、勺洞一体——釜川如月住宅开发地区内

地域：一般居住地域(住宅开发地区)

第一块地区

用地面积：47172m²

首层建筑面积：8390.18m²

总建筑面积：86369.16m²

建筑密度：17.78%

容积率：149.74%

绿化率：32%

道路率：43.87%

第三块地区

用地面积：35265m²

首层建筑面积：6132.83m²

总建筑面积：63496.74m²

建筑密度：17.39%

容积率：149.55%

绿化率：32%

道路率：44.48%

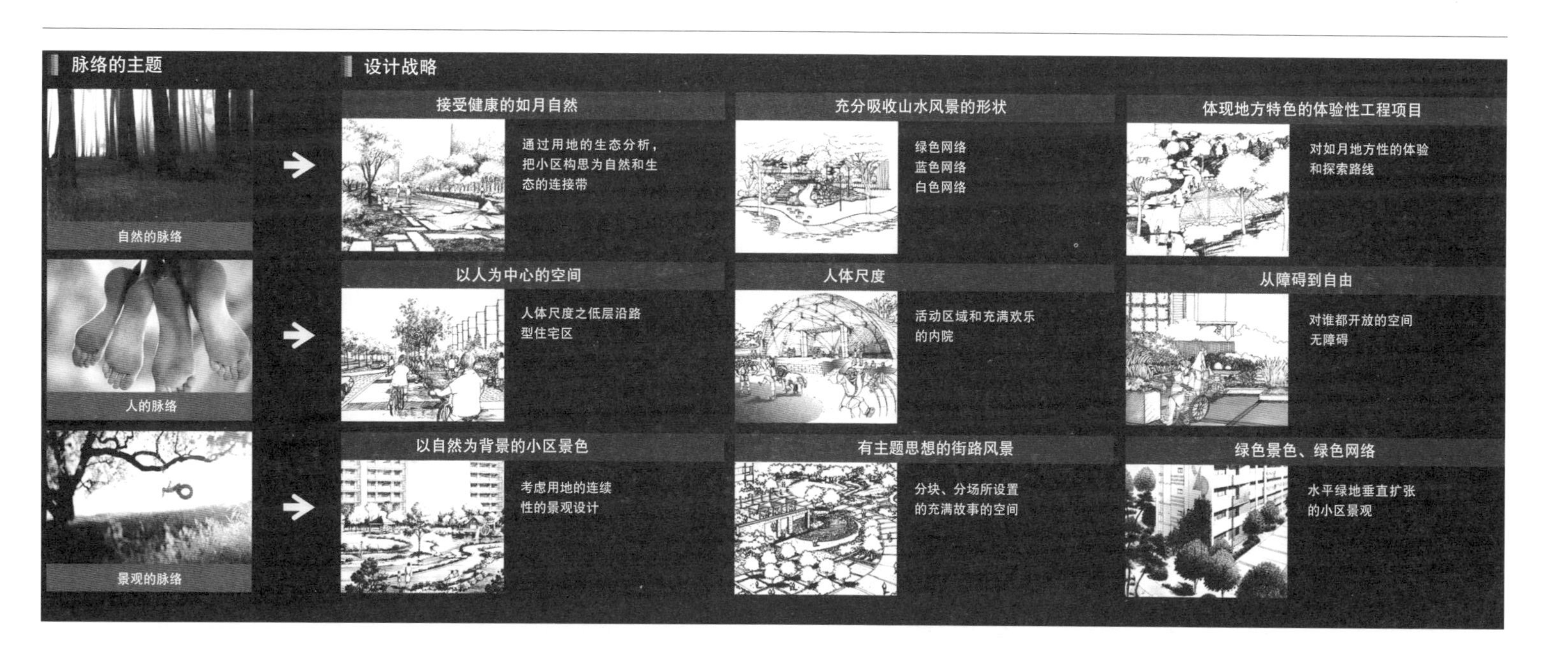
脉络的主题
设计战略
自然的脉络
人的脉络
景观的脉络
接受健康的如月自然
通过用地的生态分析，把小区构思为自然和生态的连接带
充分吸收山水风景的形状
绿色网络
蓝色网络
白色网络
体现地方特色的体验性工程项目
对如月地方性的体验和探索路线
以人为中心的空间
人体尺度之低层沿路型住宅区
人体尺度
活动区域和充满欢乐的内院
从障碍到自由
对谁都开放的空间
无障碍
以自然为背景的小区景色
考虑用地的连续性的景观设计
有主题思想的街路风景
分块、分场所设置的充满故事的空间
绿色景色、绿色网络
水平绿地垂直扩张的小区景观

如月地脉
依据大地脉络的总平面造型
作为大地的一部分的小区规划
以自然为背景的小区风景

釜川如月地区住宅小区

绿色网袋：
活用人行道的开放空间
设置长椅等休闲设施
溪流：
区域内的水循环系统
采取自然排水系统的优秀设计
水生氧吧：
种植水生／水边植物，
引入自然净化系统
提供生物栖息地
生态莲池：
两片系统
有水生空间、净化莲池和生态莲池组成
开放楼座边角：
开放主要节点部位边角
连接节点部位边角空间和小区内空间
主要人行道：
作为区内主要人行道，
是形成欢快活动的步行轴线
社区设施：
路边设施的升华
任由居民筑造的社区空间
出入人行道：
种植象征釜川市的桃树
发芽、开花、结果、落叶等变化的季节感
金色公园：
与小区的儿童公园连接，顺应用地的走向

城市脉络的理解
交通状况的理解
自然地形的理解
周边状况的理解

绿色网袋：
活用人行道的开放空间
设置长椅等休闲设施
设置多种造型装饰物
艺术桥廊：
连接邻近公园、用地区域三大块的生态连接带
有视觉区别的与人行道连接
观览台：
学习、观察陆地生态的亲自然空间
位于小区和邻近公园交接处，
是生态学习场所
小田地：
亲自种植植物的空间
自然学习项目的空间
形成居民的社区的聚焦点
水幕墙：
中央广场的莲池以及水池边，
游玩空间的挡风墙
社区设施：
在中央广场和首层沿路边设置活动设施，活泼居民之间的交往
中央广场：
小区中心的开放空间
象征性中心空间
步行网路的主要汇集点
潺潺小溪：
不透性包装的水景空间
楼座边角的开放：
主要节点部位设置开敞式空间
连接节点部位空间和外部大空间

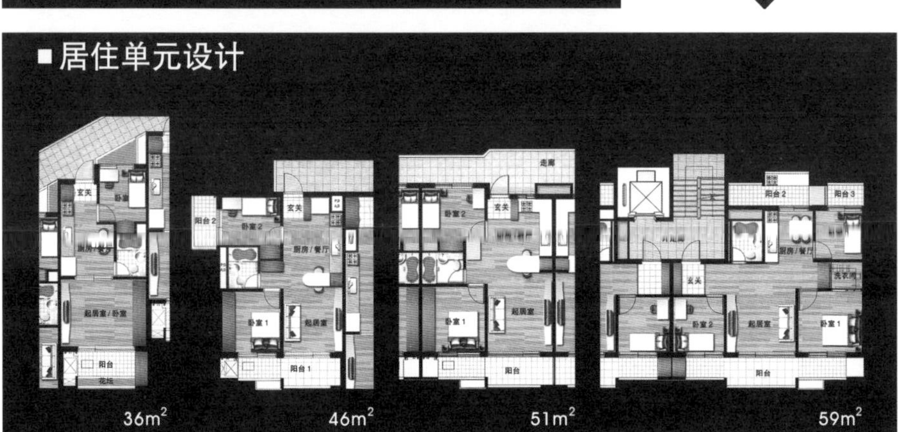

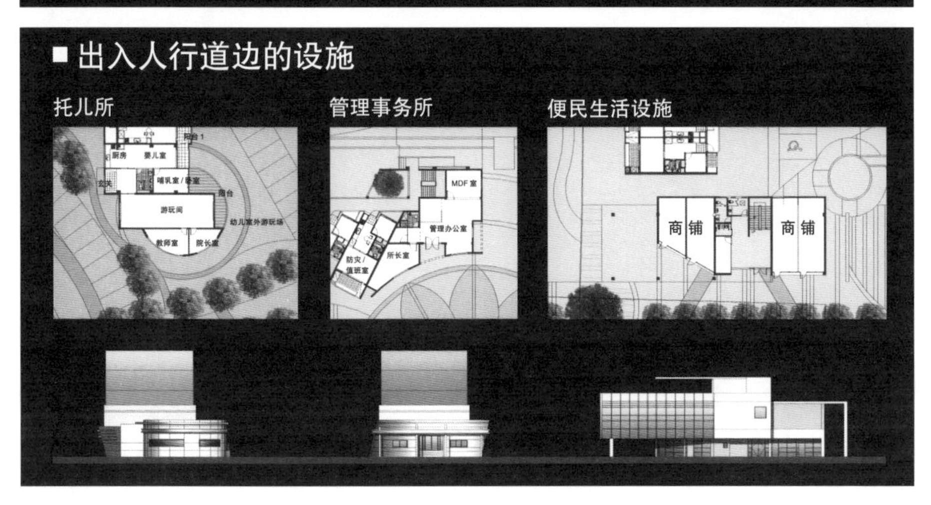

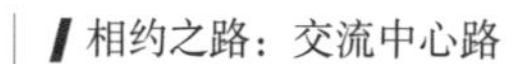

相约之路：交流中心路

想走的路：引进人体尺度的中心路

想停留的广场

想走的路：步行广场

小区外部空间的汇集点：中央广场

佳作方案　Kirsten Schemel（德国）

Kyu Sung Woo（美国）

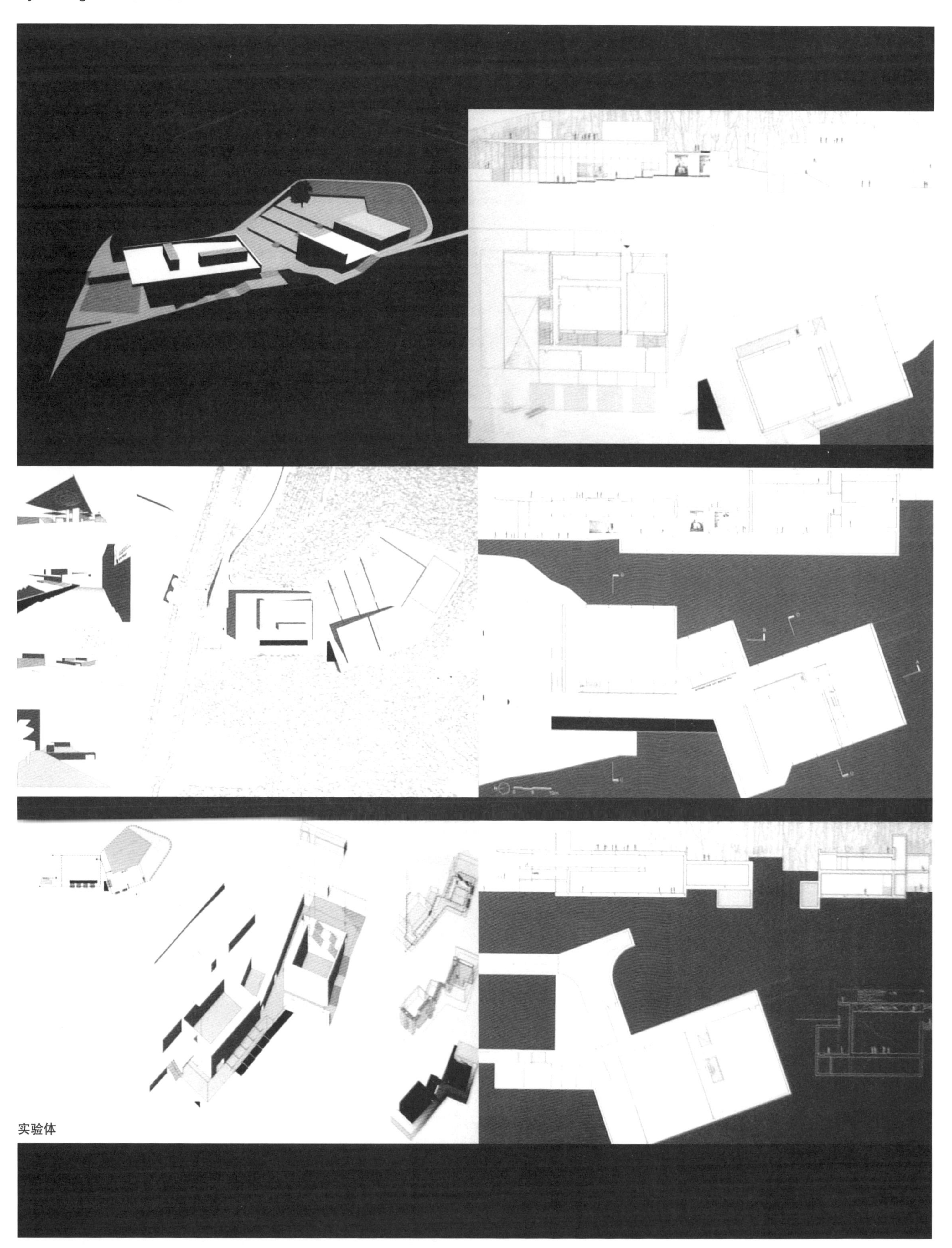

实验体

Nariaki Okabe（日本）

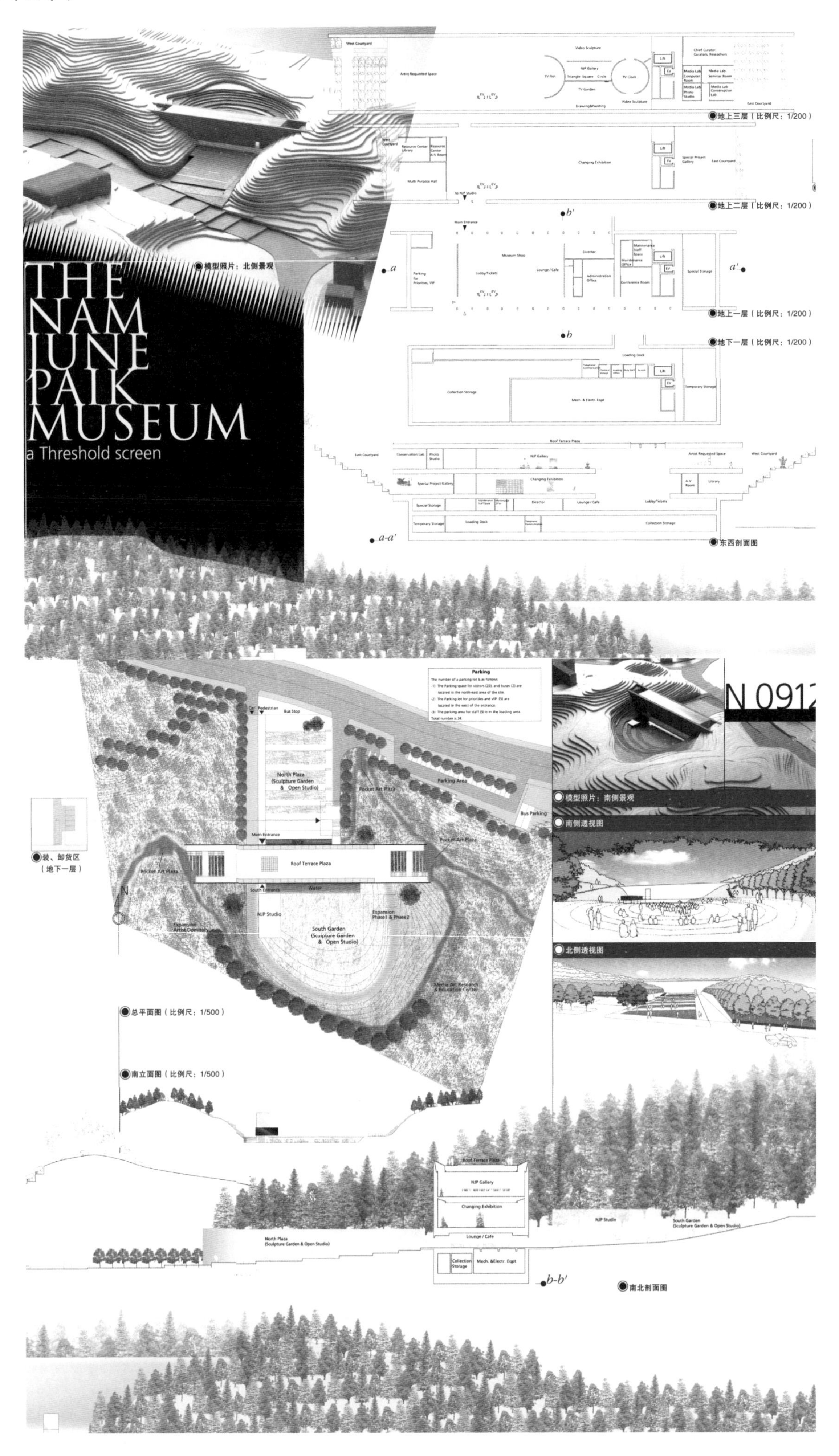

佳作方案 Karlheinz Sendelbach（德国）

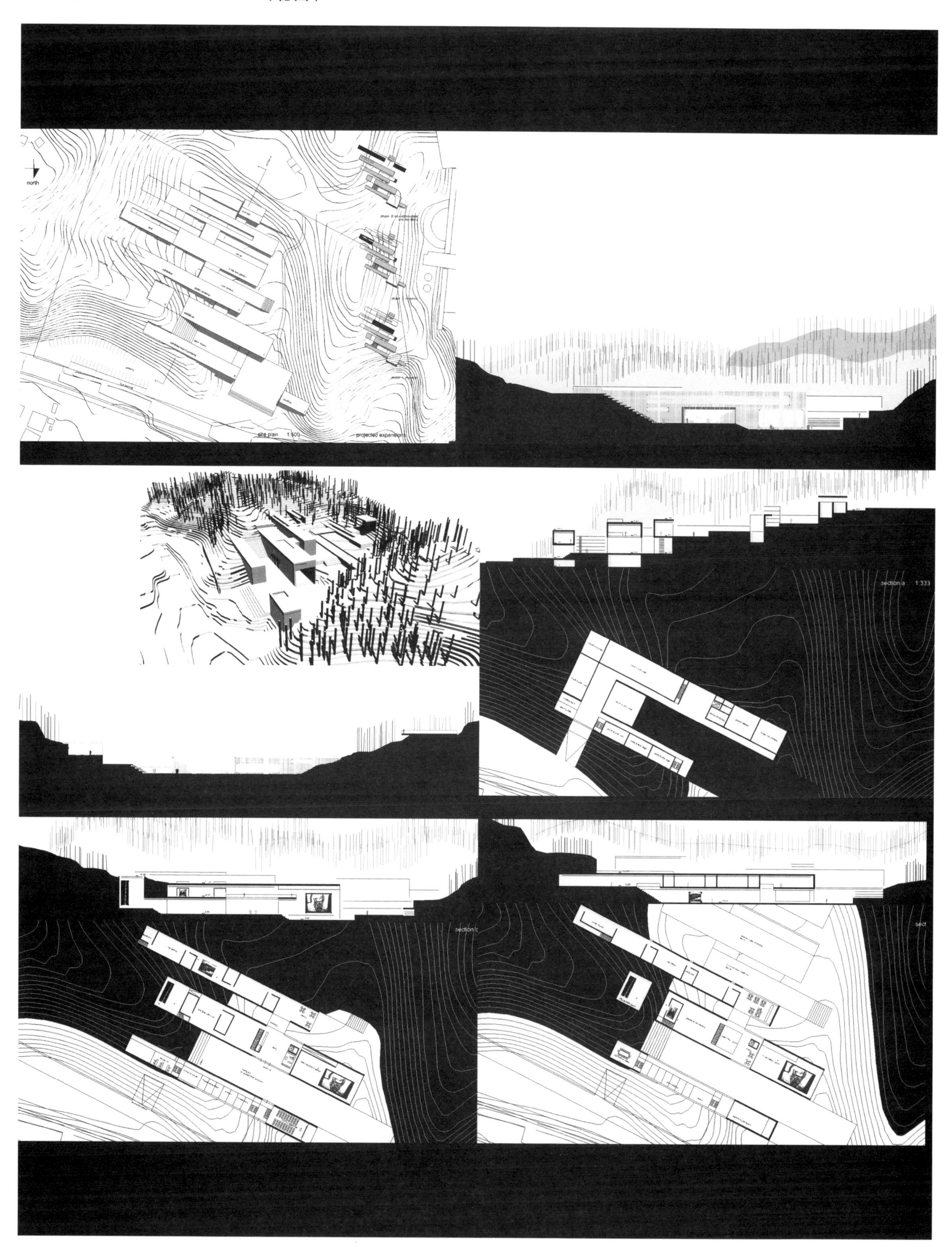

佳作方案　Diego Suarez（英国）

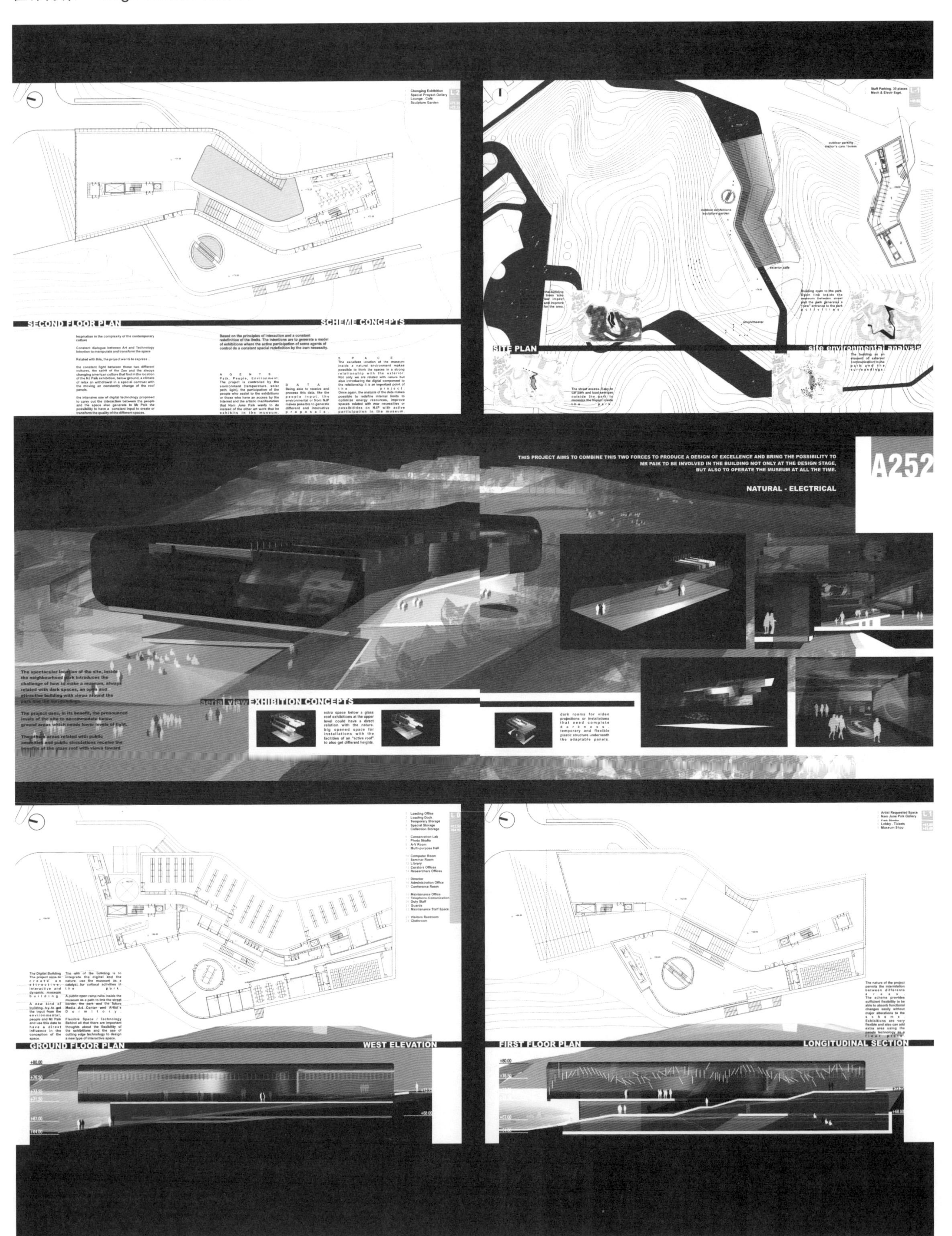

佳作方案　Hannelore Deubzer（德国）

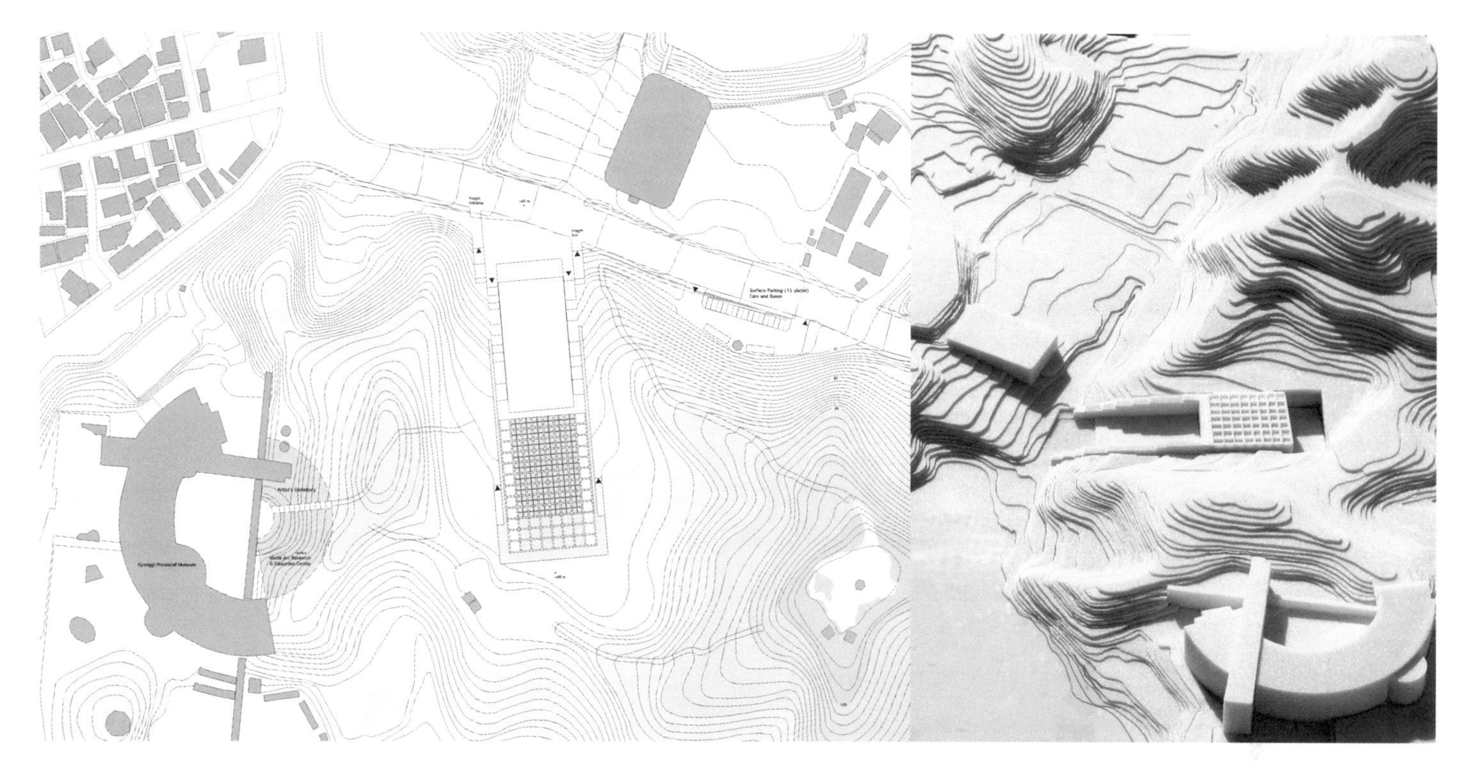

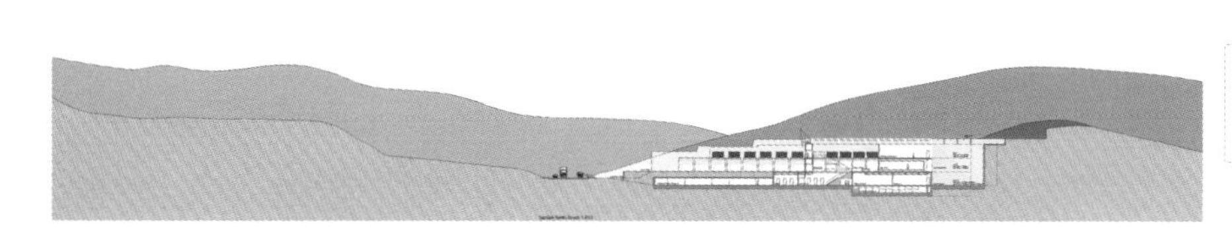

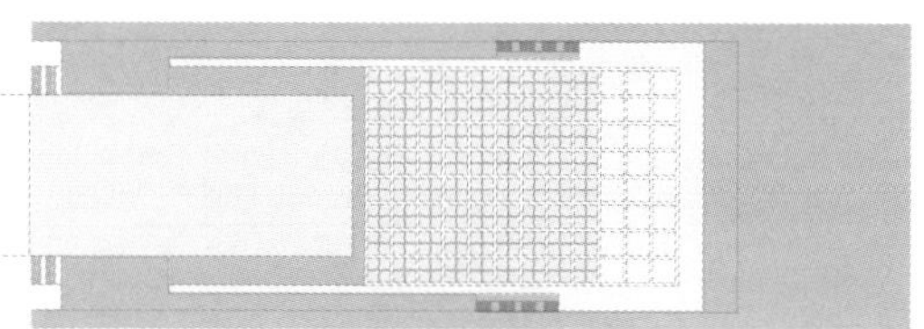

屋顶层平面图

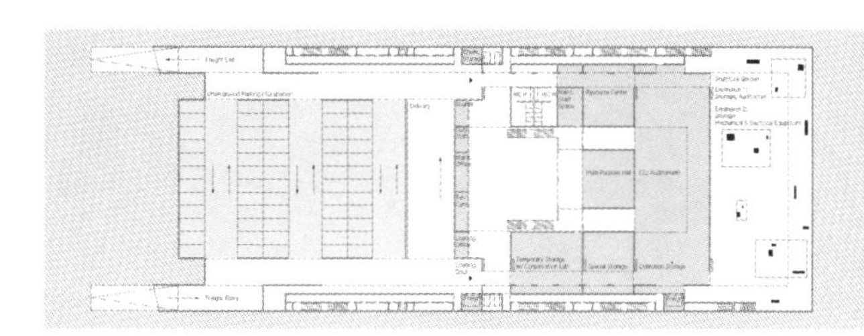

地下一层平面图

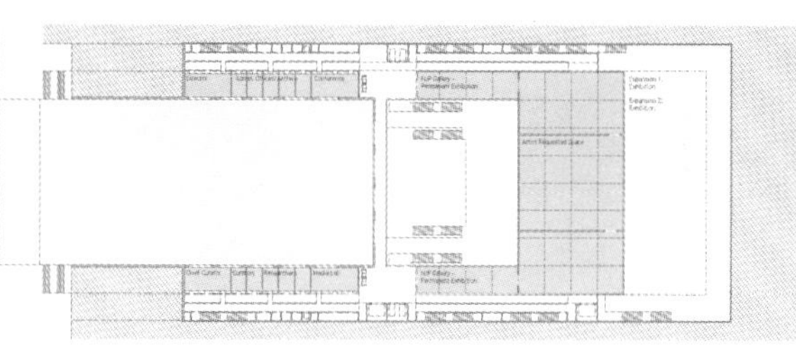

二层平面图

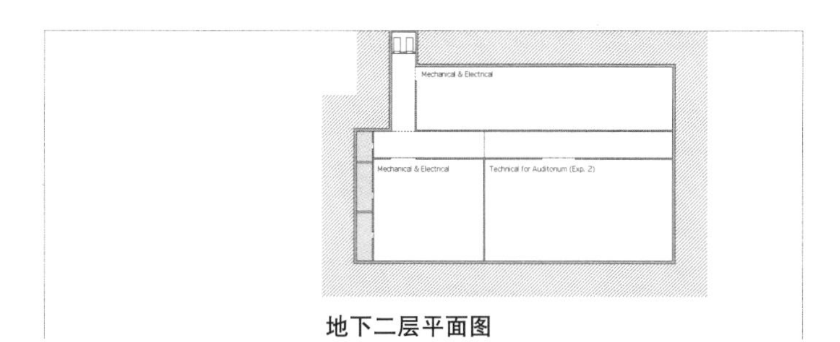

地下二层平面图

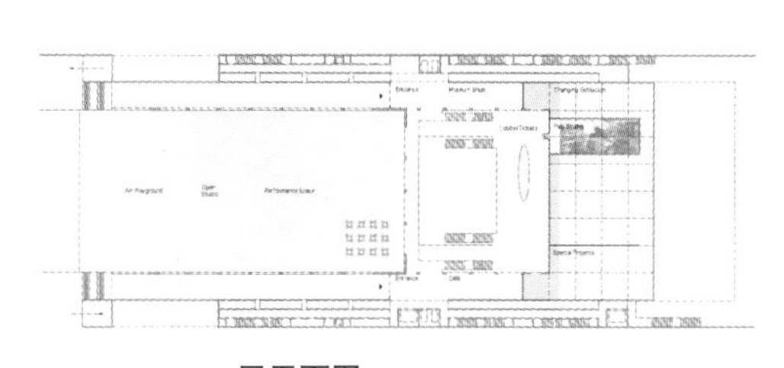

一层平面图

东西剖面图（前院）

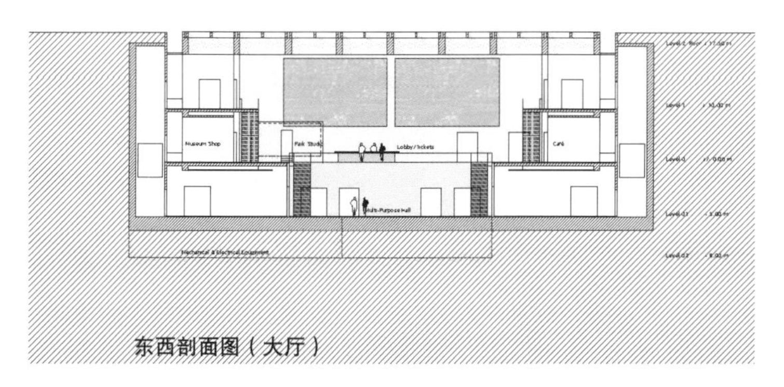

东西剖面图（大厅）

长地地区公共住宅区

中标方案 (株)综合建筑师事务所 建元 +(株)建元工程

城市和自然的结合

长地地区位于城市结合部，如何将城市和自然、租赁和分配、海关与国境等相互对立和对应的要素，完美地融合在一起，就是本规划的要点。

本规划设计，以亲环境和居住小区的未来发展方向为概念，设计7个不同景观的特性，形成多样的纵横通路，摆脱以往单一的居住区类型。

环境

①设置连接绿地的流连忘返的道路和行人专用通道，在高速路边的楼座墙壁上或在屋顶上进行绿化，灵活利用长地川(河名)复原生态环境。

②将水空间和行人空间网络化，在地区内的各个小区设计雨水储水池，为学校和紧邻公园提供水空间。

③保持地区内自然条件和形状，采取渗透性的装饰手段保存原有的自然环境。尤其是本地区常见的河水漫滩区域，充分考虑长地川河边的低流地功能。

人类

①将各个小区的行人通路网络化，促进居民之间的交流。将服务于家务的空间，如托儿所、家庭礼仪室、学习房等居民公用设施最大化活用，巧妙地实现租赁和分配这两种不同生活圈的混合。

②连接行人通路的公共空间，也就是小区内开放的公用空间设施采用开放的结构形式。而楼座里的生活空间，多为私密性空间采取预防犯罪的防御性空间形式。

③为了创造一个健康的居住环境，设计一个永久的行人中心广场。拆除原有住宅周边的围墙，建造街心公园，活跃居民之间的各种交流活动。

景观

①设计7种不同的风景区域，分别反映在各自的小区规划中，力求变化中的统一。从固定住宅立面的反复中脱离，构成各个风景的不同节奏。

②行人专用通道，通过绿地和道路的连接，设计成穿梭草丛、往返都市的风景区。

③在地区出入部位构思一个象征意义的设计，为了提高知名度和突出其特色，在地区中心部位设计一个象征塔，使其成为地区的标志性建筑。

位置：首尔市松波区长地洞一带
用地面积：227122m²
住宅单元数：5489套
小区数：11片
容积率：接近150%(1、2、4区)，接近200%(10、11区)，接近240%(3、5、6、7、8、9区)
建筑规模：4～22层
结构形式：钢筋混凝土

以本总平面设计为基础，熙林建筑、远洋建筑、江南建筑+城市建筑、图文工程建筑等单位正在进行各个区块的中间阶段和实施设计(初步设计与施工图设计)。

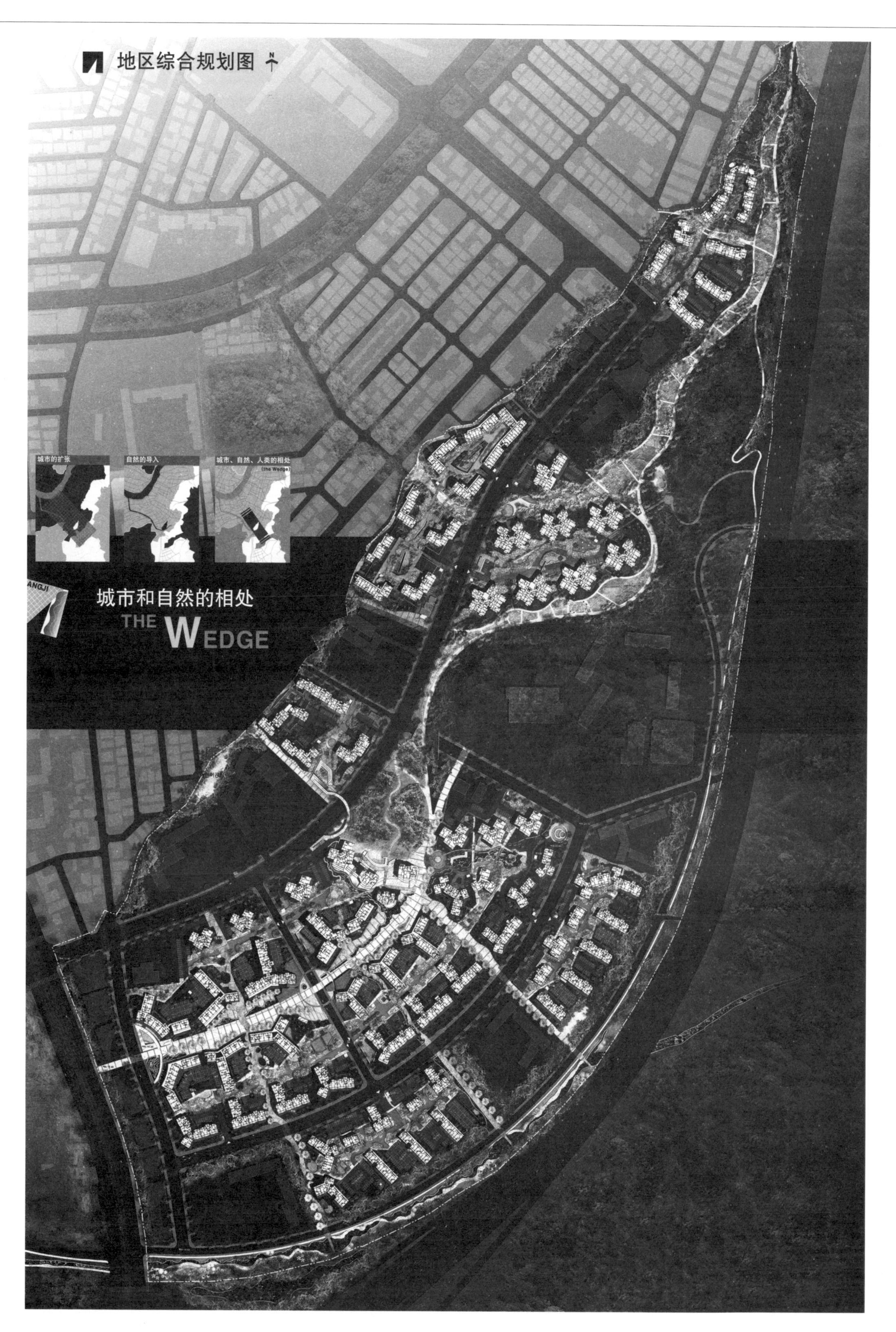
地区综合规划图
N
城市的扩张
自然的导入
城市、自然、人类的相处
(the Wedge)
ANGJI
城市和自然的相处
THE WEDGE

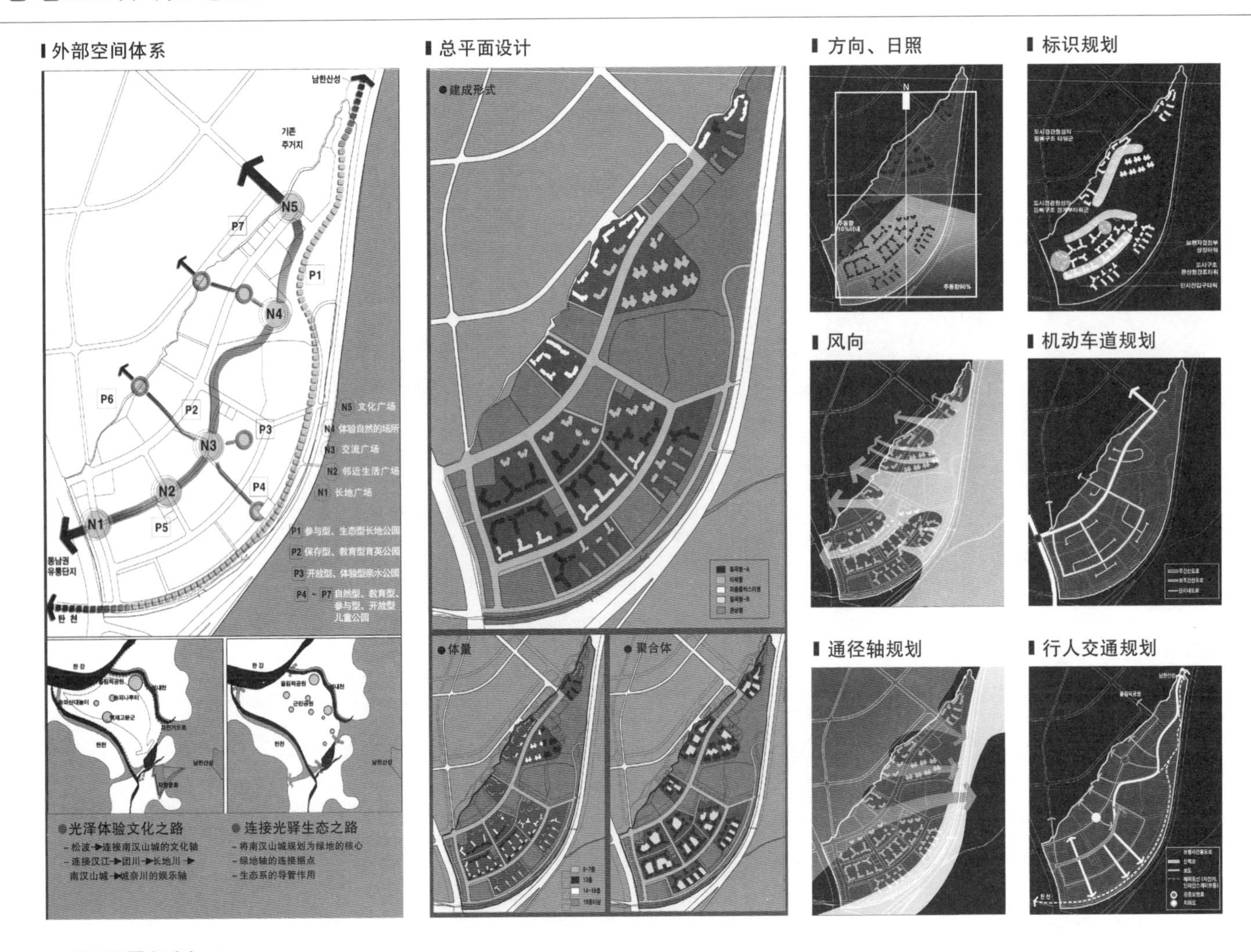

外部空间体系
总平面设计
方向、日照
标识规划
风向
机动车道规划
通径轴规划
行人交通规划
●建成形式
●体量
●聚合体
N5 文化广场
N4 体验自然的场所
N3 交流广场
N2 邻近生活广场
N1 长地广场
P1 参与型、生态型长地公园
P2 保存型、教育型育英公园
P3 开放型、体验型亲水公园
P4～P7 自然型、教育型、参与型、开放型儿童公园
●光泽体验文化之路
－松波→连接南汉山城的文化轴
－连接汉江→团川→长地川→南汉山城→城奈川的娱乐轴
●连接光驿生态之路
－将南汉山城规划为绿地的核心
－绿地轴的连接据点
－生态系的导管作用

风景规划 -2

行人专用路边
－具有丰富活动和空间的人行道
地区出入口
辅助干线路边
对应环状型道路布置相应楼理
干线道路边
－简体结构塔楼
地区象征塔
－步行专用道路中心点
高速路边
建筑楼块构成
－水平墙线
－垂直要素
与周边的联系
－楼座的变形
－出入口的布置
6.7.9区路边景观全景
9区
7区
6区

中心步行街规划

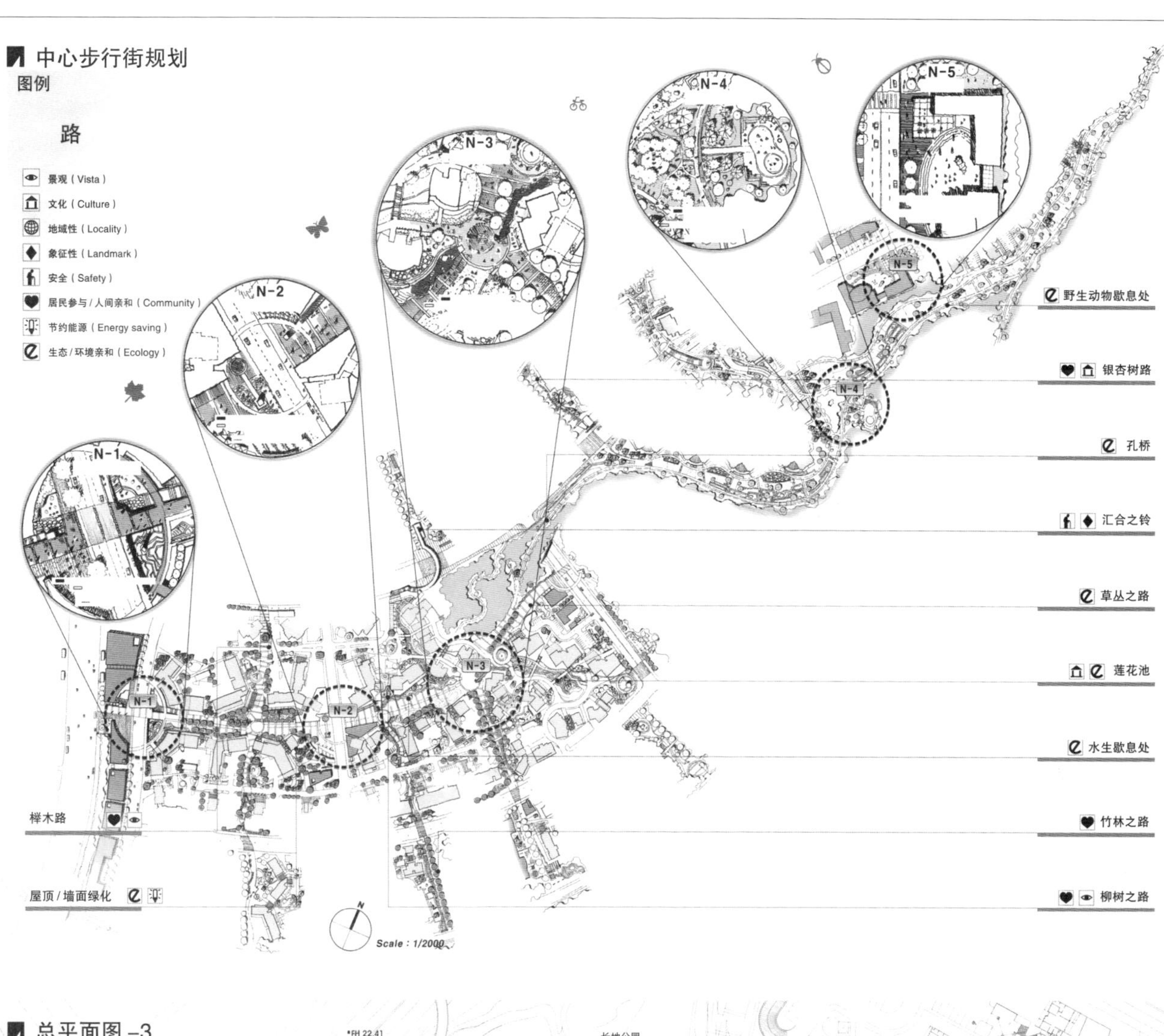

总平面图-3

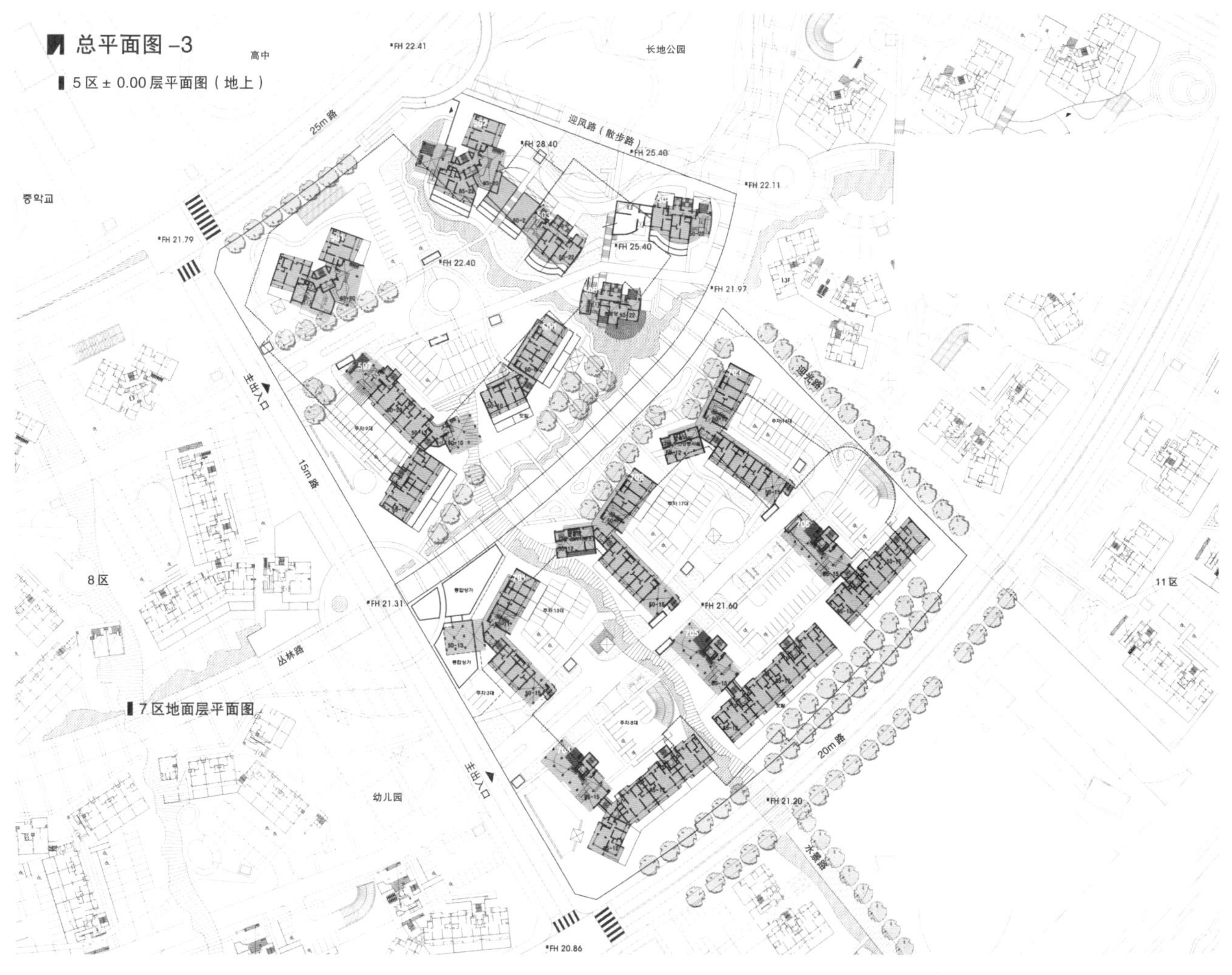

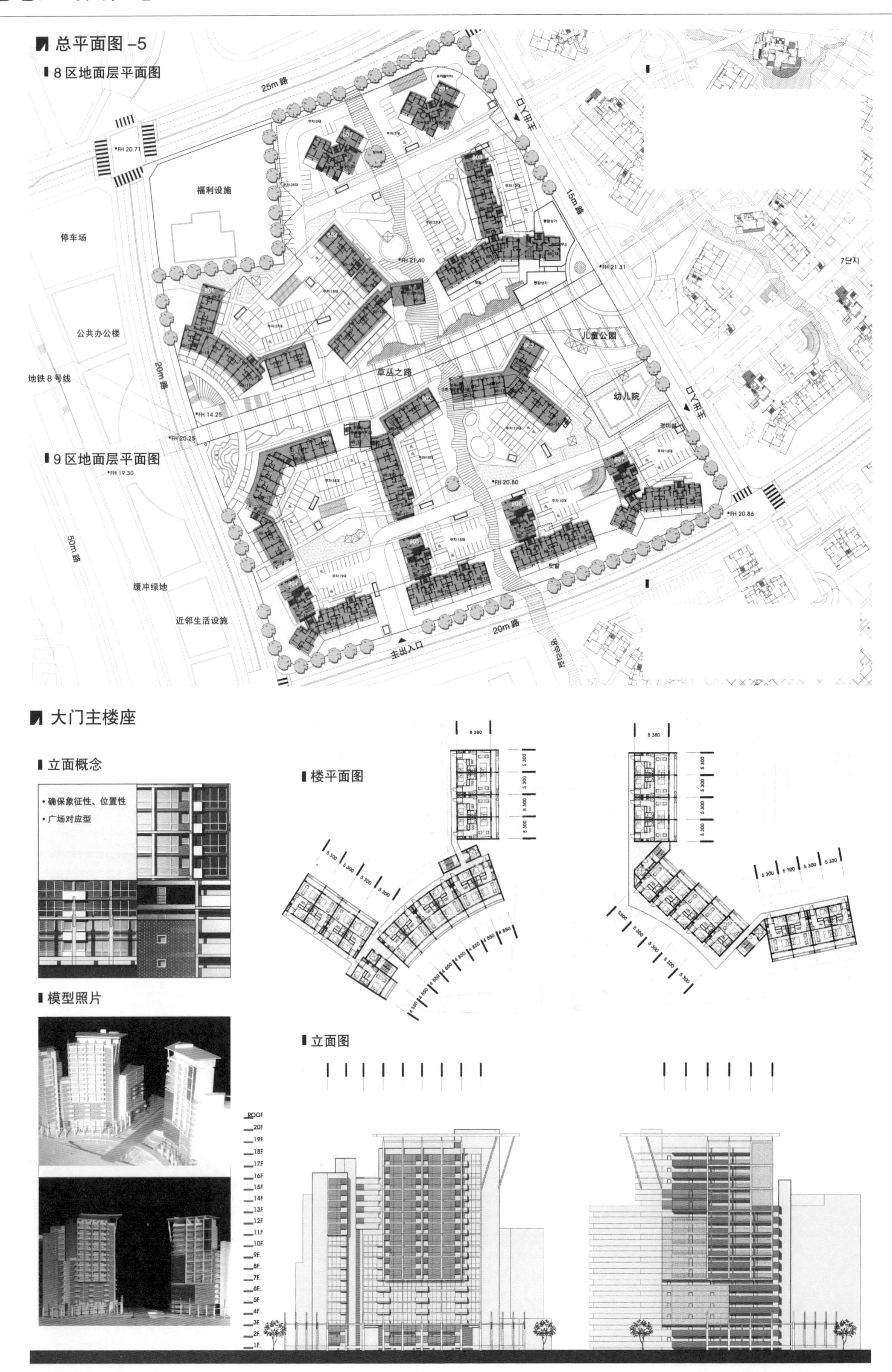

总平面图 -5
8 区地面层平面图
9 区地面层平面图
25m 路
15m 路
20m 路
50m 路
福利设施
停车场
公共办公楼
地铁 8 号线
缓冲绿地
近邻生活设施
草丛之路
儿童公园
幼儿院
主出入口
7단지
FH 20.71
FH 21.40
FH 21.31
FH 14.25
FH 20.25
FH 19.30
FH 20.80
FH 20.86
大门主楼座
立面概念
• 确保象征性、位置性
• 广场对应型
模型照片
楼平面图
立面图
ROOF
20F
19F
18F
17F
16F
15F
14F
13F
12F
11F
10F
9F
8F
7F
6F
5F
4F
3F
2F
1F

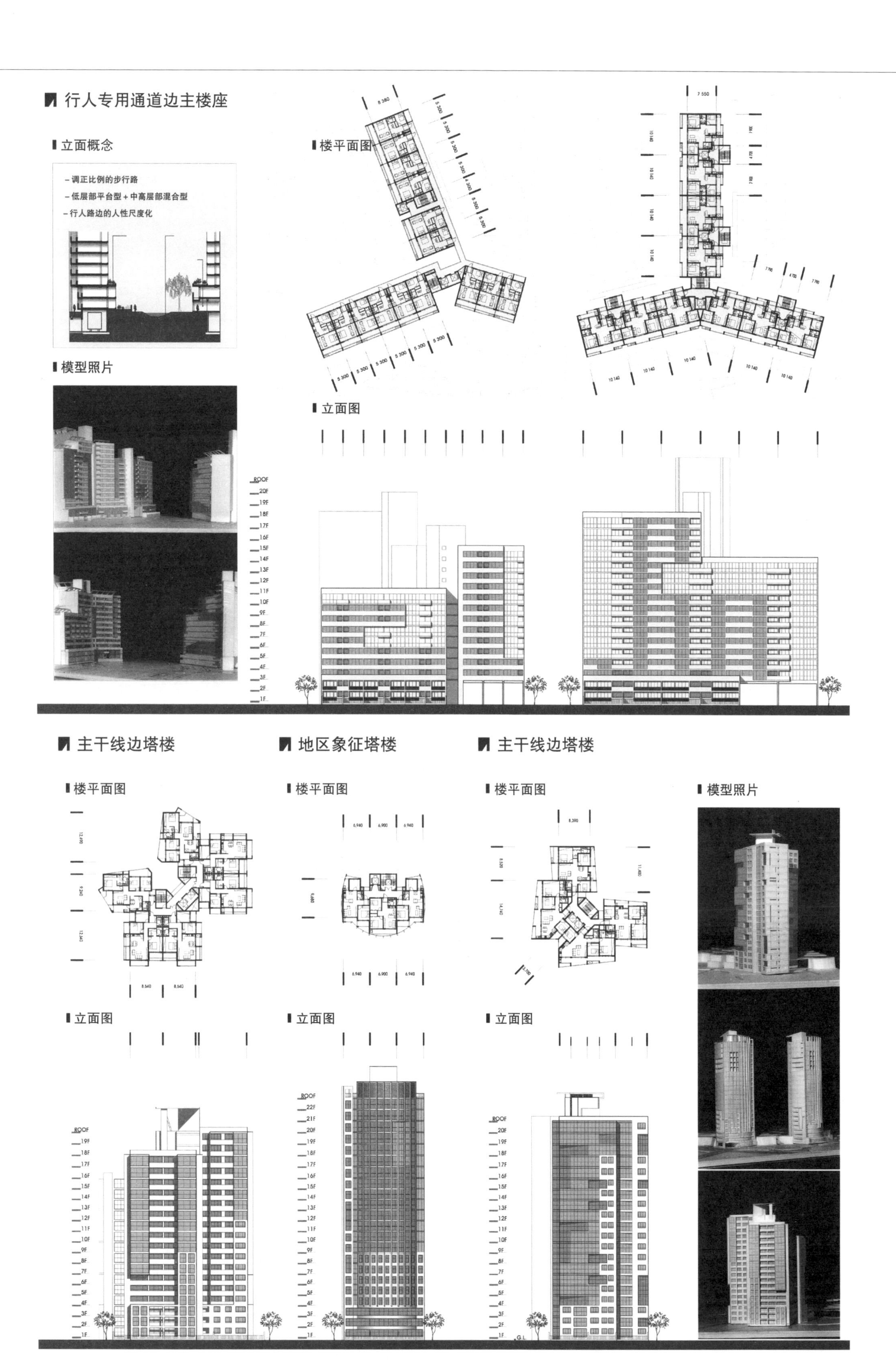
行人专用通道边主楼座
立面概念
–调正比例的步行路
–低层部平台型＋中高层部混合型
–行人路边的人性尺度化
楼平面图
模型照片
立面图
主干线边塔楼
地区象征塔楼
主干线边塔楼
楼平面图
楼平面图
楼平面图
模型照片
立面图
立面图
立面图

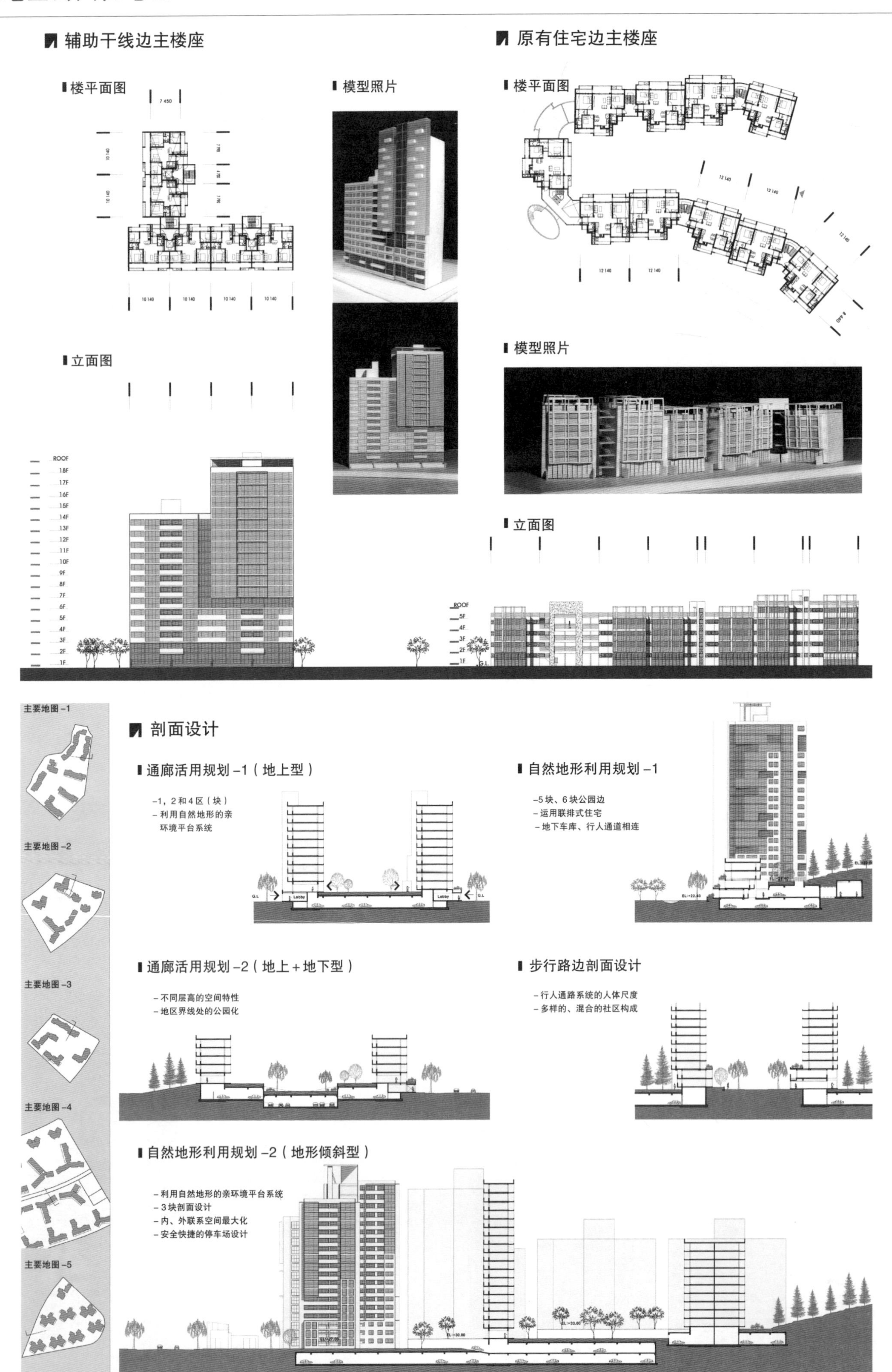
辅助干线边主楼座
楼平面图
模型照片
立面图
原有住宅边主楼座
楼平面图
模型照片
立面图
主要地图 -1
主要地图 -2
主要地图 -3
主要地图 -4
主要地图 -5
剖面设计
通廊活用规划 -1（地上型）
-1，2 和 4 区（块）
- 利用自然地形的亲
环境平台系统
自然地形利用规划 -1
-5 块、6 块公园边
- 运用联排式住宅
- 地下车库、行人通道相连
通廊活用规划 -2（地上 + 地下型）
- 不同层高的空间特性
- 地区界线处的公园化
步行路边剖面设计
- 行人通路系统的人体尺度
- 多样的、混合的社区构成
自然地形利用规划 -2（地形倾斜型）
- 利用自然地形的亲环境平台系统
- 3 块剖面设计
- 内、外联系空间最大化
- 安全快捷的停车场设计

住宅单元规划 -1

概念

- 主卧区域独立化
- 可根据需要改变空间
- 扩张型阳台（扩大使用面积）

垂直扩张 比例尺：1/200

49m²

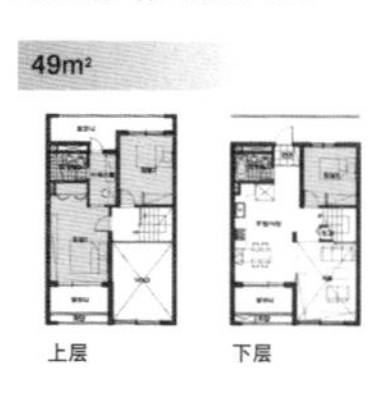

上层 下层

39m²

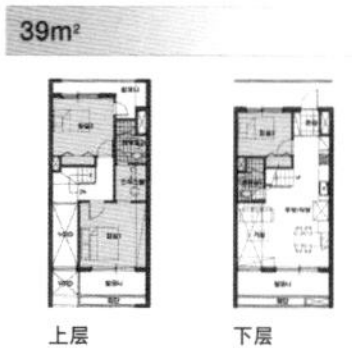

上层 下层

水平扩张 比例尺：1/200

49m²

39m²

39m² 基本型 比例尺：1/80

49m² 基本型 比例尺：1/80

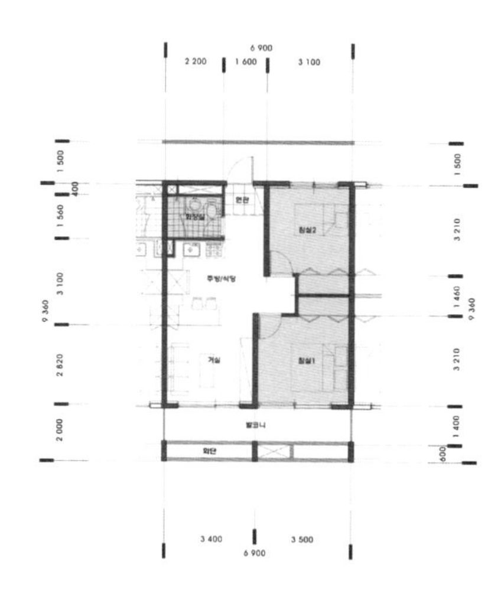

49m² 异型户型 比例尺：1/150

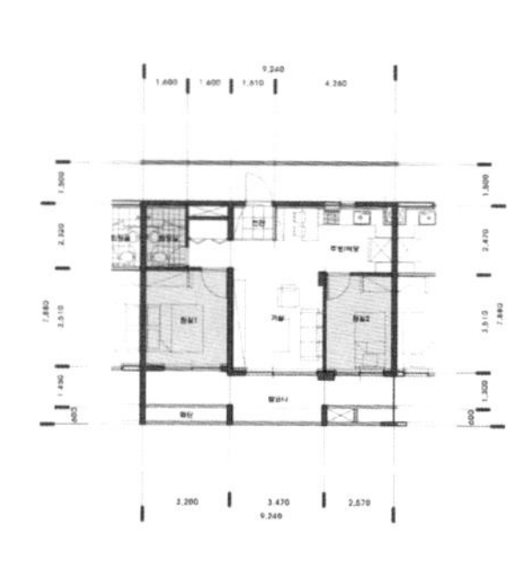

户型设计 -2

59m² 基本型

84m² 基本型

59m² 侧户型

84m² 侧户型

江东圈域住宅小区

中标方案 **远洋建筑：**李宗赞。设计组：成真勇，朴基成，李承延，金永真，张永浩，李永三，安哲英，申在英，金珉集，金贤洙，张明石，安贤成，崔俊燮，洪钟德，姜美珠，朱尚化，高贤官。CG：贺夏济

顺流——自然、和谐的村庄

规划的基本方向

这个方案的位置位于首尔远东地区，首尔高德洞与京畿道的河南市之间。用地左侧是首尔外围高速公路的绿化限制开发地区，用地北侧有望月川，南侧包括自然公园，西侧是高德洞的高层公寓园区，东侧是京畿道河南市的低层住宅和农地。方案分析考虑了该地区文脉及现有的自然环境，力图最大限度地体现该地区的地理意义。

此方案概念体现为“顺流”，所谓顺流是逆流的反义词，是指不逆行于自然、地区、人间的潮流，而是顺应以上因素的设计。不与地区文脉和自然背道而驰，而是合理、自然、和谐的村庄。

此概念从3个方面进行设计。

首先是以人为本的人行流。为了顺应从西北侧新设的地铁站进入的人行流和用地中央形成的人行流，设计了环形人行道和中心人行道。无论从村庄的任何地点向其他位置移动，都可以移动便捷，并设计人行天桥不中断人行流。并且，规划将自行车道、人行道、水空间和绿色道路联系在一起，尽可能形成景观丰富的道路。于是在中心人行道上，从北侧绿色公园开始到南侧边缘，形成了视觉走廊。如此布置是为了让行人可以从路的尽头感受到开放的感觉。而且在这条路上设有庭院等开放空间，还布置有联系在一起的生活便利设施、游乐场、自然学习场、儿童公园等，小区里设置了可以举行各种各样趣味活动的多功能室，使小区节目更丰富。

其次是以自然为本的绿化流，由最理想的三个绿化轴线构成了绿化网络。北侧绿色公园和自然公园连接的是南北绿地轴线。南北绿地轴线和自然公园的绿色沿着小区汇入，形成了第一环形绿地轴线。沿着用地的外围，由自然地面构成的第二环形绿地轴线，与第一环形绿地轴线构成了小区的绿化网络。通过另两个绿地轴线构成了两个绿化网络，这就形成了连接在一起的南北绿地轴线。南北绿地轴线是和人行道连接形成的人工造景和绿地，第一环形绿地是为了让绿色公园的绿色向各个园区流入设置的生态走廊等，和南北绿地轴线连接在一起。第二环形绿地轴线与用地北侧的绿色公园及南侧的生态公园相连，自然绿地下面不设停车场，以便能在地面上建立大型的绿地及水生环境等。

最后是以时间为本的社区流。规划内村民们一起娱乐的空间，也就是各个小区的主题庭院，设在大门外。生活空间形成的庭院，是楼群之间的游乐场、休息设施。室内庭院为底层架空柱和公共活动空间等。各个园区分别形成了村庄庭院和入口广场，并构成了儿童公园、水滨公园等。各个园区分别布置开放空间，以满足居民的活动和社区流，每个地区在中心处安置大规模的广场。各个园区形成主题庭院，规划沿主人行道可以与广场、庭院连接在一起。

总平面设计概念

规划时最令人苦恼的是到底该用什么样的概念来设计这个大规模的公寓园区：对场所性质的解释、新概念的立面和人行道、广场、绿地体系等等；当这个园区建成入住时，功能是否优化，以此为前提，这个方案的根本是能否令居民满意充实。

在100%的南向布置中，98.5%是正南向和东南向的1区间的布置。然后通过调和塔楼和板楼的布置，最大可能地确保开放感和个人隐私，

板楼总长度不至于过长，流线及开放感也尽量不要出现问题，单纯明快的车辆流线能够为全区间的交通服务。这样能保证将要入住的人们的需求，顺流的概念非常必要，顺应人流、空间流和自然流，设计居民们都满意的方案非常辛苦。

特别概念

由于设计了3、4园区和8园区的停车场，停车环境好多了，这样连接构成了人行天桥。而且也考虑到，这样很自然地，景观也发生了变化。3、4园区特别规划区域设置了中心平台，塔楼的布置可以形成标志性景观，且底层架空，中心广场也就尽可能扩张，视野极为开阔。文化活动街道有特别活动时，沿着学校一带的道路两侧实行车辆管制，规划通过迂回的道路，实现整个园区的车辆交通。

在整个村落的边缘，第二环形绿地的生态轴线一起形成大规模的生态公园，生态流聚集在一起。

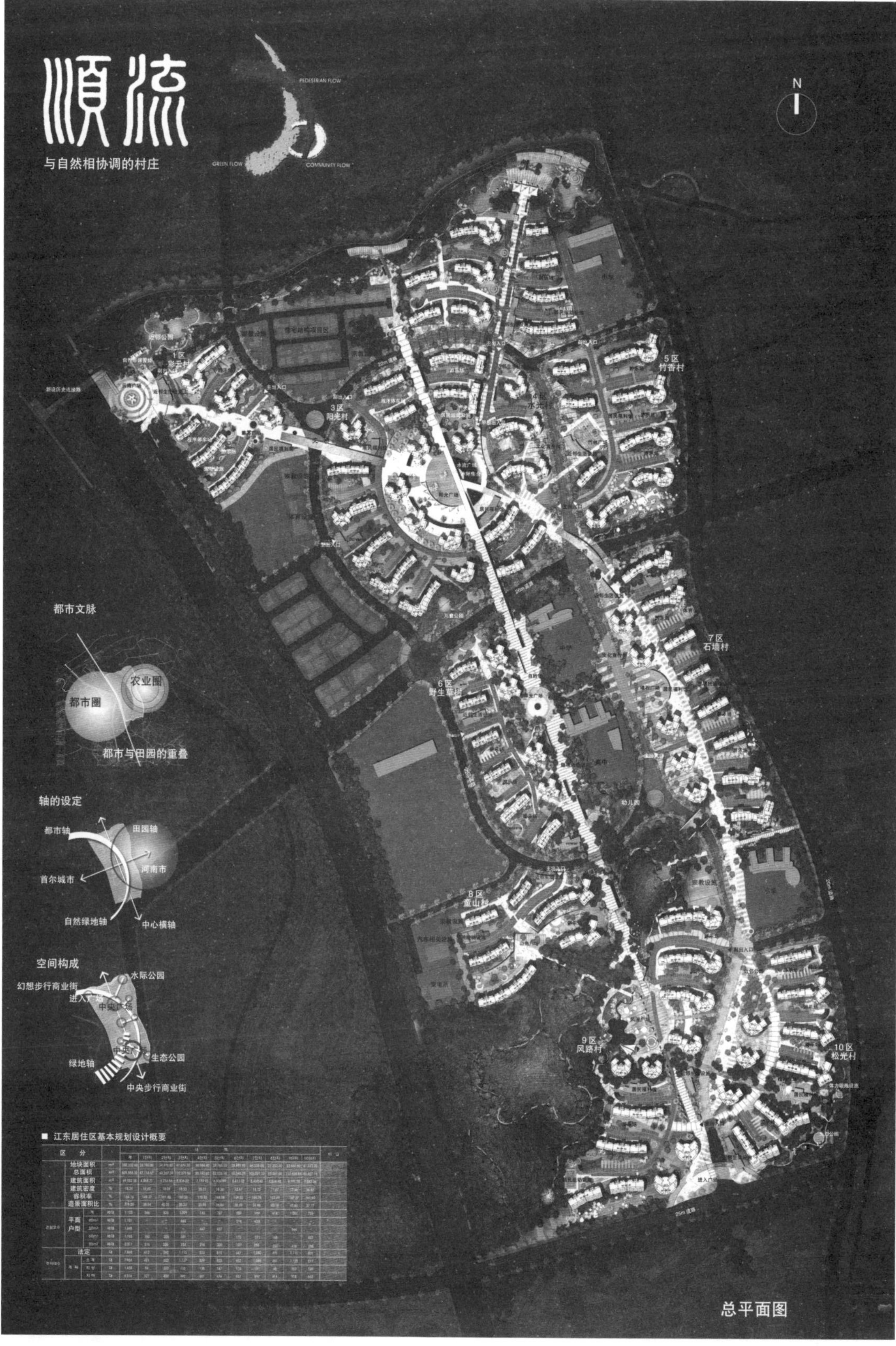

位置：首尔市江东区江一洞江一城市产业开发区
地域：开发限制区，自然绿地
用地面积：380341m²(约115053坪)
总建筑面积：627220.60m²
规模：10个小区，7125户，最低6层，最高12层
停车位数：7954辆
参与企业
造景：新画造景
草图：高万石
模型：元模型
交通：世宗E&C

江东圈域住宅小区

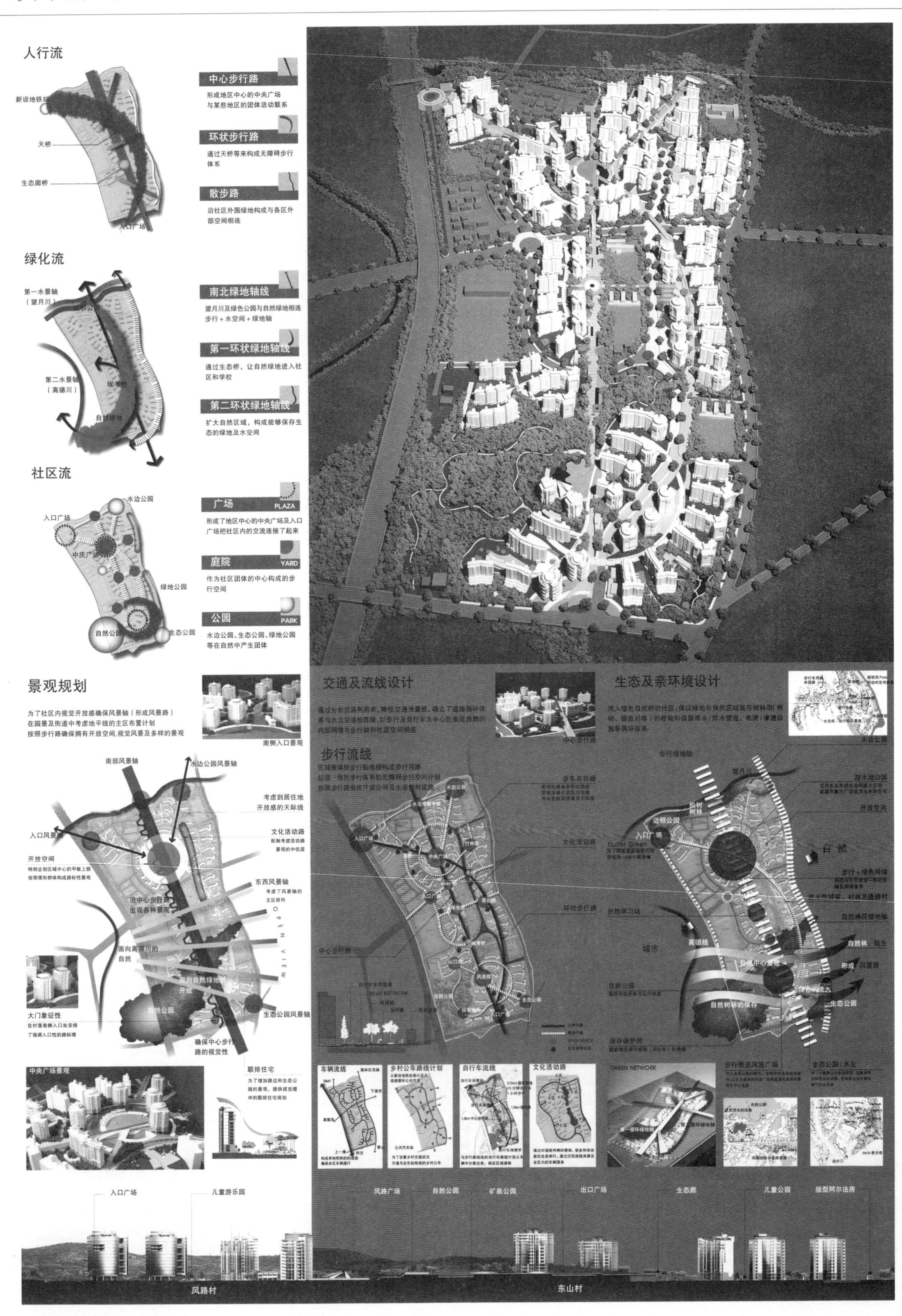

人行流
新设地铁站
天桥
生态廊桥
入口广场
中心步行路
形成地区中心的中央广场
与某些地区的团体活动联系
环状步行路
通过天桥等来构成无障碍步行
体系
散步路
沿社区外围绿地构成与各区外
部空间相连
绿化流
第一水景轴
（望月川）
第二水景轴
（高德川）
自然绿地
南北绿地轴线
望月川及绿色公园与自然绿地相连
步行＋水空间＋绿地轴
第一环状绿地轴线
通过生态桥，让自然绿地进入社
区和学校
第二环状绿地轴线
扩大自然区域，构成能够保存生
态的绿地及水空间
社区流
水边公园
入口广场
中央广场
绿地公园
自然公园
生态公园
广场 PLAZA
形成了地区中心的中央广场及入口
广场把社区内的交流连接了起来
庭院 YARD
作为社区团体的中心构成的步
行空间
公园 PARK
水边公园、生态公园、绿地公园
等在自然中产生团体
景观规划
为了社区内视觉开放感确保风景轴（形成风景路）
在园景及街道中考虑地平线的主区布置计划
按照步行路确保拥有开放空间，视觉风景及多样的景观
南侧入口景观
南部风景轴
水边公园风景轴
考虑到居住地
开放感的天际线
入口风景轴
文化活动路
开放空间
东西风景轴
沿中心步行路
出现各种景观
面向高德川的
自然
OPEN VIEW
自然公园
生态公园风景轴
确保中心步行
路的视觉性
大门象征性
在村落南侧入口处安排
了强调入口性的路标塔
中央广场景观
联排住宅
为了增加路边和生态公
园的景观，提供视觉缓
冲的联排住宅规划
交通及流线设计
步行流线
中心步行路
环状步行路
生态及亲环境设计
水边公园
开放空间
自然
城市
生态公园
自然树林的保存
车辆流线
乡村公车路线计划
自行车流线
文化活动路
GREEN NETWORK
入口广场
儿童游乐园
风路广场
自然公园
矿泉公园
出口广场
生态廊
儿童公园
版型阿尔法房
风路村
东山村

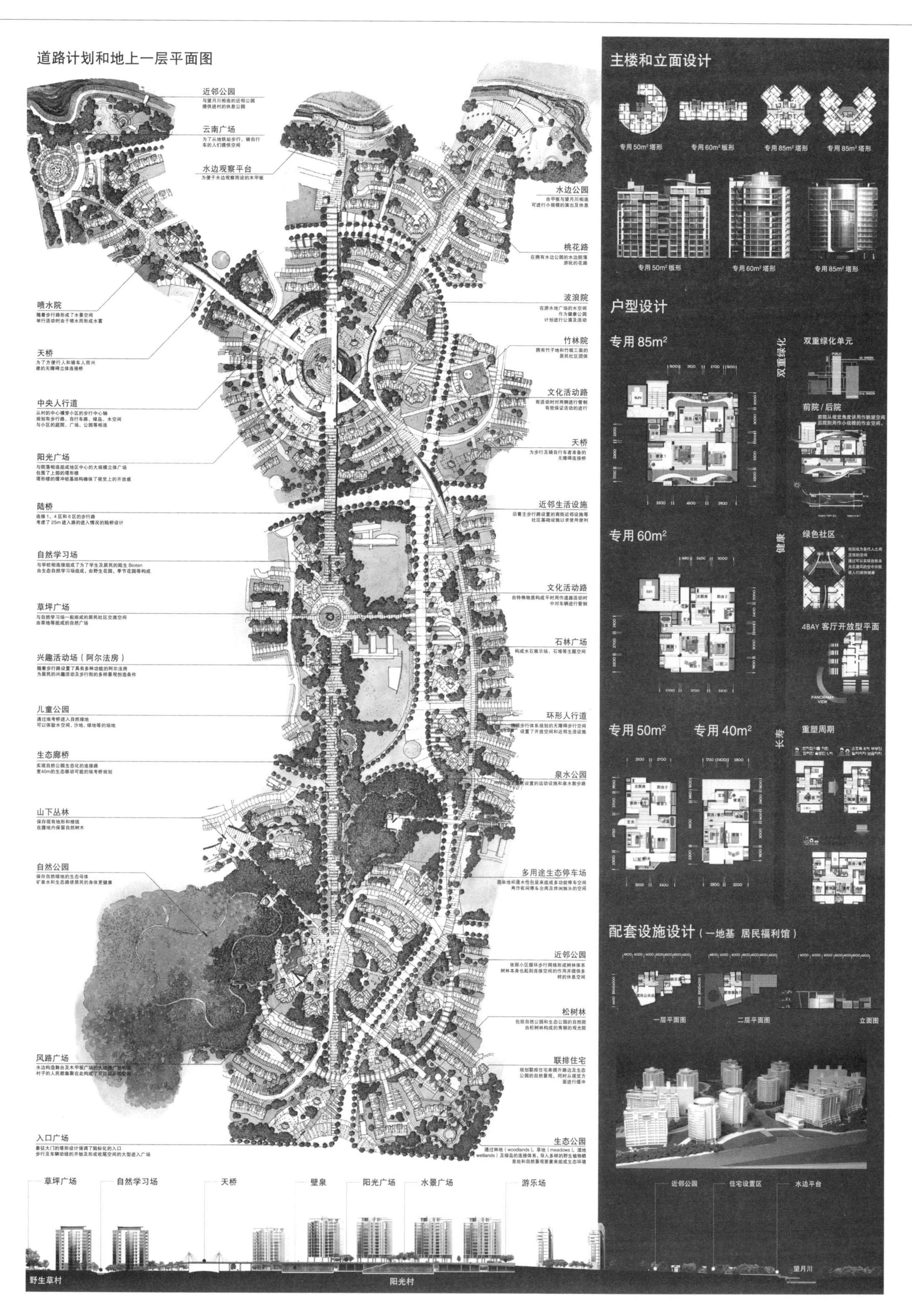
道路计划和地上一层平面图
近邻公园
云南广场
水边观察平台
水边公园
桃花路
喷水院
波浪院
天桥
竹林院
中央人行道
文化活动路
天桥
阳光广场
陆桥
近邻生活设施
自然学习场
文化活动路
草坪广场
石林广场
兴趣活动场（阿尔法房）
儿童公园
环形人行道
生态廊桥
泉水公园
山下丛林
自然公园
多用途生态停车场
近邻公园
松树林
风路广场
联排住宅
入口广场
生态公园
草坪广场
自然学习场
天桥
壁泉
阳光广场
水景广场
游乐场
野生草村
阳光村
主楼和立面设计
专用50m² 塔形
专用60m² 板形
专用85m² 塔形
专用85m² 塔形
专用50m² 板形
专用60m² 塔形
专用85m² 塔形
户型设计
专用85m²
双重绿化
双重绿化单元
前院／后院
专用60m²
健康
绿色社区
4BAY 客厅开放型平面
专用50m²
专用40m²
长寿
重塑周期
配套设施设计（一地基 居民福利馆）
一层平面图
二层平面图
立面图
近邻公园
住宅设置区
水边平台
望月川

江东圈域住宅小区

入选方案　江南建筑：崔丙灿，郑世进。**新都市建筑：**卫在东，高形石

20世纪六七十年代，韩国江南地区经历了世界城市史上前所未有的变革。自1967年永洞第一区规划调整为开端，江南地区的开发一直持续到1978年末。江南的稻田、旱地，农村的田园诗和纯洁同时被破坏了。但是，如此高速度进行着的城市开发过程中，潜藏着各种城市问题。道路、上下水道等城市顽疾没有引起人们的重视，随着以高层建筑为主的开发的进行，又引发了建筑过密、混乱和公共设施的严重不足，以至于看不到城市景观。城市圈过大，很难找到城市的方向性和整体性。

江南开发过程中出现的问题，在以后的新城市建设中也没有被克服，而是沿袭了下来。我们没有找到对城市问题的解决办法，只是无休止地进行着开发。即使现在，首尔周围的卫星城开发难的现象仍使我们感到绝望。但是无休止的开发难的时代现在似乎已经到了终点。

2003年，作为首尔自然生态最后的堡垒而保留下来的一部分绿地被取消，确立了大规模住宅小区的开发规划。现在我们面临着新的选择。为了解决首尔的居住难问题，一部分绿地被取消，成为住宅区，这被认为是不可避免的选择。对我们来说剩下的课题是如何进行开发。

用地位于首尔市和河南市的交界处。此处不是单纯的行政区域上的分界，而是城市和自然、城市和农村、中心和周边等的交界，既是汇合点也是冲突点。在开发时代，城市和自然、城市和农村、中心和周边的关系是上下垂直的关系。要将这种关系由垂直转为水平，那么我们首先要解决的课题是将这一地区的场所性质由冲突点转变为汇合点。在现代化的进程中，我们要做的事情是将断绝的东西重新连接起来。我们的梦想是建设将城市和自然、城市和建筑、人类和自然融为一体的村庄。

具体开发方向如下：

构成与自然环境相融合的亲环境住区

保存丘陵公园和望月河自然树林带，调整水边休息空间和亲水空间，提高中部建筑物的高度，融合田园景观和城市美观的地平线，构成自然和人类共存的生态村理想。

引进新的绿色住宅开发计划，村（住宅区）/小溪（望月河等）/院落/后东山（邻近公园）/小巷等实现步行生活空间：连接北侧望月河和南侧丘陵的绿岛（宽度10～20m），能够在步行时感受各种景观的步行流线。

确立考虑周边开发条件的区域开发规划：构筑周边联系交通网——高德区域用地与河南市相连接；规划与奥林匹克路相连的南北向道路；把高德地区与目的地相连接；规划近邻公园和扩充与其相连的公共文化设施。

位置：首尔市江东区江一洞江一城市开发事业区域内
地域：开发限制区，自然绿地
用地面积：380341m²（约115053坪）
总建筑面积：807925m²（公寓），3417.31m²（商家）
首层建筑面积：67213m²
建筑密度：17.672%
容积率：161.42%
造景面积：33.64%
合作企业
　景观—阿勒代美化

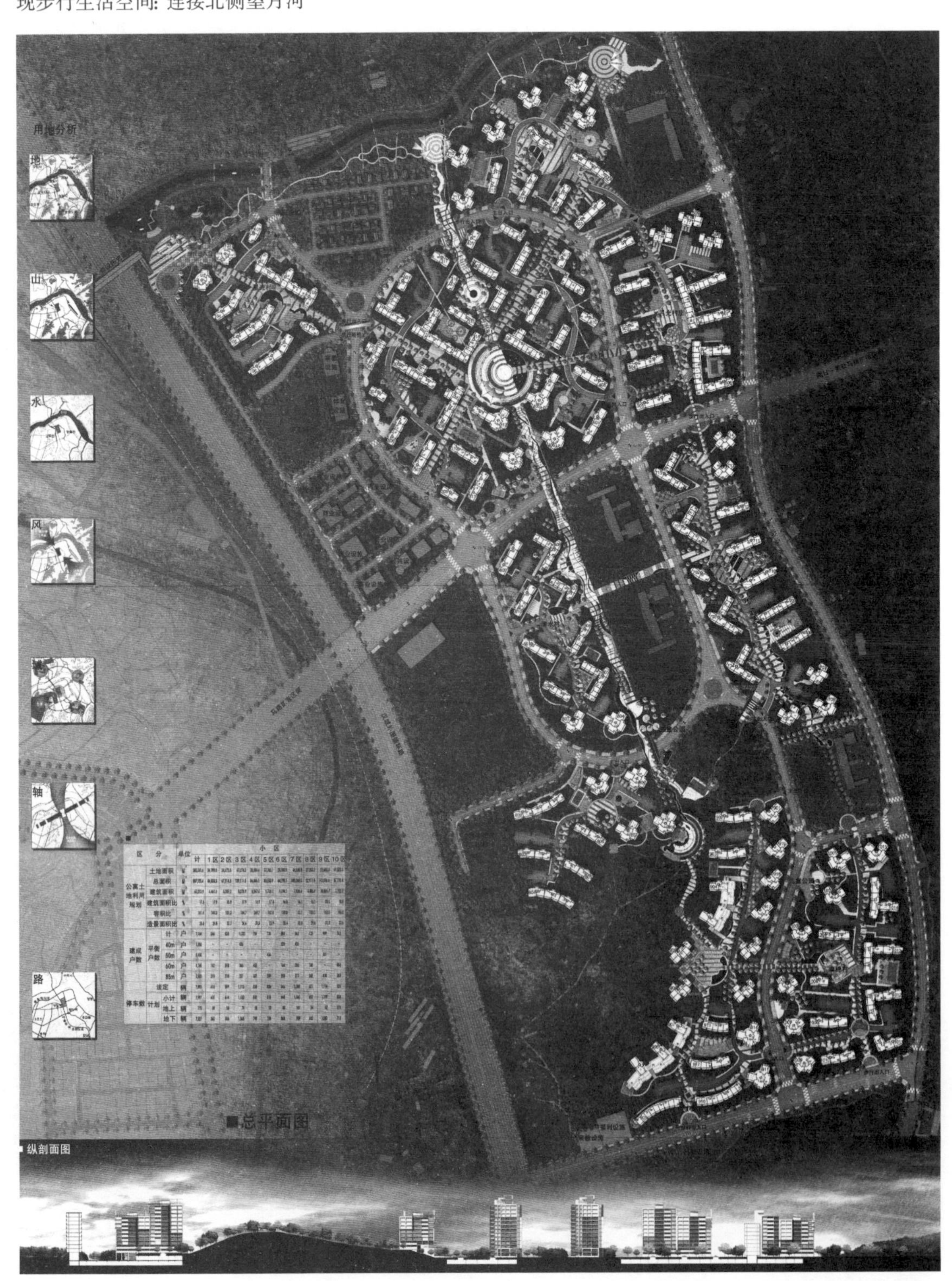

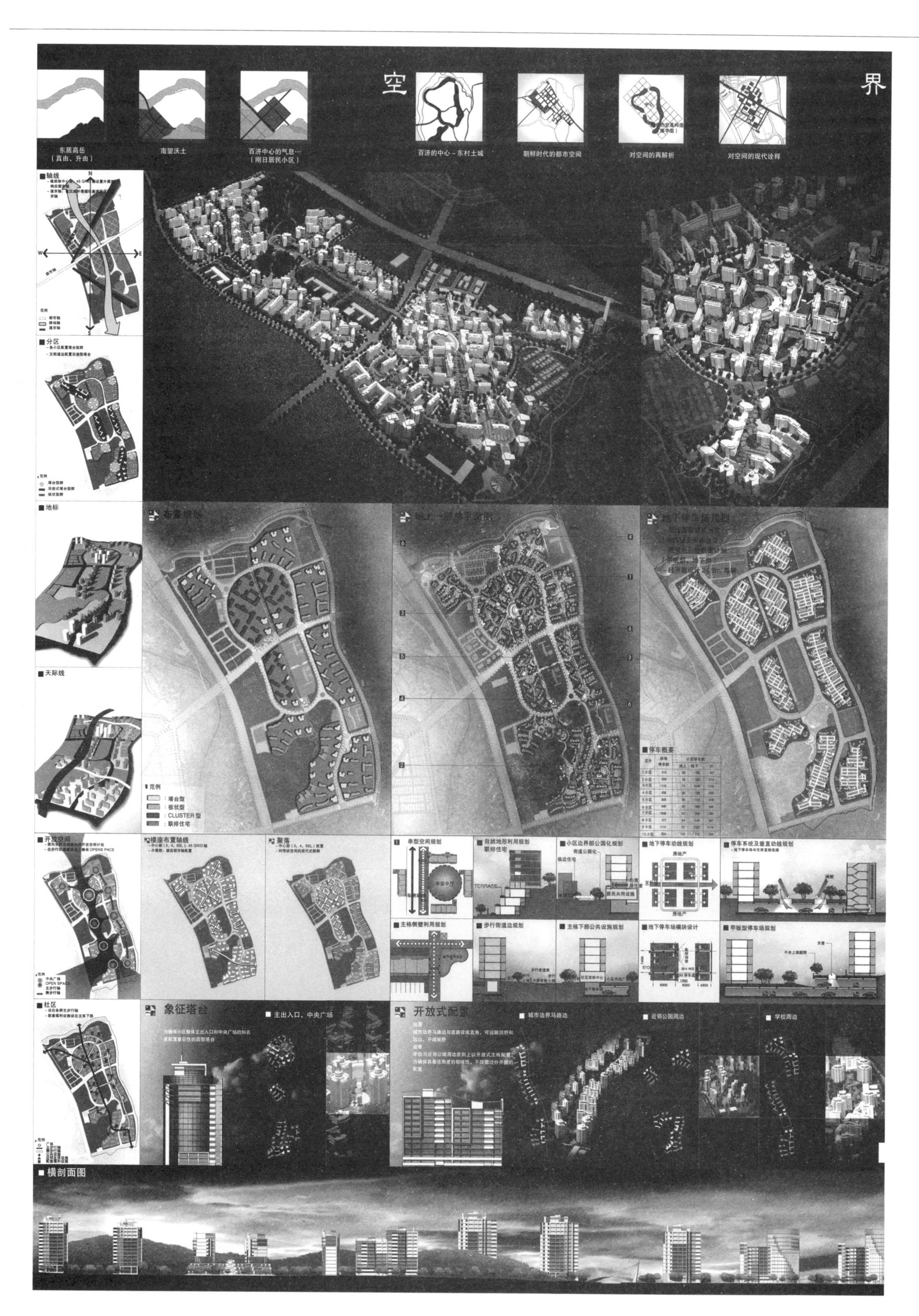

空
界
东居高岳
（真由、升由）
南望沃土
百济中心的气息…
（刚日居民小区）
百济的中心－东村土城
朝鲜时代的都市空间
对空间的再解析
对空间的现代诠释
■轴线
■分区
■地标
■天际线
■开放空间
■社区
布置规划
地上一层总平面图
地下停车场规划
■范例
塔台型
板状型
CLUSTER 型
联排住宅
■停车概要
楼座布置轴线
聚落
串型空间规划
自然地形利用规划
小区边界部公园化规划
地下停车动线规划
停车系统及垂直动线规划
主栋侧壁利用规划
步行街道边规划
主栋下部公共设施规划
地下停车场模块设计
甲板型停车场规划
象征塔台
■主出入口，中央广场
开放式配置
■城市边界马路边
■近邻公园周边
■学校周边
■横剖面图

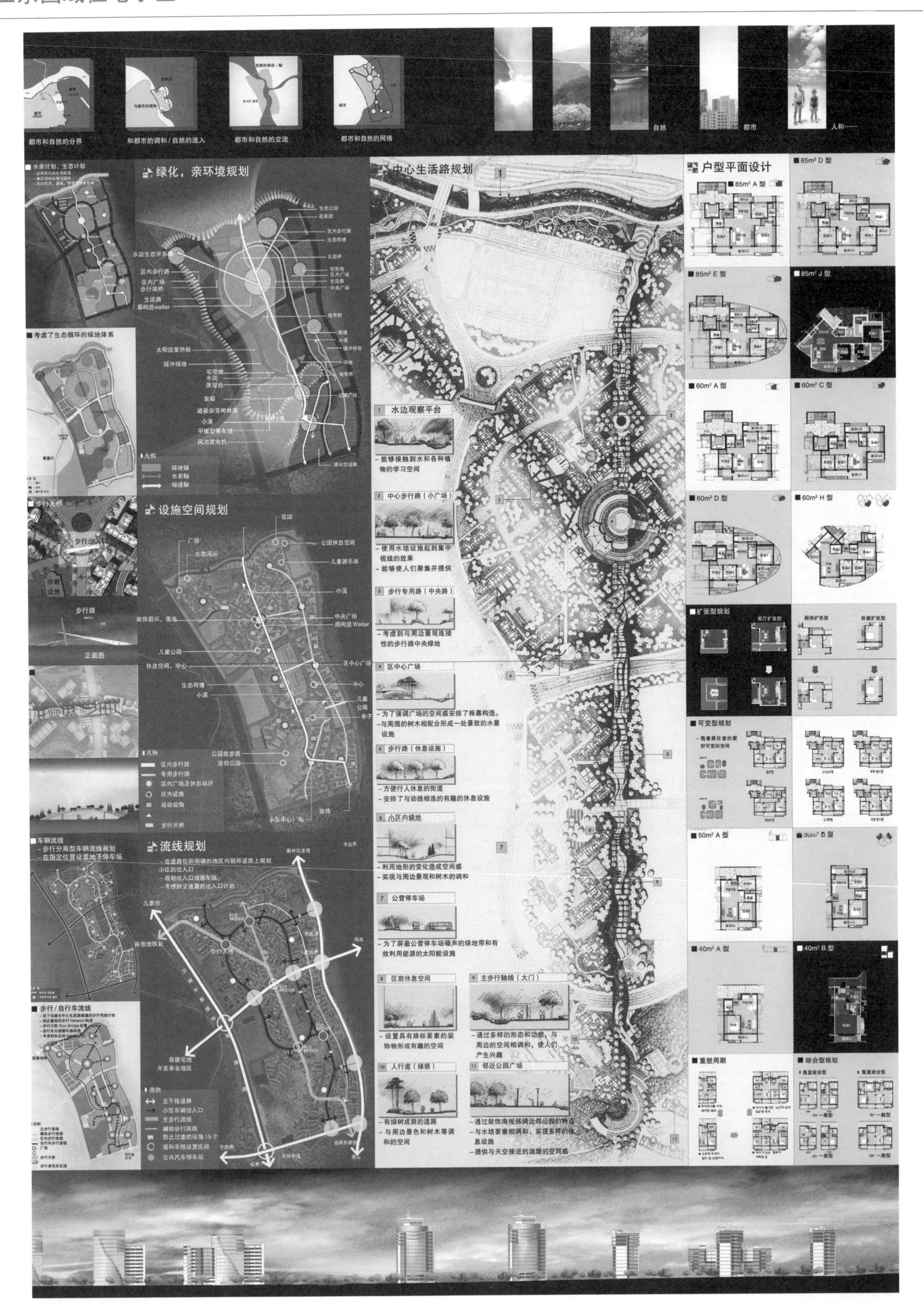

都市和自然的分界
和都市的调和／自然的流入
都市和自然的交流
都市和自然的网络
自然
都市
人和……
绿化，亲环境规划
设施空间规划
流线规划
中心生活路规划
户型平面设计
水边观察平台
中心步行路（小广场）
步行专用路（中央路）
区中心广场
步行路（休息设施）
小区内绿地
公营停车场
区前休息空间
主步行轴线（大门）
人行道（绿荫）
邻近公园广场

江东圈域住宅小区

入选方案 东日建筑：吴奉锡。三宇国际：赵柱焕。JAS建筑：李钟延。设计组：金柱源，韩吴锡，李东熙，尹永秀，卞真成，李光运，李民奎，郑在勋，金宇延，金根维。C.G：绿色地带

江东居住区规划最重要的目的是引领21世纪新的居住文化，成为促进新国民住宅(西民住宅)的革新典型。用地从人文角度来看，位于首尔市和河南市交接的地方，与首尔的外环路和奥林匹克大道相邻，是从京畿道东部及东部圈进入首尔的关口。从自然环境角度来看，它北向离汉江只有2km远的望月河，而西南向靠近黄山则形成了低矮的丘陵地形。

规划的基本方向是通过建筑物与自然要素的有机结合，创造出生态居住区。它把南侧的山(黄山)和北侧的水(望月河)连接起来，在步行轴线上形成生态的居住环境，同时还把周围的生态环境与用地连接起来，起到了桥梁的作用。以这样的生态基地和步行轴线为基础，在这块区域内形成生态网络、步行网络、社区交流网络。

综合平面设计是以城市轴线、风景轴线、自然轴线为基准进行的。城市轴是指在用地上引进了以东西向的城市网格体系，以此来决定各地块基本的布局。

自然轴线是连接用地南北的自然走向和依托用地中央的步行轴线而产生的。它与城市轴线共同形成了各个聚落。而风景轴线则向周边城市和自然开放，是连接用地北-东-南室外景观的基本轴线。居民楼的布局是以塔楼、中央广场塔型、板楼为基本形状的。用地中的塔楼布局确保了用地内具备景观要素的区域和连通内外部的通轴。而赋予用地实体性的地标要素和中央核心的下凹及步行轴线的连接桥，一同构成了立体的流线规划，形成了中央广场塔型布局。板楼布局与塔楼布局相结合。虽然用地整体采取以不阻碍风向和通轴的南向布局为原则，但是在中央广场采取的却是具有视觉通透感及交流意义的放射性布局方式。中央广场是与底层架空及下凹部分相接的具有多样的——自然、人文、居住、交通——功能的交流场所。附属福利设施的布局倾向是在与中央广场和步行通道连接处、与架空层以及广场相连处、与学校及城市规划设施相连处设置附属设施。建筑规划将考虑环境和人际交往的层面：

环境层面

利用绿化山墙和屋顶，以及周边环境和土地开发所产生的碎石等作为建筑材料；通过地下停车场的顶棚及下凹广场进行自然采光；在公寓的单元供暖设备上设置花坛，世世代代都注意扩张内部绿化网。

人际交流层面

在中央广场及步行体系周边设置社区设施，通过屋顶空间来保证空中交流。用步行中心的横向规划来确保横向的人车分离，同时运用隔板来保证安全。在用地及居民楼内也通过租赁和出售的混合形式来引导社会统合功能的形成。塔楼的厨房采取朝南设置，同时开发优秀的户型设计，来确保人们有互相交流的空间，还通过40～50m²的户型的大开间设计，赋予用户营造室内空间的自主性。

立面设计是要通过传统设计，用适当的比例来表现安定感和现代感。

综上所述，生态居住区的规划方向是依据建筑和自然的试验性结合，而创造出丰富多彩的21世纪新居住典范。

位置：首尔市江东区江一洞江一城市开发事业区域内
地域：开发限制区，自然绿地
用地面积：380.41m²(约115.053坪)
建筑面积：641.996m²
停车位数：7902辆

合作公司
结构—正结构
电气—正明技术团
设备—机成E&C
景观—智奥景观
模型—Teamj
交通—城市信息研究所

建筑概要

区分			单位	1区	2区	3区	4区	5区	6区	7区	8区	9区	10区
住宅小区土地利用计划	地块面积		m²	24,789.80	34,472.80	47,674.30	38,684.40	37,765.10	28,989.90	46,538.00	27,253.20	52,650.80	41,823.30
	地上层总面积		m²	38,046.05	52,354.43	82,730.09	67,717.85	67,150.81	50,346.21	80,872.88	41,949.82	92,240.66	68,887.49
	建筑面积		m²	3,649.38	3,696.17	3,836.37	3,746.37	3,743.07	3,715.62	3,827.07	3,651.01	3,827.37	3,742.87
	建筑面积比		%	14.72	10.72	8.05	9.68	9.91	12.82	8.22	13.40	7.27	9.01
	容积率		%	153.47	151.87	173.53	175.05	177.81	173.67	173.78	153.93	175.19	165.18
	造景面积比		%	32.20	31.60	31.30	30.70	31.20	31.83	31.54	32.62	30.89	33.06
建筑户数	平衡别户数	计	租赁	153	207	550	448	436	350	430	166	564	320
			出售	220	310	476	304	306	245	550	248	440	411
		40	租赁	-	-	436	448	-	220	430	-	-	-
			出售	-	-	-	-	-	-	-	-	-	-
		50	租赁	-	-	-	-	436	-	-	-	564	-
			出售	-	-	-	-	-	-	-	-	-	-
		60	租赁	153	207	-	-	-	50	-	166	-	152
			出售	-	-	364	-	-	122	268	-	-	292
		85	租赁	-	-	114	-	-	80	-	-	-	168
			出售	220	310	112	304	306	123	282	248	440	119
停车位数	标准停车位数		辆	420	582	1112	831	819	653	1070	466	1113	806
	计划	小计	辆	421	585	1117	835	821	654	1073	471	1117	808
		地上	辆	42	90	128	90	240	119	302	104	283	110
		地下	辆	379	495	989	745	581	535	771	367	834	698

布局概念
布局计划
城市体系
景观塔形
分节
标志性
自然秩序
水平风景
整列
地平线
综合布局概念图
城市轴线
基本安排形成绿色体系
风景轴线
为了风景形成绿地体系
风景轴线
望月川
中央广场
步行绿道
江一风流路
中心生活路
光林广场
望月川生物栖息空间
生态点概念图
南安山城 里城山 生态点 生态据点 生态点 望月川 汉江
江花院
河岸广场
组成了承接现代历史的时间空间
－野外舞台，亭子广场
光林广场
通过绿地组成部分的生态环境
－形成部分的生态环境
步行绿道
学校公园
在把学校绿地和步行绿道的腹地内，形成交流文化，教育中心的空间
－自然观赏园，野生花园，生态莲池，娱乐广场
生态廊桥
与附近的森林生态界相连（良好的松树生长构造）
生态莲池/公园生态环境
为了把腹点农地引入腹地内，形成了衔接绿地
－自然体验学校，生态莲池
望月河生物栖息空间
通过建筑安排形成发展带
活用一定面积的观察场所
保留恢存展望台
江一风流路
与腹地整体所具有的自然，人文，风景相一致的文化活动街道
－村子主题广场，集市
田野广场
作为社区交流的街道，由许多可看的东西及亲教广场组成
－娱台广场，娱乐广场，晚光许院
中心生活路
为了提高腹地内 Aminity 的步行亲和生活街道
－自行车道，Green Pocket，Water Pocket 休息处，Street Gallery
青柳广场
通过对现有水系的复原，形成了腹地内水循环体系的空间，由此也形成了把生态环境及社区交流结合在一起的亲水性主题空间
－亲水广场，生态莲池，娱乐广场
道路规划图
车辆流线
步行线
小区截面图

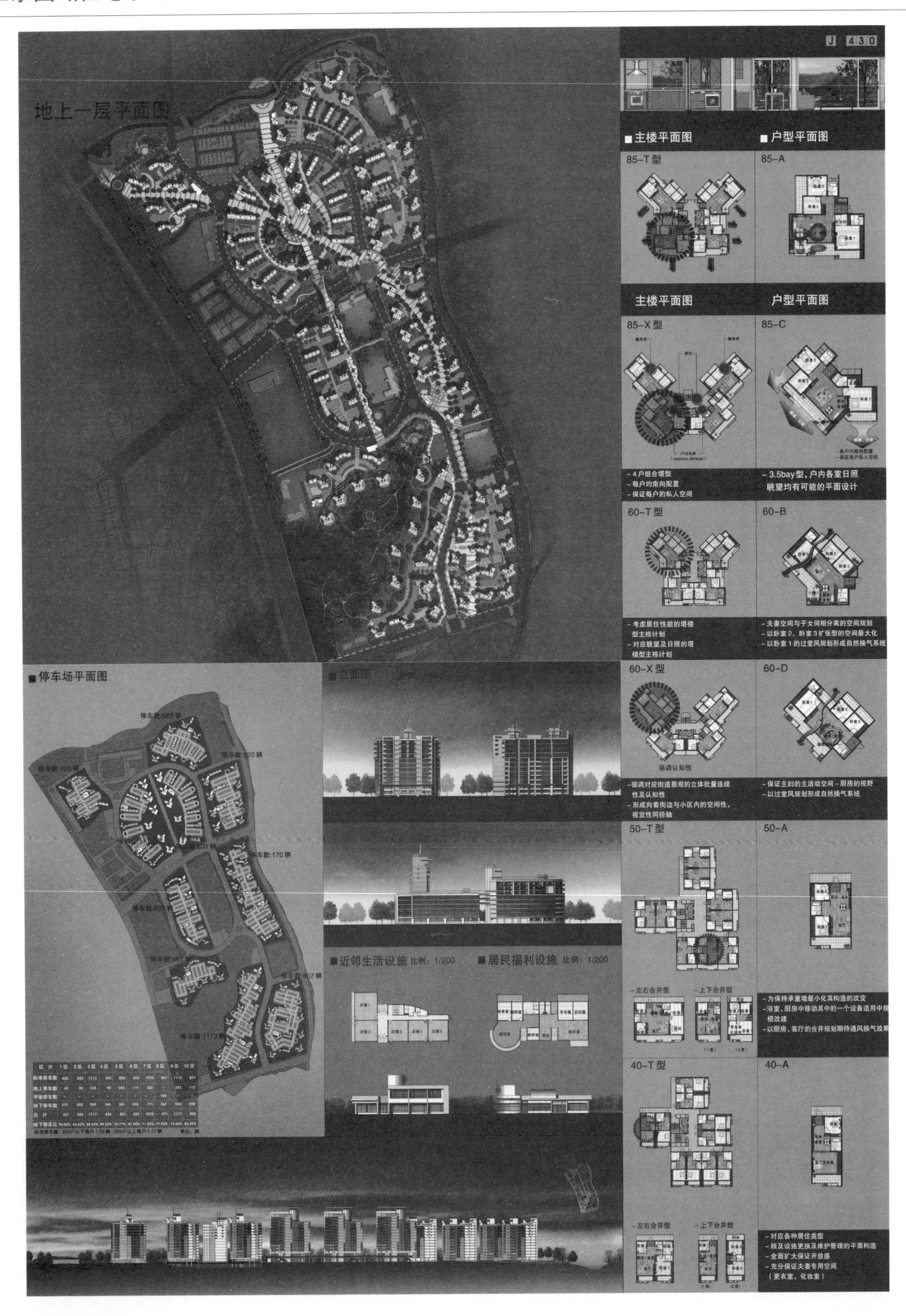

区 分	1区	2区	3区	4区	5区	6区	7区	8区	9区	10区
标准停车数	420	583	1113	831	820	653	1070	467	1113	807
地上停车数	42	90	128	90	240	119	302	–	283	110
甲板停车数	–	–	–	–	–	–	–	104	–	–
地下停车数	379	495	989	745	581	535	771	367	834	698
合 计	421	585	1117	835	821	654	1073	471	1117	808
地下停车比	90.02%	84.62%	88.54%	89.22%	70.77%	81.80%	71.85%	77.92%	74.66%	86.39%

标准停车数：60m² 以下每户 1.06 辆　85m² 以上每户 1.17 辆　　单位：辆

江东圈域住宅小区

入选方案 **无影建筑：**安吉元，李熙益。设计组：金永宇，朴文洙，崔润石，金基浩，陈河，李正熙，赵英洙，朴秀福，申日勇，陈基浩，金基泰，金大哲，郑维进

用地规划

社区中心广场规划

作为地区的中心广场，采取跌落式楼台，利用高度的变化构成多样的空间。

停车主要使用楼台下部，上部规划为以步行者为主的社区空间。

作为多种活动街道的结合点，考虑移动及出入的问题。

城市型生活街

引进步行专用平台，规划成生态的步行空间。

上学路等目的性交通，规划成活泼的街道。

邻近居住区的生活街道

区分开放、遮蔽相对应的区间，形成多样化的街道。

与沿街楼座成直角，以扩大视觉开放感和降低对楼座的噪声。

为了活跃街道生活，在街道边设置社区公共设施。

自然型生活街道

从南侧的丘陵地到北侧的望月河近邻公园，形成了生活绿地。

调整全区域，使每个板块均对绿地开放。

以象征这个地区的保护树种(榉树)为界，形成生态节点。

建筑规划

与街道相适应的沿街楼座规划(3、7区)。

与步行轴线协调一致的楼座规划。

利用底层架空的局部开放规划，追求街道与板块之间的空间连接。

引导横向空间的扇型板块(楼座)的立面设计。

利用斜坡地形的联排式规划(9区)。

倾斜/邻近公园的斜坡，渗透到楼座后方，由此构思自然合理的联排住宅。

混合/阶梯型楼座上层规划了相同单元供暖设备的板楼，从而提高结构、设备等的使用效率。

按照居住者的需求，自由随意设置的露台使立面的改变成为可能。

根据小区的特性，屋顶的设备间规划成了多种形态。

在楼房入口取消高差，可以进行多种样式的立面设计。

外墙绿化，屋顶花园等生态楼座的形成。

在临街型(3区)商家屋顶设置水空间和人行道，确保相邻住户的通行和视觉的开放性。

流线规划

步行流线

构思体验城市和景观连续性的行人空间网络体系。

绿地和亲水空间一起组成了舒适的步行流线。

以步行第一的原则，规划板块内人行道路。

机动车道

分五个阶段构成的机动车流线设计。

第1阶段：连接整个地区的中央江一路。

第2阶段：连接各板块的内部生活道路。

第3阶段：与内部生活道路环型连接的各板块内主路。

第4阶段：与各个楼座连接的辅路。

第5阶段：利用生活道路作为非常时期的车辆交通线，防止车辆出入时的阻塞，规划4条辅助连接道路。

车辆从商业区以及地铁5号线向目的地交通集中时的缓解规划。

位置：首尔市江东区江一路江一城市开发事业区域内

地域：限制开发区域，自然绿地区域

用地面积：380341m²(约115053坪)

小区数：10个小区

首层建筑面积：57035.55m²

总建筑面积：813925.08m²

建筑密度：15.00%

容积率：163.55%

规模：6层以上,12层以下

结构：钢筋混凝土，剪力墙结构

停车位数：7927辆

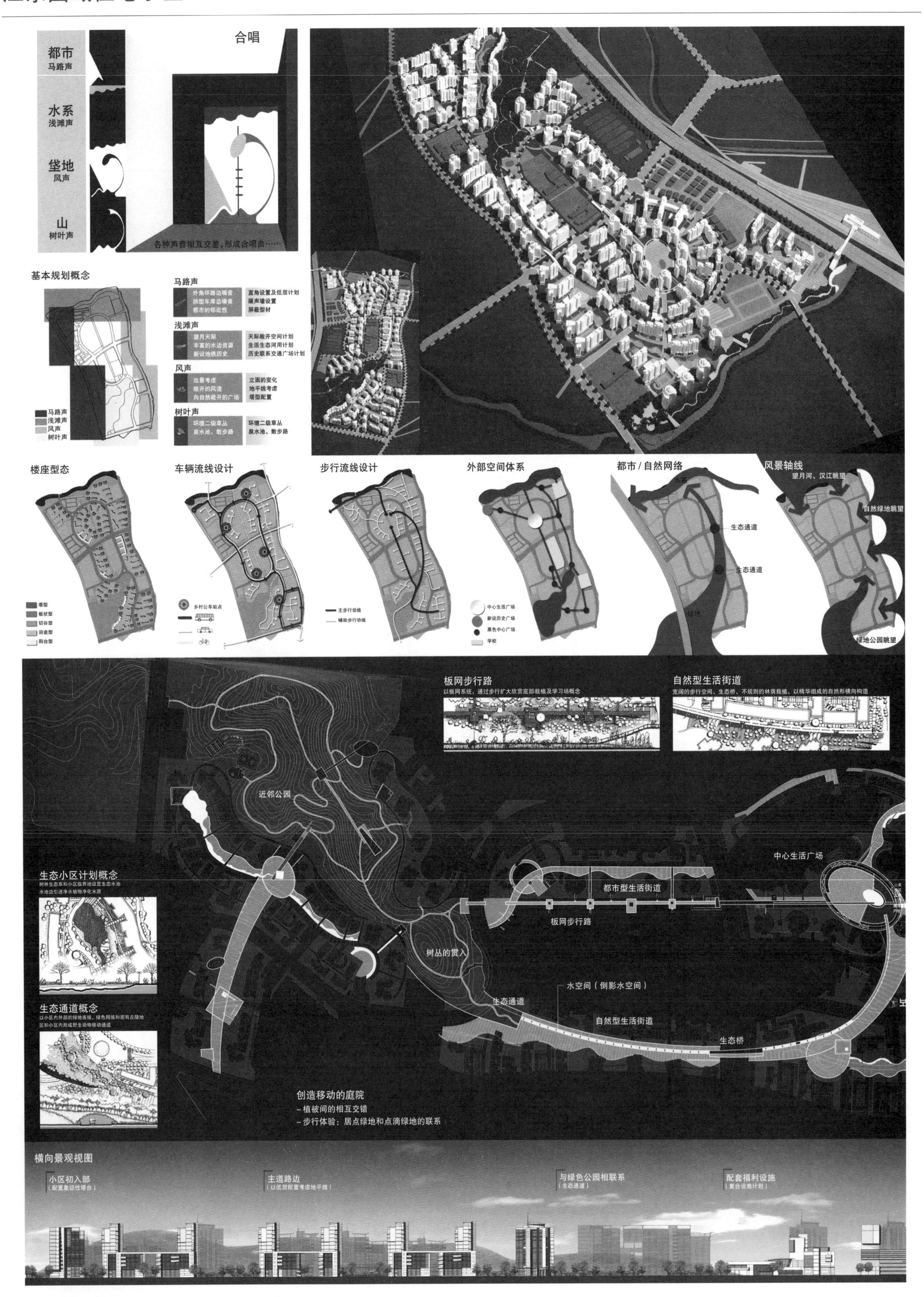

合唱
都市
马路声
水系
浅滩声
垡地
风声
山
树叶声
各种声音相互交差，形成合唱曲……
基本规划概念
马路声
浅滩声
风声
树叶声
楼座型态
车辆流线设计
步行流线设计
外部空间体系
都市/自然网络
风景轴线
生态通道
板网步行路
自然型生活街道
近邻公园
中心生活广场
生态小区计划概念
都市型生活街道
板网步行路
树丛的贯入
水空间（倒影水空间）
生态通道
自然型生活街道
生态桥
生态通道概念
创造移动的庭院
– 植被间的相互交错
– 步行体验：居点绿地和点滴绿地的联系
横向景观视图
小区初入部
主道路边
与绿色公园相联系
配套福利设施

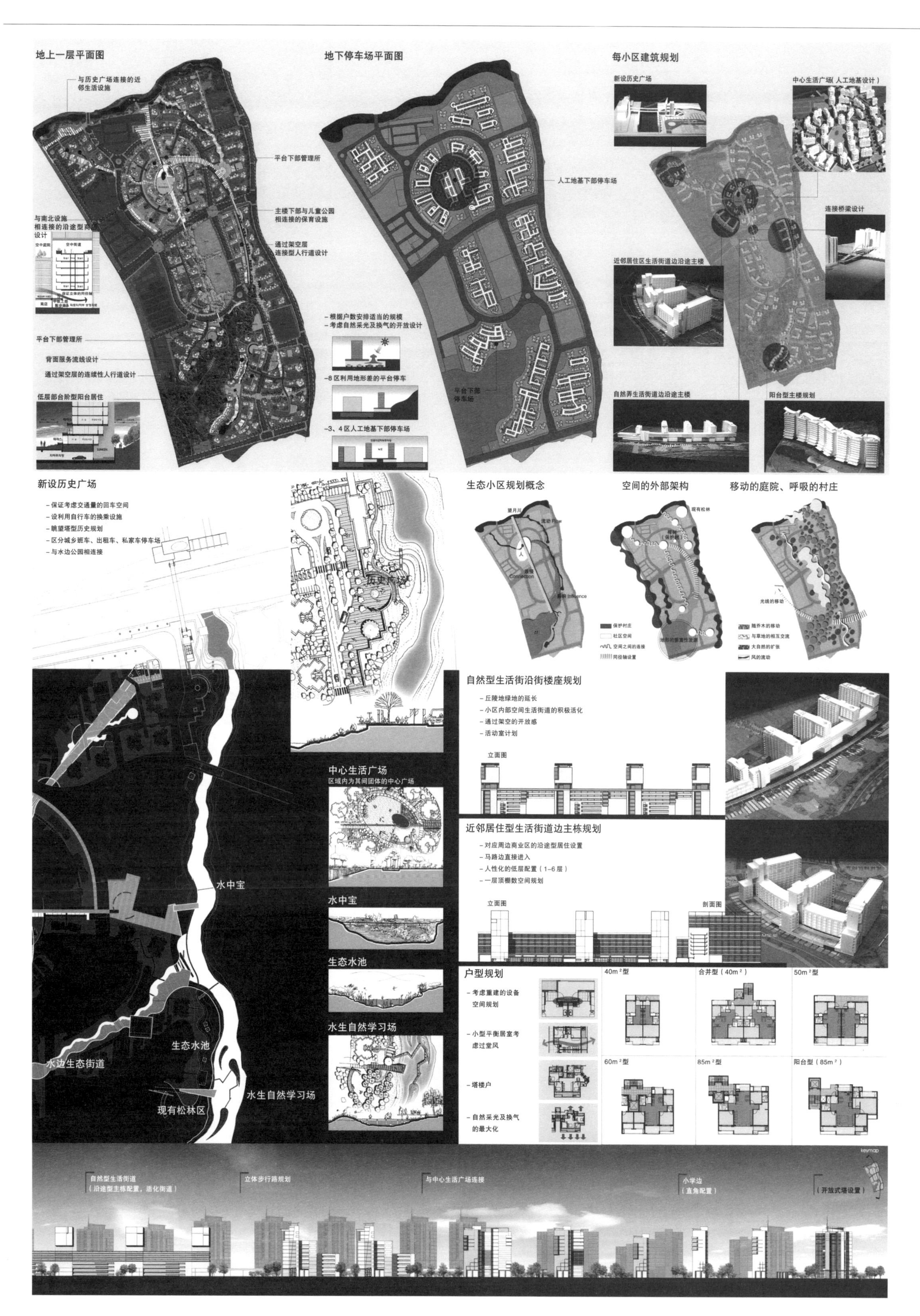

地上一层平面图
与历史广场连接的近邻生活设施
平台下部管理所
主楼下部与儿童公园相连接的保育设施
通过架空层连接型人行道设计
与南北设施相连接的沿途型商业设计
平台下部管理所
背面服务流线设计
通过架空层的连续性人行道设计
低层部台阶型阳台居住
地下停车场平面图
人工地基下部停车场
- 根据户数安排适当的规模
- 考虑自然采光及换气的开放设计
-8 区利用地形差的平台停车
-3、4 区人工地基下部停车场
平台下部停车场
每小区建筑规划
新设历史广场
中心生活广场（人工地基设计）
连接桥梁设计
近邻居住区生活街道边沿途主楼
自然养生活街道边沿途主楼
阳台型主楼规划
新设历史广场
- 保证考虑交通量的回车空间
- 设利用自行车的换乘设施
- 眺望塔型历史规划
- 区分城乡班车、出租车、私家车停车场
- 与水边公园相连接
历史广场
生态小区规划概念
空间的外部架构
移动的庭院、呼吸的村庄
保护村庄
社区空间
空间之间的连接
同径轴设置
随乔木的移动
与草地的相互交流
大自然的扩张
风的流动
光线的移动
自然型生活街沿街楼座规划
- 丘陵地绿地的延长
- 小区内部空间生活街道的积极活化
- 通过架空的开放感
- 活动室计划
立面图
中心生活广场
区域内为其间团体的中心广场
水中宝
生态水池
水生自然学习场
水中宝
生态水池
水边生态街道
现有松林区
水生自然学习场
近邻居住型生活街道边主栋规划
- 对应周边商业区的沿途型居住设置
- 马路边直接进入
- 人性化的低层配置（1-6 层）
- 一层顶棚数空间规划
立面图
剖面图
户型规划
- 考虑重建的设备空间规划
- 小型平衡居室考虑过堂风
- 塔楼户
- 自然采光及换气的最大化
40m²型
合并型（40m²）
50m²型
60m²型
85m²型
阳台型（85m²）
keymap
自然型生活街道
（沿途型主栋配置，活化街道）
立体步行路规划
与中心生活广场连接
小学边
（直角配置）
（开放式墙设置）

江东圈域住宅小区

入选方案 **韩光建筑：民胜烈**

位置：首尔市江东区江一洞江一城市开发产业区域内
地区：开发限制区、自然绿地区
用地面积：380341m²(约 115053 坪)
建筑面积：796089m²
停车位数：7895 辆

基本规划及构想

汉江的水边轴和首尔的环形绿地生态轴的交叉点。
与首尔 CBD 平行的城市发展轴。
绿化带解除区的生态补偿。
与首尔市高德地区水滨生态公园的连接环。
阿利水——明天的人类与自然真正的和谐。
环形生态轴与城市结构的融合。
与汉江相连接的生态环境的据点。
富有地域脉络的新田园都市。

亲和环境的基本规划

构成亲和环境的居住区，为实现21世纪新型住宅空间，对包括人类环境要素整体的接近和总体规划，通过要素间网络化，创造协同效果，引进整合亲和人类、亲和生物、亲和资源(能源)概念的“环境网络”。

空间及流线设计

活用小区内原有绿地的生态住宅小区规划。
活用与生活中心街连接的空间，组成路边歇脚小公园以及景观规划。

住宅楼平面设计概念

景观性

—考虑望月河边景观的楼座规划。
—考虑眺望和景观的楼座及设施规划。
—步行者商业街的架空规划。
(保证视觉的开放性，连接步行流线)。

象征性

—起地标作用的街景规划及楼座规划。
—考虑人体尺寸及美观的层高设计，强调造型和实用性的屋顶层以及塔楼规划。

亲环境性

—选择环保材料。
—构成楼座绿化路的生态网络。

■总平面图

水际公园
环境教育中心
水际平台
生态型护岸
连接桥梁／平台
桥梁
体育公园
连接庭院
轴线分析
人行道
开放空间
循环体系
植树规划
亲环境计划
亲树活动规划
绿色城市 幻想生态轴与城市构造的融合
生存城市 与汉江连接的生态环境的据点
花园城市 收容地球脉络的亲田园城市
市区轴线
交通规划
社区中心
阿利水大广场
外围循环路上的景观－1
阿利水大广场模型照片
外围循环路上的景观－2
社区中心剖面图－2

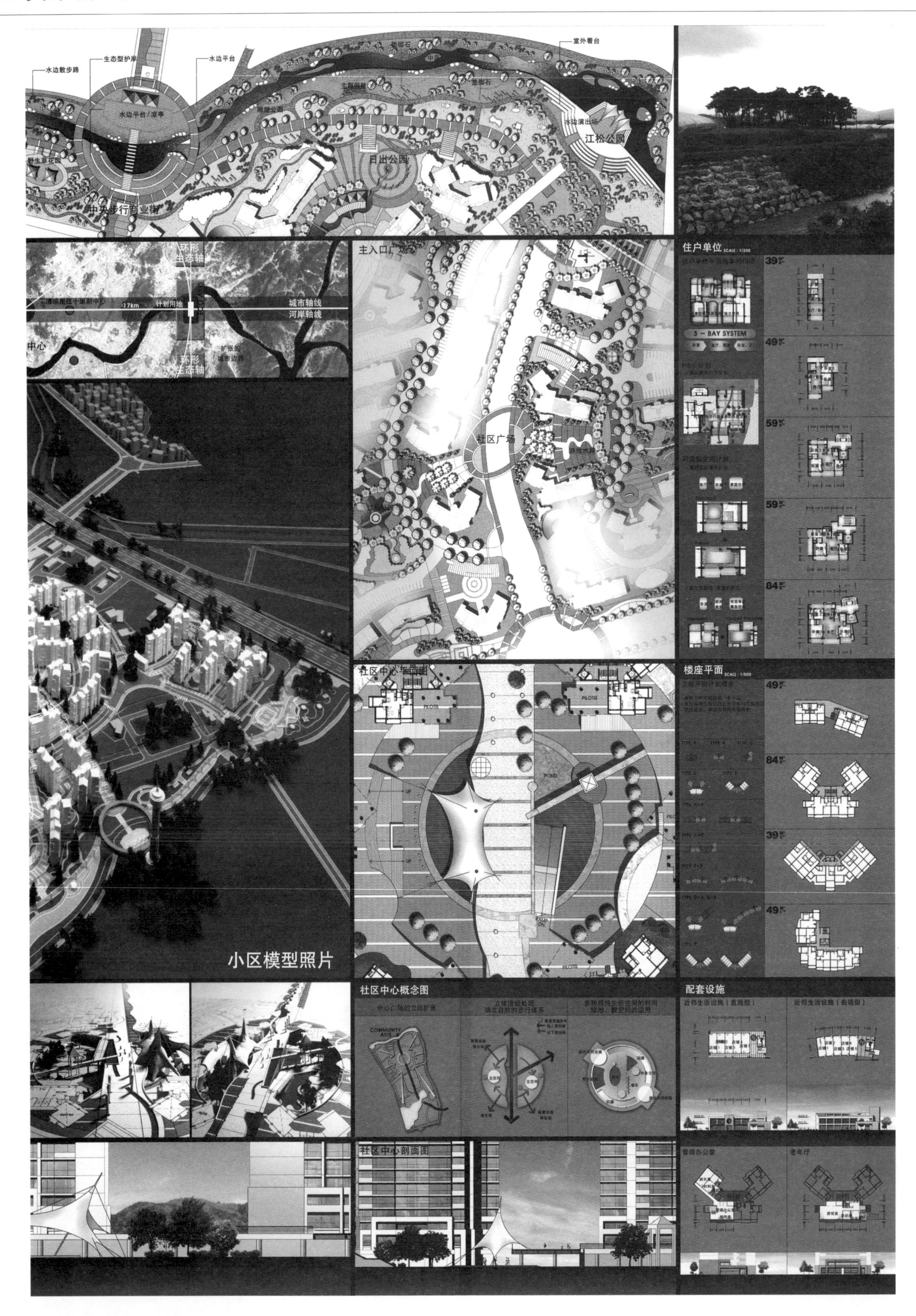

水边散步路
生态型护岸
水边平台
室外看台
水边平台/凉亭
日出公园
江松公园
水边演出场
中央步行商业街
环形生态轴
城市轴线
河岸轴线
计划用地
17km
中心
主入口广场
社区广场
住户单位
3 - BAY SYSTEM
39
49
59
59
84
楼座平面
49
84
39
49
小区模型照片
社区中心平面图
POND
PILOTIS
社区中心概念图
中心广场的立体扩展
COMMUNITY AXIS
配套设施
近邻生活设施（直线型）
近邻生活设施（曲线型）
社区中心剖面图
管理办公室
老年厅

江东圈域住宅小区

入选方案 **喜林综合建筑：**李英姬，郑永钧。**DA 集团工程设计建筑：**金铉镐。设计组：郑永钧，金铉镐，李钟树，曹原俊，金太皖，李胜宇，崔敏，黄今顺，朴再宇，朴振勤，吴胜旭，银美罗，俞原再，柳善姬，张东振，周树贤，河顺晶，洪昌来。造景组：崔银京，李爱兰，朴智熙，金泰贤，杨大永，文友京，杨尹晶

规划目标

创造全体居民相伴而居的美丽的田园都市（浅滩：如蔚）。

主要规划内容

—反映现有的街道体系现状、植被现状、水系现况进行规划(留痕迹)。

—街道体系调整规划：胡桃浅滩路（1、3、6区）；学习路（5、7区）；安山路（6、7区）；江一松柏路（8区）等留存原路痕迹。

—植被现况调整规划：留住现有村庄的亭子和榉树休息区，保存对原址的回忆（4区－榉树浅滩）。

—留存2区中心广场内的树木（排除地下构筑物）。

为了使其他保存价值高的树木生长，在没有地下构造物的状态，在3、4园区之间建造大规模中央广场（海滩公园）开工前移植到那里进行保存。

水系现况调整规划：2条现有的河川整合到流量多的一边进行恢复，水生植物及湿地向学校方向调整位置进行恢复。

区域内步行者道路（绿化道）建设方案

前文提过的规划形成的步行路，是斟酌了城市结构特性，将南侧大规模绿地和北侧望月川联系在一起的生态绿道计划。从入口集散设施的地铁站开始到对象地南侧街区，中间的连接形成了主要的人行道（胡桃浅滩）。

每个小区的中心区域设生活街道和广场，与学校相连接构成整体的步行网络。

城市小区规划方面

以中央道路为界，区分两个小生活圈一个生活圈中心（商业用地）和两个小学周围规划成小生活圈的中心，并与循环型生活街道相连接。

为让各板块能够合并，各板块的主出入口规划成活动中心。

各圈通过构筑开放的空间体系，为沿街型的城市构造容易缺乏的街区社团提供空间。

绿化规划

—围绕以中心绿地，构造连接各圈的开放空间/各圈的主题中心空间。

—以步行者专用道路为中心的绿色通道。

—构建水空间体系与绿地体系相连接的开放式空间体系。

—拟定复原3、4区的自然地形（丘陵地）和考虑现有树林的造景规划。

生态综合规划

构成连接地区内外的网络（生态走廊，生态桥和隧道）

陆生生态环境：确保各部分绿地（篱笆广场）、山脚边绿化（构成树丛的外衣）。

水生生态环境：恢复现有河川，湿地及生态环境调整位置进行恢复。

位置：首尔市江东区江一洞江一城市开发产业区域

地域：开发限制区、自然绿地

用地面积：380341m²（约115053坪）

总建筑面积：830280m²

首层建筑面积：59632m²

建筑密度：15.68%

容积率：158.97%

造景率：51.39%

停车位数：7895辆

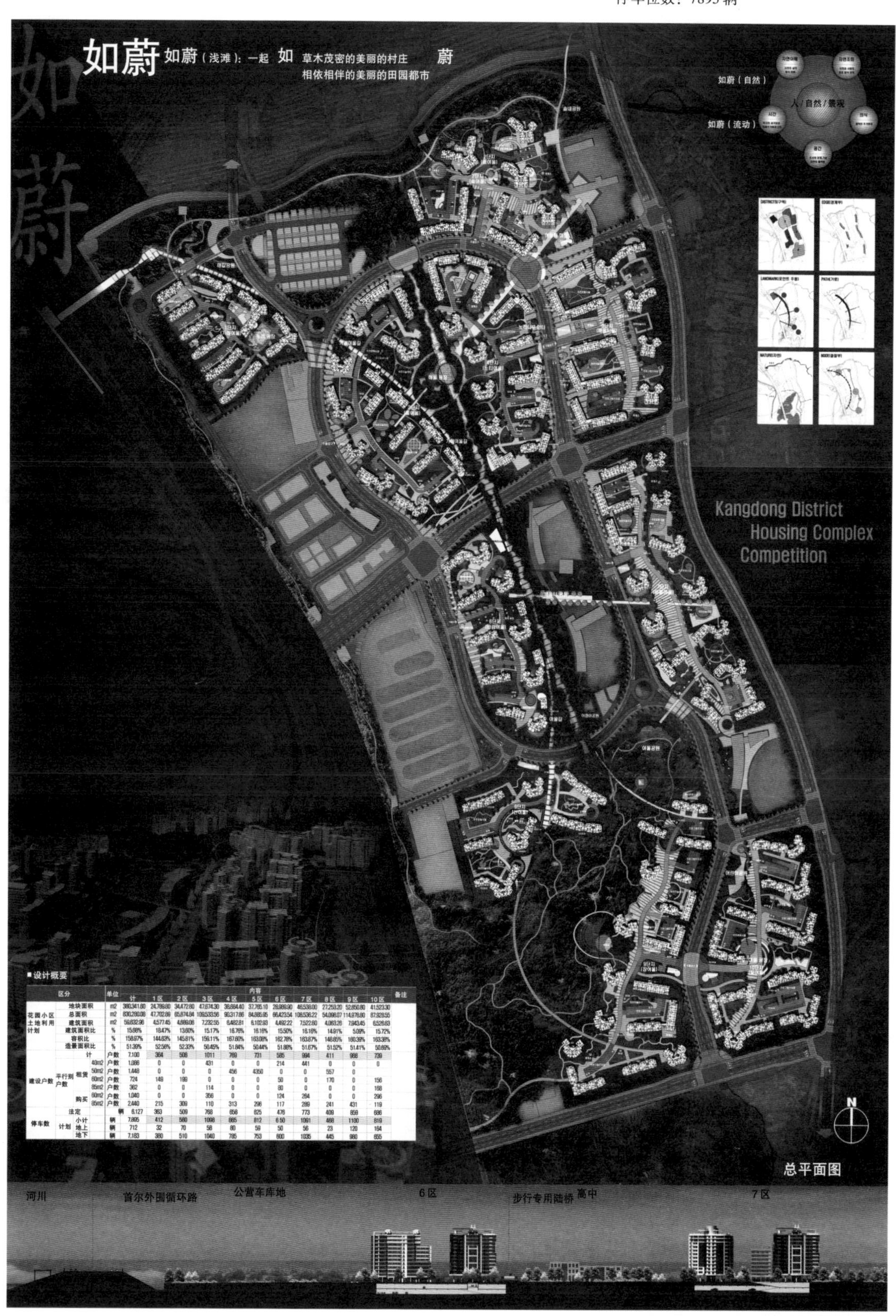

■设计概要

区分				单位	计	1区	2区	3区	4区	5区	6区	7区	8区	9区	10区	备注
花园小区土地利用计划	地块面积			m2	380,341.60	24,789.80	34,472.80	47,674.30	38,884.40	37,765.10	28,989.90	46,538.00	27,253.20	52,850.80	41,523.30	
	总面积			m2	830,280.08	47,702.88	65,874.84	109,533.56	90,317.86	84,885.95	66,423.54	108,536.22	54,098.07	114,976.80	87,928.55	
	建筑面积			m2	59,632.96	4,577.45	4,689.06	7,232.55	6,482.81	6,102.93	4,492.22	7,522.60	4,063.26	7,943.45	6,526.63	
	建筑面积比			%	15.68%	18.47%	13.60%	15.17%	16.76%	16.16%	15.50%	16.16%	14.91%	5.09%	15.72%	
	容积比			%	158.97%	144.63%	145.81%	159.11%	167.60%	163.08%	162.78%	163.87%	148.65%	160.39%	163.38%	
	造景面积比			%	51.39%	52.56%	52.33%	50.45%	51.84%	50.44%	51.88%	51.67%	51.52%	51.41%	50.69%	
建设户数	计			户数	7,100	364	508	1011	769	731	585	994	411	988	739	
	平行别户数	租赁	40m2	户数	1,086	0	0	431	0	0	214	441	0	0	0	
			50m2	户数	1,448	0	0	0	456	4350	0	0	557	0		
			60m2	户数	724	149	199	0	0	0	50	0	170	0	156	
			85m2	户数	362	0	0	114	0	0	80	0	0	0	168	
		购买	60m2	户数	1,040	0	0	356	0	0	124	264	0	0	296	
			85m2	户数	2,440	215	309	110	313	296	117	289	241	431	119	
停车数	法定			辆	6,127	363	509	768	658	625	476	773	409	859	686	
	计划	小计		辆	7,895	412	580	1098	865	812	6 50	1091	468	1100	819	
		地上		辆	712	32	70	58	80	59	50	56	23	120	164	
		地下		辆	7,183	380	510	1040	785	753	600	1035	445	980	655	

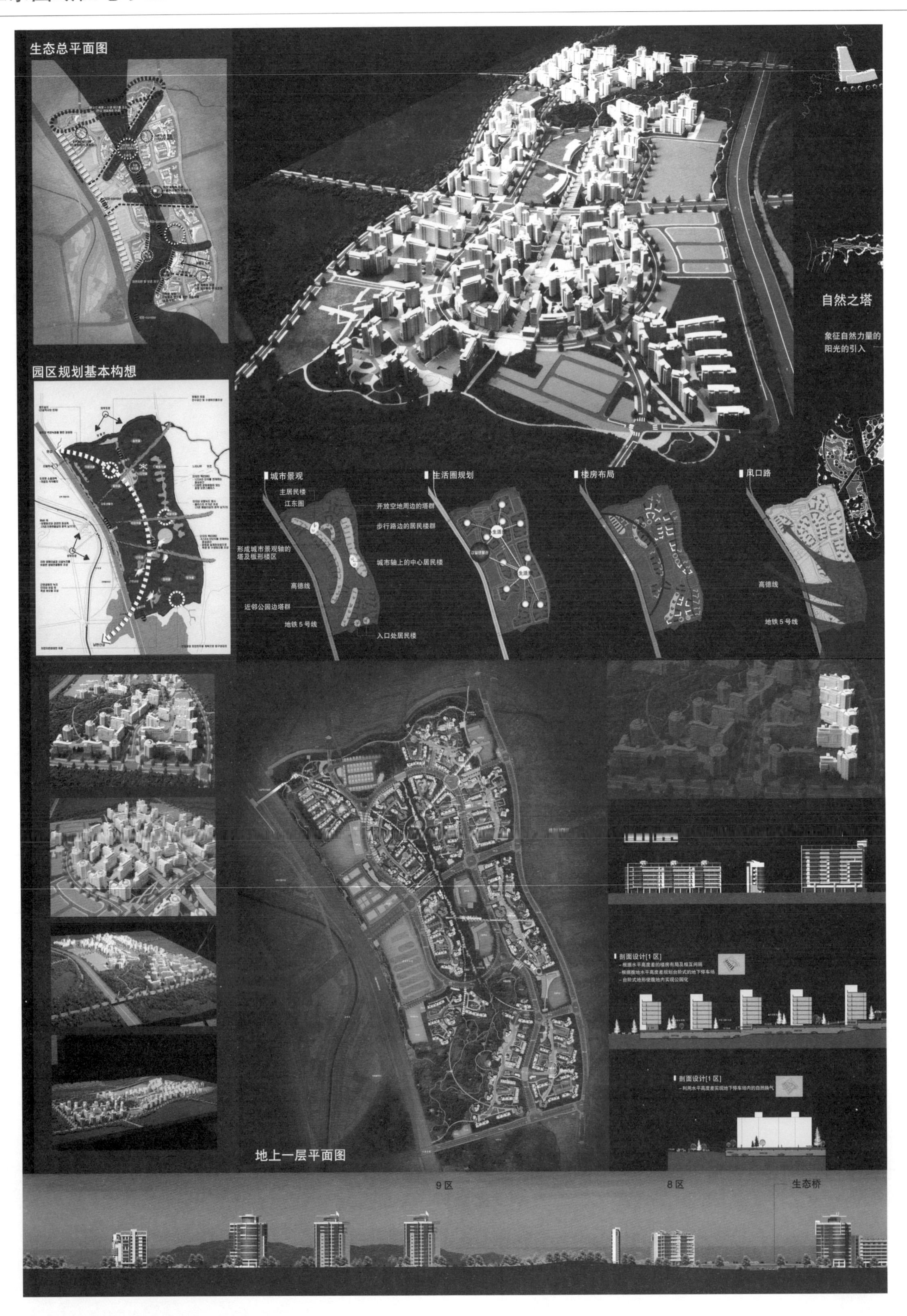
生态总平面图
园区规划基本构想
自然之塔
象征自然力量的阳光的引入
城市景观
主居民楼
江东圈
开放空地周边的塔群
步行路边的居民楼群
形成城市景观轴的塔及板形楼区
城市轴上的中心居民楼
高德线
近邻公园边塔群
地铁 5 号线
入口处居民楼
生活圈规划
楼房布局
风口路
高德线
地铁 5 号线
剖面设计[1区]
剖面设计[1区]
地上一层平面图
9区
8区
生态桥

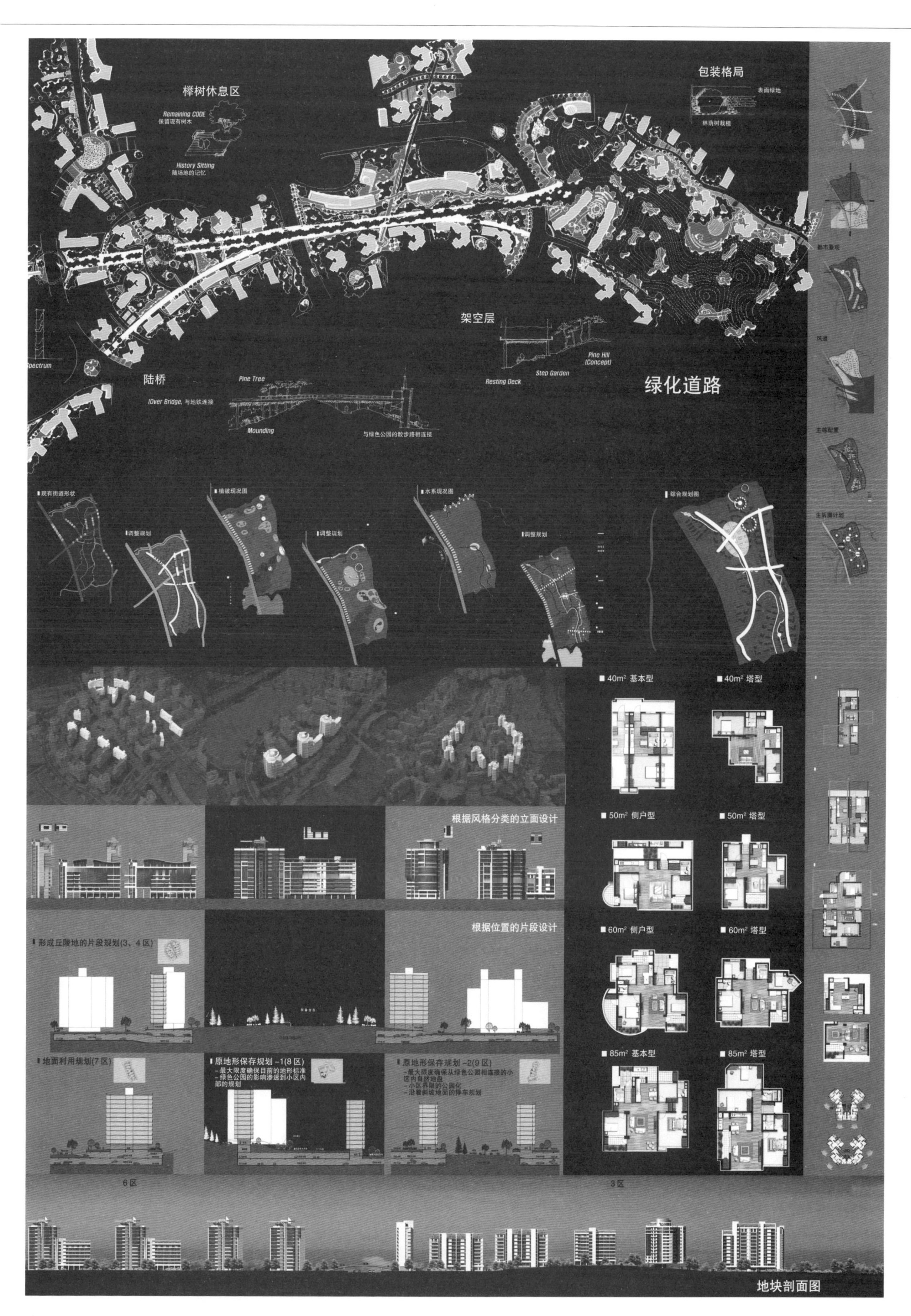
榉树休息区
Remaining CODE
保留现有树木
History Sitting
随场地的记忆
包装格局
表面绿地
林荫树栽植
架空层
Pine Hill (Concept)
Step Garden
Resting Deck
陆桥
Pine Tree
[Over Bridge, 与地铁连接
Mounding
与绿色公园的散步路相连接
绿化道路
现有街道形状
调整规划
植被现况图
调整规划
水系现况图
调整规划
综合规划图
40m² 基本型
40m² 塔型
50m² 侧户型
50m² 塔型
60m² 侧户型
60m² 塔型
85m² 基本型
85m² 塔型
根据风格分类的立面设计
根据位置的片段设计
形成丘陵地的片段规划(3、4区)
地面利用规划(7区)
原地形保存规划 -1(8区)
-最大限度确保目前的地形标准
-绿色公园的影响渗透到小区内部的规划
原地形保存规划 -2(9区)
-最大限度确保从绿色公园相连接的小区内自然地盘
-小区界限的公园化
-沿着斜坡地面的停车规划
6区
3区
地块剖面图

坝岛森林公园

中标方案 同心圆造景技术师事务所　安溪东＋大宇结构工程设计院　南正贤＋赵景进　首尔市立大学

规划方向

确立阻断的生态系统的连接体系，创造多样的生物栖息环境，恢复原有的植物。

通过设计参与变化的空间，形成市民自己的艺术和文化场所。

通过原有空间再生、多层次的娱乐、艺术活动，体验别致的场所感和喜悦。

设计战略

互动变化的进化

以考虑历史遗迹开发、三标工厂用地变化、新设道路、地铁建设等周边城市结构性变化的阶段开发为战略。生态系统考虑树林的结构、种类的多样性，组成阶梯性的建造，通过时间变化和市民参与形成变化的空间。

相会的网络

连接阻断的自然，使市民相会形成共同体，保证直接参与的网络运营方式。

内部连接：用人行路和树丛连接被道路隔断的用地，保持市民直接参与的网络式运营方式。

外部连接：通过联系汉江、中浪川、鹰峰，连接被隔断的“水上—陆上”的生态系统，起到首尔绿地轴线的据点作用。

保留用地内可用之处，重现原貌

利用原有设施用于公园，留住历史的痕迹。再生首都博物馆、留水地、净水厂、三标工厂用地、赛马场、高尔夫场水池、圣水大桥倒塌纪念公园等原有空间，形成别致的公园。

流线及铺装规划

流线规划

外部车辆流线外部呈环形，内部呈十字交叉，进出容易。

步行/管理车辆流线，形成围绕基地的大圆形，起功能及象征性作用。

赛马场跑道利用为道路。

所有流线支持自行车行驶。

铺装规划

运用适合环境公园主题风格的亲环境材料：透水性好，再利用铺装材料，按特定场所的性格区别铺装。

运用亲环境/特殊铺装要素：以玻璃砖、植草砖、橡胶砖、脚印砖和无障碍空间构成。

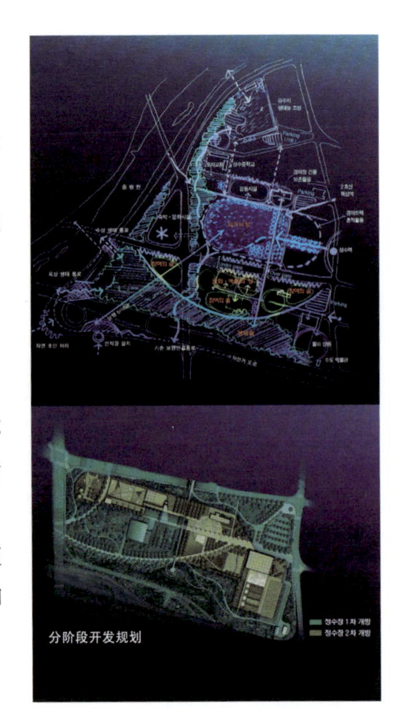

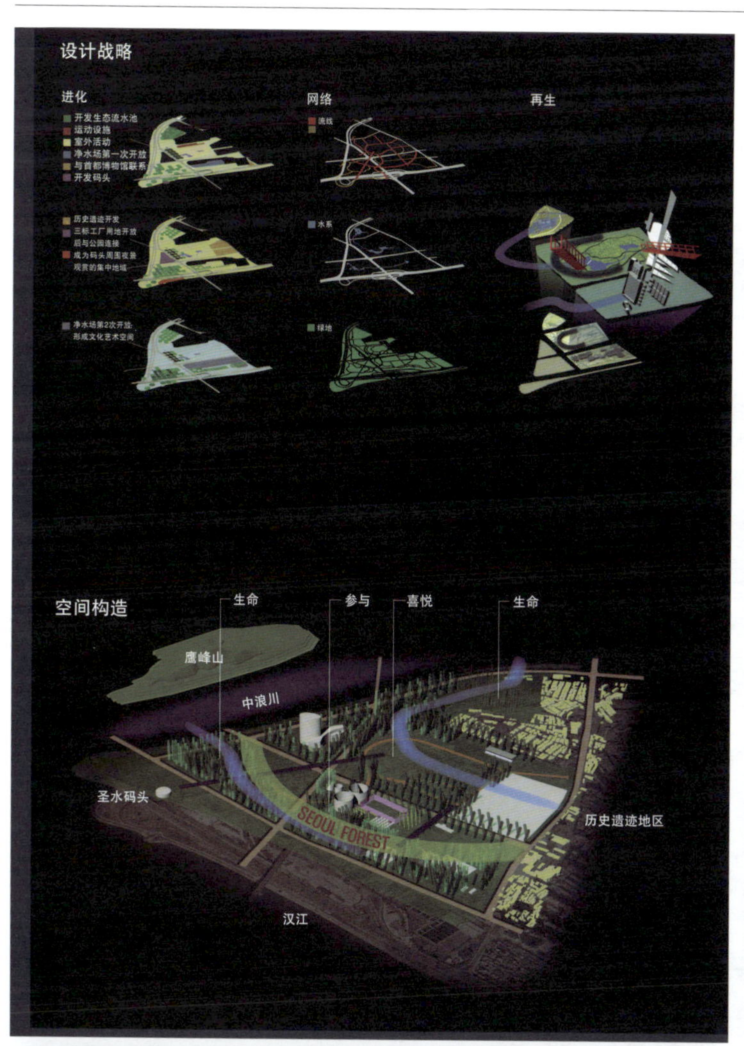

设计战略
进化
网络
再生
空间构造
生命
参与
喜悦
生命
鹰峰山
中浪川
圣水码头
历史遗迹地区
SEOUL FOREST
汉江

与自然共同呼吸的生命的森林
流水区自然放流区
水边土地(芦苇丛)
湿地 生态树林(柳树林)
水上生态通道
陆上生态通道
自然型护岸处理
落叶树林
原有地下通道
常绿树林(松树林)
森林群落构造
芦苇带
蜻蜓
鲫鱼
山泉小鱼
芦苇
水草 1
水草 2
水草 3
灌木带
鸟类 1
松鼠
花蝴蝶
灌木 1
灌木 2
灌木 3
灌木 4
柳树林
野鸭 1
野鸭 2
鸳鸯
柳树
芦苇
水草 2
水草 4
松树林
白鹭
松树
香水梨
杜鹃
花草 1
自然型护岸改善
陆上生态通道(道路覆盖型)
水上生态通道(地下通道型)

与市民一起参与的森林
青少年信息场所
脚印广场
参与艺术场所
森林中的活动空间
诞生的森林
森林学校
25个区象征树林
树木银行
青少年开放演出场
树林
微小庭院
我的一朵玫瑰园
我的花庭院
参与艺术展示场
种植我的树
通过种植自己的树培养对森林的关心
脚印路
用市民的手印、脚印及字句图案的铺装
森林中的活动空间
根据时间的进程逐渐被充满的空间，孩子的游乐场、雕刻教室、协同艺术
森林维护程序
利用志愿服务的森林学校，通过森林维护的生态森林学习与管理

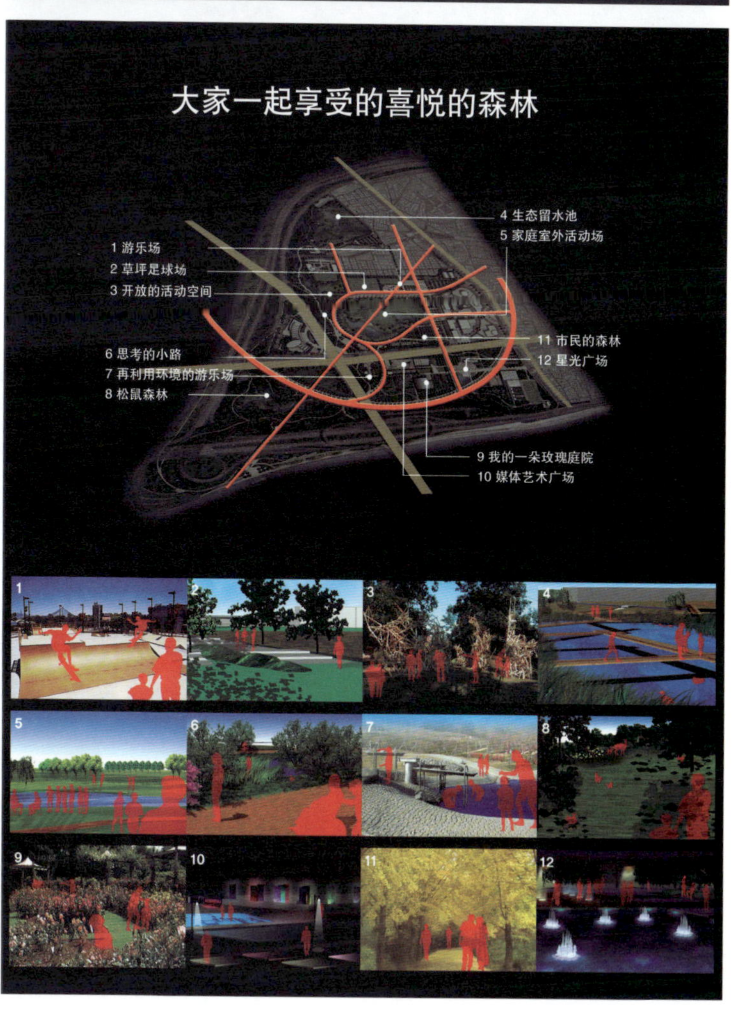

大家一起享受的喜悦的森林
1 游乐场
2 草坪足球场
3 开放的活动空间
4 生态留水池
5 家庭室外活动场
6 思考的小路
7 再利用环境的游乐场
8 松鼠森林
9 我的一朵玫瑰庭院
10 媒体艺术广场
11 市民的森林
12 星光广场

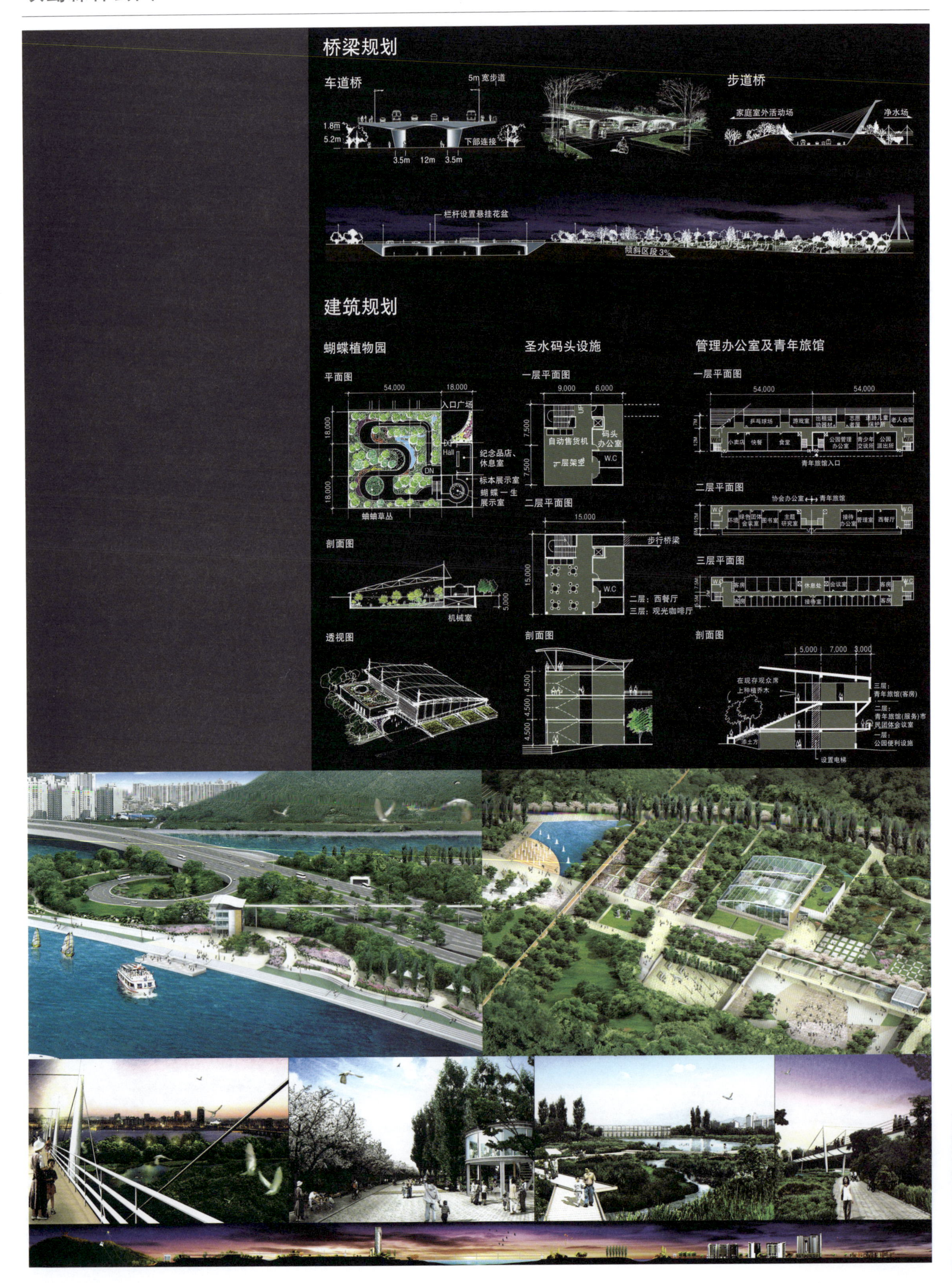
桥梁规划
车道桥
5m 宽步道
1.8m
5.2m
下部连接
3.5m 12m 3.5m
步道桥
家庭室外活动场
净水场
栏杆设置悬挂花盆
倾斜区段 3%
建筑规划
蝴蝶植物园
平面图
54,000
18,000
入口广场
纪念品店、休息室
标本展示室
蝴蝶一生展示室
蝴蝶草丛
剖面图
机械室
透视图
圣水码头设施
一层平面图
自动售货机
码头办公室
W.C
二层平面图
步行桥梁
二层：西餐厅
三层：观光咖啡厅
剖面图
管理办公室及青年旅馆
一层平面图
青年旅馆入口
二层平面图
协会办公室 青年旅馆
三层平面图
剖面图
在现存观众席上种植乔木
三层：青年旅馆(客房)
二层：青年旅馆(服务)市民团体会议室
一层：公园便利设施
设置电梯

坝岛森林公园

二等奖方案 造景设计：徐安，郑永善。世一工程设计院：金燕姬

概念与目标——在树林里学习

共存：树林中共存着一切——与自然共存的城市环境样式的转换。

痕迹：树林积累着岁月的痕迹——再生长时间堆积的痕迹。

构成：树林由多样的层次构成——所有人在所有空间可进行所有活动。

循环：树林由幼苗的成长循环发展——强化了青少年的教育、文化、参与活动。

设计战略的展开

记忆、再生路与城市构造：老路的再生，连接胡同。

保存了自然的草地，沙滩。

给现存建筑赋予新的用途——建筑物：作为公园的新的用途使用。

用自然树木显示场所的历史——留下的树木：显示场所的自然历史。

用地造型、地形构成：山丘和平地——生态树丛和活动树丛的基本构造。

水流：再现早市浅滩与河坝之间的河水，生态的基本。

交通结构：连接各场地要素的网状系统。

树丛的类型：作为生态复原的树丛和作为公园活动的树丛。

项目的网络

广域的网络：连接千禧年公园的汉江历史网络，连接水落山的中浪川边农家生活网络，连接景福宫的清溪川城市文化网络。

公园内的网络：以生态树林为中心的生态探索活动。以跑道为中心的生活体育活动，青少年复合文化中心的文化活动，休闲场为中心的休憩、散步活动。

时间的风景

2003～2100年：依靠自然力量成长的坝岛树林。

建筑物再利用计划

体育公园设施

过去的赛马场看台现在作为各种团体的业务空间使用。

建筑物改造成坝岛丛林的中心，作为首尔东北部的市民文化活动据点。

骑马场设施

改造现作为骑马场马舍的建筑物2幢，用于将来(二期建设)建成的生态、环境、文化方面的市民教育场所的附属教室及公园的服务设施。

净水厂设施(二期)

缓冲过滤池：利用现存构造，作为供居民利用的地域图书馆。

过滤池：利用大规模的室内空间，作为给首尔市民服务的儿童博物馆。

沉淀池：与儿童博物馆相连接，改造成游泳池及环境戏水设施。

净水池：拿掉覆盖构筑物，利用下部结构造成亚热带植物园。

再处理设施：将2个浓缩槽、调整槽再利用，分别用于近代地域史博物馆及丛林接待中心。

圣水中学(二期)

按规划在用地内迁移的情况下，利用学校设施作为生态、环境、文化相关联的由非政府组织(NGO)经营的市民学校。

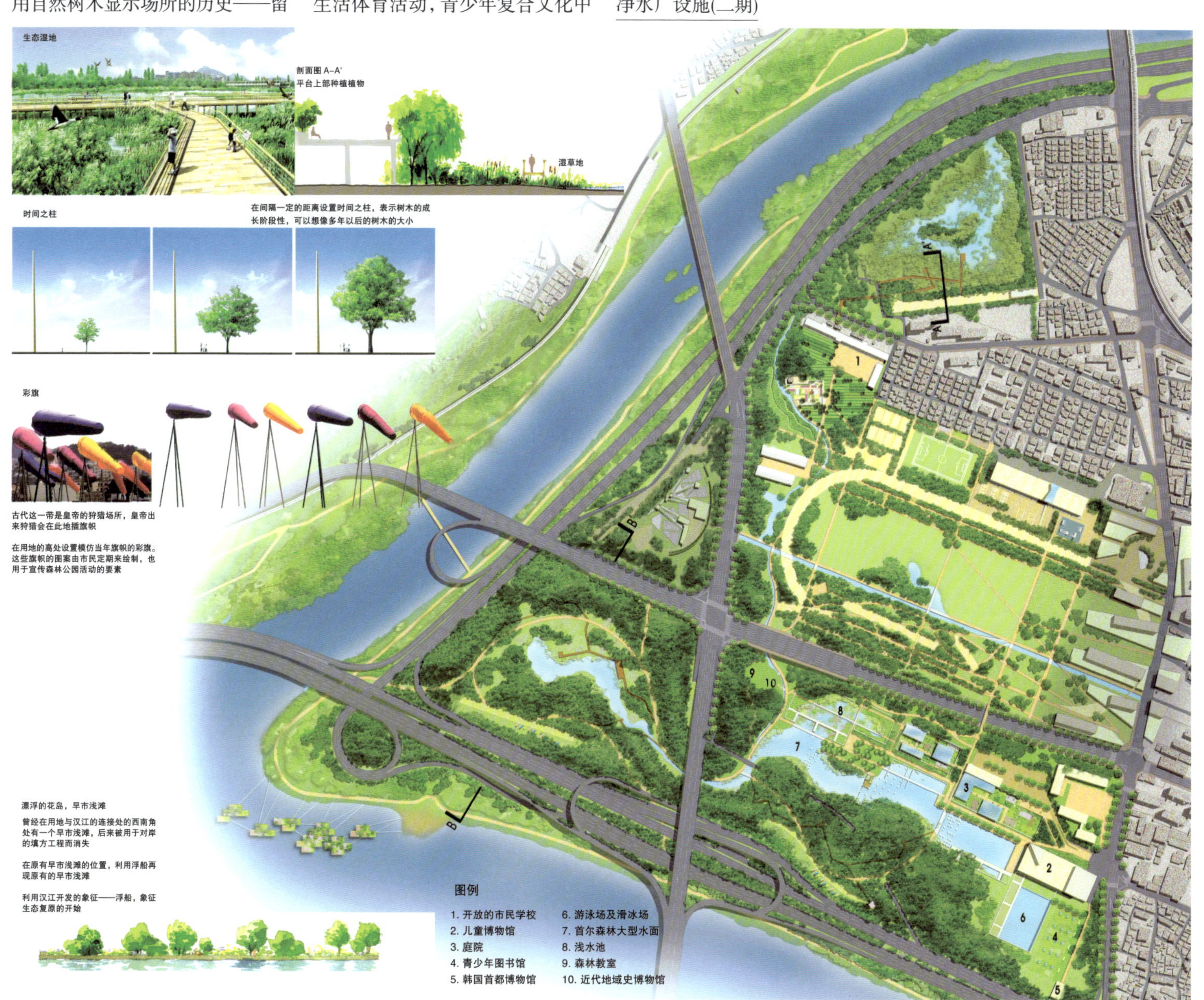

坝岛森林公园

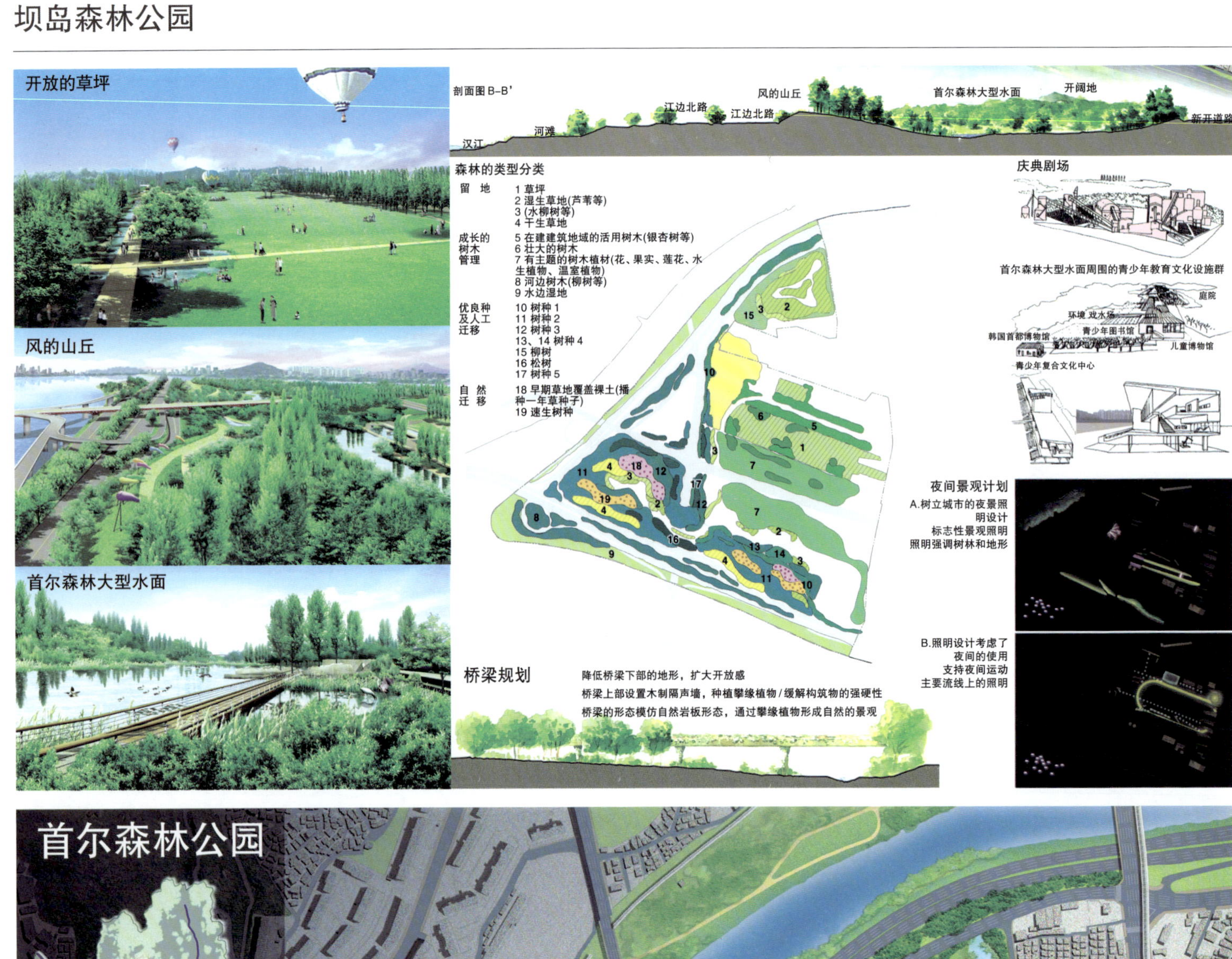
开放的草坪
风的山丘
首尔森林大型水面
剖面图 B-B'
汉江
河滩
江边北路
江边北路
风的山丘
首尔森林大型水面
开阔地
新开道路
森林的类型分类
留 地
1 草坪
2 湿生草地(芦苇等)
3 (水柳树等)
4 干生草地
成长的树木管理
5 在建筑地域的活用树木(银杏树等)
6 壮大的树木
7 有主题的树木植材(花、果实、莲花、水生植物、温室植物)
8 河边树木(柳树等)
9 水边湿地
优良种及人工迁移
10 树种 1
11 树种 2
12 树种 3
13、14 树种 4
15 柳树
16 松树
17 树种 5
自 然 迁 移
18 早期草地覆盖裸土(播种一年草种子)
19 速生树种
庆典剧场
首尔森林大型水面周围的青少年教育文化设施群
庭院
环境 戏水场
青少年图书馆
韩国首都博物馆
儿童博物馆
青少年复合文化中心
夜间景观计划
A.树立城市的夜景照明设计
标志性景观照明
照明强调树林和地形
B.照明设计考虑了夜间的使用
支持夜间运动
主要流线上的照明
桥梁规划
降低桥梁下部的地形，扩大开放感
桥梁上部设置木制隔声墙，种植攀缘植物/缓解构筑物的强硬性
桥梁的形态模仿自然岩板形态，通过攀缘植物形成自然的景观

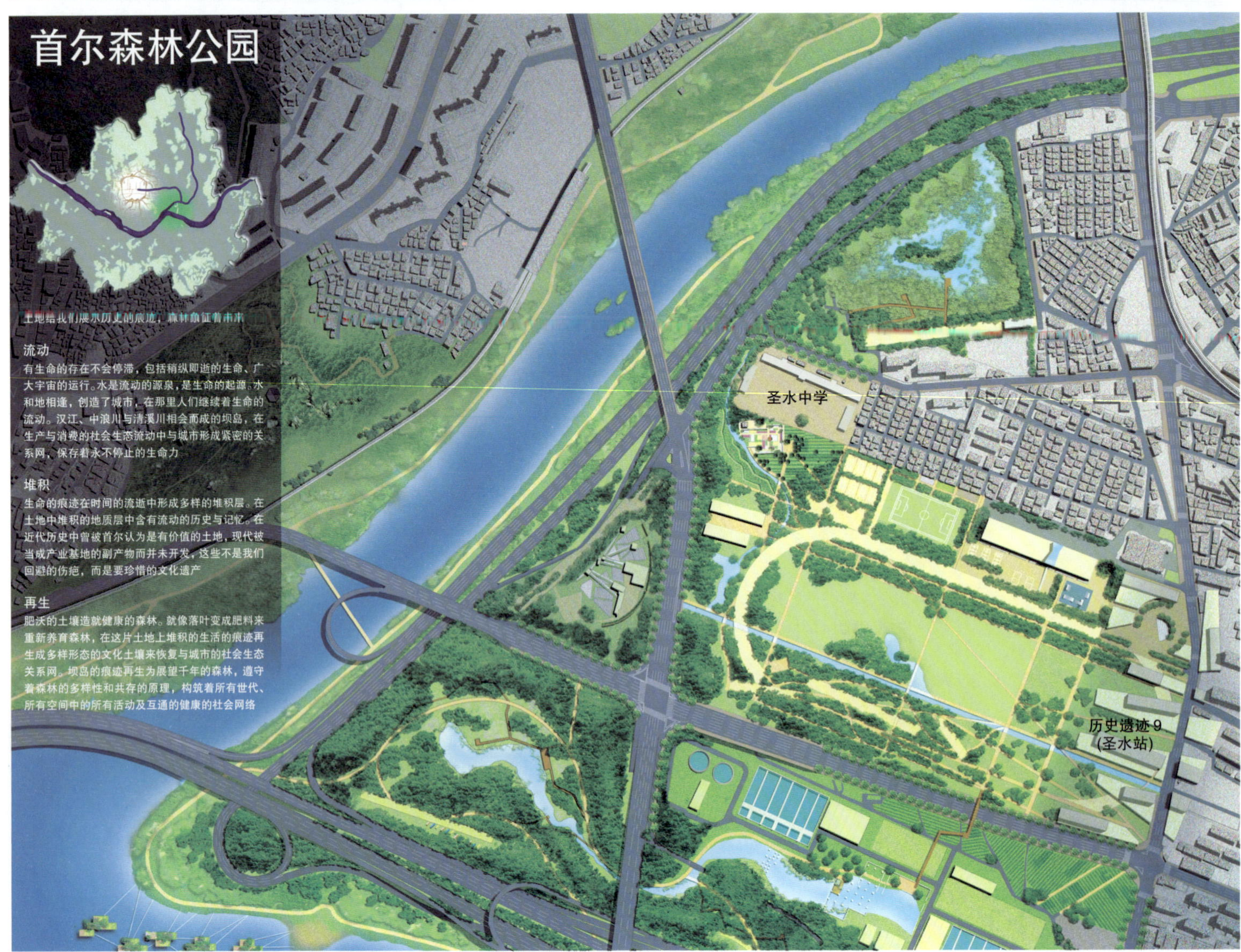
首尔森林公园
土地给我们展示历史的痕迹，森林象征着未来
流动
有生命的存在不会停滞，包括稍纵即逝的生命、广大宇宙的运行。水是流动的源泉，是生命的起源。水和地相逢，创造了城市，在那里人们继续着生命的流动。汉江、中浪川与清溪川相会而成的坝岛，在生产与消费的社会生态流动中与城市形成紧密的关系网，保存着永不停止的生命力
堆积
生命的痕迹在时间的流逝中形成多样的堆积层。在土地中堆积的地质层中含有流动的历史与记忆。在近代历史中曾被首尔认为是有价值的土地，现代被当成产业基地的副产物而并未开发，这些不是我们回避的伤疤，而是要珍惜的文化遗产
再生
肥沃的土壤造就健康的森林。就像落叶变成肥料来重新养育森林，在这片土地上堆积的生活的痕迹再生成多样形态的文化土壤来恢复与城市的社会生态关系网。坝岛的痕迹再生为展望千年的森林，遵守着森林的多样性和共存的原理，构筑着所有世代、所有空间中的所有活动及互通的健康的社会网络
圣水中学
历史遗迹 9
(圣水站)

记忆与再生

包括规划用地的坝岛一带在悠久的岁月中留有多样的痕迹。有的要素作为具体的物理形态保留着，也有的要素只存在于人们的记忆和古老的照片之中。在规划之前先找出这些痕迹，用具有意义的形态再解释。这片土地上时间的痕迹通过道路、城市结构或堤坝等地形显现，也通过至今保留着的建筑物显现

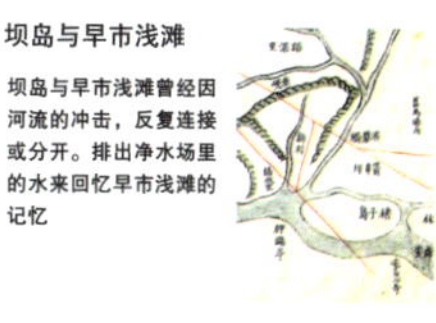

坝岛与早市浅滩

坝岛与早市浅滩曾经因河流的冲击，反复连接或分开。排出净水场里的水来回忆早市浅滩的记忆

坝岛净水场

保存韩国第一个供水设施－供水博物馆，再利用缓速过滤池的独特构造。过滤池、沉淀池和净水池将变为具有特别的功能场所

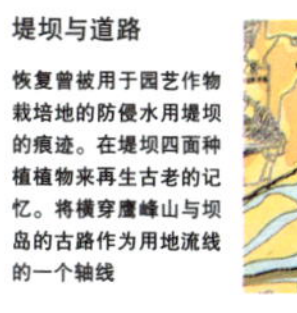

堤坝与道路

恢复曾被用于园艺作物栽培地的防侵水用堤坝的痕迹。在堤坝四面种植植物来再生古老的记忆。将横穿鹰峰山与坝岛的古路作为用地流线的一个轴线

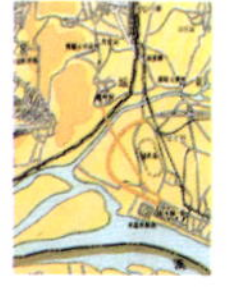

坝岛赛马场

巨大的椭圆形赛马跑道是表现这片土地场所性的具体实体。虽然功能转移了，但跑道、观众席及马舍的痕迹依然存在着，并等候着再一次的变身

用地景观

如此多样形态的痕迹是雕刻千年未来的文化土壤。在这土壤上面生长着象征健康未来城市的森林。高大的山丘使人们联想起古堤坝，并保护其内部的环境不受道路干扰。净水场的水路围绕森林的各处，最终流入生态湿地。蜿蜒的路网成为紧密连接森林与城市的通道

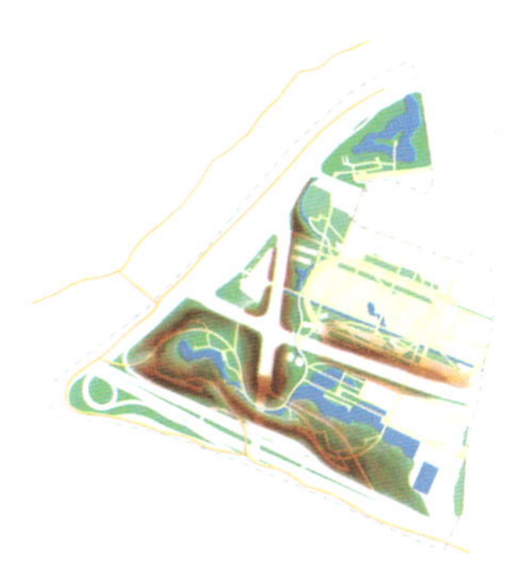

地形

山丘
阻隔横穿用地的道路的噪声。

变化的多样性
以多样的地形形成多样的植被景观的基础

水

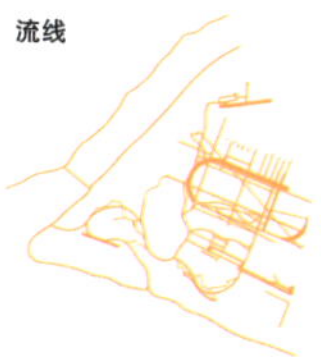

新的大江
将净水场的过滤池、沉淀池、净水池连接起来形成巨大的水景观。

新的川
建设东西向横穿用地的长水路，用于景观及排除雨水。

连接
将被道路分割的各领域连接成一体

流线

显露的道路
有空间移动通道、景观体验通道、构成程序的通道等多种功能。

隐藏的道路
观察森林中的生态通道，森林内部用步行通道连接

森林

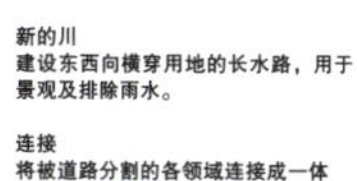

以生态复原为目的的森林
以再生河流边景观、形成城市森林、形成动植物栖息地为目的。

以公园活动为目的的森林
支持多种活动的森林

程序网络

形成汉江、中浪川、清溪川的网络

水边空间是城市各种活动的重要基地，是疏通通道。已建成了从坝岛到加阳桥的自行车道路。将从水落山沿着中浪川的自行车道路连接到坝岛森林。清溪川的步行散步道路和自行车道路也与之相连，使坝岛森林成为这一通过自行车形成汉江、中浪川、清溪川水边网络的重要基地

连接水落山的中浪川边生活网络
连接四大门的清溪川城市文化网络
连接世界杯公园的汉江历史网络

越过世代、空间活动制约的计划

所有的世代（世、孔了说世为30年）在所有空间中与所有活动相联系。空间不因使用方式而被限定，使用者的活动不受到空间的制约。除了生态方面敏感的几处场所，所有领域支持所有公园活动。坝岛森林的外部空间基本上是一个巨大的容器，容纳的活动项目由使用者的趣味和爱好来构成。只是为了提高效率，活动场所选在具有适当资源的位置

教育与文化

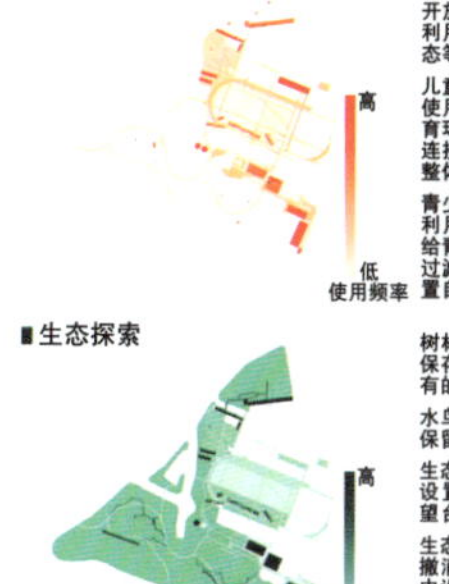

青少年综合文化中心
媒体活动、传统活动、创作活动、展示活动、观赏活动。

开放的市民学校
利用以前圣水中学的建筑物，运营园艺、生态等多样的教育及参与活动。

儿童博物馆
使用过滤池设施，提供改善落后的儿童教育环境的机会。
连接邻接地区的供水博物馆和植物园，使整体的教育活动变为可能。

青少年图书馆
利用现在不被使用的缓速过滤池的构造，给青少年创造地域图书馆。
过滤池上部的开口部覆盖玻璃构造物，设置自然采光及自然通风设施。

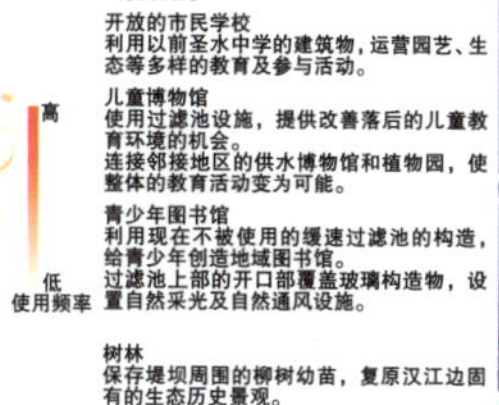

生态探索

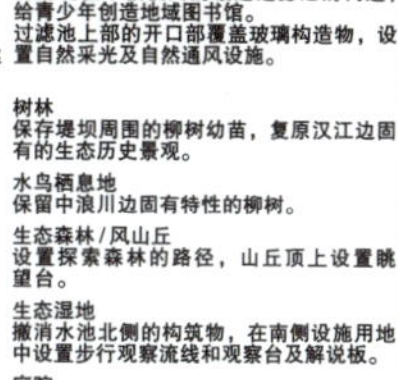

树林
保存堤坝周围的柳树幼苗，复原汉江边固有的生态历史景观。

水鸟栖息地
保留中浪川边固有特性的柳树。

生态森林/风山丘
设置探索森林的路径，山丘顶上设置眺望台。

生态湿地
撤消水池北侧的构筑物，在南侧设施用地中设置步行观察流线和观察台及解说板。

庭院
利用现存净水场构筑物，在下沉空间形成温室，种植热带及亚热带多样的植物和养殖蝴蝶。

体育

体育设施用地
草坪足球场1个、网球场8个、田径跑道(利用赛马跑道)、各种球场。

江边用地
维护现存自行车道路，形成连接江北、江西及城市中心的水边自行车道路体系。

环境戏水设施
夏天作为环境戏水场和游泳场，冬天作为冰场使用

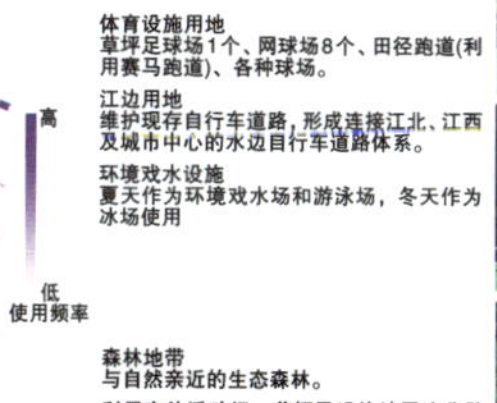

休息，散步

森林地带
与自然亲近的生态森林。

利用室外活动场、草坪及设施地周边分散的休息空间

时间的风景

2003年 只有痕迹的赛马跑道、观众席、马舍、学校建筑物、高尔夫场及空荡荡的运动场、机械形态的净水场设施、被遗弃的道路和建设中的教学楼，这些质的构成是过去100年来用地的历史图书。在这些痕迹的上面将形成未来的森林公园

2010年 赛马跑道与空地变成草坪，在高尔夫球场下面丘陵地的室外活动场中充满孩子们的笑声。各处的草丛在江边风光的记忆中慢慢成长为成熟的森林

2030年 室外活动场的树木已经度过了一个世代。现在的孩子们会带领着自己的孩子来这里找树荫。树林的气势直上天空，并将优雅的姿态倒映在河水中。净水场下面的水与江水溶为一体，流淌在森林的各处

2110年 树林该准备世代交替。古树倒下的地方生长着幼苗，周边有多层次的树林。室外活动场的绿荫树已成为老树，造出更深层次的树荫。在那树荫下面仍有孩子们玩耍

2003年 现在

1. 自然迁移草地
2. 自然迁移速生树种
3. 维持干性草地
4. 维持湿性草地
5. 人工迁移(未来的主导树种+速生树种)
6. 树木管理

2010年第1次年度计划

1. 引入灌木
2. 快速生长
3. 维持干性草地
4. 维持湿性草地
5. 树木成长(有必要时间伐速生树种)
6. 树木成长

2030年第2次年度计划

1. 引入乔木
2. 速生树种老化，未来的主导树种成长
3. 维持干性草地
4. 维持湿性草地
5. 主导树种占优，速生树种衰退
6. 树木茁壮成长

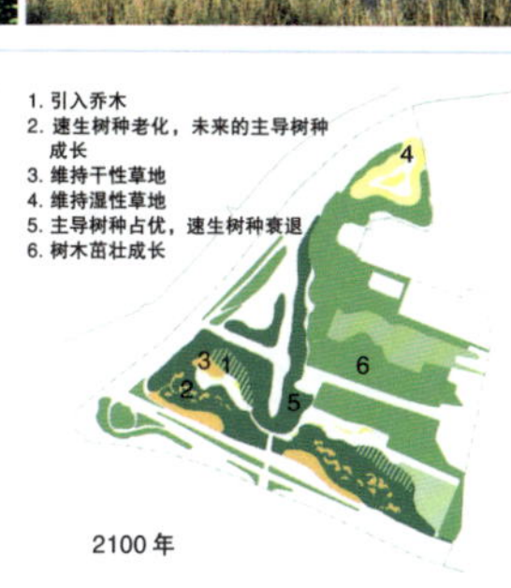

2100年

现状：平坦的地形

规划：有变化的地形

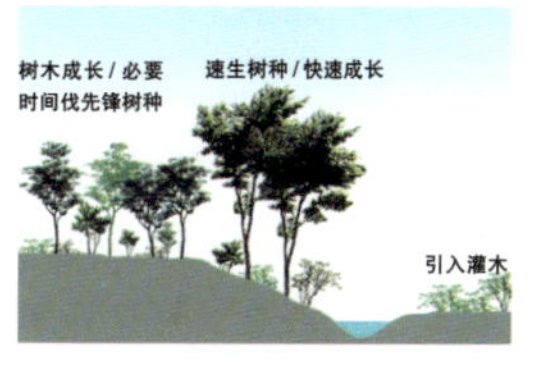

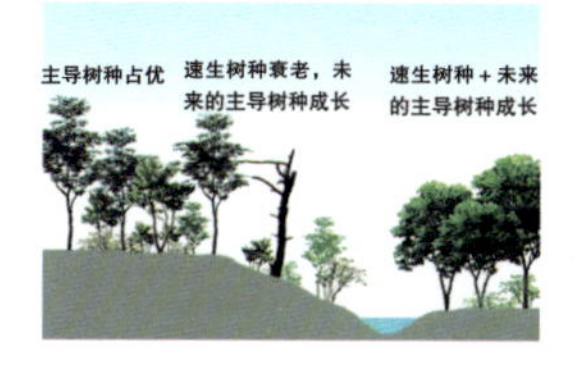

坝岛森林公园

三等奖方案 西人造景：韩善雅。图文工程设计院：金基成，陈良教。UNICON 工程设计院：朴相云

基本方向

坝岛森林(氧气中心)

象征提供氧气的场所，维持城市内部绿地生态的同时能够给市民休息空间、教育空间及生活的活力场所。

氧气中心是可以亲身散步的空间，是可以理解、体验的场所，是以利用自然的流动，建造立体的森林为前提。

坝岛森林(氧气中心)的建造方向

建造自然的森林：使森林沿着自然河流变化、成长、循环。自然的森林给野生动物提供生存的必要条件：如隐身处、食物、水，对野生动物栖息地的保护起重要的作用。

建造与人共存的森林：将来森林公园提供的干净水和空气能起到保障市民健康的作用。

建造为未来服务的森林：将小水力、风力、太阳能等自然能源利用于生态建筑物中，建造亲环境的森林：将环境保护的新模式应用在森林公园，实时反映韩国主要自然生态状况，供生态学习之用。

空间和流线的主要架构

基本结构和原则

空间结构充分利用地形。

消除因用地内道路而造成的分节。

与周边地域开发及相关规划之间的体系性连接(构筑开放空间体系)。

设定用地内外部的绿地轴线、活动轴线。

区域设定及空间利用

设施地区和公园地域之间的空间一体化以及相互联系。

光的场所（数码中心）：文化公共设施地区。

地的场所：包括历史文物圈在内的公园、绿地利用主活动区。

水的场所：充分激活水特性的地区。

风的场所：生态特性地区。

贮水地：将原存贮水地转换为生态湿地。

流线体系

将空间、路径及接触空间多元化，与公园内人行路有机联系。

与汉江沿岸人行路连接。

为残疾人的流线规划：克服高差。

人行路的组成特性：重叠(提供多样的人行道径)，封闭(扩大空间感受)，分离(与生态空间分离、保护)，采用亲环境的铺装材料。

景观和生态环境的主要架构

景观的主要架构

设置鹰峰山、汉江眺望轴：展现全景，各空间特有景观，引导视觉流向的挑台调整。

用地造型：考虑了互视(想看和看得见)，远景、中景和近景的景观计划。

看得见：用地周围外部景观构成植被景观板块。

想要看：在用地内看到的景观地成为焦点和背景构成。

逗留地景观(固定视点景观)/流动的景观(连续景观)

固定视点景观：以全景观望为主的景点。

连续景观：通过空间的有机结合体验景观。

景观的主题和实现

不仅是视觉上的景观，而且是激活景观特点的规划。

按季节、按利用、按内容分为12种主题。

植被景观的规划优先，形成话题多而长的场面。

生态环境的组成

基本概念：健康的森林 / 多样生态概念的展开。

改善环境收支：从过度消费体系到适当体系 / 环境收支从逆差到顺差，循环利用。

亲环境公园构成：从以人为中心转到以环境为中心 / 自助 / 持续，引入自然排水设施。

确保生物种类的多样性：多样的植被环境，引入多样的生物种类。

维持生态系的安定性：利用生态工学技法避免对外来生物种类的排斥。

复原破坏的生态系：改变森林的单一构造为多元构造。

除去不必要的人工设施。

我们离开森林已经太久了
我们去寻找森林
在被遗弃的土地上种树
在树荫下与草做朋友，与鸟做朋友
我们现在去那里
LIFE
SUCCESSION
痕迹的迁移
形象的迁移
森林的迁移
蓄水池
底板
自然的森林
高尔夫球场
目标
人的森林
用地
脉络
净水场
土地的场所
1. 出入广场
2. 城东区居民体育中心
3. 活动观众席
4. 青少年文化中心
5. 商业业务设施(亲环境素材中心)
6. 环境集会中心
7. 前庭部
8. 活动广场
9. 青少年运动空间
10. 青少年野营地
11. 世界森林
12. 土地之路
13. 室外舞台
14. 氧气山
15. 氧气设施
16. 圣水中学(未来的生态体验学校)
17. 鸟之森林
18. 访问者中心
光的场所
19. 青少年亲环境数码中心
20. 观光电梯
21. 下沉式广场
22. 数码之森林
23. 停车场
风的场所
24. 风的山丘
25. 风的瞭望台
26. 自然型莲花池
27. 鹿放养场
28. 生态移动通道
29. 痕迹之森林
30. 风之路
31. 地下车道入口
水的场所
32. 步行桥
33. 风力发电机
34. 地下车道采光窗
35. 地下车道出口
36. 第一净水场用地(水的剧场，水的庭院，游乐场)
37. 第二净水场(原有)
38. 第三净水场(原有)
39. 净水场管理洞(原有)
40. 缓冲过滤池
41. 水博物馆
42. 连接河堤的通道
43. 故事之森林
44. 岁月之森林
45. 河堤散步道路(自行车道路)
46. 道路桥梁
比例尺：1/2400
N
景观和主题的框架
亲环境生态空间的框架
BUFFER ZONE
路
绿地
土地与水

坝岛森林公园

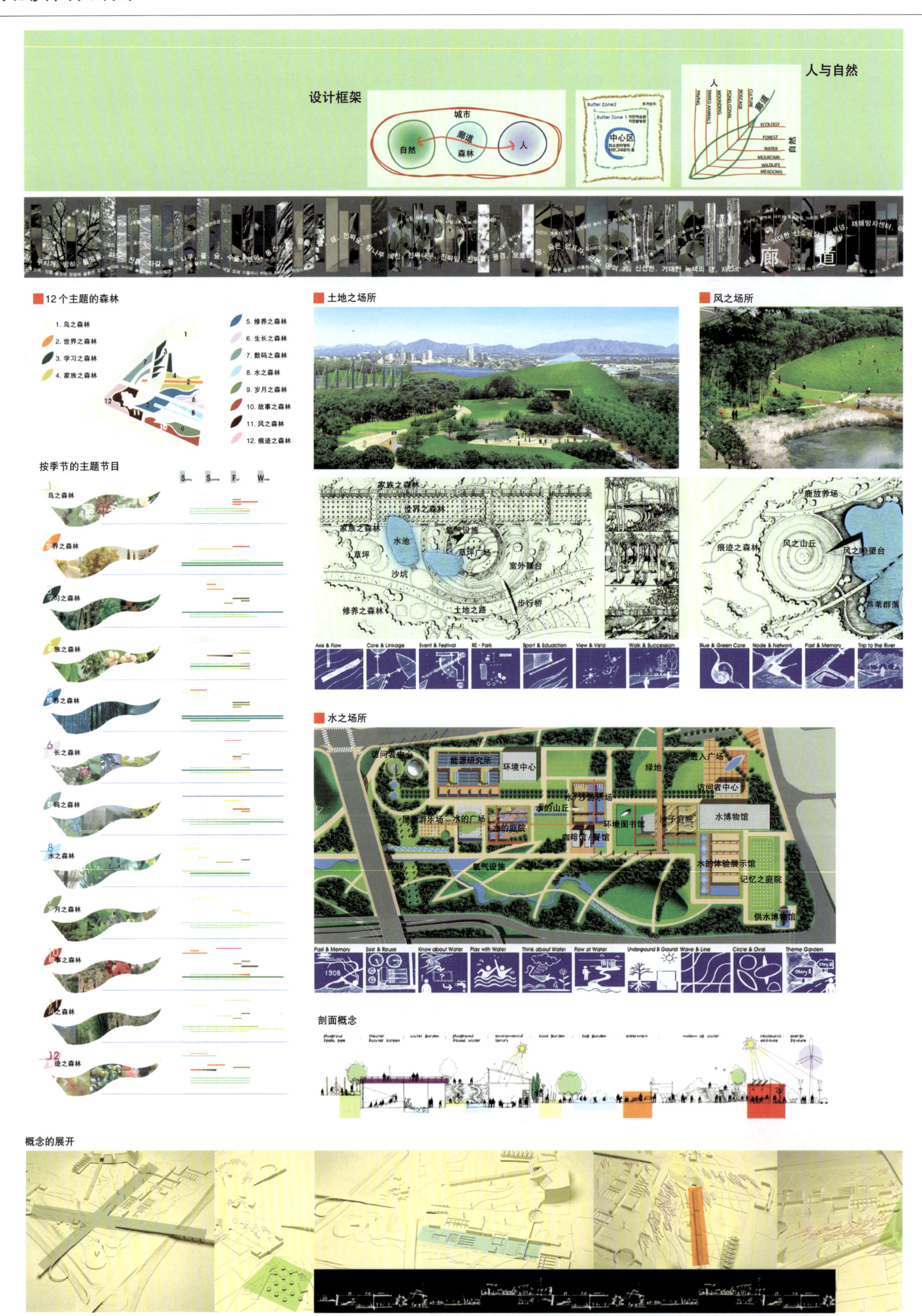

设计框架
城市
自然
廊道
森林
人
中心区
人与自然
12个主题的森林
1. 鸟之森林
2. 世界之森林
3. 学习之森林
4. 家族之森林
5. 修养之森林
6. 生长之森林
7. 数码之森林
8. 水之森林
9. 岁月之森林
10. 故事之森林
11. 风之森林
12. 痕迹之森林
按季节的主题节目
土地之场所
家族之森林
世界之森林
水池
草坪
沙坑
草坪广场
室外舞台
修养之森林
土地之路
步行桥
风之场所
鹿放养场
痕迹之森林
风之山丘
风之瞭望台
芦苇群落
水之场所
访问者中心
能源研究所
环境中心
绿地
进入广场
水的山丘
水的游乐场
水的广场
环境图书馆
咖啡馆/餐馆
水博物馆
水的体验展示馆
记忆之庭院
氧气设施
供水博物馆
剖面概念
概念的展开

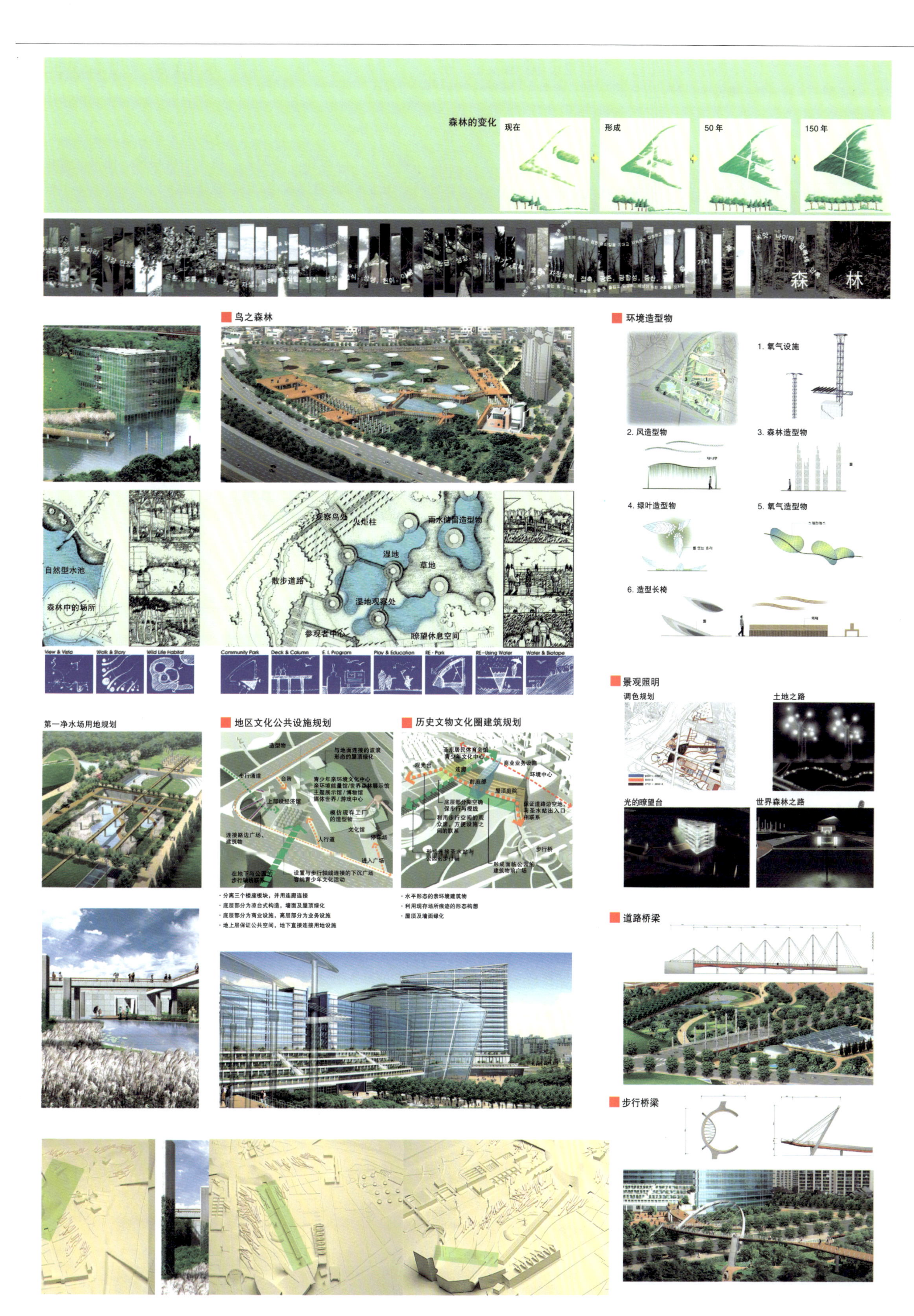

森林的变化
现在
形成
50 年
150 年
森
林
鸟之森林
环境造型物
1. 氧气设施
2. 风造型物
3. 森林造型物
4. 绿叶造型物
5. 氧气造型物
6. 造型长椅
自然型水池
森林中的场所
观察鸟处
火炬柱
雨水储留造型物
湿地
草地
散步道路
湿地观察处
参观者中心
瞭望休息空间
View & Vista
Walk & Story
Wild Life Habitat
Community Park
Deck & Column
E. L Program
Play & Education
RE - Park
RE - Using Water
Water & Biotope
景观照明
调色规划
土地之路
光的瞭望台
世界森林之路
第一净水场用地规划
地区文化公共设施规划
历史文物文化圈建筑规划
· 分离三个楼座板块，并用连廊连接
· 底层部分为凉台式构造，墙面及屋顶绿化
· 底层部分为商业设施，高层部分为业务设施
· 地上层保证公共空间，地下直接连接用地设施
· 水平形态的亲环境建筑物
· 利用现存场所痕迹的形态构想
· 屋顶及墙面绿化
道路桥梁
步行桥梁

坝岛森林公园

三等奖方案 **宇大技术团：**姜相久，崔新贤。**神话建设组：**柳义烈，崔元万。**汉水山林环境：**李顺目。**庆喜大学：**金道京。BOENC。

设计组：造景部门－崔新贤，李秀景，金民正(宇大技术团)/崔元万，文星慧，吴斗焕，朴相旭，李正勋(神话建设组)/建筑部门－洪根彪，李胜在，朴俊泰

规划的目的

首尔的各地域分布着生态公园、都市中心公园、近邻公园等各种绿地。在没有大型绿地的东北部，建设一个与一般公园不同的森林公园来完善城市绿地网络。这就对森林公园要求有创意的新的理解。

规划的基准

回想传统的森林公园

以往的森林公园区别于自然的树林，是在特定的场所、特定的目的下建造的。树林底下作为生活中的工作场所、游玩场所、思索场所、回忆场所，一般都有亲切的、反映功能及意义的名称(诸如：树林院、树林空地、蜿蜒小树林、洞前林、后山林等朴素而亲切的名称)。将传统森林中的风土环境作为森林公园设计的基本概念。

进化的未来的森林公园

在现代社会中我们已不再满足于传统的只用于观赏、休息的森林和公园。如果说传统的森林公园是利用地域文化的产物，那么我们在传统森林的概念之上，要体现出现代文化形态，即自主寻找，自主选择，自由地相聚，体验、参与的新的森林文化。森林公园的游客可在信息中心租借掌上电脑(PDA)，可边散步边欣赏音乐、演出、电影等。通过掌上电脑不仅可以检索图书，还可提供电子和有声读物，在自然学习场设置感知器，可以提供必要的信息。科学与自然交融的水之画廊和市民天文台也网络化运营。新科技森林，是作为森林与IT文化的结合，成为在绿色屋顶下展现多样形态的新概念的森林公园。

森林的创造

创造幽静的场所

用自然树林抵御汉江风，并提供幽静的场所。在东山树林可眺望汉江。用树林组成的城——用树林带连接空间。

连接全部空间的树林体系提供空间的框架。不是先定流线，在剩余的空间填充树林；而是先造成树林来规划空间，在树林中展现多样的形态，连接全部空间。在树下形成相聚、读书、游玩、休息等场所。

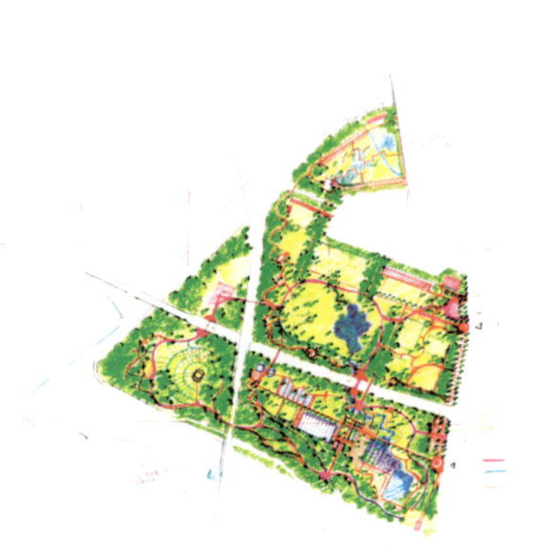

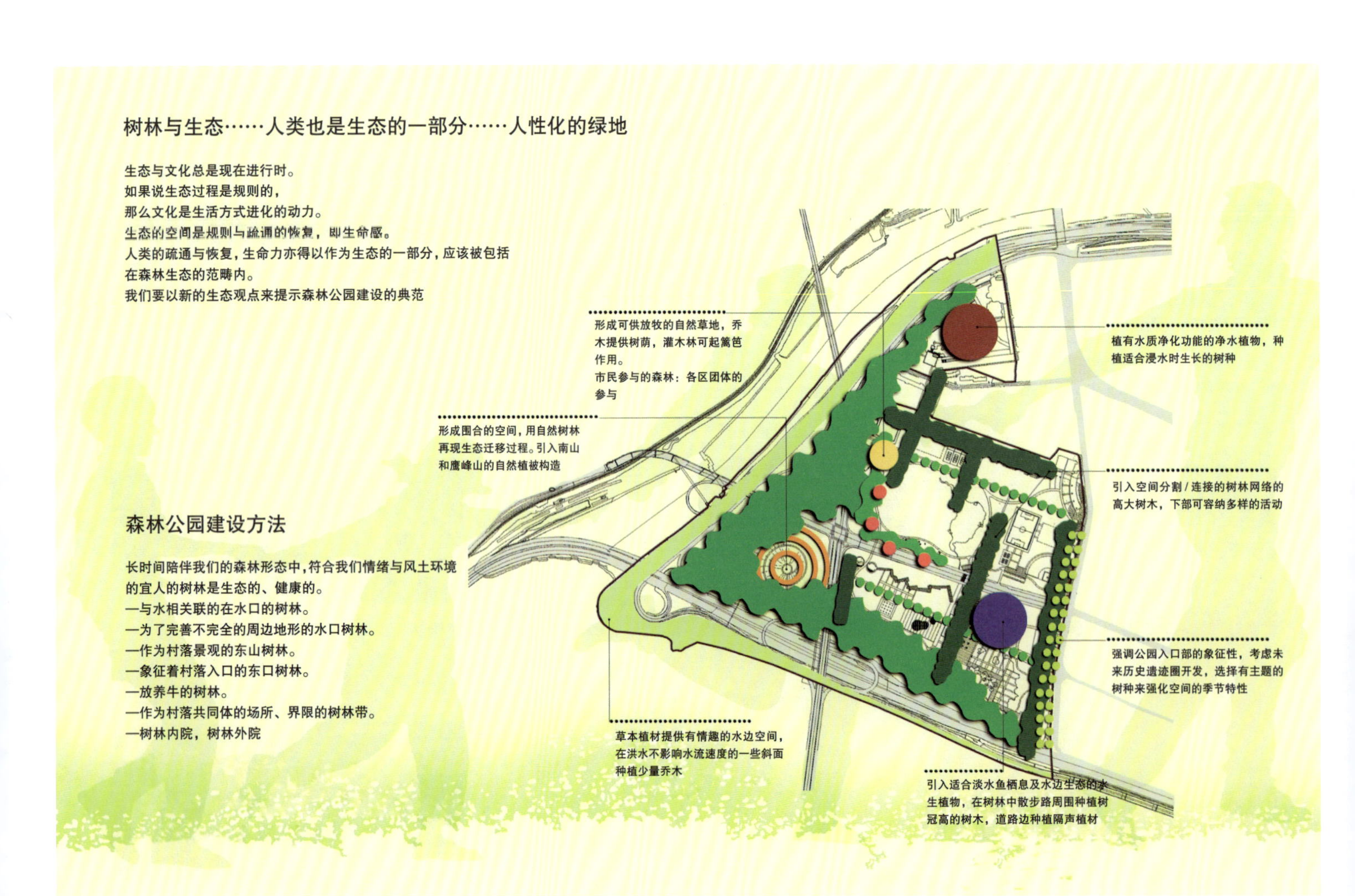

坝岛森林公园 新科技森林
首尔的各地域分布着生态公园、都市中心公园、近邻公园等各种绿地。
在空旷的首尔东北部建造大型的森林公园。
在首尔东北部建设与一般公园不同的森林公园。
来完善汉江沿岸的城市绿地网络。
考虑新的需求，在其上修建绿色屋顶。
借用传统树林的意义及原型，兼容新的要求。
提出新科技森林
首尔东北部城东区 35 万平方米
世界杯公园
勇山家庭公园
某公园
奥运会公园
市民森林
树林的解释……通过传统树林
传统的树林区别于山野的树林，是在特别的场所，有特别的目的的树林。
在水口树林、东山树林、东口树林、牛草树林、树林带等朴素亲切的名称中包含着树林的功能含义。
树林底下、周边场地作为生活中的工作场所、游玩场所、思索场所、回忆场所，是优美的公园，游玩和文化空间
在现代生活中的我们……媒介树林
不满足于观赏，休息的公园
如果说传统的森林公园是利用地域文化的产物……
能满足自主寻找、自主选择，自由地相聚、体验、参与等多样要求的现代森林公园是什么？
在树冠底下创造从传统进化而来的文化基础(infrastructure)
新科技森林
森林公园的游客可在信息中心租借掌上电脑(PDA)，可边散步边欣赏音乐、演出、电影等。通过掌上电脑不仅可以检索图书，还可提供电子和有声读物，在自然学习场设置感知器，可以提供必要的信息。科学与自然交融的水之画廊和市民天文台也网络化运营。
环境教室 / 接待
森林图书馆
星座体验馆
地名广场
体验节目
自然学习

创造避风空间
冬天阻隔寒冷的江风，
夏天冷却热风的场所，
用森林形成地标，
提供可眺望汉江、城市中心、公园的瞭望空间
自然森林的构成主要采用南山、鹰峰山等周边野山的植物
空间框架结构
以连接全部空间的树林体系提供空间框架。
通过树林可连接全部空间，并容纳通道功能。
在绿色屋顶下休息、读书、交谈、相会。
成为草坪及运动场的休息空间
人们的休息处、游玩处等多种生活空间的树林，只用乔木为主的单一树种
空间构成
按空间特性的构成主题
原高尔夫球场的草坪为内部场所
运动空间为外部场所
净水场为水生动植物的自然体验场
贮水池为生态湿地
设施用地为青少年锻炼村
自然树林构成丰富的瞭望山和水边公园
公园循环体系
交通的基础为连接各块的流线
为了减少车辆进入，有先考虑了公共交通方式的、以步行为中心的出入体系
在邻接生活圈处注重日常利用
规划可供周围生活圈和地铁站利用的停车设施
Main Ent.
6m 服务车辆及单元循环流线
4m
2～3m 步行专用道
桥梁下部通道
下面通道
覆盖通道
停车场
自行车道路
公园设施导游图
信息中心
水之画廊
大型绿地
游乐场
树林图书馆
咖啡厅
休息厅
运动场
接待
卫生间
体验动植物 / 参与节目
鸟类观察
骑马体验
宠物动物园
昆虫体验
淡水鱼体验
星空观察
公园循环马车 / 出租自行车
市民参与种树
干花工房 / 木工工房
环境教室 / 园艺教室

1 从汉江看到的森林公园全景
2 生命之森林全景
3 幸福之森林全景
1. 自然之森林
1.青少年锻炼之树林
2.生活馆
3.野营场
4.室外舞台
5.东山树林
6.市民天文台/瞭望台
7.水岸
8.停车场
2. 生命之森林
1.水质净化园
2.淡水鱼生态园
3.下沉广场
4.氧气通道
5.水栖昆虫生态园
6.雾喷泉
7.环境学校
8.儿童游乐场
9.环境游玩场
10.供水博物馆
11.忠魂塔
12.停车场
3. 幸福之森林
1.树林
2.水鱼动物园
3.公园
4.草地院子
5.市民参与树林
6.骑马体验场
7.网球场
8.入口广场
9.草地球场
10.橄榄球场
11.羽毛球场
12.门球场
13.游乐场
14.信息中心
15.停车场
16.集会广场
4. 花之树林
1.湿地生态园
2.观察处
3.环境学校
N
比例尺 1/2400

树林 1

凉爽的立体树荫空间中容纳多样的活动

- 文化活动：树林音乐会，室外展示会，写生大会
- 休息/冥想：读书(树林内图书馆)，聊天，室外活动
- 游戏：走独木，迷宫，冒险
- 教育：树林幼儿园，花与植物观察，香园

树林 2 树林中很多牛草

与动物共存的树林

- 给城市的孩子们提供接触自然的机会，让他们接近、观察、触摸动物
- 放养鹿、山羊、绵羊、鸭子、鹅、土鸡等
- 与宠物一起散步、运动的场所
- 回忆以前的赛马场，体验骑马的场所

树林 3

为室外活动的草地、与市民共同创造的树林

草地广场
- 利用现存高尔夫球场的草地，可进行家庭休息与游玩的草地
- 从净水场流下来的水形成湖面
- 市民参与的树林
- 首尔市居民的树林，团体、协会、家庭共同建造的树林

树林 4 在贮水池赋予生活环境的树林

环境教育的树林
- 以水生植物与多样的草地群落形成生物栖息环境
- 在住宅邻接处种植树木来缓解不良景观
- 形成与中浪川连接的植被林

树林 5

坝岛与城市环境的连接点
以银杏树为中心的集会场所
树木列植来提高路边景观
通过松林来形成坝岛森林的框架

东山之树林 与周边自然森林相连接，形成自然的景观

作为瞭望台的山丘树林
- 眺望汉江/欣赏汉江风光的场所
- 市民天文台/数星星的场所
- 坝岛森林的标志性要素

覆土层(3m)
建筑垃圾填埋(27m，利用净水场废弃物及清溪川废弃物)

生命之树林 利用现存净水场，形成以水为主题的树林和水的通道

❶水生昆虫生态园
- 形成水生昆虫的栖息环境
- 创造水边植物到亲水植物的植被环境

❷水通道/冬季公园
- 以水为主题的多样形态的展示
- 植物公园可在冬季展示、观赏

❸下沉式广场
- 利用沉淀池下部形成休息和思索的空间
- 与水通道联系

❹淡水鱼生态园
- 设置观察汉江水系淡水鱼的渔场，利用为自然体验学习空间：设置观察用玻璃墙

❺水质精华庭院
- 利用水生植物的生物净化功能净化水
- 浮叶植物、净水植物

新科技森林

书架

读者通过书架来借到图书和电子图书，在自然中得到读书的喜悦

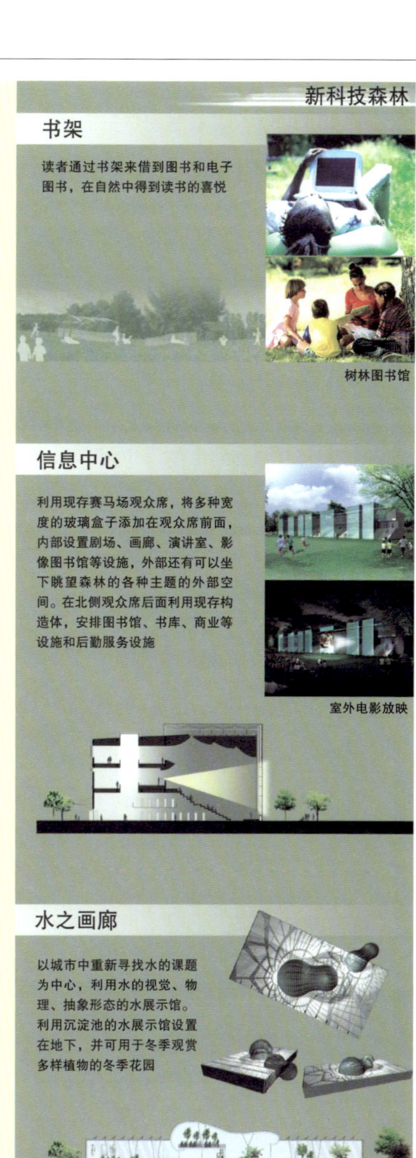

树林图书馆

信息中心

利用现存赛马场观众席，将多种宽度的玻璃盒子添加在观众席前面，内部设置剧场、画廊、演讲室、影像图书馆等设施，外部还有可以坐下眺望森林的各种主题的外部空间。在北侧观众席后面利用现存构造体，安排图书馆、书库、商业等设施和后勤服务设施

室外电影放映

水之画廊

以城市中重新寻找水的课题为中心，利用水的视觉、物理、抽象形态的水展示馆。利用沉淀池的水展示馆设置在地下，并可用于冬季观赏多样植物的冬季花园

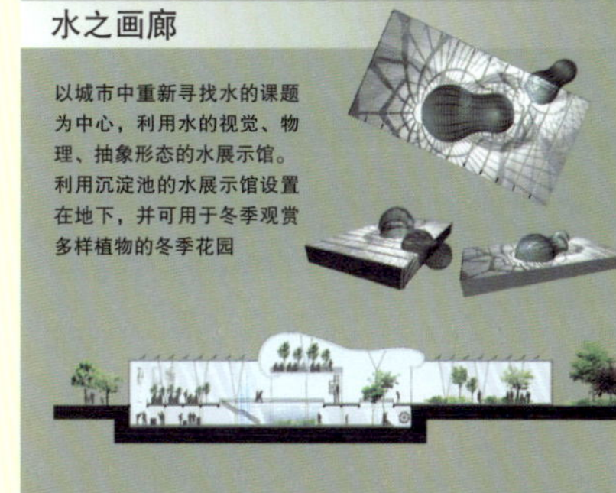

市民天文台

利用圆形瞭望台的望远镜观测行星，在建筑内部利用星座投影设备演示星空

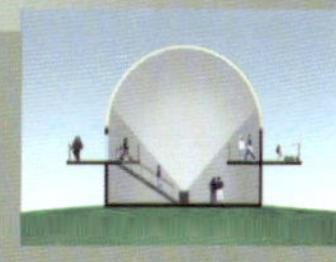

青少年锻炼之森林

青少年锻炼设施是利用森林的巨大潜力的环境教育之场所，是不仅给学生、而且给多样的阶层满足需求地域文化的中心。建筑性质提议作为青少年野营场，形态要求与自然协调

尾声

今天去看一次吧，那是我们的自然

麻雀	0.1
青蛙	0.3
蝴蝶	0.5
蛐蛐	0.8
…	1.0
…	1.5
…	2.0

在我们周边逐渐消失的朋友
麻雀、青蛙、蝴蝶、蛐蛐……
以前在我们周边容易见到的生物
不知何时开始很难看见
与我们一起生活过的朋友……

知道得虽然晚点，
但为了能让我们的孩子们
感觉到你们的珍贵
在森林中许下心愿
让生物回到坝岛森林……

坝岛森林公园

三等奖方案 图画综合技术公司：郑朝花。设计组：文相奎，金哲红，吴在进，姜成哲，李胜形，金泰均，李永秀，徐进民，韩润石，金正洙，姜慧燕，赵花婷

基本方向

亲环境

—引入健康的自然/复原被破坏的自然生态系。

—建造可持续的生态森林。

亲人类

—亲自然赋予人性（用五官感受自然）。

—建造相融的场所（共生的场所）。

亲享受

—回忆坝岛的记忆。

—挖掘古老土地的情趣。

规划的方向

建造与圣水历史文物文化圈连接的可变空间。

市民开放树林/运动，活动

做到供给树林的自然净化的干净水。利用风力、太阳能提供能源。

有声音/风/香味的树林

—自然生态树林及有限观察的生态动物园。

—勾画扇型水池、湿地、草地、山林生态

建造健康的树林

—利用蓄水池的湿地生态公园。

—污水管的入地化及生态治理。

为鸟类的栖息提供多种适宜的环境

—促进河流生态的固有属性，维持自然性。

—通过自然型河流改造形成多样的河流景观。

—积极保全水资源及自然生态系及摸索适用方案。

—规划考虑了汉江沿岸景观及生态。

—提供有芦苇的水边散步空间。

提供多种体验和环境教育空间

—体验鸟类栖息地的生态景观。

—在用地内被道路隔离的绿地中考虑地形、植被结构、动植物种类及栖息环境，建造生态通道（维持生态系连续性）。

—形成连接生态保护区域与绿地据点、群落生境、绿岛等绿地网络与水循环体系的生态链。

按设施类别主题的设计

与周边环境协调的地域亲和设计。

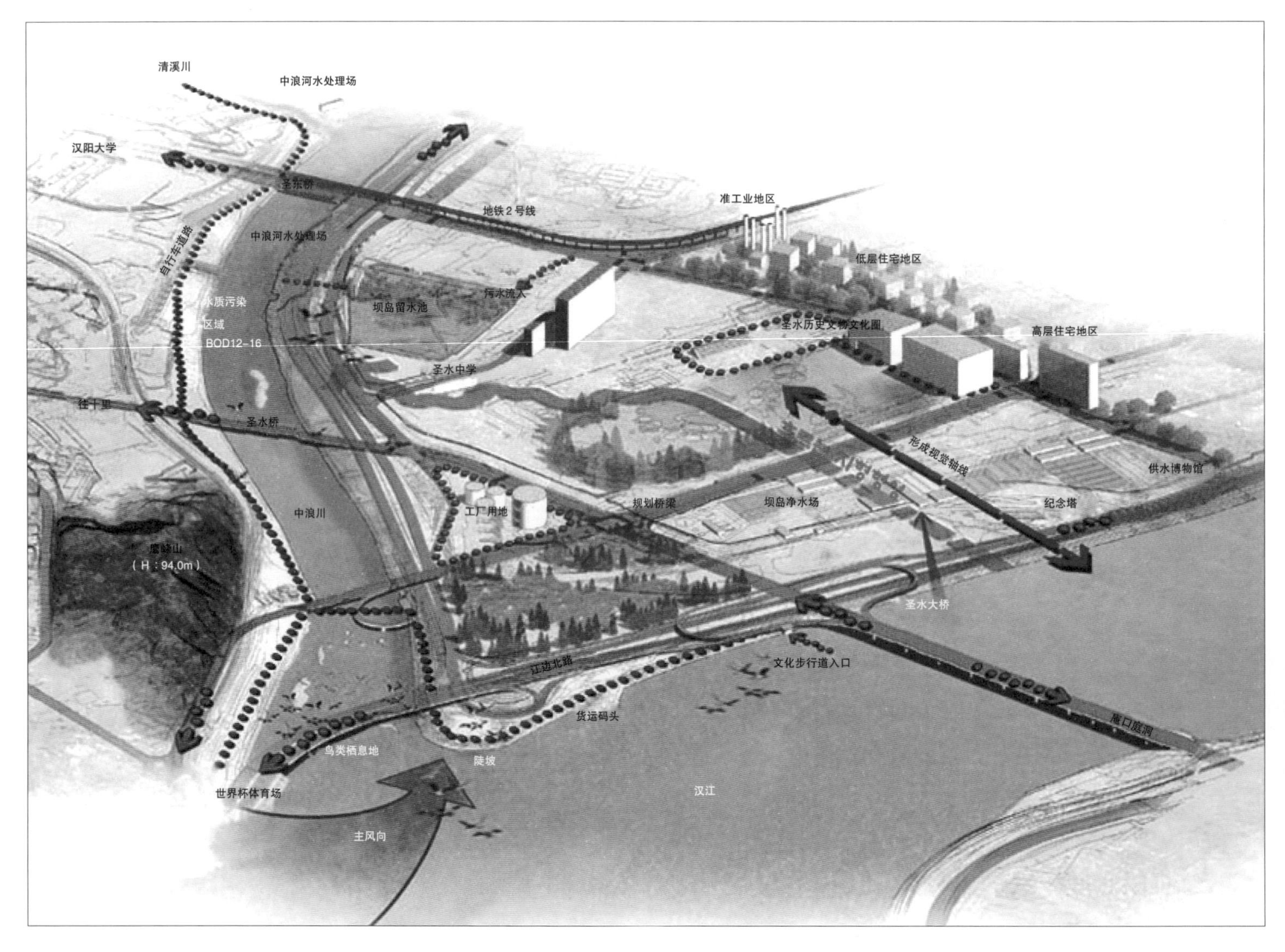

坝岛的未来
坝岛的夜景
湿地生态之森林
参与之森林
开放之森林
自然生态之森林
水之庭院
Ⅰ.开放之森林
1.进入广场
－地下停车场入口
2.多目的文化广场
－丛林路，相会的广场
3.中央休憩广场
－喷水池，室外舞台，绿荫树林，管理及服务楼，休息设施，船形雕塑
5.运动空间
－足球场，X－游乐场，滑冰场，篮球场，网球场
6.室外茶座，服务楼
7.草坪
－规划展示空间
8.绿荫停车场
Ⅱ.参与之森林
9.生态之森林
10.生态学习池
11.生态水路
12.江边草地路
13.树林中的路
14.公园环路(原有)
15.生态学习馆
16.残疾人之树林
17.散步道路
Ⅲ.水之庭院
18.井源广场
19.环境游玩场
－水景游戏设施
20.水边舞台
－音乐喷泉
21.汉江连桥
－眺望台
22.再利用喷水广场
23.水质净化植物园
－观察台，室外水族馆
24.痕迹之庭院
－溪流，水边咖啡座
25.自然型水池
－鱼类观察台，人工岛
26.能量之森林
－风之庭院，太阳能庭院
27.纪念植树庭院
－花草园，室外教育场
28.纪念塔(现存)
29.散步道路
Ⅳ.自然生态之森林
■开放区域
30.服务广场
31.丛林与散步道
32.瞭望台
33.生态园瞭望台
34.连接通道
■放养动物 自然学习场
35.生态水路及湿地
36.干生草地及树荫
37.生态森林(动物隐身及鸟类栖息地)
38.动物管理舍
39.动物活动场所
40.供水台(泉眼)
41.避难台
42.人工瀑布
43.火炬及石头桥
44.水边平台
■水边湿地生态园
45.水中鱼类栖息地
46.人工湿地园
47.石林
48.缓冲树林带
49.散步道路(步行及自行车)
50.水边休息及卵石地
51.沙湿地
52.眺望台
Ⅴ.湿地生态森林
■贮水池生态公园
53.展览中心及室外教育场
54.芦苇湿地
55.净水植物观察台
56.人工鸟类栖息地
57.湿地水路和水坑
58.湿地观察台
59.小瀑布及水池
60.鸟类观察台
61.环境主题
62.水边连接通道
■水边湿地园
63.水边连接通道
64.水质净化湿地园及火炬
0 50 100 200 300
湿地公园与中浪川的相会及清溪川……(A-A')
水边连接通道
结构
水边连接通道
草地停车场
(利用现存设施)
鸟类观察台
芦苇湿地
湿地观察台
火炬
东部干线道路
文化活动之森林
干生草地与树林
生态水路与湿草地
船与帆的雕塑
中央休闲广场
生态水路
亲水平台
喷水池
水边舞台
管理及服务楼
室外咖啡座
森林与城市的相会(B-B')
开放树林
(多功能文化广场)
相会之广场
购物文化街
下沉广场
地下停车场
停车场
地铁圣水站
森林与汉江的相会(C-C')
自然的翅膀(桥的形象)
游艇码头
眺望台
自行车道路
售票处/小卖部
平台
江边北路
野生动物的天国(D-D')
缓冲树林带
生态树林
－动物隐身及鸟类栖息地
生态园展望台
瞭望处
生态水路与湿地
人工瀑布
树林
江边北路

共生的环节
曾经草木丰盛的田野、坝岛码头的花朵，现在来回忆以前的记忆
绿色的树林、草原、树，置身其中，绿色的香气充满我们的心肺
坝岛的记忆
坝岛的生态
环节的重叠
水的环节
汉江→水的庭院→
自然生态园→汉江
坝岛分流→湿地生态公园→中浪川
森林的环节
树林形态
江/草地 汉江→防灾林→湿地
→灌木林→树林(多层林)
→景观林
活动的环节
城市→可变的空间
开放参与之森林
设计概念
建造共生的森林
保护方面
利用生态原理
利用方面
容纳以生态为主题的市民活动
设计主题
南山
清溪川
鹰峰山
古河道
坝岛
汉江
活动
设计过程
Identity
留住坝岛的记忆
-象征性地形复原
-象征性江水分流
-后侧湿地灌木林
坝岛码头，江边路和灌木林，坝岛分水流或主水流，去汉江的路
Replacement
引入健康的自然
-生态系的形成与水的循环
-形成绿色环节
-野生动物的天国
生态水路与水池
Recreative
利用现存资源
-净水设施利用再教育
-再利用建筑物
-保存及利用现存树木
水之庭院，水质净化园
停车场及野营场
能量之森林
Voluntary
创造市民参与的森林
-容纳运动、娱乐及艺术活动
-自然观察，休养
-主题活动
多功能文化广场，运动广场
室外活动及修养的树林
自然观察及教育
空间构想
连接城市和森林的脉络
虚空间
实空间
自然
城市
空间结构构想
清溪川
城市
自然
汉江
景观规划构想
森林的经验
水的经验
土地的经验
空间分割
-湿地状态的森林
利用留水池的湿地生态公园
污水管的入地化(地下化)及生态治愈
为维持鸟类提供多样的环境
-再生之森林
充分利用现状地形的象征性江水分流，体现了水流-湿地-灌木-树林的生态，是修养及观察自然之树林
-开放参与之树林
与地铁站区域连接的可变空间，是开放的树林，运动/室外活动的树林，是欢乐的开放空间
中浪/清溪川
连接通道
生态水池
生态水路/湿地
停车场
景观轴线
树林
开放景观
-自然生态之树林
生态动物园，汉江北侧生物的栖息地，体现了水池、湿地、草地、山林的生态
-水之庭院
利用净水设施的创造性教育，水质净化设施，构筑物的翻修
-能量之树林
风能量和太阳能的生成空间，利用水和树林的能量，市民参与纪念植树

森林的经验
江边植被
江水分流植被
草地
山丘与山脚的树林
丛林与下层植物
流淌的溪流，青苔，树林
室外活动树林
多样的树林
植材规划概念图
各种林荫路
丛林与平路
去汉江的路
分流水边路
茂密的树林路
湿地木板路
湿地木板路
大步走的路
雾林路
山丘的路
季节林路
能量树林路
主要部分构想
湿地生态之树林
开放树林
水之庭院
自然生态之树林
主要设施细节
残疾人设施
亲环境设施
生态通道
生态湿地
火柜
独木桥
初期污水处理设施
水之庭院详细图
桥梁设计
自然的翅膀－汉江连接桥梁
坝岛的记忆－用地内连接桥梁
生态建筑物
照明／导游牌
水之庭院剖面图
利用净水池(3)
自然型水池
利用送水泵场
水边咖啡座
利用净水池(1)
痕迹之庭院
利用沉淀池(1-4)
室外水族馆
利用原水馆
再利用喷水广场
利用沉淀池
室外舞台，音乐喷泉
沙过滤池